21世纪高等学校"专、通、雅"通识教育系列教材之一

现代科学技术通论

齐从谦　钟季康　编著

中国电力出版社
www.cepp.com.cn

本书是高等学校通识教育系列教材之一。全书共有9章，分别从宇宙科学概观、空间技术与航天工程、近代物理学革命及对科学技术的影响、材料科学与新材料技术、能源科学与新能源技术、生命科学与生物技术、微电子学与计算机技术、信息技术与先进制造技术及非线性科学简介等9大方面阐述和诠释了现代科学技术的发展及在相关领域中的应用状况。内容新颖，语汇通俗，贴合实际；采用文图并解的表现形式，大大增强了本书的可读性和易记性，并兼具科学性、通俗性和趣味性。适合作为高等学校理、工、文、医、经、管、法各科大学生提高综合科学素质水平的通识教学教材和参考书。

图书在版编目（CIP）数据

现代科学技术通论／齐从谦，钟季康编著.—北京：中国电力出版社，2009
（高等学校通识教育系列教材）
ISBN 978-7-5083-8432-0

Ⅰ.现…　Ⅱ.①齐…②钟…　Ⅲ.科学技术－概论－世界－高等学校－教材　Ⅳ.N11

中国版本图书馆CIP数据核字（2009）第012840号

中国电力出版社出版发行
北京三里河路6号　100044　http://www.cepp.com.cn
责任编辑：杨淑玲　责任印制：陈焊彬　责任校对：王开云
北京盛通印刷股份有限公司印刷・各地新华书店经售
2009年3月第1版・2009年8月第2次印刷
787mm × 1092mm　1/16・20.75印张・518千字
定价：65.00元（1CD）

前言

从20世纪初到今天的100多年里，科学技术取得了令人瞩目的成就，并仍以不可阻挡之势飞速发展。它不仅帮助人类逐步加深对大到宇宙太空、小到分子原子物质结构的认识和理解，也对人类自身的演化、社会文明进步及社会经济的发展起到了巨大推动作用，并且对人类世界未来的发展和进步产生更加深刻和强烈的影响。

21世纪的大学生，除了要切实掌握好本专业的基础理论和专业知识之外，还应该了解当代科学技术的发展和基本状况，力求“用人类创造的全部知识来丰富自己的头脑”，从而全面提高自身的科学文化综合素质。尽管不少高等学校都普遍加强了提高大学生综合素质教育的通识类课程，然而，对综合素质教育的具体内容的认识和理解却不尽相同。

本着智者见智、仁者见仁的精神，我们作为一所以理工和师范类学科为发展重点的院校，针对大学生综合素质教育的问题，提出了以“诚信、责任”为核心的办学思想和“专、通、雅”协调发展的人才培养模式，即结合各学科专业的实际情况，在全校范围内有计划、有步骤地开设“通识教育”系列课程的教学，目的是使广大学生在切实学好自己所学专业的基础理论和专门知识的同时，还能够做到“了解时事政策，了解科技前沿，了解经商管理之道，了解文学艺术”，从而成为一个全面发展、适应性广、国家和社会真正需要的优秀人才。这样，针对以上“四个了解”的教材编写工作，就自然而然地提到议事日程上。经过近三年的组织和准备，搜集了大量的资料信息，并在作者前两年“科技前沿”模块教学和自编教材的基础上，我们编写了《现代科学技术通论》这本书，作为通识教育系列教材之一。

全书共有9章，由上海师范大学天华学院博士研究生导师齐从谦教授（撰写第1章、第2章、第3章的3.5～3.6节、第4章、第5章、第6章、第7章、第8章）和钟季康教授（撰写第3章的3.1～3.4节及第9章）共同编著。内容分别为：第1章 宇宙科学概观，介绍了我们人类生存的地球及太阳系、银河系的起源及宇宙大爆炸学说，以及当前在天体物理和空间科学方面的最新进展；第2章 空间技术与航天工程，介绍了空间科学技术的发展历史，以载人航天工程为主线，介绍了近50年来人类在征服太空的历程中所发生的一些重大事件，如前苏联第一颗人造地球卫星的发射，加加林进入太空飞行；美国的阿波罗工程；中国的神舟工程和探月工程；美国航天飞机哥伦比亚号在空中解体，挑战者号机毁人亡的悲壮和发现号凯旋归来的欢欣等；第3章 近代物理学革命及其对科学技术的影响，重点介绍了近代物理学在相对论和量子物理学方面所发生的重大革命性进展，并以激光技术的发展和应用为例阐述了近代物理学革命对其他科学技术和人类社会经济所带来的巨大影响；第4章 材料科学与新材料技术，介绍了材料科学对人类社会经济发展的重要意义，并分别介绍在国民经济各行业中发挥重要作用的先进金属材料、陶瓷材料、光电子材料、超导材料、纳米科学和纳米材料的发展和应用；第5章 能源科学与新能源技术，阐述了人类当前所面临的能源挑战，探索和开发新能源的重要意义，重点介绍太阳能、核能以及其他新能源的开发和利用；第6章 生命科学与生物技术，阐述了生命的起源和奥秘、现代遗传学的发展和遗传密码的破译、DNA与人类基因工程及分子生物学、细胞工程、发酵工程、基因与克隆技术等生物科学、技术的发展及其应用，在这一章里，本书著者还根据自己多年来的研究和探索，提出一种“火的使用是人类大脑进化的动因”的新观点与读者共享；第7章 微电子学与计算机技术，介绍了微电子学与计算机科学技术的发展状况，重点展示了计算机在各行各业的广泛应用，给人类社会经济带来的巨大推动力；第8章 信息技术与先进制造技术，介绍了信息技术的发展及其在社会进步和国民经济中的重要作用，用信息技术来改造传统的制造业而发展起来的先进制造技术的主要内容；第9章 非线性科学简介，扼要地介绍了非线性及混沌理论、分形学、孤子波方面的知识。

在本书编写的过程中，随着编写工作的展开，作者一步步地、更加深刻地领悟到科学技术之间的相通、相融、相促和互补，比如：生命科学中的DNA双螺旋结构模型竟然会在茫茫宇宙天体中出现，还能以数理的角度描述其运动形态；描绘浩瀚无际的宇宙空间的“大爆炸理论”，却是与看不见摸不着的基本粒子密切相关；相对论和量子力学的基本观点不仅可以解释“黑洞”的成因，还导致了激光等技术的发明，而后者还在加工、检测、制造、成型、通信、宇航、军事甚至摄影艺术中崭露头角……因此，我们越发感到了解现代科学技术的进展和最新成就，了解当代科学技术在国民经济各个领域中的广泛应用，尤其是在以胡锦涛为总书记的党中央带领全党全民认真学习、实践“科学发展观”的形势下，对于扩大大学生的视野和知识面，提高大学生的综合创新能力必将大有裨益！

为了增加大学生学习和阅读本书的兴趣，本书在编写中尽量采用通俗、简练的语言来阐述深奥的科学理论，尽量避免繁琐的公式推导，尽量引用人们工作和生活中的实例来说明科学技术的重要作用。科学性、通俗性、易读性、趣味性，尤其是采用文图并解的方式来诠释科学的真理和技术的实践价值，可以说是本书的最大特色！为此我们曾吁请出版印刷部门采用四色全彩排版印刷，并得到了出版社的大力支持。在此，谨向为本书编辑和出版付出辛苦劳作的各位领导和工作人员表示真诚的感谢。

近几年来，由于各高校都十分重视通识教育这方面的工作，已经陆续出版了不少优秀的教材和书籍，本书也参阅和引用了已经公开出版的教材中的有关内容，同时也引用了一些网络上公开的资料和信息，并尽可能在参考文献中标出出处。为此，编者谨向有关著、作者表示诚挚的谢意，也欢迎广大教师和学生对本书所存在的问题或错误提出宝贵的意见。

编　者

2009年1月于天华园

目　　录

第1章 宇宙科学概观

在我国民间，自古就流传着关于“盘古开天”的神话传说。据说是在很早很早以前，有个叫盘古的神人用手中的巨斧劈开了形如鸡蛋的天地，人类才有可能在这片天地之间生息、繁衍下去。后来因为水神共工与火神祝融互相争斗，撞塌了天空的一角，又出现了“女娲补天”的传说……在西方国家，占据统治地位的宗教总是把这一切与万能的上帝联系在一起，认为天地万物所有一切皆由造物主安排。这些充满幻想的美好传说也许与“劳动创造世界”的古朴哲理相合，与人世间的打斗纷争相关，甚或与造物主的“最初一脚”有缘。但传说终究还是传说！然而，我们人类所栖生的这片土地到底从何而来？我们头顶上的日、月、星、辰，乃至整个宇宙到底从何而来？这正是人类进入文明社会以来，让人们魂牵梦绕、千思万虑以求其解的一个永恒话题。现代科学技术的飞速发展，宇宙科学和空间科学技术的日益深化和完善，正在为我们逐渐解开这些“谜”！

关于宇宙的起源、它的结构演变及朝着未来的发展变化，几乎都是在人们对宇宙天体的观测、理论计算和分析（甚至推想——基于科学的推想）的基础上得来的。因此，天文学家和物理学家根据现代天文学的观测结果，认为像太阳、恒星、行星、银河系这样的天体，它们的质量以及相互之间的距离都处于一种很大的尺度范围，应该用“宇观”的视野来考察和表征如此大规模的物质，而且务必把握住：在这些宇观物体之间起着支配作用的是万有引力。

图1-1 中国古代“盘古开天”和“女娲补天”的神话传说

宇观物体的质量一般以太阳的质量$m_{\odot}$（1.99×10^{30}kg）为单位。如地球质量为$10^{-6}m_{\odot}$，一般球状星团为$10^{6}m_{\odot}$，一个星系为$10^{11}m_{\odot}$，而至今已观测到的整个宇宙的质量约为$10^{21}m_{\odot}$。为了量度天体的距离，天文学家把地球绕太阳公转的椭圆轨道的长半轴作为天文单位，记为AU（1AU=1.50×10^{11}m）。恒星间距离的单位是秒差距，记为pc，1pc=2.06×10^{5}AU=3.09×10^{16}m= 3.26 l.y.（light year，l.y. 即光年）。秒差距指的是从某天体看太阳系时正交于视线上1AU所张的角度为1″（角度）时的距离。而光年则是光线在一年内所通过的距离。当前，我们观测到的宇宙最深处的天体离我们的距离约为1.3×10^{10} l.y.，这个尺度常称为宇宙的哈勃半径。现代宇宙科学就是在该尺度范围内，研究物质分布和演化所表现出的时间和空间的大尺度整体性质。

从上面给出的几个基本尺度和数据中，大家可能已感到宇观客体确实是一个难于驾驭、不可捉摸的庞然大物，但它们的命运却受到最微小的基本粒子的摆布。如作为恒星演化的结局之一的白矮星是由电子的简并气压所决定的，中子的简并压强决定了中子星的质量大小，更有趣的是宇宙的大尺度结构的基本特征是由不可能发光的看不见的“暗物质”决定的。像中微子这样的过去被认为没有静止质量，很难与通常的“重子”物质发生相互作用的微粒子，如果它们有哪怕极微小的静止质量，由于其为数众多，其对宇宙总质量的贡献将十倍于我们通常能观测到的，也是组成我们肌体的重子物质。并且正是它们导演了宇宙史剧的最大的场面——宇宙的最大尺度结构的特征。虽然物理学对于中微子是否真的有静止质量还尚未有定论，但宇宙中存在非重子暗物质，而且是宇宙中总物质的主要成分，这种观点不仅是规范理论的预言，也受到天文学理论和观测的直接支持，可算作宇观客体的另一特征。

近年来，通过对微波背景辐射和对遥远超新星的观测，证实了宇宙中暗能量的存在。它表明宇宙不仅在膨胀，而且在加速膨胀。

1.1 宇宙的起源和演化

1.1.1 人类早期的宇宙观

远古时代，人们对宇宙结构的认识处于十分幼稚的状态，他们通常按照自己的生活环境对宇宙的构造作一些幼稚的推测。在中国西周时期，生活在华夏大地上的人们提出的早期“盖天说”认为，天穹像一口锅，倒扣在平坦的大地上。后来又发展为“后期盖天说”，认为大地的形状也是拱形的。而后又从盖天说演变到“浑天说”，认为天地具有蛋状结构，地在中心，而天包覆在其周围。再后又发展到“宣夜说”，认为天是无限而空虚的，星辰就悬浮在这空虚之中。

在古代的希腊和罗马，关于宇宙的结构和演化也有许多学说，如中心火焰说（认为宇宙中心是一团大火焰）、正多面体宇宙结构模型等。公元前7世纪，巴比伦人认为，天和地都是拱形的，大地被海洋所环绕，而其中央则是高山。古埃及人把宇宙想象成以天为盒盖、大地为盒底的大盒子，大地的中央则是尼罗河。古印度人想象圆盘形的大地被几只大象驮着，而大象则站在巨大的龟背上；公元前7世纪末，古希腊的泰勒斯认为，大地是浮在水面上的巨大圆盘，上面笼罩着拱形的天穹。

所有这些模型并没有明确涉及时间，也许模型提出者认为宇宙空间是个永恒不变的结构，而时间是独立于空间的某种延续。这些模型是符合古人“天不变，道亦不变”的朴实观念的。

最早认识到大地是球形的是古希腊人。公元前6世纪，毕达哥拉斯从美学观念出发，认为一切立体图形中最美的是球形，主张天体和我们所居住的大地都是球形的。这一观念为后来许多古希腊学者所继承，但直到1519—1522年，葡萄牙的航海家F. 麦哲伦率领探险队完成了第一次环球航行后，地球是球形的观念才最终被证实。

公元2世纪，C. 托勒密提出了一个完整的“地心说”。这一学说认为地球在宇宙的中央安然不动，月亮、太阳和诸行星以及最外层的“恒星天”都在以不同速度绕着地球旋转。为了说明行星视运动的不均匀性，他还提出所谓“本轮—均轮”模型，认为行星在本轮上绕其中心转动，而本轮中心则沿均轮绕地球转动。地心说曾在欧洲流传了1 000多年，可以说在人类的早期宇宙模型中，作为神学宇宙观支柱的地心说长期占据着统治地位。

1.1.2 日心说与地心说之争

日月星辰的升落，给人们的直觉是绝大部分的星星像明亮的钻石，固定不动地镶嵌在天球内表面上。整个天球就嵌着这些星星，绕着一根天轴；环绕着地面，由东向西不停地转动。这样看来我们的地球当然是宇宙的中心了，以此为基础就产生了所谓“地心说”的观点，并且在人们对宇宙的认识过程中这种观点长期占统治地位。

水星是距离太阳最近的一颗行星，人们在对水星的长期观测中，发现其运行规律似乎比较特殊（参见图1-2水星的运行轨迹），它好像是在沿着黄道附近“兜圈子”，平时由西向东，有时好像在天空中停着不动，然后又由东向西，经过一段时间又折回它们平时的运动方向。面对这种反常现象，地心说的观点就无法自圆其说了。

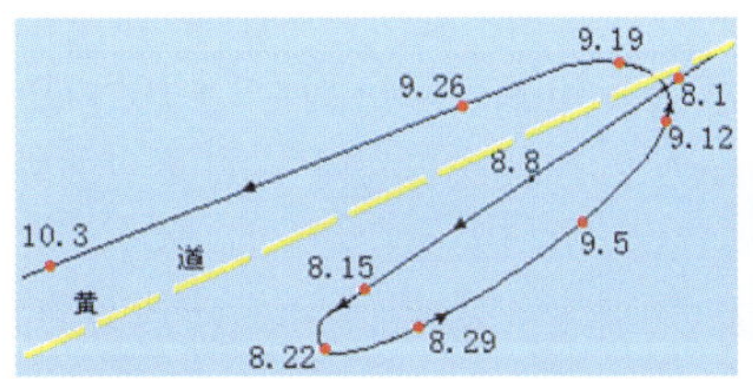

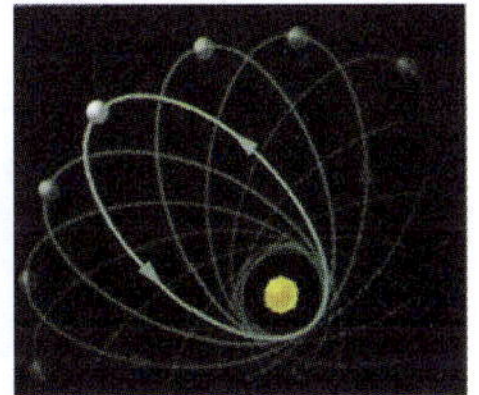

图1-2 水星在1896年8月1日－10月3日的运动轨迹

哥白尼通过长期的观测和分析指出，行星本身在太空中运行时不会“兜圈子”。住在地球上的人之所以会看到行星兜圈子的现象，归根到底是因为地球在绕太阳运动，行星兜圈子只不过是地球围绕太阳运动的实质在现象上的反映（是地球上的人对行星运动所观测到的结果）。只要假设地球围绕着太阳运动，这种行星在太空中兜圈子的现象立即就可以得到合理的说明。据此，哥白尼在1543年提出“日心说”的观点，认为太阳位于宇宙中心，而地球则是一颗沿近似圆形轨道绕太阳公转的普通行星。1609年，J. 开普勒揭示了地球和诸行星都在椭圆轨道上绕太阳公转，进一步发展了哥白尼的日心说，同年，G. 伽利略则率先用望远镜观测天空，用大量观测事实证实了日心说的正确性。1687年，I. 牛顿提出了万有引力定律，开创了用力学方法研究宇宙论的途径，深刻揭示了行星绕太阳运动的力学原因，并建立了经典宇宙论，使日心说有了牢固的力学基础。在这以后，人们逐渐建立起了科学的太阳系概念，使人类宇宙观发生了根本的变革。此后，广义相对论的建立使经典宇宙论更是有了统一的严格的数学基础；大量的天文观测资料支持了广义相对论的科学预言，并由此产生了现代宇宙论。历史表明，人类宇宙观的演变总是同天文观测的技术水平联系在一起的。

水星离太阳的平均距离为5 790万km，绕太阳公转轨道的偏心率为0.206，故其轨道很扁。太阳系天体中，除冥王星外，要算水星的轨道最扁了。水星在轨道上的平均运动速度为48km/s，是太阳系中运动速度最快的行星，它绕太阳运行一周只需要88天，除公转之外，水星本身也有自转。1965年，美国天文学家戈登、佩蒂吉尔和罗·戴斯用安装在波多黎各阿雷西博天文台的、当今世界上最大的射电望远镜测定了水星的自转周期为58.646天，正好是水星公转周期的2/3，而且水星轨道有每100年快43s的反常进动。

由于上述情况及水星轨道极度偏离正圆，将使得水星上的观察者看到非常奇特的景象，处于某些经度的观察者会看到当太阳升起后，随着它朝向天顶缓慢移动，将逐渐明显地增大尺寸。太阳将在天顶停顿下来，经过短暂的倒退过程，再次停顿，然后继续它通往地平线的旅程，同时明显地缩小。在此期间，众星将以三倍快的速度划过苍穹。在水星表面另一些地点的观察者将看到不同的但一样是异乎寻常的天体运动。

哥白尼日心说的革命性作用不在于强调太阳是宇宙的中心；而是在于指出了地球在宇宙中没有任何特殊地位。这正是宇宙论原理的精神！现在人们把宇宙论原理称为哥白尼原理也正是为了肯定他的这种精神。

1.1.3 太阳和太阳系的起源

1. 太阳和太阳系

从天文学的角度来看，太阳只是一个极普通的恒星。它是一个半径为7×10^5km、表面温度为6 000K、核心温度为1.5×10^7K、质量约为2×10^{33}g的气体球。它的平均密度为1.409g/cm^3，表面加速度为2.74×10^4cm/s^2。在其内部发生着氢聚变成氦的热核反应，人们赖以生存的光和热，就是靠这种热核反应提供的。对于地球上的人来说，光辉的太阳无疑是宇宙中最重要的天体，是人们歌颂和崇拜的对象，古今中外，历代的统治者都以自己为太阳的化身。

众多的恒星中，无论就质量、大小，还是其他各种物理性质，太阳差不多都处于平均值附近。因此，太阳也是恒星中的名副其实的“典型代表”。加之太阳离我们最近，使我们极易对其进行观测和研究；很自然，人们可以把对太阳大气和太阳内部结构的知识推广到别的恒星上去。

因此，从对我们人类的重要性以及人类对宇宙的认识这两个层面来看，对太阳及太阳系的研究具有特殊的、非同一般的重要意义。

今天我们认识到的太阳系总质量约99％集中于太阳；太阳系的大小为40AU。而我们人类所生存的星球——地球只不过是太阳系中的一个行星，它的质量仅为太阳的百万分之一。

太阳确实可以算是太阳系的名副其实的“君王”，它是太阳系中唯一发光的天体，是太阳系中光和热的源泉。在太阳系中，所有其他大小行星、彗星等天体都不停地按照一定的规律绕着太阳旋转和自转（见图1-3）；太阳上的任何细微变化都会引起整个太阳系的明显变化。太阳质量的变化必然会改变行星和彗星的轨道大小和周期，太阳风几乎直接影响到太阳系的边缘，太阳上的局部活动会造成许多地球物理现象：极光增多、大气电离层、地磁和磁层的变化等。对太阳的研究、太阳活动规律及成因的探索，可以为地球上气候的长期变化提供线索。从许多历史资料分析表明，地球上发生的许多次全球性的大旱、大涝均与太阳黑子活动的盛衰有关。太阳活动还会严重地干扰无线电通信及航天设备的正常工作。太阳耀斑爆发，发出的强烈的短波辐射和微粒流会破坏地球大气电离层的结构，使得短波通信突然中断。太阳活动产生的紫外辐射和微粒发射还会对宇航员造成致命的威胁，研究和了解太阳活动的规律才能指导空间探测顺利进行。

图1-3 太阳系——太阳及其行星

2. 太阳系的起源和太阳的形成

太阳系概念确立以后，人们开始从科学的角度来探讨太阳系的起源。

1644年，R. 笛卡尔提出了太阳系起源的旋涡说；1745年，G. L. 布丰提出了一个因大彗星与太阳碰撞导致形成行星系统的太阳系起源说。

研究太阳系起源的第一个基本问题是形成太阳系的原始物质的来源问题。对此，历史上有过三种说法：

（1）灾变说。认为太阳先形成，后来被另一颗恒星拉出或撞出大量物质，形成了行星和卫星。

（2）俘获说。也认为太阳先形成，但以后太阳从银河系中俘获了其他星际物质而形成了行星和卫星。

（3）星云说。1755年和1796年，康德和拉普拉斯则各自提出了太阳系起源的星云说。认为整个太阳系是由同一块星云物质形成的；这块形成太阳系的星云称为原始星云。

目前大多数科学家倾向于星云说。现代探讨太阳系起源的新星云说正是在康德-拉普拉斯星云说的基础上发展起来。

按太阳系在银河系中的位置可知，太阳系的原始星云应该包含了更多的重元素，也就是说它是在银河系内经历了数代超新星爆发后形成的。它是从低温状态，靠自引力收缩才导致温度逐渐升高的。

大约在47亿年前，一个质量比太阳大几千倍的星际云，当收缩到密度为10～15g/cm^{3}时，内部出现了湍涡流，便碎裂成上千个小星云，原始星云就是其中之一。

这一模型可从如下两个方面加以证实：一是对太阳系内不同天体的物质成分和放射性元素的分析，发现它们的相对含量都基本一致。二是对银河系内其他恒星的形成过程的观测。由于原始星云是在湍涡流中形成的，故一开始就有自转，而且角动量很大，为现今太阳系角动量的百倍以上。原始星云一面自转，一面因自引力而收缩。而在收缩过程中，由于角动量守恒；自转角速度逐渐加快，惯性离心力使原始星云逐渐变扁。当赤道处自转角速度大到惯性离心力等于中心部分对赤道处物质的引力时，赤道附近的物质便停止收缩而留在那里；而原始星云的其他部分仍继续收缩，于是形成了扁扁的、内薄外厚、连续的星云盘。与此同时，原始星云中心部分在收缩过程中质量变大，形成了太阳，并发出辐射。

3. 太阳系中其他行星及其卫星的形成

说明行星形成的观点很多，有的模型则明显有错。我国天文学家戴文赛（1911—1979）认为，星云内的固体微粒在聚集的同时向赤道面沉降，在盘内形成一个比盘薄得多的“尘层”；当尘层密度足够高时，便出现引力不稳定性，于是瓦解成许多粒子团；粒子团收缩形成星子；星子再聚成星胎。星子的质量为10^{18}～10^{30}g；星子吸积周围物质而继续长大。大小不同的星子因彼此引力相互作用，而使星子绕太阳的公转轨道改变，互相交叉。星子在轨道交叉处容易发生碰撞，相对速度大时，星子被撞碎；相对速度较小时，星子结合成大星子。最大的星子就成为行星胎；行星胎通过引力吸积作用进一步成长，最后成为行星。据估计，地球形成过程为一百万年左右，木星核为几千万年，而天王星和海王星则需几亿年。

在星云盘内，木星、土星区的温度低，土物质和冰物质都聚集成星子，星子再集聚形成行星的固态核，固态核吸积周围物质而不断长大。当固态核质量达到10^{27}g以上时，引力大得足够使引力范围内的气体吸积在核周围，形成转动的气壳，后来被吸积的星子经过气壳时，由于气体的阻力，一部分星子被留在气壳内，形成绕核转动的扁扁的星子盘，然后再聚成卫星。这样形成的卫星是规则卫星，其特点是，运动方式有共面性、近圆性和同向性，距离分布符合波得定则（又称彼得-提丢斯定则，是由德国天文学家波得总结德国物理学家提丢斯提出的一条关于行星距离的定则：取0，3，6，12，24，48，96，…这么一个数列，每个数字加上4再用10来除，可得出各行星到太阳实际距离的近似值）。

随着固态核不断增大，引力作用范围和气壳也增大，最后因引力太大，气壳坍塌到核上，形成木星和土星的中层和外层。气壳坍塌时卫星轨道缩小，最里面的卫星更靠近行星，落入了洛希极限范围以内，便在行星的潮汐力作用下瓦解；土星外围就形成了光环；而木星由于温度较高，被瓦解物质中的冰被融化和挥发，故只形成由尘物质组成的暗环。

不规则卫星是由气壳外的星子被固态核俘获后形成的；因而它们还保留着原来的运动情

形，轨道偏心率等较大，且不符合波得定则。

1.1.4 银河系的发现及其与太阳系的关系

在哥白尼的宇宙图像中，恒星只是位于最外层恒星天上的光点。1584年，G. 布鲁诺大胆取消了这层恒星天，认为恒星都是遥远的太阳，银河系中就有成千上万个太阳。18世纪上半叶，由于E. 哈雷对恒星自行的发展和J. 布拉得雷对恒星遥远距离的科学估计，布鲁诺的推测得到了越来越多人的赞同。18世纪中叶，T. 赖特、I. 康德和J. H. 朗伯推测说，布满全天的恒星和银河构成了一个巨大的天体系统。F. W. 赫胥黎首创用取样统计的方法，用望远镜数出了天空中大量选定区域的星数以及亮星与暗星的比例，1785年首先获得了一幅扁而平、轮廓参差、太阳居中的银河系结构图，从而奠定了银河系概念的基础。

18世纪后期，天文学家利用反射望远镜进行了系统的恒星计数观测，并计下117 600颗恒星，得出了一个恒星系统呈扁盘状的结论，并认为太阳离扁盘中心不远。19世纪又将恒星计数的工作扩展到南天。此工作虽然又经过一些天文学家的努力，但由于受到准确测定恒星距离的困惑，并未使最初的结论得到改进。直到20世纪初，天文学家才开始把这个由众多恒星组成的系统称之为银河系（Milky Way Galaxy）。

此后经过了半个多世纪对银河系的观测分析，人们又获得了一系列新的发现和认识。1918年，H. 沙普利发现了太阳不在银河系中心、J. H. 奥尔特发现了银河系的自转和旋臂，以及许多人对银河系直径、厚度的测定，银河系的质量约为$10^{12}m_{\odot}$；银河系（盘）的直径约为30kpc。太阳距其中心的距离约为 8.5kpc。太阳位于银河系众多的旋臂中的一条，即猎户臂的内侧边缘附近，距银河系中心约为银河系半径的2/3距离处。银心（又称银核）位于人马座天区方向，和太阳的距离约为23 000l.y. 。银盘的上和下为一球形区域（称为球状成分），其中充斥着球状星团和其他年龄很大的天体。例如贫重元素的矮星。银河系的外围一直到可见的边缘，为一个巨大的大质量银晕。它的成分、形状和延伸大小尚不十分清楚。整体银河系统绕银心自转，但不同组成部分的天体并不以相同的速度公转。距银心远的天体比距银心近的天体速度慢。距银心相当远的太阳以一个近似圆形公转轨道绕银心运动，速度估计为225km/s。太阳的公转速度较慢，它绕银心公转一周约需2亿年。这样，科学的银河系概念才最终确立，如图1-4所示。

图1-4　银河系及太阳系现在的位置

银河系是一个由恒星和星系物质组成的巨大的、盘状系统，银河系中的众多繁星的光形成了我们所看到的银河——环绕夜空的外形不规则的发光带。这条星光带大体上位于银盘平面上。银河系是构成宇宙的亿万个星系中的一个。它拥有几百亿颗恒星和相当大量的星际气体和尘埃。银河系是星系类型中的旋涡星系一类的典型。它的核心周围是一个巨大的中央核球，并有缠绕着它的旋臂。这些弯曲的旋臂使银河系的外形看上去像一个庞大的车轮。旋臂均匀沉陷在银盘中。银盘是银河系的主要组成部分，直径约70 000 l.y.。银核为星际尘埃粒子屏蔽，它们吸收银核辐射中的可见光和紫外光。但科学家可以在射电、红外、X射线和γ射线的波段，记录并研究银核区发出的辐射。特别是红外辐射和X射线中的强发射，表明存在着高速运动的电离气体云。

现在多数人认为，这种气体云在环绕一个大质量天体运转，很可能是一个质量约为太阳的40万～400万倍的黑洞。科学家已确认，中央核球的主要成分是一些老年恒星和老年星团。旋臂的成分则是完全不同的另一类天体。旋臂中的天体属于十分年轻的亮星和疏散星团。此外，在旋臂区域内是星际气体和尘埃粒子的最高度集聚区，所以那里也是最适合新的恒星形成之处。

20世纪20年代，观测发现了银河系自转以后，这个银河系模型得到了天文学家的公认。从宇宙论角度看，银河系结构的确定不仅是从尺度上扩大了人类认识到的时空结构，同时是继哥白尼之后又一次否定了人类（及其所居住的星球）在宇宙中具有特殊地位。然而它并未否定哥白尼日心说，只是进一步说明了太阳也不是宇宙的中心。

地球所在的太阳系处于银河系中，在地球上看银河会发现横跨星空的一条乳白色亮带，这就是银河系主体在天球上的投影，也是其英文名称Milky way的来历，中国古代则称其为银汉。在北半天，银河从天鹰座先向西北，经过天箭座、狐狸座、天鹅座、仙王座、仙后座，再折向东南，穿过英仙座、御夫座、金牛座、双子座、猎户座、纵贯天球赤道上的麒麟座，进入南半天的大犬座、船尾座、船帆座，又折向西北，横过船底座、南十字座、半人马座、圆规座、矩尺座、天蝎座、人马座和盾牌座。银河经过23个星座，周天一圈后又回到天鹰座。用望远镜观察，可以看见银河是由为数众多的恒星和星云组成的。星云有亮有暗。亮星云密集处使银河增亮，例如，盾牌座、人马座一带的亮区。暗星云则表现为银河上的暗区，例如，天鹰座以南的“大分叉”和南十字座附近的“煤袋”。银河在星空勾画出轮廓不很规则、宽窄不很一致的带，叫做银道带。银道带最宽处达30°，最窄处也超过10°。图1-5给出了从地球观察银河的示意模型。

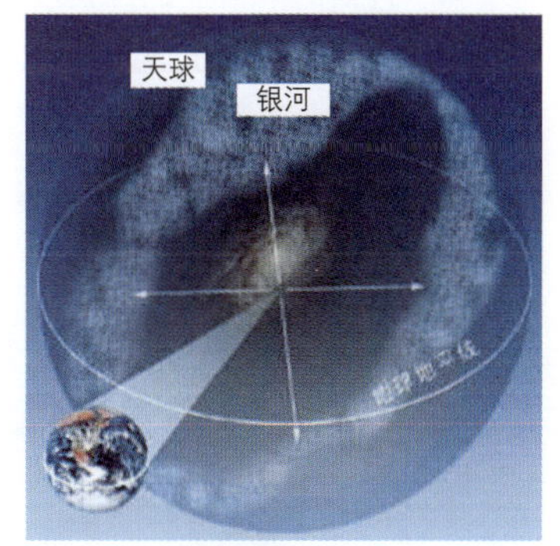

图1-5　从地球上看到的银河

1.1.5　河外星系

到了17世纪，人们陆续发现了一些朦胧的天体，当时称它们为“星云”。有的星云是气体的，有的被认为像银河系一样，是由许许多多恒星组成的宇宙岛，由于距离地球太远，观测都分辨不清那些由大量恒星构成的朦胧天体。那么，它们有多远呢？是银河系内的，还是银河系外的呢？

关于河外星系的发现过程可以追溯到两百多年前。在当时法国天文学家梅西耶（Messier Charles）为星云编制的星表中，编号为M31的星云在天文学史上有着重要的地位。初冬的夜晚，熟悉星空的人可以在仙女座内用肉眼找到它——一个模糊的斑点，俗称仙女座大星云。从1885年起，人们就在仙女座大星云里陆陆续续地发现了许多新星，从而推断出仙女座星云不是一团通常的、被动地反射光线的尘埃气体云，而一定是由许许多多恒星构成的系统，而且恒星的数目一定极大，这样才有可能在它们中间出现那么多的新星。如果假设这些新星最亮时候的亮度和在银河系中找到的其他新星的亮度是一样的，那么就可以大致推断出仙女座大星云离我们十分遥远，远远超出了我们已知的银河系的范围。但是由于用新星来测定的距离并不很可靠，因此也引起了争议。

1755年著名的天文学家康德在他的《自然通史和天体论》一书中明确提出“广大无边的宇宙”之中有“数量无限的世界和星系”的观念，18世纪中叶，康德等人还提出，在整个宇宙中，存在着无数像我们的天体系统（指银河系）那样的天体系统。而当时看去呈云雾状的“星云”很可能正是这样的天体系统。宇宙中无数的恒星系统可形象地比喻成汪洋大海中的岛屿，但天文学中对于宇宙岛是否真的存在始终未达成共识。从银河系的构成看，除了由大量恒星组成的球状星团、疏散星团、一些零散的其他恒星外，还有大量的星际物质。它们也可分为三大类：亮星云、暗星云和它们之间的星际气体及尘埃。对这些星云的本质，天文学家一直存在着争论。

此后经历了长达170年的曲折的探索历程，直到1924年，才由美国天文学家哈勃（E. P. Hubble，1889—1953）（见图1-6）用威尔逊山天文台上口径为2.54m的反射望远镜——胡克望远镜，通过照相观测，将星云的外围部分分解为单个的恒星，在仙女座大星云的边缘找到了一类特殊的星体——造父变星。1908年美国女天文学家勒维特研究了25颗有不同变光周期的造父变星，发现这些造父变星由于自身膨胀、收缩的脉动作用，其光度变化十分有规则：变光周期越长，亮度越大，即光度和周期之间的对数成正比关系。因此，只要测出造父变星的光变周期，就可以推算出它的实际光度，再把实际光度与观测到的视等星的亮度进行比较，就可以推算出它的距离了。由此，造父变星赢得了“量天尺”的美誉。哈勃利用造父变星的光变周期和光度的对应关系推出了仙女座星云的距离大约为150kpc，竟比银河系盘的直径大五倍，离地球约220万l.y.。这就有力地证明了这些星云是处于银河系外的天体，也像银河系一样，是一个巨大、独立的恒星集团，统称它们为“河外星系”或“星系”。于是，河外星系的存在最终得以确认，仙女星云也改称为仙女星系，如图1-7所示。

图1-6　天文学家哈勃

图1-7　仙女星系

这里的“河外”，是指位于银河系之外、由几十亿至几千亿颗恒星、星云和星际物质组成的天体系统。哈勃接着在更多的星云中也找到数目不等的造父变星，从而又发现了更多的星系。目前已发现大约10亿个河外星系，银河系也只是其中的一个普通的星系。人们估计河外星系的总数在千亿个以上，就如同辽阔海洋中星罗棋布的岛屿，所以天文学家才称它们为“宇宙岛”。

从河外星系的发现，可以反观我们的银河系。它仅仅是一个普通的星系，是千亿星系家族中的一员，是宇宙海洋中的一个小岛，是无限宇宙中很小很小的一部分。

自河外星系（当初称为河外星云）发现后，天文学家很快又发现了相当数量的星系，如椭圆星系、漩涡星系、透镜星系及其他不规则星系。图1–8所示为蟹状星系。

近半个世纪，人们通过对河外星系的研究，不仅已发现了星系团、超星系团等更高层次的天体系统，而且已使我们的视野扩展到远达200亿l.y.的宇宙深处。

图1–8 蟹状星系

1.2 宇宙大爆炸模型

人类对自身生存的宇宙空间的认识是一个不断形成、又不断修正（甚至否定）不断延拓的过程。从地球到太阳、太阳系，又从太阳系扩展到银河系、河外星系。如此浩瀚、巨大的宇宙最初究竟是怎么形成的呢？能否有一个统一的物理模型来描述或解释这些星系的形成和未来的变化过程呢？

1.2.1 哈勃定律与宇宙膨胀

要搞清楚如此巨大、离我们又相当遥远的星系是怎么形成的，这首先得从著名的哈勃定律说起。

在物理学（声学）中有个“多普勒效应”，一个朝向你运动的物体发出的声波被压缩，因而声调（波长变短）较高；离你而去的物体的声波被拉伸，因而声调较低。任何遇到过急救车或其他警车警笛长鸣擦身而过的人对以上两种情况都不会陌生。电磁辐射也是一种波动，它传播时也会产生声波那样的现象。由于恒星是一个发光的天体，光具有电磁波动性，与声学中的多普勒效应相类似，当一颗恒星，朝着远离观测者的方向运动时，它所发出的光相对于静止的恒星光被拉长了，光谱向长波（红）端发生位移，这种现象在光谱学中称之为“红移”。类似地，一颗朝向观测者运动的恒星的光将因恒星的运动而被压缩，这意味着这些光的波长较短，因而称它们“蓝移”了。图1–9是红移和蓝移的示意图。所以天文学家常用光谱分析的方法来观测和研究恒星的运动并相对测算它的距离。哈勃经过长期的照相观测研究，于1929年确认，遥远的星系均远离我们地球所在的银河系而去，同时，它们的红移随着它们的距离增大而成正比地增加，写成公式即为$Z=(H/c)d$，其中Z为红移量，c为光速，H为哈勃常数，d为距离，这一普遍规律称为哈勃定律，对于运动的发光星体，将其视向速度$v=cZ$代入哈勃定律的公式，即得到$v=Hd$。这就是说，一个天体发射的光所显示的红移越大，该天体的距离越远，它的退行速度也越大。由于红移和距离的关系并不依赖于天体的内在性质，因此确定天体的红移为确定天体的距离提供了一

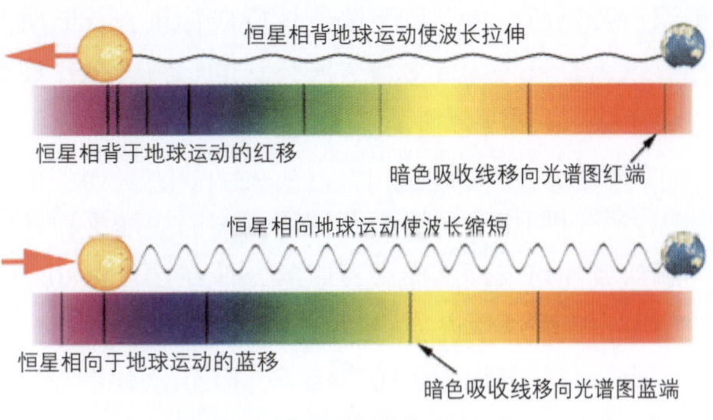

图1–9 光谱红移示意图

个新的手段。哈勃定律已为后来的研究证实，它成为星系退行速度及其和地球的距离之间的相关的基础，并为认为宇宙膨胀的现代相对论宇宙学理论提供了基石。

1.2.2 宇宙大爆炸模型的提出及其理论预言

在天文观测水平不断提高的同时，现代宇宙学也取得了引人注目的成就。1917年，爱因斯坦（见图1-10）根据广义相对论原理考察宇宙结构问题，提出了有限无边的宇宙模型，但爱因斯坦认为宇宙大尺度上的特征应该是静态的，所以在他的宇宙模型中引入了“宇宙项”。后来，科学家重新讨论爱因斯坦引力场方程在宇宙结构问题上的应用，得出非静态的宇宙模型，认为宇宙是不断膨胀的。1930年，人们把哈勃关于星系红移与距离之间关系的发现，解释为由爱因斯坦场方程给出的宇宙非静态解所描述的膨胀宇宙所显示的观测效应。于是，哈勃的发现就成为宇宙正在膨胀这一模型的观测证据。但这里尚有一个问题，如果宇宙中各星系间时刻处于飞驰着相分离的状态，那么它们必然曾经距离很近。简单地说，如果分离速度是恒定的，则使任何一对星系分离到今天的距离所需要的时间就是它们现在的距离除以它们的相对速度。但哈勃定律告诉我们膨胀速度正比于它们现在的距离，这就意味着任何一对星系处于今天的位置所需的分离时间是一样的。如果尽可能把时间往前推，就意味着曾在某一时刻这些星系是聚在一起的。

图1-10 爱因斯坦

1932年勒梅特首次以一种自然假设的形式提出了现代宇宙大爆炸理论的雏形（见图1-11）：整个宇宙最初聚集在一个极端压缩、极端高热状态下的原始原子中，后来发生了大爆炸，碎片向四面八方散开，形成了我们的宇宙。1948年，伽莫夫（G. Gamov，1904—1968）把核物理学与宇宙膨胀理论结合起来，奠定了宇宙大爆炸理论的基础，更清晰地描绘了宇宙从原始高密状态演化、膨胀的概貌。他把原始原子称为原始火球，球内充满辐射和基本粒子，这些基本粒子互相发生核聚变反应，引起爆炸而向外膨胀，辐射温度和物质温度急剧下降，核反应停止，其间所产生的各种元素形成了今天宇宙中的各种物质，这就是当今为大多数人所公认的宇宙大爆炸模型。伽莫夫还预言，大爆炸必有残余的辐射遗留下来，只有热力学温度5K左右。

图1-11 勒梅特和宇宙大爆炸雏形

20世纪科学的智慧和毅力在英国数学家和理论物理学家霍金的身上得到了集中的体现。这位因青年时期患上了肌肉萎缩综合症而只能坐在轮椅上的天才科学家，现在担任英国剑桥大学牛顿级别的卢卡斯客座教授职务，他在20世纪80年代根据理论计算提出“黑洞”理论，有力地支持宇宙大爆炸学说（见图1-12）。

霍金对宇宙起源后10^{-43}s以来的宇宙演化图景作了清晰的阐释，用最简略的语言勾绘出宇宙起源的壮丽图景：宇宙最初只是个奇点，在这之前，没有时间，没有空间，没有物质，没有能量，然后是大爆炸，刚刚诞生的宇宙是炽热、致密的；随着宇宙的迅速膨胀，其温度迅速下降。最初的1s之后，宇宙的温度降到约100亿K，这时的宇宙是由质子、中子和电子形成的一锅基本粒子汤。随着这锅汤继续变冷，核反应开始发生，生成各种元素。这些物质的微粒相互吸引、融合，形成越来越大的团块，并逐渐演化成星系、恒星和行星，在个别天体上还出现了生命现象。然后，能够认识宇宙的人类终于诞生了。

图1-12　霍金与黑洞

科学家们甚至排列出了从0时间开始的宇宙大爆炸时间表：

（1）起源：宇宙始于约200亿年前爆炸的一个高温、高密度的“原始火球”。它的起始时间为0。

（2）普郎克时代：时间10^{-43}s，温度高达10^{32}K，发生超统一相变，引力相互作用分化出来。

（3）大统一时代：时间10^{-35}s，温度高达10^{28}K，大统一相变发生，强相互作用分化出来。

（4）强子时代：时间10^{-10}s，温度为10^{15}K，弱电相变发生，弱相互作用分化出来。

（5）轻子时代：时间10^{-2}s，温度为10^{12}K，几种相变完成，四种相互作用逐一分化出来。

（6）辐射时代：时间1～10s，温度降至约$10^{10}\sim 5\times 10^{9}$K，基本粒子开始结合成原子核，能量以光子辐射显示出现（人们探索微观世界和宇宙结构的努力在这里会合）。

（7）氦形成时代：时间3min，温度降至约10^{9}K，直径膨胀到约1l.y.大小，进入原子核合成时期，有近三成物质合成为氦^{4}He，核反应消失。

（8）进入物质时代：时间3min～2 000年，温度降至约10^{5}K，物质密度大于辐射密度。

（9）物质从背景辐射中透明出来：时间1 000～2 000年，物质温度开始低于辐射温度，最重与最轻的基本粒子数比值（即元素丰度）保持恒定。

（10）星系形成：时间108年，温度降至约100K。

（11）类星体、恒星、行星及生命先后出现：时间109年，温度降至约12K。

（12）目前阶段：时间1 010年，温度降至约3K，星系温度约105K。

至此，大爆炸宇宙模型成为最有说服力的宇宙图景理论。

1.2.3　宇宙观测与宇宙大爆炸模型的发展

由于大爆炸理论当时在解释元素形成问题上存在重大困难，因而直到20世纪60年代中期得到宇宙论观测的支持，这一理论才被天文学家所接受。

前面已经说过，天文学的研究工作主要是在对天体的观测基础上进行的。观测者对于遥远对象的观测必然要付出昂贵的代价。今天的天文观测仪器，除了地面的单个大口径望远镜（如10m光学望远镜，500m射电望远镜），还用它们联合组成数平方千米的“阵列”以进一步提高其观测分辨度和灵敏度。人们还建立了各种空间观测站，如著名的哈勃空间望远镜和各类高能天文观测卫星。它们每天都不停地为人类累积着大量来自各类天体的信息。这些观测数据既对已有的宇宙模型提供了检验，也为宇宙论的进一步发展奠定了基础。

对宇宙的观测包括以下7个方面：

（1）宇宙微波背景辐射。20世纪40年代伽莫夫等人通过理论计算预言：大爆炸后最初几分钟，宇宙就像一个氢弹爆炸时产生的火球，处处充满了温度高达10亿K的光辐射。因为处于热平衡中，这种辐射强度随波长的分布服从普朗克分布（或称黑体谱）。随着宇宙的膨胀，辐射温度不断下降，但始终保持黑体谱形和总体均匀性。宇宙膨胀至今，应该存在一种均匀地充满空间的温度为5K左右的背景黑体辐射。由于辐射的峰值波长在1mm附近，处于微波波段，故又称为微波背景辐射。证实这种背景黑体辐射即宇宙微波背景辐射的存在将为宇宙起源于热大爆炸的假说提供了一个基本证据。1964年美国贝尔电话实验室的彭齐亚斯和威尔逊用一架卫星通信天线，在7.35cm 波长处探测到了一种来自宇宙空间、强度与方向无关的3K黑体辐射。他们起初并不清楚自己发现的意义。后来普林斯顿大学的皮伯斯等得知这一消息，才认识到这可能正是他们“踏破铁鞋无觅处”的宇宙背景辐射。该现象表明，微波背景辐射是极大的时空范围内的事件。因为只有通过辐射与物质之间的相互平衡作用，才能形成黑体谱；而且其各向同性反映了宇宙过去和现在的整体性质。后来他们确信，这种背景辐射正是原始火球的遗迹，并很快被证认为就是伽莫夫预言的宇宙背景辐射。确定微波背景辐射的黑体辐射谱是很重要的，因为它排除了此辐射来自其他辐射源的可能性。微波背景辐射提供了比遥远星系和射电源所能提供的更为古老的信息，其观测结果对宇宙论的建立和发展实际上具有更深远的意义。如果把探索宇宙起源的工作比作“考古”，那么微波背景辐射就是最古老的“化石”！为了进一步加以证实，20多年来，全世界天文学家对这种辐射的谱分布和方向进行了大规模的调查，形势逐渐明朗。1989年，为研究宇宙背景辐射专门发射了“宇宙背景探测者”卫星（Cosmic Background Explorer，COBE）。COBE卫星在0.5~5mm的最重要的频谱范围上作了非常精密的测量，整个波段上，该辐射的谱分布与温度为2.735K ± 0.006K 的理想黑体吻合（见图1-13）！在扣除运动效应以后，天空不同方向的相对误差小于十万分之一。这就不容置疑地证明了微波背景辐射的黑体性和普适性，成为宇宙热大爆炸模型最令人信服的证据，这一发现在现代宇宙学史上的地位只有宇宙膨胀的发现可以与之相比。如果说，哈勃的发现打开了宇宙整体动力学演化研究的大门，那么彭齐亚斯和威尔逊的发现则打开了宇宙整体物理演化研究的大门。彭齐亚斯和威尔逊两人也因这一重大发现而获得了1978年的诺贝尔物理学奖。

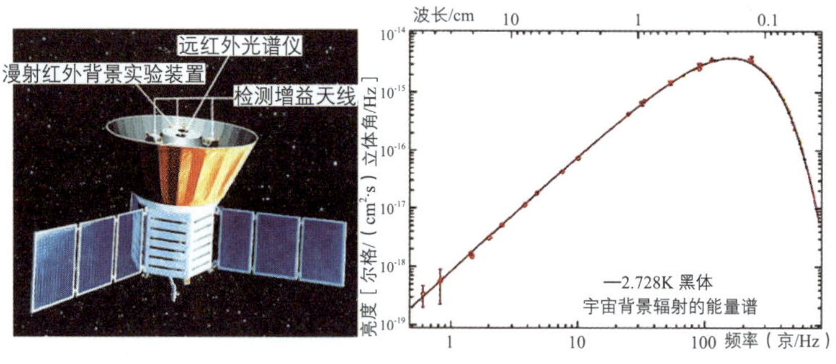

图1-13　COBE卫星及它所探测到的黑体辐射谱

对宇宙背景辐射中微小的不均匀性的观测同样很重要，这是因为它们也被看做宇宙演化过程中所形成的各种大尺度结构所遗留下的“化石”。理论上说，宇宙各层次结构的形成必然起源于原初的物质密度扰动，所有的这些不均匀性，都会引起宇宙微波背景辐射中可预测的温度起伏，如果它们是存在的，则同样可以提供星系，甚至可能是恒星形成早期的历史证据。马瑟（J. C. Mather）和斯穆特（G. F. Smoot）从1974年开始COBE项目，探测波长1μm ~ 1cm宇宙背景辐射的方向分布和能量谱，搜寻它们与完全各向同性和理想黑体辐射谱的偏差。结果符合于温度2.728K ± 0.004K的黑体辐射分布，再次证实了宇宙背景辐射是黑体辐射。近年更精确测量发现，背景辐射的温度在一个方向上比相反的方向高0.003K，解释为地球及银河系有相对于整个膨胀宇宙背景辐射的运动所致。接着，他们取得又一重大成果，发现宇宙背景辐射温度有微小涨落——各向异性。这种涨落正是宇宙极早期“暴胀”遗留下来的。他们因这些重大发现获得2006年诺贝尔物理学奖。授奖的一个重要原因是，这项发现再次证实了大爆炸理论，因为大爆炸理论预言了微波辐射的涨落，这种涨落是宇宙在婴儿期产生的涨落的遗迹。

（2）膨胀。标准宇宙论的一个最基本的性质是宇宙的膨胀。20世纪60年代发现膨胀在观测宇宙论中起着基本的作用。世界各地的天文观测者测量到约28 000个星系的光谱，除少数（靠近银河系的那些星系）外全都具有支持膨胀宇宙的红移。星系的最大红移达$Z_{max}≈5.30$；最远的星系团红移$Z≈0.94$。已观测到超过8 000个类星体（QSO）中，$Z > 4$的就有20多个，目前类星体的最大红移$Z_{max} = 4.89$。这些是我们观测到的宇宙中最遥远的天体，也为我们提供了约在爆炸数十亿年后的宇宙样品。人们还用了很多方法试图测定哈勃常数H，目前公认它在45~75km/（s・Mpc）的范围。

（3）均匀性和各向同性。前面关于人类宇宙观的演化的讨论中表明，人类正是从不断地否定对其自身和其生存环境所处的特殊地位的过程中，逐渐发展和完善了对于宇宙的认识：宇宙中不存在任何特殊点，或者说，宇宙中所有点都是平等的。人们常把它称为宇宙论原理或称为宇宙平庸原理。为纪念哥白尼在此观念形成中的贡献，也常称为哥白尼原理。宇宙的各向同性和均匀性已有了丰富的观测证据。对于观测到的宇宙的各向同性的最好证据是微波背景辐射温度的一致性。具有较高的有效深度，包含约百万可见光星系的星表和红外精选星系的红外星表，两者也都提供了对于星系空间分布各向同性的证据。

（4）宇宙的年龄。如果星系目前正在彼此远离，那它们过去必定靠得更近，也就是说，较早时代的宇宙，物质密度会更高。继续这一推理就意味着过去必定存在一个时刻，那时宇宙中的物质处于极其高密的状态，宇宙的年龄应该从那一刻开始计起。

宇宙的年龄可用多种方法加以测定：利用宇宙膨胀率计算返回到大爆炸的初始时间；通过球状星团中最老恒星年龄的测定；通过放射性元素标定的年代；研究白矮星的冷却时间；通过星系团中热气体的冷却时间等。

按照哈勃定律将星系的距离除以各自的速度，就可估计出那一时刻距今约100亿～200亿年。这段时间对所有星系来说是共同的，事实上它就是哈勃常数的倒数。那一时刻通常被称为“大爆炸”的瞬间，也就是我们宇宙的开端。如果这一推论不错，那么宇宙中一切天体的年龄都不应超出这个“宇宙年龄”所界定的上限。

借助卢瑟福所开创的利用物质中放射性同位素含量测定其形成年代的方法，人们测量了地球上最古老的岩石、“阿波罗11号”宇航员从月球上带回的岩石以及从行星际空间掉到地球上的陨石样本，发现它们的年龄均不超过47亿年。

恒星的年龄还可以从它们的发光功率和拥有的燃料储备来估计。根据热核反应提供恒星能源的理论，人们估算出银河系中最老恒星的年龄约为100亿～150亿年。

用上述几种完全不同的方法得到的天体年龄竟与“宇宙年龄”协调一致，这对大爆炸宇宙模型当然是十分有力的支持。目前，所有这些方法都给出符合100亿～200亿年范围的宇宙年龄。目前公认的宇宙年龄大约在150亿年左右。我们人类所生存的地球的年龄大约是45亿年。

（5）轻元素丰度。所谓元素丰度是指在所研究的对象天体中某种元素含量与氢含量的比值，又称“丰存度”。在大爆炸后一秒钟以前，宇宙不仅不可能存在星系、恒星、地球，甚至除氢核外没有其他化学元素，只有处于热平衡状态下的由质子、中子、电子、光子等基本粒子混合而成的“宇宙汤”。起初，中子和质子的数量几乎相等，随着温度的降低，两者的比例逐渐下降，在约3min时达到1∶6左右。当温度降到10亿K时，中子和质子合成氘核的反应开始，类似氢弹爆炸时发生的聚变过程迅速把所有的中子合成到由两个质子和两个中子构成的氦核中，从时间t = 0.01~100s（T=10~0.1MeV）时发生的核反应生成的几种有显著数量的产品是氘，氦3（氦的同位素）、氦4 和锂7（锂的同位素）。不难算出，氦同氢的质量比即丰度应为1∶4。天文观测表明，无论宇宙的哪个角落，无论恒星还是星际物质中，氦与氢的比例均大体与此相符。同一时期合成的氘、氚、锂、铍、硼等轻元素，尽管数量小得多，但它们的丰度（即与氢的比例）也具有类似的普适性。原初核合成是标准模型的最早检验，它们的观测丰度不可能用现代已认识的天体物理过程加以解释。这对大爆炸模型无疑又是一个有力的支持。

预测丰度与“推断”的原初丰度的比较，提供了一个对标准宇宙模型的有力检验。同时，对上面四个同位素的预测和观测丰度间的一致，使原初核合成理论提供了对宇宙中重子物质密度的最严格的限制。最有意义的是，它意味着宇宙的物质密度中的大多数由不同于重子物质的暗物质（即不发光的物质）形式给出。

（6）物质密度，宇宙中的暗物质和暗能量。关于宇宙中暗能量的存在前面已提及，而最近WMAP（微波各向异性探测器）数据显示：暗能量在宇宙中占总物质的73%。关于暗能量的物理本质，至今仍是宇宙学中的一个难题。

用动力学方法测量星系的质量本质上是利用某种观测手段检测星系质量的引力效应。最简单的一种方法就是在星系物质球对称的假设前提下，利用开普勒第三定律

$$Gm(r)=v^2r$$

其中v是距星系中心处的轨道速度，$m(r)$是以距中心为r的尺度作半径的球的内部的质量。将此技巧用于漩涡星系（得到所测量的旋转速度），并取r为其内部的有效发光半径（星系发出的光大多在以r为半径的区域内发射），我们找出直接与光有关的密度分数$\Omega_{发光}$

$$\Omega_{发光}\leqslant 0.01\text{（或更小）}$$

令人惊讶的是，与光相关的质量对宇宙临界密度的贡献仅小于1%。当天文学家将此技巧扩展到星系有效发光半径r以外时，他们发现$m(r)$在连续增加。旋转曲线测量结果表明，实际上所有漩涡星系都有暗的弥散的“晕”伴随它们，晕的贡献至少3~10倍于“可视物质”（恒星和类似物）的质量。由此，我们可得出结论

$$\Omega_{晕}\geqslant 0.1=\Omega_{发光}$$

这是非常强的证据，它表明暗物质是宇宙质量密度的主要成分。这里还需注意，基于原初核合成理论，量子密度的下限$\Omega_B\geqslant 0.015$和$\Omega_{发光}$的对比已经显露出有暗的重子物质。其实这并不是很意外的，确实有形式多样的重子物质是不“发光的”，例如，木星、白矮星、中子星、黑洞等。

后来，一些粒子物理学家宣称，中微子的静止质量可能不为0，前苏联的一个试验小组则更明确地宣布：电子、中微子的静质量约为6×10^{-32}g。这个消息在当时天体物理学界的反响远远大于粒子物理学界。

20世纪80年代兴起的超对称、超引力等理论，预言了很多新粒子。它们都不是重子，它们大都不参与电磁作用，或只有很弱的相互作用，极难甚至不可能在现今的实验室中发现它们。

人们把由这些微粒子组成的暗物质按其质量大小分成三种不同类型。取其典型质量为10eV、1keV和1GeV，并分别称之为热暗物质、温暗物质和冷暗物质。这些粒子的质量都非常小，它们都是相对论性的，即总是以极接近光的速度运动，按照相对论，静质量越小的粒子运动速度越接近光速，其特点是退耦早，因而开始成团的时间早，但它容易抹平一些小尺度的重子物质的成团。这一点与宇宙中存在多种小尺度结构的观测事实不相符合。因此，天文学家很快就对热暗物质失去了兴趣。冷暗物质虽然有能保存小尺度结构的优点，一度是天文学家所偏爱的选择，但由于它退耦时间晚，致使宇宙中各种尺度结构的形成时间过长，以致按严格的理论计算像星系等类结构至今尚未完全形成，这也与观测事实不符。当然，在考虑宇宙大尺度结构形成中除了暗物质成分因素外，尚需考虑各种动力学和热力学等因素。

（7）宇宙的大尺度结构。前面说过宇宙的均匀性和各向同性已是一个观测事实，这是对今天的宇宙处于大尺度（大于100Mpc）上看到的情形。然而，在较小尺度上这种描述却掩盖了某些今天宇宙最突出和触目的特点——结构的存在。宇宙包括行星、恒星、星系、星系团、超团、空洞等。这些结构的存在，是宇宙的重要性质，并且很可能是理解宇宙演化的关键之所在。

1.2.4 宇宙大爆炸模型面临的困难

宇宙观测虽然为宇宙大爆炸模型提供了有力的试验支持，但也指出了这一理论所面临的困难。

首先是宇宙大尺度均匀性问题。目前天文观测已达到一百多亿光年的尺度，而且在这个尺度上宇宙是均匀的，那么在这个尺度范围内的各部分间应该已发生过充分的相互作用。按照相对论，真空中的光速是任何物质运动及任何相互作用传播速度的上限。而宇宙的年龄也是有限的，因此在宇宙创生以来物质间能进行相互作用的范围也是有限的。由此推之宇宙的均匀范围也应该是有限的。一句话，如果宇宙大爆炸模型严格成立，那么宇宙不应该如此均匀。这个均匀性问题，也可称为视界问题。通常视界包括观测视界和事件视界，前者是指观察过程中信号以光速传播，因此一定时间内所能观测到的范围是有限的，后者是指同样条件下相互作用能到达的范围是有限的。

其次是平坦性（或平直性）问题。宇宙的理论模型所描述的宇宙可以有三种可能情况，即开放的、封闭的和临界的。它们取决于宇宙的减速因子q_0或者物质密度因子Ω_0。很多观测事实表明q_0十分接近于1/2，或者说Ω_0十分接近于1。如此巨大的取值范围为什么恰好选择了这个临界值？仅用巧合是难以令人信服的。是否在宇宙的演化过程中存在某种调节机制使宇宙密度自然地到达这个数值？

此外，一个无法自圆其说的、最关键的问题是：大爆炸宇宙模型认为宇宙起源于时空奇点的爆炸，但该理论本身不能解决这个“奇点”从何而来的问题，这也给宇宙大爆炸模型带来了疑难。

根据现在主流的宇宙大爆炸理论，宇宙起源于一个体积为0，密度为无穷大的时空奇点。那么，爆炸的极早期，即普朗克级别的时代，宇宙所含有物质的质量的时空尺度要远远小于它的史瓦西半径。为什么在此时刻不遵循引力理论，为什么宇宙在此时不会产生引力坍塌（指当天体内部物质之间的斥力不足以抗衡引力的时候发生的物质向核心聚集的现象），而是继续膨胀到现在的状态？这也是宇宙大爆炸模型目前无法作出合理解释的问题。

1.2.5 新的宇宙起源模型——“宇宙暴胀”说

为了摆脱宇宙大爆炸理论所面临的困境，1980年，美国科学家古思（A. Guth）等人又提出了一种“宇宙暴胀”的假说。此后他在1981年发表的“暴胀宇宙：对视界和平直问题的可能解”一文中详细描述了该模型：宇宙在极早期一个极短的时间（小于10^{-32}s）内，当宇宙的温度下降到某一个临界值T，甚至$T<T_c$时，相变并不发生，真空仍保持对称状态。在大爆炸的一瞬间，不仅没有任何天体，也没有粒子和辐射，只有这种单纯而对称的过冷真空状态。真空状态的宇宙受到负的即排斥力的作用，以指数方式极快地加速膨胀，即称为“暴胀”。今天我们所知道的自然界中四种基本相互作用力，即引力、强力、弱力、电磁力，在那时是不可区分的。随着宇宙的膨胀和降温，真空发生了一系列相变，力之间的对称性被破坏了，在大爆炸的10^{-44}s，发生超统一相变，引力作用首先分化出来，但强、弱、电三种作用仍不可区分，夸克和轻子可以互相转变；到大爆炸10^{-36}s，大统一相变发生，强作用与电、弱作用相分离，物质和反物质之间的不对称性开始出现；10^{-10}s以后，弱电相变发生，弱作用与电磁作用相分离，于是完成了四种相互作用逐一分化出来的过程。到这个阶段，宇宙间已具备了构成我们所熟悉的物理世界的最原始和最基本的素材和条件。

新提出的暴胀模型表明，我们的宇宙仅是整个暴胀区域的非常小的一部分，暴胀后的区域尺度要大于10^{26}cm，而那时我们的宇宙只有10cm。还有可能这个暴胀区域是一个更大的始于无规则混沌状态的物质体系的一部分。这种情况恰如科学史上人类的认识从太阳系宇宙扩展到星系宇宙，再扩展到大尺度宇宙那样，今天的科学又正在努力把人类的认识进一步向某种探索中的“暴胀宇宙”、“无规则的混沌宇宙”推移。我们的宇宙不是唯一的宇宙，而是某种更大的物质体系的一部分，大爆炸不是整个宇宙自身的爆炸，而是那个更大物质体系的一部分的爆炸。因此，有必要区分哲学和自然科学两个不同层次的宇宙概念。哲学宇宙概念所反映的是无限多样、永恒发展的物质世界；自然科学宇宙概念所涉及的则是人类在一定时代观测所及的最大天体系统。两种宇宙概念之间的关系是一般和个别的关系。随着自然科学宇宙概念的发展，人们将逐步深化和接近对无限宇宙的认识。弄清两种宇宙概念的区别和联系，对于坚持马克思主义的宇宙无限论，反对宇宙有限论、神创论、机械论、不可知论、哲学代替论和取消论，都有积极意义。

宇宙暴胀模型一举解决了大爆炸模型中许多无法克服的困难。这一模型还特别提供了关于宇宙大尺度结构形成的物理机制。自1991年美国COBE卫星首次观测到源于宇宙早期密度扰动的各向异性后，越来越多、越来越精确的天文观测支持了暴胀模型。

有些宇宙学家认为，暴胀模型最彻底的改革也许是观测宇宙中所有的物质和能量从“无”中产生的观点，这种观点之所以在以前不能被人们接受，是因为存在着许多守恒定律，特别是重子数守恒和能量守恒。但随着大统一理论的发展，重子数有可能是不守恒的，而宇宙中的引力能可粗略地说是负的，并精确地抵消非引力能，总能量为零。因此就不存在已知的守恒律阻止观测宇宙从“无”中演化出来的问题。这种“无中生有”的观点在哲学上包括两个方面：

（1）本体论方面。如果认为“无”是绝对的虚无，则是错误的。这不仅违反了人类已知的科学实践，而且也违反了暴胀模型本身。按照该模型，我们所研究的观测宇宙仅仅是整个暴胀区域的很小的一部分，在观测宇宙之外并不是绝对的“无”。现在观测宇宙的物质是从假真空状态释放出来的能量转化而来的，这种真空能恰恰是一种特殊的物质和能量形式，并不是创生于绝对的“无”。如果进一步说这种真空能起源于“无”，因而整个观测宇宙归根到底起源于“无”，那么这个“无”也只能是一种未知的物质和能量形式。

（2）认识论和方法论方面。暴胀模型所涉及的宇宙概念是自然科学的宇宙概念。这个宇宙不论多么巨大，作为一个有限的物质体系，也有其产生、发展和灭亡的历史。暴胀模型把传统的大爆炸宇宙学与大统一理论结合起来，认为观测宇宙中的物质与能量形式不是永恒的，应研究它们的起源。它把“无”作为一种未知的物质和能量形式，把“无”和“有”作为一对逻辑范畴，探讨我们的宇宙如何从“无”——未知的物质和能量形式，转化为“有”——已知的物质和能量形式，这在认识论和方法论上有一定意义。

宇宙暴胀模型还支持这样的时空观：时间和空间不是永恒的，而是从没有时间和没有空间的状态产生的。根据现有的物理理论，在小于10^{-43}s和10^{-33}cm的时空范围内，就没有一个“钟”和一把“尺子”能加以测量，因此时间和空间概念失效了，是一个没有时间和空间的物理世界。这里所提出的“已知的时空形式有其适用的界限”观点是完全正确的。正像历史上的牛顿时空观发展到相对论时空观那样，今天随着科学实践的发展也必然要求建立新的时空观。由于在大爆炸后10^{-43}s以内，广义相对论失效，必须考虑引力的量子效应，因此有些人试图通过时空的量子化的途径来探讨已知的时空形式的起源，这些工作都是有益的。但绝不能因为人类时空观念的发展或者在现有的科学技术水平上无法度量新的时空形式，而否定作为物质存在形式的时间、空间的客观存在。

人们把宇宙的真空态分为假真空态和真真空态，两者间过渡时的相变是通过真真空泡的形成而迅速发生的。按量子理论，假真空只能通过隧道效应来衰变，新相的泡是在旧相之内无规则形成的，因此不可能同时产生。因此，即使令每个泡都以光速膨胀，后发生的宇宙泡将小于可观测宇宙的尺度。也就是说，在可观测宇宙之内将存在一些小泡，这些泡间互相碰撞，直到整个宇宙变成新相。但由于宇宙膨胀得如此之快，使这些泡之间只能互相远离，而不能结合在一起，结果使宇宙变成一种非常不一致的状态，破坏了它的均匀性，而这与观测事实矛盾，又成了“暴胀说”无法解释的困难。

为了克服上述困难，物理学家于1982年又提出了暴胀模型的修正方案，现在人们称这些方案为“新暴胀模型”。这个模型假设，如果每个泡都如此之大，以致我们宇宙的区域被整个地包含在一个单独的泡之中，则可避免泡不能合并在一起的困难。研究表明，这要求宇宙由“对称相”向“对称破缺相”的过渡变化必须在泡中进行得十分缓慢，而按粒子物理中的大统一理论，这种过程是很可能实现的。但不少研究又表明，对于极早期宇宙是否真的存在这类所需要的相变是很值得怀疑的。

1981年，林德（A. Lende）又提出一个称之为“混沌暴胀”理论的新的暴胀方案，它解决了古斯等人原始表述中出现的一些困难。以后，在1983年，林德又将这一方案发展，充分吸收了基本粒子理论，目的在于建立一个与粒子物理协调一致的宇宙学。根据量子场论，真空充满着各种类型物理场的量子涨落，在按指数暴胀的宇宙中，真空的构造就更复杂得多。在10^{-35}s以后，宇宙的演化过程与公认的热宇宙标准模型一致，但在10^{-35}s以前，情况却大不相同，在这一阶段的暴胀中，宇宙尺度的增长要比以前认为的大10^{56}倍。根据弱电统一理论，在这一阶段占主导地位的是物质的标量场。宇宙所需的能量来自真空态。随着温度的下降，宇宙从最初的能量最低的真空态过渡到亚稳态，即假真空态，此时，原有的对称性遭到破坏。通过隧道效应，宇宙还可能从假真空态跃迁到一个新的真空态，此时伴随大量能量的释放，宇宙将像“泡”一样，由于从真空获得额外能量急剧膨胀，形成所谓的暴胀，这是一个原来极小的量子涨落扩大为密度的宏观涨落过程。根据这一理论，宇宙的比熵将比原来大爆炸学说的预言值增大一个因子Z_3，如果这一过程持续时间超过6.5×10^{-33}s，增大的熵将使宇宙视界的尺度超越可观察的尺度，这将使原来那些彼此毫无关联的区域具有了一致性的因果关系，从而解决了原有标准模型的视界问题。此外，宇宙尺度的急剧暴胀，还使早期时空的任何弯曲之处一扫而光，成为近乎平坦的空间，平坦性的困难也就迎刃而解了。

深入研究发现，暴胀宇宙模型还有一系列更深层次的问题，例如根据隧道效应，宇宙能从假真空态跃迁到新的真空态，但这只是在一定的概率下进行的。这表明，宇宙只有一部分机会获得这样的跃迁，全部宇宙完成这种跃迁则需要一个相当长的时间，宇宙的各个部分，分别像“泡”一样相继胀大，这种机制是一个新的不均匀性代替原有的不均匀性。此外，暴胀后的空间平直性还以暴胀前的平直性作为前提，否则暴胀不可能发生。林德所提出的混沌暴胀理论对于构建克莱因超弦理论具有重要意义。近年来，有些学者提出，在暴胀瞬间，物质高能状态存在有统一场，并推测在大爆炸后10^{-35}s，统一场中的“冻结碎片”会形成纤细而重的（10^4kg/cm）的“宇宙弦”，由于其引力场，周围可能形成星系，较大的弦圈可能形成星系团，这一理论较好地解释了现今所观测到的空洞、星系链和星系的片状结构。暴胀宇宙学的建立与发展表明，现代宇宙学已涉及基本粒子物理、理论物理、大统一理论等多方面学科，这一扩展使人们面临许多根据现有知识体系所不能预见的问题，现代宇宙学的发展还有待于观测宇宙学及相关理论的进展。

这个混沌暴胀模型既具有早先暴胀宇宙模型的所有的优点，又不是取决于令人生疑的相变，并且还能给出微波背景辐射的温度起伏，其起伏幅度与观测值相符合。

最近，印度著名天文学家纳尔利卡尔提出了一种新的宇宙起源理论，对已被普遍接受的大爆炸理论提出了挑战。他说自己的理论能解释一些大爆炸所不能解释的宇宙问题。纳尔利卡尔现任设在印度南方城市浦那的宇宙与天体物理研究中心主任，他是和英国天文学家霍伊尔及在该中心工作的另外两名科学家共同提出这一新概念的。他们把自己的研究成果定名为“亚稳状态宇宙论”。他们认为，宇宙是由若干次小规模的爆炸而不是一次大爆炸形成的。

印度科学家认为宇宙在最初的时候是一个被称为“创物场”的巨大能量库，而不是大爆炸理论所描述的没有时间、没有空间的奇点。在这个能量场中不断发生爆炸，逐渐形成了宇宙的雏形。此后在致密的巨大物体周围，在强大的引力波作用下，不断发生小规模的爆炸，导致小范围空间的膨胀，不过膨胀的速度并非是匀速的。这些时快时慢的小规模膨胀综合在一起，形成了大尺度范围内宇宙的膨胀。纳尔利卡尔实际上30年前就提出了这一理论，但只是在最近开始使用计算机模拟技术来理解宇宙的形成模式以及诸如星系和空间等大尺度宇宙结构的发展过程。纳尔利卡尔说，他已从计算机模拟试验中获得了“令人惊奇”的初步结果。纳尔利卡尔认为，宇宙背景辐射是业已死亡的恒星发射的星光。

科学是无止境的，宇宙科学的研究与发展也是这样，一个个新的发现不断丰富和扩大着人类的视野，一个个新的学说和理论更完善、更确切地描绘和解释着我们所生存的宇宙中所发生和将要发生的种种事件。可以预想，有朝一日，一个个更新的学说和理论将会诞生，而这些新事件的发现者和新理论的创新者很可能就是本书读者中的一员！

1.3 宇宙中的最新发现

1.3.1 活动星系核

最近十几年来，由于科学技术水平的不断提高，天文观测的设备和手段更为先进、发达，人们又在浩瀚的宇宙和活动现象种类繁多的星系中有了一些更新的发现和认识。其中有一类称为活动星系核的现象引起了天文学家的广泛兴趣，成为当前天体物理最活跃的领域。

20世纪90年代初期，日本和美国天文学家共同发现了一种新型的活动星系核，这是一类活动性很强的天体，其中央区域通常存在一个巨大的黑洞。已知的活动星系核都发出较强的可见光和紫外线等，天文学家可凭此对其进行观测并推知其中存在的黑洞。

蝎虎座BL型天体就是活动星系核的一种，它的光变相当激烈，在几个月左右光变可达10倍之多。有些蝎虎座BL型天体相当亮，用中小望远镜就可以观测到它的光变。图1-14是一个活动星系核的天文照片。

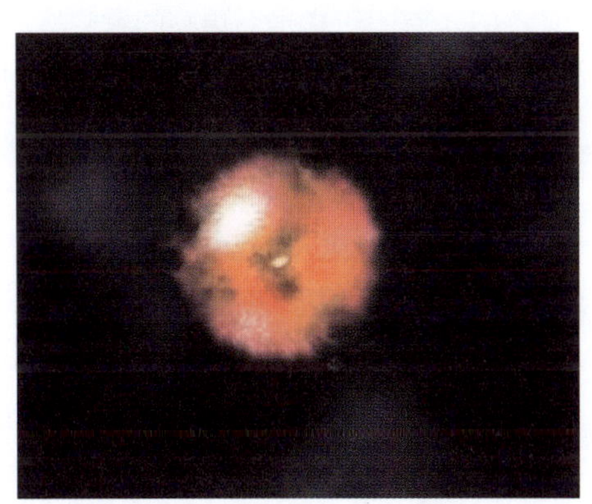

图1-14 活动星系核天文照片

但日本和美国天文学家的最新研究发现，有一种活动星系核因为只发出高能X射线而逃脱了以往所有的观测。天文学家利用具备高能X射线观测能力的美国“雨燕”天文卫星发现了大量新天体，然后利用日本“朱雀”X射线天文卫星对其中两个活动星系核进行观测，结果发现它们的中心存在着巨大的黑洞。这两个活动星系核分别距离地球8 000万l.y 和3.5亿l.y.。

天文学家推测，这两个活动星系核被厚厚的气体和尘埃完全包围，只有高能X射线才能穿透出来，这正是它们以前未被观测到的原因。过去已知的活动星系核周围只有一圈环状的气体和尘埃，连可见光都可以透出，所以比较易于观测。

活动星系核是河外天体中的一个大类，可以定义为：其主要特征为核活动，是产生于恒星中热核反应以外的另一种能源，并在某些现象中有着相当的影响。这个定义是非定量的，正常星系的核也有活动性，因此活动星系核的下边界可以延伸到某些正常星系，例如我们的银心。活动星系核寄居的星系称之为活动星系，在活动性最强的类星体中本底星系作用极小，往往只有核，按习惯，对活动性较差的活动星系，我们也统称为活动星系核。一般不严格区分活动星系和活动星系核。

活动星系核可分为多种亚型，名词多达数十种，对它们进行系统的分类不是简单的事。早期都是根据部分观测结果来命名和分类的，并沿用至今。在明确了核区内部过程和外部结构后，可以根据选定的合理物理参量进行分类。主要类型有：赛弗特星系、射电星系、蝎虎天体、类星体及光学剧变类星体等。

实际上在各种类型的活动星系核之间又出现了交叠和融合，分界线越来越模糊。所有这些现象启发人们，这些分类很可能只是表面现象，而背后有着统一的物理过程。由于某几个基本物理参量的变化，才造成观测特征上形形色色的差别。20世纪80年代中期开始出现了建立活动星系核统一模型的趋向，在建立活动星系核的统一模型的探索过程中，黑洞吸积盘起到了举足轻重的作用。

1943年，美国天文学家赛弗特（Seyfert）发现了6个漩涡星系光谱中有异常的发射线，大量观测表明，它们是一类特殊的天体，现称为赛弗特星系。其实它们也是活动星系核的一种，至今已观测到了100多个。赛弗特星系有一个很亮的核。

图1-15所示，是用哈勃天文望远镜拍摄的这6个旋涡星系组成的活动星系核交叠和融合在一起的天文照片。天文学家为它取了个“赛弗特六重奏”（Seyfert six-reprise）的艺术美称。

图1-15　赛弗特六重奏

为使活动星系核含义更明确，可采用以下观测特征加以限定：

（1）有比正常星系更亮的致密核。

（2）在某些不太宽的波段（如射电、光学、X射线波段等）表现为非恒星的连续谱。

（3）存在原子和离子的发射光谱线，这是活动星系核最关键的证认。

（4）连续谱和发射线的强度、偏振和谱形随时间变化。

（5）相对于正常星系有更强的高能光子（如X射线，γ射线等）的发射能力。

具有以上全部或部分特征的核就定义为活动星系核。

天文学家称，新发现的活动星系核及其中的黑洞可能提供了宇宙中1/5的X射线背景辐射，对其进行研究将有助于了解星系诞生的过程。

1.3.2　类星体

20世纪60年代，天文学家在茫茫宇宙中发现了一种光度极高、距离我们极远的奇特天体，从照片看来如恒星但肯定不是恒星，光谱似行星状星云但又不是星云，发出的射电（即无线电波）如星系又不是星系，因此称它为“类星体”（Quasistellar objects）。类星体的发现，与宇宙微波背景辐射、脉冲星、星际分子并列为20世纪60年代天文学四大发现。

类星体的大小不到1l.y.，而光度却比直径约为10万l.y.的巨星系还大1 000倍！璀璨的光芒使我们即使远在100l.y.之外还能观测到它们。

类星体由体积很小、质量很大的核和核外的广延气晕构成。核心辐射出巨大的能量，激发气晕中气体，产生连续光谱上叠加的强且宽的发射线。多数天文学家相信，这种异常巨大的能量来源是由中心的超大质量黑洞吸积周围物质释放的引力能提供的。类星体具有上述活动星系核的大部或全部特征，实际上是活动性最强的活动星系核。普遍认可的一种活动星系核模型认为，在星系的核心位置有一个超大质量黑洞，在黑洞的强大引力作用下，附近的尘埃、气体以及一部分恒星物质围绕在黑洞周围，形成了一个高速旋转的巨大的吸积盘。在吸积盘内侧靠近黑洞视界

图1-16　伴随着巨大高速喷流的类星体

的地方，物质掉入黑洞里，伴随着巨大的能量辐射，形成了物质喷流。而强大的磁场又约束着这些物质喷流，使它们只能够沿着磁轴的方向，通常是与吸积盘平面相垂直的方向高速喷出。如果这些喷流刚好对着观察者，就能观测到类星体（见图1-16）。

类星体是宇宙中最明亮的天体，它比正常星系亮1 000倍。对能量如此大的物体，类星体却不可思议的小。与直径大约为10万l.y.的星系相比，类星体的直径大约为1 光天（light-day）。天文学家相信有可能是物质被牵引到星系中心的超大质量黑洞中，因而释放大量能量（喷发激烈射线）所致。这些遥远的类星体被认为是在早期星系尚未演化至较稳定的阶段时，当物质被导入主星系中心的黑洞时增添“燃料”而“点亮”。

类星体的谱线有很大的红移，它们是目前已观测到的具有最大红移的天体。类星体的观测须用灵敏度很高的射电望远镜。它的光谱具有很特殊的性质：在很强的连续背景上，重合有几条强而宽的发射谱线。由光度观测得知，这种类星体的颜色异常之蓝，并发射大量的紫外线。次光谱与爆发后的新星的光谱相似，但与正常的恒星的光谱大不相同。迄今为止已有8 000多个类星体列入星表。

其中有BL蝎虎天体（BL Lac Objects），它具有活动星系核除上页第（3）条以外的全部特性，因此也是典型的活动星系核；编号为3C273的是离我们最近的类星体，视星等mv=12.8（其余的比16等还暗），红移Z=0.158（相当距离950Mpc，约等于31亿l.y.远）；编号为S50014+81的是最亮的类星体，其绝对星等Mv=−33等（mv=16.5）；Z=3.14。最大红移指数（相当于最远）的类星体PKS2000−300：mv=19，Z=3.78。

1979年D. Walsh，R. F. Carswell 和 R. J. Weymann 吃惊地发现类星体QSO0957+561 A及B不但距离极近（5.7″），星等同样是17等，Z值同为1.41，甚至完全相同的光谱。令人怀疑它们根本是同一天体，只是被重力透镜影响光线偏折而呈二重像。后来果然在类星体B旁发现一团模糊的云雾，测量结果发现它是造成此光学二重像效应Z=0.39 的中介星系（介于我们与此类星体之间）。此发现意义极重大，不但印证了爱因斯坦广义相对论中重力透镜的预测，而且证明红移大的类星体（Z=1.41）在红移小的星系（Z=0.39）之后，更支持了哈勃红移的理论。

随着时光的推移，这些观测记录在不断地刷新。1986年后，发现越来越多更大红移的类星体，其中约有30个Z值超过4的；1990年的报告指出，pc1247+3406的Z值为4.90。

这些观测数据说明，类星体的红移比以前观测到的最遥远的星系的红移都更大。各种各样的类星体的极大的红移说明它们远离地球而去，这使我们设想，它们是宇宙中距离更遥远的天体。从天体的红移量可以得到天体远离我们而去的速度和它们与我们的距离。而类星体的红移量之大，使天文学家非常吃惊。据观测，绝大多数类星体均以极大的速度（接近光速的90%）离我们远去，有些甚至达到2.7×10^6km/s的“疯狂”速度！

可以断定：类星体是人类迄今为止观测到的最遥远的天体，大都距地球100亿l.y.以上。20世纪80年代初期，澳大利亚的天文学家观测到的一个类星体距离地球竟达200亿l.y.，也就是说，我们现在观测到的形成这个类星体图像的光是在200亿年以前发出的！这一下子把人类对宇宙认识范围扩大到200亿l.y.之遥。如果真是这样，那么它们自身的能量比一般星系能量还大上千倍。

类星体对于宇宙的起源和宇宙科学的发展将扮演极为重要的角色，因为它代表的是最远，最古老的宇宙，能从某一个侧面反映整个宇宙的演化，也由于它高度的亮及神秘的吸收线，更是我们研究宇宙中介物质（介于我们和宇宙边缘之间）的最佳利器。

到1993年底，已经确认了10 000多个类星体。

1.3.3 黑洞、黑洞悖论、超弦理论及赌局

1. 黑洞及其形成

20世纪70年代以霍金为代表的一批天体物理学家通过数学计算和理论推导，提出“黑洞”的概念。所谓“黑洞”就是这样一类特殊的质量极度集中的天体，它的引力场是如此之强大可以使周围的时空发生弯曲，包括光线在内的所有物质都会被黑洞吞噬。就连光也不能逃脱出来，我们自然无法观察到它，但它却是个实实在在有着巨大质量和引力的天体。

根据广义相对论，引力场将使时空弯曲。当恒星的体积很大时，它的引力场对时空几乎没什么影响，从恒星表面上某一点发的光可以朝任何方向沿直线射出。而恒星的半径越小，它对周围的时空弯曲作用就越大，朝某些角度发出的光就将沿弯曲空间返回恒星表面。当恒星的半径小于史瓦西半径时，就连垂直表面发射的光都被捕获了。到这时，恒星就变成了黑洞。说它“黑”，是指它就像宇宙中的无底洞，任何物质一旦掉进去，“似乎”就再不能逃出。也就是说黑洞实际上是“隐形”的、真正的天体。

那么，黑洞是怎样形成的呢？其实，跟白矮星和中子星一样，黑洞很可能也是由恒星演化而来的。当一颗恒星衰老时，它的热核反应已经耗尽了中心的燃料（氢），由中心产生的能量已经不多了。这样，它再也没有足够的力量来承担起外壳巨大的重量。所以在外壳的重压之下，核心开始坍缩，直到最后形成体积小、密度大的星体，重新有能力与压力平衡。质量小一些的恒星主要演化成白矮星，质量比较大的恒星则有可能形成中子星。而根据科学家的计算，中子星的总质量不能大于3倍的$m_{\odot}$。如果超过了这个值，那么将再没有什么力能与自身重力相抗衡了，从而引发另一次大坍缩。根据科学家的猜想，物质将不可阻挡地向着中心点进军，直至成为一个体积趋于零、密度趋向无限大的“点”。而当它的半径一旦收缩到一定程度（史瓦西半径），巨大的引力就使得即使光也无法向外射出，从而切断了恒星与外界的一切联系——“黑洞”诞生了。图1-17就是一个正在形成的黑洞的天文照片。

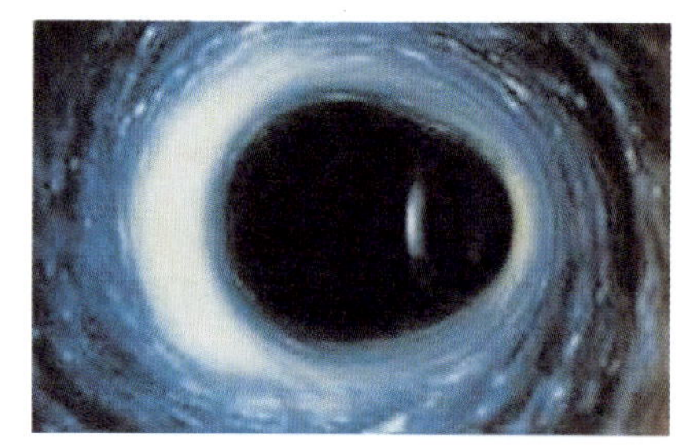

图1-17　神秘的黑洞

与别的天体相比,.黑洞是显得太特殊了。例如，黑洞有“隐身术”，人们无法直接观察到它，连科学家都只能对它内部结构提出各种猜想。那么，黑洞是怎么把自已隐藏起来的呢？答案就是——弯曲的空间。我们都知道，光是沿直线传播的。这是一个最基本的常识。可是根据广义相对论，空间会在引力场作用下弯曲。这时候，光虽然仍然沿任意两点间的最短距离传播，但走的已经不是直线，而是曲线。形象地讲，好像光本来是要走直线的，只不过强大的引力把它拉得偏离了原来的方向。

在地球上，由于引力场作用很小，这种弯曲是微乎其微的。而在黑洞周围，空间的这种变形非常大。这样，即使是被黑洞挡着的恒星发出的光，虽然有一部分会落入黑洞中消失，可另一部分光线会通过弯曲的空间中绕过黑洞而到达地球。所以，我们可以毫不费力地观察到黑洞背面的星空，就像黑洞不存在一样，这就是黑洞的隐身术。

更有趣的是，有些恒星不仅是朝着地球发出的光能直接到达地球，它朝其他方向发射的光也可能被附近的黑洞的强引力折射而能到达地球。这样我们不仅能看见这颗恒星的“脸”，还

同时看到它的侧面，甚至后背！

“黑洞”无疑是本世纪最具有挑战性，也最让人激动的天文学说之一。许多科学家正在为揭开它的神秘面纱而辛勤工作着，新的理论也不断地提出。

黑洞最初仅是根据科学家的理论计算和分析所作出的猜测，加之它是一个完全黑的天体，因此很难直接通过太空观测的方法来实证它的存在。但是科学家们总是有高明的对策的。可以借助观测黑洞周围的、与之接近或正在被其吞噬的天体的运动和演化来“观测”到它。

2004年11月，美国NASA的X射线观测卫星“褐雨燕”（Swift）进入太空，它的主要任务是通过观察宇宙γ射线爆发探究黑洞的起源。次年5月初，天文学家们从卫星发回的照片上成功地观测到了两个密度极大的质子星相撞的事件，而相撞的结果就是在宇宙中诞生一个密度相对较小的黑洞。两星相撞的全过程中释放出了大量的γ射线。NASA发言人称，发生星体相撞的地点距离地球220万l.y.，所以实际上相撞事件发生在22亿年前，而撞击产生的γ射线的余辉直到5月9日才到达地球。历史上首度成功地观测到浩瀚宇宙中的“大事件”——一个宇宙黑洞的诞生。图1-18是“褐雨燕”卫星所捕捉到的黑洞形成过程中所发射的γ射线照片。

图1-18 黑洞的形成过程

实际上，宇宙中大小黑洞的形成无时不在发生，可以说天文学家们只要观测到了持续的γ射线光束或其余辉，则通常意味着宇宙中诞生了新的黑洞。前面所介绍的类星体往往就是与黑洞形影相随的忠实“伴侣”。

图1-19 伴随着类星体的黑洞

图1-19即是NASA斯皮泽太空望远镜捕捉到的宇宙中隐藏黑洞的图片，其中黄色亮点表示一个内含“类星体”黑洞的遥远星系，它的外围被一层宇宙气体尘埃紧密环绕。

很早以前，科学家就曾经提出过宇宙黑洞会撕裂恒星的理论，但是由于同样的原因一直也没有得到观测结果加以确认。最近，科学家们终于观测到了这一罕见的天文奇观：一颗像太阳一样的恒星遭遇黑洞“袭击”，虽然侥幸逃过被完全吞噬的厄运，却落得“支离破碎”的下场。欧洲和美国天文学家宣布，他们借助太空望远镜在一个距地球7亿l.y. 的星系中观测到了耀眼的X射线暴发。科学家相信，这是被位于该星系中央的黑洞所吞噬的一颗恒星发出的“临终呼叫”。这是科学家首次找到超大质量黑洞撕裂恒星的强有力的证据，如图1-20所示。

图1-20 黑洞撕裂恒星的瞬间和结果

NASA发布的新闻公报介绍说，科学家早就从理论上预言黑洞会撕裂恒星，但一直未能得到观测结果的证实。美国宇航局“钱德拉”X射线太空望远镜和欧洲航天局“XMM－牛顿”X射线太空望远镜进行新的观测时，在一个距地球约7亿l.y.的星系中央，探测到了强大的X射线暴发。欧美天文学家们分析后认为，这是黑洞撕裂恒星的确凿证据。他们说，该恒星在被黑洞撕裂前，其中的气体被加热到数百万摄氏度，导致产生了X射线暴，这一过程中释放出的能量与一次超新星爆发相当。

根据天文学家的描述，在代号为“RXJ1242−11”的星系中央地带新观测到的恒星与黑洞的“生死决斗”：“冒冒失失”的恒星突然遭到星系中央黑洞的“袭击”，经过一番痛苦的挣扎，恒星没有被黑洞完全“吃掉”，但由于恒星和黑洞力量对比极其悬殊（黑洞的质量约为太阳质量的1亿倍，而恒星仅与太阳质量差不多），恒星最终还是被强大的黑洞撕碎了。

据推测，这颗恒星很可能在与另一颗恒星近距离相遇后，偏离了原先的运行轨道，结果，它倒霉地碰上了超大质量黑洞。在黑洞巨大的引力作用下伸展，恒星被拖拉、伸展直至被扯得四分五裂。不过这个黑洞并不“贪心”，它只“吃”掉了该恒星的1%，恒星其余部分被抛掷入黑洞外的茫茫太空。

2. 黑洞悖论

长期进行黑洞理论研究的霍金为了解释其黑洞理论与量子物理学的矛盾，认为任何被黑洞所吞噬的物质都将永远与外部的宇宙完全隔绝，被黑洞吸引的物质将进入另一个宇宙系统中。这个结论几乎成了科幻小说家们最引人入胜的素材。

然而在1975年，霍金却发表了一个令人震惊的新结论：如果将量子理论加入进来，黑洞好像不是十分黑！相反，它们会轻微地发出“霍金辐射”之光：（该辐射包括）有光子、中子和少量的各种有质量的粒子。然而，这一结论从未被观测到结果所证实。因为有证据被认为是黑洞的天体都被大量正坠入其中的热气团所包围。这些热气的辐射会完全淹没这种微弱的（辐射）效应。如果一个黑洞的质量是一个$m_{\odot}$，霍金预言它将只能发出6×10^{-8}K的“体温”。所以只有很小的黑洞的辐射才会比较显著。特别地，这种效应在理论上是很有趣的，致力于此的学者们已经花费了大量的精力去理解量子理论如何与引力结合在一起，其后果是：一个孤立的、不吸收任何物质的黑洞会慢慢辐射其质量；开始很慢，但越来越快。最后，在其灭亡的一瞬间将像原子弹爆炸那样放出耀眼的光芒，最后损失殆尽。

霍金这一理论是黑洞研究中的一个重大进展。但与此同时，他又制造出了一个新的难题。霍金在1976年的另一篇论文中对此作出阐述：黑洞辐射并不含有任何黑洞内部的信息，在黑洞损失殆尽之后，所有信息都会丢失。而根据量子力学的定律，类似黑洞这样质量巨大物体的信息是不可能完全丧失的，或者说信息是不可能被彻底抹掉的。该理论与量子力学的理论背道而驰，产生了矛盾，这就是有名的“黑洞信息悖论”。

从热力学的角度霍金意识到黑洞应有一个非零的温度，并且应该存在黑体辐射。他最终求出了该辐射的量子力学过程。只要有这一点就足够了：黑洞非常缓慢地通过辐射丢失其质量，这种丢失加速了黑洞变小并且最终在一场爆炸中完全蒸发。可以说是“霍金辐射”最终导致了黑洞蒸发。

科学就是在这样的争论之中发展起来的，自古以来的物理学大师们还特别热衷于把这些争论拿来打赌。在“黑洞信息悖论”提出之初，美国物理学家普莱斯基尔就表示反对，它认为：当一个天体最终变成一颗崩塌的恒星时，它所携带的信息并不会完全被毁灭，甚至还能够重新恢复。1997年，普莱斯基尔和霍金两人曾就此事打赌，赌注是一本百科全书。在物理学的发展史上，大师们为此类重大事件打赌的案例还屡见不鲜呢！

3. 超弦理论

不过由于技术等方面的限制，科学家们此前一直未能验证霍金辐射理论中温度和能量的关系。随着科学技术水平的不断提高，特别是大存储容量和超高速计算能力的超级计算机的出现，提供了一种崭新的研究手段——超弦理论，使验证霍金辐射理论有了可能。

超弦理论认为，“弦”是组成物质的最基本单元，所有的基本粒子都是“弦”的不同振动激发态。在当前技术条件下，可以利用超弦理论的研究方法，使用超级计算机来模拟霍金辐射——黑洞蒸发过程。

图1-21 验证霍金辐射理论的超弦试验

日本高能加速器研究机构在一项最新研究中，成功地用超级计算机模拟了宇宙黑洞的内部状态，验证了霍金关于黑洞辐射的理论。模拟试验是以超弦理论为基础开发出了一种根据频率对“弦”的振动进行计算的新方法，从而计算出了黑洞中心附近“弦”的凝聚状态的能量（见图1-21）。研究人员再把模拟计算结果绘成与温度对应的图表，结果显示，黑洞能量随温度变化的情况与霍金的理论一致。

4. 霍金输掉了那本百科全书

既然超弦理论所做的模拟试验验证了“霍金辐射”在理论上的正确性，而且也被天文观测所证实，那么剩下来的就是“黑洞信息悖论”这个难解的结了。

可是到了21世纪初期，2004年7月21日，在爱尔兰共和国首都都柏林召开的“第17届国际广义相对论与万有引力会议”上，创下了科技畅销书记录的《时间简史：从大爆炸到黑洞》（1988）一书的作者霍金向学术界宣布了他对黑洞研究的最新成果。他认为，黑洞不会将进入其边界的物体的信息淹没，反而会将这些信息“撕碎”后释放出去。面对世界各国著名的物理学家，霍金说：“30年来我一直在思考这个问题，现在我有了答案。”从而主动公开承认了他的黑洞理论有误。

此前的近30年来，他一直认为，黑洞会吞下陷入其中的所有物质、能量及其一切信息。霍金现在认为，被黑洞吸入的物质，在经过数十亿或百亿年后，当黑洞瓦解时，会逐渐释放出那些被其吞没的有关物质或者能量信息。他说：“古典理论中，黑洞是永远持续，物质信息被认为保留在其内，难以释出，不过现在情况改观，我发现量子效应会让黑洞以稳定速率辐射这些信息。”于是，物理学上“信息悖论”这一巨大难题由此解开。

霍金是在他基于广义相对论和量子力学原理所作出的最新研究的基础上说出这番话的，它当然考虑到了量子力学的影响：在“真空”的宇宙中，根据海森堡测不准原理，会在瞬间凭空产生一对正反虚粒子，然后瞬间消失，以符合能量守恒。在黑洞视界之外也不例外。霍金推想，如果在黑洞外产生的虚粒子对，其中一个被吸引进去，而另一个逃逸，如果是这种情况，那个逃逸的粒子获得了能量，也不需要跟其相反的粒子一起湮灭，它可以逃逸到无限远处，在外界看就像黑洞发射粒子一样（显然这里仍然是“霍金辐射”在起作用）。由于它是向外带去能量，所以它是吸收了一部分黑洞的能量，黑洞的质量也会渐渐变小，消失；与此同时它也向外带出信息，所以并不违反信息定律——“黑洞信息悖论”就不复存在了。

那么，7年前的那桩赌博总算有输赢了：是霍金输给普莱斯基尔一本百科全书，不过是一本美国人最喜爱的运动——棒球百科全书。

最后，霍金还不无幽默地说到：“我要向科幻小说家道歉！”因为，按照它原先的理论，在黑洞里是没有回头路可走的，被其吞噬的物质和能量只能在黑洞里走到底，到另外一个宇宙中寻找出路。而现在它们却又回到原先的宇宙中，只不过需要花费几万年到上亿年的缓慢岁月罢了，这多多少少要打乱那些科幻小说家们的写作构思吧。

不知是不是出于抱歉的缘故，2008年，当今这位数学和理论物理学界的顶级科学家与他的女儿露茜·霍金合写了一本名为《乔治开启宇宙的秘密钥匙》的童话故事书，书中那位埃里克教授显然就是霍金本人的化身。故事中写到：一个名叫雷帕的家伙，设计了一个陷阱，致使埃里克掉进了黑洞，按照霍金原先的理论，埃里克无论如何也无法生还了。而根据“霍金辐射”的最新理论则相信黑洞也会蒸发，信息将能够恢复。埃里克最终得救。故事的高潮几乎是为这个最新理论的出场特意安排的。足见霍金对它是多么地重视！

科学就是这样在否定之否定中得以发展起来的，而真正的科学家也正是在类似地否定旧的概念，创造新的概念，在否定错误，甚至否定错误的自我，或者接受别人的否定的过程中锤炼出来的！科学家永不满足、追求极致、锲而不舍的精神和崇高的人格也在类似的过程中得到升华！

1.3.4 瑰丽的宇宙奇观

1. 奇妙的太空面具

一直以来，人类都为银河系的浩瀚无际所折服，但看过图1-22这幅由NASA（美国航天航空局）公布的银河系照片后会发现，她的瑰丽和壮观同样让人慨叹和折服。从这张由NASA斯必泽空间望远镜拍摄的照片上看，两个银河系星系排列成两个动感的光圈，看上去就像是化装舞会上的妖艳面具，为我们展示出一幅美轮美奂的太空奇观：

图1-22 奇妙的太空面具

（1）神秘的冰蓝“眼睛”。在这张红外线照片上，人们可以看到，在绚丽夺目的红色面具下，藏着两只冰冷的蓝“眼睛”。其实，这两只“眼睛”是两个正在合并的星系的中心，NASA的科学家将它们分别命名为NGC 2207和IC 2163。更有意思的是：这两个星系最近刚刚相遇，就一见钟情般地开始绕着对方飞速旋转。

（2）罕见的“珠链”。在红色“面具”上，点缀着许多璀璨的蓝色“钻石”，那是由许多新生星体的尘埃所组成，这种被天文学家称为“珠链”的现象据悉是第一次在NGC 2207和IC 2163这两个星系出现。

纽约Vassar大学的黛布拉·艾默格林博士赞美“它们是那么均匀有序地分布在星系的两侧，是我们所见过的最绚烂的‘珠链’”。天文学家们推断，“珠链”现象形成于两个星系相遇之初。NASA斯必泽科学中心的卡提克博士所作出的解释是：“两个星系互相碰撞摩擦，使大量气体和尘埃随之旋转，并且越积越厚。”并预测一旦这些物质浓缩成为厚重的珠状云，那时各种大小的星体就会在它们中间生成。

NGC 2207和 IC 2163星系位于距地球1.4亿l.y.外的大犬星群。在大约5亿年后，这两个星系将最终融合为一体，到时，如此绚丽的化装舞会奇景将不复存在。

2. 令人遐想的太空绘画

浩瀚无垠的宇宙除了它在时空上的奥妙之外，还为我们提供了无数妙不可言、令人遐思、充满魅力的时空画卷。

图1-23所示，就是由太空中遥远的发出五彩斑斓的星团、星系所构成的璀璨画面。

这些巨大的星系、星团以近乎光的速度在远离我们的运动过程中不断地膨胀、旋转、碰撞、挤压，并发出巨大的热量、光和光变，仿佛用无数把画笔在苍茫的太空中描绘着五彩斑斓的画卷，让我们遐思不尽，鼓舞着我们去探索宇宙的奥妙！

图1-23 由星团、星系构成的璀璨画面

3. 太空中的DNA双螺旋——令人匪夷所思的巧合

奇妙的螺旋形是自然界中最普遍、最基本的物质运动形式。这种螺旋现象对于认识宇宙形态有着重要的启迪作用，大至旋涡星系，小至DNA分子，都是在这种螺旋线中产生（见图1-24）。在本书“第5章 生命科学和生物技术”的有关章节内容中，我们将会介绍构成生命遗传的最基本元——DNA双螺旋结构。然而，也许谁也不曾料想到：在有生命的生物体上发生的事情，竟然在茫茫宇宙天体中也会出现？

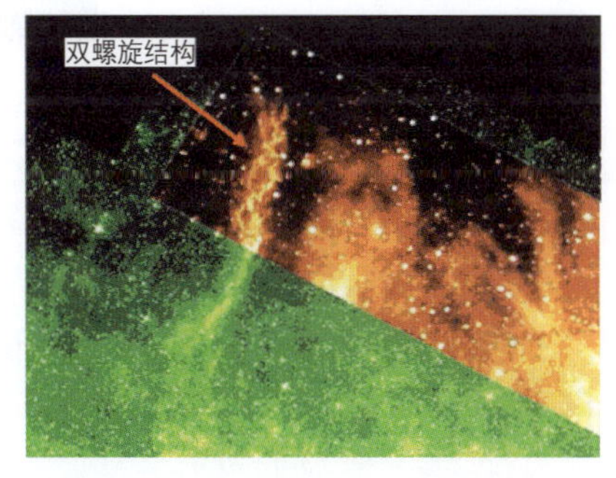

图1-24 银河系DNA双螺旋星云

美国加州大学洛杉矶分校的一个天文学家小组15日说，他们借助美宇航局的“斯皮泽”太空望远镜，发现了我们银河系中心附近有一个双螺旋结构、形似DNA分子状的奇特星云。

此前天文学家发现的星云只有旋涡状或不规则形态，规则的双螺旋结构星云还是首次被观测到，这主要有赖于“斯皮泽”太空望远镜在红外线波段的观测能力。

大自然并不认可笔直的形式，自然界所有物质的基本结构都是曲线运动方式的圆环形状。从原子、分子到星球、星系直到星系团、超星系团无一例外，毋庸置疑，浩瀚的宇宙就是一个大旋涡。因此，确立一个“螺旋运动形态宇宙模型”，比那种作为所有物质总和的“宇宙”却脱离曲线运动模式而独辟蹊径，以直线运动方式从一个中心向四面八方无限伸展的“大爆炸宇宙模型”，更能体现真实的宇宙结构形态。

加州大学洛杉矶分校天文学教授马克·莫里斯等人在《自然》杂志上发表论文说，他们观测到的这个星云大概有80l.y.远，距离银河系中心的黑洞300l.y.左右，而我们的太阳系距银河系中心约2.5万l.y.。莫里斯等人推测，这个星云的奇特形状可能是银河系中心磁场扭曲所导致的。莫里斯说，银河系中心有一个非常大的磁场，尽管其平均强度只有太阳磁场强度的千分之一左右，但占地面积巨大，这个磁场的总能量相当于超新星爆发的1 000倍。

在正常情况下，这个磁场的磁力线与我们银河系所在的平面是垂直的。但是在某种因素的扰动下，磁力线的根部发生了扭曲，这种扭曲的波就沿着磁力线的方向扩展，好比艺术体操中的绳操，运动员抖动绳子末端就能使绳子“画”出波浪来。研究人员说，银河系中心磁场的扰动波高速扩展，其扩展速度可达1 000km/s左右，这就带动了附近星云中的物质分布成螺旋状。

引发银河系中心磁场扰动的原因是什么呢？研究人员推测，这可能是围绕银河系中心黑洞旋转的一个巨大星际尘云碟，这个尘云碟约以一万年为周期围绕黑洞旋转，就可能使磁力线产生扰动波。

1.3.5 关于宇宙大爆炸的最新消息

为了最终验证宇宙大爆炸学说，全世界的天体物理学家和高能物理学家始终在作出各种各样的努力和尝试。2008年北京时间9月10日下午3时，威力强大的强子对撞机（LHC）在位于法国和瑞士边境的著名的欧洲核子中心正式启动，如图1-25所示。这一花费了近20年、耗资54.6亿美元而建立起的大型试验装置将掀开物理学崭新的一页。实验一旦成功，他将成为人类历史上理性战胜非理性的重大、典型事件。

图1-25 建于地下100m深处环形隧道中的LHC

作为目前世界上最大的粒子加速器，LHC于2003年开始修建，共有30多个国家和地区的5 000多名科学家及工程师参与这一重大科研项目。其中包括来自中国科学院高能物理研究所的中国科学家。专家们表示，大型强子对撞机试验可能是自“阿波罗”登月以来最为复杂同时也最具挑战性的科学壮举。对撞试验的其中一个目的是为了寻找被喻为“上帝的粒子”的“希格斯玻色子”的踪迹。

希格斯玻色子（Higgs boson）44年前由英国科学家彼得·希格斯预言，被视之为物质的质量之源以及电子和夸克等形成质量的基础。希格斯提出，其他粒子在希格斯玻色子构成的“海洋”中游弋，受其作用产生惯性，由此产生了质量。然而在20世纪80年代粒子物理学标准模型所预言的62种基本粒子中，只有希格斯玻色子至今未被发现。科学家希望借助LHC产生的超高能量深入物质内部，最终找到神秘的希格斯玻色子。同时物理学家还希望借力LHC重演大爆炸等宇宙起源问题，再现宇宙产生的最初10^{-32}s的短暂时间内大爆炸的情景。然而LHC在粒子撞击过程中所释放出来的超高能量可能会产生一个微型黑洞，或者能够吞噬地球及一切事物的怪异粒子，因此该项计划曾遭到一些人的反对，甚至被起诉。在理论上，微型黑洞有可能产生，因为LHC粒子撞击所释放出的能量比自然界宇宙线撞击地球的能量大很多倍，但这种微型黑洞并非科学家在银河系中心所观察到的超重黑洞，根据霍金的量子辐射理论，微型黑洞的寿命将极其短暂，就好比“昙花一现”，所谓“危险”只不过是杞人忧天。

LHC建于地下100m深处的环形隧道中，隧道全长26.659km。隧道内将维持在−271.3℃的极低温。在这一温度将会出现超导现象，使得粒子在管道中几乎不受任何阻力，以至接近光速。2008年9月11日被加速的第一批质子以近光速撞进对撞机里的一个被称为瞄准仪的吸纳装置，产生了粒子碎片雨，如图1-26、图1-27所示。

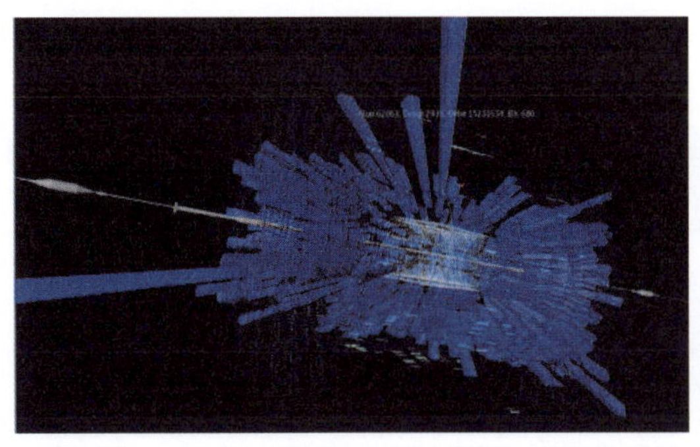

图1-26　质子束在撞击中产生的粒子碎片雨

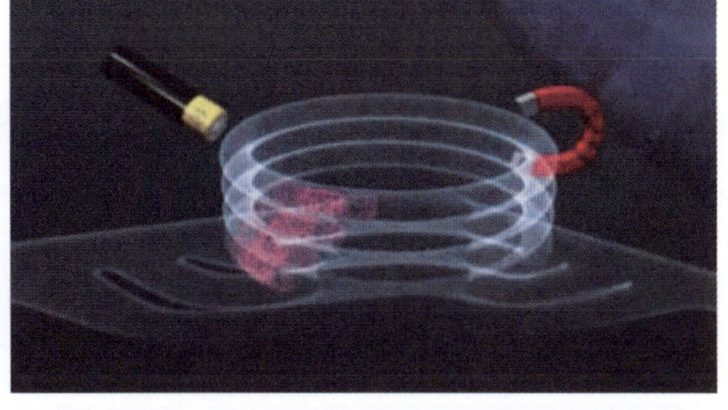

图1-27　质子束在强大的磁场中被加速到接近光速

第2章　空间技术与航天工程

如果说宇宙科学主要是依据天文观测和理论计算推导来探索宇宙奥妙的话，那么空间技术则主要是利用空间飞行器及地面跟踪和控制设备作为手段来研究发生在宇宙间的物理、化学和生命等各种自然现象，并进而帮助人们去征服太空，实实在在地进入到宇宙的更广阔的空间中去。

空间技术是20世纪50年代后期蓬勃发展起来的一门新的、综合性的高技术。它综合应用了几百年来人类在数学、天文学、物理学、化学、生物学和医学等方面的研究成果，又和当代许多科学的发展密切相关，是衡量一个国家科技水平和工业发展程度的主要标志之一。

空间技术的日益发展，不仅使人类摆脱了世代生息的地球的束缚，飞向广阔无垠的空间去探索宇宙奥秘，而且这项技术广泛应用于对地观察、通信、气象、导航、星际探索、军事等许多方面，渗透到自然科学的许多领域，对发展生产力，改善人们生活，推动社会进步起到越来越大的作用。

2.1　空间技术发展简史

在人类历史发展的长河中，空间技术的发展经历了一个从梦幻般的追求和向往，到不切实际的愚蠢行动和挫折，从科学幻想中的精彩描绘，到经典科学理论的建立，再由现代航空、航天理论和技术的日益完善和成熟，直到真正迈向太空之旅，经过多少代人的不懈努力和孜孜探索，其间又有多少英雄们的奋斗和牺牲，终于实现了人类飞天的宏大理想。

2.1.1　梦幻与追求

在我国有关飞天的神话中，最为人们熟悉的是“嫦娥奔月”（见图2-3），从这个民间传说中，我们可以看到：人们曾经想象，飞天是件不容易的事，人们如果可以飞天，第一个目标就是月亮，但那儿十分荒芜，十分寒冷（所以月亮上的那座宫殿叫做广寒宫）。在古代神话中并无根据的想象，竟惊人地被现代空间技术所证实。

图2-1　美丽的月亮

图2-2　古代西方人心目中的月亮和月亮神

在古代，飞天尽管是个不切实际的幻想，但是总是有人试图不惜生命去尝试、去实践。因为那实在太有魅力、太令人向往啦！600多年前的明代，有一个叫做“万户”的小小地方官，他就十分热衷于飞天。他自以为做好了充分的准备，在一个天高气爽的日子里，稳稳地把自己绑在一把太师椅上，两手各持一幅巨大的风筝，还让他的手下在椅子的底部绑上50只“起花”（火箭的俗称），随后命令手下点火，万户随着他的太师椅居然腾空而起，飞到了几十米左右的高空（见图2-4）……接下来的事情大家都可想而知了——万户从高空中跌落下来，摔得个粉身碎骨，他的飞天梦也就此灰飞烟灭了。但是万户升天的故事却流传至今，他的敢于探索、敢于实践的精神受到世世代代人的景仰。尽管那只是个不切实际的愚蠢冒险行动，但是它代表着人类走向太空、征服宇宙的远大理想！

图2-3　嫦娥奔月图

图2-4　万户升天图

在西方，也有不少有关飞天的神话故事。比较典型的是：公元160年，希腊著名作家卢基阿诺斯写的神话小说《伊卡罗·米尼朱波斯》，1639年，德国的朱安·波得旺写的《德米尼克·冈扎莱斯的月球旅行》。

第一个故事告诉我们，西方人想象的飞天工具竟是鸟类的翅膀，而且他们认为月球离地球只有5 500 km。第二个故事想象月球上有着智能生物，很热闹，这同我国的“嫦娥奔月”传说完全不同。所有这些神话和故事表达了古代人对太空的向往，都没有科学依据。

19世纪，欧洲的科学技术有了较快的发展，出现了以一定科学知识为基础的科学幻想小说。当时，最有名的法国科幻小说作家儒勒·凡尔纳写了两本关于太空飞行的小说，一本是《从地球到月球》，另一本是《环绕月球》，我们——本书编者——这一代人几乎都是捧着这些书长大的。这两本书都描写了主人公从地球出发飞到月球，再从月球返回地球的整个冒险过程，其中不乏人类在太空遨游的精彩画面，至今还让我们记忆犹新。他的科幻小说不再是纯粹的神话，里面有以牛顿万有引力定律为科学依据的计算。书中用燃料化学反应的爆炸力作为飞船动力的方案，可以说是孕育了现代空间技术的基本思想。

2.1.2　航天理论的形成

“嫦娥奔月”之类的传说是神话，凡尔纳笔下描绘的是幻想，那时人们不可能进入太空，因为科学还太贫乏。到19世纪末，俄国的齐奥尔科夫斯基才用科学为人类打开了迈向太空的通道。

齐奥尔科夫斯基（见图2-5）1857年生于俄国一个贫苦的护林员家庭，经过努力成为一名中学教师，进入中年之后，他开始研究火箭原理和航天理论，推导出了一系列著名的结论是：

（1）要实现太空飞行；必须解决发射装置的问题。在没有空气的太空中，利用喷气反作用力推进的火箭，是实现太空飞行的最有效的、理想的交通工具。

（2）单位时间里喷射的气体量越多，喷气速度越快，火箭获得的加速度也越大。长时间地喷射气

$$v_2=v_1\ln\left(1+\frac{u_2}{u_1}\right)\left(\frac{p-q}{p}\right)$$

$$v_1=v_0\ln\sqrt{\left(1+\frac{u_2}{u_1}\right)}$$

$$u_2=u_1\left[e^{\sqrt{\frac{\pi P}{T_2(p-q)}}-1}\right]$$

图2-5　齐奥尔科夫斯基及其导出的公式

体，火箭不断地加速，越来越快，等到气体喷完时，火箭可以达到很高的速度。如果气体喷射一定，那么为了提高火箭的最终速度，就必须提高火箭装满燃料后的总质量与燃料的装载量。但是，要增加燃料，燃料箱要造得很大，发动机必须制造得十分牢固，整个火箭的总质量和体积都会增加，结果火箭的最终速度不会增加到很大。因此，一枚火箭的质量是有限的。

（3）可采用多级火箭提高速度。多级火箭是将几个火箭串接起来组成的，通常是三级，每一级都像是独立的火箭，有自己的发动机和燃料系统。第一级首先点火发动，把整个火箭带到空中，一定时间后燃料耗尽，自动脱落；接着第二级点火发动，继续加速，这样，经过三级点火，三级发动，不断脱落，不断加速，整个飞行器也就越来越轻，速度也就越来越大。

（4）火箭的喷气速度取决于燃气的温度和气体的相对分子质量，因此他提出使用大推力液体火箭，用氧作为氧化剂，用液氢作为燃烧剂。

齐奥尔科夫斯基不仅提出多级火箭方案及其他一些设想，他还通过计算，推导出火箭要想脱离地球的吸引力飞向太空所必须达到的速度及一级火箭所能达到的最大距离——射程。空间科学史上把这些公式称为“齐奥尔科夫斯基数”，从而为人类飞天的梦想变成现实奠定了坚实的基础。因此，人们称颂齐奥尔科夫斯基为“航天之父”。

2.1.3 早期的火箭研制

火箭是利用喷气的反作用力作为推力的飞行器。原始火箭最早起源于中国，这已为世界公认。今天的空间运载火箭在技术上有了划时代的改进，但喷气推进的基本原理同原始火箭仍是相同的。

我国北宋后期，民间就已流行能升空的烟火——“流星”（俗称“起花”），已懂得利用火药燃气的反作用力。这类烟火就是世界上最早的火箭。到明朝初年，军用火箭已相当完善并广泛用于战场。前面介绍过的“万户升天”用的就是这种“火箭”。明代晚期兵书《武备志》中记载了20多种火药火箭，其中“火龙出水”已是二级火箭的雏形。

20世纪初，美国、欧洲的一些科学家才开始研制齐奥尔科夫斯基所设想的航天运载工具——火箭。其中，美国的戈达德成绩斐然，被人们誉为“火箭之父”。

戈达德是第一位将理论推测付诸实际行动的人，如图2-6所示。戈达德1882年10月5日出生在美国马萨诸塞州。还在中学念书的时候，他便迷上了太空飞行。1913年他通过计算指出，一枚质量为90kg的火箭，可以把质量为450g的物体推出大气层而进入太空。接着他又获得两项专利：火箭用的液体、固体推进剂及可飞入太空的多级火箭。1919年5月，戈达德发表了一篇震惊科学界的论文《一种达到极大高度的方法》。1926年3月16日，戈达德在马萨诸塞州一个冰雪覆盖的农场里，进行了一次正式试验：先支起一个金属框架组成的火箭发射架，发射架上放置着一枚火箭。火箭有3m多长，既无遮盖又无罩子，一个储存箱里装有汽油，另一个储存箱里装有液氧。下午2时30分点火，汽油和液氧混合燃烧，喷出了急速的火焰气流，火箭上升了12.5m后，向左拐，向前飞行了56m，最后落在田野上，燃料燃烧时间仅25s 。这就是世界上第一枚液体燃料火箭。它的试飞成功标志着人类在通向太空的道路上迈出了决定性的第一步。1935年，他进行了一次极为成功的试验：火箭以超音速飞行，最大行程达

图2-6　火箭的实践者戈达德

20km。

戈达德的火箭试验对火箭技术的发展有着实质性的重要意义：

（1）他采用液态燃料作为推进剂，而非固态火药，并用液态氧作为氧化剂。普通的火箭、火箭炮和喷气式飞机等都是利用周围空气中的氧，故只能在大气层飞行，而戈达德的火箭可以在没有氧气的外层空间工作。

（2）他采用了多级火箭技术。多级火箭的每一级的燃料烧尽后都被甩掉，原始重量明显减轻，同时新的一级从上一级得到的速度开始加速，因此起始速度一级比一级高，一枚多级火箭与一枚载有同量燃料的单级火箭相比，得到的速度要大得多。

戈达德所做的那些开创性的工作启发了德国的奥伯特和布劳恩等人。奥伯特在戈达德首次成功发射火箭之后三年，也开始研制液体燃料火箭。1931年，他研制的火箭升到了91m的高度。

然而，真正设计并制造成功第一枚实用型火箭的人是德国的火箭工程师冯·布劳恩。二次世界大战期间，希特勒为了挽救他们行将覆灭的厄运，曾组织一批火箭专家研制这种命名为“V-1”、“V-2”具有远程杀伤能力的秘密武器。1942年10月3日布劳恩研制的第一枚“V-2”（见图2-7）军用火箭发射成功，这是一枚单级液体火箭，全长14m，重13t，直径1.65m，最大射程320km，射高96km，弹头重1t。V-2采用较先进的程序和陀螺双重控制系统，推力方向由耐高温石墨舵片操纵执行。它打破了以往火箭在载重、速度、高度、飞行距离等方面的记录。从1944年9月到1945的年3月，法西斯德国制造了6 000枚“V-2”火箭，大部分用于袭击英国，使英国伦敦、考文垂等城市的人民生命财产遭受严重的损失。“V-2”火箭在工程技术上实现了宇航先驱的技术设想，对现代大型火箭的发展起了承上启下的作用，成为航天发展史上一个重要的里程碑。

图2-7 火箭专家布劳恩与V-2

第二次世界大战结束后，德国大部分火箭专家到了美国；前苏联军队则占领了德国制造“V-2”火箭的基地，将剩下的科技人员和火箭制造设备运往前苏联。德国先进的火箭技术由此被美国、前苏联两国瓜分。美国和前苏联从德国获取了大量的“V-2”火箭的资料、图样和技术人员，在此基础上各自发展自己的运载火箭和航天器。

起初，美国似乎对发展远程火箭热情不高，没有很大的投入；所以火箭技术进展缓慢。而前苏联预见到远射程火箭将会在军事上发挥巨大作用，因而极为重视，火箭技术的发展也很迅速。“V-2”火箭在当时已经是一种采用液体燃料的单级火箭，最大速度为1.5km/s，总推力27t，射程300km。

2.1.4 人造卫星的发射

二次世界大战之后的美苏冷战对峙阶段，前苏联看准了火箭技术在战略上的重要意义，组织一大批以科罗廖夫（见图2-8），吉洪诺夫为代表的火箭专家和卫星专家，经过十多年的努力，在“V-2”火箭的基础上研制出了威力更强的新型火箭，其中包括具有军事威慑力的P-7洲际弹道导弹，并再次进行改进，研制出总起飞推力为4.98×10^6N，当时世界上最大的航天运载火箭，并定名为“卫星”号运载火箭，为发射卫星做好了充分地准备。在1957年8月26日，成功地发射了两级液体洲际弹道导弹SS-6之后，于同年10月4日，发射了世界上第一颗人造地球卫星——“斯普特尼克1号”（СПУТНИК-I），如图2-9所示。

此后40多年来，空间运载火箭得到长足的发展，火箭的推力不断增加，性能不断改进，发射和控制越来越可靠。目前运用火箭技术，可以使运载的飞行器达到第一宇宙速度 7.9km/s，成为绕地球运行的人造卫星，也可以达到11.2km/s的第二宇宙速度，成为绕太阳运行的人造行星，还可以达到16.6km/s的第三宇宙速度，脱离太阳系进入星际空间。因此，从一定意义上说，空间技术的发展，首先建立在火箭技术发展的基础之上。

图2-8　火箭专家科罗廖夫

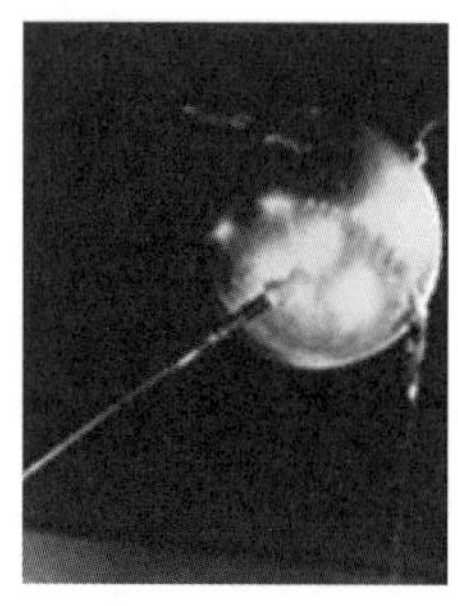

图2-9　前苏联发射的СПУТНИК-I

图2-10　卫星专家吉洪诺夫

2.1.5　空间技术发展的三个阶段

空间技术是人们探索空间奥秘，利用和开发空间条件为人类服务的方法和手段，是从事空间飞行的综合性技术，它主要包括空间飞行技术、控制与导航、通信与遥感、遥控、图像与数据处理以及包括火箭、卫星、飞船、航天飞机的制造与发射等在内的空间系统工程技术。

空间技术的形成以1957年10月4日前苏联发射第一颗人地球卫星——“斯普特尼克1号”为标志，从此开始了航天时代，至今已有四十几年，空间技术发展极为迅速。大体经历了三个阶段：

（1）第一阶段（1957—1964年）：基础技术和实际应用试验阶段。

向地球周围及太阳系发射了一些无人的探测卫星和探测器，了解这些地方的温度，宇宙线强度及其他一些环境条件。首先是检验电子仪器是否能正常工作，然后再测试如果飞到那里去能否保证生命安全，并保持工作能力，要不要采取特殊的防护措施。这种探路的工作主要是由美国、前苏联两国来完成的。此间的重要发射试验有：1959年1月2日，前苏联的“月球1号”飞行器第一个飞过月球；1959年3月7日，美国的“先锋4号”进入绕太阳运行的轨道，成为人造行星；1960年8月11 日，美国首先从轨道上回收了“发现者13号”侦察卫星；1961年4月12日，前苏联宇航员加加林乘坐“东方1号”飞船在太空飞行108 min后安全返回地面，实现了人类遨游太空的梦想。

（2）第二阶段（1964—1979年）：实际应用迅速发展阶段。

各种应用卫星技术，如通信卫星、地球资源探测卫星、导航卫星等。重要的应用成就有：美国和前苏联在太空布置各种卫星，为数众多的探测器飞向太阳系各大行星；1969年7月 21日，乘坐“阿波罗11号”的美国宇航员阿姆斯特朗第一个登上月球；1975年7月15日，美国的“阿波罗”飞船和前苏联的“联盟号”飞船在太空中实现对接，进行联合飞行。

（3）第三阶段（1980年至今）：空间技术的商业与军事化阶段。

这一阶段的主要特点是：一系列的应用卫星投入商业及军事使用，整个社会进入了信息时代。这时候，一些第二世界的国家如西欧、日本积极发展空间技术，第三世界的国家如中国、印度等国也进入了航天国家的行列；建立了独立的航天事业，打破了美国与前苏联的垄断，空间技术进入了既合作又竞争的新阶段。在这一阶段，最突出的成就是一次性使用的返地空间运载工具将被可重复使用的航天飞机所取代。

从1957年至今，有关国家共发射了近3 000种不同的太空飞行器，其中不少已陨落、烧毁，少数被收回。目前，每天仍有1 000多个飞行器在太空中飞行。冷清的广寒宫已留下了人类的脚印；12个载人的空间实验室已在太空安了“家”，接待了一批批宇航员。航天飞机已进行了几十次飞行。宇航员还成功地滑出舱外，以28 500km/h的速度在太空中“行走”；太阳系家庭中的成员金星、火星、木星、土星等的奥秘已被行星探测器初步揭开，一些行星探测器还肩负着探测行星际空间、寻找宇宙生命的更艰巨的使命，继续飞向无边无际的远方……

空间技术在较短的四十几年的时间里能够如此迅速地发展，一方面是科技本身的成就和发达的工业能力为其提供了基础；另一方面是军事竞争的结果。科研和经济文化发展的需要，为其提供了动力。随着科技成果的积累，空间技术在不远的将来定将跃上更加闪光的峰巅。

2.2 航天工程关键技术

发展空间技术特别是载人航天技术是一个国家经济、科技等综合实力的表现，是一项庞大的系统工程，如图2-11所示。从总体上来说，它包括如下几大部分：

（1）航天员系统。

（2）运载火箭系统。

（3）载人飞船系统。

（4）飞船应用系统。

（5）发射场系统。

（6）测控与通信系统。

（7）着陆场与回收系统。

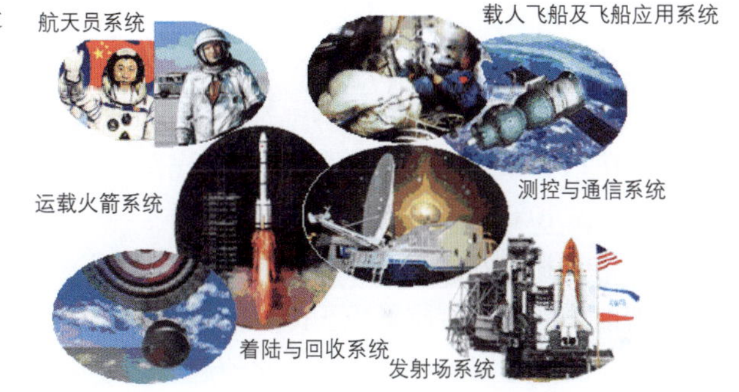

图2-11 载人航天系统工程

本节我们重点介绍其中的几个重要部分。

2.2.1 运载火箭系统

前面已经提到，要想把卫星、飞船和人送入太空，首先得有有效的运载工具。现代意义上的火箭是把空间飞行器送入轨道的首选工具之一，是开发空间技术的前提条件，也是空间技术的重要组成部分，可以说，没有火箭技术的发展，就没有空间科技的蓬勃发展，火箭为人类打通了探索宇宙的道路。

1. 现代火箭技术

现在，世界各国已研制出几十种运载火箭，它们把各种航天器送入预定的空间轨道，以完成各种任务。其中，巨型运载火箭质量达两三千吨，能把上百吨质量的载荷送上太空。

一个三级运载火箭的结构如图2-12所示。位于顶部的是逃逸塔，中间部分为箭体。箭体的功能是安装与连接有效载荷（卫星、宇宙飞船）、仪器设备和动力装置，以及储存推进剂等，以构成一个结构紧凑，外形具有良好的空气动力特性的整体，有效载荷在火箭的顶部，外面设有整流罩。整流罩用来保护有效载荷，在火箭飞出大气层后即被抛弃。

推进系统为火箭飞行提供动力，由发动机和推进剂输送系统组成。如今，运载火箭上使用的火箭发动机均为化学火箭发动机。化学火箭发动机有固体火箭和液体火箭之分。固体燃料火箭助推器在飞行的前2min内为运载火箭提供额外的推力，以摆脱地球的引力。现代的运载火箭大多采用液体推进剂，例如，第一、第二级可用液氧和煤油作推进剂，末级可使用液氧和液氢作推进剂。推进系统能产生强大的推力，使运载火箭达到预定的速度，从而把卫星、宇宙飞船等有效载荷送入太空。

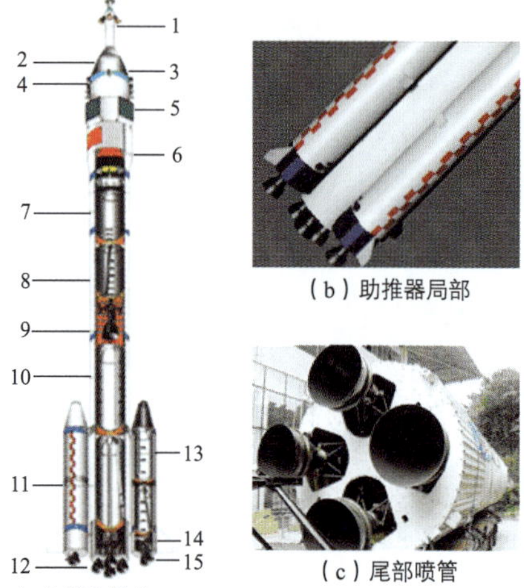

稳定翼是制导系统的一部分，它的作用是实时测量和调整火箭的飞行姿态、位置和速度，保证火箭姿态稳定，使火箭能按预定路线飞行，并控制火箭发动机关机，使卫星等航天器精确地进入轨道。制导系统的仪器大部分安装在火箭的仪器舱内。

（a）整体结构　（b）助推器局部　（c）尾部喷管

图2-12　火箭的整体结构及部件

1－逃逸塔；2－整流罩；3－高空分离发动机；4－高空逃逸发动机；5－稳定翼；6－飞船；7－二级氧化剂箱；8－二级助推剂箱；9－二级主发动机；10－一级氧化剂箱；11－一级助推剂箱；12－一级发动机；13－助推器；14－稳定尾翼；15－助推器发动机

火箭作为空间飞行器的运载工具，按照射程的远近，一般可分为近程、中程和远程三种，但是这些界限并不是很严格的。一般说来，近程火箭的射程在2 000km以内，中程火箭的射程在2 000～8 000km，远程火箭的射程为 8 000km以上，其中射程在 10 000km以上的又叫洲际火箭。

运载火箭的射程取决于发动机熄火时火箭达到的速度。火箭熄火时速度的大小，并不与它所带的推进剂的绝对质量成正比，而是要看推进剂的质量在火箭总量中所占的比例，或者说，火箭起飞质量与熄火质量之比，比值越大，速度就越大、所以要提高火箭的速度，不必为多装燃料而一味增大火箭的尺寸，而是要靠提高推进剂的性质和减轻火箭结构的质量。采用多级火箭是提高起飞质量与熄火质量之比的好办法。

中程以外的运载火箭总是由二级或三级火箭组成。这里以三级运载火箭为例，说明它的飞行过程。起飞时，火箭第一级发动机点火工作，垂直于地面离开，以使尽快地飞离稠密的底层大气。起飞后不久控制系统操纵火箭按预定程序拐弯，逐步增加水平方向的速度。第一级火箭推进剂烧完，熄火并脱落；第二级火箭燃料开始燃烧、熄火、脱落；接着第三级火箭工作，达到规定的高度和速度时，控制系统命令发动机熄火，运载物和运载火箭分离。

当运载物是卫星或飞船时，运载火箭熄火时运载物就在预定的高度上达到环绕地球或太阳及其行星的飞行等所需的速度，飞行方向与地面或太阳及其行星的表面平行。

如果运载物是弹头，熄火时的速度与地面成一个向上的角度，弹头就像炮弹一样，先爬高，然后落下来，再进入大气层，飞向预定的目标。

带有弹头的运载火箭实际上就是弹道式导弹。同运载火箭一样，弹道导弹也按照射程的远近分为近程、远程和洲际导弹。通常，把卫星换成弹头，飞行程序变一变，卫星运载工具就变成了远程和洲际导弹；反过来，将远程和洲际导弹变一下飞行程序就可以用来发射卫星。

2. 我国火箭技术的发展现状

作为古代火箭发明之国的中国，从20世纪50年代中期开始发展航天技术。1964年6月29日成功地发射了自行研制的第一枚液体火箭。1970年4月24日“东方红1号”人造卫星从酒泉卫星发射基地飞上太空，使我国成为继苏、美、法、日之后世界上第五个独立研制成火箭并发射卫星的国家，这颗卫星质量为173kg。比上述四个国家所发射的第一颗卫星的质量总和还多33kg，这标志着中国真正的航天时代的开始。

此后，中国新式导弹取得了相当可观的成绩，先后研制了有“红旗“、“红樱”、“海鹰”、“鹰击”（空舰导弹）、“上游”（舰舰导弹）等几种型号的火箭。与战略武器和卫星相关的巨型火箭更为引人注目，因为它是洲际核导弹和卫星的运载工具。中国战略火箭最有名的是长征系列运载火箭，即长征1号、2号、3号、4号等。其中长征1号适合于发射小型卫星，长征2号适应于发射低轨道卫星，长征3号是一种在第三级采用低温燃料的太空运载火箭，适合发射同步卫星；现在，这三种火箭都已开始进入世界发射市场，长征4号是一种大推力火箭，最近又推出威力更大的长征5号火箭。

从运载火箭的技术水平来看，我国液体火箭的组合推力已达到3×10^6N，而且成功地发展了液氢、液氧火箭发动机，达到与法国阿里安火箭相当的水平。1990年7月16日我国试验发射成功的长征2号是一种推力大的捆绑式运载火箭，用以发射重型卫星。继我国第一颗人造卫星上天之后，1971年3月3日我国又发射了一颗科学试验卫星“实践1号”，它重211kg，在空间正常工作达8年之久，这在20世纪60年代国外发射的卫星中是少见的。我国的洲际火箭也于1971年基本试验成功。

在不断进行发射试验的过程中，1975年11月26日，我国又成功地发射了一颗可回收的人造地球卫星，成为继前苏联、美国之后世界第3个掌握卫星回收技术的国家。1981年9月20日，我国又首次实现了用一枚火箭（上海航天基地研制的风暴1号）同时发射3颗科学试验卫星，成为世界上第4个用一枚火箭发射多颗卫星的国家。1982年由潜艇在水下发射运载火箭获得成功，这是中国拥有海基战略武器的开端。1984年4月8日中国成功地发射了地球同步通信试验卫星，成为世界上第5个能独立发射地球同步卫星的国家，它表明我国的运载火箭技术和卫星通信技术均接近了世界先进水平，是我国加强航天技术在通信和军事上应用的第一步。

1987年8月5日，我国用“长征2号”运载火箭（见图2-13）发射的第9颗返回式卫星，首次为国外公司提供了卫星搭载服务，结果用户十分满意，获得了许多国家科学家的一致赞誉，使包括美国在内的多个国家和我国签订了租用我国火箭发射卫星的合同，还有一些国家和我们洽谈引进科学探测卫星技术。1988年9月7日，中国发射了一颗地球同步轨道试验性气象卫星“风云1号”，卫星向地面上的多个接收站发回了清晰的地球上空云图照片，提高了天气预报的准确度。同年，性能优越的长征系列火箭承担了为欧洲国家发射卫星任务。1990年4月7日，长征3号火箭在西昌发射基地把美国制造的“亚洲1号”卫星送入轨道，这在技术、经济、政治上都有很大意义，表明中国已加入了国际卫星发射市场竞争的行列。

图2-13　我国自行研制的“长征2号”火箭雄姿

1990年9月3日，太原卫星发射基地又发射了一颗“风云2号”气象卫星。同年10月发射的一颗卫星舱内装有试验性的动物和植物，说明中国已开始了太空生物学的研究。自20世纪80年代以来，原来保密的航天工业界，因改革开放政策而带来了生机，加大了与国外同行的接触。到1992年11月；我国共发射了30多颗不同类型的巨星。1992年8月14日，我国利用“长征2号 E”捆绑式运载火箭在西昌卫星发射中心，成功地为澳大利亚发射了一颗美国制造的通信卫星，再次向世界表明了中国火箭技术已达世界一流水平，中国的空间技术已经走向世界。1992年12月21日19时31分，“长征2号E”捆绑式运载火箭再次将第二颗“澳星”送入预定轨道。从此，太空又多了一颗耀眼的星。在发射澳星之前，中国没有火箭捆绑的先例，在合同要求的18个月里，“长征2号E”捆绑式火箭的设计师王德臣主持攻克了20多项技术难题，仅图样就用了上百万张。1992年开始研制的“长征2号F”型火箭，可靠性指标达到0.97，航天员安全性指标达到0.997，是目前国内推力最大，可靠性、安全性指标最高的运载火箭。

如今，中国已研制出更大推力的运载火箭，以发射自己的载人宇宙飞船和空间站。

1998年10月20日，成功进行了中国载人航天工程零高度逃逸救生飞行试验，验证了火箭的逃逸救生功能。

我国1999年11月开始实施重大航天项目——“神舟”工程，从“神舟1号”到“神舟4号”，都是采用我国自行研制的“长征2号F”捆绑式火箭发射成功的（见图2-14）。2003年10月15日，中国航天员杨利伟，乘坐“神舟5号”飞船，顺利进入太空并安全返回；2005年10月12日，“神舟6号”搭载航天员费俊龙、聂海胜再度升入太空；直到2007年10月24日我国第一颗探月卫星“嫦娥1号”（采用长征3号甲火箭）飞向月宫，多次验证了我国火箭设计、制造和发射技术的可靠性和稳定性。

图2-14　在发射塔就位的“长征2号”火箭及升空瞬间

3. 未来的火箭

目前使用的运载火箭，几乎都是利用推进燃料的化学反应获得推力的化学火箭。由于能够得到很大的推力，所以它可作为发射人造卫星或者发射“阿波罗”宇宙飞船和航天飞机等用的火箭。但它却不能进行以火星或木星等行星为目标的旅行。因此，发射大型火箭需大量的燃料，且进行以太阳系以外的宇宙为目标的银河旅行时，其速度又将感到不足。作为弥补这些缺点的火箭，迫切需要一种能够飞往银河系以外的新式火箭，因而提出了离子火箭、电子火箭、原子能火箭等设想，其中一部分已进入研究阶段。

离子火箭正被研究用于到太阳系的其他行星去旅行。它虽比化学火箭的推力小得多，但可长时间地保持推力，所以适应长期旅行。利用它的高比推力，还可将其作为一个寿命很长的小型火箭用来控制人造卫星的姿势或修正轨道用。

离子火箭是把铯、水银等金属原子离子化，以极快的速度，边喷射边飞行。对气体状态的阳离子或阴离子施加强电压或电磁之后，即从火箭喷嘴向后喷射。虽说进行了一次离子化，但如不在喷口附近再次消灭电荷，实现中性化，其推力就会降低。电源可利用太阳能或原子能，包括离子化装置在内，将成为大型装置，因此很难用作发射用的火箭，但可以用作在宇宙站或宇宙殖民地等进行发射时使用的火箭。

光子火箭是利用光子这种粒子组成的原理实现的，如果不断提高它的速度，那么它能以接

近 3×10^5km/s的光速飞行，使人类在不太长的时期内飞出太阳系，并进一步扩大到银河系和整个宇宙。离太阳最近的恒星是距离约4.3 l.y.的半人马座，利用化学火箭到那里需几十万年，利用离子火箭也需 6 000年；若光子火箭以接近光速度飞行，用5年左右的时间就可到达。可见光子火箭出现有很大的意义，但现在开发能够产生这种火箭推力的热源和能耐10^8℃以上超高温材料上还有困难，实现它尚需相当长的岁月。

原子能火箭有若干类，主要方式是在核反应堆内加热液氢，然后从尾部喷出它所产生的氢气。问题是：当载人飞行时，需要防止射线照射的厚防护墙，火箭本身会变得很重，这是一个弱点。只有大型行星旅行用宇宙飞船才能取得很大推力。前面谈到，美国正在研究开发这方面的技术。

关于未来的火箭，有许多设想，诸如离子火箭、电弧火箭、游离基火箭以及太阳能火箭等。但目前均未进入正式研究，估计在充分研究它们各自的利弊之后，作为21世纪宇宙旅行用的火箭会各得其所吧!

2.2.2 飞行器及载人飞船系统

多级火箭一旦使运载物达到预定的飞行轨道之后，就一级级的溅落，从而完成了自己的历史使命。在太空中执行后续的飞行、探测和试验任务的是各种类型的飞行器系统，有人造地球卫星、宇宙飞船、宇宙空间站等。

1. 人造地球卫星

人造地球卫星是指在地球大气层之外的空间环绕地球飞行的人造天体，它是迄今为止人类开发和利用空间资源的最主要的手段。也就是说，人造卫星的发射与应用是现代空间技术的重要内容之一，这方面的技术水平是衡量一个国家科技现代化程度的主要标志。到目前为止，世界上近20个国家和组织发射了几千颗卫星。其中，完全依靠本国力量独立发射的只有俄罗斯、美国、法国、中国、日本和印度等少数几个国家。

1957年10月4日前苏联发射第一颗人造地球卫星——“斯普特尼克1号”（CП-1），CП-1的外形是一个铝合金的密封球体，卫星周围对称安装四根弹簧鞭状天线，倾斜伸向后方。它的直径为0.58m，重83.62kg，轨道倾角65°，飞行轨道呈椭圆形，远地点900km，近地点224km，绕地球一周约需96.2 min。它共在轨道上运行了92天，绕地球飞行约1 400圈，总行程约为6 000万km。于1958年1月4日再入大气层时烧毁。第一颗人造地球卫星的发射开辟了星际航行的道路。

此后，美国、法国、日本等国也相继向太空发射了多颗人造卫星。我国于1970年4月24日从酒泉卫星发射基地成功发射了我国自行研制的第一颗人造卫星——“东方红1号”。卫星总重量173kg，飞行轨道近地点437km，远地点2 384km，轨道倾角68.5°。东方红1号的外壳是用金属铼制成的，在空中飞行时熠熠闪光，在地面上用肉眼都能清楚地观察到它，飞越中国上空时，还通过无线电波发回“东方红”乐曲声，如图2-15所示。

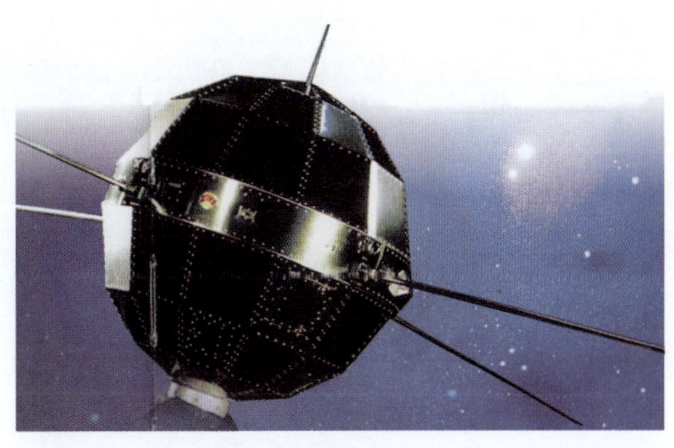

图2-15 我国1970年发射的第一颗人造地球卫星

目前在地球上空飞行的人造卫星已多达上万个，它们各自在执行自己的任务。其中有探测卫星、气象卫星、通信卫星、资源勘查卫星，当然也有间谍卫星。

（1）人造卫星的发射。用运载火箭发射人造地球卫星时，运载火箭从地面起飞到进入预定的轨道分为三个阶段。在加速飞行阶段，运载火箭由地面垂直向上飞行，在发动机推力的作用下，运载火箭飞出稠密的大气层，到达预定高度的速度时熄火，然后进行星箭分离。有时为了进入地球同步轨道，运载火箭熄火后进入滑行阶段，此时靠已获得的能量作惯性飞行。最后，运载火箭再一次点火，将卫星加速，弹射入预定的轨道。

将卫星送入地球轨道的方法有三种：第一种就是用运载火箭发射。第二种是用航天飞机发射。航天飞机的货舱内能容纳两颗卫星。当航天飞机进入地球轨道后，利用机械手将卫星从货舱中取出，直接送入太空轨道。如果轨道上的卫星出了毛病，航天飞机可以伸出机械手把它抓回来，放进货舱。修好后，再放入太空。第三种方法是用飞机发射。1990年4月5日，美国一架“B−52”飞机从基地起飞，当飞行到离地面12km的高空，速度为272m/s时，悬挂在机翼下的“飞马座”运载火箭脱离飞机自由下降，5s后，火箭高度比飞机低500m，处于与飞机机身平行的状态。此时，火箭第一级开始自动点火；之后，第二级、第三级相继点火，直到第9s，第三级火箭燃烧结束，由火箭携带的卫星便进入高度约为450km的预定轨道。用飞机发射卫星费用较低。因为火箭在空中已从飞机获得了一定的初速度，这就节约了一部分昂贵的燃料费用；第一级火箭在高空工作，不需同时顾及地面的状况，因此发动机的设计和制造较简单；而且，飞机发射随时可以从世界上任何一个机场起飞发射，不需要有设备齐全的地面发射基地。不过，用飞机发射卫星也有局限性，一是卫星不能太重，二是轨道不能太高。

（2）人造卫星的回收。卫星上的部分有效载荷以及在太空探测所得到的大量珍贵资料是需要回收的，这种卫星在太空中完成任务后就要返回地面。卫星返回之前先要调整飞行状态，即脱离原运行轨道。卫星脱离原轨道时的速度叫再入速度。要脱离运行轨道，必须降低卫星的运行速度，而且再入速度方向要往下偏，与地平线形成一个偏角，这个偏角称为再入角。这由卫星上的制动火箭朝运动方向喷气来实现。对再入角的要求十分严格，一般控制在3°～5°。因为太大了，卫星比较陡直地进入大气层，会引起较大的空气阻力和空气摩擦加热；如果太小了，卫星下不来，仍在原轨道上运行。再入速度和再入角必须控制得很准。“差之毫厘，谬以千里”，如果速度误差为6m/s，或再入角误差为0.1°，那么卫星的着陆点可能要偏差300km，可能会掉到别的国家或落入公海。再入速度与再入角的准确与否取决于制动火箭点火时间、推动方向、推力的大小与时间长短。这些分别由卫星上的程序控制系统、姿态控制系统、计算机程序控制系统来决定。

卫星脱离原来的轨道以后，沿弯向地面的路线向下降落，当它降到内地面60～70km后，与大气层摩擦，产生大量的热能，致使表面燃烧起来，整个卫星好像一团火。为了减少卫星受热，卫星的头部包上一层轻质耐烧蚀材料，任它烧掉，带走大量热量，保护卫星本体不受损害。

卫星降落到离地10～20km时，尽管速度已经大减，但还有200m/s的速度。卫星以这样高的速度撞击地面，必然粉身碎骨，所以还要降速。此时，卫星上的高度表和钟表机构会发出命令，先打开一顶较小的减速伞；稳定卫星姿态，初步减速。卫星降落到离地5km高度时，打开主伞，使降落速度小于10m/s，降落伞开伞机构的工作必须准确、可靠。降落伞如果打不开或开晚了，都将导致返回失败。

卫星降落后，地面人员必须立即进行搜索。为了搜索方便，卫星上必须有标位手段。标位手段有两种，一种是卫星上装有信标记，在离地面20～30km时发出无线电信号，地面接到信号后，测定卫星的方位和距离，如图2-16所示；另一种手段是卫星上装有灯光信标，在着陆时发出强烈的闪光，以引起搜索人员的注意。

图2-16　着陆时弹出信标天线发出信标

当地面人员利用标位搜索系统发现卫星后，必须不失时机地回收。回收方式有三种，一种是陆上回收，第二种是海上回收。卫星是密封的，掉入海中会浮出水面，同时卫星带有染色剂，遇水后立即溶解，将海水染成一片彩色，便于搜索飞机发现它，如图2-17所示。一旦发现，就通知附近的船艇迅速打捞。第三种回收方法是空中打捞。当卫星带着降落伞在空中向下降落时，就用飞机将之回收。飞机下面挂一根长绳，绳子末端带一个钩子，用钩子将卫星的伞绳钩住，吊进飞机机舱。

图2-17　飞行器海上回收

据统计，到1992年10月 6日，我国已回收了14颗科学探测与技术试验卫星，成功率为100％。这标志我国的卫星回收技术已成熟，并居世界先进行列。现在我国的回收型微重力试验平台已开始为国内外用户服务。

（3）人造卫星的应用。卫星技术已从试验阶段步入实用阶段，因此世界各国都积极地把卫星应用于经济、社会的各个领域。

1）通信。早在20世纪40年代中期，就有人设想，利用人造卫星来实现地面远距离通信。到20世纪60年代中期，人造卫星上天还不到10年，这个设想就实现了，人们开始利用通信卫星作为空间的中继站和转发站来实现地球上各地之间的通信。从此，人类进入了一个新的通信时代。

目前，通信卫星大多运行在地球同步轨道上。一颗运行在赤道上空约 36 000km的地球同步轨道通信卫星，其通信范围能覆盖地球表面1/3以上的地区。如果在赤道上空均匀地分布着三颗这样的通信卫星，就能实现全球范围（除两极地区外）的卫星通信，如图2-18所示。

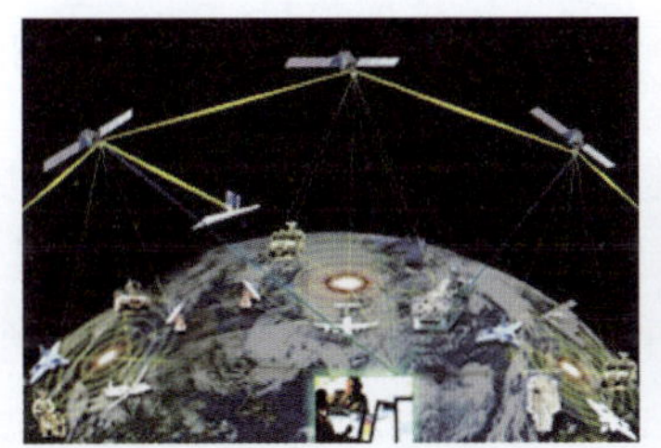

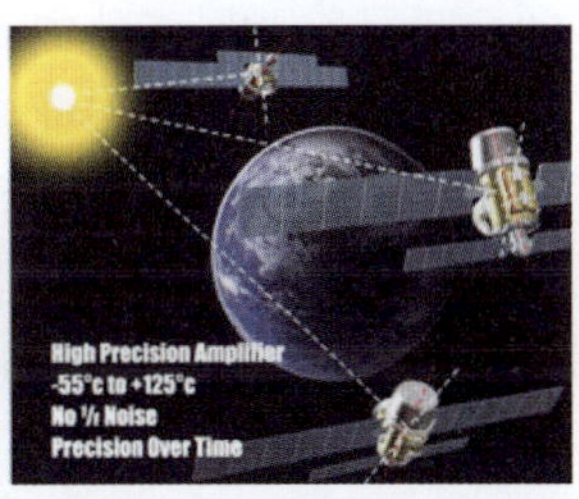

图2-18　通信卫星

通信卫星实际上是一个太空的中转站。它能把地面站送来的信号有条不紊地进行中转，使两个地面站之间能进行通话、数据传输、图文传真、电视传播等信息传递工作。如上海与北京两地要求通信，则上海地面站通过信息转换机构，把发信者的信息，如声音、文字、图像等转变为电波信号。由无线电设备进行调频（或调幅）处理和功率放大，然后由发射机把电波发向卫星；卫星上的天线收到上海卫星地面站的电波信号后，由转发器对它进行处理并放大，再转发到北京卫星地面站。北京卫星地面站把接到的电波信号进行功率放大和解调，还原成声音、文字、图像等，传输给受信者接收，这就完成了单向通信。如果北京的卫星地面站也向卫星发射电波信号，经通信卫星中转给上海卫星地面站，这就实现了双向通信。我们现在能够通过电视收看世界任何一个角落发出的新闻节目，坐在上海的家里就能观看北京2008 年第29届国际奥林匹克运动会的任何一项比赛，靠的就是由通信卫星和地面站组成的卫星–地面转播系统。

在还没有通信卫星的时候，人们要在两地之间进行通信，除了使用信函这种费时费力的手段外，就是通过无线电波或通过电缆用电信号来传输信息。但是，无线电波只能直线传播，而我们的地球表面是弯曲的，如果不设较多的中转站，传播距离就十分有限。电缆不但铺设麻烦，而且传输容量受到很大的限制。有了通信卫星，这些问题便迎刃而解，世界各地的人们都可以十分方便地互相打电话，发电报，收看远距离电视台，甚至地球另一面的电视台播放的电视节目，虽然远隔千山万水，却好似近在咫尺。

我国1984年4月8日用自制的大型运载火箭发射成功的通信卫星，其传输信息的覆盖面不仅包括我国的全部领土，还可以覆盖周围一些国家和地区，是继美国、前苏联、日本、欧洲之后第五个独立发射这种卫星的国家。1986年2月，我国实用通信卫星发射并在东经103° 赤道上空定点成功。1988年3月8日我国又发射了一颗通信卫星，标志着我国空间技术进入了新的阶段。

2）导航。一种专门用于给车辆、舰船和飞机导航的卫星叫导航卫星。导航卫星是继通信卫星之后升起的一颗新“星”。

把无线电信标机装在导航卫星上，信标机不断地向海上和空中目标发出无线电信号，由于舰船或飞机等已预先知道导航卫星的运行轨道，舰船或飞机上所装的无线电接收设备，根据接收到的卫星无线电信号，用专门计算机便可计算出舰船或飞机的位置坐标。以往的导航都用天文导航、无线电导航或惯性导航，这些导航方法，有的受气象条件影响，传播距离有限；有的不能保持长期的导航精度。而用卫星导航，不受气象条件和航行距离的限制，导航精度也较高。目前，国际上使用的导航卫星网是由美国发射的5颗子午仪导航卫星组成的。不论气候和电离层的条件如何，也不论在任何时间、地点，都能由卫星给出均匀良好的三维定位导航信息；又能给出航向和速度，为车、船和飞机导航。

在美国军事航天活动中，导航卫星投资仅次于登月计划和航天飞机。美国迄今已发射了50余颗导航卫星，其中大多数是子午仪卫星，此外还有蒂马申卫星、三体卫星、导航技术卫星、新星卫星，还有导航卫星全球定位系统的发展型。子午仪卫星是美国目前唯一能实用的导航卫星系统，也是目前唯一能提供全球覆盖的商用导航卫星系统。导航星全球定位系统（NASTRAN/GPS）是美国三军共用的国防导航卫星计划。全球定位系统（GPS）的工作原理如图2–19所示：环绕地球飞行的24个导航卫星分别位于六个轨道平面上，每个轨道平面上的四个卫星可以随时确定地面、海洋、空中任何一个运动物体的准确位置。该系统能在全球范围内为飞机、舰船及各种车辆和地面部分提供连续高精度的三维定位数据及速度数据。1985年该计划进行实用型导航星的生产和发射阶段，为保证整个系统连续工作，美国空军从 1987年开始用 65亿美元购买第二批导航卫星，用来替换第一代导航卫星。

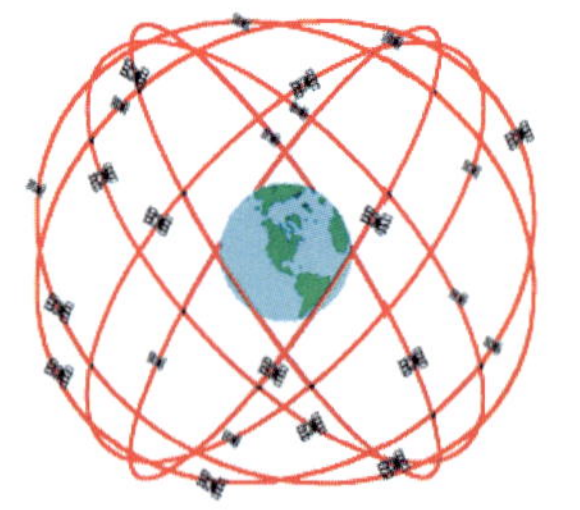

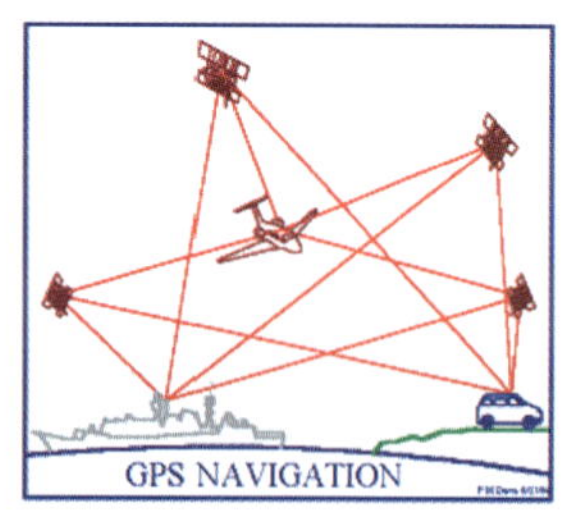

图2–19 卫星导航系统

近几年，导航卫星全球定位系统（GPS）已全面向民用开放，实现对汽车、轮船、飞机等各种交通工具的全球定位和导航。

3）天文观测。1990年4月24日由美国发射的哈勃太空望远镜，被人们称为最重要的天文观测卫星，如图2-20所示。哈勃太空望远镜是迄今为止口径最大的轨道天文台，在其主镜焦平面上装有多台科学仪器，拍摄了大量宝贵的天文照片。

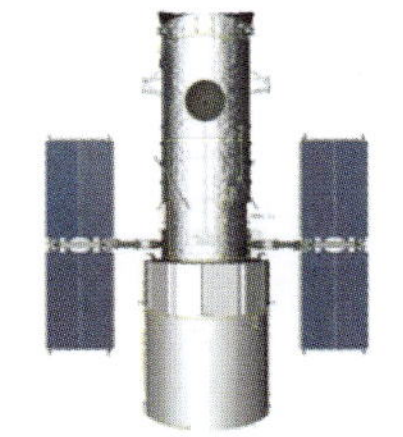
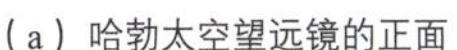

（a）哈勃太空望远镜的正面

（b）在太空遨游的哈勃望远镜

图2-20 哈勃太空望远镜

有人做过粗略统计，哈勃太空望远镜平均每月拍摄近1 100幅天文照片，1990～1997年的7年间共计约拍摄了10万幅。到目前为止，对哈勃太空望远镜已经做过两次太空“手术”。在第二次修理前的7年里，哈勃取得的主要成就包括：增进了人类对宇宙大小和年龄的了解；证明某些星系中央存在超高质量的黑洞；在可见光谱范围内，对宇宙进行了最深入的研究，观察了数千个星系，探测到了宇宙诞生早期的“原始星系”，使天文学家有可能跟踪宇宙发展的历史；清楚地展现了银河系中类星体这种最明亮的天体存在的环境；更清楚地阐述了恒星形成的不同过程；发现木卫二、木卫三的大气层中存在氧气；证明行星形成是普遍现象；证明大爆炸以来，宇宙膨胀并未减慢，而且永远不会停止……

经过两次在轨修理，哈勃太空望远镜开始走向它事业的顶峰。从太阳系的行星大气，到新诞生或将死亡的恒星，直至100多亿光年以外的星系和类星体，哈勃太空望远镜向人们揭示了地面望远镜依稀难辨的细节，使人类辨别天体的能力提高了40亿倍。1997年10月7日美国宣布，哈勃太空望远镜发现了比太阳亮1 000万倍的一颗恒星，这可能是全宇宙最大和最亮的星体，有望为了解恒星的形成和演化提供更新的线索。此后，它又首次观测到超新星气尘环与高速中微子流剧烈碰撞，这一结果对加速了解恒星的形成、演化和衰亡过程及超新星的外围结构意义重大。1998 年5月14日美国宣布，哈勃太空望远镜又发现距地球最近的巨大黑洞，10月又说发现迄今最遥远的星系。

除哈勃太空望远镜之外，美国于1991年又发射了康普顿伽马射线望远镜（GRO）。它是目前太空中最敏感的伽马射线探测器，把宇宙射线的可观测范围扩大了300倍，取得了不少成果。1997年底，美国曾借助它观测到了银河系中喷射出来的反物质粒子云，在天文界引起轰动。不过它的灵敏度还不是很高，美国计划发射更高灵敏度的伽马射线探测器。

除此之外，还有专门用于地球自然资源考察的地球资源卫星（也称作时地观察卫星）；用于研究气象预报和勘察资源的气象卫星：用于军事目的的军用卫星（包括军用侦察卫星、军用预警卫星、军用导航卫星、地雷卫星等）。从中我们可以看出人造卫星在加速开发人类生存和发展所必须的物质资源、能源和信息等领域具有广泛应用价值。

4）气象。气象卫星对天气预报和气候预测有重要作用，在自然灾害和地球环境监测以及海洋、航空、航海和农业、渔业等方面也都有着广泛应用，成为应用卫星中最重要的多用途卫星。因此，越来越多的国家投资发展气象卫星，几乎所有的国家和地区都应用气象卫星的资料及其产品。气象卫星和地面资料接收处理系统与地面资料接收利用站一起组成全球业务应用系统，日夜不停地监视着全球大气和环境的变化。气象卫星在天气预报，特别是在灾害性天气预报中发挥了巨大作用，大气探测资料已在数值预报中得到应用，气象卫星的应用领域扩大到包括气候和全球环境变化研究等许多方面。

我国发射的气象卫星风云1号A、B、C及风云2号是由我国自行研制的第一代太阳同步轨道式卫星，如图2-21、图2-22所示。其中C星轨道高度863km，轨道倾角98.79°，重950kg，外形为1.42m×1.42m×1.2m的六面体，沿飞行方向星体两侧各对称安装4块可伸展的太阳电池翼板，伸展后总长度为10.556m。卫星有效载荷包括有10通道的可见光和红外扫描辐射计、空间粒子探测器、图像传输和数据收集与转发分系统，其他为服务分系统。卫星三轴稳定姿控分系统采用偏置动量轮加磁进动、制动控制和磁平稳卸载方案，3台红外地平仪完成姿态测量，1750A型星载计算机完成姿态控制器任务。卫星主要任务是获取地面和大气层可见光与红外辐射资料，向世界各地和国内接收站实时发送大量云图资料的数字信息，记录全球或全球任一区域延时图像资料，向国内接收站回放，监测全球环境。

图2-21　“风云1号”气象卫星

图2-22　“风云2号”拍摄的威马逊台风图像

2. **宇宙飞船**

宇宙飞船是一种体积较大、能载人从事多种实验活动的太空飞行器。目前这种飞船分两种：一种是环绕地球轨道飞行的飞船；另一种是脱离地球轨道，以载人登月为目标的飞船（如阿波罗飞船）。对应于不同的功能要求，人类已先后研究制出三种构型的宇宙飞船，即单舱型、双舱型和三舱型。

（1）单舱型。单舱式宇宙飞船最为简单，只有宇航员的座舱。前苏联于1961年4月12日发射的人类第一艘绕地飞行的宇宙飞船“东方1号”就是这种单舱式宇宙飞船，全世界第一位遨游太空的前苏联宇航员加加林搭乘该飞船环绕地球一周，安全返回地面，从此揭开了载人太空飞行的序幕，如图2-23所示。美国第一位进入太空的宇航员格伦乘坐的“水星号”飞船，我国航天员杨利伟乘坐的“神舟5号”飞船，都是这种单舱式宇宙飞船。此后，直至1963年6月16日，前苏联相继发射东方2号、3号、4号、5号和6号飞船并编队飞行，都获得了成功。继东方号之后，又发射了“上升号”、“联盟号”等宇宙飞船，共进行了十几次太空飞行和试验。

图2-23　“东方1号”宇宙飞船及第一位进入太空的宇航员加加林

美国最先上天的载人飞船是1961年5月5日发射的“水星号”。它自1958年10月制定计划到1963年5月间共进行了6次不载人（其中3次失败），2次载物飞行，6次载人飞行。飞行目的是考察人在宇宙空间环境中的适应性，并试验飞船上各种工程设备系统的工作性能。

（2）双舱型。双舱型飞船是由座舱和提供动力、电源、氧气和水的服务舱组成，它改善了宇航员的工作和生活环境。世界第一个男女宇航员乘坐的前苏联“东方号”飞船，世界第一个出舱宇航员乘坐的前苏联“上升号”飞船以及美国的“双子星座号”飞船均属于双舱型。

美国第二代宇宙飞船是“双子星座”飞船，它自1961年11月计划至1966年11月共进行14次飞行试验，其中三次无人飞行（失败1次）。它所肩负的使命是探索、解决两个飞行器的轨道交会、对接、宇航舱外活动和变轨飞行等问题，为“阿波罗”载人登月做好技术上的准备。在

“水星”号和“双子星座”号多次载人实验的基础上，最后终于在1969年7月16日成功地发射了载人登月的“阿波罗”11号宇宙飞船。

（3）三舱型。最复杂的就是三舱型飞船，它是在双舱型飞船的基础上或增加1个轨道舱（卫星或飞船），用于增加活动空间，进行科学实验等，或增加1个登月舱（登月式飞船），用于在月面着陆或离开月面，前苏联/俄罗斯的联盟系列和美国“阿波罗号”飞船就是典型的三舱型，如图2-24所示。联盟系列飞船至今还在使用。

图2-24 具有三舱型结构的阿波罗飞船

美国实施载人登月过程中使用的“阿波罗11号”飞船于1969年 7月20～21日首次实现地球人登上月球的理想。此后，美国又相继6次发射“阿波罗”号飞船，其中5次成功，总共有12名航天员登上月球。飞船由指挥舱、服务舱和登月舱3个部分组成，其中指挥舱是全飞船的控制中心，也是航天员飞行中生活和工作的座舱。服务舱采用轻金属蜂窝结构，周围分为6个隔舱，容纳主发动机、推进剂储箱和增压、姿态控制、电气等系统。前端与指挥舱对接，后端有推进系统主发动机喷管。登月舱由下降级和上升级组成。

我国于2007年发射的“神舟6号”飞船也是推进舱、返回舱、轨道舱的三舱结构，航天员费俊龙、聂海胜开始坐在驾驶舱内，飞船到达指定位置后，按照预定的操作规程，聂海胜伸手把通向工作舱的舱门打开，一个微小的动作，标志着我国航天事业一个新的重大的跨越！因为它说明我国的载人航天工程已从把航天员送入太空提高到在太空轨道上进行实地科学实验的实质性阶段。接着，聂海胜实施穿舱，在失重状态下，轻飘飘地由座舱进入工作舱，如图2-25所示。

3. 宇宙空间站

进入20世纪70年代以来，美国、前苏联、欧空局相继又研制了一种比宇宙飞船体积更大、宇航员在其中活动更自由、运行时间更长的飞行器，目的是想把地面上的实验室搬到天上去，可以长时间地环绕地球轨道飞行，进行规模更大、项目更多的科学实验考察活动。这种飞行器就叫做宇宙空间站或太空实验室。这种超大型、具有极复杂系统的空间技术工程项目耗资巨大，往往不是一个国家的国力和技术能力所能承受得了的，需要两个甚至更多国家的密切合作才能实现，这也标志着国际空间技术开始由太空竞赛走向太空合作发展的道路。

目前，已发射的空间站有美国的“天空实验室”，前苏联的“礼炮号”和“和平号”空间站及欧洲空间局的“太空实验室”等。

（1）“天空实验室”。“天空实验室”是在“阿波罗”登月计划取得丰硕成果的基础上发展起来的。它有轨道舱、太阳望远镜、过渡舱、对接舱和指挥服务部5个部分组成、外加6块太阳能电池板。总长36m，直径6.7m，重82t，工作容积 3 160m^3。它

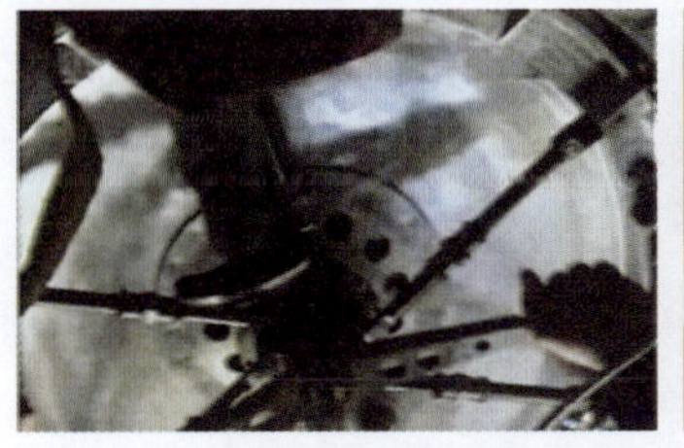

图2-25 聂海胜伸手打开舱门并穿舱

于 1973年5月 14日由“土星5号”火箭发射入轨，运行了6年多，先后接待了3批共9名宇航员。这些宇航员在实验室里分别生活和工作了28天、59天、84天，他们用各种仪器进行了一系列的科学实验，拍摄了大量太阳活动照片和地面照片。

（2）“礼炮号”和“和平号”空间站。前苏联发射的“礼炮号”空间站比美国的“天空实验室”小得多。长近13m，最大直径4m，重约19t。但后来前苏联在“空间站”发展方面取得的成就大大优先于美国的整体水平，领先于世界。从1971年4月19日到1984年3月，共发射了7个“礼炮号”空间站。空间站入轨后，又分期分批发射了载人的“联盟号”飞船与之对接，对接后，宇航员进入空间站进行实验、考察活动，并将上批宇航员接回地面。空间站所需的各种仪器、燃料和生活必需品由“进步”号货运飞船或“宇宙”号飞船运送供给。于1984年2月发射上天的“礼炮1号”空间站，在1986年6月完成了预定的飞行和科研计划后，又升高到更高轨道（480km）上飞行。其中有3名宇航员在站上连续飞行237天，并6次走出舱外。

1987年2月8日，前苏联宇航员尤里·罗曼年科和另一名宇航员乘“联盟TM－2”号宇宙飞船进入“和平”号空间站，罗曼年科在空间站工作、生活了326天（另一名宇航员因身体不适提前返回），创造了人类在太空连续飞行时间的新纪录。

（3）“太空实验室”。“太空实验室”是由联邦德国、比利时、法国、英国等10个国家参加的欧空局费时10年、耗资17亿美元研制成功的。1983年11月28日到12月8 日，“太空实验室一号”由美国航天飞机运载，成功地实现了首航。实验室中可乘坐4名宇航员，设计使用寿命10年，可重复利用100次。太空实验室密闭环境舱提供了比较优良的工作环境，不仅宇航员，只要身体素质好，即使未经严格训练的科学家也可在实验室内进行工作和生活。它的实验项目多、范围广。这次飞行时间虽然只有9天，但所获得的科学实验资料比美国宇航员在天空实验室172天中所获得的资料还要多。“太空实验室”是欧洲多国空间技术合作的结晶，也撼动了美、俄两国在太空的霸主地位。

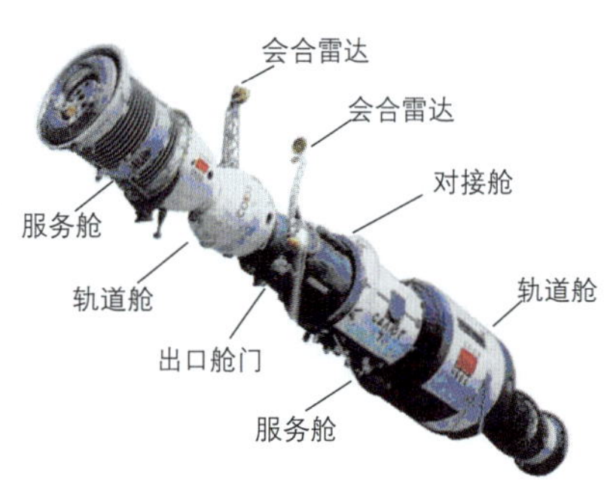

图2-26　联盟号飞船与礼炮7号空间站对接

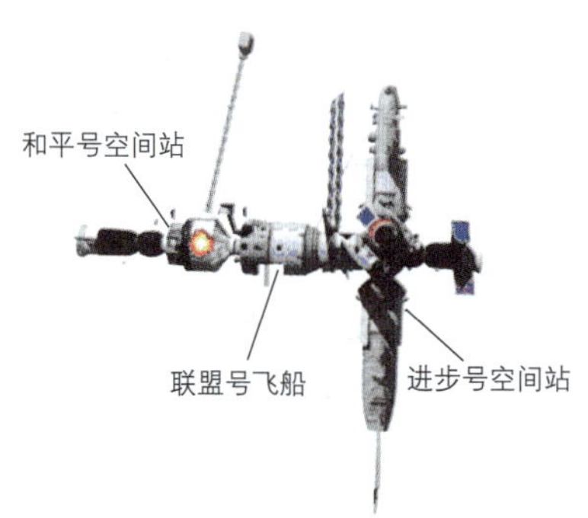

图2-27　联盟号飞船与和平号、进步号空间站对接后的轨道联合体

（4）曙光号国际空间站。1998年11月20日，俄罗斯在拜科努尔航天发射场用一枚质子号运载火箭，成功地把国际空间站的第一个组件送上了太空。1998年12月4日，美国奋进号航天飞机又把节点1号舱送入轨道，并对接到曙光号上。

曙光号的主舱直径约4.1m，长约12.5m，太阳能帆板展开后“翼展”可达将近24.4m。它的前部有一个大型球形对接体，其上带有3个对接口，后部又有1个对接口。美国的所有设备以及欧洲和日本的舱段都将从前部对接体向外发展。俄罗斯的其他设备将对接到后边的对接口上。

整个空间站在2005年建成。所建成的空间站重426t，长为108.5m，宽（含翼展）为88.4m。

2.2.3 航天飞机

火箭的设计和制造成本是相当高的，而且是一次性使用，耗资巨大。它完成使命后溅落到了海洋里，就再也不能使用了。航天专家们一直在思索，能否研制一种既安全可靠、又可以重复使用的运载工具呢？到了20世纪70年代末，航天飞机研制成功，这种设想终于向它的实现迈出了实质性的一步。

航天飞机是一种探索太空的新型工具。它实现了火箭、宇宙飞船和飞机的三位一体。把火箭的运载功能和飞行器的飞行、探测、实验功能巧妙的合并起来，从而达到更好的使用效果。航天飞机可以多次来往穿梭于太空和地球之间，因此可以多次使用，既能大大地降低太空探险的成本，又极大地增加了使用的灵活性。航天飞机又称为“太空穿梭机”（Shuttle）。

1. 航天飞机的结构

1981年4月21日，世界上第一架航天飞机“哥伦比亚”号在美国升起（见图2-28），在近地轨道运行了54h后，安全返回地面。哥伦比亚是美国的别称，从这个名称上可以看出，美国把制造航天飞机的成败与自己国家的荣辱都挂起钩来了。“哥伦比亚”号长约56.14m，高约23.34m，相当于7 层楼房高，起飞重量约2 200t。它包括三个部分：航天飞机本身，两个固体燃料助推火箭和一个机外燃烧舱。

图2-28 哥伦比亚号航天飞机及起飞瞬间

轨道飞行器是航天飞机的核心部分，外形酷似飞机，全长37m，起落架放下后，总高度为 17m。它分前、中、后三段。前段是乘员座舱，可乘坐4～7人，紧急情况下可容纳10人，其下部装有在飞行过程中可以收起的起落架。座舱分上、中、下三层。上层是驾驶台，装有指示和控制的仪器，可以进行飞行指挥，检查其他部件和有效载荷。通过仪器设备，可以将有效载荷移动或运出载荷舱，推入太空或重新回收。驾驶台同现代民航驾驶舱很相似，驾驶员和副驾驶员各有一个座位，关键操纵设备有双份，两人可以同时操作。一旦有一套操纵设备失灵，另一个驾驶员可单独操纵返回地面。中层是航天员及随行的科学家的卧室。下层是机房，安装有空调系统和供给系统，以确保座舱内气温、湿度、气压与地面上相同。中段由机翼和货舱组成，是有效载荷舱，可装载人造卫星及各种科学实验仪器设备，最大载荷30t，一次能容纳两颗大型人造地球卫星；由于舱内装置了遥控操纵臂，可在空间装卸货物。这里也是科学家进行太空实验的工作室。后段装有3台液体燃料主发动机，总起飞推力为510t。此外，还装有两台机动发动机和制动控制系统以控制飞行姿态和稳定飞行。

航天飞机在离地面800km的高空进入轨道，能连续运行7～30天。在完成任务后，它能经受住重返大气层时与空气摩擦产生的高温，靠机翼滑翔降落在约5km长的跑道上。一般经过两周检查、维修后，它又可以重返宇宙。两个固体燃料助推火箭，分挂在航天飞机的两侧机翼下，这两个火箭通常回收后可重复使用20次以上。机外燃料舱安装在航天飞机主体的腹部，是个巨大的铝合金壳体，装满燃料后重75.645 8万kg。它实际上有前后两个燃料箱，一个能储放150万L液态氢，另一个内装54万L液态氧。它们通过5根管子向航天飞机的主发动机提供燃料。

助推器由两个固体火箭助推器和一个推进剂外储存箱组成。固体火箭助推器长45m，直径3.7m，装有500多吨固体燃料，能产生1 300t推力，可重复使用20次。外储存箱长47m，直径8.4m，可装700t液氧、液氢推进剂。

航天飞机的制造成本极高。据马德里的黄金情报中心透露，“哥伦比亚”号航天飞机制造时共用了40.8kg黄金。所以这架航天飞机又被称作“金制的航天飞机”，但由于它预计可以重复使用100次，与使用火箭相比，成本就大大降低了。航天飞机的出现，是人类宇航事业上的一大进步，可以说有划时代的意义。它为宇航商业化，建造宇宙医院、工厂、电站，以充分利用太阳能及宇宙间的真空、洁净、失重等地面上无法具备的条件，从事一系列科学实验和商业活动。

航天飞机的飞行过程可分为3个阶段，即发射上升，轨道飞行和返回地球。航天飞机发射时和火箭发射一样，在发射台上垂直起飞。此时航天飞机本身的3台主发动机和两个助推火箭几乎同时点火，总推力达3.14×10^{7}N。当它上升到50km高空时，助推火箭熄火，并同航天飞机脱离，利用降落伞溅落在离发射场数百千米的海洋洋面上，由舰只回收，维修后供下次再用。在快要进入绕地轨道运行时，主发动机熄火。机外燃料舱被抛弃、焚毁。此后依靠两台机动发动机使航天飞机进入绕地轨道运行。轨道飞行不需要动力。当航天飞机昼夜不息地绕地球运行时，宇航员们便可以根据预定目标从事各项科学实验或其他活动。当航天飞机需要返回地球时，只要重新点燃机动发动机，制动减速，使航天飞机脱离绕地轨道，就能重新进入大气层。当它通过大气借助摩擦阻力减速后，便和普通滑翔机一样，依靠机翼完成最后的滑翔飞行，并在巨大的降落伞配合下着陆。当然它所需要的机场着陆跑道比普通飞机的要长得多，因为它的着陆速度约为341～364km/h。

2. 航天飞机的应用

航天飞机用途很广泛。它能发射各种卫星，即在起飞前将卫星装入货舱内，进入地球轨道后用机械装置将卫星抓起，送入太空。这种发射方式，不仅简化了卫星发射程序，还可降低发射成本。如果卫星出了毛病，航天飞机可以把它抓回货舱，进行修理，然后再送入太空。

航天飞机上装有各种科学仪器和设备，从而成为一个太空实验室。科学家可以在此进行各种科学研究，他们可以利用太空的特殊环境，完成一些在地面上难以完成的科学实验。

航天飞机还可以进行军事侦察，执行各种军事任务。

2.2.4 发射场及地面测控系统

1. 发射场

卫星、航天飞机、宇宙空间站等空间飞行器都是在地面发射场发射上天，再进入轨道围绕地球运动或者执行其他太空飞行任务。发射场建设的选址对火箭和飞行器的入轨有非常高的要求。火箭升空后在发射场的上空有一段近地低速飞行，此时火箭制导系统对地球重力场的高频信息非常敏感，由重力场引起的加速度误差，很快累积成速度误差，影响卫星正确入轨。因此，卫星发射场需要地球重力场的细微结构，为达到这个目的，必须在发射场测定足够精度和密度的重力点，建立场区局部重力场模型；其次是计算发射点的垂线偏差和高程异常，也需要精细的重力资料；其三是火箭发射的惯性仪表在发射场测试，测试结果与仪表位置的重力加速度密切相关。为此，都需要在卫星发射场区测定许多重力点。

我国现有酒泉、太原、西昌三个航天发射场，共进行了100余次航天发射，先后将百余颗卫星和6艘载人飞船送入太空。

酒泉卫星发射中心是我国第一个航天发射场（见图2-29），建于1958年，自组建以来创造了中国航天发射史上多个第一：1960年11月，成功发射我国制造的第一枚地地导弹；1970年4月，成功发射我国第一颗人造地球卫星——“东方红1号”；1975年11月，成功发射我国第一颗返回式卫星；2003年10月成功发射神舟5号载人飞船，将航天员杨利伟送上太空……

图2-29 我国酒泉发射基地及标志性建筑

太原卫星发射中心主要承担太阳同步轨道和极地轨道航天器发射任务，组建40年来，已累计将38颗国内外卫星成功送入太空。

西昌卫星发射中心建于1970年，主要用于发射地球同步轨道卫星，建成了自成体系、配套完善的测试发射、测量控制、通信、气象和勤务保障五大系统，先后成功组织了“亚洲1号”、“澳星”、“风云2号”等40多次国内外卫星的发射。目前，这个中心能发射我国自行研制的“长征3号甲”、“长征3号乙”等五种大型运载火箭，年发射能力10～12次。

最近，根据我国航天事业发展的需要，我国又开始在海南省建设第四个发射中心。

世界各大航天强国都建有自己的航天发射基地。除了我国的三大发射基地之外，国际上最著名的发射基地有：

（1）美国肯尼迪航天中心（见图2-30）。肯尼迪航天中心坐落在美国佛罗里达州半岛中部的梅里特岛卡纳维拉尔角上，由于地处大西洋和墨西哥湾的暖流之间，所以这里无四季之分，气温每天都在30℃以上。

肯尼迪航天中心建造在一片沼泽地带上。自从美国NASA成立以来，这里逐步发展起来，成为五角大楼及NASA共管的宇航中心。随着美国航天事业的发展，这里的设施也不断增多，目前该宇航中心的占地面积已扩大到570km^2，拥有20 多个发射场，成为美国的“太空港”，被誉为“通往太空之门”。这里不仅是发射场，还是大型宇宙飞船和航天飞机组装以及宇航员的培养和训练基地。包括阿波罗工程在内的许许多多航天工程和项目都是在这里实施的。

图2-30 美国肯尼迪航天中心

（2）美国西部航天和导弹试验中心（见图2-31）。该中心位于美国西部的加利福尼亚州大沙漠地带NASA在这里进行了上百次的导弹发射和航天飞机的性能测试实验。

（3）拜科努尔航天发射及控制中心（见图2-32）。拜科努尔航天发射及控制中心是前苏联的重要航天基地之一，前苏联航天史上所实现的许多重大航天工程大都是在该基地进行的。拜科努尔航天发射场位于哈萨克斯坦拜克努尔市西南288km处，建于1955年，是前苏联最大的导弹和各种航天飞行器发射场地。拜科努尔航天发射基地位于北纬46°、东经63°的哈萨克斯坦半沙漠地区，基地南北长约80km，东西宽约128km。世界上第一颗人造地球卫星从拜科努尔发射场升空，前苏联宇航员加加林乘坐的“东方1号”宇宙飞船也是从这里进入太空。除了数十个发射台之外，拜科努尔还拥有5个发射控制中心，9个地面跟踪站。从弹道学角度而言，它是前苏

图2-31　美国西部航天和导弹试验中心

图2-32　拜科努尔航天发射及控制中心

联境内最为有利的航天发射基地。就其规模，以及它在人类航天探索事业中所发挥的巨大作用而言，更是在世界诸大航天发射场中占据了极其特殊的地位。从1957年至2000年4月，拜科努尔航天发射场共发射运载火箭1 140次，航天器1 157次，这些都记录了拜科努尔半个世纪无与伦比的辉煌。

前苏联解体后，拜科努尔发射场划归哈萨克斯坦所有。但由于财政困难，哈萨克斯坦根本无法保证发射场的运作。俄国官方认为，拜科努尔发射场作为前苏联重要的国防航天发射中心之一，不能放弃。为了应对美国的太空战略，前苏联解体后的俄罗斯仍然需要从该发射场继续进行航天发射，因为它们如果在俄罗斯境内的其他地区重新建立新的航天基地，不仅是要花费巨额投资，更重要的是拜科努尔得天独厚的地理位置是无法取代的。拜科努尔发射场是俄罗斯目前唯一可供发射载人飞船和地球同步轨道卫星的发射场地，如放弃该发射场，很多航天业务将无法开展，大批来自哈萨克斯坦的航天企业员工将面临失业。因此在1994年，俄哈两国签署拜科努尔发射场的租赁协议，期限为20年，租赁费用为每年1.15亿美元。2004年，俄罗斯又与哈萨克斯坦签署协议，继续租赁拜科努尔发射场50年。

然而，在拜科努尔辉煌的背后，也有很多惨痛的回忆。世界航天史上最严重的伤亡事故就发生在这里。1960年10月24日，杨格尔设计局的前苏联第一枚R-16型洲际导弹点火失败。急于完成发射任务的现场总指挥、战略火箭军元帅米特罗凡·涅杰林严重违反操作规程，命令技术人员走出地下掩蔽部，搭起平台，接近弹体检查。但此时导弹的第二级意外点火，引爆燃料发生剧烈爆炸，将发射现场化为地狱，包括涅杰林在内的74人殉职。

（4）库鲁发射场（见图2-33）。也称圭亚那航天中心，是目前法国唯一的航天发射场，也是欧空局（ESA）开展航天活动的主要场所。它位于南美洲北部法属圭亚那中部的库鲁地区，在沿大西洋海岸的一片狭长草原上。由于发射场紧靠赤道，对发射静止卫星极为有利。库鲁发射场1966年动工兴造，1971年建成，共耗资5.2亿法郎。早期仅进行探空火箭和“钻石号”运载火箭发射。1979年12月“阿里亚那”运载火箭在这里首次发射成功，至今该系列发射成功率已达90%以上，独揽了全球一半以上的卫星发射市场。

图2-33　库鲁发射场

（5）日本种子岛航天中心（见图2-34）。日本也是较早开始发展航天事业的国家之一，它继苏、美、法三国之后第四个把卫星发射到地球轨道上。位于日本九州南部一个小岛——种子岛上的航天发射中心总面积约为8.65km^2，周围没有高山，气候稳定，其地理位置尤其适合进行航天发射活动。该中心于1966年开始运作，建有竹崎发射场、大崎发射场以及吉信综合发射场。其中，专司H－2型火箭发射的吉信综合发射场已成为目前世界上最大的和最现代化的发射场之一。日本在种子岛航天中心发射了几十颗卫星，数量仅次于美国和俄罗斯，其中不乏用于间谍目的的侦察卫星。2003年3月28日上午，日本又在种子岛航天中心用H－2A运载火箭将两颗间谍卫星发射升空。这两颗间谍卫星主要用于侦察朝鲜军事动态，事关朝鲜半岛和东北亚安全，受到世界各国包括日本国人民的重视和追踪。2007年9月14日10时31分，日本又在此发射了“月亮女神”号探月卫星，比我国发射“嫦娥一号”提前了40天。

图2－34 日本种子岛航天中心

（6）印度斯里哈里科塔发射场（见图2－35）。在印度东海岸的斯里哈里科塔岛上，有一处占地面积145km^{2}的特殊建筑群，它就是印度最重要的航天发射中心斯里哈里科塔。该发射场位于印度马德拉斯北部100km处，这里气候适宜，阳光充足，是进行室外静态试车和发射试验的理想场所。

图2－35 印度斯里哈里科塔发射场

自1971年印度政府选定这块“风水宝地”以来，经过30多年的建设，斯里哈里科塔发射场已成为印度最大的航天城和火箭发射中心，拥有完备的火箭测试、组装和发射设施，并建有先进的计算机数据处理中心。印度的4种国产运载火箭——卫星运载火箭（SLV）、加大推力运载火箭（ASLV）、极地轨道运载火箭（PSLV）和地球同步轨道运载火箭都从这里点火升空，德国、韩国和比利时等国委托印度发射的卫星也是从该中心发射上天的。为此，印度空间研究中心在这里扩建了固体助推器工厂，可为多级火箭发动机生产大尺寸的推进剂药柱。

近年来，印度明显加快了空间技术研究与发展的步伐，在航天领域取得许多成就，成为世界上继美国、俄罗斯、欧盟、中国和日本之后的第六个航天大国。印度从20世纪60年代初开始发展航天技术，70年代前主要是兴建探空火箭发射场并研制自己的探空火箭，为研制运载火箭打下基础；70年代后主要是发展应用卫星、遥感技术和运载火箭。1975年第一颗人造卫星“阿里亚巴塔”号研制成功，印度开始逐步掌握了卫星设计、研制、测控等方面的技术。1980年7月18日，印度使用自行研制的第二枚SLV－3运载火箭，在斯里哈里科塔发射场成功地将一颗“罗西尼”试验卫星送入400km高的轨道，从而使印度成为世界上第七个能独立发射卫星的国家。

然而，印度的航天科研并非一帆风顺，曾经有多次发射失败及事故的记录，最为严重的一次发生在2004年2月23日下午。当天，斯里哈里科塔航天发射中心的固体燃料基地发生爆炸，至少造成6人死亡，5人受伤，连一些存储在基地内的大型电动引擎也同时发生爆炸。近年来，印度一直在使用俄罗斯提供的液态燃料火箭发动机，其最大推力不超过5×10^4N，而根据国际上公认的标准，运载火箭推力低于8×10^4N就不足以支持载人航天飞行。因为印度曾宣布要在2007年完成登月，这次事故可能就是因为研制大推力固体燃料工作急于求成所造成的。

但事故和挫折并未打消印度航天赶超世界强国的决心。2005年5月5日上午10时20分，印度的PSLV－C6型极地卫星运载火箭在斯里哈里科塔航天发射中心成功发射两颗国产卫星，这是印度首次完成箭星全部国产的“一箭多星”发射任务，而且启用了新建的“通用发射平台”。该火箭发射系统耗资近1亿美元，历时5年建成，印度总统卡拉姆亲自参加了新发射中心的启用仪式。这次发射极大地鼓舞了印度航天发展的信心，航天中心负责人对外宣称："印度将在2008年前推出本土生产的航天飞机，这将是航天科技与航空技术的完美结合。"

可以说，印度近年来在运载火箭技术上的每一次飞跃，斯里哈里科塔航天发射场都是"见证人"。该发射场不仅印证着印度航天的进步，也承载着未来印度航天的希望。

2. 地面测控系统

与火箭和卫星技术并行发展的还有一个完整的卫星地面测控系统。如果把发射火箭、卫星、载人宇宙飞船比作放"风筝"，那么地面测控系统就好比一根无形的"长线"始终与放飞的"风筝"连在一起，不管"风筝"飞到哪里，走得多远，地面测控系统总是牢牢地掌控着它们。这套系统所构成的航天测控通信网像一张百密而无一疏的恢恢天网一样，对它们的"一举一动"进行着严密地测量和控制，并负责其整个飞行任务期间的几大重要任务，其中包括：

（1）轨道测量。

（2）遥测监视。

（3）遥控操作。

（4）飞行控制。

（5）提供地面数据保障。

我国的卫星测控技术目前已达到世界先进水平。为满足载人航天的基本要求，我国航天测控网建立了网络管理中心，对测控网进行集中监控，并负责测控资源的动态优化配置，实现了对陆上、海上所有13个测控站的联网和统一管理调度。我国航天测控网可对火箭、各种轨道卫星和载人飞船等航天器提供高精度测控支持服务，实现了"飞向太空、返回地面、同步定点、一网多星、国际兼容、飞船回收"六大历史性跨越。我国航天测控网不仅轨道测算精度高，而且具备天地话音、电视图像和高速数据传输等能力。测控中心的专家组可根据各测控站传来的信息，研究决策并直接向航天器发送指令，实现了对航天器的"透明"控制，大大强化了监控能力，特别是提高了在应急情况下的测控能力。我们充分利用我国有限的国土跨度和其他资源，通过优化测控站、船布局，确保航天器在上升段、变轨段、返回制动段、分离段等关键飞行段落的测控支持。

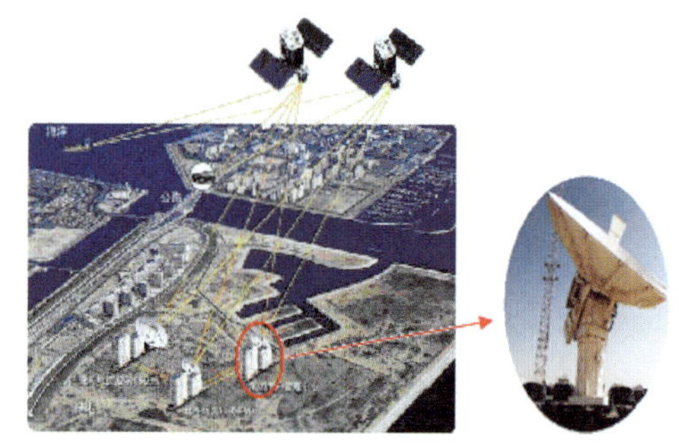

图2-36　卫星地面测控系统

我国的卫星地面测控系统分别建立在古城西安和现代化城市上海。如在2007年10月24日发射"嫦娥一号"卫星的发射场位于我国西部的西昌发射中心，指挥控制现场在首都北京，而地面测控中心则位于上海。正式发射的前六天，中科院上海天文台及佘山观测站已进入"临战状态"，几天之内这里就与国内三座天文台的望远镜联网，为"嫦娥奔月"导航指路。从"长征3号甲"火箭升空的那一刻起，"嫦娥一号"仿佛一只即将放飞月球的"风筝"，首先按预定轨迹进入地球轨道，然后再精确地从地球轨道奔向月球轨道，"风筝"后面那根无形的线的一头就牢牢地抓在上海测控中心工作人员的手中。发射成功之后的数分钟内，在无线电波中传播频率最高的一句行话是："北京，北京，我是上海，卫星已捕获。"从而确保我国第一颗探月卫星成功到达预定绕月轨道，实施各项既定的探月任务。

2.3 世界航天史上的重大事件

在全世界航天发展史上，除了前苏联在1957年发射第一颗人造地球卫星和1961年加加林第一个进入太空等重要事件之外，最值得一提的是美国于20世纪六七十年代实施的“阿波罗工程”。

图2-37 美国前总统肯尼迪在“阿波罗”飞船发射前发表演讲

2.3.1 阿波罗计划（Apollo Program）

1957年10月4日，前苏联成功地发射了世界上第一颗人造地球卫星，极大地震动了美国和全世界。美国人清楚地感觉到自己在太空中的竞赛远远输给俄国人了。为了夺回在太空争夺战中的霸主地位，1958年的夏天，美国成立了国家航空和航天局——NASA，并把全国最优秀的科学技术人才集中到NASA这个全国性的宇航机构，准备和前苏联进行一场空间竞赛。1961年5月25日肯尼迪总统在“国家紧急需要”特别咨文中提出“阿波罗”登月计划，这是一项把人送上月球，并使之安全返回地球的计划。是NASA成立以后第一项庞大的空间计划。从德国来到美国的冯·布劳恩已成为美国总统的空间事务科学顾问，分管“阿波罗”工程，并直接主持把“阿波罗”飞船送入太空的“土星5号”运载火箭的研制工作。美国空军的塞缪尔·菲利浦中将被任命为“阿波罗”项目的负责人，NASA本部的执行局长乔治·哈格被派做他的助手。为了实施“阿波罗”计划，1961年年底美国NASA组成了一个专门的委员会，具体负责登月计划的执行。

“阿波罗”登月计划事实上包括三个核心部分，即飞船的研制，运载火箭的研制及其装配、发射、登月。在实施载人登月之前，做了大量的准备和预演工作。

1. “水星”计划和“双子星座”计划——阿波罗工程的预演

在“阿波罗”飞船试验开始之前，美国首先进行了单个宇航员飞行的“水星”计划和两个宇航员协同飞行的“双子星座”计划，为登月方案的制订及实施提供了许多宝贵的资料，积累了许多宝贵的经验。

美国的“水星”计划是从1958年10开始，到1963年5月结束的。这是美国发展载人宇航的第一步，其核心内容是将人送上宇宙空间。由于前苏联的加加林少校1961年4月12日成功地绕轨道飞行成功，迫使美国加快了“水星”计划的步骤。1961年1月31日，一只绰号为“哈姆”的黑猩猩被送上35km的高空。黑猩猩经过16min的发射、升空、重返大气层和失重状态的考验后安全返回地球。

这一年的5月5日，“水星”飞船载着宇航员艾伦·谢泼德被送上空间。他在185km的高空进行了15min的亚轨道飞行，经历了5min8s的失重状态，然后溅落在大西洋上。他是第一个被射入宇宙的美国人。

1962年2月20日，40岁的宇航员、海军中校格伦完成了美国的第一次载人轨道飞行，绕地球3圈，飞行5h。这以后美国又进行了四次“水星”计划飞行。第六次单人飞行的宇航员是空军少校库柏。他的“水星”飞船于1963年5月16日升空，6min后在离地面160km处进入轨道。这位36岁的宇航员共绕地球飞行22周，航程92万km，历时34h21min，完成了试验项目。“水星”计划共进行了两次载人亚轨道飞行，四次载人轨道飞行，总共飞行时间54h20min。这些飞行考察和研究了围绕轨道飞行对宇航员身体的影响，衡量了宇航员与宇宙飞船的合作情况，证明了人能够在宇宙中长期工作。这以后，便转而集中精力执行“双子星座”双人宇宙飞船计划。“双子星座”计划是1961年10月开始制定的。它一次同时有两名宇航员在宇宙空间活动，包括两个或两个以上的宇宙飞行器在空间相会和对接。这是为了把宇航员送上月球的“阿波罗”计划的中间试验阶段。

1964年4月，美国在墨西哥海得克萨斯州，将一个“双子星座”飞船置入海水中试验，座舱内封载了一名宇航员和一名工程师。这样的试验是为了检验飞船返回地球溅落海洋后是否漏水？到底渗漏多少水？能经受多大的风浪？电池能否维持36h？座舱容器的浮力如何等问题。

“双子星座”宇宙飞船能乘两名宇航员，重量约3.5t，体积是“水星”飞船的一倍半。经过将近一年的试验，到1965年3月23日，载人的“双子星座”飞船正式上天了。这一天，载着指令长格里森和驾驶员杨格的飞船被“大力神Ⅱ式”两级火箭送上轨道。他们绕地球飞行了3圈，历时4h54min，然后在大西洋洋面溅落。此后又进行了几次轨道飞行；宇航员怀特还离开宇宙飞船，在宇宙空间“行走”了22min。在双子星座的飞行中，还研究了长期失重对人体的影响。1966年11月25日，第十次双人绕地球轨道飞行的任务结束，表明“双子星座”计划的完成，登月的主角“阿波罗”飞船正式出场了。

2. 从“阿波罗1号”到“阿波罗10号”

1966年，美国进行了“阿波罗1号”、“阿波罗2号”和“阿波罗3号”宇宙飞船不载人飞行试验。接着在1967年1月27日进行载人飞行试验。不过谁也料想不到，“阿波罗4号”计划出师不利，一开始就闹出了人命事故。“阿波罗4号”宇宙飞船载着宇航员格里索姆、怀特和查菲在当地时间13时进入离地约66 m高的飞船座舱，进行地面模拟飞行试验。18时31分3秒，宇宙飞船内部突然起火，座舱内三名宇航员的宇宙服几乎一下子就燃烧起来，发射台上的工作人员虽然奋不顾身的抢救，但40岁的空军中校格里索姆、36岁的怀特和31岁的海军少校查菲仍很快窒息而死，被烧成焦炭。

这次意外事故，使美国的“阿波罗”计划推迟，直到22个月之后，“阿波罗”飞船的第一次载人飞行才告成功。1968年1月，“阿波罗5 号”进行了登月舱试验飞行。这以后，“阿波罗6号”进行了“土星5号”火箭的试验飞行。10月11日，第一架载人“阿波罗”飞船被“土星I-B”火箭送上轨道。三位宇航员在“阿波罗7号”上进行了各种试验，其中最重要的试验是将已脱离的仍在空间运行的火箭的第二级当作假想的月球，试着向其靠近，以模仿登月时必需的停靠动作。

1968年12月21日，“阿波罗8号”宇宙飞船进行了一次划时代的飞行。宇航员博尔曼空军上校、洛弗尔海军上校和安德斯空军少校在绕地球飞行了10圈后，直奔月球，在离月球112km处绕月飞行了10圈、20h，然后再返回地球。这次绕月飞行试验的成功，表明人类到另一个天体去访问的条件已基本成熟，也促使载人登月计划的各项具体工作更紧张地展开了。1969年3月3日，“阿波罗9 号”飞船上的宇航员模仿登月着陆的情况，在空间让登月舱和指挥舱脱离，然后再接合。5月18日发射的“阿波罗10号”飞船完成了人类登月“表演”的“最后彩排”。

3.“阿波罗11号”实现人类登月壮举

“阿波罗11号”飞船的安装和飞行准备工作按进程分为10个阶段，如图2-38所示。

A阶段开始于1969年1月19日。这个阶段的主要任务是接收从各地发运来的部件和构件。从1月下旬开始，直到2月20日这些零部件才陆续从各地运到。3月27日，NASA决定，在7月16日美国独立194周年纪念日发射“阿波罗11号”飞船。

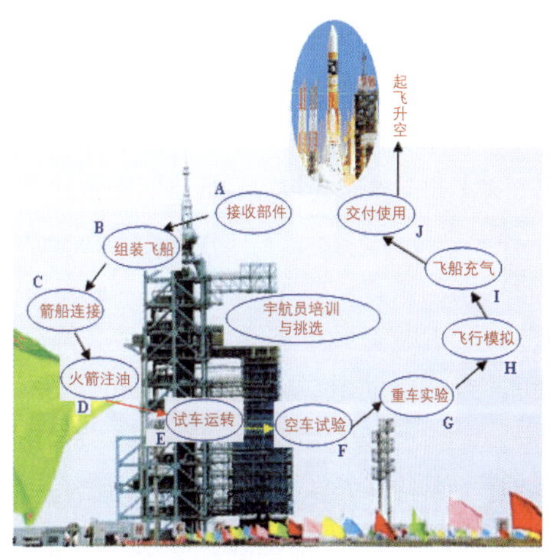

图2-38 “阿波罗11号”进入太空前10个准备阶段

B阶段的工作是宇宙飞船和运载火箭的安装和检查阶段，它持续了约18周。到4月14日，“阿波罗11号”和“土星5号”就连在一起，高悬于半空中。

C阶段的任务是将组装完毕的“阿波罗11号”连同运载火箭一起，由装配大楼经平行滑道运到发射台去。这个工作于5月20日中午12时30分正式开始，共用6h，于当天完成。

从6月3日16时开始飞行准备进入D和E 阶段。第一级火箭的煤油罐里注入了燃料，宇宙飞船进行试运转，以检查各构件间的连接辅助设备、电力起动系统工作是否正常，阀门、密封件情况是否良好等。

自6月25日午夜开始，“阿波罗11号”飞船进入计时演习试验，这就是F、G、H 阶段。这三个阶段把计时开始到发射前的全部时间计算在内，进行单项的、多项的或总的试验。既进行不加燃料的“空车”试验，也进行注入液氢、液氧的“重车”试验。7月3日，甚至还进行了一次模拟试验，包括宇航员几时起床、何时早餐、穿宇宙服的时间等。7月16日正式发射的那天，所有的发射动作将严格按这次模拟试验得出的时间表进行。

计时演习结束后，最后的I和J阶段就是将宇宙飞船通入空气，正式交付使用，并进入发射前的最后准备阶段。

按照美国NASA的规定，接受飞行任务的宇航员，发射前的6个月，就开始了紧张而严格的训练和准备工作。他们几乎是在“监禁”状态下进行训练的，与外界隔绝了，不要说新闻记者见不到他们，连家属也不让见面。到发射前的一个月，他们还必须在肯尼迪宇航中心的特殊无菌室里度过28天。

在“阿波罗11号”进行组装和调试准备期间，被挑选出来的3名正式登月宇航员和3名预备人员也一刻没有闲过。在约翰逊宇航中心，宇航员一直在模拟飞行装置中进行学习和各种训练。鉴于这次飞行的主要目的是登月，所以训练内容大致分为两部分：一部分是用来模拟“阿波罗11号”在宇宙飞行中。其作用是训练宇航员在飞行过程中能熟练掌握操作驾驶技术，妥善处理可能出现的各种突然现象和情况。在训练装置中，月球和星空近似逼真地出现在宇航员眼前，飞行情况、测试数值、飞船速度以及宇航员的视野情况等，都通过计算机、指示计和相应的图片展现出来，就好像是真的在太空遨游一般。

训练的第二部分内容是模拟登月。在模拟装置里，“阿波罗8号”、“阿波罗10号”和“徘徊者号”、“观察者号”飞行器所拍摄的月球照片，都尽可能真实地被复制出来。此外还制造了能抵消5/6 地心引力的失重环境，供宇航员反复训练、熟悉。

5月24日，宇航员们在得克萨斯州加尔沃斯顿以南5km的地方，进行了重返大气层的溅落模拟演习试验。到6月16日，阿姆斯特朗结束了在休斯敦约翰逊宇航中心的练习。他总共做了8次登月模拟训练，这次演习在他脑海里留下了深刻的印象。6月28日，奥尔德林在吉尼亚城的兰利研究院，用电缆着陆训练在45m高空进行了12次登月练习后回到肯尼迪角。他俩还和考林斯一起参加了7月3日的计时演习试验。到此，登月的准备工作可以说已经基本就绪。

7月16日早上6时25分，阿姆斯特朗、奥尔德林和考林斯3名宇航员与综合宇航大楼的人们告别，登上一辆白色的面包车，在宇航员处主任斯莱顿的陪同下，到达39号A发射台，此时是6时40分。在对宇宙服进行最后一次检查之后，他们从活动辅助装配塔上的电梯，升到约100m 高处，跨过连接横桥，进入宇宙飞船的指令舱。7时30分，NASA及北美罗克韦尔公司的工程师们关闭了指令舱入口，并细心地检查了舱口密封情况。离发射还有2h2min，这段时间，刚够宇航员们检验飞船上的各个系统，测试各种仪器仪表，检查救生设备以及与休斯敦宇航中心进行通信联络的装置。发射前43min，连接飞船和辅助装配塔之间的横桥被拆卸下来。发射前42min，在飞船尖端安装了逃逸装置救生火箭。发射前20min，飞船指令舱、登月舱和服务舱的电路被切断，改用电池电源。发射前5min，具体指挥这次发射的控制中心主任佩特罗内发出“起飞”信号，宇宙飞船的命运全部交给了一台RCA-110A 电子计算机。发射前3 min 10s，全自动发射程序开关系统开始工作，火箭燃料罐压力慢慢上升。

最后50s，火箭电源全部改为电池供电。

最后45s，奥尔德林打开了开关板上的磁带飞行记录仪。

最后9s，正式点火。

最后7s，第一级火箭发动机尾部喷出红色火焰。

最后4s，发动机全部工作。火焰已由通红变为橘黄色。

离发射台不远处，有一个水槽，里面储放了约400万L水。从点火前的瞬间开始，数十个高压喷嘴开始向发射架和它下面的钢甲板猛烈浇灌冷却水。近3 000 ℃的高温使水立即变成升腾的蒸汽雾，对发射台起到保护作用。

当倒计时减到“0”时，即1969年7月16日美国东部时间上午9时32分，宇宙飞船内的阿姆斯特朗和发射控制中心的佩特罗内，几乎同时喊出了“起飞”。在火山爆发般的滚滚浓烟中，“土星5号”火箭颤动着腾空而起，拖着500 多米高的火焰离开发射架。然后变成中间是白色火焰四周是红色火光的一大团火球，直向蓝天飞去。

“阿波罗”11号宇宙飞船经过近100h的飞行，首次在月球上的静海着陆。1969年7月21日格林尼治时间3时51分，“阿波罗”11号指令长阿姆斯特朗首先走出舱门，站在小平台上，面对这个陌生而又满目荒凉的新世界凝视了好几分钟，然后伸出左脚走下悬梯。悬梯高5m，共9级，阿姆斯特朗竟花了3min!

4时07分，他的左脚小心翼翼地触及月面，而右脚仍留在悬梯上。当他感到左脚陷入月面很

图2-39　阿姆斯特朗走下扶梯在月球上留下脚印

浅时，才鼓足勇气将右脚踏上月面。这时，他说出了等待已久的第一句话：“对一个人来说，这是一小步，但对人类来说，这是一次飞跃。”地球上几亿人在电视屏幕上看到了他创造历史的壮举。尼克松总统用无线电话祝贺登月成功：“由于你们的成就，天空已成为人类世界的一部分……大家为你们的成就而感到自豪。”自1969年7月16日凌晨4时冯·布劳恩在肯尼迪航天中心的发射控制室下令“倒计时开始”，经过4天多的飞行，7月20日晚10时56分，由“土星5号”发射的“阿波罗11号”飞船终于在月球上登陆成功。宇航员阿姆斯特朗在月球上踩出人类第一个脚印。与阿姆斯特朗通话的控制中心官员情不自禁高呼：“你踩下的脚印也是冯·布劳恩博士的足迹！”阿姆斯特朗与冯·布劳恩一时成为美国家喻户晓的英雄。

18min后奥尔德林也登上了月面。他们两人不加选择地挖取一勺月壤样品，装入塑料袋，放进裤袋内。他们身穿宇宙服，跳跃着，像幽灵一样在月面“游动”，月球的重力加速度只及地球的1/6，因而他们在月面上行动并不费力，只是每走一步所花的时间要比在地球上长。他们在月面上的“行走”，实际上是像袋鼠那样的跳跃。

阿姆斯特朗和奥尔德林在登月舱附近插上了一面用尼龙丝编织而成的星条旗，如图2-39所示。通过一根弹簧状金属线的作用，即使在无风的月面上，看起来星条旗也好像在迎风招展。他们在月面上留下了一块金属匾，上面写着：“1969年7月，地球人在此首次踏上月球，我们为全人类的和平而来。”然后，他们又在月面上安装了自动月震仪、激光反射器、太阳风探测仪，采集了20多千克的月球岩石和土壤。

阿姆斯特朗和奥尔德林在月面上共停留了21h36min，其中舱外月面活动只有2h24min。月面活动结束后，他们回到登月舱休息和睡觉。醒来后，他们开始准备飞离月球。月球，这个不毛之地，并非久留之地。为了减轻质量，他们把价值60万美元的宇宙服、价值7万美元的3架摄影机等不需要的东西留在月面上，也表明地球人“到此一游”。

当地面发出“离开月球”的命令时，登月舱上升段和下降段之间的爆炸螺栓炸开，上升段的发动机起动，上升段脱离下降段而上升进入月球轨道，并与指挥舱对接，如图2-40所示。他们回到指挥舱后，将登月舱分离。登月舱撞击月面，导致了一次人工月震。

图2-40 宇航员在月面竖起美国国旗

三位宇航员乘着指挥舱返回地球，在返回途中，阿姆斯特朗高兴地说：“不管你到什么地方去旅行，回家总是开心的。”他在太空中最后一次对地球观众发表的谈话中说；“一百年前，法国科幻作家儒勒·凡尔纳写了一本关于月宫旅行的小说，他的宇宙飞船‘哥伦比亚’号从佛罗里达出发，结束月宫旅行之后，溅落在太平洋上。现代的‘哥伦比亚’号一样溅落到太平洋上了。”飞船返回时，尼克松总统亲临太平洋，在“大黄蜂”号航空母舰上迎接他们胜利归来。

继“阿波罗11号”宇宙飞船登月之后，美国又接连发射了“阿波罗12号”至“阿波罗17号”六个飞船，其中除“阿波罗13号”飞船因辅助服务舱氧气箱破裂，指挥舱氧气、电力中断，最后放弃登月外，其余5次登月均告成功，又有21名宇航员参加，其中的12人踏上了月面，共在月面停留了298个多小时。他们先后安放了5座核动力科学实验站，六个月震仪，25种自动测试仪器，送上去3辆月球车，总共带回了400kg左右的月面土壤和岩石标本，使全世界约有几十个实验室得到了月球标本进行试验。1972年12月，随着“阿波罗17号”飞船溅落，整个“阿波罗”计划宣告结束。

图2-41　再见吧，月球

4. “阿波罗”计划的重大历史功绩

美国的“阿波罗”计划历时8年，是以往美国从事的科学研究计划中耗时最长、耗资最多的科技项目。当年美国为制造第一颗原子弹而进行的“曼哈顿”计划也不过5年时间。

“阿波罗”计划的实施导致20世纪六七十年代产生了液体燃料火箭、微波雷达、无线电制导、合成材料、计算机应用等一大批高科技工业群体。后来又将该计划中取得的技术进步成果向民用转移，带动了整个科技的发展与工业繁荣，其二次开发应用的效益，远远超过“阿波罗”计划本身所带来的直接经济与社会效益。据不完全统计，从阿波罗计划派生出了大约3 000种应用技术成果。在登月后的短短几年内，这些应用技术就取得了巨大的效益——在登月计划中每投入1美元就可获得4～5美元的产出，其中包括：

（1）材料工业——空间涂料，食品包装材料。

（2）医学设备——动脉硬化的检测，心脏监控器，简易X-射线仪。

（3）计算机技术——NASA的结构分析系统（NASTRAN）。

（4）在直升机制造中的应用。

（5）计算机技术在材料工业中的应用。

（6）空间技术在图书储存中的应用。

（7）太阳光模拟器。

（8）放射性物质泄漏的检测。

“阿波罗”计划使人类对月球的了解比过去丰富了许多。人类已经揭示了：月球上没有水，也没有有机物质和生物；月球岩石中有55 种矿物，其中的6 种是地球上所没有的。月岩含有大量的氧气，这使人长期居留月球有了希望。宇宙飞船拍摄了整个月面的照片，并且对1/4 的月球表面进行了化学分析。

“阿波罗”计划及之前的各项探月工程的一个重大收获是探清了月球表面那层厚5～10m风化层土壤——月壤的成分。月壤是在月球地质历史时期月岩受无数陨石撞击、岩石物理崩解和辐射损伤而产生的。它不仅记录了40亿年太阳活动的历史，最为宝贵的是月壤明显地富集由太阳辐射注入的挥发性化学元素和同位素如氢、氦、氮、碳等独特的资源。特别是月壤中的氦-3对于我们人类具有极为重要的战略意义。

由于月球几乎没有大气层（高真空状态），无磁场，太阳风粒子可以直接注入月球表面，太阳风在月球表面的质子通量高达3×10^{8}/（$cm^{2}\cdot s$）。太阳风气体主要浓集在颗粒表面微米级的深度，以气泡形式存在（直径50～100A），气压可达5 000Pa，如图2-42所示。

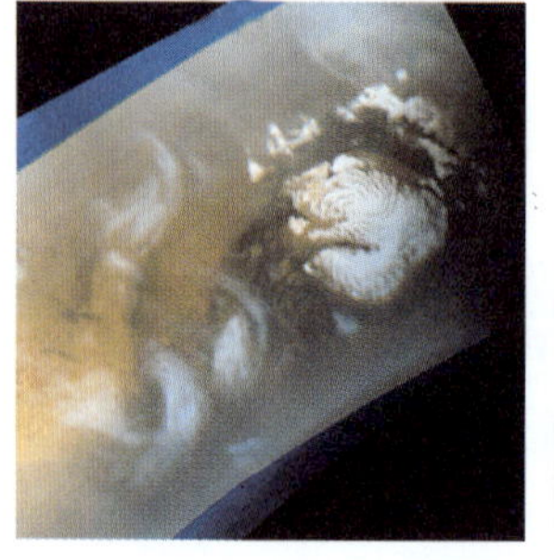

图2-42　月球极冠上的太阳风和月壤

太阳风粒子的长期注入使月壤富含稀

有气体。在太阳风注入的稀有气体中，最让人们感兴趣的是氦-3，因为氦-3可以与氘进行核聚变反应，并释放出巨大的能量。目前，人类正在对受控核聚变反应开展研究，并且主要氘-氚核聚变反应开展研究。相比目前正加速发展的利用氘和氚反应的热核聚变装置来说，用氦-3进行核聚变反应具有比用氚作燃料有更多的优点，主要表现在：

（1）在氘-氚核聚变反应过程中，伴随核聚变能的产生，要产生大量的高能中子，而这些中子将对核反应装置产生广泛的放射性损伤；相反，若用氦-3作为反应物，则主要产生高能质子而不是中子，质子的穿透性远远低于中子，因此防护设备简单得多，而且对环境保护更为有利。

（2）氚本身具有放射性，而氦-3没有放射性。

月壤中氦-3的资源量为未来人类开发利用月球能源提供了一种可能的途径。由于月壤中氦-3的含量较为稳定，因此只要能够精确探测月壤的厚度，就可以估算出月壤中氦-3的资源量。以美国“阿波罗”登月飞船和前苏联的“月球号”自动取样探测器采回的月样品进行试验分析，并以实测分析结果为参考标准计算，月壤中氦-3的资源总量可达100万～500万t，而地球上可提取的氦-3只有15～20t。若能实现商业化利用，月壤中的氦-3可供地球能源需求达数万年。因此，开发月壤中丰富的氦-3资源，对人类未来能源的可持续发展具有重要而深远的意义。

此外月球上可利用的能源还有太阳能。由于月球表面没有大气，太阳辐射可以长驱直入，因此在月球白天月表太阳能辐射强烈，有丰富的太阳能；同时，月球上的白天和黑夜都相当于14个地球日，因此可沿月球纬度相差180° 的位置分别建立太阳能发电厂，并采用并联式连接，就可以获得极其丰富而稳定的太阳能。当处在月球夜晚的太阳能电厂停止工作时，处在月球另一则的太阳能发电厂正好在白天，可以正常发电。两个电厂不断轮换可以保持持续发电。这不但解决了未来月球基地的能源供应问题，还可以用微波将能量传输到地球，为地球提供新的能源。

2.3.2 中国的神舟工程和探月工程

1. 跻身世界航天大国

继俄、美、法、日四国之后，我国已发射40余颗各类卫星，跻身世界航天大国，成为世界上第5个拥有卫星发射技术的国家，世界上第4个掌握一箭多星技术的国家，世界上第3个有能力承揽商业卫星发射业务的国家，世界上第3个顺利回收返回式卫星的国家。现在全球已有75%的人可以享受到我国发射的通信卫星提供的服务。具备了这些基础条件后，我国政府在20世纪90年代初果断启动“神舟”工程，实施中国载人航天工程。这是党中央、国务院、中央军委根据世界科技发展大势，着眼中国政治、军事、外交、科技发展和现代化建设大局，做出的伟大决策，也是继“两弹一星”之后，我国航天事业又一次史无前例的宏伟工程！这足以证明中国政府是一个有战略远见、负责任的政府，因为世界上所有有能力的大国，都知道未来的战场将从地面、空中、海上延伸到太空，并在太空技术的支持下，进行战略整合。一方面从太空提供情报，另一方面可以在太空发射各种打击武器，或是直接打击对方的战略目标，或是干扰、破坏对方的情报、指挥系统。因此，“没有开发太空、争夺太空意志”的国家，没有“要往太空走”意识的国家，必将在现代经济竞争、军事竞争中被越抛越远。1992年9月21日，中国载人航天工程被批准正式上马，发射场定在了酒泉卫星发射中心，正式实施“921工程”。

2. 从神舟1号到神舟6号

根据我国多年来对载人航天技术的探索和研究以及发射各类火箭、卫星的成功经验，已经具备了发射载人飞船的能力。1999年11月20日6时30分，我国在酒泉卫星发射中心成功地进行了第一次载人航天飞行试验。该飞船于11月21日3时41分在内蒙古中部地区着陆成功。紧接着，我国于2001年1月10日凌晨，又将自行研制的“神舟2号”无人飞船在酒泉卫星发射中心送入太空。该飞船发射10min后进入预定轨道，环绕地球108圈，在太空中飞行近7昼夜，于同月16日 19时22分，在内蒙古中部地区准确着陆。

图2-43 “神舟2号”宇宙飞船

“神舟2号”所担负的主要任务之一是考核宇航员生命保障系统的工作情况，其二是进行科学实验。实验内容主要有空间生命科学、空间材料、空间天文和空间物理、微重力等领域的多方面有效载荷实验。

“神舟2号”宇宙飞船上装有空间晶体生长炉，空间生物培养箱，宇宙天体高能辐射监测仪，大气密度探测器等实验设备60多台件。这是我国首次在自己研制并发射的飞船上进行多学科、大规模和前沿性空间科学与应用研究。

图2-44 航天员杨利伟在“神舟5号”宇宙飞船内

继“神舟1号”和“神舟2号”发射成功之后，我国又于2002年3月25日和2002年12月30日分别发射了“神舟3号”和“神舟4号”宇宙飞船，并且都取得成功。更让人高兴的是，在2003年10月 15日上午9时成功地发射了“神舟5号”载人宇宙飞船，宇航员杨利伟成为中国进入太空第一人，真正的实现了载人航天飞行。

首次载人航天的成功，体现了改革开放以来我国日渐强大的综合国力和不断提高的科学技术水平，表明我国完全有能力独立自主攻克尖端技术，在世界高科技领域占有一席之地。

从40多年前的“两弹一星”到今天的载人航天，中国航天技术实现了新的跨越。我国载人飞船技术已经达到国际第三代载人飞船的水平。和飞船一样，火箭、测控等一大批自主技术的

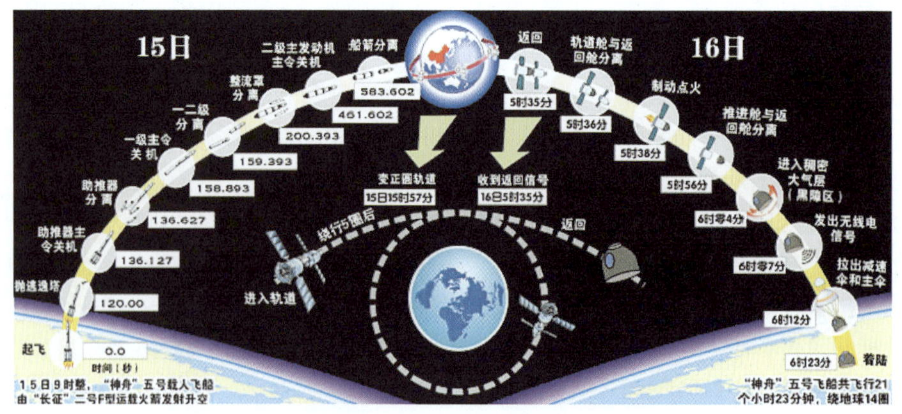

图2-45 “神舟5号”在地球轨道上的飞行轨迹

创新，带动了一批高新技术领域水平的提高，促进了我国科学技术水平的全面进步。

2005年10月12日，“神舟6号”升空（见图2-46），太空飞行时间115h32min，环绕地球76圈。10月17日凌晨4时33分成功返回地球，距离预定着陆点仅1km。标志着我国载人航天飞行又进入一个新的领域——迈出了“921工程”的第二步。“神舟6号”的成功发射并返回地球，创下了我国航天事业的多项纪录：

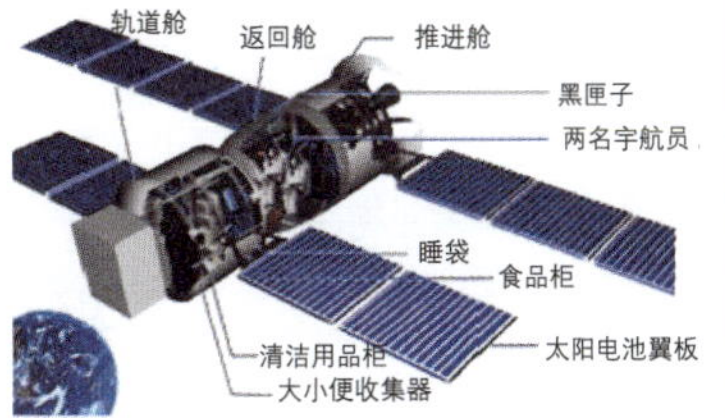

图2-46 “神舟6号”模型及2名航天员

（1）是我国首次多人多天太空飞行。

（2）首次完成我国有真正意义上有人参与的太空飞行。

（3）首次在飞船和运载工具上安装图像传输系统。

（4）首次携带具有加热装置且具有足够量的食品。

（5）首次载有大小便收集系统。

（6）我国自主开发的技术与产品：太空抹布，太空表，太空笔，太阳翼板收放装置，世界最大的主降落伞。

3. 神7飞天

2008年9月25日晚21时10分，我国的神舟7号载人航天飞船再次进入太空。此次飞行共搭载三名航天员，在轨飞行68h26min，于9月28日17时36分成功返回地面。在轨飞行中，航天员翟志刚在刘伯明、景海鹏的协助和配合下，圆满完成了出舱任务，实现了中国人的首次“太空漫步”，取回了放置在轨道舱壁上的固体润滑材料试验样品，并释放了一颗伴随卫星，如图2-47所示。

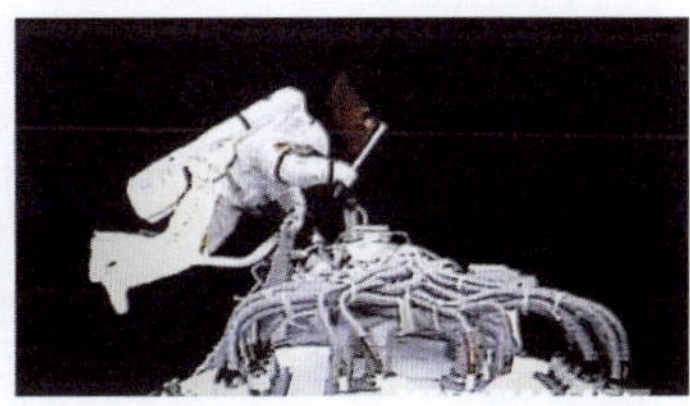

图2-47 神7航天员翟志刚出舱执行太空行走任务

这次神舟7号航天员胜利完成的历史性太空行走，是我国攀登科技高峰的又一伟大壮举，标志着我国第三次载人航天飞行达到高潮，是我国朝着建立空间实验室和较大规模空间站这一长期目标迈出的又一步，也是我国载人航天领域的又一个新的里程碑。

4. 深空探月

月球是地球的天然卫星，是离地球最近的天体，是人类飞出地球、开展深空探测的首选目标。进而建设月球基地，开发和利用月球的资源和能源，为人类社会的可持续发展服务。通过对“阿波罗”登月取样和“LUNA”不载人登月取样以及月球陨石的样品进行精细研究证明，月球蕴藏有丰富的能源资源和矿产资源，将是人类社会可开发利用的巨大的后备资源储备。经探测证明，月表的特殊环境将是建立天文观测台、对地监测站、生物制品与特殊材料的研制基地、深空探测前哨站与转运站的理想场所。

在“阿波罗”计划之后，人类的探月活动经历了一段沉静期。到了20世纪末，深空探月活动又开始复苏。

2004年1月，美国总统布什发布“新太空探索计划”，内容包括研制下一代航天器，重返月球乃至登上火星等。2006年12月，美国NASA发布“重返月球”计划，首先是在现有技术条件下，以月球资源探测为目标，重新对月球进行全球性、综合性和整体性的探测。描绘了21世纪美国探索月球的整体框架和目标，其中包括建立月球基地。

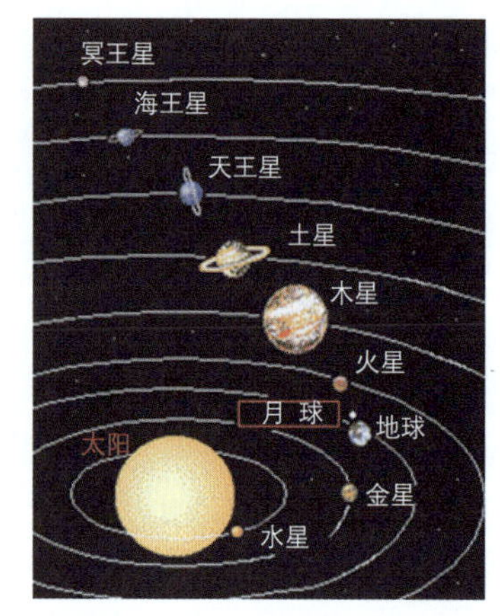

图2-48　月球在太阳系中的位置

“重返月球”计划中有三个重要方面值得注意。一是肩负“重返月球”载人飞行任务的下一代航天器“奥赖恩”目前已进入研制的关键阶段。按计划，“奥赖恩”将于2014年前执行飞往国际空间站的任务，并在2020年执行飞往月球的载人飞行任务；二是月球着陆器，它是重返月球的关键设备之一。美国宇航局说，这种着陆器将能在无人驾驶和有人驾驶两种模式下工作，能快速、安全地在月球上任何地点着陆；三是建设月球永久基地。这需要若干次无人探测先行探路，比如勘测便于登月的月面区域，对月球自然资源进行取样检测，为未来的登陆舱进行技术风险评估等。其中月球基地的选址备受关注，月球的南极和北极是两个备选地点。2008年，美国将发射“月球勘测轨道飞行器”，为月球基地选址及后续探测铺路。

根据“重返月球”计划，美宇航员首次重返月球的时间可能在2020年，最初的几次登月可能均由 4 名宇航员完成，他们在月球表面的停留时间约为 7 天。随后，美国将逐步建设月球基地，其中包括建立电力供应系统、月球车装配及宇航员居住区建设。最终的月球永久基地将可以保障宇航员在月球上持续居住180天，可为载人探索火星做准备。

1994年美国向月球发射了“克莱门汀号”探测器（见图2-49），在两个多月的时间内，对全月球进行了高精度的摄影测量，返回了大量数据，获得了全月球的数字地图和地形图，部分地区的图像分辨率比以往的月球照片高出100倍以上。克莱门汀号还用紫外和近红外摄像仪第一次对整个月球表面进行了11个波段的扫描摄影，获得了许多极有价值的专业地图，包括全月球表面铁和钛资源的分布图。发现月球撞击坑的永久阴影区的土壤中存在0.3%～1%的水冰。

1998年美国发射了“月球勘探者号”探测器（见图2-50），获得了全月球铀、钍、钾、钛、铁等矿产资源和水冰的分布图，圈出了这些资源的富集区；对月表环境进行了精细勘察，为月球基地位置的优选提供了新的科学依据。相继欧洲SMART-1计划、日本的Lunar-A和“月神”计划、印度的月球探测计划，均以月球资源探测为主要目标，为未来月球资源的开

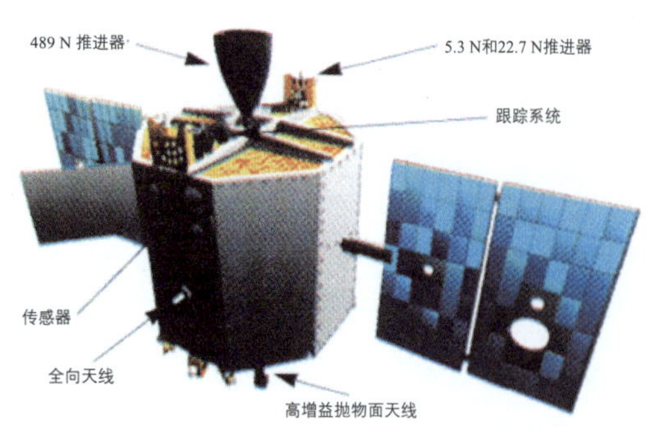

图2-49　克莱门汀号探测器

图2-50　月球勘探者号

发、利用打下基础。各方的月球探测器多采用环月极轨卫星探测，是新世纪开始时月球探测的共同趋势。

未来月球探测的走向将侧重于为能源、矿产资源、特殊环境的开发利用前景和月球基地的优选方案提供科学依据，主要是：

（1）月球能源资源的全球分布与利用方案研究。

（2）月球矿产资源的全球分布和利用方案研究。

（3）月球特殊空间环境资源（超高真空、无大气活动、无磁场、地质构造稳定、弱重力、无污染）的开发利用。

（4）建立月球基地的优选位置和建设方案与实施研究。

纵观世界各国21世纪月球探测计划，与初期的月球探测相比较，重返月球，建立月球基地的目标更明确，规模更宏大，参与国家更多。月球不属于任何国家，谁先利用，谁先获益。

综合分析国际上月球探测已取得的成果，以及世界各国“重返月球”的战略目标和实施计划，考虑到我国科学技术水平、综合国力和国家整体发展战略，中国探月工程经过10年的酝酿，最终确定中国的探月工程分为“绕”、“落”、“回”三个阶段。在近20年或稍后的一个时期，我国实施不载人月球探测工程拟分为以下三个发展阶段进行：

第一阶段：月球探测卫星。研制和发射第一个月球探测器——月球探测卫星，主要用于对有开发利用前景的月球能源与资源的分布与规律进行全球性、整体性与综合性的探测，并对月球表面的月貌、月形、月质构造、环境与物理场进行探测。实施第一阶段发展计划，即启动我国月球探测一期工程。

第二阶段：月面着陆器探测与月面巡视勘察（2005—2010年或稍后）。在我国月球第一期探测工程的基础上，实施月球软着陆和月球车巡视勘察。具体方案是用安全降落在月面上的巡视车、自动机器人探测着陆区岩石与矿物成分，测定着陆点的热流和周围环境，进行高分辨率摄影和月岩的现场探测或采样分析，为以后建立月球基地的选址提供月面的化学与物理参数。

第三阶段：月面巡视勘察与采样返回（2010—2020年或稍后）。发展新型月球巡视车，对着陆区进行月面巡视勘察。2015年或稍后，发展小型采样返回舱、月表钻岩机、月表采样器、机器人操作臂等。在月面巡视车分析取样基础上，采集关键性样品返回地面。同时，对着陆地区进行考察，为下一步载人登月飞行、建立月球前哨站的选址提供数据，并深化地月系统（尤其对月球）的起源与演化的认识。

实施深空探月工程对于提高我国的综合经济实力和国际地位具有重要的、深远的意义。

（1）月球探测是一个国家综合国力和科学技术水平的全面体现，对提高中国在国际上的威望、增强民族凝聚力有重要的意义与作用。

（2）月球探测将是我国继实现载人航天飞行之后，空间科学和航天技术的又一里程碑。国际上重返月球计划尚未全面展开，现在正是迎头赶上的大好时机，可填补我国在行星探测方面的空白。

（3）月球探测是一个国家高技术发展的重要标志，月球既是一个理想的多功能太空观测站、深空探测的中继站，也是一个具有重要战略意义的对地监测太空基地，它将成为继公海和南极之后又一个争夺的热点。

（4）月球上特有的矿产和能源，是对地球资源的重要补充和储备，将对人类社会的可持续发展产生深远影响。

（5）月球探测将推动我国月球科学研究的创新和发展，促进宇宙科学和天体物理学的发展，加深和普及对宇宙起源和太阳系演化的认识，提高国民的科学素质。

（6）开展月球探测有助于带动和促进我国空间技术、军事和其他高科技的发展，并将在军事和各民用领域得到延伸、推广和二次开发。

（7）月球探测有利于推进航天领域的国际合作。月球探测具有较强的科学性、全球性和探索性，容易实现国际合作，有利于推进我国的航天和空间科学技术走向开放、合作与发展。

我国开展月球探测的原则是：有限目标、重点突出；高起点，有特色；循序渐进、持续发展；既要紧密结合国情，又要与国际前沿接轨。做到以下三个结合：

（1）短期目标与长远目标相结合。

（2）单一任务与综合性计划相结合。

（3）循序渐进与分阶段发展相结合。

根据以上原则和分析，我国自2007年开始“嫦娥计划”，并确定执行首次月球科学探测应该在较高的起点上开始。第一颗月球探测卫星的探测重点为月球三维影像分析、月球有用元素和物质类型的全球分布特点、月壤厚度探查并估算氦-3资源量以及地月空间环境探测。获取月球静止轨道三维影像、月壤厚度和部分有用元素探测是国外没有进行过的项目。我国首次月球探测成果将为人类对月球的研究和资源调查提供大量有用的新资料。

（1）不载人月球探测的首要任务是对月球表面的环境、地貌、地形、地质构造与物理场等作整体性勘察，同时对有开发、利用前景的能源与资源的分布特征和规律做出有创新的勘察成果。

（2）进行软着陆技术实验和月面巡视车勘察，对月面环境、地形地貌、能源与资源的开发前景区域进行详细勘察。

（3）在月面巡视车分析取样基础上，采集关键性样品返回地面。实现的目标是：通过环月探测卫星、月面软着陆探测、月面巡视车勘察与采样返回，为月球基地的选择提供基础数据，为载人登月和月球基地建设积累经验和技术。

因此充分开发与利用月球的环境、能源与资源，为我国的科学技术、军事、经济与社会的持续发展服务，是我国开展月球探测工程的战略目标。合作建立月球基地、开发利用月球各类资源也应成为我国月球探测的长远任务与国家目标。

在2020年或稍后的时期，我国在基本完成不载人月球探测任务后，根据当时国际上月球探测发展情况和我国的国情国力，研究拟定我国载人月球探测战略目标和发展规划，择机实施载人登月探测以及与有关国家（俄罗斯）共建月球基地。

2007年10月24日18时05分，搭载着我国首颗探月卫星嫦娥一号（见图2-51）的“长征3号甲”运载火箭在西昌卫星发射中心3号塔架点火成功发射。

嫦娥一号的主要任务是获取月球表面三维影像、分析月球表面有关物质元素的分布特点、探测月壤厚度、探测地月空间环境等。整个“奔月”过程大概需要8～9天。嫦娥一号将运行在距月球表面200km的圆形极轨道上。嫦娥一号工作寿命1年，计划绕月飞行1年。执行任务

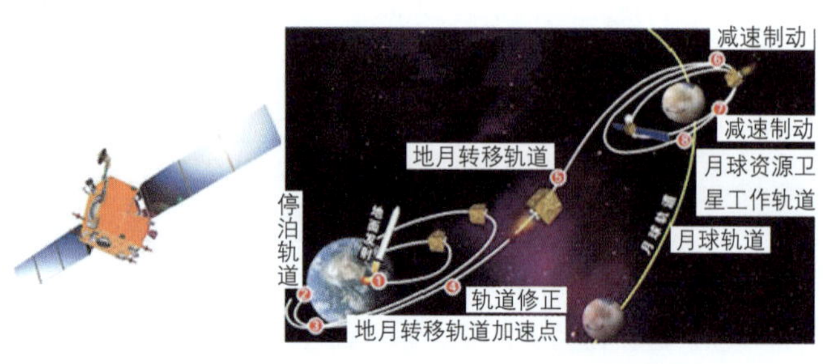

图2-51　嫦娥一号及其运行示意图

后将不再返回地球。嫦娥一号发射成功，中国成为世界第五个发射月球探测器的国家。

在嫦娥一号卫星飞向38万km外的月球之漫长旅途中，需要进行一系列高度复杂又充满风险的动作。至今，嫦娥一号卫星已顺利地经历了从发射到最后数据分析过程的十多个关键环节（见图2-52），标志着我国首次绕月探测就圆满成功。

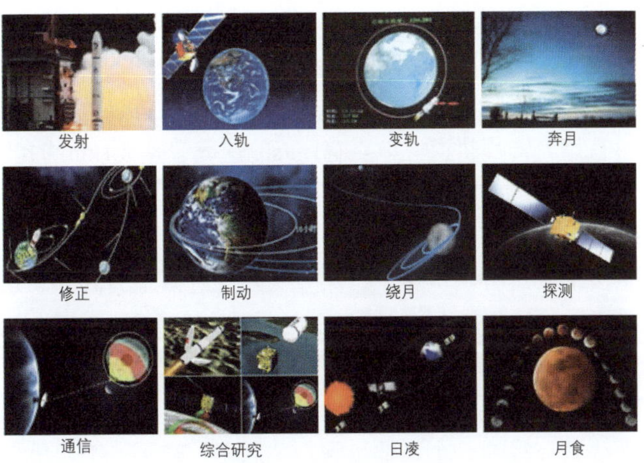

图2-52 嫦娥一号经历的12关节点

（1）关节点一：发射。将嫦娥一号卫星送上太空的，是被誉为“金牌火箭”的长征3号甲运载火箭。综观人类探月史，美国和前苏联在20世纪的探月活动，因运载火箭故障造成的探测失利占了很大比重。因此，运载火箭的高可靠性，是确保探月成功的必要前提。

这次发射是长征3号甲运载火箭的第15次发射，迄今该型号火箭发射成功率为100%。此前，长征3号甲运载火箭与应用广泛的东方红3号卫星平台曾多次“联姻”，每次都取得圆满成功，用这样一个“大力士”来托举在东方红3号卫星平台上研制而成的嫦娥一号卫星，再合适不过了。

（2）关节点二：入轨。卫星能否准确进入预定轨道，是判断发射是否成功的重要标志。长征3号甲运载火箭在发射嫦娥一号卫星时，通过第一、二级和第三级的第一次点火，先将卫星送入近地轨道，并在近地轨道滑行飞行一段时间。

在火箭起飞的第1 249s，三级火箭第二次点火；第1 373s，三级火箭二次点火发动机关机。第1 473s，星箭分离成功，嫦娥一号卫星进入近地点约200km、远地点约51 000km、运行时间为16h的大椭圆轨道，成为一颗绕地球飞行的卫星。

（3）关节点三：变轨。当嫦娥一号卫星在16h轨道飞行一圈半后，10月25日下午，地面注入指令，卫星上推力为50N的调姿发动机开始点火，约4分钟后，推力为490N的主发动机点火实施变轨，将卫星轨道近地点抬高到离地球约600km的地方。

10月26日下午，当卫星再次到达近地点时，卫星主发动机再次打开，巨大的推力使卫星上升到24h轨道。在24h轨道上运行3圈后，卫星上的主发动机第三次点火，实施第二次近地点变轨，嫦娥一号卫星进入48h轨道。这一时刻大约发生在10月29日。这几次变轨都是通过卫星上的发动机使卫星加速。从理论上讲一次变轨就可以实现，但为了充分利用燃料，同时也为了方便地面控制，科学家把变轨分解为若干步进行。

（4）关节点四：奔月。在3条大椭圆轨道上经过7天“热身”后，嫦娥一号卫星将正式奔月。10月31日，当卫星再一次抵达近地点时，主发动机再次打开，卫星的速度在短短几分钟之内提高到10.916km/s以上，进入地月转移轨道，真正开始了从地球向月球的飞行。

嫦娥一号卫星选择这样的奔月方式，有着三方面的优点：一是可以确保重力损耗控制在5%以下；二是将几次近地点机动安排在同一地区，有利于地面监测；三是安排了24h轨道，可以比较方便地解决发射日期延后的问题。

（5）关节点五：修正。在地月转移轨道，也就是从地球轨道到月球轨道的这段距离，嫦娥一号卫星需要飞行约114h。在人类探月活动的历史上，曾多次发生探测器未能实现月球的捕获而丢失在星际间的事故，这大多是由于飞行过程中卫星姿态和速度控制不精确造成的。如果卫星在地月转移轨道近地点有1m/s的速度误差或1km的高度误差，飞到月球附近时都将产生几千千米的位置误差。

在高速飞行的过程中，嫦娥一号卫星必须在地面的指令下进行中途轨道修正。一般来讲，至少需要进行两次修正，第一次是在进入地月转移轨道的一天之内，第二次是在到达月球的前一天内。这些指令，都是由设在北京的航天飞行控制中心发出的。

（6）关节点六：制动。11月5日前后，当嫦娥一号卫星到达距月球200km位置时，需要进行减速制动，也就是“刹车”。只有这样，才能被月球引力捕获，成为绕月飞行的卫星。这是实现绕月飞行的一个重要步骤：“刹车”晚了，卫星就要撞到月球上去；而“刹车”早了，则会飘向太空。“刹车”是否成功，关键取决于卫星当时的位置和速度矢量是否正确。经过多次复核、复算，我国科学家已经突破了这一技术难题。

（7）关节点七：绕月。嫦娥一号卫星在11月5日作第一次近月制动，从地月转移轨道进入12 h月球轨道。从这一刻起，嫦娥一号卫星成为真正的绕月卫星。11月6日前后，嫦娥一号卫星进行第二次近月制动，速度进一步降低，卫星进入3.5h轨道，并在这个轨道上运行7圈。11月7日前后，嫦娥一号卫星进行第三次近月制动，进入127min月球极月轨道。这是卫星绕月飞行的工作轨道，这个轨道为圆形，离月球表面200km。

（8）关节点八：探测。建立月球工作轨道后，嫦娥一号卫星携带的“8种武器”将开始大显身手，为完成 4 大科学目标展开紧张而忙碌的工作。卫星所携带的CCD立体相机在11月下旬传回第一批探测数据，地面接收之后采用专门的软件将这些数据合成月球照片，这是绕月成功的重要标志。嫦娥一号所携带的干涉成像光谱仪、激光高度计、CCD立体相机将共同完成第一个科学目标，即获取月球表面三维立体影像；γ射线谱仪、X射线谱仪将携手对月球表面有用元素及物质类型的含量和分布进行辨析。

首次被应用到月球探测中的微波探测仪，将对月壤厚度和氦-3资源量展开探测；而由太阳高能粒子探测器和太阳风离子探测器组成的空间环境探测系统，将通过不间断地捕捉质子、电子和离子，对4万～40万km范围的“地-月”空间环境展开探测。

（9）关节点九：传输。按照科学家的通俗说法，这次为“嫦娥”买的是“单程票”。那么，一去不复返的嫦娥一号卫星，如何从38万km外将探测数据传回地球？嫦娥一号卫星携带的传输天线有两部：一部是定向天线，方向始终对着地球上的接收天线；另一部是全向天线，也就是没有固定方向的天线。巨大的空间衰减、时间延迟，使得地面接收月球探测数据的技术难度大大增加。地面应用系统为此专门建造了两座被称为射电望远镜的大口径天线：一座在北京密云，天线口径达50m；一座在云南昆明，口径达40m。两座大口径天线像一双巨大的眼睛，时刻注视着嫦娥一号卫星的一举一动，把卫星传输来的信息全部收集起来。

（10）关节点十：研究。嫦娥一号卫星历经千难万险获得的数据十分珍贵，能否充分利用好这些数据，将决定着探月活动价值的高低。传到地面的数据将被送到设在北京的地面应用系统总部，进行预处理。完成预处理的数据，将由地面应用系统组织更多的科学家和技术人员进行进一步的研究和处理，得出最新的研究成果或科学发现。

（11）关节点十一：日凌。从2007年11月8日下午开始，地面和嫦娥一号卫星的通信会受到一种特殊的天象“日凌”的干扰。所谓日凌现象是指月球飞到太阳和地球之间，三个天体几乎成了一条直线。此时此刻太阳发出了各种各样强烈的电磁波会影响嫦娥1号和地面的通信，据了解在10号的上午6时49分这个干扰达到了最高值。

（12）关节点十二：月食。2008年的农历元宵佳节，出现了一次月食现象，由于地球位于太阳与月球之间，太阳光线被地球遮挡，无法照射到月球表面。因此在月食期间，嫦娥一号卫星在长达227min的时间内处于温度极低的状态。原来依靠太阳能发电的翼板无法正常发电，只能用电池作为能源，并且和地面失去联系。为此，科研人员提前对嫦娥一号进行了精确的远程控制，使卫星进入地影期的时间缩短，卫星和月食会面的时间缩短了80min左右。

国家航天局宣布，嫦娥一号卫星获得的许多数据将完全公开，供全世界的科学家研究分享。土生土长的中国“嫦娥”，将为人类的航天事业作出自己的贡献。

嫦娥一号探月卫星的发射成功，在政治、经济、军事、科技乃至文化领域都具有非常重大的意义。

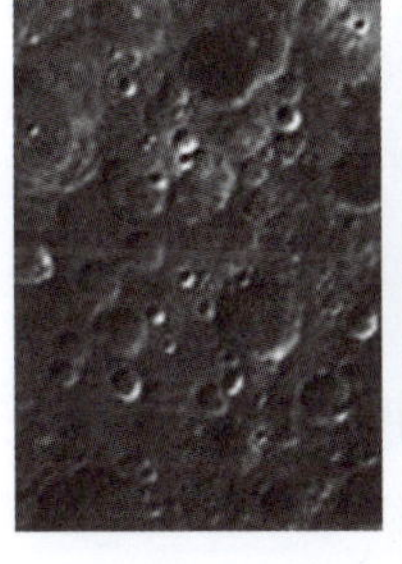

图2-53　由嫦娥一号发回数据合成的月面照片和三维彩色照片

从政治领域来看，嫦娥一号的发射成功体现了中国强大的综合国力以及相关尖端科技的成就，是中国发展软实力的又一象征，表明了中国在有效地掌握和利用太空巨大资源、实现科研创新、凝聚民心、增强国家竞争力等一系列远大目标的决心与行动。嫦娥一号在十七大胜利闭幕之际成功发射升空，无疑是对中共十七大献出的最好礼物。这将极大的振奋全国人民的民族精神，提高中国共产党的执政威信。历史已多次证明，在事关全民族利益，在国家改革开放深化的重大事件面前，全国民众与中央上下同心，其产生的集中效应不但能确保“嫦娥奔月”成功，也能在以后的日常建设中起到领航灯作用，保证社会又快又好地和谐发展。“嫦娥奔月”的成功，还将意味着在国际空间开发和探测上，中国必将占有一席之地并且具有发言权。这也是中国在发射嫦娥一号探月卫星后，要求成为国际空间站第17个成员国的原因所在。

从经济领域来看，将带动信息、材料、能源、微机电、遥科学（遥测、遥感、遥控）等其他新技术的提高，对于促进中国社会经济的发展和人类社会的可持续发展具有重要意义。随着我国空间技术的进步和深空探测的深入，对相关材料的需求必将促进相关行业、产业得到更大的发展。同时，月球上特有的矿产资源和能源是对地球上矿产资源的补充和储备，将对人类社会的可持续发展产生深远的影响。月球表面具有极其丰富的太阳能，月壤中蕴藏的丰富的氦-3也能提供新型核聚变的材料，应用前景广阔。

从军事领域来看，表明我国的导弹打卫星和激光摧毁卫星的技术已经日臻成熟。虽然这次嫦娥一号卫星没有携带任何与军事有关的设备，但是中国的运载火箭可以在发射出现故障时实施紧急关机，飞船和卫星可以在外太空实施数次变轨，当卫星发生故障，可以用弹道导弹或者激光予以摧毁，显示我国如果要在外太空实现军事用途也并非难事。

从科技领域来看，将促进中国航天技术实现跨越式发展和中国基础科学的全面发展。月球探测将推进宇宙学、比较行星学、月球科学、地球行星科学、空间物理学、材料科学、环境学等学科的发展，而这些学科的发展又将带动更多学科的交叉渗透。目前中国科学家对月球的了解和认识往往依赖于他国提供的材料，这样就丧失了许多研究月球的机会。

从文化领域来看，嫦娥一号的发射成功具有重要的启蒙意义。探月给人类本身带来了社会发展理念的“颠覆性改变”，人类第一次将思维与身躯同时挣脱地心引力的束缚，进入到地球以外的无限宇宙空间中，实地接触了月球表面，人类之前所摸索出的各种科学理论得到部分验证或反证。人类文明编年史从国家疆域、地球视野进入到“光速世界”，堪称又一大跨越。

“嫦娥奔月”的成功带给中国人的是加快发展的坚定信心，就如当年中国爆炸原子弹之后全世界华人的欣喜。中国历来都是一个大国，可是中国却在很久以前丢掉了自己的强国地位。每一次成功带来的国家强大的希望对于中国人都是激励，这种激励又进一步刺激了新的成功，获得巨大的民族动力。嫦娥奔月所带来的攻坚精神、创新意识都成为了全民的宝贵精神财富。“嫦娥奔月”是举国关注的公共事件，通过媒体以各种形式传播“嫦娥奔月”的科普知识、时代意义，公众接受了氛围良好的爱国主义教育和科学启蒙。

2.3.3 航天飞机的悲与喜

然而，人们在征服宇宙空间的征途上不可能是一帆风顺的，正像600多年前中国的“万户”那样，会遭遇到各种各样的风险和挫折。那些为了实现人类梦想的先驱者们不畏艰险、不怕牺牲的精神将永远鼓舞着世世代代的人前仆后继，朝着人类宏大的理想奋进！

载人航天毕竟是一项带有探险性的活动。世界上第一位宇航员加加林上天前，前苏联曾经有一位宇航员在训练舱中被活活烧死。美国的航天飞机发展到今天，也免不了磕磕绊绊。载人航天各系统中的计算机程序就有几十万条，大量电子仪器设备都必须进行全面的电磁兼容试验……稍有闪失，就可能失败。

1. “挑战者”号机毁人亡

1986年1月28日，美国航天飞机“挑战者”号从肯尼迪航天中心发射72s后在1.5万m高空突然爆炸，7名机组人员全部遇难（见图2-54）。殉难者中有机长弗朗西斯. R. 斯科比、驾驶员迈克尔. J. 史密斯、宇航员朱迪恩. A. 雷斯尼克、罗纳德. E. 麦克纳克、埃利森. S. 奥尼朱卡、格雷戈里. B. 贾维斯和克里斯塔·麦考利夫。麦考利夫是一名来自新罕布什尔州康科德的女子中学教师，预期成为宇宙中的第一位普通公民。麦考利夫夫人是从许多候选人中挑选出来完成这次航天使命的，按照预定计划她将为孩子们讲授太空中的第一节课。那天她的学生们也同数百万美国人一起在电视上目睹了这一不幸。

图2-54 “挑战者”号7名机组人员

这是美国宇航史上最惨重的事故。数以千计的佛罗里达观看者和数百万电视观众目睹了这令人心碎的灾难。爆炸时航天飞机在顷刻之间炸成一团红白色火雾，接着出现两股巨大的白色烟云，飞机的残骸碎片在一小时内散落到距发射中心9km的大西洋洋面。起初，数以千计的旅游者、NASA的官员、记者和其他观众中包括克里斯塔·麦考利夫的丈夫、两个孩子及其父母，没人意识到发生了什么事，但当橘红色火团在空中坠下时，为“挑战者”号欢呼的人们愕然止声。

“挑战者”号发射时间原定在1月25日。先是由于天气相当寒冷，推迟了3天。升空时间计划在上午9时38分，但不寻常的低温使航天飞机的机体及其地面支撑结构上结了冰，故又推迟2h。宇航局的官员不完全相信卡纳维拉尔角的寒冷或许是导致航天飞机爆炸的一个因素的推

图2-55 爆炸时出现的巨大烟云和女教师麦考利夫

测。据分析可能是装有38.5万加仑的液体氢和14万加仑的液体氧的外部燃料箱破裂或燃料管道破裂造成了这一悲剧。通过望远镜拍摄下的爆炸慢动作录像表明开始是小火舌在外部燃料箱基部出现，接着两个固体燃料火箭断开，然后火团吞噬了航天飞机，如图2-55所示。

这次太空事故为航天飞机继续飞行笼罩上了一层浓重的阴影。经过细致的调查分析，最后确定，此次事故确实与天气寒冷有关。挑战者号爆炸是由于右侧固体火箭助推器连接处，因设计上的缺陷和气温过低，O形密封垫圈失效所致。

航天飞机的起飞升空首先是依靠两枚巨大推力的火箭助推器提供动力的。每一枚火箭助推器都要在填装数百万磅的固态助推燃料后送往卡纳维拉尔角发射基地，由于没有铁路可以运输126ft（1ft=0.304 8m）长的箭体，所以，制造这种助推器的瑟奥科尔公司不得不把火箭分成几部分用船运到佛罗里达，然后在发射现场使用若干个钢圈把它们组装起来。

瑟奥科尔公司的技术专家博伊斯乔利说：“这些钢圈看上去很结实，很牢固，但点火后，每个部分由于受到巨大压力，都会像气球一样被‘吹’起来。这样，就需要在各部分的接合处采用松紧带来防止热气跑出火箭。”这份工作由两条名为“O圈”的橡胶带完成，它们可以随着钢圈一起扩张，并能弥合缝隙。如果这两条橡胶带与钢圈脱离哪怕0.2s，助推器的燃料就会发生泄露，固态火箭助推器就会爆炸。

“挑战者”号发射那天，天气非常寒冷。气温降低后，这些“O圈”就变得非常坚硬，伸缩就更加困难。坚硬的“O圈”伸缩速度变慢，密封的效果就大打折扣。虽然那可能只是零点几秒的时间，但足以把一次本应成功的发射变成一场灾难。

问题是：在发射之前对自己的产品性能了如指掌的瑟奥科尔公司已经指出在如此寒冷的天气条件下发射的危险性，可是却没有引起好大喜功的NASA官员的高度重视。为了满足它的雇主的要求，瑟奥科尔公司撤回了它原来的建议。最终导致了“挑战者”机毁人亡的太空悲剧。这恰恰说明此次事故与人为的因素也不无关系。

在航天飞机失事后的几个月里，美国航空和航天局收到大量的信件和电话，数以千计的美国少年要求到亨茨维尔少年太空营接受宇航知识和训练。这些少年学生虽然对女教师的罹难表示痛心，但他们立志成为一名宇航员，去探索空间奥秘的雄心壮志丝毫未变。

2. “哥伦比亚”号空中解体

“哥伦比亚”号航天飞机首航于1981年4月12日美国东部标准时间7时整发射成功。1981年11月12日当地时间上午10时10分，世界上第一个重复使用的宇宙飞行器“哥伦比亚”号航天飞机，在佛罗里达州卡纳维拉尔角肯尼迪航天中心再次发射上天。此次飞行成功表明航天飞机作为重复使用的宇航工具是可行的。

航天飞机之所以能够重复使用约100次（设计寿命），进出地球大气层而不烧毁，主要原因是它“穿”上了一层性能极佳的防热“盔甲”——耐高温的硅瓦。由于航天飞机表面各部位凹凸不同，形状各异，所以硅瓦被切割制成3万多块手掌般大小的板块，这3万多块硅瓦的形状，大小、厚薄均不相同，所以每块上都必须编印上号码，表明它是属于哪个区域哪个组的第几块，然后一一粘贴到飞机表面“对号入座”。粘硅瓦是一个十分细致的工作。因为航天飞机是以2.3 万km/h的速度出入大气层的，所以粘贴工作必须保证硅瓦片不因飞机震荡、气流冲击或热力熔融而脱落。此外，在粘贴时，硅瓦片相互间还要留下一条宽1cm的缝隙，以供散热用。硅瓦的外层，还需涂上一层黑色的硼硅酸玻璃纤维。经过这样的处理，航天飞机就可将95%的热量反射开去，而只吸收5%的热量，保证它表面薄薄的铝皮不会受损。

2003年1月16日，世界上第一架航天飞机哥伦比亚号第28次执行任务。这次飞行将进行为期16天的科学考察，7名机组人员在太空进行80多项科学实验，其中有包括中国在内的六个国家的学生设计的实验项目。按原计划哥伦比亚号将在2月2日早晨9时16分返回地面，包括宇航员家属在内的众多等待英雄凯旋的人们目睹的却是一场令人难以相信的灾难。哥伦比亚号航天飞机在返回地面途中穿越大气层时未能经受住4 000 ℃以上高温而遭解体，如图2-56所示。

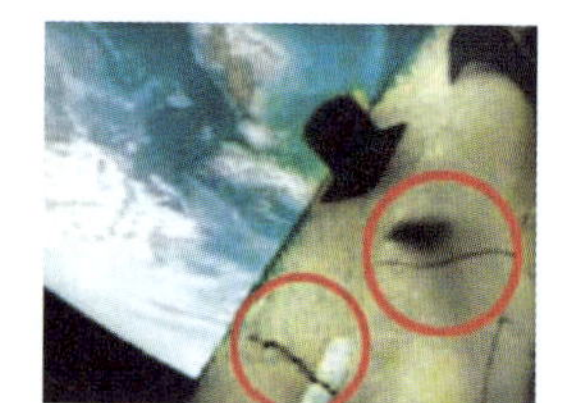

（a）隔热瓦上出现的裂纹

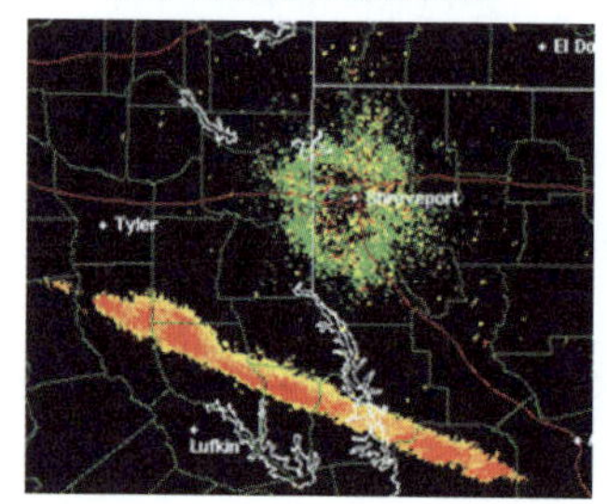

（b）远红外摄像机拍摄的解体过程

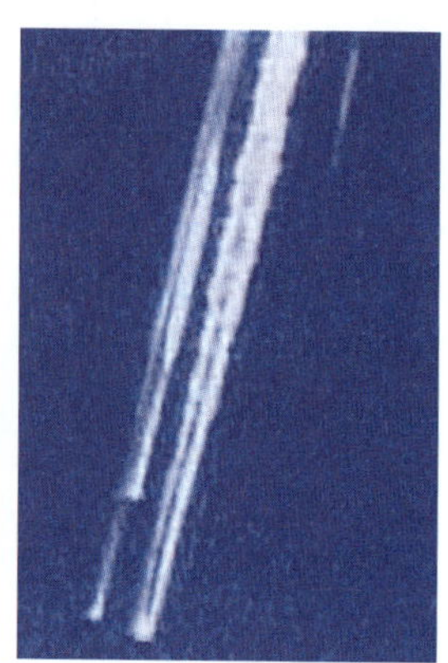

（c）哥伦比亚号化为灰烬

图2-56 哥伦比亚号航天飞机在返回大气层时解体

经多方长时间调查，其原因还是出在那层耐高温的硅瓦上：隔热瓦在起飞时受到一块溅落物（石棉）的撞击而破损，在返回大气层中无法抵抗高温而烧穿，导致了机毁人亡的惨剧。

3. “发现号”成功返航

哥伦比亚号在空中解体之后，美国宇航局宣布无限期停飞所有的航天飞机，升空一直推迟到2004年1月16日。

然而，人类征服太空的前进步伐绝没有因上述的种种挫折而中止，这些挫折和打击反而进一步增强了人类征服太空的决心，鼓舞更多的国家和科技精英去奋斗，实现人类飞天的宏大理想!

在遭遇了两次重大事故之后，2005年7月4日，NASA决定“发现号”航天飞机再次升空。此次飞行是对NASA下一步是否继续使用航天飞机决心的一次重大考验，而“发现号”此次飞行的时间是12天，航天员们有两次太空行走任务以在轨修复国际空间站的故障，给国际空间站送去新的制氧设备，新氧气系统可供六名航天员在太空使用。同时送去太空食品、衣物、科研仪器及其零部件，并将欧洲航天局的航天员托马斯·赖特尔送至空间站。

当天是美国的独立日，经过两度拖延发射，带着泡沫裂缝伤痕的“发现号”航天飞机，如白龙腾跃，终于直上太空，好像天地间绽放的巨大礼花。

“发现号”的精确发射时间是美国东部时间7月24日下午2时37分55秒（北京时间7月5日凌晨2时37分55秒），这是它第二次执行太空飞行任务，是美国NASA自“哥伦比亚”号解体悲剧造成7名机组成员全部遇难以来的首次发射航天飞机。

28日下午4时49分，“发现号”航天飞机两名宇航员塞勒斯和福萨姆顺利完成第一次太空行走。太空行走开始后，在同伴的协助下，两人用约半小时修好了空间站外部移动运输机系统的电缆剪。接下来，两人在“发现号”机械臂和延长的吊杆所组成的平台上进行测试作业。从传回地面的视频画面上看，两人身穿宇航服，颇似两个机器人在高空表演慢动作的双人杂技。舱外活动时间比预定的6.5h延长了约1h，顺利地完成了既定任务，如图2−57所示。

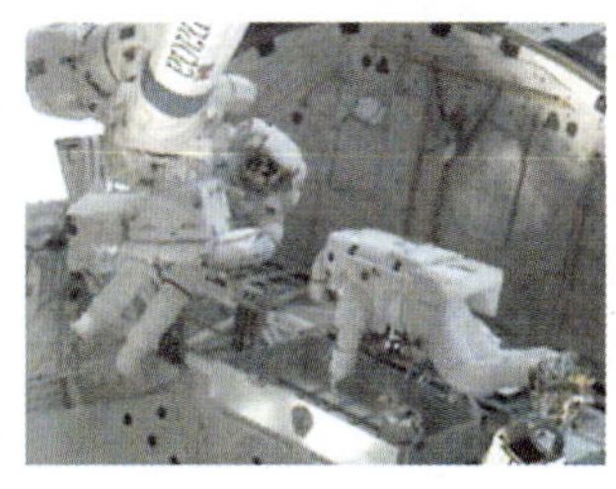

图2−57 “发现号”升空及机组人员太空行走修复空间站

“发现号”机组中的“太空行走二人组合”30日再度出舱，历时6h47min，顺利完成第二次太空行走任务。

美国宇航局地面飞行控制中心的视频画面显示，塞勒斯和福萨姆首先来到空间站“寻求号”闸舱外，给那里的热控制系统安装了一个泵舱备件。之后，两人立即转移到站外的移动运输机系统处，开始更换一条电缆的线轴组件。

地面飞行控制中心鉴定认为，经过两次太空行走重点维修，空间站的移动运输机系统已恢复正常，在后续的空间站组装中可投入使用。

7月30日下午2时31分（北京时间7月31日凌晨2时31分），“发现号”航天飞机两名宇航员又完成了本次太空任务的一次太空行走，历时7h11min。这次太空行走是NASA于7月27日临时决定增加的，任务是试验RCC（绝热石棉硅瓦）裂缝修理技术。

“发现号”宇航员在几次太空行走期间，可以说“超额”顺利完成了各项常规及临时紧急任务，尤其是第三次太空行走时，宇航员出色完成了航天飞机历史上首次在轨紧急修复，为顺利返航消除隐患。

“发现号”的这次飞行，从上天的那一刻起就让人揪心，悬而未决的泡沫绝热材料脱落等安全问题仍为航天飞机的未来蒙上了阴影。这次返航受到全世界前所未有的关注。按照预案，如果“发现号”因安全问题不能返航，机组人员就要留在空间站等待救援。但在解决了大大小小的技术问题后，美国NASA认为航天飞机能够安全返回地面，在8月4日宣布为“发现号”“回家”放行。

在为国际空间站运送了近两吨急需的给养和设备，装载了空间站内积攒的数吨垃圾，完成了三次太空行走，对航天飞机绝热瓦进行了史无前例的维修之后，“发现号”正等待8日返回地面。

按计划，“发现号”将于美国东部时间8日凌晨4时46分（北京时间8日16时46分）在佛罗里达州卡纳维拉尔角肯尼迪航天中心着陆。当天可进行两次着陆尝试，但因当天天气不好，“发现号”又继续在环地球轨道上多留一天，于9日19时06分

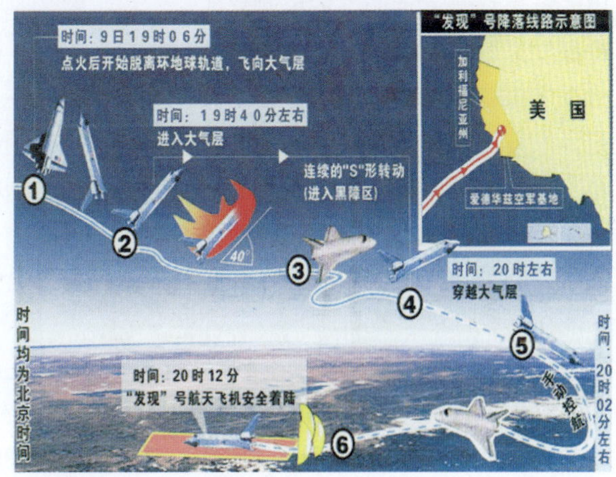

图2−58 “发现号”返航时的飞行轨迹

开始点火，脱离绕地轨道，飞向大气层，并改为在加利福尼亚州或新墨西哥州的空军基地着陆。

穿越过两年前曾导致哥伦比亚号解体的大气层最危险的内层——“黑障区”，让人忧心忡忡的“发现号”终于平稳地出现在天际，如图2-59所示。

图2-59　地勤人员欢迎“发现号”凯旋归来

“祝贺这次神奇壮观的试验飞行，”航天飞机刚刚停下来，地面指挥中心就向“发现号”发出衷心的祝贺，“朋友们，欢迎你们胜利返航！”如图2-60所示。

图2-60　凯旋归来的7名机组人员在“发现号”前合影留念

“回家的感觉真好，我们庆贺圆满完成此次飞行任务。”“发现号”的女机长艾琳·柯林斯重复道。

“我一整天都在对这次完美的飞行充满着渴望。”地面飞行主管勒罗依·采恩在着陆后举行的新闻发布会上说，“在返回过程中曾出现过一两桩意外事件，但那几乎是无关紧要的。”无疑，“发现号”的胜利返航极大地鼓舞和增强了人们对未来航天事业的信心和力量！

2.4　奔向宇宙的深处——行星际探测

2.4.1　星际探测飞船

利用现代空间科技成果，从地球向各行星发射探测器，是20世纪60年代初开始的。目前使用的行星探测工具叫宇宙探测器或深空探测器，是地球飞往太阳系各大行星或飞出太阳系的一种探空装置。世界上现有的宇宙探测器都是美国、前苏联两国先后发射的。30年来，已有近40多个宇宙探测器成功地飞往太阳系各大行星，并在金星、火星降落，收集到不少宝贵的资料，但尚未发现任何生命现象。其中，美国发射的探测器主要有“水手号”、“海盗号”、“先锋号”、“旅行者号”四种。前苏联发射的探测器主要有“金星”和“火星”两种。

1. **“水手号”宇宙飞船**

“水手号”是美国最初飞往水星、金星和火星的行星际飞行器，获得了大量科学资料，但未能在这些行星上着陆。

1965年，美国派出“水手4号”宇宙飞船，它在距火星表面约10 000km的地方飞过，发回了22张火星照片。这是人类第一次在比较近的距离上看到火星的真面貌。

理查森和威尔逊通过模拟演算，认为火星绕太阳公转的怪异轨道，并不对火星大气循环中的不对称性起主要作用。火星公转轨道的形状，决定着在南半球夏季时节，火星与太阳的距离很近。然而，如果在模拟过程中将此距离改变，也并不改变火星大气循环的不对称性。

1969 年，美国先后派出了“水手6号”、“水手7号”宇宙飞船，它们在距火星表面大约3 000km的地方飞过，发回了200张火星照片。

1971年，美国又派出了“水手9号”宇宙飞船，可是正当它进入围绕火星飞行的轨道，成为火星的第一颗人造卫星的时候，火星上风云突变，刮起了风暴，什么也看不清。直到1972年2月它才发回资料。科学家根据“水手9号”宇宙飞船发回的资料，绘出了一幅火星图。

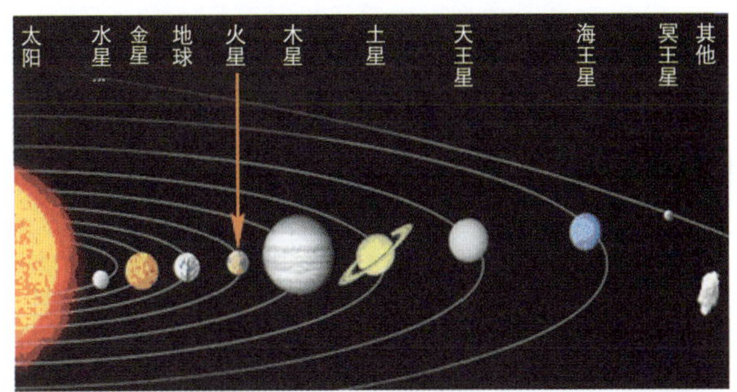

图2-61　下一个目标——火星

2. **“海盗号”宇宙飞船**

“海盗号”是在“水手号”的基础上发展起来的，专门用来探测火星的飞行器，它由轨道飞行器和着陆器两部分组成。

1975年，美国派出了“海盗1号”宇宙飞船，它飞了11个月，行程6.8×10^{12}km，在火星的“黄金平原”上着陆。在“海盗1号”宇宙飞船上天没多久。1976年7月20日。“海盗2号”宇宙飞船接踵而去，并在火星的“乌托邦平原”着陆。并发回两张极为壮观清晰的照片，上面展示了一片岩石遍地，与地球有着惊人相似之处的沙漠地带，如图2-62所示。这艘有着3根支柱，6ft（1ft=0.304 8m）高的飞船在飞离地球11个月后于美国东部时间上午7时53分在火星的克莱斯平原着陆。它的主要任务是分析火星土壤，寻找水与生命的迹象。在火星上的第9天，从海盗号火星船上伸出一只机械臂铲起土样，并这些土样将被放入三个单独的仪器中进行检验，以验出有无显示生命存在的活动性。

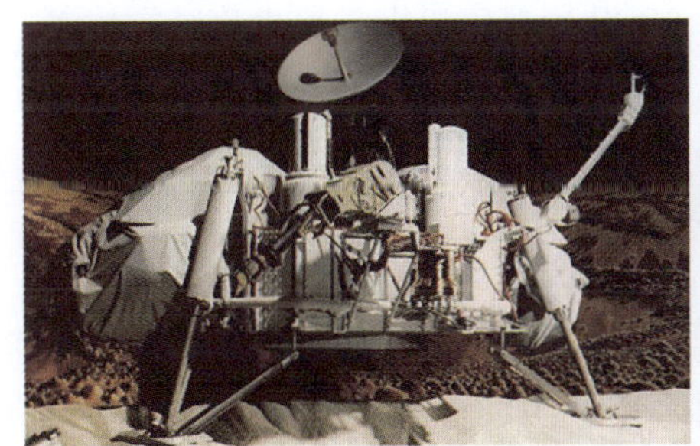

图2-62　“海盗号”在火星着陆及拍摄的火表形貌

这两艘宇宙飞船不仅拍摄到了火星的照片，还测得了火星大气的湿度和火星表面的温度，研究了火星表面的特征，分析了火星表面的土壤，测量了风速，探测了火星的星震。它们测得了大量的资料，并用无线电将这些资料发回地球。

人们期待“海盗号”宇宙飞船送来有关火星人的喜讯，但结果是令人失望的。在火星上不仅没有发现火星人，甚至没有找到任何生命的踪迹。火星只不过是一个干燥寒冷、荒凉的世界，遍布沙丘、岩石和火山口。传说的“运河”只是一些排列成行、靠得较近的火山口。那极冠只不过是二氧化碳冷凝成的干冰。火星像地球的南极那样寒冷，像撒哈拉大沙漠那样干燥。它上面的峡谷之大，使地球上的大峡谷相形见绌。火星上的山峰要比珠穆朗玛峰高几倍。对人类来说，这种环境实在太冷酷了。

3. **“先锋号”星际宇宙飞船**

1972年，美国派出了“先锋10号”星际宇宙飞船。它们分别飞过木星、土星，未发现木星人、土星人的蛛丝马迹，便离开太阳系，进入银河系之中。

“先锋10号”和11号星际宇宙飞船肩负着重大的使命。它们都带着人类给宇宙的“慰问信”——宽15cm，长23cm的金属标记牌。标记牌上面刻画着一对裸体男女，标志着地球上有人，男人举起右手，表示向宇宙人致以亲切的问候。在他们的背后，是这艘宇宙飞船的外形图。金属牌下面的10个圆圈（表示太阳系，左面最大的是太阳）和一艘小的宇宙飞船表示携带礼物的这艘宇宙飞船是从太阳系内的地球上出去的。金属牌左面部分是表示地球上的人类所认识的物理学和天文学，最上面的两个圆圈表示地球上的氢分子结构。让宇宙飞船携带金属牌的目的是让宇宙人看到地球人的形象并希望宇宙人能按照金属牌上表示的位置来寻找我们。

4. “金星”、“火星”探测器

前苏联在行星际空间探测方面，注意力集中在金星和火星上。

前苏联的金星7号、9号、10号、11号、12号，都在金星表面软着陆成功。从传回的照片上发现金星上有剥蚀的花岗石。

前苏联的“火星3号”重达4.5t，其着陆舱形如宫灯，于1971年12月首次在火星表面实现软着陆，发回了许多探测资料。从资料中可以看出火星空气稀薄，气候寒冷，气温范围大约是−85～−30℃。火星土壤中并没有微生物，二氧化碳虽然很多，却没有找到有机分子，没有任何生命迹象。

5. “旅行者号”宇宙飞船

1977年，美国派出了“旅行者1号”和“旅行者2号”宇宙飞船，飞向离太阳系更遥远的宇宙深处。它们都载有一台特别的唱机和一张名为“地球之音”的镀金唱片。这张唱片一次可播放2个小时。唱片记录的是地球上各种具有典型意义的信息，包括1张图片。35种地球自然界的音响、27种世界名曲、近60种语言的问候语、一段联合国秘书长的口述录音以及美国总统签署的一份电报。

唱片一开始是116幅图，图的表现形式是编码信号。这些图分别介绍了太阳系在银河系中的位置及概况，地球和地球大气层的结构成分；人体图解，细胞中的脱氧核糖核酸，染色体；海洋、河流、沙漠、高山、大陆、花草、树木、昆虫、鸟、兽和海洋生物；一片下雪的景象；牛顿著的《世界体系》中说明怎样把一颗炮弹射入弹道的插图；一幅日落图；一个弦乐四重奏乐团；一把小提琴与贝多芬降B大调第十三弦乐四重奏总谱中的一页，该乐曲的实际演奏情景；还有各国风土人情，科学与文明的成就，例如飞机、火车、联合国大厦、旧金山的金门桥、印度的泰姬陵、中国的长城，中国人吃饭的情况。

接着是美国总统签署的电文。电文前有一段说明：“‘旅行者1号’宇宙飞船是美国制造的。地球上住有40多亿人，我们是其中一个拥有2.4亿人口的国家。我们人类虽然分成许多国家，但这些国家正迅速地变为一个单一的文明的世界。我们向宇宙发出的这份电文，它大概可以存在到未来的10亿年。到那时候，我们的文明将发生深远的变化，地球的表面也可能发生巨大的变化。在银河系 2 000亿颗恒星中，有一些，也许有很多，可能是有人住的行星和文明世界。如果这些文明的人类截获到‘旅行者号’探测器，并能懂得这些记录的内容，那么下面就是我们的电文。”

联合国秘书长瓦尔德海姆口述的录音是：“作为联合国的秘书长，一个包括地球上几乎全部人类的147个国家组织的代表，我代表我们星球的人民向你们表示敬意。我们走出我们的太阳系进入宇宙，只是为了寻求和平和友谊。我们知道，我们的星球和它的全体居民，只不过是浩瀚宇宙中的一小部分。正是带着这种善良的愿望，我们采取了这一步骤。”

近60种语言的问候词包括了世界上几乎所有的语种，其中除我国的标准普通话外，还有我国的广东话、厦门话和客家话。还有一对鲸的热情叫声，代表其他生物的“问候”。

唱片录下了35种地球自然界的音响。开始是令人耳晕的回旋声，象征地球围绕太阳在运行，然后是地球混沌初开时的巨响，接着是汇成海洋的暴雨声，再后来是生命的发生，从冰川时代的寒风呼啸中传来的人类的声音。还有火山爆发的巨响，海浪的拍击声，火箭、飞机的巨响，各种鸟鸣、狗叫、兽吼，人的笑声、婴儿的哭声，甚至人的呼吸声、脉搏声以及宇宙噪声。

唱片中录下的各种代表地球上不同地区、不同民族的音乐，有巴赫、贝多芬、莫扎特的名曲，还有西方的爵士音乐、摇摆舞曲，其中还有中国的京剧和用古筝演奏的中国古典乐曲“高山流水”。

“旅行者”号宇宙飞船肩负人类的期望，正在茫茫宇宙中寻找宇宙人。但是，至少要等上几十万年才有可能遇上宇宙人；一旦遇上宇宙人，把这消息传回给地球，又要过几十万年。所以，只有我们的后代才有可能看到这个结果。

1996年11月7日和12月4日美国分别发射了火星全球勘测者和火星探路者探测器，取得了出人预料的收获。火星探路者于1997年7月4日在火星着陆，利用无人遥控漫游车进行了考察。它发回了蔚为壮观的火星全色全景照片（见图2-63），使人类对火星表面的景观有了直观的认识；深入了解了火星气候，对火星岩石和火壤有了初步的了解；找到一些“火星生命说”的证据。1998年3月美国宣布，火星探路者停止工作。

图2-63　火星探路者及其所拍摄的火星全貌及草莓状形貌

火星全球勘测者是1997年9月11日进入预定轨道的。这一轨道使探测器可以飞到离火星表面125km的地方，探测器上照相机能饱览火星形貌，并发现火星表面有很多呈草莓状的凹坑。根据新的红外数据分析，这些坑底部的温度比较高，不可能形成干冰。因此，底部应为水冻成的冰。科学家们认为，外表的干冰掩盖了火星南极存有大量的水，而且南极的干冰层比北极要厚一些。因此，在夏季这些干冰层不会完全消失。此外，美国火星探测器发回的资料显示，在火星表面和火星两极外的其他地区都存有大量的水冰。科学家发现，这些坑的深度基本相同，但尚不清楚其原因。这些坑的底部平缓，每年随着冰的融化，坑的直径会增宽1～3m。科学家们通过研究这些坑为何只增宽而不加深发现，9m左右往下是干冰向水冰过渡的一个层面，即使温度高一些，也仍坚硬。

火星表面大气循环发生的规模，比地球上大气循环的规模要大得多。在赤道，被加热的气体通过对流而上升。热的气体在循环过程中冷却，随后就地下沉，并且再回流赤道。这样便使循环的气体产生出了两个大循环圈，在南北半球各有一个，称为“哈得利细胞”（adley cells）。哈得利细胞在时刻运输着源自行星表面的水蒸气和尘埃。理查森和威尔逊的模拟结果显示，在火星的南半球，哈得利细胞循环得更加强劲，使得其输送的尘埃和水蒸气，有可能漏过赤道，而被挤到北半球。

火星全球勘测者还意外地获得大量火星数据，其中包括一块面积有南大西洋那么大的沙暴照片。它还发现火星上存在强磁体。这一发现对正确认识火星的演化历史，探明火星上究竟是否有生命存在的条件具有极其重要的价值，从探测器上的激光高度计获悉，火星上有海洋的遗迹，火星北半球存在太阳系中最平整的表面，其他区域则是古代高原。它发现了火星上敞着口的峡谷。它的照片揭示了火星地质层的构成。火星全球勘测者仍在继续绕火星飞行，进行探测工作。它载有7台探测器，主要观测火星的大气、气温、地表、有无水和磁场以及生命痕迹等。2003年6月10日和7月7日，美国发射了“勇气”号和“机遇”号火星探测器，获得了许多火星上存在水的证据，2005年，美国还用飞船把火星样品运回地球进行分析，以最终确定火星上是否曾经存在生命。

行星际探测是人类空间技术发展的重要方面。目前的探测已向外行星发展。不久的将来，人类不仅继续发射太空探测器，而且还将乘坐行星际飞行器，脱离地球的引力场，直接飞向其他行星，实现行星际航行。

2.4.2 星际探测的新进展

21世纪，美国将继续开发维持人类在空间的健康和行为的生物医学知识和技术，研究微重力、空间辐射对宇航员的健康和工作能力的影响，加速研究和开发先进的闭环和持久的生命支持系统，在空间站或月球上验证先进的生命支持系统，了解在低重力状态下液体的性状以及植物从种子到下一代种子的生长和成熟过程。改善人类在空间的长期生存能力和行为表现是降低载人航天成本的关键所在。美国还将结合空间技术计划进行与载人航天相关的先进技术的开发，如：利用行星上的本地资源产生推力、生成维持生命的气体以及用于建筑；高效的能源生产和存储，包括太阳能和核能；远距离操作和机器人；先进推进技术；低温液体系统等。

美国将致力于建设和利用国际空间站（ISS），并利用它特殊的环境进行微重力下的生物技术（包括生物医学和生命科学等）、材料科学、流体力学等研究，进行空间制药、蛋白质晶体生长、特殊合金、半导体材料生产等。

2005年7月14日“卡西尼”飞船掠过“土卫2”时，显示了由土星这颗冰质卫星南极附近发出的水蒸气和冰形成的喷射流。这个地区异常的温暖，最高温度与该卫星表面上四个“虎纹状”表面裂缝相关，它们分别被很有特色地命名为亚历山大、开罗、巴格达和大马士革。后来，Joseph Spitale 和Carolyn Porco采用三角测量方法对“卡西尼”获得的图像进行了测量，以获得关于最显著的喷射流的来源的准确信息。他们发现，这些喷射流是从虎纹裂缝发出的，最强的来源位于巴格达和大马士革。

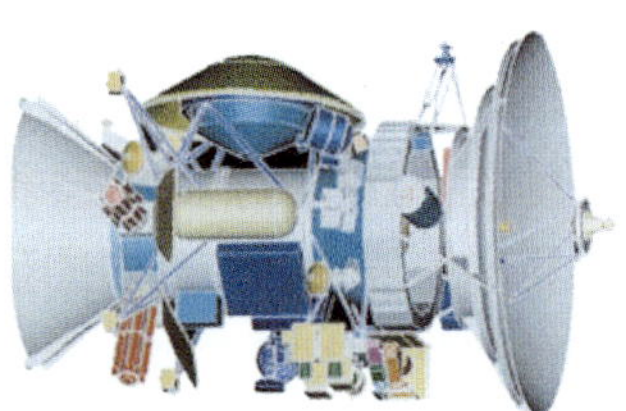

图2-64 “接近”号和“卡西尼”号星际探测飞船

“卡西尼”号探测器还测出有关土星的完整数据，碎石堆积的卫星、著名星环的间隙、华美的彩色云层照片以及每小时900mile（1mile=1609.344m）的飓风形成的可能原因。除此之外的另一个发现就是，土星上出现了伴随体积和整个地球一样大的雷暴云砧的巨大“电暴”。

计划在2003～2009年期间，使用国际空间站进行进一步的生命科学和物理研究，完成先进的生命支持系统，开发和实验保护宇航员免受低重力和空间辐射影响的有效方法；实验研究扩展人类空间活动的系统和能力；加强交叉学科的研究，以形成探索与开发太阳系的新的能力；向地面的非空间领域转让源于空间的关键技术，以改进地球上的有关加工和生产技术。

2010～2020年及以后，探索宇宙更深层空间，扩展对近地轨道以外空间的自然现象的研究，向太阳系行星进行国际性的载人航天，实现人类在整个太阳系的虚拟存在；演示新的系统和能力以使得美国能够发展新型的、赢利的空间产业（即空间商业、空间旅游和空间能源）。

国际空间站（ISS）将实现人类在近地空间的永久存在，为在空间环境下进行生命科学、微重力科学和环境监测提供一个永久的空间实验室。在空间站上进行的研究将为人类进一步探索宇宙做准备，并将提高在地球上生活的人类的健康和生活质量。国际空间站建成之后，美国还将建立一个用于研究和开发月球资源的月球基地，利用月球进行新技术的研究和试验，为将来人类登上火星做准备。之后，美国将把一批探测器送往火星并使它们安全地返回地球。组建空间站、建立月球基地、登陆火星、探索太阳系深层空间是今后美国载人航天发展的大方向。

进入21世纪以来，中国政府制定了进一步发展航天技术及加强国际空间合作的宏伟计划——中国“地球空间双星探测计划”（简称双星计划）。探测1号卫星（赤道星）（见图2-65）于2003年12月30日凌晨发射升空。2004年又发射了探测2号卫星（极轨星）（见图2-66）。该计划主要是利用两颗不同轨道的地球空间探测卫星对地球空间环境进行探测研究。“双星计划”还与欧洲空间局的磁层探测计划（已发射4颗卫星）组成密切配合的两个联合观测项目，形成人类历史上第一次对地球空间的六点立体探测。

图2-65 我国发射的探测1号

图2-66 探测2号凌空而起

中国未来15年空间探测将在“双星计划”探测基础上，重点开展绕月探测、全面实施“夸父计划”、实施绕火星探测计划、进入行星际空间探测等。

“十一五”期间，在“双星”计划基础上，围绕“夸父计划”空间风暴和极光探测进行综合论证和预研究，将探测空间区域扩展至150万km的拉格朗日点。同时开展国家重大专项的绕月探测工程，并与俄罗斯合作进行火星探测。

“十二五”期间，全面实施“夸父计划”，通过三颗卫星的联合探测，实现从太阳上层大气至地球空间的空间天气因果链探测。“十二五”后期，发射磁层—电离层—热层耦合的小卫星星座计划，探测和研究太阳风—磁层—电离层—热层大气的连锁变化过程。

“十三五”至“十四五”期间，空间物理探测进入行星际空间，准备进行太阳极轨就地或遥感探测日地空间太阳风和行星际日冕物质抛射事件的传播与演化过程。着重实施绕火星探测计划，了解火星环境、火星表面水的消失过程和火星气候演化过程。

为实现上述路线图，中国科学家提出加强空间探测仪器预研究，提高空间探测仪器标定精度和探测精度，加强空间探测数据接收设备建设提高接收能力，加强综合的空间环境数据库和应用服务平台的能力建设等四项建议。

到目前为止，“双星”计划两颗探测卫星运行正常，星上各项仪器工作良好，数据流和指令流畅通。从2005年7月起，中国“双星”已各延长寿命1.5年，根据双星运行情况和科研需求，考虑再次延寿，计划将双星各延寿9～12个月。

2.5 载人航天对人类社会进步的推动

人类为了扩大社会生产活动，必然要不断开拓他的活动领域。人类的活动领域，经历了从陆地到海洋，从海洋到大气层，从大气层到宇宙空间的扩展过程。假若把陆地称为人类活动的第一个领域，把海洋称为第二个领域，把大气层称为第三个领域，那么，空间就是人类活动的第四个领域。人类活动范围的每一次飞跃，都大大增强了认识自然和改造自然的能力，促进了生产力的发展和社会的进步。人类的活动领域从陆地扩展到作为全球通道的海洋，促进了18世纪下半叶开始的以工业化为特征的产业革命。当人类活动的领域继续扩大到大气层后，密切了国际交往，促进了世界贸易，使人类可以从全球的观点出发去解决社会发展问题。当人类活动领域扩大到空间后，人类开始利用和开发空间蕴藏的极其丰富的资源，并使人类能从全宇宙的观点来解决社会发展问题。

从促进生产力的变革、促进人与自然的协调发展和促进社会文化进步等方面，可以看到载人航天对社会发展所产生的如下重大影响：

1. 促进生产力的变革

生产工具是生产力发展水平的重要标志，科技进步是生产工具、生产方式变革的基础。以蒸汽机发明和应用为标志的第一次技术革命，实现了手工劳动向机器作业方式的转变；以电力应用为标志的第二次技术革命，进一步实现了生产的机械化和半自动化；当前，以微电子技术、计算机和信息技术应用为标志的第三次技术革命，进一步推动了人类社会生产的信息化、自动化、智能化。卫星技术已经对信息化技术做出了重大贡献。卫星通信（包括卫星移动通信）、卫星直播电视、卫星信息中继、卫星导航定位等，对人类的社会生产方 式和生活方式都产生了深刻的影响。空间站时代的到来，标志着航天技术正从单纯的信息开发，向信息、材料和能源的综合开发过渡。空间材料加工、空间生物技术、空间诱导育种，以及未来可能实现的空间太阳能电站、月球资源开发等，为载人航天技术促进生产力的变革，提供了更加广阔的舞台。

2. 促进人与自然的协调发展

人与自然的协调发展，是社会可持续发展的基础。由于工业的发展和社会需求的增长，使自然资源的人均消耗量成倍增加，人均污染的排放量也成倍增加。20世纪90年代初，世界人口已达52亿，比1950年增长一倍多。经济增长、人口增长、需求扩大，造成了人类与自然的不平衡，成为社会可持续发展的巨大障碍。在人与自然的协调发展方面，人口、资源、环境与灾害是人与自然矛盾的焦点。

在这些方面，载人航天技术都可以作出积极而重大的贡献。空间站将在卫星的基础上开展资源的调查与监测、预测全球环境的变化、监测气象和局部环境的变化、监测自然灾害（如洪涝、地震和森林火灾）等。展望未来，载人航天技术将用于开发新的资源，也为向其他星球移民，减轻地球的人口压力提供了可能性。

3. 促进社会文化进步

文化既是人类自身发展，创造新事物的一种手段，也是衡量人类社会发展的一个标志。科学技术作为一种人对自然的认识活动，作为人改造自然的体现，必然是社会文化的重要组成部分。载人航天技术的发展使人类的活动领域从二维推向三维空间，从地球推向广阔无垠的宇宙，这种活动领域的重大变革、必然对人类的宇宙观和方法论产生深刻的影响。视野的开阔，必然大大有利于克服人类认识的局限性。载人航天技术的发展，以及在这过程中的国际合作，将促进入类用全球，甚至用全宇宙的观点去认识社会发展问题。进一步，我们可以预测，在人类探索宇宙和征服宇宙的过程中，当代科学的基本问题，如物质构造、宇宙的形成和演化，以及生命的起源等，都可逐步得到完整的答案，从而使人类对自然的认识提高到一个崭新的高度。

第3章　近代物理学革命及对科学技术的影响

物理学是我们认识世界的基础，也是其他科学和技术发展不可缺少的基础。物理学曾经是、现在是、将来也是全球技术和经济的主要驱动力。众所周知，在17、18世纪牛顿力学的建立和热力学的发展推动了第一次工业革命；19世纪在电磁理论的促进下，人类进入了电能时代，这就是第二次工业革命；近代物理学发生的重大革命——相对论和量子力学的建立，不仅使物理学本身的认识不断向纵深发展，它的应用也以前所未有的深度和广度扩展，而且对其他科学技术产生了极其深远的影响，更使人类进入了以原子能、电子计算机、激光、半导体和空间技术等为代表的高新技术的时代。

3.1　相对论

相对论是20世纪物理学史上最重大的成就之一，它包括狭义相对论和广义相对论两个部分，狭义相对论变革了从牛顿以来形成的时空概念，揭示了时间与空间的统一性和相对性，建立了新的时空观。广义相对论把相对原理推广到非惯性参照系和弯曲空间，从而建立了新的引力理论。

3.1.1　狭义相对论

什么是狭义相对论？简单地说，狭义相对论是物体高速运动下的全新时空观。所谓“高速”是多高呢？狭义相对论里的高速是相对光速而言的。真空中的光速c为每秒30万km（3×10^8m/s），这是自然界的最高速度极限，即我们熟知的宇宙速度。例如火箭的飞行速度每秒十多千米，相对于光速而言也是小得可以忽略不计。因此，实际上我们生活的世界，所碰到的都是低速运动的问题，我们已有的时空观也正是在这样低速运动下所建立起来的。为了要弄清狭义相对论的时空观，我们首先还得回顾与总结一下我们已经习惯了的这种经典力学的时空观。

在经典力学中，物体的几何尺寸是与运动无关的。例如一只大箱子，放在家里的台子上你测量它为1m长；如果把它带上高速运行的火车（此时箱子跟随火车以高速运动），无论是火车上的乘客还是车站上的人都还测得它的长度仍旧是1m。这就是说无论箱子是静止还是运动，其长度都保持不变，与运动无关——物体的长度是绝对的。

再来看时间。如果学校规定早上8:00开始上第一节课，校长很满意地看到8时一到，学校几栋大楼各个教室都同时开始上课，而这时恰好有一列高速列车从学校边通过，旅客们也一致看到学校各个教室都同时开始上课。又如果老师们按规定8:45下第1节课，学校的校长和高速列车上的旅客们各自看着自己的手表又都一致认为老师们上了45min课。校长相对各教室是静止的，旅客相对各教室是运动的，他们都得出了老师们开始上课这一行动是“同时”的以及一节课持续了45min时间的结论。于是我们又习惯地说，“同时”是绝对的，时间的跨度也与观测者的运动没有关系。

最后，我们再看看质量。一个人秤得质量100kg，如果他拼命地跑，其质量仍是100kg，并不会因跑起来而“减肥”。这就是说，质量是恒定的，不因运动而改变。

上面三种情况告诉我们，长度、时间和质量都不因运动而发生变化。长度、时间和质量是力学的基本物理量。静止在地面上的观测者和身处高速列车上观测者对同一事件的测量都认为长度，时间和质量没有什么不同，那么进而可以得出结论：所有力学规律在静止的或者做匀速直线运动的参考系（我们称之为“惯性系”）来看都会有相同的结果。意大利文艺复兴后期伟大的天文学家、哲学家和物理学家伽利略（见图3-1）曾经描述过这样一个实验，如果让你在一条匀速前进的船上先从船尾向船头跳一次，然后以相同的力反方向从船头向船尾再跳一次，这后一跳是不是会跳得更远呢？测量下来发现反着跳并不会因船在前进而更远。由此，伽利略指出，运动的船与静止的船上的运动不可区分，也就是说，当你在封闭的船舱里，与外界完全隔绝，那么你的任何力学实验都无从感知你的船是在做匀速运动，还是静止。更无从感知速度的大小，因为没有什么可作参考。伽利略的实验也证实了任何惯性系（船也好，地面也好）对描述物体的力学运动来说是等价的，换句话说，自然界没有一个特殊的惯性参考系。伽利略的惯性系之间的变换关系式也成为经典力学时空观的核心。

图3-1 伽利略（1564—1642）

但是，如果说任何力学实验都无从判断船是在做匀速直线运动还是静止，那么关在船舱里的实验者是不是可以通过电磁学的，光学的，热学的，或者原子学的实验来判断船在运动或者静止着呢？特别是，麦克斯韦（见图3-2）在1881年创立了电磁理论，并证实了光就是电磁波，在这个理论中光波的速度c是由两个常数决定的，并不涉及任何参照系。开始人们以为自然界存在某个尚未发现的“绝对静止”的参照系，光速c就是相对这个参照系的，并把它称之为“以太”。由于电磁波可以到处传播，甚至可以在真空中传播，那么以太必定充斥整个宇宙空间。光的速度即是相对以太而言的。如果自然界真的存在以太，那么就等于存在绝对的参照系、绝对的运动和绝对的静止。这个设想是很诱人的。然而，人们设计了大量精巧的实验来寻找以太，最著名的是麦克尔逊－莫雷实验，这个实验先后做了50年，夏天做了冬天做，在赤道做了还去两极做，但结果都一样，不仅没有找到以太，却恰恰反过来证明了以太不存在。这是一个在物理学史上以反结果而著称的实验。

图3-2 麦克斯韦（1831—1879）

在这种情况下，爱因斯坦摈弃了以太学说，指出在一个惯性系内做的任何物理实验都不可能告诉观测者所在的系统相对于任何别的惯性系有什么运动。爱因斯坦同时还提出了光速不变原理，即光的速度与参考系没有关系。也就是说，无论你站在地上，还是站在飞奔的火车上，测得的光速都是一样的。在牛顿力学里，速度是与参考系是有关的。你站在地面上看一棵大树是静止的（地面为参考系），你坐在行驶的汽车上看同一棵大树（汽车为参考系），大树迎面而来，是运动的。所以光的速度与参考系没有关系在牛顿力学里简直不可思议。爱因斯坦的这个革命性思想导致了狭义相对论的建立。

正如本节开头所说，狭义相对论是物体高速运动下的全新时空观。当物体的速度接近光速时，在经典力学里所建立起来的诸如“同时”的概念，长度和时间与运动无关等的结论都不再成立。下面我们就来看看狭义相对论的主要结论。

首先，在狭义相对论里“同时”是相对的。这就是说，在一个参考系中不同地方同时发生的两事件，在另一个运动的参考系中发现它们并不同时发生。仍以上面考察上课的例子来说，如果校长看到学校几栋大楼各个教室都同时在8时准时上课，而在从学校边通过的高速列车上的旅客们将会惊讶地发现各教室没有同时在8时准时上课，有的先上，有的后上。先后的时间差异长短与观察者的运动速度（本例即列车的速度）有关，还与各教室的位置有关。观察者的运动速度愈快，两教室的距离愈远，上课先后的时间差就愈大。

再看时间。如果我们考察某一固定的上课教室，该教室的老师看着自己的表按规定上了45min的一节课，而在以0.5c的速度（c为光速）飞行的飞船上的宇航员看着自己的表，却发现该教室的这节课竟上了52min。上课的教师相对上课教室是静止的，飞船上的宇航员相对上课教室是运动的，他们测量上课这同一事件的持续时间不一样，后者比前者时间长，说明运动时间变慢了。狭义相对论证明，时间不再是绝对的，与运动有关，运动得愈快，时间“膨胀”得愈厉害。图3-3表示在高速列车上用餐的人测得自己用餐的时间，以及地面上的人测得他用餐的时间是不同的。前者仅15min，后者则测得为20min，因为前者钟表相对用餐这一事件是静止的，后者在地面上钟表相对用餐这一事件是运动的。

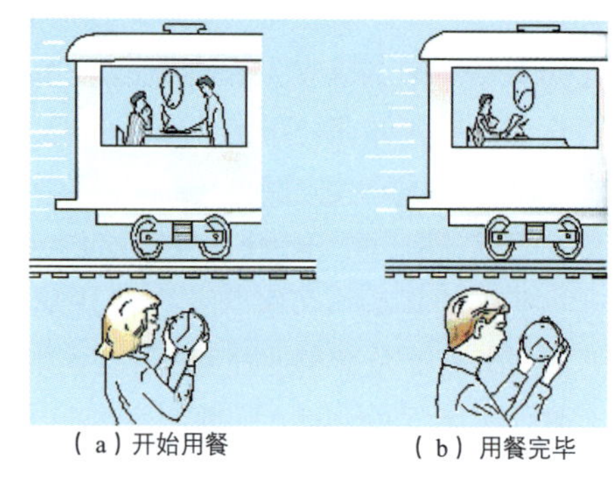

图3-3 不同参照系对用餐时间的测量

相对论的时间延缓已被现代物理实验证实。在静止的参考系中测得μ子的平均寿命为2.2×10^{-6}s，在一组高能物理实验中，当它的速度为v=0.9966c时，它这“一生”可能通过的平均距离为8km。但按经典力学，μ子一生只能通过的距离为

$$L=0.996\,6\times3\times10^{8}\times2.2\times10^{-6}\text{m}=600\text{m}$$

而按相对论μ子以速度0.996 6c运动时它的平均寿命延缓为26.7×10^{-6}s，因此它可以通过的距离为$L=0.996\,6\times3\times10^{8}\times26.7\times10^{-6}\text{m}\approx8\times10^{3}\text{m}$，与实验结果一致。

在狭义相对论里长度不再是绝对的。如果有两只完全相同的大箱子，一只放在地面上，地面上的人测量它的长度为1m；另一只放在以0.5c的速度飞行的飞船上，飞船上的宇航员测量它的长度也为1m。地面上的人和飞船上的宇航员相对他们各自的大箱子都是静止的，所以他们测量自己的箱子长度都一样，为1m。可是，地面上的人测量飞船上的大箱子只有0.866m，缩短了！同样的，飞船上的宇航员测量地面上的大箱子也只有0.866m。彼此都说自己的大箱子是1m长，而对方的大箱子缩短了。这就是长度的相对性。飞船上的大箱子相对地面上的人是运动的；地面上的大箱子相对飞船上的宇航员也是运动的，说明长度与运动有关，是相对的。相对论的理论证明运动的长度会缩短，运动愈快长度缩得愈短。如果飞船以0.8c的速度飞行，那么大箱子的长度更是缩短为只有0.6m。

在狭义相对论里质量与运动也有关。运动愈快质量变得愈大，质量与运动速度的关系如图3-4所示。在速度远小于光速时，物体的质量几乎不变，基本上就等于静止时的质量。仅当物体的速度接近光速时，物体的质量才急速增大。

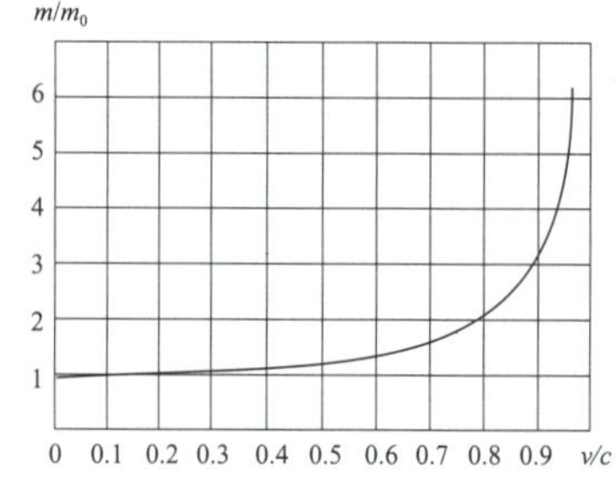

图3-4 质量与运动速度的关系

爱因斯坦的相对论对物理学的一个极为重要贡献是把能量

和质量联系起来了。如果物体质量是m，它所含有的总能量是E，那么

$$E=mc^2$$

这里c是光速。这个公式称作爱因斯坦方程，它把经典物理的质量守恒与能量守恒融合在一起，成为一个守恒原理，即质能守恒原理。当质量发生Δm变化，能量也有相应变化ΔE。这个质能转化和守恒原理就是利用原子能的理论基础。例如核聚变反应，一个质子与一个中子结合为一个氘核，质子质量是$m_p=1.672\ 5\times10^{-27}$kg，中子质量是$m_n=1.674\ 96\times10^{-27}$kg，它们结合为一个氘核的质量为$m_d=3.343\ 65\times10^{-27}$kg，损失了$\Delta m=(m_p+m_n)-m_d=3.96\times10^{-30}$kg，按爱因斯坦相对论的质能关系，在这个核反应过程中释放出了能量：

$$\Delta E=\Delta mc^2=3.96\times10^{-30}\times(3\times10^8)^2\text{J}=3.564\times10^{-13}\text{J}$$

如果有2g氘核，它含有6.022×10^{23}个氘核，在这个核反应过程中释放出的能量将达

$$\Delta E=3.564\times10^{-13}\times6.022\times10^{23}\text{J}=2.146\times10^{11}\text{J}$$

这相当于10t多原煤的燃烧值，是一个多么巨大的能量。

相对论诞生后，曾经产生了一些令人极感兴趣的疑难问题，其中一个就是双生子佯谬。一对双生子甲和乙，甲在地球上，乙乘火箭去做星际旅行，经过漫长岁月返回地球。按爱因斯坦相对论，二人经历的时间不同，重逢时到底是甲比乙年轻还是乙比甲年轻？许多人有疑问，认为甲看乙在运动，乙比甲年轻；同时乙看甲也在运动，因此甲比乙年轻。到底谁比谁年轻确实难以判断。由于地球可近似为惯性系，而乙要乘火箭在太空中飞行，他离开地球时火箭要经历加速过程；返回时火箭又要转弯；回到地球火箭必须做减速运动才能停在地面上。在这三个过程中火箭均不是做匀速直线运动的参考系，而是做加速运动的参考系。由于火箭具有加速度，不能算惯性系，所以实际上这是不能用狭义相对论解决的。真正讨论起来非常复杂，涉及做加速运动的参考系的问题必须用广义相对论的理论。有兴趣的读者请参考一些相对论书籍，按广义相对论，无论在哪个参考系中，乙都比甲年轻。

还有一个令人感兴趣的问题是时序问题。前面已经讲到狭义相对论时空观的一个重要结论就是时间不再是独立的，时间与空间和运动都有关系。那么会不会发生这样的事：在一个参考系里先后发生的两事件，而在另一个参考系里这两事件发生的先后次序颠倒过来了？例如，一个人总是先生下来，而后才有死，那么在另一个参考系里看这个人却是先死后生。会不会发生这样荒唐的事呢？相对论证明，由于光速不变以及光速为极限速度，凡有因果关系的两个事件，例如生和死的关系，其发生的时序是绝对不会颠倒的。在这一点上相对论与经典物理是一致的，二者都同意，前因后果的关系不会因参考系的不同而发生改变，它们的时序是绝对的。

最后，需要强调，学习了相对论不能片面地说“牛顿力学时空观是错误的”，应该说牛顿力学是低速（$v\ll c$）情况下的极好近似，仍然是今天我们处理许多物理问题的重要理论支柱。相对论所阐述的结论只有在高速（$v\to c$）情况下才突显出来。对此爱因斯坦在批评地考察了牛顿力学后写到：“够了，牛顿啊，请宽恕我；你找到了你的时代正好为一个具有最高思想和创造力的人所可能走的唯一途径，你所创立的观念即使在今天仍然指导着我们在物理学中的思想，虽然我们现在知道，如果我们追求对事物联系的更深刻的理解，那么这些概念必须由离直接经验范围更远一些的其他观念来取代。”

3.1.2 广义相对论

1905年爱因斯坦发表狭义相对论后，他开始着眼于如何将引力纳入狭义相对论框架的思

考，并于1915年创立了广义相对论，描述了处于时空中的物质是如何影响其周围的时空几何。广义相对论的理论基础是广义相对论的等效原理和广义相对论的相对性原理。下面我们就来对这两个原理作一简单介绍。

为了理解广义相对论，我们必须明确质量在经典力学中是如何定义的。质量有两种不同表述：一种是所谓引力质量，另一种称作惯性质量。

要了解什么是引力质量，首先必须了解在日常生活中是如何度量它的。通常的方法是把需要测出其质量的物体放在一架天平上，在地球的引力作用下，天平失去平衡；为了使天平达到平衡，必须在天平的另一端加入与被测物体质量数相等的砝码，砝码也要受到地球引力的作用，当天平达到平衡时，我们就说砝码的质量数就是被测物体的质量。由于这种测量方法利用了地球与物体及砝码质量之间有相互吸引力的事实，所以这种质量被称作“引力质量”。

那么什么是惯性质量呢？假如有一只木质小立方体和一只相同大小的铁质小立方体放在同一光滑水平面上，分别用力推它们，在相同时间内使它们加速到一定的速度，你一定会感到推动铁质小立方体更困难些。同样地，当它们达到一定速度后，若要使它们停下来，你又必须对铁质小立方体施加更大的力才行。这是为什么呢？在经典力学里有著名的牛顿三大定律，其中第一定律说在没有外力作用下，物体动者恒动，静者恒静。这就是说物体有一种“惰性”。这种惰性反抗状态的改变，即反抗出现加速度。我们把这种性质称为“惯性”。衡量物体惯性大小的物理量叫“惯性质量”。由于两个立方体的惯性质量不同，所以改变它们状态（由静到动或者由动到静）所需的力也不同。

上面两个事例说明可以用不同方法度量质量。人们做了许多实验以测量同一物体的惯性质量和引力质量。所有的实验结果都得出同一结论：惯性质量等于引力质量。爱因斯坦对此作出了解释。

狭义相对论所涉及的是两个不同惯性系的时间和空间的转换关系。我们把做加速运动的参考系称为非惯性系。上一节我们介绍了狭义相对论的一些基本内容说明在所有惯性坐标系中物理学定律（不仅仅是力学定律）都具有相同的表示式。现在的问题是，如果采用了非惯性系，物理规律又将如何？对此，爱因斯坦研究与认识了等效原理，进而又建立了研究引力本质和时空理论的广义相对论。

参看图3-5，一位观察者在火箭舱里做自由落体实验。在图3-5（a）中火箭静止在地面惯性系上，他将看到小球因引力作用而自由下落；在图3-5（b）中，火箭处于不受力的自由空间内是个孤立火箭，小球是静止的，但当火箭突然获得一定的向上加速度时（非惯性系），他将看到小球的运动是和图3-5（a）中完全相同的自由落体运动。

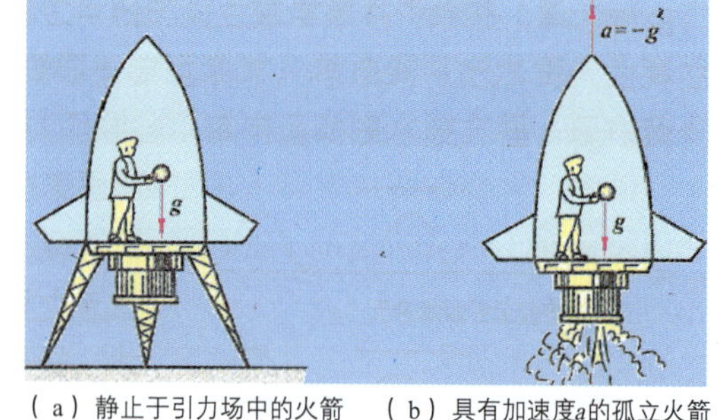

（a）静止于引力场中的火箭　（b）具有加速度a的孤立火箭

图3-5　火箭舱中的自由落体实验

显然，如果他不知道舱外的情况，在这个局部范围内，单凭这实验，他将无法判断自己究竟是在自由空间相对于恒星做加速运动呢还是静止在引力场中。事实上，由于惯性质量与引力质量等价，我们无法根据上述两个实验来区分哪一个是在静止于地面的火箭舱内做的，哪一个是在自由空间中加速的火箭舱内做的。从这个例子可以看到：在处于均匀的恒定引力场影响下的惯性系中所发生的一切物理现象，可以和一个不受引力场影响，但以恒定加速度运动的非惯性系内的物理现象完全相同。这便是通常所说的等效原理。由于引力场和加速效应等效，所以让火箭舱在引力场中自由下落，火箭舱里的观察者将处于失重状态，这时引力场的作用，在这个局部环境中，将被加速运动完全抵消。爱因斯坦据此把相对性原理推广到非惯性系，认为所有非惯性系与有引力场存在的惯性系对于描述物理现象都是等价的，这叫做广义相对论的相对性原理。

建立在广义相对论的相对论原理之上的广义相对论，其实是考虑了引力场的相对论，由于引入了场的概念，因而在广义相对论中认识到物质、空间和时间之间存在着比经典物理更为复杂和深刻的联系，在宇宙空间内物质积聚的地方存在着较强的引力场，它将直接影响时空的性质。广义相对论证明，在某点的引力场越强，则处于引力场内的“钟”走得越慢。爱因斯坦由此预测了光谱线的红向移动（即由引力极强的远处恒星上所发射出来的某一元素的谱线频率比同一元素在地球上发射所测得的频率小）。此外，广义相对论的一个重要预言是：光线在通过大质量物体附近时，由于受到引力场的影响会向物体的方向偏转，发生弯曲（见图3-6）。例如光线通过太阳附近时，这种偏转角为1.75″。从星球射来的光线，经过太阳附近然后再照射到地球上所发生的偏转只能在日食时才可以观测到。1919年，英国两位天文学家通过观测5月29日发生的日全食，计算出的星光偏转角为1.61″和1.98″。从而证实了广义相对论的预言。作为广义相对论初期重大事实验证之一，我们介绍一下水星近日点的进动。天文观测发现行星的近日点有进动，它们的轨道不是严格闭合的。牛顿力学计算出水星的进动值比观测值少了43.11″。用了广义相对论，考虑到时空弯曲引起的修正，就能得出水星近日点的进动应有每世纪43.03″的附加值，理论与观测符合得很好。

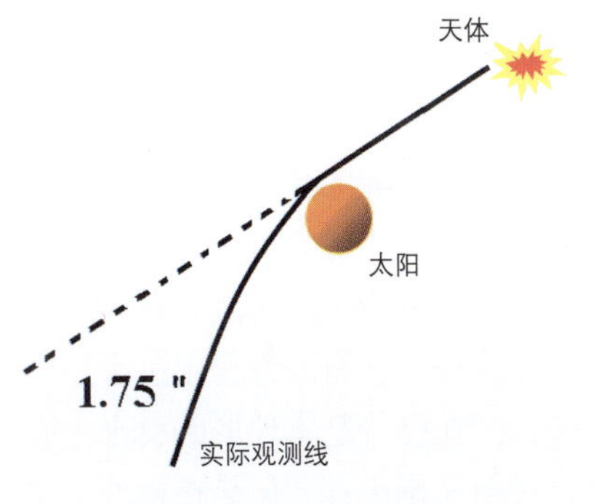

图3-6 引力使光线弯曲

图3-7 乘飞船的兄弟回来后更年轻

孪生子佯谬（twin paradox）是历史上曾令人困惑的问题。前面在讲述狭义相对论时曾经讨论过一对孪生兄弟甲和乙，甲留在地球上，乙乘飞船去太空旅行，当乙返回地球见到甲时，他们两人究竟谁较年轻？根据狭义相对论时间延缓效应，在甲看来乘飞船回来的乙较年轻，而在乙看来，留在地球上的甲较年轻。其实，地球与飞船这两个参考系是不同的，地球是惯性系，飞船在相对地球做匀速飞行时也是惯性系。但在起飞、降落、转弯等过程中有了加速度，不再是惯性系，这就超出了狭义相对论的范畴。运用广义相对论可以得出结论：在做加速运动的飞船（非惯性系）中的乙比较年轻。

相对论是关于空间、时间和引力的现代物理理论。在整个物理学史上具有深远的革命意义，由于它一方面揭示了空间和时间之间的相互联系，另一方面还揭示了时空性质和运动物质性质之间的相互联系，为近代科学的发展指明了方向，注入了巨大的动力，它成为20世纪物理学中最伟大成就之一是当之无愧的。1917年爱因斯坦将广义相对论理论应用于整个宇宙，对于天体结构和演化以及宇宙的结构和演化的研究具有重要意义，广义相对论对中子星的形成和结构、黑洞物理和黑洞探测、引力辐射理论和引力波探测、大爆炸宇宙学、量子引力以及大尺度时空的拓扑结构等问题的研究也正在深入进行，开创了相对论宇宙学研究的新领域。

3.2 量子论的基本概念

量子论也是现代物理学的两大基石之一，它揭示了微观物质世界的基本规律，为原子物理学、固体物理学、核物理学和粒子物理学奠定了理论基础。它能很好地解释原子结构、原子光谱的规律性、化学元素的性质、光的吸收与辐射等。量子论给我们提供了新的关于自然界的表述方法和思考方法。

3.2.1 量子化和量子论的提出

什么是“量子化”？简言之，组成事物的最小单位就可叫做“量子”，事物细分下去就由这些量子构成，所以把这样的事物称作“量子化”。例如发行货币总有一个最小单位，人民币的最小单位为一分钱，再大的一笔款项都可以看成是一分钱累加起来的。所以，可以说钱币是量子化的，这个一分钱就是货币的量子。物质结构也是量子化的，物质是由分子组成的，分子由原子组成，原子又由电子和原子核组成……再细分下去又可以引出一系列更小的所谓基本粒子，但从当前的认识来看物质并不是“无限可分的”，总有最小单元，所以物质结构是量子化的。

对能量的量子化认识导致了物理学新一轮革命性的开始。在19世纪末期，物理学各个分支的发展都已日臻完善，牛顿力学、热力学、统计力学和电磁学都有看似完美无缺的理论，并且不断有新的发现为经典物理的成功欢呼。如19世纪中期海王星的发现充分表明了牛顿力学正确；赫兹的实验证实了麦克斯韦的电磁场方程组所预言的电磁波的存在，同时把古老的光学也纳入了电磁学的范畴。总之，经典物理的辉煌成就几乎达到了登峰造极的地步。因此当时许多著名的物理学家都认为物理学的基本规律均已被发现，今后的任务只是把物理学的基本规律应用到各种具体问题上，并用来说明各种新的实验事实而已。就连当时赫赫有名、对物理学各方面都作出过重要贡献的科学家开尔文，在一篇瞻望20世纪物理学发展的文章中也说：“在已经基本建成的科学大厦中，后辈物理学家只需要做一些零星的修补工作就行了”，不过接着又指出：“但是在物理学晴朗天空的远处，还有两朵小小令人不安的乌云”。这两朵乌云指的是运用当时的物理学理论无法解释的两个实验现象，其中一个是热辐射现象，另一个是否定绝对时空观的迈克尔逊-莫雷实验。正是这两朵小小的乌云，冲破了经典物理学的束缚，打消了当时绝大多数物理学家的盲目乐观情绪，为后来建立近代物理学的理论基础作出了贡献。这后一朵乌云已被爱因斯坦的相对论所驱散，这前一朵乌云诱发了能量辐射量子化的提出，揭开了物理学崭新的一页。

1. 量子物理学的实验基础

早在1887年，德国科学家赫兹（Hertz，H. R.，1857—1894）曾做过一个有趣的实验：当光照射到金属表面时，会有电子从金属表面逸出。当时赫兹并未对此十分在意，只是注意到用紫外线照射在放电电极上时，放电现象

图3–8 赫兹（Hertz，H. R.）

（即电子逸出）更容易发生。然而，这一发现，后来却成为爱因斯坦建立光量子理论的基础。

图3-9 勒纳德（P. Lenard）

1902年，勒纳德（P. Lenard）对光与电之间存在的这种饶有趣味的现象又进行了详细的研究，并给它取了一个名字，叫做“光电效应”（The Photoelectric Effect）。把金属表面在光辐照作用下发射出来的电子叫做光电子。

很快，关于光电效应的一系列实验结果都表明了光和电之间这种现象的一些基本性质。人们不久便知道了两个基本的事实：首先，对于某种特定的金属来说，光是否能够从它的表面打击出电子来，这只和光的频率有关。频率高的光线（比如紫外线）能更容易打出电子，而频率低的光（比如红光、黄光）则一个电子也打不出来。其次，能否打击出电子，这和光的强度无关。再弱的紫外线也能够打击出金属表面的电子，而再强的红光也无法做到这一点。增加光线的强度，只能增加逸出电子的数量。比如强烈的紫光相对微弱的紫光来说，可以从金属表面打击出更多的电子来。

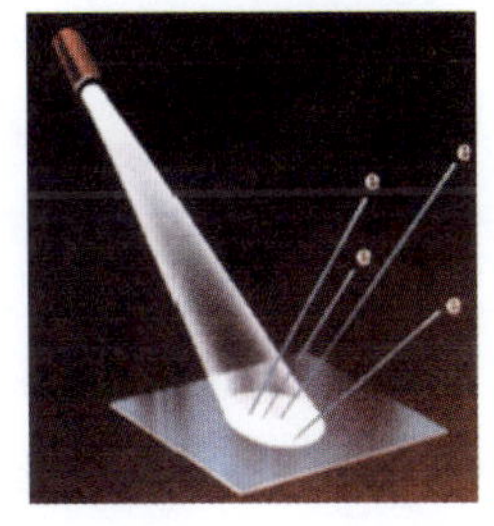
图3-10 光电效应示意图

进一步的研究得出如下结论：光波长小于某一临界值时方能发射电子，对应的光的频率叫做极限频率。临界值取决于金属材料，而发射电子的能量取决于光的波长而与光强度无关，这一点无法用光的波动性解释，麦克斯韦的电磁理论在这一问题上也显得无能为力。电磁理论认为，光作为一种波，它的强度代表了它的能量，增强光的强度应该能够打击出更高能量的电子。但实验表明，增加光的强度只能打击出更多数量的电子，而不能增加电子的能量。要打击出更高能量的电子，则必须提高照射光线的频率。

光电效应的瞬时性也与光的波动性相矛盾。按波动性理论，如果入射光较弱，照射的时间要长一些，金属中的电子才能积累足够的能量，飞出金属表面。可事实上，只要光的频率高于金属的极限频率，光的亮度无论强弱，光电子的产生都几乎是瞬时的，不超过10^{-9}s。

2. 从量子假说到量子论

我们知道，物体加热时会放出热辐射，然而按经典物理理论无法解释黑体（一种能吸收所有照射在其上的光线的完美辐射体）辐射的规律。1900年，德国物理学家普朗克（Max Karl Ernst Ludwig Planck，1858—1947）为了解决经典理论解释黑体辐射规律的困难，引入了能量子的概念。他认为辐射波的能量只能取分立数值，而不是任意数都可取的连续值。而经典理论认为能量可以连续变化。打个比方说，我们爬泰山，走阶梯上去，每个阶梯的高度是25cm，那么我们上升的高度只能是25cm的倍数，即我们可以停留的高度是$n\times25$cm，n是阶梯数。如果n=100，那么达到的高度是2 500cm。我们不可能达到24cm或者102cm的高度，因为它们不是25的倍数。每上一个阶梯我们的势能就提高了一个等级，所以在爬泰山的过程中，我们的势能是一份一份增加的，或者说势能是量子化的。但是如果我们乘电梯上去，电梯可停留在任意高度，因此我们的势能就可连续变化而取任何数值。

从对黑体辐射规律的研究中，普朗克创立了关于物质辐射（或吸收）能量只能是某一最小能量单位（能量量子）的整数倍的假说，把这个单位称作“量子”，并引进了一个物理量，即普朗克常量，用符号h表示，其数值为6.63×10^{-34}J·s，是微观现象量子特性的表征。他从理论上导出了黑体辐射的能量按波长（或频率）分布的公式，称为普朗克公式。即对于频率为ν的光辐

射，光子的能量为

$$E=h\nu$$

量子假说的提出对现代物理学，特别是量子论的发展起了重大的作用。

那么为什么我们在日常生活中不能觉察到辐射的能量是一份一份量子化的呢？那是因为能量量子实在太小了。按照普朗克的能量量子化假设，最小的能量子为$E=h\nu$，ν是光波频率。对于一秒钟振动一次的摆（频率 ν=1/s），其能量子为$E=h\nu=6.53\times10^{-34}\times1=6.63\times10^{-34}$J。能量是如此之小在宏观世界里根本觉察不到，即使分辨率再好的仪器也测量不出这么小的能量变化。就像我们喝水，水分子太小，我们感觉不到水是由一个一个水分子组成的一样。但在微观世界里辐射波频率极高，这个能量量子化效应就不能再忽视了。

3. 爱因斯坦的光量子理论

为了从理论上解释光电效应，爱因斯坦摆脱了经典电磁理论的束缚，在普朗克的能量子假设的基础上进一步提出了光子的假说。1905年3月18日，爱因斯坦在《物理学纪事》杂志上发表了一篇题为“关于光的产生和转化的一个启发性观点”（A Heuristic Interpretation of the Radiation and Transformation of Light）的论文。根据量子假设，他在文章中写道：“从一点所发出的光线在不断扩大的空间中传播时，它的能量不是连续分布的，而是由一些数目有限的，局限于空间中某个地点的‘能量子’（energy quanta）组成的。这些能量子是不可分割的，它们只能整份地被吸收或发射。”爱因斯坦的光子假说，把组成光的能量的这种最小的基本单位叫做“光量子”（light quanta），又称“光子”（photon）。认为光必定是由与波长有关的光量子（光子）组成。光子在真空中运动的速度为3×10^8m/s。

图3-11 量子论的创始人普朗克和相对论的创始人爱因斯坦

当频率为ν的光入射到金属表面时，能量为$h\nu$的光子被电子一次性吸收，不需要经历能量的积累过程，因此电子能在10^{-9}s这样极其短暂的时间内逸出金属表面。对于频率为10^{15}的辐射光，对应的量子能量应为$10^{15}\times h=7.626\times10^{-19}$J。这个数值很小，所以我们平时都不会觉察到光的非连续性问题。$E=h\nu$表明，提高频率，也就是提高单个量子的能量，更高能量的量子能够打击出更高能量的电子；而提高光的强度，只是增加量子的数量罢了，所以相应的结果是打击出更多数量的电子。

从光量子的角度出发，一切变得非常简明易懂了。频率更高的光线，比如紫外光，它的单个量子要比频率低的光线含有更高的能量（$E=h\nu$），因此，当它的量子作用到金属表面的时候，就能够激发出拥有更多动能的电子来。而量子的能量和光线的强度没有关系，强光只不过包含了更多数量的光量子而已，所以能够激发出更多数量的电子来。但是对于低频光来说，它的每一个量子都不足以激发出电子，那么，含有再多的光量子也无济于事。

电子吸收光子的能量后，一部分用于克服金属表面势垒的束缚而做功W，这部分功称为逸出功，也称为功函数（work function），不同的金属材料，其逸出功不同；另一部分转换为光子的初动能。根据能量守恒定律，有

$$h\nu=\frac{1}{2}mv_{\rm m}^2+W$$

这个方程称为爱因斯坦光电效应方程。原先在解释光电效应时经典物理学所遇到的困难，全部可以用爱因斯坦的光量子理论得到解决。

量子假说与物理学家几百年来相信物理量连续可变相矛盾，因此量子理论出现后，许多物理学家不予接受。普朗克本人也十分动摇，后悔当初的大胆举动，甚至企图放弃量子论，继续回到能量连续变化的老路来解决辐射问题。但是，历史已经将量子论推上了物理学新纪元的开路先锋的位置，量子论的发展已是锐不可当。

第一个意识到量子概念的普遍意义并将其运用到其他问题上的是爱因斯坦。1905年，爱因斯坦从普朗克的能量子假设中得到启发，认为普朗克的理论只考虑了辐射能量的量子化，即发射或吸收的能量是量子化的，他进一步假定光在空间传播时，具有粒子性，并想象光是一束以光速c运动的粒子流，这些粒子称为光量子，现称为光子。每一光子的能量为$E=h\nu$。爱因斯坦提出的光子假说是普朗克量子思想的发展，它成功地说明了光电效应的实验规律，又为量子理论的进一步发展打开了局面。所谓光电效应是金属表面在光辐照作用下发射电子的效应（见图3-12）。现在，光电效应已在生产、科研、国防中有广泛的应用；在有声电影、电视和无线电传真中都用光电管把光信号转变为电信号，在光度测量、放射性测量时也常用光电管把光变为电流并放大后进行测量；光计数器、光电跟踪、光电保护等多项装置在生产自动化方面的应用更为广泛。爱因斯坦因成功解释了光电效应而获得1921年诺贝尔物理学奖。

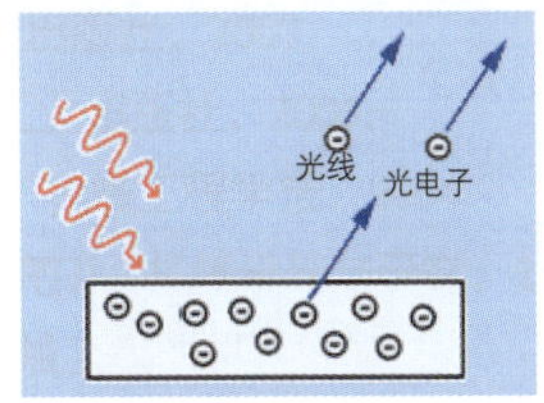

图3-12 光电效应和光电管

光量子论的提出使人们对光的本性的认识进入了一个新的阶段。自牛顿以来，光的微粒说和波动说此起彼伏，爱因斯坦的理论重新肯定了微粒说和波动说对于描述光的行为的意义。光的粒子性和波动性均反映了光的本质的一个侧面：光有时表现出波动性，有时表现出粒子性，但它既非经典的粒子也非经典的波，这就是光的波粒二象性。

爱因斯坦对光电效应的杰出工作，使量子论在提出之后的最初10年里得以进一步发展。事实上，“在现代物理学所有十分丰富的大问题中，几乎没有一个未经爱因斯坦作出重要贡献的”（普朗克推荐爱因斯坦为普鲁士科学院会员时的推荐词）。

此后，1913年玻尔在卢瑟福原子有核模型的基础上，应用量子化的概念解释了氢原子光谱的规律性，从而使早期量子论取得了很大的成功，为量子力学的建立打下了基础。量子力学提出后，一些悬而未决的问题很快就得到了解决。

3.2.2 物质的波动性与测不准原理

在普朗克和爱因斯坦的光量子理论以及光的波粒二象性的启发下，1924年法国年轻的科学家德布罗意（Louis de Broglie）从自然界的对称性出发，提出了与光的波粒二象性完全对称的设想，即实物粒子（如电子、质子等）也具有波粒二象性的假设。德布罗意认为，“整个世纪以来（指19世纪），在光学中，比起波动的研究方法来，如果说是过于忽视了粒子的研究方法的话，那么在实物的理论中，是否发生了相反的错误呢？是不是我们把粒子的图像想得太多，而过分地忽略了波的图像呢？”

图3-13 德布罗意（1892—1987）

实物粒子所具有的波动性称之为德布罗意波或物质波。波长λ是描述波

动的特征量，动量p是描述粒子状态的物理量，德布罗意通过普朗克常量h将它们定量地联系起来

$$\lambda=\frac{h}{p}=\frac{h}{mv}$$

它描述了一个质量为m、速度为v的粒子（动量$p=mv$）所具有的德布罗意波波长。为什么我们在日常生活中看不到一般物体具有波动性呢？举例说，一个50kg的运动员以10m/s的速度跑步，其德布罗意波波长为

$$\lambda=\frac{h}{p}=\frac{6.63\times10^{-34}}{50\times10}\approx1.3\times10^{-36}\text{m}$$

波长是如此之小，以致我们完全不可能觉察宏观物体有什么波动性。但是，在微观世界里情况就不一样了。例如电子的质量非常小（$m_0=9.11\times10^{-31}$kg），经计算在150V电压的加速下，其德布罗意波波长λ=0.1nm，与X射线的波长有相同的数量级，其波动性就显现出来了。

实物粒子具有波动性是否能在实验上证明呢？我们知道，干涉、衍射等现象是波动的特征，如果能够观察到实物粒子的干涉或者衍射现象，那么就能证实德布罗意的假设。以电子为例，1927年戴维森（C.J.Davisson）和伽莫（L.H.Germer），1928年汤姆森（G.P.Thomson），分别进行了电子衍射实验，电子束不仅在单晶体上反射时产生衍射现象，用快速电子穿过晶体薄片后在屏上也显示出有规律的条纹（见图3-14），这种图样和X射线通过晶体粉末后所产生的衍射条纹（见图3-15）极其类似。说明了电子也和X射线一样，在通过晶体薄片后有衍射现象，并且，证实了电子衍射时的波长也符合德布罗意公式。戴维森和汤姆森因发现电子在晶体中的衍射现象，同获1937年诺贝尔物理学奖。

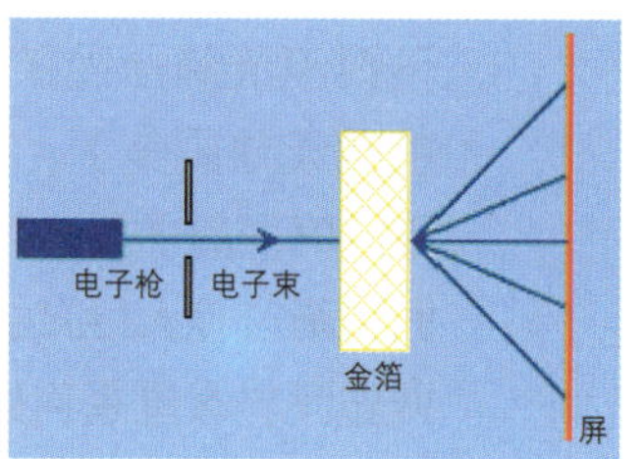

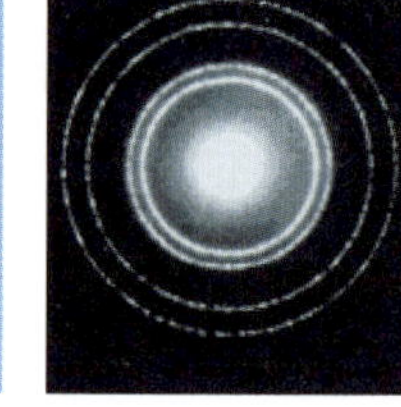

图3-14　电子在多晶上的衍射及图像

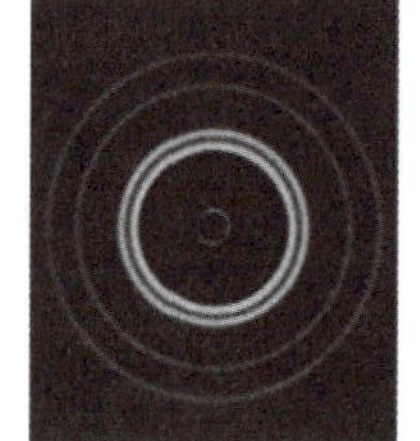

图3-15　X射线衍射图

电子波干涉是实物波动性的强有力证据。由于光学仪器所使的波长越短，光学仪器的分辨率就越高，所以电子显微镜就利用了波长极短的电子波。在电子显微镜中用电磁场代替可见光显微镜中所用的玻璃透镜，使与电子相联系的波弯曲和聚焦，生成微观现象的电子像。由于电子波的波长可以小于单个原子，因此电子显微镜能够生成原子的像（见图3-16），这是可见光显微镜做不到的，因为可见光的波长是原子大小的几千倍。

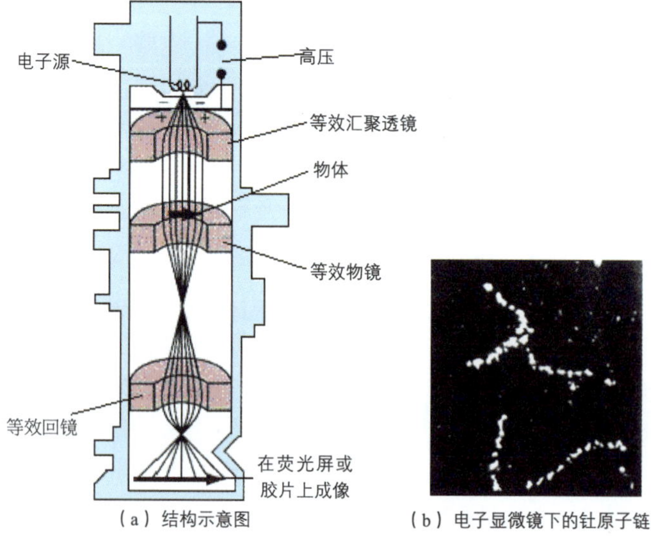

（a）结构示意图　（b）电子显微镜下的钍原子链

图3-16　电子显微镜及其应用

1927年，德国理学家维纳·海森堡（见图3-17）发现，这种波粒二象性意味着微观界具有一种内禀的、可以量化的不确定性。在经典力学里，若在任何时刻确切地知道一孤立系统中每一粒子的位置与动量，我们就能预言此系统的粒子在所有未来时间的确切行为。这就是经典的决定论理论。但在量子域波动力学里，这种因果律却失去了它的效力，我们不可能以所需的准确度同时知道一个系统的粒子的瞬时位置与动量。这就是量子论的测不准原理。海森堡指出，每个实物粒子都有内禀的位置不确定性（Δx）与动量不确定性（Δp），它们不确定度的乘积必须大于普朗克常量h（$\Delta x \cdot \Delta p \geq h$）。这就是说，如果位置测量得非常准确，不确定性很小，那么动量就肯定不能测量得非常准确，不确定性就会很大。反过来，动量测得越准确，位置的测量误差就越大。图3-18中电子从A点到达B点，有多种可选择的路径。这些路径表现得像波幅一样，图中各条细线所描绘的路径大部分都将互相消除，所以说电子的运动是符合测不准原理的。但从宏观上来看，电子从A到B所走的是粗线条所显示的路径。

图3-17 海森堡用小鸡的运动说明测不准原理

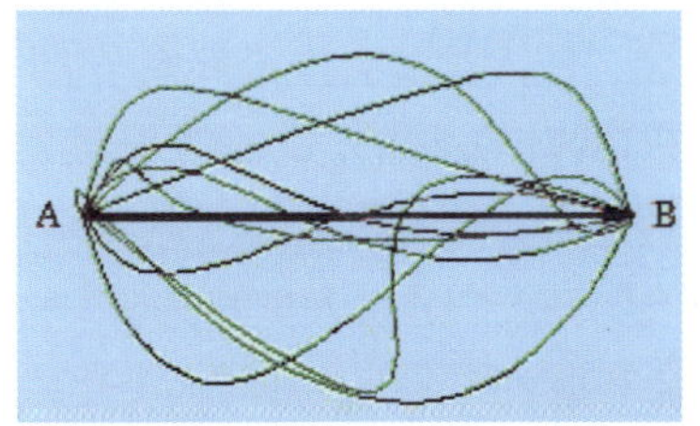

图3-18 电子的运动路径服从测不准原理

海森堡用了一个有趣的例子来解释微观粒子不能同时准确测量位置与动量。他说，一群小鸡沿着一条小路追逐食物时，我们不能肯定小鸡在路的哪一边，但它们正在快速地移动。这就是说我们可以准确测量小鸡的速度，但不能准确地测量小鸡的位置。

需要强调，测不准原理绝对不是测量仪器的精度问题，或者可以用改善测量方法来解决的。测不准原理是波粒二象性的必然结果。事实上，我们看到物理测量必然包含着观察者与被观察系统间的相互作用，即使用目测的方法去测量某个粒子，也必须有光照射到这粒子上，一部分光波被此粒子散射开来，眼睛接收散射来的光线，由此知道它的位置。然而，一个光子撞击到粒子上会扰动这粒子，并以一种不能预见的方式改变粒子的速度。同时人们不可能将粒子的位置确定到比光的两个波峰之间距离更小的程度，所以必须用短波长的光来测量粒子的位置，位置测量得越准确，所需的波长就越短，单个光子的能量就越大，这样粒子的速度就被扰动得越厉害。换言之，你对粒子的位置测量得越准确，你对速度的测量就越不准确，反之亦然。由此可见，海森堡测不准原理是自然界的一个基本的原理。

在狭义相对论中有一个重要常数——光速c，我们讲到仅当物体的速度接近光速c时，才会显现出相对论效应，然而光速是如此之高，以致在日常生活中感受不到相对论效应。类似地，在量子论中也有一个重要常数——普朗克常量h。

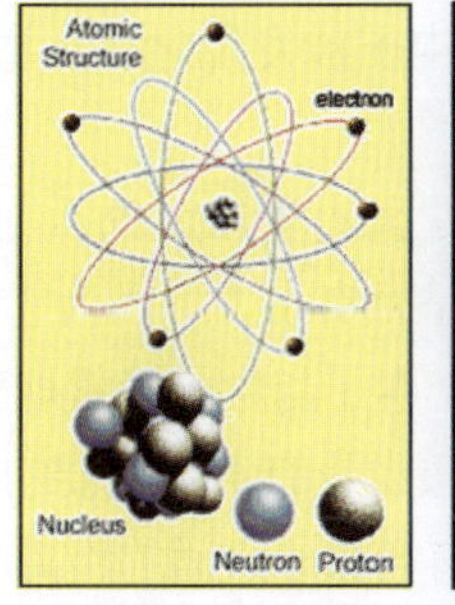

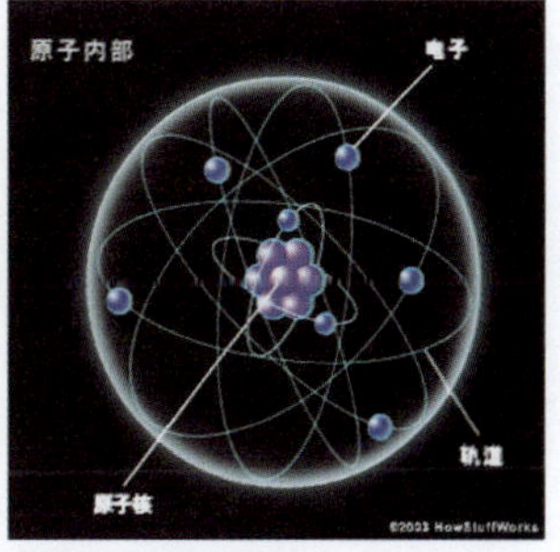

图3-19 原子的结构

普朗克的能量量子化假设以及爱因斯坦光电效应的光子能量子$E=h\nu$，德布罗意波长λ与动量p的关系$\lambda=h/p$，还有测不准原理实物粒子位置不确定度与动量不确定度的乘积必须大于普朗克常量h，所有这些都是通过普朗克常数h关联起来的。然而普朗克常量h是如此之小（6.63×10^{-34}J·s）以致在宏观世界中显现不出量子化效应，仅在微观世界里量子理论才起支配作用。当然，普朗克常量虽然小，但它不等于零，否则即使在微观世界里也不会有光子量子、德布罗意波及测不准原理等任何量子理论了。这就像相对论中，光速虽然高但它毕竟不是无限大，否则也不会有相对论了。

3.3 粒子物理

在原子世界中，湮没在电子云中的原子核是一个具有质量和电荷的核心。现在已经弄清楚，半径仅为原子半径万分之一的原子核，集中着99％以上的原子质量和全部正电荷。核理论和核技术的蓬勃发展，使人类社会推进到原子能时代。今天，又深入到粒子的世界。第一个微观粒子——电子是在1897年发现的。以后又陆续发现了质子、中子、各种介子和各种超子。现在微观粒子已多到四百余种。研究微观粒子内部结构及其相互作用、相互转化规律的科学称为粒子物理，或者高能物理。人们通过大量的科学实验对微观粒子的性质和行为积累了许多知识，相信用不了多久，就会有重大的突破，那时人类社会又必将跃入一个更先进的科学技术时代之中。

3.3.1 原子核及核反应

到目前为止的所有实验表明，电子或质子是自然界带有最小电荷量的粒子，任何带电体或其他微观粒子所带的电荷量都是电子或质子电荷量的整数倍，这就是电荷的量子化。原子核带有正电荷，其电荷量q等于电子电荷量的绝对值e的整数倍，亦即$q=Ze$，整数Z称为这元素原子核的质子数，也就是这个化学元素的原子序数。原子的质量包括原子核的质量和核外各电子的质量，但因电子的质量极小，原子的质量同原子核的质量几乎相等。原子的质量以“原子质量单位”（为碳的同位素$^{12}_{6}\mathrm{C}$的原子处于基态时静止质量的1/12）计算时都接近于一个整数，这个整数称为原子核的质量数，或称核子数，以A表示。电荷数Z和质量数A是标志原子核特征的两个重要物理量，常用$^{A}_{Z}\mathrm{X}$来标记某原子核，其中X代表与Z相应的化学元素符号，Z相同而A不相同的原子核称为同位素。例如氢有三种同位素，即$^{1}_{1}\mathrm{H}$、$^{2}_{1}\mathrm{H}$和$^{3}_{1}\mathrm{H}$，分别称为氢核、氘核（又称重氢）和氚核。

原子核的组成问题是在1932年发现了中子之后才逐步弄清楚的。中子是一种质量与质子相近的不带电的中性粒子，是另一个基本粒子。自由中子具有放射性，现在利用中子射线来探测原子核和各种材料性质的方法获得了广泛的应用。宇宙中还发现了一种中子星，它是由巨大数量的中子聚合而成的。在中子被发现之后，海森堡和伊凡宁柯立即创立了原子核的质子—中子结构学说。

我们知道质子与质子之间有着很大的斥力，中子又不带电，不可能是电磁力使质子和中子聚集成原子核、也不可能是万有引力、因为它比电磁力还小10^{39}倍，那么，是一种什么力能够使质子与质子、质子与中子、中子与中子紧紧地束缚在一起呢？经研究发现，这是一种强相互作用力，称为核力。实验表明核力具有下列重要的性质：①核力比电磁力强100多倍，是强相互作用力；②核力是短程力，只有当核子之间的距离小于几个fm（$1\mathrm{fm}=10^{-15}\mathrm{m}$）时，核力才显示出来；③核力具有“饱和”的性质，就是说，一个核子只能和它紧邻的核子有核力的相互作用，不能同核内的所有核子都有相互作用；④核力与核子的带电状况无关。许多实验表明，无论中子和中子之间，还是质子和质子，或质子和中子之间，核力的大小和特性都大致相同。关于核力的本质，理论指出，核力是一种交换力。所谓交换力，可以参看图3-20，两个男孩的相互作用是靠抛接枕头来实现的。带电粒子间的相互电磁作用是通过电磁场（即通过光子的交换）来实现的。1935年汤川秀树提出了核力的介子理论，认为核子之间的相互作用是交换某种粒子形成的，这种粒子称为介子（meson）。后来这种介子被发现了，其质量为电子的270倍，现在我们称之为π介子。一个核子放出一个π介子，然后被另一个核子所吸收，所以核力是一种交换力。

（a）排斥力

（b）吸引力

图3-20 交换力示意

原子核既然是由核子组成的，它的质量就应等于全部核子质量之和，但实验测定的原子核质量并不等于全部核子质量之和，这一差额称为原子核质量亏损。相对论指出，当系统有质量改变时一定也有相应的能量改变，关系为$\Delta E=(\Delta m)c^2$，由于光速很高，质子和中子组成核的过程中必有大量的能量放出，这能量称为原子核的结合能。

利用慢中子去轰击质量数较大的铀核时，铀核会分裂为两个质量相近的中等核，这种反应称作裂变。裂变反应会有质量亏损，释放出大量能量。例如一个铀核裂变时放出巨大的能量，同时还放出多于2个中子，如果分裂时发出的中子全部被别的铀核吸收，又将引起新的裂变。这样，裂变的数目将按指数规律增大，结果形成发散的链式反应。这就是在原子弹中发生的情况。但是，如果在受控条件下，每次裂变平均只有1个中子引起新的裂变，维持稳定的链式反应，这就是核反应堆中发生的情况。作为能源核电站就是利用反应堆将核能转换为热能而发电的，我国的秦山和大亚湾两座核电站就是这样的核反应堆。

在轻原子核中，如${}_2^4He$，${}_4^9Be$，${}_6^{12}C$，${}_8^{16}O$ 等原子核结合成中等原子核时，也有质量亏损且放出大量的能量，这种核转变称为聚变反应。聚变反应是太阳和其他星球能量的来源。氢弹是未加控制的热核聚变反应。由于聚变反应的原料氘核${}_1^2H$在地球上几乎是取之不尽、用之不竭，所以实现可控热核聚变，是解决人类能源问题的最终途径。我国最新研制的磁约束核聚变装置“EAST”已于2006年9月28日成功地获得了高温等离子放电，成为世界上第一个建成并正式投入运行的全超导非圆截面核聚变实验装置。

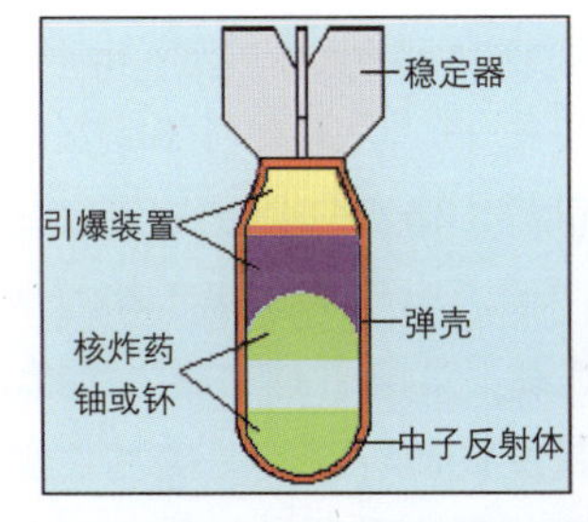

图3-21 原子弹结构及其爆炸瞬间

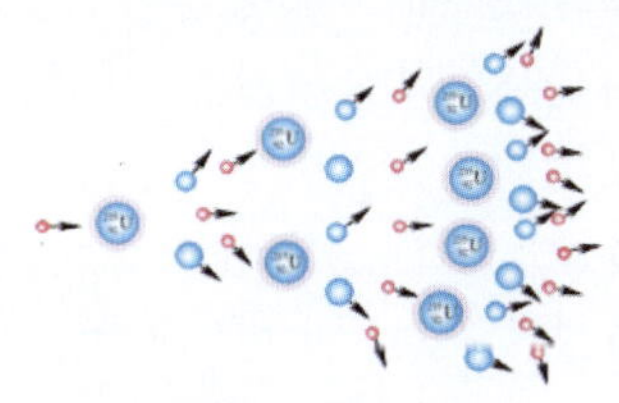

图3-22 链式反应

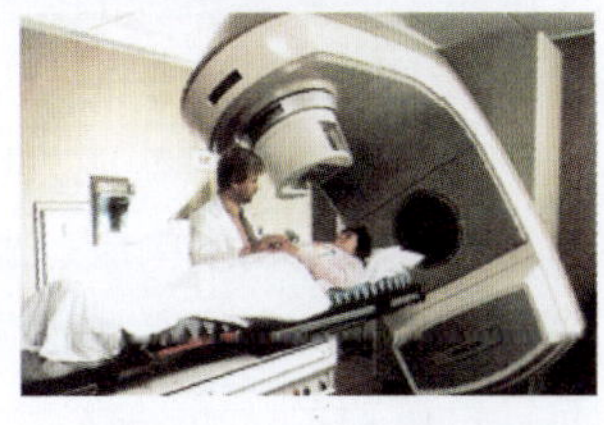

图3-23 放射性医疗诊断

在人们发现的2 000多种同位素中，绝大多数（约1 600多种）都是不稳定的，它们会自发地蜕变，变为另一种同位素，同时放出各种射线。这样的现象称为放射性衰变。放射性同位素在工业、农业、医学卫生、科学研究等各方面都有着广泛的应用，其应用大致可归纳为三个方面：①示踪原子的应用。例如，工业上用放射性同位素来检测机器部件的磨损情况；农业上研究作物对化肥的吸收情况；医学上可用作疾病诊断等。②射线的应用。例如利用γ射线对金属进行无损探伤，利用射线辐射育种。λ射线还可用来治疗恶性肿瘤和消毒医疗器械。③放射衰变规律的应用。主要用于考古学和古生物学的研究，如利用放射性原理检测古生物的年龄。自然界大多数的碳原子是$^{12}_{6}C$，但有小部分$^{14}_{6}C$。$^{12}_{6}C$是稳定的，$^{14}_{6}C$具有放射性，其半衰期大约是5 730年。宇宙射线中的中子与大气中的氮核发生反应

$$n+^{14}_{7}N\rightarrow^{14}_{6}C+p$$

产生的$^{14}_{6}C$与衰变的$^{14}_{6}C$达到平衡，所以大气中$^{12}_{6}C$与$^{14}_{6}C$的比例基本上保持不变，为1.3×10^{-12}。碳的这些同位素包含在大气的二氧化碳中，植物吸收空气中的二氧化碳（其中包含$^{12}_{6}C$与$^{14}_{6}C$），动物又以植物为食物，所以动植物体内$^{12}_{6}C$与$^{14}_{6}C$的比例与大气中的是一样的。当生物死亡后，与大气的交换停止了，动植物死亡后$^{14}_{6}C$不再得到补充，生物体内的$^{14}_{6}C$因衰变而减少，从而生物遗骸中$^{12}_{6}C$与$^{14}_{6}C$的比例随时间不断减少，测定这个比例即可估算动植物化石的年龄。

3.3.2 夸克

1897年，汤姆森（G. J. Thomson）在研究阴极射线时，发现了电子，这是发现的第一个粒子。1905年，爱因斯坦研究光电效应时提出的光子是第二个粒子。1919年卢瑟福（E. Ruthelfor）用α粒子轰击氮原子核发现了质子。1932年查德威克在研究铍的射线时发现了中子。在20世纪30年代，人们认为电子、光子、质子和中子四种粒子是构成物质的基本单元，并称之为“基本粒子”，之后，新的粒子不断发现，而且研究表明“基本粒子”并不基本，其内部还有结构，有更深的层次，所以把“基本粒子”改称为“粒子”。1930年狄拉克预言电子有它的反粒子，称为正电子。正电子与电子有相同的质量、寿命等，但所带的电荷量与电子等值异号，即带正电。两年后，安德逊（C. D. Anderson）在宇宙射线的研究中找到了正电子，证实了狄拉克的预言，这是发现的第一个反粒子。后来，科学家又发现每一类存在的粒子，必定有一类电荷相反的反粒子，保证了微观世界中电荷守恒的规则。例如，质子的反粒子是带负电的反质子，中子的反粒子是不带电的反中子。电子和正电子相互碰撞会发生湮没而产生光子。光子是没有静止质量且不带电的。这就是说正负电子对的消失转换为光子的辐射能。

反粒子的存在意味着反物质存在的可能性。反物质与普通物质相似，即普通物质由质子、中子和电子组成，而反物质是由反质子、反中子和正电子构成。大量反物质的集聚又可能组成反星系。但如果这样的星系存在的话，那么当一个星系与反星系相撞时，我们就会观测到湮没过程所发出的高能辐射。可是我们从来就没有观测到这样的星系湮没过程。人们相信，宇宙几乎全部由普通物质构成，反物质的数量极少。不过，对称性似乎暗示我们，宇宙应该由等量的普通物质和反物质构成。那么，为什么实际上普通物质如此多，而反物质却如此少呢?

无疑，对称是美的。不过，不对称也可以很美，例如断臂维纳斯雕像也称作是美的象征。而且打破对称，也许才是我们如今生活的世界如此丰富多彩的原因。用量子物理的术语来描述，不对称就是“对称性破缺”，而基本粒子自发地打破对称，则是世界成为如今这个样子的原因。俄国物理学家萨哈罗夫于1967年提出，导致宇宙诞生的大爆炸可能的确创生出等量的普通物质与反物质，但在宇宙诞生的最初1s内，某些物理过程使普通物质的量稍微多出一点，接下

来，其余的普通物质与反物质相遇而湮没了，因此，普通物质的这一微弱优势就构成了今天宇宙中的全部物质。

至今，已被发现并且确认的粒子有400多种，还有300多种已被发现而未被确认。研究粒子的问题，从根本上说有两个方面；一方面是粒子的本身结构，另一方面是粒子间的相互作用、运动和变化的规律，到目前为止，已发现并被确认的粒子已逾400余种，这些粒子是否还有内部结构就成了当今物理学家渴望解开的一个谜。

20世纪50年代以来，包括我国理论物理工作者在内的各国理论物理工作者陆续提出了一些关于物质结构更深层次的模型，他们认为强子（质子、中子、介子等）是由更基本的粒子（称为层子或夸克）构成的。夸克理论认为，存在三种夸克，称为上夸克、下夸克和奇夸克，相应地有三种反夸克。夸克带有分数电荷，下夸克和奇夸克所带的电荷量是电子电荷量的−1/3、上夸克所带的电荷量是电子电荷量的2/3。虽然出现了分数电荷量，但仍不会改变电荷量子化的结论。中子是中性的，但并不是说中子内部没有电荷。按夸克理论，中子内包含一个带有2e/3电荷量的上夸克和两个带有−e/3电荷量的下夸克，总电荷量为零。强子由夸克组成，在理论上似乎已是无可置疑的，只是迄今为止，尚未在实验中找到自由状态的夸克，我们把这一事实称作“夸克禁闭”。

为什么会有“夸克禁闭”呢？前面说过，电磁力是通过交换光子来实现的；核子之间的强相互作用是交换介子来实现的。按夸克的理论，在强作用力的力场中的量子叫做胶子，它们是将夸克结合在一起成为核子的黏结剂。可以把它们看做是强力中的光子。胶子自身能够发射胶子，而光子则不能发射光子。胶子发射更多胶子的这种能力解释了夸克最不寻常的特性之一：当夸克被分开时，它们之间的力变得越来越强而不是更弱，结果要用无限大的能量才能够分离出单个夸克，这是不可能的。

尽管如此，实验物理学家仍没有放弃寻找自由夸克的努力，然而至今确无结果。为什么呢？首先来看看我们是怎么看到某个物体的。比如我们要能够看见一栋房子，必须有太阳光照射在房子上，太阳光被反射到我们眼睛里，我们才能看见房子。但为什么太阳光照射在物体上我们却看不见物体的分子呢？我们可能会说分子太小了。不错，分子是太小了，但从波动学的角度说就是可见光的波长太长了。用一束连续两个波峰距离比观察对象的线度还大的波是无法分辨这个物体的。前面已讲过，要看清分子必须用电子显微镜。设法把电子束的速度加速到很高，电子的动量就越大，其德布罗意波长就越短，看清物体的分辨率就越高。当然，要把电子束的速度提到很高，必须要有很强大的高能加速器。要看清分子大小的结构，在一般实验室的电子显微镜就可以了。可是要分辨到原子尺度就需要长达好几米的加速器。特别是，长达好几百米的加速器才能产生能量足够高的电子，以致能弄清原子核的结构，把中子和质子分辨出来。从太阳光的光子到加速器出来的电子，它们的能量相差甚远。可见光光子的能量不过几个电子伏特（$1eV=1.6\times10^{-19}J$），要看清原子结构需要几百万电子伏特的能量，而要看清原子核结构需要数十亿电子伏特的能量。可见，随着人们对物质结构更深层次的研究，所需的加速器能量要越来越高。这就是为什么我们把粒子物理又称作“高能物理”的缘故。至今还没有在实验上找到自由状态的夸克，一种可能性是虽然夸克在质子中很轻，但一旦成为自由夸克则变得很重，目前我们还没有造出足够强大的加速器能产生出自由夸克。于是追求自由夸克的欲望激发了科学家建造更大能量加速器的兴趣。

虽然地球上的加速器还没有足够的能量产生自由夸克，也许有另一条路子可以寻找到自由夸克，这就是人们设想在宇宙诞生的大爆炸那一刻有极大的能量足以产生自由夸克。这些夸克应该仍存在于宇宙射线中。当然，即使有也相当稀少，不过人类已有一个多世纪检测宇宙射线的历史，在这么长的历史时期里人们从来没有在地球表面岩石里发现过自由夸克。也许大气层对夸克不是透明的，那么科学家设想在没有大气的月球上也许能发现自由夸克。可是在宇航员从月亮带回的岩石中也没有检测出自由夸克的踪迹。

由此看来，夸克是否真的像理论物理学家假设的那样永远被禁锢着，还是个谜。

3.4 大一统理论

我们知道，自然界存在四种相互作用：引力相互作用，电磁相互作用，强相互作用和弱相互作用。万有引力和电磁力能够在长距离上起作用，例如在宇宙大尺度内起主导地位的是引力相互作用；电磁相互作用能够左右原子尺度上以上的宏观世界。强相互作用则在原子核的范围内占主导地位。在自然界的四种基本力中，弱力是最不清楚的。1930年泡利在研究放射性β衰变时指出，原子核除了发射一个β粒子外，还应发射一个尚不清楚的粒子，他把这种假设的新粒子叫做中微子，意即“微小的中性粒子”。25年之后在实验中证实了中微子的存在。中微子的存在表明有一种新的基本力在起作用。这种新的力就是弱力。由于弱力在微观尺度上既是短程的又是微弱的，因此是一种令人难以捉摸的力。它们穿过物体时并未感受到物体的存在。每时每刻都有成千上万来自宇宙空间的中微子从各个方向穿过你的身体，但是不到0.1s就又穿出了地球飞向太空。

爱因斯坦在创立了广义相对论之后，用毕生的精力致力于这四种力的统一，就像19世纪麦克斯韦和其他物理学家将电力和磁力统一成单一的电磁力，同时把光也统一在电磁理论中一样。这是一项十分艰巨的任务，爱因斯坦直到去世也没能完成这项宏大的工作。

1967年建立统一的相互作用理论取得了重大突破，巴基斯坦物理学家萨拉姆和美国物理学家温伯格各自独立地揭示了弱力与电力之间的紧密联系。他们提出了一种新的量子场论，将这两种力统一成一种单一的电弱力。电弱理论认为，弱相互作用和电磁相互作用实际上是一回事，只是由于弱相互作用的交换粒子（有三种，分别称作W^+，W^-，Z）有质量而电磁相互作用的交换粒子（光子）没有质量，才显得不一样。1983年，欧洲核子中心鲁比亚实验组在高能质子–反质子对撞试验中发现了W^+、W^-和Z_0粒子（见图3–24）。为20世纪60年代提出的弱电统一理论提供了实验上的支持。

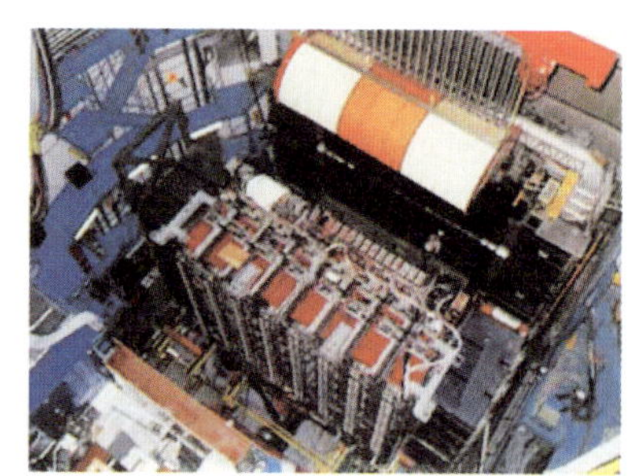

图3–24 欧洲核子中心高能质子同步加速器上的UAI探测器

在完成了电弱力的统一之后，今天物理学家正在试图将电弱力与强力统一起来，即将电弱力与强力看做是一种单一的基本力的两个侧面。美国日本裔物理学家南部阳一郎对自发性对称破缺机制作了极有成效的研究，奠定了粒子物理学的“标准理论”。日本物理学家小林诚和益川敏英在标准模型的框架内解释了对称破缺机制并据此预言了3种夸克的存在。根据他们的理论，只要存在6种以上夸克，对称破缺就能发生。当小林诚和益川敏英发表这篇论文时，科学家只发现了3种夸克。此后另外3种夸克分别被发现。2001年和2004年，美国斯坦福实验室和日本高能加速器研究机构的粒子探测器分别独立实现了对称性破缺，结果与小林、益川30年前的预测一致。“小林－益川理论”也因此成为支撑亚原子物理学标准理论的重要支柱。标准模型是一套描述强力、弱力及电磁力这三种基本力及组成所有物质的基本粒子的理论。到现时为止，几乎所有对以上三种力的实验的结果都合乎这套理论的预测。这样自然界的四种力中的三种在同一理论中得到了解释。由于小林诚、益川敏英和南部阳一郎的杰出贡献，他们共同荣获了2008年度诺贝尔物理学奖。

大统一理论的最终目标是试图将所有电磁力、强力、弱力与引力统一起来。然而这是十分困难的。因为引力理论是在宇宙大尺度层级上的表现，而电弱力与强力是微观世界的量子理论，二者看起来相距甚远。如果要将它们统一起来，必须将引力场量子化，并假设引力粒子的存在。例如地球与月亮两个物体之间的引力是通过交换引力子产生的。但是，引力子一直没有被发现，而且也许永远也不会直接观测到，因为引力太微弱了。

当前，科学家把研究微观世界的高能物理学与研究宇宙遥远疆域的天体物理学结合了起来，因为宇宙诞生的大爆炸是一高能物理过程，大爆炸之后留在太空的残余粒子不仅为人们探索宇宙起源提供了佐证，而且也为人们解开自然界相互作用的本性之谜提供了信息。所以物理学家用高能加速器研究和宇宙创生时所发生的类似事件，而天文学家又可从高能微观物理事件的研究中获得类似极端的大爆炸的证据。

近代物理学发生的革命不仅对物理学自身，同时也对其他科学技术的发展产生了极为重大的影响。本章通过激光技术的发展及其应用来体现这种影响的深远意义。

3.5 激光技术

“激光”这项新技术是量子物理学理论与现代技术成功结合的产物，由于激光具有非常好的单色性、方向性、相干性以及高亮度等特点，很快就被应用于工业、农业、医疗、军事以及科学技术等各个领域，并在诸多方面，如激光测量和探测、通信与信息处理等，引起了革命性的突破。在20世纪60年代以来，满足不同需要的激光器先后研制成功，有固体激光器、气体激光器、液体激光器，以及远红外、远紫外、X射线激光器等。激光科学技术的发展和应用前景不断深入和扩大。

3.5.1 原子的能级结构受激辐射

1. 原子的能级结构

原子是由原子核和电子组成的。每个原子里有一个原子核，它带有正电荷，核外有一些电子，每个电子带有一份负单位电荷。电子绕核转动，就像月亮围绕地球转动一样。电子一方面由于运动而有离开核的趋向，另一方面又受核的正电荷的吸引，有趋近核的趋向，这两者对立的统一，就使电子与核之间有一定距离。若没有外界作用，这个距离是不会改变的。结构最简单的原子是氢，如图3－25所示，它的核带有一个正的单位电荷，核外只有一个电子在转动。电子绕核转动就有一定动能，电子被核吸引就有一定势能，这两者之和就是原子的内能。核与电子间的距离保持不变，原子的内能

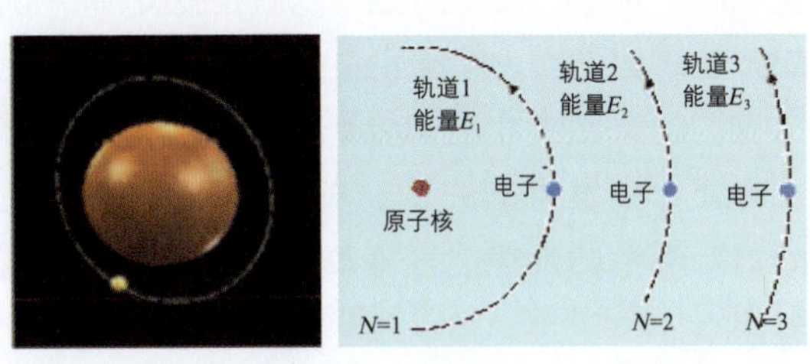

图3－25 氢原子模型及能级结构

也不会变化。如果由于外界的作用，使电子与核的距离增大，则原子内能增大；若距离缩小，其内能减少。人造卫星围绕地球转动时，它的能量可以连续变化，所以它的运动轨道也可以连续地变化。但原子的内能却不能连续地变化，原子所允许具有的能量数值是一些不连续的量，它们是一挡一挡地分开的，而不可以是任意的。这是一切微观粒子所共有的属性。它们能量的不连续是绝对的，而有时其能量可以看成是连续的，则是相对的，有条件的。这种不连续性还与电子与核之间相互束缚强弱有关，相互束缚越强；这种不连续性越显著。例如氢原子，电子越靠近核，则其一挡一挡的能量值分得越开；当电子越远离核，则其一挡一挡的能量值就隔得越近。当电子离核很远，远到大于亿分之一厘米（10^{-8}cm）时，核与电子之间的相互束缚就小到可以忽略，此时分开一挡一挡的能量值就几乎是连成一片了，在这种情况下，这个电子实际上已经脱离了原子核，而成为“自由电子”了。

根据量子物理学的理论，电子只能在一定的或分散的能量状态下存在。因此，可以把原子的能量分离成若干个挡级，称其为原子的能级。氢原子的能级分布如图3-26所示，图中氢原子最低的能级1称为基态，其余的能级2，3，4等都称为高能级（或称激发态）。在图中基态的能量值记为“0”，这并不是说处于基态的原子内能为0，而是说由于电子运动轨道的变化所引起的原子内能的变化，是从这里算起的。除了氢原子外，其他各种原子在核中都带有多个正电荷，其核外有多个电子在转动。对于原子来说，核中的正电荷数与核外的原子数总是相等的（当核中的正电荷数与核外电子数不相等时，此时原子就变成了离子）。在元素周期表中，原子序数越大的原子，它的电子数就越多。但在原子中却总是只有一个电子的运动状态会变化，在一个原子中两个电子同时改变运动状态的情况是比较少见的。因此我们可以把原子核与运动状态没有改变的电子合在一起看成是一个“原子实”，另一个电子则相对于原子实改变其运动状态，所以多电子的原子也有类似于氢原子的能级结构。在原子基团中，能量较低的能级上原子数较多，能量较高的能级上的原子数要少一些，而基态的原子数量多。例如红宝石晶体中，在室温下（300K）处于基态的铬离子数为激发态铬离子数10^{30}倍，因此在室温下，红宝石中的铬离子都处于基态，即便是在3 000K高温下，基态的铬离子数也要比激发态的多1 000倍。

2. 光的受激吸收和辐射

在正常情况下，电子趋于占据最低能级，整个原子处于基态。这时如果原子受到光照，且光子的能量$h\nu$正好等于两个能级之差ΔE时，这个光子将被原子吸收，处于基态的电子将获得能量而跃迁到激发态能级，这一过程称为受激吸收（stimulated absorption）。

处于激发态的原子很不稳定，其寿命仅为10^{-8}s，很快就会自发地回落到基态，与此同时放出一个能量为$h\nu=E_2-E_1$的光子。这一过程称为自发辐射（spontaneous emission）。自发辐射是一个随机过程，原子的辐射以各自独立、自发的方式进行，辐射光子的传播方向、初相位没有确定关系，普通光源的发光都属于自发辐射。在自然界中，任何东西都有从高处向低处落的自发倾向。比如，山高海低，水就往低处流，形成百川归大海的现象。在微观世界，深入到物质的分子结构里面，同样也存在着类似的现象，处在激发状态（高能级）的原子，即使没有外界影响，过一段时间之后也会从高能级跃迁到低能级，同时放出一个光子。

处于激发态的原子，如果在它自发辐射之前收到一个外来光子的作用，且光子的能量$h\nu$恰好等于两能级之差$\Delta E=E_2-E_1$，则电子会从原来的较高能级E_2向低能级E_1跃迁，同时发射出一个与外来光子同频率、同相位、同方向、同偏振态的光子，这一过程称为受激辐射（stimulated emission），这是由爱因斯坦首先提出的。

受激辐射是激发态原子在外来光子同步作用下的发射过程，当一个光子进入原子系统后，由于受激辐射将产生两个全同光子，这两个光子与周围其他原子作用又形成4个全同光子……依此类推，全同光子数成倍增加，这就实现了光放大（见图3-26所示）。受激辐射的光放大是产生激光的基本机制。

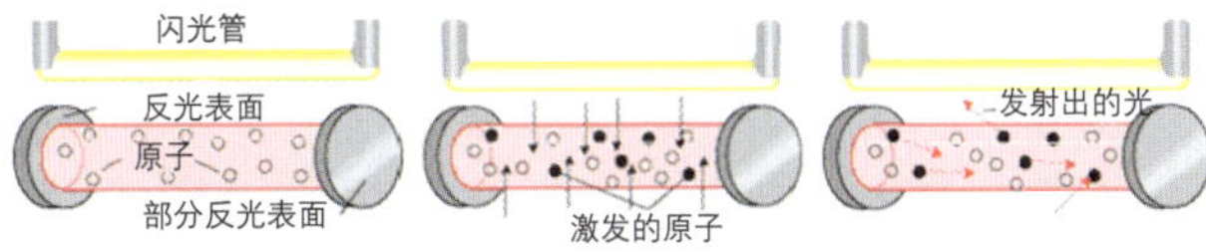

图3-26 激光工作原理

3. **粒子数反转**

激光是通过受激辐射来实现光放大的，但是当外来光进入原子系统时，一般受激吸收、自发辐射和受激辐射三种过程同时存在，哪一种过程占主导取决于原子的状态。通常情况下，原子体系总是处于热平衡状态，原子数按能态的分布符合玻耳兹曼分布律，大部分原子处于基态，而在激发态上的原子数量很少，因此受激吸收和自发辐射较之受激辐射总是占有主导地位。要使受激辐射胜过受激吸收从而实现光放大，就必需实现高能态的原子数*N*2多于低能态的原子数*N*1，这种非平衡态的原子分布称为“粒子数反转”。

各种物质并非都能实现粒子数反转，必须具备一定的条件，首先要有能够实现粒子数反转的物质，称为激活介质。这种物质的原子结构中一般都存在寿命较长的亚稳态能级，原子在亚稳态能级的滞留时间一般可达10^{-1}s，甚至1s。其次要有必要的能量输入系统，使物质中有尽可能多的粒子吸收能量后跃迁到高能态，这一努力供应过程称为激励或抽运（pumping）。激励的方式可以是光激励、气体放电激励、化学激励等。

3.5.2 激光器的诞生

激光的发明与近代物理学的发展有着密不可分的关系。然而，具有实用意义的激光的产生主要应归功于贝尔实验室的科学家们。1953年，该实验室的科学家查尔斯·汤斯发明了微波激射器。微波激射器是一个电磁波谐振腔，它是用于放大微波信号，为空间研究而设计出的一种超感应侦察器。在发展微波激射器的过程中，汤斯产生了一个伟大而新颖的想法。他认识到，某种特定物质中的分子可以诱发出非常短的电磁波。他发现，如果分子被激活后又返回原有的状态的话，射线便会被发射出来。基于这样的原理，一种类似于光波的多米诺骨牌效应出现了，它能产生出高度放大的射线束。

1958年肖洛和汤斯首先公开发表了在光频段工作的激射器的理论工作和设计方案，提出“Light Amplification by Stimulated Emissions of Radiation”的创新思路，直译为“受激辐射光放大”，取每个英文词的首字母作为缩写，即“LASER”。

1960年7月7日纽约时报报道了由美国加利福尼亚州的T. H. 梅曼制成了世界上第一台能产生可见激光的红宝石激光器（见图3-27）消息，激光输出为脉冲输出，其峰值功率为10^4W，输出波长为694.3nm（深红色）。所用的泵浦源是螺旋形脉冲氙灯。此后，贝尔实验室的托尼斯则和同事们一起，也很快成功地在25mile（1mile = 1 609.344m）

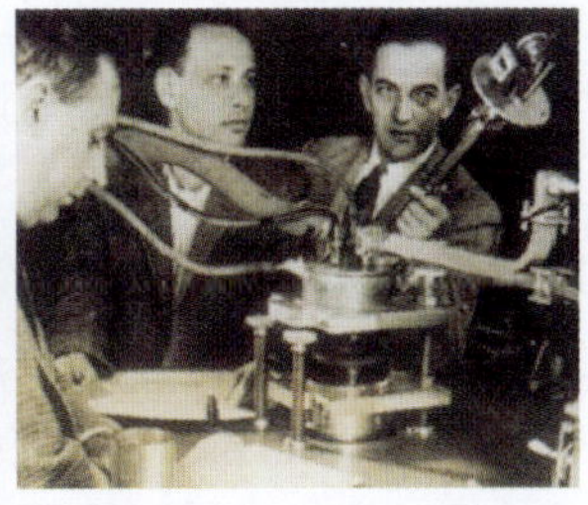
图3-27 梅曼与他研制的世界第一台（红宝石）激光器

的距离内发射出了具有巨大能量的、极其狭窄的激光束，它的亮度比太阳光高出100万倍。

1964年，贝尔实验室的另一位科学家库马·佩特发明了二氧化碳激光器，加快了激光在医学领域的应用。这种激光使医生能够使用光子刀来施行非常复杂精细的外科手术，而不像过去那样使用手术刀。到了今天，激光已能被置于患者的体内而不让病人感到丝毫的不适，也不会产生任何的危险，那些在过去靠手术刀几乎根本不可能施行的手术，却因为激光而成为可能。

然而，激光束很容易被大气中的物质（如雨、雾、云、空中飞翔的小鸟等）所破坏，为此，科学家们想出了各种设备来保护激光束不受干扰，如运用金属管道、经过特殊设计的镜子等来输送光束。但直到20世纪70年代初，这一问题才得到了较好的解决：用封闭的光纤玻璃作为传输介质。这种光纤玻璃细如发丝，能保护激光束安全传输而不受任何干扰。从那时候起，光纤就越来越多的被用来传送声音、数据和图像。

我国第一台激光器在1961年8月由中国科学院长春光学精密机械研究所研制成功。负责这台激光器的设计师是王之江教授，所以至今中国光学界仍尊称他为“中国激光之父”。我国第一台激光器的问世，比世界上的第一台才晚了13个月，这说明当时我国在激光领域的研究水平与世界前沿相差无几。

直到1964年12月，我国对“LASER”的称呼还不统一，按意译可译为“受激辐射放大器”、“光激射器”、“光量子放大器”等，按音译又可译为“莱塞”、“镭射”等。最后由著名科学家钱学森根据“受激辐射而产生的光”这一基本原理，建议命名为“激光”。这个建议在全国第三次受激光辐射讲座会上受到与会者一致赞同。在这以后，我国学术界开始统一使用“激光”这个名词。

3.5.3 激光的特性

1. 普通光源的发光机理

电灯、日光灯、激光器等种种发光现象，都与光源内部原子的运动状态有关。原子的运动状态改变了，其内能将会有相应的变化，因此许多物质的发光现象，往往是与原子（或者离子、分子）的内能变化联系在一起的。从了解原子的能级结构出发，深入了解发光现象的基本原理，就能搞清楚激光与普通光本质上的不同。

普通光源的发光机理是自发辐射，就好像拥挤的人群从刚刚散场的影院走出，男女不一，高矮各异，衣着千种；人们有的向东，有的向西，杂乱无章。普通光源的发光就是这种自发辐射的结果。比如一盏普通的白炽灯，它的钨丝中有大量的发光原子，每一种原子都有着自己特定的能级结构。当给白炽灯通电后，输入的电能很快转化为钨丝的热能，于是部分钨原子在获得能量后，纷纷从低能级跃迁到高能级。但这种高能级是不稳定的，就像尖屋顶上的一只球，由于位能很高，很容易掉下来。一旦这些原子从高位能状态掉下来，回到低位能状态时，就会释放出一份能量，这份能量以光子的形式释放出来，于是灯就发光了。再如高压水银灯，放电后会产生许多能自由运动的电子，这些电子在电场作用下加速，当它们与水银原子碰撞时就把能量传给水银原子，使水银原子受到激发，达到不稳定的高能级，然后，又自发的从高能量状态掉下来，回到低能量状态时，就发出了光。不论是白炽灯、荧光灯还是高压水银灯，它们的发光原子自发地由不稳定的高能级向低能级跃迁时，都是独立进行的，彼此之间没有任何联系，这就好像枣子成熟后总是各自落到地面上，彼此之间没有任何联系一样。因而，普通光发出的光子，状态是各不相同的，不仅波长不一样，发射的方向也都不一样。也就是说，自发辐射产生的光，它的波长和方向是杂乱无章的。

由前面所介绍的关于量子物理学的基本知识，我们已经了解到激光是受激辐射产生的。原来处在高能级的原子，在其他光子的刺激或感应下，跃迁到低能级，同时发射出一个同样的光子。由于这一过程是在外来光子的刺激下产生的，这样产生的光子与外来光子具有完全相同的状态，即频率一样，波长一样，方向一样。就好像是军队的仪仗队，身高整齐，衣着统一，步调一致，向着一个方向前进。而且只要一次受激辐射，就能使一个光子变成两个光子，这两个光子又会引起其他原子发生受激辐射，于是，在极短的瞬间内激发出无数的光子，从而将光放大了。在这种情况下，只要辅以必要的设备，就可以形成具有完全相同频率和方向的光子流，这就是激光，而放大光的设备就是激光器。因此，激光具有普通光所不具备的很多重要特点。

2. 激光的特性

（1）极好的方向性。光束的方向性是用光束的发散角来度量的。激光束的发散角非常小，一般只有毫弧度的数量级，因此几乎就是一束平行光。要让光朝一个方向传播，就要给光源装一些聚光装置，汽车的车前灯和探照灯就是装了反光镜，把朝各方向传播的光汇集起来往一个方向传播，大大增加有效照射距离。即便如此，若使发散角小于0.1rad，也是十分困难的。由于激光器是受激辐射发光，而且有光学谐振腔的存在，使得激光基本上是沿着指振腔的轴线方向传播的，发散角很小，可以小到10^{-7}rad度量级。用望远镜把激光束发射出去，发散度还可以减小，称得上是严格的平行光了。如果把发散角这样小的激光束射到3.8×10^{5}km的月球上去，在月球上光斑的直径不足2km，而设想用最好的探照灯光束射到月球上，其光束扩散直径可达几百千米。由于激光的方向性极好，故能把激光汇聚到小于10^{-6}cm^{2}的面积上，使激光能量得到更高的集中，可达到10^{17}W/cm^{2}以上的辐射功率密度和10^{10}V/m的辐射场强，这样高的辐射功率密度和辐射场强是前所未有的。

利用激光方向性好的特性，可将其用于定位、导向、测距等。由于激光器的方向性好，强度又高，因此可以瞄得准、射得远。利用这个特性制成激光测距仪和激光雷达，他们测量目标的距离、方位和速度比普通微波雷达精确得多。如用激光对月球测距，38.4万km误差才1m（最好的纪录为10cm）非常精确。激光雷达能自动精密跟踪飞机、导弹、卫星等高速飞行体。用激光进行地面短距离通信，保密性特别强，不易被敌方获取或干扰。此外，利用激光的高方向性可以制成激光制导武器，使命中率大大提高。在兴修水利、修建铁路和公路中，需要挖掘长距离隧道时，可以用激光来导向，沿着激光照射的方向进行施工，隧道打得又准又直。

（2）能量集中，亮度高。由于激光的方向性好，因此可以通过聚焦使能量高度集中。一台高性能红宝石激光器，其亮度可达10^{18}W/m^{2}，比高压氙灯（俗称小太阳）的亮度高出37亿倍。迄今为止，只有氢弹爆炸瞬间的强烈闪光才能与之相比。

光源的亮度通常是指光源表面单位面积法线方向上的发光强度，用cd/m^{2}做单位（坎德拉每平方米）。表3-1列出了一些光源的亮度，从中可以看到一台高功率的固体激光器的亮度比太阳亮度高出几千亿倍！激光为什么能在亮度上实现如此惊人的飞跃呢？主要原因在于激光能实现能量在空间和时间上的高度集中。

由图3-28（a）可以看出，日光灯每个发光点都是向180° 的空间内传播的，如果能把它压缩到0.18° 的空间传播［见图3-28（b）］，那么在不增加总发射功率的情况下，日光灯在单位立体角内的功率将提高近1 000万倍，即亮度提高1 000万倍。但是对日光灯而言，这种压缩是无法实现的，原因在于日光灯内各个发光中心的发射方向是很不一致的。然而，在激光的发射过程中，各个发光中心的发射方向基本上是一致的，因此光在空间中的这种压缩是完全可以的。

表3-1　各种光的亮度

光　源	亮度/（cd/m^2）
蜡　烛	9×10^{5}
白炽灯	9×10^{8}
碳　弧	1×10^{10}
超高压汞灯	2.2×10^{11}
太　阳	3×10^{11}
高压脉氙灯	1.8×10^{12}
红宝石激光器	3×10^{22}

通过调Q技术和锁模技术，使激光以脉冲形式输出，其闪光时间可以极短，达到6fs（$1fs=10^{-15}s$）。则在平均功率不变的情况下，激光功率又可以提高几个数量级，这样又可大大提高激光的亮度。而对普通光源来说，像照相用的闪光灯，闪光时间只能达到毫秒量级。

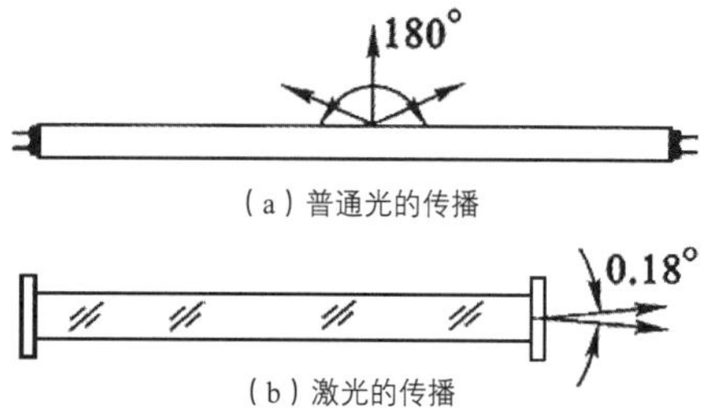

图3-28　普通光与激光传播方式

激光能量高度集中的特性被广泛应用于各种固体材料的打孔、切割等精密机械加工；在医学上用于激光外科手术，例如利用准分子激光原位角膜磨镶术治疗近视、远视，在军事上用于激光攻击性武器等。

在生产和科研中，也常常需要闪光时间很短的光源。利用它可以帮助我们了解变化非常迅速的过程，比如光合作用过程，时间间隔往往只有ps（皮秒，$1ps=10^{-12}s$）量级，而在其过程中每一步经历的时间就更短了。化学反应过程也有类似情况，从反应开始至结束，中间每一步时间间隔也都非常短暂。有闪光时间短的光源，便可以利用光谱技术深入了解瞬变过程的每一步，以更好地控制过程的进行方向，提高生产效率。

因为激光的亮度极高，所以它能照亮极远距离的物体。1962年，人类第一次用从地球发射的光束照亮了月球表面。一台普通的红宝石激光器，它发射的光在月球上产生的照度比星星高100倍，加上它的颜色鲜红、显眼，所以，照在月球表面的红色激光斑明显可见。

（3）单色性好。光的单色性可用谱线宽度$\Delta\lambda$来测量，氦氖激光的波长为632.8nm，它在室温下的谱线宽度$\Delta\lambda$只有1.0×10^{-8}nm，而在普通光源中单色性最好的是氪灯，其谱线宽度为4.7×10^{-4}nm，这就是说，激光的单色性比氪灯单色性高出万倍。用一块分光镜，就能将太阳光分解成一条彩虹般的色带，其中包括逐渐变化着的红、橙、黄、绿、青、蓝、紫等各种颜色。相反地，多种颜色的光按照一定的强度比例混合起来，就成了白光。因此，可以说白光是各种颜色光的组合。不同颜色的光有什么区别呢？在长期的生产和科学实验过程中，人们认识到光和无线电波一样是一种电磁波，只是它们的波长不同而已（见图3-29）。我们感觉到的不同颜色，正是不同波长的光作用在眼睛的视网膜上所引起的不同反映。波长大于0.76μm的光就叫做红外光（红外线），波长小于0.40μm的光叫紫外光（紫外线）。波长从

0.40 ~ 0.76 μm的光才能被人眼看见，所以叫可见光。单色光是指波长范围很小的一段辐射，一般小于10^{-10}m。

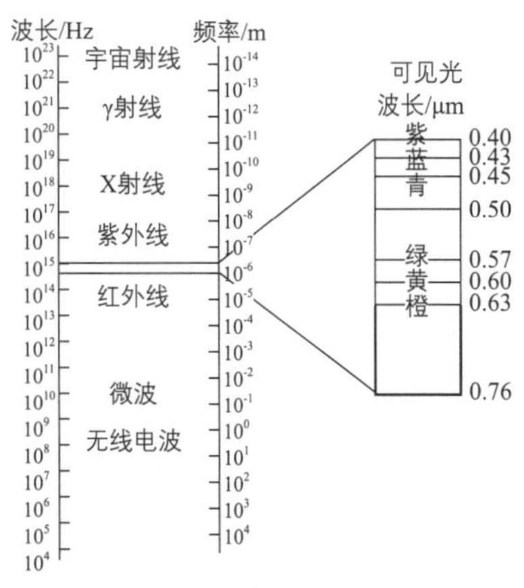

图3-29 各种光的波长

凡是发射一种或分立的几种单色光的光源，称为单色光源，单色光经分光镜分解后，不是一段色带，而是一条条分立的亮线，通常称为谱线。可见，单色光并不是单一波长的光，而是有一个波长范围，这个范围就叫单色光的谱线宽度。波长范围越小，即谱线宽度越窄，单色性就越好，或者说颜色越纯。因此，谱线宽度是衡量光源单色性好坏的标志。科学家们长期以来一直努力寻找一种波长一致的单色性光源。后来，总算发明了氪灯，它能利用稀薄的氪气体发出较好的单色光，其波长宽度不到万分之五微米。但与激光相比，氪灯光就大为逊色了，因为激光的波长范围还要小得多。拿氦氖激光器来说，它发出光的波长宽度不到一百亿分之一微米，比氪灯的约窄十万倍，因此，激光完全可视为单一而没有偏差的波长，是极纯的单色光。

利用激光单色性好的特点，可以把激光波长作为尺度标准，用于精密测量。在日常生活和工作中，测量长度是十分重要的。如果测量的精密度要求很高，靠米尺、游标卡尺、千分尺都不行，那人们就得用光波的波长作单位来测量长度。这种“光尺”能够准确测量的最大长度取决光的单色性。单色性越好，准确测量的程度越大。中国科技人员为世界提供了两把这样的“尺子”。中国计量研究院1978 年研制的稳频氦激光器，由于稳定度和再现性都非常高。用这种激光器进行测试试验，其结果复现性令人十分满意。这一成就促成了第17届国际计量大会通过的光速统一标准，即在真空中，光的速度为 299 792 458m/s。

1984年，他们又研制和完善了碘稳频激光器，其波长为612nm。该波长被17届国际计量大会通过，作为实现新长度单位“米”的国际波长标准。

这一系列稳频激光器的研制成功，是中国人为发展人类的长度计量，开展基本物理常数的精度测定等作出的重大贡献。

（4）相干性好。当用手将水盆中的水激起水波，并使这些水波的波峰和波峰相叠，波谷与波谷相叠时，水波的起伏就会加剧，这种波就叫相干波。由于激光的发光机制是受激辐射，辐射光子的特征完全相同，因此激光也是一种相干光波，它的波长、方向等都一致。我们把一束光比作一支正在行进的队伍，那么普通光队伍里每个成员的步伐大小，起步时间和行进方向是不一样的，这就是说，各成员之间互不相干。而激光这支队伍则是全体成员步调一致，目标一致，纪律严明，训练有素，也就是说相干性极好。物理学通常用相干长度来表示光的相干性，光源的相干长度越长，光的相干性就越好。在激光问世前，单色性最好的是氪灯，相干长度只有38.5cm，而激光的相干长度可达几十千米。因此，如将激光用于精密测量，利用激光干涉仪进行检测比普通干涉仪的精度更高，而且它的最大可测长度比普通光源大10万倍以上。

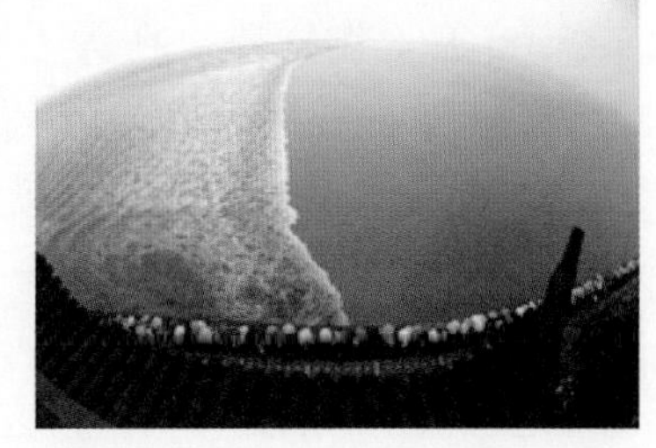
图3-30 由水波相干引发的钱塘江大潮

表3-2　各种光的亮度

激光种类	波长 / nm
氩氟激光（紫外光）	193
氙氟激光（紫外光）	248
氮激光（紫外光）	308
氩氟激光（紫外光）	337
氩激光（蓝光）	488
氩激光（绿光）	514
氦氖激光（绿光）	543
氦氖激光（红光）	633
罗丹名6G染料激光（可调光）	570~650
红宝石（$CrAlO_3$）激光（红光）	694
钕-钇石榴石激光（近红光）	1 064
二氧化碳激光（远红外光）	10 600

我们可以利用激光的这种相干性，将其能量汇聚在空间极小的区域内，从而用于引发热核聚变。如果把核燃料做成比芝麻还小的固体微型小球，然后用激光作为点火器去照射它，就可以使微型小球加热到上亿度的高温，所产生的能量密度高达 $10^{15}J/cm^3$。这样高的能量密度，相当于几十吨炸药在$1m^3$的体积内爆炸所产生的能量，即达到了原子爆炸时所得到的超高能量密度的数量级。

1948年，伦敦大学的丹尼斯·伽柏首先提出全息术（holography）的概念，但苦于没有适当相干光源，直到20世纪60年代激光问世后，这种三维照相术才成为现实。由于全息术记录的不仅是光的强度，而且还纪录了光的相位，因此才能获得真正意义上的立体照片。

上述四个特点是笼统地就激光整体与普通光源加以比较而言的。实际上，在应用中不必对四个特点都提出很高的要求。例如，激光测距主要是要求方向性好和高亮度；激光通信主要是要求方向性、单色性和相干性好。激光虽有它的特点和优异的性能，但它并不能完全取代所有的普通光，如大面积照明激光就不适用。

3.5.4　激光器的结构和种类

1. 激光器的结构

激光器的结构示意图如图3-31所示，它基本上由以下三部分组成：

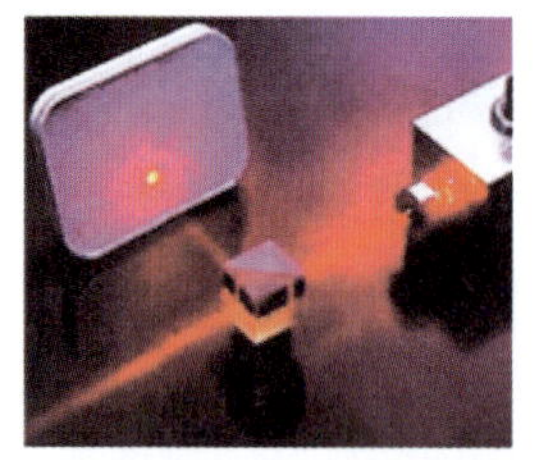

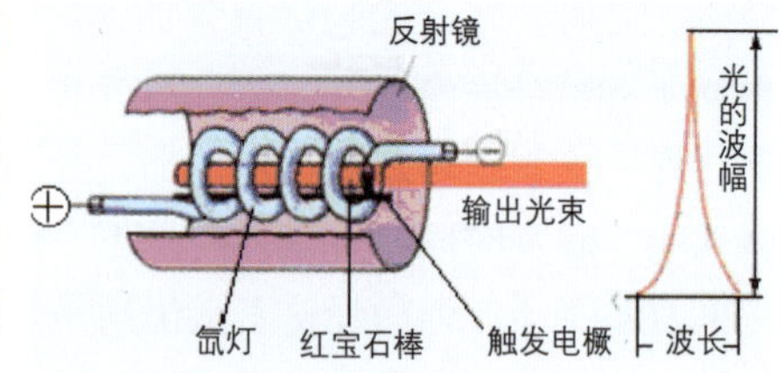

图3-31　红宝石激光器及其工作原理

（1）工作物质。在大千世界里，各种各样的物质都是由原子、电子等微观粒子组成的。如果有了强大的激励是否在物质中产生激光呢？不是的，激励是一个外部条件；激光的产生还取决于合适的工作物质，也称之为激光器的工作物质，这是产生激光的内因。工作物质的功能和普通光源的发光材料相同——比如气体电光源中的气体与白炽灯中的钨丝。从原则上说，任何光学透明的固体、气体、液体都可以作激光器中的工作物质。不过所用材料的能级结构若能满足一定要求，会使激光器获得更好的性能，比如量转换效率高，输出的激光功率高；可以脉冲泵浦输出激光，也可以连续泵浦输出激光；输出激光的波长可以连续变化等。

（2）泵浦源。泵浦是英文Pump的音译，是指以某种动力方式向工作物质输入能量，把原子从基态搬迁到高能级的动力。常用的泵浦源有：普通光源（如氙灯、氪灯）、气体放电（利用气体放电中产生的电子碰撞气体原子，把它泵浦到高能级）、化学反应能（化学激光器就是利用化学反应的能量泵浦产物的原子）等。

各种激励方式又有脉冲和连续之分。前者指激励和激光的输出均以脉冲方式工作，后者是指激励和激光输出是连续的。

激光二极管泵浦源（由激光二极管阵列、驱动源和制冷器组成），光学耦合系统和激光棒和谐振腔。泵浦所用的激光二极管阵列射出的泵浦光，经由汇聚光学系统将泵浦光耦合到晶体棒上，在晶体棒左端面镀有多层介质膜，对泵浦光的相应波长为高透，而对产生的激光束的相应波长为高反，腔的输出镜为镀有多层介质膜的凹面镜。

图3-32 kHz绿光泵浦源

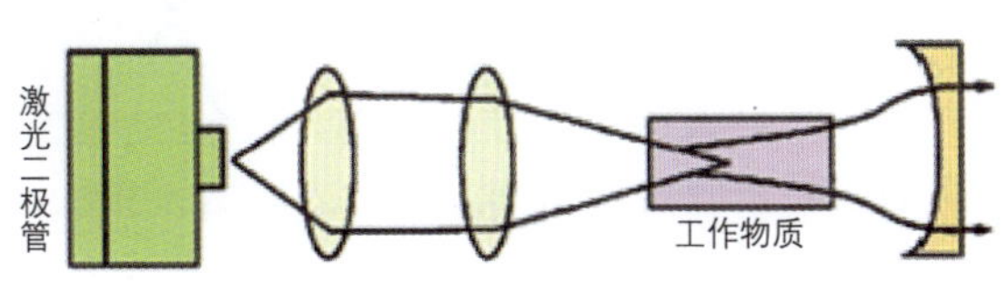

图3-33 二极管泵浦源

（3）谐振腔（见图3-34）。这是由放在工作物质两端的反射镜组成的光学系统，其中一块反射镜的反射率接近100%，另一块有适量的透过率，激光是从这块反射镜输出来。谐振腔的作用主要有两方面：一是让工作物质产生的受激辐射来回多次通过工作物质，增强受激辐射强度，最后达到激光振荡；二是有选择地只让沿工作物质光轴附近传播的以及波长在原子谱线中心附近的受激辐射不断地受到工作物质放大，达到激光振荡。显然，这有助于改善激光器的方向性和单色性。

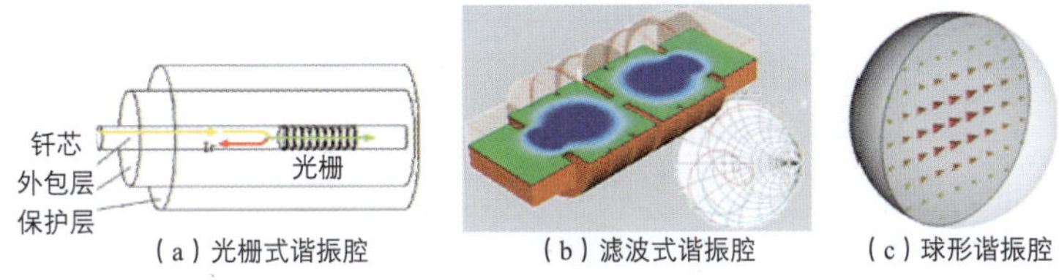

（a）光栅式谐振腔　（b）滤波式谐振腔　（c）球形谐振腔

图3-34 谐振腔

2. 激光器的类型

由于科学技术的发展，激光器的设计和制造也日趋完善，名目繁多的各种型号激光器，像雨后春笋般地不断涌现。激光器的分类目前尚无统一的标准。如按工作介质分，有固体、气体、液体、半导体激光器；按功率大小区分，微功率、小功率、中功率、大功率激光器；按不同的用途区分，有工业加工用激光器、通信用激光器、医用激光器、测量用激光器等；按频谱区分，有红外激光器、可见光激光器、紫外线、X射线激光器，其中紫外线激光器由于大部分是以准分子为工作物质的，故又称准分子激光器。无论什么样的激光器，其原理和基本结构都是相同的。

下面简单的介绍几种按工作介质分类的激光器。

（1）固体激光器。一般小而坚固，脉冲辐射功率较高，应用范围较广泛。世界上第一台激光器——红宝石激光器就是固体激光器，其工作物质是直径为1cm、长2cm的红宝石棒，所用泵浦源为螺旋形脉冲氙灯，红宝石棒刚好套入螺旋氙灯，在红宝石棒两端镀银膜，构成谐振腔。常用的固体激光器还有钇铝石榴石激光器，它的工作物质是氧化铝和氧化钇合成的晶体，并掺有氧化钕。激光由钕离子发出，是人眼看不见的红外光。该激光器既可以连续工作，也可以脉冲式工作，可用于军事、工业和医疗等领域，例如对治疗青光眼十分有效。

美国电话电报公司贝尔实验室的研究人员于1992年研制出当时世界上最小的固体激光器，它在扫描电子显微镜下看起来就像一个个微型图钉，其直径只有2~10μm。在一个大头针的针头上，可以装下1万个这样的新型半导体激光器。1990年美国研制成功畸变量子阱激光器，开关速度达280亿次/s，这是激光器有史以来达到的最高速度。

（2）半导体激光器（见图2-35）。有一种砷化镓半导体激光器，体积只有火柴盒大小，这是一种微型激光器，输出人眼看不见的红外线，波长在0.8~0.9μm之间，如图2-36所示。由于这种激光器体积小，结构简单，只要加以适当强度的电流就有激光射出，再加上输出波长在红外区，所以保密性特别强，适合用在飞机、军舰、坦克上。2001年，瑞士科学家研制一种波长约为9μm的新型半导体红外激光。科学家们正将这种激光用于自由空间光学系统。不久的将来，人们就会利用它从Internet上下载一部完整的电影或者通过高清晰度视频电话聊天。

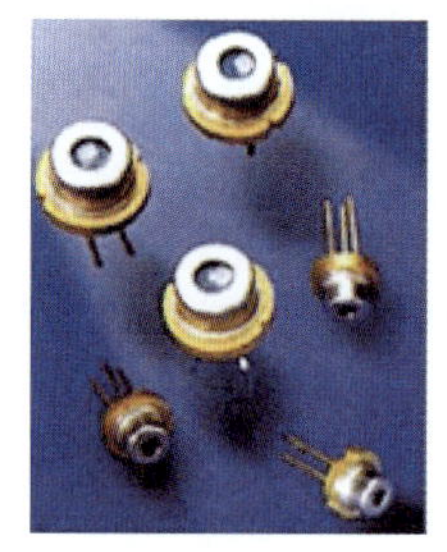

图3-35　半导体激光器

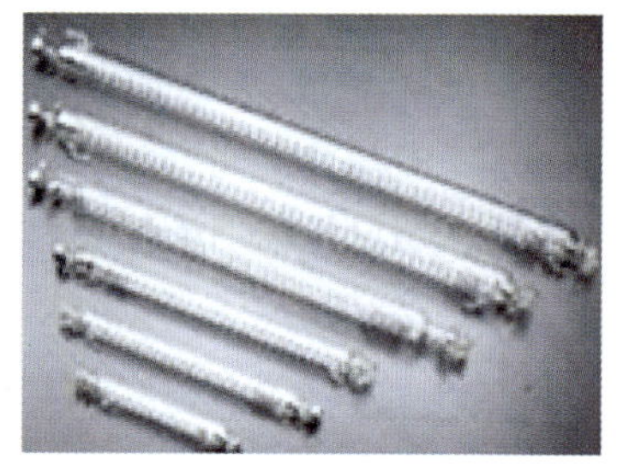

图3-36　气体（CO_2）激光器

半导体激光器体积小、重量轻、寿命长、结构简单，特别适于在飞机、军舰、车辆和宇宙飞船上使用。半导体激光器可以通过外加的电场、磁场、温度、压力等改变激光的波长，能将电能直接转换为激光能，所以发展迅速。1992年日本推出一种高输出半导体激光器，特点是服务寿命长，在室温下可连续工作5 000h。

（3）气体激光器。在气体激光器中，最常见的是氦氖激光器。世界上第一台氦氖激光器是继第一台红宝石激光器不久，于1960年在美国贝尔实验室里由伊朗物理学家贾万制成的。由于发出光束的方向性和单色性好，又可连续工作，所以这种激光器是当今使用最多的激光器。主要用于全息照相、精密测量和准直定位等。

气体激光器的典型代表是氩离子激光器，它可以发出鲜艳的蓝绿色光，可连续工作，输出功率达100多W。由于人眼对蓝绿色反应最为灵敏，因此，用氩离子激光器进行眼科手术，能迅速形成局部加热，视网膜上蛋白质变成凝胶状态，它是焊接视网膜的理想光源。氩离子激光器发出的蓝绿色光还能深入海水层，而不被海水吸收，因而可广泛用于海下勘测作业。

由于是以气体为工作物质，气体激光器的单色性和相干性较好，激光波长可达数千种，应用广泛。气体激光器结构简单、造价低廉、操作方便。在工农业、医学、精密测量、全息摄影等领域中得到广泛应用。

（4）液体和化学激光器（见图3-37、图3-38）。液体激光也称染料激光器，因为这类激光器的激活物质，是某些有机染料溶解在乙醇、甲醇或水等液体中而形成。为了激发它们发射出激光，一般采用高速闪光灯或者由其他激光器发出的光脉冲作为激发光源。液体激光器发出的激光对于光谱分析、激光化学和其他科学研究具有重要意义。

有些化学反应产生足够多的高能原子，就可以释放出大能量，可用来产生激光作用，称其为化学激光器。如氟原子和氢原子发生化学反应时，能生成处于激发状态的氟化氢分子。这样当两种气体迅速混合后，便能产生激光，因此不需别的能量，就能直接从化学反应中获得很强大光能。令人畏惧的死光武器就是应用化学激光器的一项成果。

图3-37 液体激光器

图3-38 化学激光器

以液体染料为工作物质的染料激光器于1966年问世，广泛应用于各种科学研究领域。现在已发现的能产生激光的染料，大约在500种左右。这些染料可以溶于酒精、苯、丙酮、水或其他溶液。它们还可以包含在有机塑料中以固态出现，或升华为蒸汽，以气态形式出现。所以染料激光器也称为“液体激光器”。染料激光器的突出特点是波长连续可调。燃料激光器种类繁多，价格低廉，效率高，输出功率可与气体和固体激光器相媲美，应用于分光光谱、光化学、医疗和农业。

（5）红外激光器。红外激光器已有多种类型，应用范围广泛，它是一种新型的红外辐射源，特点是辐射强度高，单色性好，相干性好，方向性强。

（6）X射线激光器（见图3-39）。这种激光器在科研和军事上有重要价值，应用于激光反导弹武器中具有优势；生物学家用X射线激光能够研究活组织中的分子结构或详细了解细胞机能；用X射线激光拍摄分子结构的照片，所得到的生物分子像的对比度很高。

（7）自由电子激光器。这类激光器比其他类型更适于产生很大功率的辐射。它的工作机制与众不同，它从加速器中获得几千万伏高能调整电子束，经周期磁场，形成不同能态的能级，产生受激辐射。世界第一台自由电子激光器于1977年问世，中国第一台自由电子激光器于1985年问世。自由电子激光器的能量是由外场加速后的自由电子的动能转换而成的，其输出功率可达很高水平，在加工、反导、雷达、通信、光化学等方面都有很大的用途，所以它一问世就受到各国科技界的重视。

（8）原子激光器（见图3-41）。1997年，美国麻省理工学院的物理学家首次用钠原子获得与普通激光有某些相似特性的原子激光，并研制出第一台原子激光器，在物理学界引起轰动。

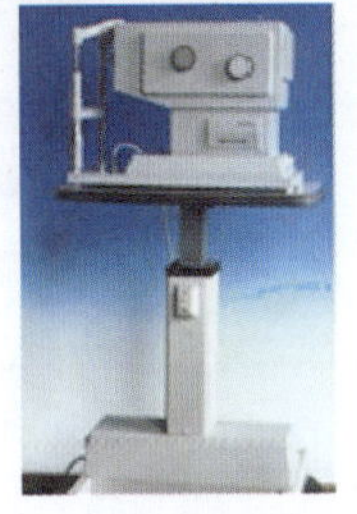
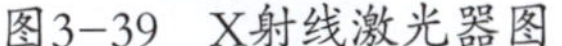
图3-39 X射线激光器图

图3-40 532nm绿色激光器

图3-41 原子激光器

3.6 激光技术的应用

激光作为人类认识世界和改造世界的武器，它的出现标志着人们对自然认识的强化和对自然改造能力的提高，而且在科学技术、工农业生产、人类生活等领域引起了一次深刻变革。它使光学这个古老的科学分支变得面貌一新，而且在物理、化学、医学、军事等方面得到广泛应用。

3.6.1 激光武器

激光技术作为一种新技术，首先在军事上得到应用。激光武器是一种利用定向发射的激光束直接毁伤目标或使之失效的定向能武器。根据作战用途的不同，激光武器可分为战术激光武器和战略激光武器两大类。武器系统主要由激光器和跟踪、瞄准、发射装置等部分组成，目前通常采用的激光器有化学激光器、固体激光器和CO_2激光器等。激光武器具有攻击速度快、转向灵活、可实现精确打击、不受电磁干扰等优点，但也存在易受天气和环境影响等弱点。激光武器已有30多年的发展历史，其关键技术也已取得突破，美国、俄罗斯、法国、以色列等国都成功进行了各种激光打靶实验。目前低能激光武器已经投入使用，主要用于干扰和致盲较近距离的光电传感器，以及攻击人眼和一些增强型观测设备，高能激光武器主要采用化学激光器，按照现有的水平，不久就可以大面积的在地面和空中平台上部署使用，用于战术防空、战区反导和反卫星作战等。

1. 激光致盲武器

激光致盲武器射击对象是人眼以及光学和光电装置等“软”目标。它一般由激光器、精密瞄准跟踪系统和光束控制和发射系统组成。激光器是激光武器的核心，用于产生起致盲作用的激光光束，如二氧化碳激光器等，功率一般在1 000～10 000W的平均输出功率。精密瞄准跟踪系统用于跟踪瞄准所要攻击的目标，引导激光束对准目标射击，如采用红外跟踪仪，电视跟踪器和激光雷达等的光电瞄准跟踪系统，光束控制和发射系统的作用是将激光束快速准确地聚焦到目标上，其主要部件是反射镜。

激光致盲武器射击对象与一般常规武器相比，具有高速、准确、灵活和抗干扰的独特优点。它能以3×10^5km/s的速度射击目标，瞬发即中，一般不考虑提前量。它几乎没有后坐力，变换方向迅速，射击频率高，可在短时间对付许多个目标。它可准确对准某个方向，选择杀伤目标群中的某个目标，甚至射击目标上的某个部分或元器件，而对其他目标或周围环境无附加损害或污染作用，它抗干扰能力强，现有的电子干扰手段对其不起作用或影响很小。激光致盲武器射击人眼，可造成暂时失明或永久性致盲，甚至使视网膜爆裂，眼底大面积出血。激光致盲武器也可对光学系统和光电装置造成损伤，使其失去观测能力。它可使导弹导引头中的光电传感致盲，从而失去跟踪目标能力，它可使光电引信过早或不能引爆，从而使弹头失去杀伤作用。

图3-42 美军C-130激光载机攻击地面目标

图3-43 激光瞄准武器

在反坦克、反潜艇作战中，激光致盲武器也有很大发展潜力。坐在坦克里的敌人，全身都处在厚厚的铁甲保护下，潜水艇则有深深的海水掩蔽，要杀伤它们不大容易。但它们的活动离不开那只潜望镜，对准潜望镜的入口发射激光，它沿着潜望镜的光路进入，就会把在用潜望镜观察外界情况的指挥员、驾驶员的眼睛损伤，坦克、潜艇就失去了作战能力。

2. 激光制导炸弹

激光制导炸弹主要由导引头、战斗部和尾翼三大部分组成。激光导引头又分为激光接收器和控制舱两部分。战斗部分主要是采用通用炸弹，也有采用集束炸弹的。尾翼的作用是增加升力，延长射程。

激光制导的基本原理是：导引头上装有光学系统和四象限光探测元件，接收由目标反射的激光能量，经处理输出表征目标视线与制导炸弹速度方向之间的角视差信号，形成制导指令，输送给舵机，转动相应舵面产生控制力，从而修正飞行弹道。

据报道，美军使用的激光制导炸弹，其轰炸精度的圆周概率误差不大于10m，而普通炸弹则为100m左右。激光制导炸弹是美国首先研制的，现在已经研制成功第二代激光制导炸弹，并在B-52飞机上进行过投放试验。20世纪60年代，美军在越南战场上投下了25 000枚激光制导炸弹。

1983年9月9日，以色列采用“灵巧”式激光制导炸弹，对叙利亚导弹基地进行了大规模空袭，仅用6min就将19个萨姆-6导弹营地全部击毁。

1991年，海湾战争的“沙漠风暴”行动中，战争初期全世界的电视观众都亲眼看到的最富于戏剧性的激光导弹轰炸实例：一架F-117A轰炸机发射一枚激光制导炸弹，炸弹闪光横过电视屏幕，通过伊拉克的钢筋混凝土弹药库的库门，精确命中该库，将其摧毁。这种激光制导炸弹是“铺路Ⅲ号”，由得克萨斯仪器公司制造的。

在“沙漠风暴”行动中，法国空军从其“美洲虎”战斗机上发射了约60枚AS30L激光制导导弹，精确攻击伊拉克的地面与海上目标——机场、桥梁、建筑物和油轮。战斗机从万米高空投射导弹，命中率超过80%。美国军方计划人员说，美国空军F-117A型飞机用激光制导炸弹摧毁了“沙漠风暴”巴格达主要目标的95%。摧毁的目标之一是设在巴格达的伊拉克空军总部，这座多层楼的建筑是被激光制导炸弹穿透大楼顶部而摧毁的，弹着点几乎是在房顶的正中心。摧毁的另一目标是钢筋混凝土构造的伊拉克防空总部，也是F-117A投下一枚激光制导炸弹，炸弹通过楼顶三个通气井之一引入内部炸毁的。摄像表明，炸弹钻进通气孔，然后爆炸，炸掉了建筑物密封舱的前门。

2003年，伊拉克战争中，美国使用的CBU激光制导炸弹重5 000kg，不仅打击目标精确，而且能穿入地下几十米，到达目标后爆炸。

3. 激光打击远程目标

1997年10月17日；美国陆军空军和导弹防御指挥部已使用强大的陆基“中红外高级化学激光器”照射日益老化的“MSTI-3”号卫星。据称这是为了检验卫星的抗激光能力。美国的空军“MSTI-3”号卫星是1996年5月发射的，该卫星携带有普通望远镜的中红外、近红外和视觉聚焦平面天线阵，设计用于观测地球，以便帮助设计红外地球观测卫星。目前该卫星使用寿命已经结束，仍在426km上空的环形极地轨道运行。激光束击中卫星时，卫星位于地平线上方60°~90°。被击中的卫星及其携带的红外传感器并未毁坏。这项实验还在继续研究之中。美军2002年11月4日成功使用其最新研制的高能激光武器击中了一枚在空中高速飞行的炮弹。在实验中，该激光武器系统首先跟踪并锁定目标，然后向其发射了高能激光束。几秒钟后，目标就被完全摧毁，整个系统作战反映时间比预计的要少许多。这种名为“移动战术高能激光武器”的系统是为美国和以色列两国军队研制的，在此前进行的试验中，充当靶子的是飞行速度较慢的“喀秋莎”火箭。美军认为，这次成功击落炮弹的试验表明，即使那些能进行超音速飞行的目标也难以防范激光武器的进攻。据介绍，一旦这种新型武器投入实战，必将大大改变未来战场的格局。美国在此前进行的反导弹试验中，从地面发射的拦截导弹曾多次在大气层内外摧毁模拟的敌方弹道导弹。今后，美军将用试验用远程激光武器将“犯者”予以“烧毁”，从而进一步提高其武器系统的快速反应能力和可靠性。

据美国《宇航日报》2003年3月7日报道，美国导弹防御局计划在2004年另外实施2～4个新的激光技术发展项目，它们是“天基激光器”（SBL）的小型化，并用作其后继型。美国导弹防御局已经计划实施的激光技术发展项目有6个，到2005年为止，每年总预算经费约2 250万美元，现在处于向工业部门招标之中。在2002年将所要求的17亿美元削减至0.5亿美元之后，“天基激光器”转变为一个综合飞行试验技术项目（SBL－IFX）将在2011年进行天基发射激光攻击助推段的弹道导弹试验。现在增加的新计划旨在开发用于未来“天基激光器”的高能激光器技术，以及包含跟踪、武器制导和成像的低能激光器与有关组件技术。

天基激光武器系统是一种以太空为发射基地的尖端激光武器，较之以前的陆基激光武器，它的覆盖面更广，更容易捕捉目标。它通常是以卫星作为承载平台，一起称为天基激光集成飞行器。

图3-44　激光空中打击力量

图3-45　美国的激光武器试验场

3.6.2　激光在工农业生产中的应用

1. 激光在农业和生物技术方面的应用

利用激光照射，可以诱发农作物的突变和遗传变异，改变农作物品种。现在已经发现或应用的激光育种包括小麦、大豆、水稻、油菜等，总共有几十个种类，几百个品种。据有关部门的统计，我国采用激光技术培育出的3个水稻新品种和3个小麦新品种，推广种植面积达5 000多万亩（1亩＝666.67m^2），增产粮食5亿多千克。培育的大豆新品种，其产量比现在的良种还高25%（亩产150多千克），而且它们的脂肪含量也提高2.5%~2.7%。用激光诱发家蚕变异，育成了性能优良的家蚕，初步结果是茧层量提高16%，茧成率提高157%，茧丝长度平均加长80m。激光技术帮助我们培育出了品质优良的水果。沙田柚是享誉海内外的名果，果肉柔嫩，味甜如蜜，但是它有一个主要缺点就是果内的籽太多，平均每个果子含籽140～150粒，现在用激光改进了柚子树的性能，结的柚子含籽很少，而且有4%果内一粒籽都没有。果肉更甜，含可溶性固性物高达12%～14%，比通常的果子含量高2%左右，产量也提高，以往一花结一果，结两个果的就很少了，现在，一般一花都结两三个果，还出现了一花结40个果的现象。以前每棵树结果

150～200个，现在平均每棵树结400个果。

国外有一种桃的果肉厚、嫩、甜，但我国引进桃树种了好几年，座果率很低，果树专家说这是患有“不育症”。现在采用激光照射处理的办法，终于治好了它的“不育症”，座果率达85%以上，产量比原来提高 4倍多，而果子的品质也获得提高，含糖量高达74.5%，恢复疲劳素的含量提高35%左右。

激光还可以用在诱虫、灭虫、除草和食物储藏等方面。实验证明用适当波长和强度的激光对害虫进行辐射处理，实现遗传防治，其效果要比化学防治效果高4倍，成本低85%，而且不会留下残毒造成公害，也不会对生物群体产生有害的影响。人们发现，经激光照射昆虫的卵，会产生永久性遗传变异。激光还能改变细胞中的染色体结构，改变遗传基因。目前，激光技术在生物工程中也正在发挥作用。用氦氖激光器照射番鸭的精子，其存活时间由3h延长到60h，用激光照射山羊精子，有效保存时间能延长1倍以上，而且活力也获得加强，这对于通过人工授精方法繁殖牲畜有十分重要的价值。鸡蛋、鱼卵经激光照射后孵化率也得到提高。

利用光学系统可将激光束聚焦成比针头还小的光点，有很高的功率密度，作为理想的手术刀，对细胞、染色体甚至遗传基因作剪切、移植等超显微外科手术，从而实现控制和改变遗传特性的目的。利用激光显微技术，超短脉冲技术，可以更好地了解各种生化过程和生命过程。应用激光超显微分析技术可分析生物组织器官中各种元素的含量，其灵敏度达到10^{-4}~10^{-6}g，例如，已经有人利用激光超显微技术分析出红细胞中铁的平均含量为10^{-13}g。

2. 激光在医学上的应用

激光器发明后的第二年就被应用到医学上来。医学上主要是利用激光的光效应、热效应、压力效应和电磁效应。过去一些需要住院做的手术，现在在门诊用激光诊断就可以完成，而且疗效比较高，切除组织出血少，损伤轻，而且治好一些过去认为难以治疗的疾病。

用激光可以有效地治疗包括外科、内科、妇科、五官科；肿瘤科在内的几百种疾病。每年有数以万计的病人用激光解除病痛。比如进行先天晶状体囊切除手术，一年就有20余万病例。根据我国5 000例激光治肿瘤临床报告结果，有效率达 91.6%，其中治皮肤肿瘤的有效率达94.5%，血骨肿瘤为96%，耳、鼻、喉、口腔为92.2%，消化系统为86%，泌尿系统为93.5%。

用准分子激光治疗仪做手术治疗近视，现已成为各大医院常用的医疗手段。它是用一个如大号铁钉的激光头“打磨”角膜，以恢复角膜正确的曲光率。手术仅用几十秒，有患者从手术室出来说：整个手术没什么感觉，一下手术台我就能清楚地看见东西。通过计点机控制的“车床”，可对近视或远视的角膜进行雕刻，纠正到正常视力形态。

激光在脑外科、心脏科、肠胃科方面也显示很大的发展潜力。在颅脑外科手术中，利用细小的激光束做手术，既能有效地消除神经病变组织，又能避免损伤其周围的神经，降低了出现脑外科后遗症的可能性。利用激光血管成形术治疗冠状动脉阻塞，比现有的冠状动脉搭桥术，以及气体血管成形术更优越。

内窥镜检查法是一种体内的检查方法，不用开刀剖腹就可检查身体内五脏六腑。用软管通过自然体腔（气管、食道或肠）插入，光纤将照明光传送到检查处，使医生清晰观察所研究的部位，并且可以用光学系统在体外成像，用摄像机拍摄并显示在监视器上。

格鲁吉亚共和国保健部门用激光治疗心肌梗塞获得成功。他们用特殊导管，经肺动脉将激光导入内腔，对患部照射，历时20min左右即有疗效。他们对19名心肌梗塞患者运用了这种疗法，取得100%疗效。治疗操作简单，一般医生都能掌握，一般门诊都可做到。

用低功率激光束照射穴位，具有用金属针刺激穴位同样的效果，这就是激光针，其优点：

（1）“扎”针时没有疼痛，可以消除病人怕疼的心理。

（2）与组织没有机械接触，可以避免滞针、断针的事发生，也可以避免因消毒不彻底而引起的交叉感染。

用于人体组织点焊的“激光钳”，其优点是被焊接组织的生长如同病人一样慢慢恢复，消除了疤痕。科学家最近取得了像科幻小说所描绘的事情：他们在试验室里用激光束可能引导和控制脑细胞的生长。德国莱比锡大学埃里希说，这并不是第一次用激光来处理人类细胞，但这一新方法取得了重大进展，与另一种称为“光镊”的激光技术不同，新研究所用的方法可以不接触细胞，因为接触而移动细胞时可能会伤害它们。用这种新方法时，细胞受到刺激能以快于正常的生长速度达到90° 的转向。这样最终可在试验室里用激光来培育神经细胞网络，如此培育的“瓶装大脑”能用于检验实验性药物，还可以用来研究激光是否能修复神经。尽管埃里希等研究的是神经元，但他们认为该方法也能让科学家处理其他细胞，还可以用于研究侵袭性癌细胞。

据外刊报道，西班牙的生物遗传专家杰罗多·卢克博士已经52岁了，事业有成，但美中不足的是膝下无子。为了解决这一问题，他与太太合作，进行了一次大胆的尝试。卢克博士采用一种特殊的激光刀，将太太玛丽娜子宫内的一个卵细胞的染色体串分开，让卵细胞自己繁殖，就如同她自己受孕一样，玛丽娜怀孕了9个月，已顺利生下一个可爱的小女孩，取名叫伊莎贝拉。意大利的一位专家杰诺福日内特称赞说：卢克博士成功地运用激光和无性生殖技术，复制了他的太太，因为这孩子体内所有的染色体与母亲都是一样的。儿科专家发现，伊莎贝拉的成长过程与母亲一样，两人在同一年龄学会说话和走路。医生的预计，伊莎贝拉甚至可能与玛丽娜同一个年龄出麻疹和水痘。这例天方夜谭似的手术和结果，离开了激光技术显然是不可能实现的。

3.6.3 激光在艺术创作中的应用

1. 激光艺术

20世纪60年代以来，随着激光技术的发展，激光开始迈入音乐、歌舞、电影、雕刻、绘画和摄影等文学艺术领域，它以独特的艺术效果，紧紧地扣住了艺术家的心弦，从而出现了新颖的“激光艺术”。1970年以来，激光娱乐显示技术获得较快发展和应用，并进入了一些表演场合。主要用于为音乐演出配备动态激光背景，为歌舞剧伴映，为舞台背景映射激光动画、图片、特技显示等。

激光与音乐相结合，根据音乐旋律和歌舞情态变化，激光束在天幕上一会儿现出变幻的云雾，一会儿又化成无边无际、波光粼粼的大海；一会儿又化为火光闪亮，硝烟弥漫的战场；一会儿又化为蒙蒙细雨，化为彩色群星，化为飘动的轻纱……既有美妙的音乐歌声，又有随之变化的景色，情景歌声交融，着实令人陶醉。用激光做唱针放声的CD唱片和放声及图像的光盘，是激光艺术花园中的一朵奇葩。放出来的音乐非常动听，没有一点杂音，而且有身临其境之感，仿佛歌唱家、乐队就在自己的跟前演奏一样。视盘和普通录像带一样，能够播放出电视和电影节目，但它比录像带像质和音质更好。因为激光与盘表面没有机械摩擦，不会出现磨损，可以长期反复使用，而且存储信息容量大，一张普通光盘能看3h时的节目。美国洛杉矶激光介质公司是激光娱乐领域中最有实力的一家，它主要是为摇滚音乐会伴映，该公司每年举行上千次各类露天表演的激光音乐会。最惊奇的表演是在佐治亚州石头山公园。在那里他们把动画片投射到300多米高的一堵巨大石壁上，由计算机控制的十多种彩色激光束，从十几个不同地方投向石壁，并以极快的速度变换画面，同时配以激昂的音乐，使人怦然心动，取得神奇的艺术效果。每晚观众6 000人，周末多达2万人。

1988年9月夏季奥运会期间，汉城上空用激光束装点，接连表演七个晚上，表演的是激光动画、图片、特技等，这次表演给以奥运会增添了魅力和光彩。

美国视听影像公司用的配有氩-氪多色激光器的激光投影机，在纽约的一个天文馆内，举行了一场别开生面的“激光音乐会”。放映了与音乐同步瞬息多变的激光图像。这是一组进行式的摆动波图，使人有身临其境的真实感，引起观众的极大兴趣。

美国描写一部未来宇宙之战的科学幻想片“星球大战”中也运用了激光刀、激光枪及立体全息图像，耗资数千万美元。在银幕上产生了惊险奇幻的艺术效果，使影片获得极大成功。

激光绘图和书写采用功率较小的二氧化碳激光器，在丙烯板上或画布上进行烧蚀，就能绘出浓淡变化的图画。激光能在钻石和其他宝石上镌刻代码、文字、名字和信息，平均刻写尺寸可小到60 μm × 5 μm，深度仅为4 μm，需用显微镜观看。调节激光的能量密度和聚焦点的大小，它就能像刻刀一样，在有机玻璃上刻出奇异而迷人的图案。同样，激光还能在海泡石、绿松石、雪花石膏等硬度较低的宝石上进行雕刻。美国控制激光仪器公司研制出一种能广泛用于各种材料的计算机数控激光雕刻装置，它能进行高速雕刻，速度可达20mm/s。可以刻出由计算机认定的各种文字、图像或标记。可在铝、钢、钛、陶瓷以及各种硬、软塑料上进行各种规格的字，特殊形字及装饰性设计的雕刻。

2. 激光全息摄影技术

激光全息摄影是一门崭新的技术，它被人们誉为20世纪的一个奇迹。它的原理于1947年由匈牙利籍的英国物理学家丹尼斯·加博尔发现，它和普通的摄影原理完全不同。直到10多年后，美国物理学家雷夫和于帕特·倪克斯发明了激光后，全息摄影才得到实际应用。可以说，全息摄影是信息储存和激光技术结合的产物。

激光全息摄影包括记录和再现两个步骤。全息记录过程是：把激光束分成两束，一束激光直接投射在感光底片上，称为参考光束；另一束激光投射在物体上，经物体反射或者透射，就携带有物体的有关信息，称为物光束。物光束经过处理也投射在感光底片的同一区域上。在感光底片上，物光束与参考光束发生相干叠加，形成干涉条纹，这就完成了一张全息图。全息再现的方法是：用一束激光照射全息图，这束激光的频率和传输方向应该与参考光束完全一样，于是就可以再现物体的立体图像。人从不同角度看，可看到物体不同的侧面，就好像看到真实的物体一样，只是摸不到真实的物体。

20世纪80年代初，法国全息摄影展在世界各地展览，人们欣赏到了神奇莫测的全息摄影。墙头上看去明明伸出了一只水龙头，举手前去拧一下，结果是抓了个空；一只镜框，里面没有什么图像，可是当一束光射过来，框里就出现一位美丽的姑娘，她缓慢地摘下眼镜，正向人微笑致意；一只玻璃罩，里面空无一物，可是，在光的照耀下，罩里马上现出维纳斯像；在镜框上，玻璃罩内，图像还在不断地变换。图3-46~图3-48是利用该技术拍摄的三幅全息照片。

激光全息摄影的最大特点就是它的全息性。拍摄时每一点都记录在全息片的任何一点上，也就是说全息图中的每个细部都包含有被记录信息的全部内容，因此，当全息图因擦伤出现划

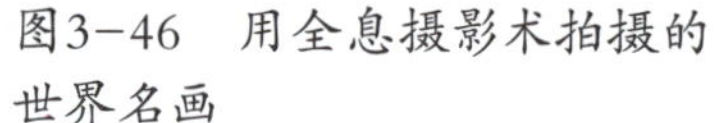
图3-46 用全息摄影术拍摄的世界名画

图3-47 用全息摄影术拍摄的云层

图3-48 用全息摄影术拍摄的花卉

痕，造成全息图局部破坏时，其记录的内容也不会丢失。尽管在还原时全息图再现的影像反差会有所下降，但是全息图所记录的全部内容仍可被显示出来。

全息摄影技术能够记录景物反射光的振幅和相位。在全息影像拍摄时，记录下光波本身以及二束光相对的位相，位相是由实物与参考光线之间位置差异造成的。从全息照片上的干涉条纹上我们看不到物体的成像，必须使用具有凝聚力的激光来准确瞄准目标照射全息片，从而再现出物光的全部信息。

3.6.4 激光技术的产业化

激光技术已渗透到各个生产领域，创造的产值持续增长。世界激光市场在1988年为250亿美元，2000年达620亿美元，其中以激光加工材料的市场增长最快，1988年为40亿美元，1995年为220亿美元。激光在信息处理、计里检测方面也有很大的发展潜力。

1. 激光加工

利用激光高亮度特性可把激光作为一种光学加工手段来对各种材料和产品进行加工，如激光焊接、打孔、切割、划片、表面热处理和微细加工等。激光加工的主要特点是适应性强，加工质量好、精度高、效率高、方法多，无公害和污染。

激光加工主要包括以下几种：

（1）激光焊接。激光除了能焊接导热性良好的材料之外，还能在保护气体中焊接熔点较高的金属：钨、铂、锆和钽。激光焊接能使平面（直径达1mm）无收缩、变形、脆化或裂缝等副作用。用100kW的二氧化碳激光焊接器可全深透焊接36cm的钢板，焊速达4.8 m／s 。

（2）激光打孔。几乎所有的材料都可以用激光打孔，无论是金属还是非金属（例如陶瓷、玻璃、石英、金刚钻石等）都能用激光很准确地打出直径仅10 μm的小孔，孔径与孔深比达1∶50。激光除能垂直打孔外，也能与材料表面成30° 角进行锐角打孔。激光打孔的速度极快，在薄壁上打孔只要一瞬间，厚壁结构的部件也只要几秒加工时间。金刚石拉丝模用机械方法打孔，要花24h，用YAG激光打孔，只需2s，提高工效43 200倍。

（3）激光切割。激光可用来切割高硬度、高熔点的金属。激光切割具有切缝窄、速度快的特点，即使是脆性材料也能够进行切割。目前，激光已成功地应用于切割钢板、钛板、石英、陶瓷、布匹以及纸张等。像陶瓷这样硬脆材料，目前多采用金刚石砂轮切割，一般只能直线切割，形状复杂的切割便很困难，而且在加工中必须经常更换和修理砂轮等。用5 000W的二氧化碳激光器，加吹氧，能加工厚度2mm的金属板，切割速度达50～300cm/s。

图3-49 激光微孔加工

图3-50 激光焊接金刚石波纹锯片

（4）激光划片。在电子工业中，在1cm^{2}面积的硅片上可制作数十个集成电路或上百个晶体管管芯，工艺上要求把它们无损伤的分割开来，以便下一步的焊接和封装。旧式的分割方法是操作者在显微镜下在基片正面反复划几次，造成较深的刻痕，然后把管芯一一掀开。这种划片方法刻痕较宽，浪费材料，辅助工艺较多，效率低，金刚石刀反复割划产生机械应力，影响管芯质量。而采用激光划片，由于激光聚焦后光斑极小，作用时间很短，因此，划片的速度快，操作方便，克服了旧式划片的缺点。而且经激光切后基片，只需轻轻一按，便可分开。切口边缘平直，质量很好。

（5）激光热处理。激光表面热处理是近十几年发展起来的新技术。激光作为热处理的工具，原因在于激光束的温度在半秒钟内可加热到760℃，且不需要淬火介质。另外，可以精确控制激光束的穿透深度，通过光学系统几乎能对任何一个几何形体进行扫描。用激光对金属表面加热，可产生相变硬化、熔化和冲击作用。

航空发动机汽缸经激光淬硬后，可获得60～65HRC的硬度，淬火变形小（不超过0.05mm），并可大大缩短淬硬所需时间。

激光溶化（涂覆技术）与传统的透炭、渗铬、氮化等合金化方法相比，具有效率高、合金元素和能量消耗少、变形小等优点。与通常的热喷镀、电镀、离子镀等工艺相比，具有缩短涂层制备时间，黏结牢固。涂复层可以控制、材料省和避免裂纹等优点。

激光冲击硬化技术是正在开发中的一种材料表面改性技术。激光冲击能提高大部分材料的硬度、强度，尤其对铝合金，可提高疲劳强度3倍。

20世纪80年代以来，国外激光加工机床普及速度非常惊人。近几年，日本已有几千台激光机床投入使用。在美国直接或间接从事航空航天工业的公司至少有3 000家，这些企业均采用激光加工技术。

2. 激光测距

激光的高方向性，表明它具有在极远的距离上传播光能的能力，从而实现远距离激光测距。激光测距方法有：基准脉冲技术法，调幅连续光波法和干涉方法。

用激光测量月球和地球之间距离。从地球射向月球一束激光，测量出从激光出发到反射回来的时间间隔，就可计算出地球到月球之间的距离。为了增强反射光强，人们在月球上放了反射镜。至今为止已安置到月球上五组立体棱镜反射镜（即A11、A14、A15、L17和L21棱镜反射器）。

“阿波罗11”号登月成功后，刚把反射器放置好不久，美国天文观测所、克里天文台、麦克康天文台就相继用激光测量了地球到月球的距离。报称，现在精度已达到 1.5m，进一步精度可提高到 10cm。要知道，地月之间距离约38万km，10cm的精度是相当惊人的，这是过去传统的光视差测量法（准确度为±3.2km）和雷达脉冲法（准确度为±11km）所不可能达到的，普通光源更难以办到。假设一个直径为10mm的普通圆形面光源，置于口径为1m的凸透镜或抛物面镜的焦点上，形成平行光束，射向离地球约38万km的月球，光束直径将达3 800km，将包围整个月球，因为月球的直径为3 476km，这时月球表面的光强减少到发射处的 10^{-13}。这束光如果再返回地球，光能再次衰减10^{-13}。这就是说，光在地球和月球之间往返一次后，其光强减弱为原来的

10^{-26}，按目前的技术水平，检测如此微弱的光是极其困难的。

3. 激光清除海面浮油

俄国研制出一种激光装置，可利用激光清除海洋表面的石油。在利用机械清除水面上的石油或者利用分散剂使石油中和以后，水面上总会留下一层石油薄膜。据生态学家调查，世界海洋的表面有很大一部分被这种薄膜覆盖，污染严重，对生态环境造成影响。用来清除这层薄膜的激光装置就叫做“薄膜”。可安装在船上来探测和清除石油薄膜。其工作原理是利用激光射线加热水面的石油薄膜，使之蒸发。再由专门的吸收装置吸掉水汽混合物，吸收装置的工作原理类似吸尘器。此装置的奥妙之处在于它既能吸掉薄膜，又能很少吸进海水。

这种装置可安装在任何舰船上。整个装置由下列部分组成：激光器、操作装置、探测装置和清除装置。此外还附有红外光学电子观测仪和工业电视。为了遥测石油薄膜的各项参数，以及及时掌握薄膜的温度变化，在100m距离以内发射激光时，利用温度测量仪和激光雷达光谱仪进行探测，以选择最佳工作方式并利用计算机处理各种数据。这种激光装置的功率为5kW，除污能力为每小时60kg石油。如果水面很大，该公司可提供功率为 100kW的装置，除污能力为每小时15t石油。激光除污装置的优点是：它的工作效率不受石油成分、黏度、波浪（4级浪以下）以及昼夜时间的影响，也不需要通常用清除油污的专门设备——防栅、大功率泵、分离器、大容量的储油地等。据称，船用“薄膜”装置不仅能探明油污厚度，还能测出其质量，化学成分，甚至能确定石油生产国。

4. 激光通信

用光传递信息，在今天仍十分普遍，比如船只用灯语通令，交通用红、黄、绿三色调度等。但所有这些用普通光传递信息的方式，都只能局限在短距离内，要想把信息通过光直接传到较远的地方，就不能用普通光。激光亮度高，颜色佳，方向性好，是传递信息的最理想的光源，激光从细如发丝的光导纤维的一端输入，几乎没有什么损失就能从另一端输出。激光通信的优点是容量大，保密性强，经久耐用。用于激光的频率要比无线电波高得多，所以激光通信的信息容量要比电气通信大10亿倍，由20根光纤组成的光缆只有一支铅笔那么粗细，每天可以通话76 200人次，而由1 800根铜线组成的电缆，直径约 7.6cm，每天却只能通话900人次。

光纤通信特别适合电视、图像和数字的传递。据报道，一对光纤可在一分钟内传递全套“大英百科全书”。此外，制造光导纤维的材料是地球上到处都有的沙子，只要几克石英，就能造出近千米的纤维，不仅原材料取之不尽，还可大大节省铜和铝材。

图3-51 嫦娥一号与地面指挥中心进行激光通信

激光的相干性、单色性和方向性，还使它成为远距离通信的理想载体。在理论上，光的频段宽度达到$10^{13}\sim10^{15}$Hz的带宽，对每路仅4kHz的电话，可容纳100亿路之多；对带宽为10MHz的彩色电视，也可同时传输1 000万套电视节目而不相互干扰。由此可见，一旦激光卫星通信投入实际应用之后，由于其具有容量大和抗干扰性强等特点，不仅能扩大通信容量，缓和通信频段拥挤的局面，而且可避免洲际通信时的时延现象发生，是实现空间通信和准确快速、保密性强的军事卫星通信的重要途径。卫星激光通信技术无论是在静止轨道上的卫星，还是低轨道的卫星、飞船、航天飞机、空间站，以及深空探测器，都可以利用激光通信技术将它们连接在一起，形成一条无形的光学链路，使信息畅通无阻，因而空间信息高速公路成为名符其实的高速公路。

5. **激光计算机**

目前，美国、日本的不少公司都不惜巨资研制激光计算机。预计在最近10年内，将开发出超级激光计算机，运算速度至少比现在的计算机快1 000倍。以激光为基础的计算机能广泛地用来执行一些新任务，例如预测天气、气候等一些复杂而多变的过程。它还可以应用在电话的传输上，因为电话信号现在逐步由光导纤维中的激光束来传送，如果用激光计算机来处理这些信号，就不必像现在这样，需要先在电话局里将携带声音的光脉冲发送出去。即可省掉光—电—光转换过程，直接将携带声音信号的光脉冲加以处理后发送出去，便大大提高了传送效率。

由于激光计算机善于进行大量的运算，所以能高效地直接处理视觉形式、声波形式以用其他任何自然形式的信息。此外，它还是识别和合成语言、图画和手势的理想工具。这样，激光计算机就能以最自然形式实现人机对话和人机交流。

3.7 激光技术与科研开发

3.7.1 激光与科学研究

科学家采用各种各样的方法探索微观世界和宏观世界的变化，开拓新的科学技术领域，激光技术是其中非常有效的方法。

1. **激光光谱学研究**

激光的出现把物理和化学等基础学科的研究推进一个崭新的阶段。激光与光谱学的结合形成了激光光谱学。光谱技术已有几百年历史，如今是非常重要的分析技术。早在19世纪中叶，科学家用分光镜就能检测出三百万分之一毫克的物质。今天光谱技术引入激光之后，开创了光谱技术新天地，它的分析灵敏度和分辨本领高得惊人。

用激光光谱仪对检测物质进行分析，其绝对灵敏度可达$10^{-12}\sim10^{-16}$g，分析只需要微量的样品，一般在微克左右。分析区域也极小，为10～100μm，在地质部门和公安部门都有很重要的应用价值。地质部门利用这种光谱技术鉴定微细疑难矿物，分析花岗岩中的石英、黑云母和白云母的微量元素，鉴定诸如砷镍矿、红锑矿、毒砂、钙铬榴石等原先猜测的矿物，公安部门则利用这门技术分析作案现场留下的微量金属屑末、血迹等，协助破案。

2. **激光检测技术**

采用激光技术进行工业检测能大大提高检测效率和质量。激光检测是非接触式的，不直接碰触物体，不影响测量对象和现场，还可遥测，比较方便地对处在高温或者不宜接近的有害场所做检测。同时激光检测与电子技术相结合，能实现自动化检测和在线检测。

激光技术还用于导向和准直。生产过程中经常碰到导向和准直的问题。比如矿井坑道的掘进过程中，就需要仪器给挖掘机导向，让它定向直线掘进。高层建筑安装电梯、大型发电机组安装转子，造大轮船时调整发动机主轴系统、定中心线等，都需要一条准直线。激光有很好的方向性，亮度又高，用它作准直线和导向，操作简便、快捷，而且精度高。有一家大型电厂采用激光准直仪配合安装30万kW汽轮机组，缩短工程40天，相当于多发电2亿kW·h。在某煤矿采用激光导向仪施工，曾连续两次创下开掘进世界纪录。在某大桥工程中，采用激光准直仪配合施工，70多米高的桥墩偏差不到1mm，远远高于原设计要求的精度。造轮船采用激光准直仪定中心线，精度比一般方法提高一个数量级，工效提高2～60倍。

用激光检测表面质量和形状也被广泛应用。过去，在生产线上检验产品表面质量，很大一部分工作是由工人观察鉴别。这不仅劳动强度大，眼睛容易疲劳，而且工效低，漏检率也比较高。采用激光代替眼睛观察检查，检查速度快，漏检率低，并且还能在生产线上对产品表面质量进行分类，检查的项目有：纸张、磁带、玻璃、纺织品、电子线路等元件的疵点、压痕、裂纹、针孔等。还能在生产线上可以检测0.1mm的疵点，测量表面粗糙度和精度达0.05 μm。

利用激光全息技术能够比较方便地检查设备的热变形、静态刚度，帮助工程师了解设备中的薄弱环节，改进设备的设计，提高产品质量。利用激光技术也可以测量和分析设备的机械振动的振型。汽轮机生产厂就是用这种技术，检验叶片振动频率和叶片的加工精度。

3. **激光三维扫描**

激光三维扫描仪可通过非接触式方式直接获取零件的高精度三维数据，通过软件构造曲面或实体使之成为所需的三维数据模型，以便进行二次设计或者是直接加工。这种技术常用于复杂机电产品（外形）的逆向工程之中，即在没有设计图纸或者设计图纸不完整以及没有CAD模型的情况下，按照现有零件的实物模型（或称为零件原形），利用各种数字化技术及CAD技术重新构造原形CAD模型的过程（可参见第8章有关内容）。

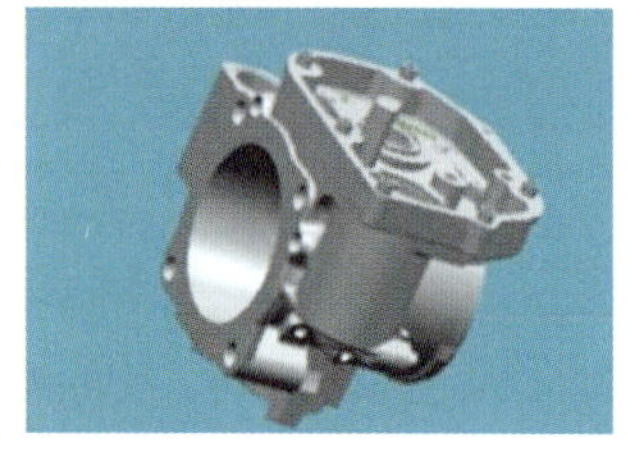

图3-52 复杂机械零部件激光扫描

4. **激光快速成形**

激光快速成形是利用激光作为能源，对CAD模型直接驱动的快速制造任意复杂形状三维物理实体的技术总称。常用的是SLA和SLS两种工艺，如图3-53、图3-54所示。

SLA（立体光固化成形）工艺是基于液态光敏树脂的光聚合原理工作的。这种液态材料在一定波长（325或355nm）和强度（W=10～400mW）的紫外光的照射下能迅速发生光聚合反应，分子量急剧增大，材料也就从液态转变成固态。液槽中盛满液态光固化树脂，激光束在偏转镜作用下，能在液态表面上扫描，扫描的轨迹及激光的有无均由计算机控制，光点扫描到的地方，液体就固化。成型开始时，工作平台位于液面下一个确定的深度处，液面始终处于激光的

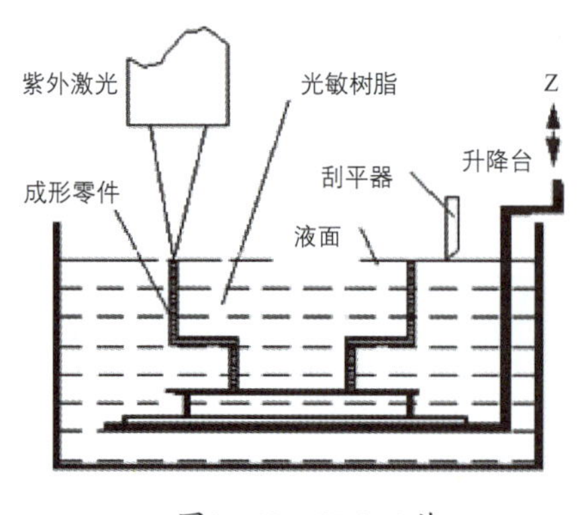

图3-53 SLA工艺

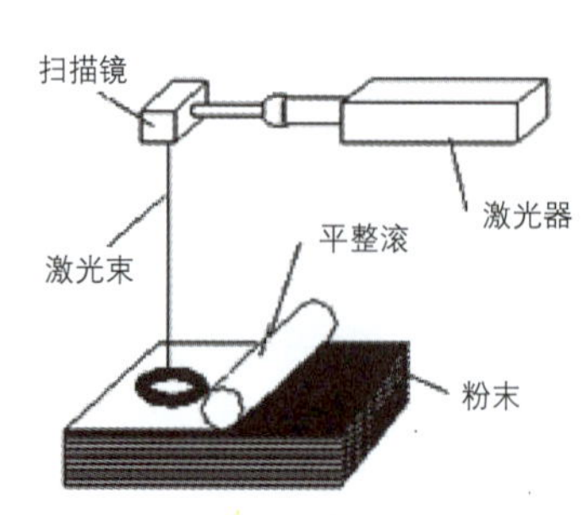

图3-54 SLS工艺

焦平面，聚焦后的光斑在液面上按计算机的指令逐点扫描，即逐点固化。当一层扫描完成后，未被照射的地方仍是液态树脂。然后升降台带动平台下降一层高度，已成型的层面上又布满一层树脂，刮平器将黏度较大的树脂液面刮平，然后再进行下一层的扫描，新固化的一层牢固地粘在前一层上，如此重复直到整个零件制造完毕，得到一个三维实体模型。

SLS工艺又称为选择性激光烧结，由美国德克萨斯大学奥斯汀分校的C.R. Dechard于1989年研制成功。SLS工艺是利用粉末状材料成形的。将材料粉末铺洒在已成形零件的上表面，并刮平；用高强度的CO_2激光器在刚铺的新层上扫描出零件截面；材料粉末在高强度的激光照射下被烧结在一起，得到零件的截面，并与下面已成形的部分粘接；当一层截面烧结完后，铺上新的一层材料粉末，选择地烧结下层截面。

3.7.2 激光与新技术开发

激光技术在一些世界前沿科学技术开发中起着重要作用。可控核聚变（两个质量轻的原子聚合成一个较重的原子核）是世界重大科学研究课题，它成功之后，便可以找到一种用之不竭的能源。利用激光把两个原子核聚合（即激光核聚变）是目前最有希望的两条途径之一。我国从20世纪60年代中期就开始这项研究。在20世纪70年代用激光打在氘靶上。产生出了热中子，从而使这项研究挤入世界先进水平的行列，20世纪80年代，中国科学院上海精密机械研究所建成一台输出功率1 012W的激光装置。利用这个装置在核聚变研究上取得了一系列重大成果，其中不少达到世界领先水平。

X射线激光是另一项受人注目的研究课题，它的出现对许多重大科学技术的发展都有重要意义，特别是在生物技术研究中，它能帮助我们拍摄到活的生物组织、生物细胞、生物分子的三维立体图像。

利用激光产生的力，可以分离病毒，还可以抓住原子、分子供我们拍照、研究。

由于光在介质中传播速度快（约为30万km/s）。几束光穿插传播时，彼此不发生干扰，也不受电磁场的影响。所以，用光进行传播、存储、交换信息、处理速度快捷，数量大。激光计算机就是计算机技术中的一种前沿技术，而激光技术又是其中的关键技术之一。在将来的宇宙卫星通信中，激光技术也是不可缺少的。2002年上海市激光研究所开发了六项与时俱进的激光应用技术：

（1）绿色环保的激光高速打码技术——Laser Coding主要应用于GMP方式流水生产的各种药品、饮料、保健品包装所用的塑料容器瓶、纸盒标签表面永久性打上生产日期、批号、最佳食用期。

（2）回归自然的激光绘画技术和激光标刻技术——Laser Engraving and Laser Marking主要用在非金属材料像木材、塑料、玻璃、大理石、陶瓷或在各种金属材料表面。

（3）现代制造业的不可缺少的先进加工技术——激光切割、激光打孔、激光焊接、激光调阻、调频、激光细微加工以及激光立体成型等。主要应用于汽车、微电子、光通信、光显示、航天航空以及现代生物等领域。

（4）动感绚丽的数码激光全息制版技术——Digital Holographic Imaging主要应用在名优产品防伪包装、装饰材料、旅游纪念品等。

（5）气势恢弘的都市空间世纪之光——Light Projector and Performance主要应用在城市标志性场所、重大节庆活动、都市广告等。

（6）有利于生命健康的激光生物医疗技术——激光内照射仪，可以增加血红细胞活力，提高携氧量，运动恢复，戒毒理疗，降血脂。激光美容技术可以用激光去皱纹、消疤痕、激光脱毛、激光消纹身。

3.7.3 激光与新能源开发

1. 激光分离同位素

以二次世界大战末期，美国与1945年将绰号为“小男孩”和“胖子”的两颗原子弹，分别投到了日本广岛和长崎两座城市上空，导致了太平洋战争的结束，同时也给两个城市和居民造成了巨大破坏和伤亡，其威力超过历史上任何一种武器。自从出现了原子弹之后，就有人设想如何将这种巨大的核能造福于人类。爱因斯坦有一个著名的质能关系公式：

$$E = mc^2$$

该公式表明极少的质量就可以转化为极大的能量，例如1g质量的铀所具有的能量足够一盏1 000W的电灯点燃2 850年，或相当燃烧2 000t汽油。1kg铀完全分裂产生的能量，相当于2万tTNT爆炸时所放出的能量。

核电站用的燃料是铀。在铀家族中相对原子质量是238的称为铀-238，相对原子质量是235的称为铀-235，相对原子质量是234的称铀-234。这三种同位素中，只有铀-235才能作为核电站的原料。偏偏自然界中铀-235的含量很少。在铀矿中铀-238占 99.28％；铀-234占 0.01％；铀-235占0.71%。因此在铀燃料中铀-238和铀-234就成了杂质，这就需要提纯，即把铀-235从其他同位素中分离出来，使其在总数中占3％以上，就可以送到核电站做燃料了。

人们为了把铀-235的含量从原来的0.71％提高到3.2%，想了许多办法，其中气体扩散法和离心法是比较成功的。但这两种方法的技术和设备是比较复杂的，成本非常高。如造一座气体扩散铀燃料生产工厂，得投资30亿元，耗电达200万kW，要经历上千道工序，生产出来的铀比黄金还贵得多。

由于不同的同位素原子或分子的能级结构有十分微小的差异，所以激光出现以后，人们就利用其优异的单色性，对不同的同位素进行选择性的激发，达到分离的目的。自从1970年世界上首次用氟化氢气体激光器成功地分离了氢同位素以来，用激光法分离其他多种同位素也取得成功。用激光技术把同位素铀-238与铀-235分离开来，从而达到提纯铀燃料的目的。其具体步骤是：首先把铀矿石采用局部加热等方法使之变成蒸气，然后利用铀-238和铀-235在某些光谱线上的微小差异。用适当波长的激光，分步选择激发铀-235并使之电离，而不激发铀-238，使其保持中性。然后让这种铀蒸气流过电场，被电离的铀-235在通过电场时被负极吸引过去。其余的两种同位素铀-238和铀-234没有发生电离，不会在电场中发生偏转，沿气流方向流出电场，聚集电场的负极附近的铀-235离子，在这里俘获了电子后还原成原子。这样我们就可以在这阴极附近搜集到含铀-235的量较高的铀燃料了。

日本原子能研究所声称，用实验室规模的激光浓缩装置，从天然铀矿石中1h可以分离并回收0.01g核电站燃料铀-235。效率是美国和法国正在使用的气扩散法的10倍左右，所以被日本政府定为解决21世纪能源问题的“国策”之一。

2. 激光核聚变

用铀-235做燃料的核电站，一个难以解决的问题就是放射性废弃物处理十分困难。而且地球上的铀矿资源有限，而对人类日益增长的对电力的需求。能不能找到比现有的核电站更“干净”、效率更高、更丰富的能源供应发电的方法，就成为摆在一代人面前的一个重大课题。而激光技术很可能就是解决这一课题的一把钥匙。

1952年11月1日，美国爆炸了世界上第一颗氢弹，爆炸力相当于1 000万tTNT炸药，等于 500颗在广岛、长崎投下的原子弹的当量。1954年3月1日，美国在太平洋的比基尼岛上爆炸一颗称为“氢铀弹”的氢弹，其威力相当于1 500万t NT炸药。这使人们看到热核聚变反应所潜在的巨大能量。

除了重核分裂能释放巨大能量以外，氢核聚合较重的核也能放出巨大的能量。例如，由4个氢核合成氦核，就释放出28MeV的能量。这种合成原子核的反应叫聚变反应。氢的三种同位素中，最普通的叫氕（H），水就是由它和氧组成，但它最难发生聚变。这是因为它的核只有一个质子，没有中子。重氢又叫^{2}H，它的核中有一个质子和一个中子，质量数是2，通常称为氘。超重氢又叫^{3}H，它的核中有一个质子和2个中子，质量数是3，通常叫氚；因为氘和氚比氢容易发生聚变，所以被选中作核聚变的材料。在自然界中，氘的含量很丰富。1L水中所含氘聚变后放出的能量，大致相当于燃烧300 L汽油。1g氘所产生的能量，可达350MJ，相当1万L石油燃烧所放出的能量。在海洋里大约含有35万亿t的氘，这些氘的聚变反应所放出的能量，可供人类使用一二百亿年。

氘既然宜于核聚变，又有许多铀所不能比拟的优点，为什么人们迟迟不能用呢？这要从核聚变的条件谈起。

由于原子核带正电，核与核之间有静电库仑斥力，不易靠近，所以必须设法克服库仑斥力，才能发生聚变反应。通常的氢弹爆炸，就是利用装在它里面的一颗小原子弹爆炸为引信，在原子弹爆炸的瞬间产生几千万度的高温，使燃烧热运动能增大，点燃核聚变反应所需高温，通常叫点火温度，由于这个温度为几千万摄氏度到1亿摄氏度以上，所以核聚变反应通常称为热核聚变反应。点火后，要使它顺利地燃烧下去，必须有两个条件：一是核燃料要达到一定的密度，二是要使这个密度维持一定的时间。这就是所谓的“劳森条件”。目前比较实用的能达到劳森条件的装置有两大类：一种是托卡马克设计的环形腔，能使氘和氚经高温变成等离子体，绕磁力线在环形腔内转圈子，即所谓的“环形约束法”。我国于1984年11月建成的“中国环流器一号”，日本正在建造的4 000t巨大环形核聚变实验堆均属此类。这种装置复杂、庞大、昂贵又不安全，尤其是距点火温度差得尚远。另一种是利用高能脉冲激光聚焦，在直径百分之几到千分之几毫米范围内，产生几百万度的高温。几百万大气压和每平方厘米几百万伏的强电场，以达到劳森条件，这种原理被称为“惯性约束方法”。作为惯性约束核聚变技术的“核聚变快点火（Fast Ignition）”概念是1994年由美国劳伦斯利弗莫尔国家实验室正式发表的，通过利用超高强度短激光脉冲来实现内爆靶丸的快点火，直至引发核聚变。

据美国罗彻斯特大学的激光能量实验室在2008年5月16日发布的消息，该实验室从2001年以来，连续花费7年时间建造的具有历史上最高瞬时输出功率的激光系统“OMEGA EP”已经完成，现在已经可以投入实际使用，如图3-55所示。

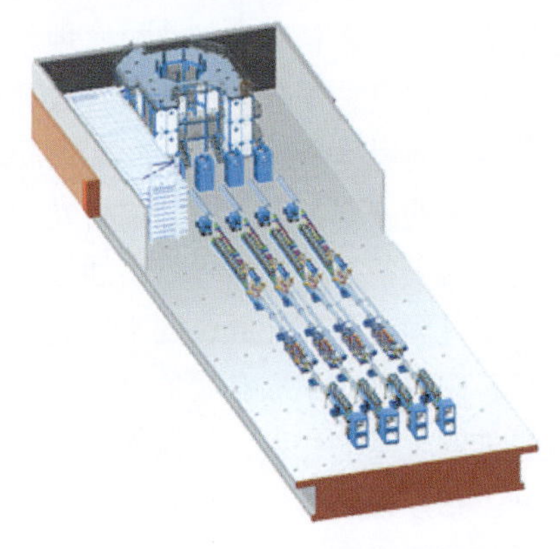

图3-55 “OMEGA EP”核聚变激光快点火系统

“OMEGA EP”是用于快点火实验的，利用4光束线玻璃激光器（glass laser）能够在1～10ps内输出2.6 KJ脉冲的激光系统，这个系统的特征是分为4系统的激光光束利用4路主增幅器进行增幅。现在为惯性约束核聚变而建造的超高强度激光装置，除了OMEGA EP以外，美国弗莫尔国家实验室的“诺瓦”系统NIF（国家点火装置）、法国里梅尔的“太阳神”激光系统LMJ（兆焦耳激光器）、中国上海光机所的“神光-Ⅲ”等，目前都在建设中，为了激光核聚变的早日实现，各国正在展开竞争。

这次OMEGA EP的建成及投入使用，意味着美国在激光核聚变领域的领先地位又扩大了。超高强度激光还可以用于亚临界的核试验，作为不用进行核爆炸实验就可以开发核弹的技术，对拥有核武器的国家很有吸引力。

在激光向心照射的约束聚变中，直径仅为数毫米的氘氚混合燃料球形靶丸，在十亿分之几秒内，辐射出几百万焦耳的能量，在加热面形成等离子体包膜，包膜降压时因反冲造成中心压缩；此时中心密度大于氘氚液体密度的1 000倍，点火温度达到1亿度，点火后产生聚变反应靶丸通过辐射出的α粒子波加热到所需温度，开始燃烧。燃烧可以放出几亿焦耳的能量，采用工程技术把这种热能转变为可供使用的电能，就实现了核聚变发电的目的。

3.7.4 激光技术的发展前景

1. 迎接光子时代的到来

自从世界上第一台激光器问世至今，激光已涉足于许多科学学科和技术领域，并分化出不少重要的分支学科和交叉学科，激光技术、纤维光学和集成光学，也打开了光计算机的信息传输、存储和处理的时代的大门。

光计算机给人们带来了美好的希望。电子计算机发展到今日；却始终没有脱离电子学的范畴，运算速度和存储容量均已不能满足突飞猛进发展的科学技术的需要。集成光学和激光技术为研制运算速度极快、存储容量极大、使用稳定可靠的光计算机提供了基础条件。光模拟计算机在几分钟里就可以完成电子计算机几天才能完成的工作量。现在，科学家们正在向特高运算速度和特大信息存储量的光数字计算机进攻。

光子学作为一门新学科必将迅速发展起来，同时，还将促进其他学科的发展。一些新学科将不断涌现出来，如光子物理学、光子化学、光子生物学、光子医学等。

光子科学技术不断出现的新成就，对现代化社会的影响是无法估量的。到那时，天上飞的是用光子充填燃料的宇航飞机，地下跑的是光子发动机驱动的各种车辆，家庭里用的是多种多样的光子器具，军队装备的是各式各样的光子武器……如同今天的煤、油、电一样，光子科学技术将渗透到整个社会肌体的各个部位，成为人类生产和生活中不可缺少的东西。

未来的家庭，电子将让位给光子。在你的光子化家庭里，只要按动那台用集成光学元件制造的终端设备，激光信号就会通过光学纤维构成的光缆网络联系于办公室、商场、电台……你可以通过面前的荧光屏，同千里之外的亲人会晤，和办公室里的同事交谈，跟商场里的售货员订货，向图书馆索取有用的资料，以及阅读新闻、科技情报。在你的家庭里，你的光智能计算机是你的忠实的仆人，控制着空调设备调节室温，控制家用电器来烹调食物、开窗关门、清扫房间。茶余饭后，你坐在舒适的沙发上，可以用手中的微型光控器，打开面前的光视机，观看光纤传来的丰富多彩全息彩色光机节目，那是立体的景象，真实的景象！到那时，光子将成为人类的第一助手，处处为人类服务。人类将生活在一个崭新的光子时代里！

2. **未来太空城中的激光应用**

“嫦娥奔月”、“牛郎织女”、“孙悟空大闹天空”……这些在我国流传着多少关于“天宫”的神话故事，现代的小外科幻小说或电视剧目，更是不乏有关太空城市与生活的描写。当然，人类是不会停留在神话故事、科学幻想里面的。人类正在创造条件，现代科学技术的各个领域，正在突飞猛进地发展，人类终有一天会以现在的空间站为基础建立起“太空城”、“太空村”，到那里去进行科学实验，制造新材料和新产品。

因为太空里有地球上所不具备的或很难获得的实验条件，如低温、真空、失重和无菌等。在那样的特殊条件下，一些物质将具有优异的特性，一些实验会呈现出异乎寻常的现象，因而给科学技术带来新的突破，使人类获得新的生产力。

人们在“太空城”里工作和生活，第一需要是氧气，如何把氧气输送到遥远的“太空城”里去呢？我们看到，自来水管能到千家万户，煤气管道将煤气送进每家每户。那么，采用什么管能把氧气或其他气体从地球输送到月球的或其他的“太空城”、“太空村”里去呢？科学家认为，将来激光有可能成为行星距离间输送氧气及其他气体的有效管道。这可真是科学发达，无奇不有，光还能成为“管道”！

到太空去工作和生活，这一天已经为期不远了。到那时，人们在“太空城”里办工厂，在“太空村”里种蔬菜，好一派生机盎然的喜人景象。

3. **未来的宇宙飞船**

对未来的宇宙飞船，科学家们作出种种设想；如量子飞船、光子飞船、原子能飞船、太阳帆飞船、等离子体飞船等。太阳帆飞船是麦克斯韦提出的预言，它是以太阳的压力为动力，太阳光线就好像“宇宙风”一样，推动着宇宙飞船的“船帆”而使飞船前进。

自从方向性极强的激光问世以后，科学家们又预言：激光可以作为未来宇宙飞船动力。如果太阳光线能够给宇宙空间里自由飘荡的物体加速的话；那么，激光这样强大的辐射光束也完全可能给宇宙飞船加速。科学家们认为，实现激光动力飞船的可能性，不会比实现前面设想的种种飞船的可能性小。从物理学的观点来看，各种发动机无非是利用反作用力，激光发动机的反作用力能由具有质量的光子产生。

美国着手研究以激光为动力，推进航天飞行器的飞行，已经取得卓有成效的结果。激光航天飞行器实际上就是激光飞船，它以激光为动力往返于地面与空间轨道站飞行，来回运送人员和器材，实现空间研究和制造。它起飞像火箭，垂直而起，返回大气层时又像飞机一样，滑翔到地面作水平着陆。它不需要火箭发射，也不使火箭燃料，费用低廉，其发射费用仅为航天飞机的 0.1%，每千克有效载荷6~9美元。

第4章　材料科学与新材料技术

4.1　材料科学简介

材料是人类赖以生存和发展的物质基础，是社会生产力的三大重要因素之一。20世纪70年代，人们把信息、材料和能源作为社会文明的支柱。20世纪80年代，随着高技术群的兴起，又把新材料与信息技术、生物技术并列作为新技术革命的重要标志。现代社会，材料已成为国民经济建设、国防建设和人民生活的重要组成部分。

材料是指人们可以用来做成器件、结构件或其他可供使用的物质。所谓新材料（或称先进材料）是指新近发展或正在发展之中的具有比传统材料的性能更为优异的一类材料。材料科学是研究材料的组织结构、性质、生产流程和使用效能，以及它们之间相互关系的科学。材料科学是多学科交叉与结合的结晶，是一门与工程技术密不可分的应用科学。

材料是人类用来制造机器、构件、器件和其他产品的物质。但并不是所有物质都可称为材料，如燃料和化工原料、工业化学品、食物和药品等，一般都不算作材料。材料可按多种方法进行分类。按物理化学属性分为金属材料、无机非金属材料、有机高分子材料和复合材料。按用途分为电子材料、宇航材料、建筑材料、能源材料、生物材料等。实际应用中又常分为结构材料和功能材料。结构材料是以力学性质为基础，用以制造以受力为主的构件。结构材料也有物理性能或化学性能的要求，如光泽、热导率、抗辐射能力、抗氧化、抗腐蚀能力等。根据材料用途不同，对性能的要求也不一样。功能材料主要是利用物质的物理、化学性能或生物现象等对外界变化产生的不同反应而制成的一类材料。如半导体材料、超导材料、光电子材料、磁性材料、生物医学工程材料等。

每一种新材料的出现和应用，都把人类支配自然的能力提高到一个新的水平。材料科学技术的每一次重大突破，都会引起生产技术的革命，都会加速社会发展的过程。进入20世纪中叶以来，科学技术突飞猛进，世界各国对新材料的研究和开发都十分重视，作为新技术革命支柱的新材料的研究异常活跃，出现了一个材料革命的新时代。

新材料与新技术密切相关，常常是多种学科的相互交叉和渗透的结果，新材料是新技术发展的必要物质基础，是当代技术革命的先导。在新材料的设计、制备、性能检测等方面往往都需要高新技术，而某些未来的高新技术的实现往往依赖于新材料的研制。所以说新材料是高技术的一部分，同时又为高技术服务。

新材料具有那些传统材料（金属材料、非金属材料）所不具备的特殊性质和功能，新材料的六大特征如下：

（1）表征性。新材料是生产力发展的产物，社会进步的结果，历史前进的必然，也是人类文明的表征。新材料的研究水平与产业化程度已成为衡量一个国家和地区经济发展、科技进步和国防实力的重要标志。

（2）先导性。新材料是发展其他高新技术的先导、基础与支撑，是一切高新技术付诸实施的前提与条件。

（3）依托性。新材料通常是采用高新技术研究与开发出来的。新材料来源并依托于科技创新。

（4）时间性。新材料大多是新近出现与创制出来的，或正处在研究开发与发展之中的材料。

（5）优能性。新材料具有传统材料无法企及、无法比拟或更为优异的综合性能与特殊功能。

（6）新颖性。新材料与传统材料相比，往往具有更为新颖的化学组成、更为合理的组织结构、更为出色的加工性能或更为适用的色泽外形等。

4.1.1 材料科学的形成与发展简史

1. 材料科学的形成

材料是早已存在的名词，但“材料科学”则是在20世纪60年代提出的。1957年，前苏联人造地球卫星发射成功之后，美国政府及科技界为之震惊，并认识到先进材料对于高技术发展的重要性，于是在一些大学相继成立了十余个材料科学研究中心，从此，材料科学这一名词开始被人们广泛地引用。

材料科学的形成是科学技术发展的结果，可以从以下几个方面加以证明：

（1）固体物理、无机化学、有机化学、物理化学等学科的发展，对物质结构和物性的深入研究，推动了对材料本质的研究和了解；同时，冶金学、金属学、陶瓷学等对材料本身的研究也大大加强，从而对材料的制备、结构和性能，以及它们之间的相互关系的研究也越来越深入，这为材料科学的形成打下了比较坚实的基础。

（2）在材料科学这个名词出现以前，金属材料、高分子材料与陶瓷材料科学都已自成体系，它们之间存在颇多相似之处，可以相互借鉴，促进本学科的发展。如马氏体相变本来是金属学家提出来的，而且广泛地用来作为钢热处理的理论基础。但在氧化锆陶瓷材料中也发现了马氏体相变现象，并用来作为陶瓷增韧的一种有效手段。

（3）各类材料的研究设备与生产手段也有很多相似之处。虽然不同类型的材料各有专用测试设备与生产装置，但更多的是相同或相近的，如显微镜、电子显微镜、表面测试及物理性能和力学性能测试设备等。在材料生产中，许多加工装置也是通用的。研究设备与生产装备的通用不但节约了资金，更重要的是相互得到启发和借鉴，加速了材料的发展。

（4）科学技术的发展，要求不同类型的材料之间能相互代替，充分发挥各类材料的优越性，以达到物尽其用的目的。长期以来，金属、高分子及无机非金属材料学科相互分割，自成体系。由于互不了解，习惯于使用金属材料的想不到采用高分子材料，即使想用，又对其不太了解，不敢问津。相反，习惯于用高分子材料的，也不想用金属材料或陶瓷材料。因此，科学技术发展对材料提出的新的要求，促进了材料科学的形成。

（5）复合材料的发展，将各种材料有机地连成了一体。复合材料在多数情况下是不同类型材料的组合，通过材料科学的研究，可以对各种类型材料有一个更深入的了解，为复合材料的发展提供必要的基础。

2. 材料科学发展简史

人类社会的发展历程，是以材料为主要标志的。100多万年以前，原始人以石头作为工具，称旧石器时代。1万年以前，人类对石器进行加工，使之成为器皿和精致的工具，从而进入新石器时代。新石器时代后期，出现了利用黏土烧制的陶器。人类在寻找石器过程中认识了矿石，并在烧陶生产中发展了冶铜术，开创了冶金技术。公元前5000年，人类进入青铜器时代。公元前1200年，人类开始使用铸铁，从而进入了铁器时代。随着技术的进步，又发展了钢的制造技术。18世纪，钢铁工业的发展，成为产业革命的重要内容和物质基础。19世纪中叶，现代平炉和转炉炼钢技术的出现，使人类真正进入了钢铁时代。与此同时，铜、铅、锌等非铁金属也大量得到应用，铝、镁、钛等金属也相继得到应用。直到20世纪中叶，金属材料在材料工业中一直占有主导地位。

20世纪中叶以后，科学技术迅猛发展，作为“发明之母”和“产业粮食”的新材料又出现了划时代的变化。首先是人工合成高分子材料问世，并得到广泛应用。先后出现尼龙、聚乙烯、聚丙烯、聚四氟乙烯等塑料，以及维尼纶、合成橡胶、新型工程塑料、高分子合金和功能高分子材料等。仅半个世纪时间，高分子材料已与有上千年历史的金属材料并驾齐驱，并在年产量的体积上已超过了钢材，成为国民经济、国防尖端科学和高科技领域不可缺少的材料。其次是陶瓷材料的发展。陶瓷是人类最早利用自然界所提供的原料制造而成的材料。20世纪50年代，合成化工原料和特殊制备工艺的发展，使陶瓷材料产生了一个飞跃，出现了从传统陶瓷向先进陶瓷的转变，许多新型功能陶瓷形成了产业，满足了电力、电子技术和航天技术的发展和需要。

结构材料的发展，推动了功能材料的进步。20世纪初，开始对半导体材料进行研究，50年代，制备出锗单晶，后又制备出硅单晶和化合物半导体等，使电子技术领域由电子管发展到晶体管、集成电路、大规模和超大规模集成电路。半导体材料的应用和发展，使人类社会进入了信息时代。

现代材料科学技术的发展，促进了金属、非金属无机材料和高分子材料之间的密切联系，从而出现了一个新的材料领域——复合材料。复合材料以一种材料为基体，另一种或几种材料为增强体，可获得比单一材料更优越的性能。复合材料作为高性能的结构材料和功能材料，不仅用于航空航天领域，而且在现代民用工业、能源技术和信息技术方面不断扩大应用。

4.1.2 材料科学的成果转化及应用

研究与发展材料的目的在于应用，而材料必须通过合理的工艺流程才能制备出有实用价值的材料来，通过批量生产才能成为工程材料。在将实验室的研究成果变成实用的工程材料过程中，材料的制备工艺、检测技术、计算机技术等起着重要的作用。材料的实用研究构成了材料科学与技术的结合点。

1. 制备工艺

材料制备工艺是发展材料的基础。传统材料可以通过改进工艺提高产品质量、劳动生产率以及降低成本。新材料的发展与工艺技术的关系更为密切。例如，由于外延技术的出现，可以精确地控制材料到几个原子的厚度，从而为实现原子、分子设计提供了有效的手段。快速冷却技术的采用，为金属材料的发展开辟了一条新路，首先是非晶态的形成，出现了许多性能优异的材料；其次，通过快速冷却技术得到超细晶粒金属，提高了材料的性能；此外，通过快速冷却技术发现了准晶态的存在，改变了晶体学中的某些传统观念。许多性能优异、有发展前途的材料，如工程陶瓷、高温超导材料等，由于脆性和稳定性问题及成本太高而不能大量推广，这些问题都需要工艺革新来解决。因此，发展新材料必须把工艺技术的研究与开发放在十分重要的位置。现代化的材料制备工艺和技术往往与某些条件密切相联系，如利用空间失重条件进行晶体生长等；此外，强磁场、强冲击波、超高压、超高真空及强制冷却等都可能成为材料制备工艺的有效手段。

2. 材料检测技术

材料科学的发展在很大程度上依赖于检测技术的提高。每一种新仪器和测试手段的发明和创造，都对当时新材料的出现和发展起到了促进作用。1863年，光学显微镜用于金属材料的研究。随后又出现了电子显微镜、扫描电镜、高分辨率电镜，点分辨率在0.2nm左右，足以观察到原子，为研究材料的内部组织结构提供了先决条件。而后又出现扫描透射电镜、扫描隧道显微镜，不但可以观察到原子，分析出微小区域的化学成分和结构，还可用来进行原子加工，为在微观结构上设计新材料打下了基础。

检测技术又是控制材料工艺流程和产品质量的主要手段，其中无损检测不但可以检查材料的宏观缺陷，还可监控裂纹的萌生和发展，为材料的失效分析提供依据。各种检测用传感器，利用物理、化学或生物原理来传递材料在使用和生产过程中所产生的信息，从而达到控制产品质量的目的。随着科学技术的发展，各种检测技术和检测装置不断更新，适应在线、动态及各种恶劣环境测试的检测装置将用于材料的研究和生产中。

3. 材料的计算机辅助设计

利用计算机技术进行材料设计是发展新型材料的重要手段。材料设计通常分为三个层次。第一是微观层次，即运用统计力学与量子力学来研究原子与分子的集体行为。第二是显微层次，其大小在微米以上，研究的是许多原子或分子在一定范围内的平均性能，如形变、磁性等，一般用连续统计方程来描述。第三是宏观层次，如宏观性能、生产流程与使用性能间的关系、材料的断裂以及微观结构的形成等。计算机技术可以把三个层次的因素都考虑在内，通过建立模型，进行计算机模拟，得出符合预期性能的新材料的最佳成分、最佳结构和最合理的工艺流程。计算机的高速计算能力、巨大的存储能力和逻辑判断能力与人的创造能力相结合，可对材料设计提出创造性的构思方案；可从存储的大量资料中进行检索和方案比较；在总体设计和局部设计中进行大量的、非常复杂的数学和力学计算；对设计方案进行综合分析和优化设计，确定设计图样，提供组织生产的管理信息。这种设计方案大大提高了设计质量，缩短了设计周期，为开发新材料和新工艺创造了条件。

4. 材料的应用研究及发展趋势

材料的广泛应用是材料科学与技术发展的主要动力。在实验室具有优越性能的材料，不等于在实际工作条件下能得到应用，必须通过应用研究作出判断，而后采取有效措施进行改进。材料在制成零部件以后的使用寿命的确定是材料应用研究的另一方面，关系到安全设计和经济设计，关系到有效利用材料和合理选材。材料的应用研究还是机械部件、电子元件失效分析的基础。通过应用研究可以发现材料中规律性的东西，从而指导材料的改进和发展。

随着高科技的发展，材料科学和新材料主要在以下几个方面得到发展。

（1）复合材料是结构材料发展的重点，其中主要包括树脂基高强度、高模量纤维复合材料，金属基复合材料，陶瓷基复合材料及碳碳基复合材料等。表面涂层或改性是另一类复合材料，其量大面广、经济实用，具有广阔的发展前景。

（2）功能材料与器件相结合，并趋于小型化与多功能化。特别是外延技术与超晶格理论的发展，使材料与器件的制备可以控制在原子尺度上，这将成为发展的重点。

（3）开发低维材料。低维材料具有体材料不具备的性能。例如零维的纳米级金属颗粒是电的绝缘体及吸光的黑体，以纳米微粒制成的陶瓷具有较高的韧性和超塑性，纳米级金属铝的硬度为块体铝的8倍，作为一维材料的高强度有机纤维、光导纤维，作为二维材料的金刚石薄膜、超导薄膜等都已显示出广阔的应用前景。

（4）信息功能材料增加品种、提高性能。这里主要是指半导体、激光、红外、光电子、液晶、敏感及磁性材料等，它们是发展信息产业的基础。高温超导材料也得到高度重视，并已在20世纪末达到产业化，预计在21世纪将会得到更广泛的应用。

（5）生物材料将得到更多应用和发展。一是生物医学材料，可用以代替或修复人的各种器官、血液及组织等；另一是生物模拟材料，即模拟生物的机能，如反渗透膜等。

（6）传统材料仍将占有重要位置。金属材料在性能价格比、工艺及现有装备上都具有明显优势，而且新品种不断涌现，今后仍将有很强的生命力。高分子材料还会大大发展，性能会更优异，特别是高分子功能材料正待开发。工程陶瓷将在性能提高、成本降低的条件下得到发展。功能陶瓷已在功能材料中占主要地位，还将不断发展。

（7）C_{60}的出现为发展新材料开辟了一条崭新的途径。利用原子簇技术可能发展出更多的新材料。

4.2 先进金属材料

金属的发现和应用曾经对人类文明的发展起过重要的作用，加速了人类社会发展的历史进程。由于金属材料具有优良的性能，直到20世纪中叶，在材料工业中一直占统治地位。高新技术的发展，一方面促进了高分子材料、无机非金属材料的迅速发展，同时也促进了金属材料的发展。许多有别于传统金属材料的新型金属材料应运而生，提供了许多具有独特性能和用途的先进的金属材料。有人估计，21世纪将出现金属材料、高分子材料以及各种复合材料并驾齐驱的局面。这里仅就主要的几种新型金属材料作一些简单的介绍。

4.2.1 形状记忆合金

1951年美国瑞德（Read）等人首先在金-镉（Au-Cd）合金中发现形状记忆效应，但当时却没有引起人们的足够重视。直到1964年有人在钛-镍（Ti-Ni）合金中发现形状记忆效应之后才受到世界瞩目。所谓形状记忆效应是指将在高温下处理成一定形状的金属急冷下来，在低温相状态下经塑性变形成另一种形状，然后加热到高温相成为稳定状态的温度时通过马氏体逆相变恢复到低温塑性变形前形状的现象。具有这种效应的金属，通常是由两种以上的金属元素构成的合金，故称为形状记忆合金。形状记忆效应其本质主要来自热弹性马氏体相变的可逆性。至今为止已发现有十几种记忆合金体系。包括金-镉（Ag-Cd）、铜-锌（Cu-Zn）、铜-锌-铝、铜-铝-镍、铜-锌-镓（Cu-Zn-Ga）、铟-铊（In-Tl）、铁-铂（Fe-Pt）及铁-锰-硅（Fe-Mn-Si）等。目前已实用化的形状记忆合金主要有钛-镍、铜-锌-铝及铁基等合金。

形状记忆合金在军事、电子、汽车、能源、机械、宇航和医疗等领域得到了广泛的应用。在军事上，可用在战斗机、潜艇、军用卫星等方面。据报道，美国在喷气式战斗机的油压系统中，用钛-镍形状记忆合金制成管接头套，在低温下扩径，随即装套。随着温度回升到室温，接头套即自动箍紧。据称用这种接头，从未发生过漏油、脱落或破损等事故。

在机械工业领域，形状记忆合金可以在各种场合下应用的微型促动器中发挥其特异功能。例如，可以利用它在加热、冷却时产生的伸缩力来驱动机器人手臂机构。这样就不需要传统的

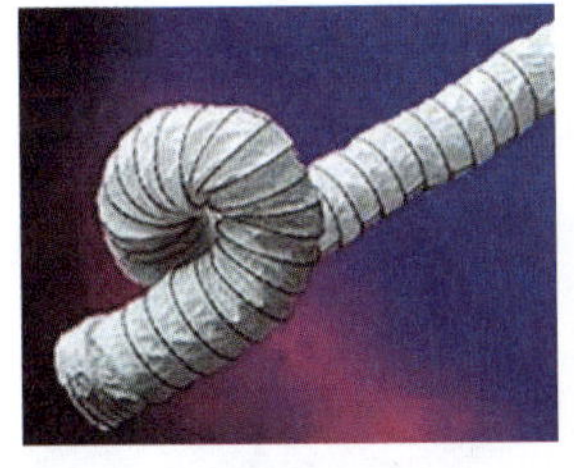

图4-1 用形状记忆合金制成的柔性航空接头

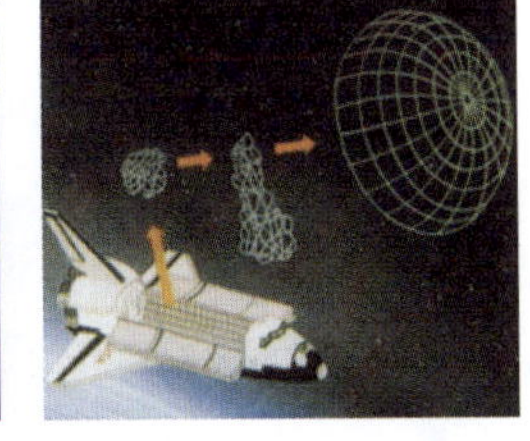

图4-2 镍钛形状记忆合金制成的人造卫星天线

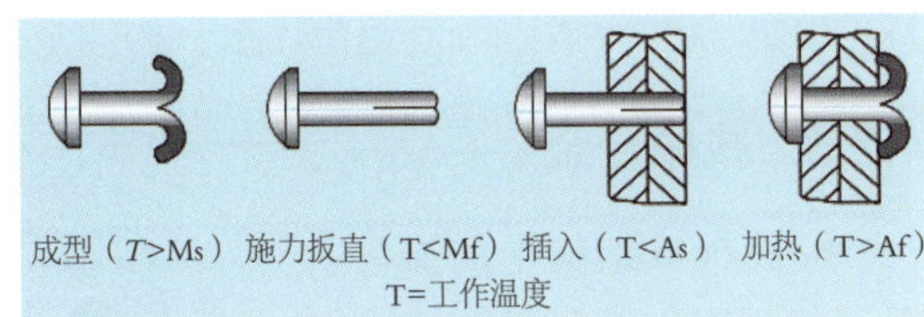

图4-3 形状记忆合金铆钉的工作过程

促动器的齿轮或凸轮等机械部件，而由材料本身的功能来代替，从而可以使促动器大幅度地小型化和轻量化。

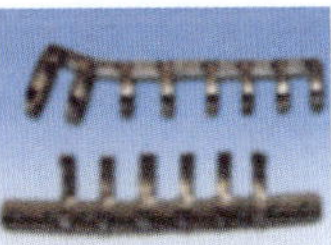

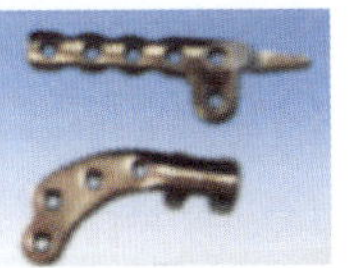

图4-4 用形状记忆合金制成的几种人造骨骼

形状记忆合金在医学领域也有广泛应用。利用形状记忆合金的超弹性可以制造血栓过滤器、脊柱矫形棒、牙齿矫形弓丝、人工关节和人造心脏等（见图4-4）。例如用钛-镍合金制成的牙齿矫正弓形丝，具有操作简单、方便、有良好的生物相容性和耐腐蚀性等优点。形状记忆合金在航空航天领域也得到了广泛的应用。例如，可用来制造人造卫星的天线和能量转换热机等。镍钛形状记忆合金可制成人造卫星天线而卷入卫星体内，当卫星进入轨道后，借助太阳热或其他热源能在太空中展开。

4.2.2 超塑性合金

某些材料在特定的组织状态（如晶粒尺寸、相变等）、一定的温度和形变速率下表现出极高的塑性，这种现象称为超塑性。金属的超塑性现象首先在锌-铝合金中被发现，到目前至少发现100多种金属合金材料具有超塑性现象，包括纯的铅（Pb）、铝、铜、铍（Be）以及铝、钛、锌、铁、镍为基的合金。处于超塑性状态的合金，其变形抵抗力较小，而升长率则很高，可达到原尺寸的若干倍。超塑性的研究已经遍及材料加工、力学、机械等许多学科。

金属合金的超塑性可分为两类：

（1）微晶超塑性。微晶超塑性的条件要求晶粒微细化、等轴化和稳定化。有些材料（如铜-锌-铝合金等）超塑变形前为变形组织，利用超塑性中的高温和加载形变进行动态再结晶，形成细晶组织，即所谓再结晶超塑性，本质上也属于这一类。大多数金属和合金的超塑性属于细晶超塑性。

（2）相变超塑性。相变超塑性是在相变点的温度附近，反复进行温度循环（加热和冷却），在此过程中施加一定的外力，也可导致超塑性变形。因此相变超塑性又称环境超塑性。超塑性现象的微观机制比较复杂，有些问题尚在继续研究之中。

超塑性现象的实际应用首先是在金属合金的形变加工方面。因为材料处于超塑性状态，其可成型性将大大改善，并可大大降低成型应力。目前用锌-铝合金通过超塑性成型加工成某种汽车零件，已用于工业生产。用钛合金经超塑性成型技术制造的某些飞机零件，如整流罩、舱门、壁板等已在飞机上使用。超塑性在其他领域也有很多应用，如钢在相变超塑变形时扩散能力很强，可以实现固态焊接，利用这种相变扩散焊接方法可以使钢、钛、铸铁、硬质合金等同种或异种材料焊接到一起。利用材料在超塑状态下强度低、塑性高的特点可以实现超塑切削加工。

4.2.3 减振合金

解决机械结构中的振动和噪声的根本办法是使振动源和零部件材料具有良好的减振能力，理想的减振材料不仅应该具备一般金属的强度及耐高温等特性，同时又要有高减振（或称高阻尼）的特性。因此就产生了减振合金。减振合金又称为高阻尼合金。

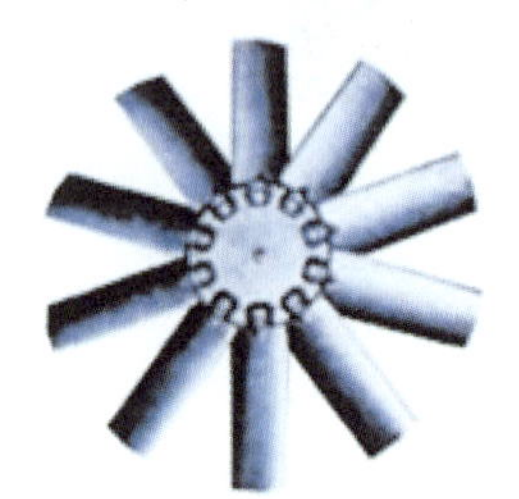

图4-5 减振合金汽车配件

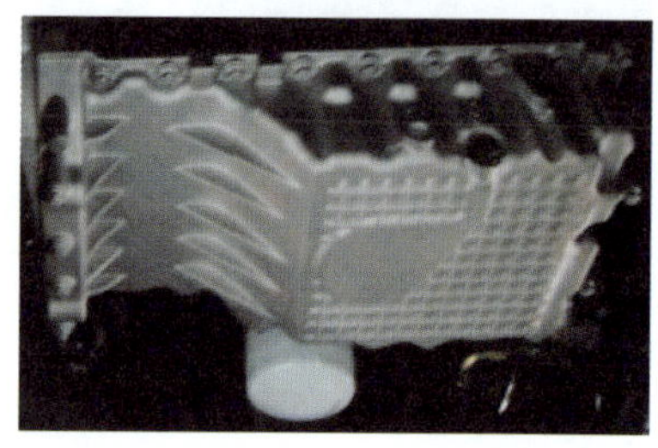

图4-6 用减振合金支撑的军用车装甲

20世纪50年代初，为提高疲劳强度，减少振动，降低噪声，英、美等国首先开始了金属材料减振特性的研究，并成功地开发了锰-铜系减振合金。随后引起了世界各国的注意。迄今已开发出包括耐腐蚀和耐疲劳的钴-镍（Co-Ni）系合金、耐腐蚀的镍-钛系合金、质轻的锰-锆（Mg-Zr）系合金及易加工又耐腐蚀的铁-锆-铝系合金等几十种新型减振合金。

已经开发的减振合金都具有良好的减振能力，但它们的减振机制并不都是一样的。在已发现的减振合金中，主要有：复相型减振合金、强磁性型减振合金、孪晶型减振合金等。减振合金的应用领域非常广泛，几乎遍及一切领域，如在航空航天领域，可用于火箭、导弹、喷气机等控制盘和陀螺仪的外壳、座舱等；在汽车领域，可用于刹车盘、发动机的转动部件、空气净化器等；在土木建筑领域，用于桥梁、凿岩机、钢梯等；在机械方面，如链式输送机导板、大型鼓风机框架及叶片等；在家用电器方面，用于空调器、洗衣机、垃圾处理机、音响设备的喇叭等；在铁路领域，可用于车轮、铁轨及线路修补机；在船舶领域，可用于推进器传动部件、舱室隔板等。总之，实践表明，减振合金的应用范围十分广泛。

4.2.4 储氢合金

氢在新能源的开发中占有重要的地位。所以人们在探寻简便地制氢方法同时，也探寻着简便而有效的储存氢的方法。科学家们进行了艰苦的探索，根据金属能吸氢的特点，提出了用金属储氢的办法。这种用于储氢的金属称为储氢合金。

储氢合金是靠其与氢进行化学反应生成金属氢化物来储氢的，这个化学反应是可逆的，无论是金属合金吸氢生成金属氢化物，还是金属氢化物分解释放出氢，都受温度、压力及合金成分的控制。需要储氢时，让合金与氢反应生成金属氢化物；需要用氢时，则可将金属氢化物加热，使氢释放出来，并可通过温度、压力调节其释放量。

虽然许多金属能与氢反应生成金属氢化物，但并非都适合作为储氢材料。实际用作储氢材料的金属应具备下列条件：储氢能力要强，反复吸氢和放氢时，材料性能稳定，吸氢和放氢时速度快；金属氢化物的生成热要适当，这样吸氢与放氢过程能较容易进行；平衡氢气压不太高，以便于氢的吸储与释放。

纯金属一般都不能满足作为储氢材料的基本条件。为了改善其储氢性能，必须添加一些合金元素形成储氢合金。研究结果表明，能够满足储氢材料基本条件的合金，其成分中的主要元素有锰、钛、铌、钒、锆及稀土类金属，添加元素有铬（Cr）、铁、钴、镍、铜等。目前研究发展中的储氢合金主要有镧-镍（La-Ni）类储氢合金、铁-镍类储氢合金、镁-镍（铜）类储氢合金、混合稀土类储氢合金和非晶态类储氢合金。

储氢合金的应用领域很多，而且还在不断地开拓新的应用领域。以储氢合金储存的氢为动力取代汽油发动机而制成的燃氢汽车已有试验样品。以燃氢为动力的汽车可以大大减少对环境的污染，但目前需要解决的是储氢材料的质量比汽油箱质量大，影响车辆速度的问题。人们设想，在电厂中用储氢材料可以完成能量的转换与储存，可利用其可逆反应中的吸热和放热特性来设计调节温度的供暖与制冷系统，还可以利用氢燃料无污染的特性将储氢合金引入家用厨房设备。总之，储氢合金的应用前景是十分广阔的。

4.2.5 非晶态合金

在通常的情况下，液态金属冷却凝固时，原子总是按一定的规则排列，称为晶体。液态金属的凝固过程同时也是一个结晶的过程，所以金属凝固又称金属结晶。1960年美国科学家首次通过快速冷却的方法（冷却速度1×10^6℃/s），抑制了凝固结晶过程，使得凝固后的金-硅（$w_{金}$ 70％金+$w_{硅}$30％硅）合金中的原子基本上保持着原来液态时的无序状态，没有发生结晶过程，称为非晶态合金。非晶态合金在化学成分上是金属或合金，而在微观结构上呈现出典型的玻璃态结构，因此又称为金属玻璃。由于这种新型材料具有许多优异的物理性能和化学性能，所以这种材料一出现，立即引起了各国材料科学家的兴趣和注意。

自20世纪60年代以来，对其制备方法、结构及性能特点开展了大量的工作。目前，通过将金属熔体急速冷却而制成的非晶态已有很多种，它们一般是由过渡金属元素（或贵金属）与类金属元素组成的合金。非晶态合金的微观结构特点决定了它具有一系列不同于晶态合金材料的新特性。由于非晶态合金的新特性，从而使它具有特殊的应用。

非晶态合金的强度和硬度比现有的一般晶态金属都高，如果用它制作高强度控制电缆和橡胶轮胎的增强材料，将大大提高其使用寿命。非晶态合金兼有良好的韧性，有的非晶态合金薄带在180° 范围内反复弯曲而不断裂。

非晶态合金具有很高的耐腐蚀性。例如，常用不锈钢在温度为60℃、质量浓度为10％的三氯化铁溶液中，每年表层被腐蚀掉120mm，而含铬的非晶态合金在同样的环境下年腐蚀速率却接近于零。所以非晶态合金的耐腐蚀性特别强，是一种极有发展前景的耐腐蚀材料。

非晶态合金的电阻率很高，电阻率一般为晶态的2~5倍，电阻温度系数低，不同的非晶态合金的电阻温度系数可以由正到负在很大的范围内变化，因此可望用非晶态合金制备出具有高电阻率和低电阻温度系数的材料。

非晶态软磁合金材料性能优异，采用轧辊法制得的$Fe_8Si_9B_{13}$快淬薄带，其电阻率是取向硅钢的2.5倍还多，用这种材料绕制配电变压器铁心，使铁心在交变场下工作时涡流损耗大大下降，其损耗只有硅钢铁心变压器的1/3。如果我国能够全部用非晶铁心变压器代替硅钢铁心变压器，据估计，每年可节省电能60多亿kW·h，约合10亿元人民币。

有些非晶态合金具有很好的催化特性，比一般的晶态材料的催化活性及稳定性都高得多。有的非晶态材料还具有很强的吸氢能力，有的非晶态材料还具有超导性等。

非晶态合金材料、工艺技术、应用开发至今仍在迅速发展。随着非晶化技术的发展，非晶态合金的品种和应用范围将日益扩大。先进的金属材料，远不止上面所提到的那些，如超导合金材料。金属间化合物材料、纳米金属材料以及高温合金材料等新型的金属材料发展也十分迅速，都具有广阔的应用前景。

4.2.6 其他先进金属材料

1. 金属磁性材料

凡是实际中可以用其磁性的金属磁性体都可称为金属磁性材料。金属磁性材料在磁性材料中占主要地位，应用范围极其广泛，主要有用于变压器和电动机铁心的软磁材料和作永久磁铁的永磁材料（硬磁材料）、磁致伸缩材料以及利用磁滞曲线非线性部分的磁记录材料和磁存储材料等。

（1）永磁材料。永磁材料是指具有强的抗退磁能力和高的剩余磁感应强度的强磁性材料。永磁材料大体分成以下几类：

1）可变形永磁合金，包括含碳（或钨、铬、钴）的磁钢、铁-铬-钴系合金、铁-钴-钒系合金、铂-铁（铂-钴）系合金。锰-铝-碳系合金、铜-镍-铁（铜-镍-钴）系合金等。这类材料可以通过热、冷塑性变形和机械加工制成丝、带及各种形状的永磁体。

2）铸造永磁合金，主要指铸造的铁-镍-铝和铁-镍-铝-铜系合金，其特点是质脆而硬，只能通过铸造（或粉末冶金）成型和磨削加工制成磁体。

3）稀土永磁合金，是永磁材料中最新的材料，它是稀土元素（RE）、尤其是轻稀土元素与过渡族铁、钴、锆等或非金属元素硼（B）、碳、氮（N）等组成的金属间化合物经适当处理后得到的。第一代稀土永磁合金$SmCO_5$于1967年研究成功，它的最大磁能积可达到 114 kJ/m^2，几乎是普通铝-镍-钴永磁合金的3倍多，1975年，这种永磁材料正式投入生产；1972年，成分为Sm_2CO_{17}的第二代稀土永磁材料问世，1982年前后投入大规模生产，它的最大磁能积可达到 262.7kJ/m^2，1983年底，以钕-铁-硼（Nd-Fe-B）为代表的第三代铁基新型稀土永磁材料崛起，典型合金成分为$Nd_{15}B_8Fe_{77}$。第三代新型稀土永磁材料的制造主要有粉末冶金和急冷快淬这两种工艺。

目前人们比较关注的还有两类正在发展中的新型稀土永磁材料是稀土铁系间隙化合物永磁材料；另一类是双相纳米晶复合交换耦合永磁材料。后一类永磁材料有可能大大地促进永磁材料的发展。

（2）软磁材料。软磁材料和永磁材料不同，它们在较低的磁场中即可被饱和磁化，从而呈现很强的磁性，但在磁场撤除以后，磁性就基本消失。典型的软磁材料有纯铁、锰锌铁氧体、镍锌铁氧体、镁锌铁氧体、铁-硅（Fe-Si）合金、铁-镍合金和铁-钴合金等。非晶态软磁材料性能优异，目前重点研究的非晶态软磁材料主要有：过渡金属-类金属非晶态磁性合金、稀土-过渡族非晶态磁性合金、过渡金属-过渡金属非晶态磁性合金。

据科技日报报道，日本久保田公司利用非晶态金属粉末开发出一种新型软磁性材料。将这种新型软磁性材料喷涂在铜线上，只要通过微弱电流就能成为磁体。这种软磁性新材料是铁-硅-硼非晶态合金。这三种物质经高温溶化后被喷洒成雾状，再置入高速流动的冷水中急速冷却，使其形成原子无秩序排列的非晶体，最后在这种非晶体中加入以硼和硅为主要成分的黏合剂，在500℃以下的温度中成形。据报道，这种新型软磁性材料的最大磁感应强度为13万T，比目前的主要磁性材料铁氧体高出2倍以上。用该新型磁性材料生产电机线圈其体积可缩小60%，不仅可以使电子机械产品进一步实现小型化，而且还能大幅度节约能源。

（3）超高磁致伸缩材料。磁致伸缩现象是指磁性材料在磁场中被磁化后，其外形尺寸发生伸长或缩短的现象。尺寸变化的大小通常随着磁场的增大而增大，当磁场强度增大到一定值时，材料的长度便不再随磁场强度的进一步增大而改变。这时材料长度的相对变化率称为饱和磁致伸缩系数。磁致伸缩性质是铁磁体所具有的特性。传统磁致伸缩材料包括镍及镍基合金、铁基合金、铁氧体材料等，饱和磁致伸缩系数都在10^{-5}以上。这些磁性材料已在实际器件中得到了广泛应用。稀土超磁致伸缩材料在执行器方面的应用包括线性马达、蠕动马达、机器人、燃料注入泵、液压系统、制动系统、冲压系统、微位移器、照相机快门和打印头墨水注入器等。

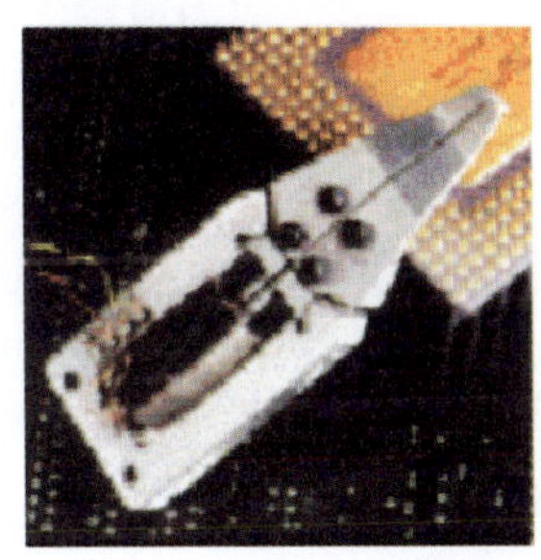
图4-7 磁致伸缩焊线钳

图4-8 稀土超磁致伸缩材料制作的水下发射型声呐元件

20世纪70年代以来，人们对一系列稀土元素和铁组成的合金的磁致伸缩特性进行了广泛的研究。首先，在一些二元合金如二铁化钐（$SmFe_2$）和二铁化铽（$TbFe_2$）中发现了很大的磁致伸缩特性，它们的饱和磁致伸缩系数在10^{-5}以上。随后，又在一些三元和四元合金中测到了很大的磁致伸缩系数。把这类具有超高的饱和磁致伸缩系数的材料统称为超磁致伸缩合金。

当前开发的典型超高磁致伸缩材料是三元系合金，即铽镝铁化合物$Tb_{1-x}Dy_xFe_{2-y}$。研究结果表明，这样的三元系合金的磁性、力学性能均明显优于二元系合金。

由于超高磁致伸缩材料具有优异的特性，用这种材料可以开发出许多最新高技术产品。例如可用于制造强力超声波发生器，这是工业上广泛使用的超声波清洗设备的关键部件，也可以用来制造声呐，用于水下的探测。现在，世界范围内的许多公司正加紧超高磁致伸缩材料的应用开发工作。

金属磁性材料种类很多，除了上面谈到的几类，还有磁记录材料、磁流体材料、磁光材料等。

2. 多孔金属材料

一般情况下，在金属材料的生产中，总是力图获得致密而均匀的金属合金，以保证良好的性能。但是，出于某种特殊的性能要求和使用要求，有时也需有意识地制备充满着分散小孔的金属合金，这就是所谓的多孔金属。

通过不同的制造方法用以制作出不同孔隙结构的多孔金属，其中孔隙的大小、形状、分布、孔隙率以及孔隙之间的连通程度等，都可以在很大的范围内变化。多孔金属除具有本体金属的强度、导热、导电、耐腐蚀等性能外，还具有质轻、表面积大等特性，因此具有广泛的应用前景。如用作过滤器材料，在工业上用来进行液体和气体的净化。多孔金属材料作为一种新型材料，其制备工艺及潜在的应用价值还在继续开发中。

4.3 特种陶瓷材料

特种陶瓷是以高纯、超细的人工合成的无机化合物为原料，采用精密控制的制备工艺烧结而成的，是比传统陶瓷性能更加优异的新一代陶瓷。特种陶瓷又称为精细陶瓷或新型陶瓷等，它的出现与现代工业和高技术密切相关。特种陶瓷在许多方面都突破了传统陶瓷的概念和范畴，是陶瓷发展史上的一次革命性的变化。

特种陶瓷按其化学成分可分为氧化物陶瓷、氮化物陶瓷、碳化物陶瓷、硼化物陶瓷、硅化物陶瓷、氟化物陶瓷、硫化物陶瓷和磷化物陶瓷等。除以上由一种化合物为主构成的单相陶瓷外，还有由两种或两种以上的化合物构成的复合陶瓷。

按性能和用途，特种陶瓷一般分为结构陶瓷和功能陶瓷两类。也有人把它分成三类，分别为结构陶瓷、功能陶瓷和生物陶瓷。

特种陶瓷材料性能优越，用途广泛，并且已成为现代化工业的重要组成部分。下面仅就一些有代表性的结构陶瓷、功能陶瓷和生物陶瓷略作介绍。

4.3.1 结构陶瓷

结构陶瓷主要指特种陶瓷中发挥其机械、热、化学等效能的材料。由于它们具有耐高温、耐冲刷、耐腐蚀、高耐磨、高硬度、高强度以及低蠕变速率等一系列优异性能，可以承受金属材料和高分子材料难以胜任的严酷工作环境，常常成为某种科学技术得以实现的关键。

1. 氮化物陶瓷

氮化物陶瓷是20多年来迅速发展起来的结构陶瓷。

（1）氮化硅陶瓷，具有高温强度高、抗热振性能好、高温蠕变小、耐腐蚀和低密度等优良性能，应用非常广泛。可用于热机的陶瓷材料，如陶瓷电热塞、增压器陶瓷叶轮等已在日本等国工业化生产；可用于高温结构材料，如可用于在空气中高温条件下使用的支架、轴、螺钉及焊接用喷嘴等结构材料；可用作耐磨材料，如轴承、轴瓦等；还可以用作金属加工的刀具材料等。

（2）氮化硼，又称白色的石墨，因其耐高温、电绝缘性好、热导率高和高润滑性而引人注目。它的化学稳定性极好，致密的氮化硼陶瓷材料已广泛用于高温电炉，低频、高频电热装置，等离子和电弧脉冲发生器的绝缘材料，自动焊接保护套，雷达天线支架和窗口材料，中子吸收剂和核反应堆保护装置材料等。立方氮化硼硬度仅略低于金刚石，可用于制造切削刀具和拔丝模具。

图4−9 立方氮化硼刀具

（3）赛隆（sialon），在氮化硅中添加氧化铝，用氧原子取代一部分氮，用铝原子取代一部分硅，这样就由氮化硅派生出一种新化合物，即赛隆。后来又发现铍、锂原子也可以取代硅，这样就构成了一系列新的化合物。人们目前对这类化合物还不太熟悉，对其进行研究，可能会得到一批性能优良的新型陶瓷材料。赛隆复合材料产品具有高强、超硬、耐高温和耐腐蚀，热稳定性强，无污染，绿色环保等优良特性。

2. 碳化硅陶瓷

碳化硅即金刚砂，它有许多优良的特性。在硬度方面，它仅次于金刚石、碳化硼和立方氮化硼。通过热压烧结法制得的高密度碳化硅陶瓷，它的抗弯强度即使在1 400℃左右的高温下仍可达到500～600MPa。而其他陶瓷材料在 1 200℃以后，强度都会急剧下降，因此说碳化硅是在高温空气中强度最高的材料。碳化硅陶瓷在高温下不仅有足够的强度，而且有良好的抗氧化能力和抗热振性，这些优良品质都使它极其适合作为高温结构材料。碳化硅陶瓷的热导率仅次于氧化铍陶瓷，利用这一特性，可作为优良的热交换器材料。此外，在原子能反应堆中可用它作核燃料的包封材料，还可作火箭尾喷管的喷气嘴等。

图4-10 赛隆铝锆碳质滑动水口

3. 氧化铝陶瓷

氧化铝陶瓷具有耐高温、抗腐蚀、高强度、高硬度、高绝缘性及耐磨性，所以用途特别广。如作为高纯金属的坩埚及生长单晶用坩埚、高温炉的结构部件、机械加工部件、各种切削刀具材料等。氧化铝陶瓷的生物相容性好，属于惰性材料，可作为齿根、髋关节、膝关节等人工骨骼。除此之外，氧化铝陶瓷还具有透光特性。

4. 高韧性陶瓷

由于陶瓷材料的抗冲击性差，因而限制了它的使用范围。人们发现在某些陶瓷材料中引入一定量亚稳氧化锆微粒（1 μm以下）并使其均匀分布，可以大大提高材料的强度和韧性。这类材料如氧化锆增韧陶瓷、氧化铝增韧氮化硅陶瓷等。氧化锆增韧陶瓷已在结构陶瓷研究中取得了重大进展，其种类很多，现在已经发现可稳定氧化锆的添加物有氧化镁、氧化钙、氧化镧、氧化铁和氧化钇等单一氧化物或它的复合氧化物。被增韧的基质材料，除了稳定的氧化锆外，常用的有氧化铝、氧化钍、尖晶石、莫来石等氧化物陶瓷，还有氮化硅和碳化硅等非氧化物陶瓷。氧化锆增韧陶瓷由于具有优良的性能，已在机械加工，冶金工业、化学工业、国防工业、航空航天等领域有了广泛应用。

5. 透明陶瓷

制造陶瓷透明的关键是，原料要有很高的纯度，而且对称性越高越好（否则会发生双折射），并采用使光散射减至最小的生产控制工艺。透明陶瓷的品种很多，主要有氧化铝、氧化镁、氧化钇、氧化钍和氧化铍等氧化物陶瓷。在非氧化物陶瓷方面也有报道，如氯化镁、硒化锌等。这些陶瓷都具有耐高温、抗腐蚀的特点，最早的应用是透明氧化铝陶瓷作为高压钠灯的灯管材料，目前透明陶瓷材料已广泛的应用于航空航天等领域。例如，透明氧化镁陶瓷是理想的高温红外材料，可用于火箭、导弹及宇航器的红外窗口、整流罩、红外透镜等。

4.3.2 功能陶瓷材料

功能陶瓷是指那些利用其电、磁、声、光、热、弹等直接效应及其耦合效应所提供的一种或多种性质来实现某种使用功能的先进陶瓷。功能陶瓷又称为电子陶瓷。在电子通信、自动控制、集成电路、计算机技术和信息处理等方面日益得到广泛的应用。深入了解功能陶瓷的性质以及开拓新的应用领域，无疑将有重要意义。目前功能陶瓷正向高可靠、微型化、薄膜化、多功能和高效能方向发展。

1. 导电陶瓷

导电陶瓷是指电导率大于10^{-2}S/cm的一类陶瓷材料。一般可以分为非氧化物导电陶瓷和氧化物导电陶瓷两类。非氧物导电陶瓷有碳化硅、二硅化银、硼化铝等，它们的使用温度分别为1 450℃、1 700℃、2 000～2 800℃。氧化物导电陶瓷品种较多，如氧化锆、氧化钍、铬酸镧等掺杂或不掺杂的氧化物烧结体。氧化物导电陶瓷比非氧化物导电陶瓷更耐高温，抗氧化能力更强，用途更广泛。导电陶瓷材料在许多领域都已被应用而且具有广阔的应用前景。例如，铬酸镧导电陶瓷的使用温度可达1 800℃，在空气中的使用寿命在1 700h以上，可用于1500～1 800℃的高温电炉，称得上是最好的电热材料；硼化锗导电陶瓷的使用温度在2 000℃以上，因此，可作为磁流体发电机中通道的电极材料。

2. 新型高性能介电陶瓷

介电陶瓷材料目前已广泛用于电子工业，由于集成电路基板的陶瓷材料要求绝缘电阻高、耐高压、介电常数小、介电损耗低。具有一定强度、耐热性好、热导率高以及化学性质稳定等特点，氧化铝、氧化铍、碳化硅及氮化铝等是作为集成电路基板的候选陶瓷材料。氧化铝的性能随坯体中氧化铝含量的提高而提高。这种陶瓷的介电损耗低，电性能与温度的关系不大，机械强度高，化学稳定性好，已被广泛应用于基板材料。除了在基板材料方面的应用外，某些具有高介电常数的陶瓷也广泛应用于电容器制造行业。

3. 半导体陶瓷

半导体陶瓷又简称为半导瓷，是具有半导体特性的陶瓷材料，导电性能介于金属与绝缘体之间。通常具有比较大的负电阻温度特性，微量杂质可以改变其电阻率，与金属或不同导电体接触形成势垒显示整流作用等性质。半导体陶瓷的晶粒、晶界及界面现象显示多种多样的功能特性，除了可制作半导体晶界层陶瓷电容器外，其主要应用有：热敏陶瓷、气敏陶瓷、压敏陶瓷、湿敏陶瓷和光敏陶瓷。

（1）热敏陶瓷是利用半导体陶瓷的电阻值对温度敏感的特性制成的一种对温度敏感的器件。热敏陶瓷分负温度系数热敏陶瓷、正温度系数热敏陶瓷和临界温度系数热敏陶瓷。主要用于制作热敏电阻器、温度传感器、加热器及限电流器件等。

（2）气敏陶瓷是利用材料对气体的吸附化学反应而制成的半导体陶瓷，它对气体敏感主要用于防灾报警。

（3）压敏陶瓷是一类具有压电电流非线性的半导体材料。

（4）湿敏陶瓷可用于对湿度的控制和测量。

（5）光敏半导体陶瓷材料的电参量随环境的变化而变化，按照光敏效应可分为：光电效应材料、光导电效应材料、光电子发射效应材料及热释电效应材料。

4. 压电陶瓷

某些电介质在力的作用下，产生形变，极化状态发生变化，引起介质表面带电。如果表面电荷密度与应力成正比，称为正压电效应。反之，施加激励电场，介质将产生机械变形，应变与电场强度成正比，这称为逆压电效应。正压电效应和逆压电效应统称为压电效应。

并非所有的陶瓷都具有压电效应，作为压电陶瓷在晶体结构上必须不具有对称中心。常用的压电陶瓷有钛酸钡、钛酸铅、锆钛酸铅以及三元系压电陶瓷等。

压电陶瓷的应用范围非常广泛，压电陶瓷可将机械能转换为电能，压电点火就是最典型的例子。用压电陶瓷也可以把电能换为超声振动，用于对金属无损探伤、超声探伤等。用压电陶瓷制成的传感器可用于声呐系统、遥感遥测等，如图4-11所示。压电陶瓷还可以用来制造各种滤波器和谐振器，如图4-12所示。

图4-11　压电陶瓷蜂鸣器和扬声器

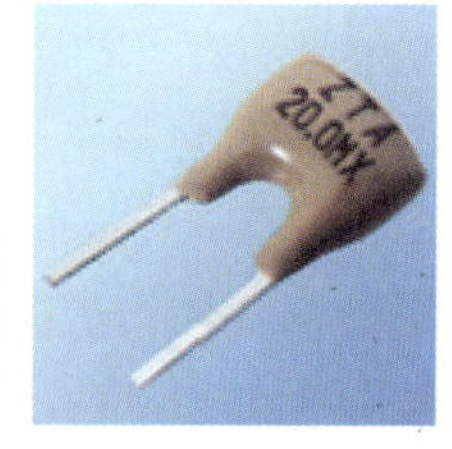

图4-12　压电陶瓷谐波器

4.3.3 生物陶瓷材料

生物陶瓷是指具有特殊生理行为的陶瓷材料，可以用来构成人体骨骼和牙齿的某些部位，甚至可望部分或整体的修复或替换人体的某种组织或器官，或增进其功能。作为生物陶瓷必须具有良好的生物相容性和力学匹配性。根据在生理环境中所发生的生物化学反应，生物陶瓷大体包括三种类型：① 惰性生物陶瓷。② 表面活性生物陶瓷。③ 可吸收生物陶瓷。此外，用生物陶瓷和其他材料所构成的复合材料可被认为是第四种生物陶瓷材料。

惰性生物陶瓷长期置于生理环境中，它将不发生或仅发生有限的化学变化，能保持长期稳定。使用最为广泛的惰性生物陶瓷是氧化铝、氧化锆陶瓷。应用于临床的高密性、高纯度的氧化铝陶瓷，具有良好的生物相容性、优良的耐磨性、化学稳定性及高的机械强度，因此能用于人工牙根、人工骨骼及关节的修复和置换，如图4-13所示。

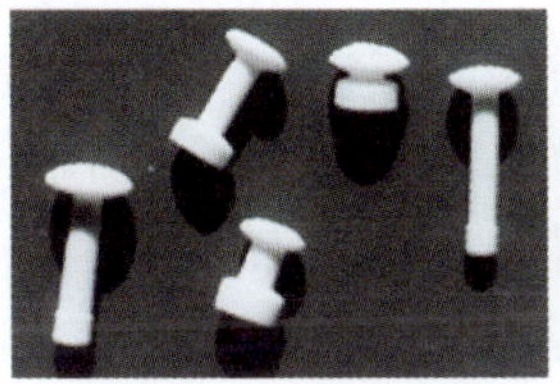
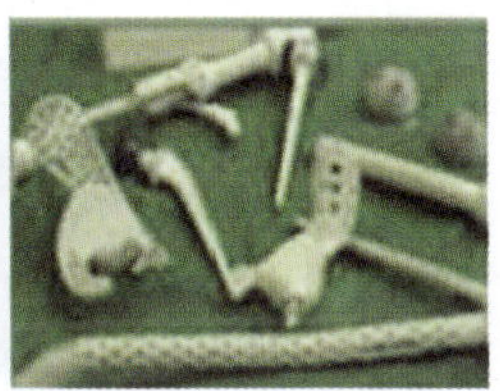

图4-13 生物陶瓷制成的听小骨及其他器件

表面活性生物陶瓷材料在生理环境中的变化主要体现在可发生选择性化学反应，从而使其表面和周围组织形成化学性结合，产生键合的界面，这将阻止植入材料随时间进一步降解。这类材料主要包括致密羟基磷灰石陶瓷及生物活性玻璃等。

可吸收生物陶瓷植入体内后会被逐渐吸收和降解，并随之为新生组织所代替，从而达到修复或替换被损坏的组织的目的。目前被广泛应用的生物降解陶瓷材料也比较多，如磷酸三钙、铝酸钙等。在临床上主要用作损伤骨的修复、骨及组织的修复填充材料和药物载体等。

4.4 光电子材料

随着科学技术的发展，特别是信息科学技术的发展，人类已步入信息时代，而现代信息技术的发展依赖于电子材料、半导体材料和光电子材料的研究与开发。尤其是光电子材料在现代科学技术和现代社会的各个领域已变得越来越重要。

尽管电子技术还有很大的发展潜力，但是随着人们对信息处理的容量和传输速度的要求日益提高；电子技术和微电子技术遇到了新的挑战，光电子技术正在兴起。

光电子学是由光学和电子学相结合而形成的，主要研究光子和电子的产生、转换与运动规律以及应用。光电子技术则是激光技术与电子技术的结合。光电子材料主要应用于信息领域，在能源和国防上也将要起重要作用。

4.4.1 激光材料

激光材料多种多样，用于制作不同波长、不同功率水平和不同类别的激光器，并应用于光电子技术的不同领域。在光电子信息技术中广泛应用的半导体激光器，激光管和发光管都用半导体化合物作材料，如磷化镓（GaP）、硫化镉（CdS）、砷化镓（GaAs）、磷化铟（InP）、锑化镓（GaSb）等，其中磷化镓发红－绿光、硫化镉发黄－红光、砷化镓、磷化铟、锑化镓发近红外光。

近年来，半导体超晶格材料的出现以及相应制备技术的发展极大地推动了半导体激光器的研制。由Ⅲ－Ⅴ族和Ⅱ－Ⅵ族半导体超晶格量子阱材料制成的激光器，其优良特性已为实验和应用所证实，如图4-14所示。

用于高功率和高能量固体激光器的材料，主要是激光晶体和激光玻璃，它们大都是用稀土金属离子如Nd^{3+}、Cr^{3+}、Ho^{3+}（三价钬）、Ni^{2+}等和过渡金属离子如C^{4+}、Cr^{3+}、Ti^{3+}、Co^{2+}等掺杂的电介质。固体激光材料的基质一般以氧化物和氟化物为主。如硅酸盐玻璃、磷酸盐和氟化物玻璃、Al_2O_3晶体、钇铝石榴石（YAG）晶体。常用的固体激光材料为掺钕（Nd^{3+}）硅酸盐和磷酸盐玻璃、红宝石（C^{3+}：Al_2O_3）、掺钕石榴石（Nd^{3+}：YAG）等。高的均匀性和大尺寸掺钕激光玻璃已成功地应用于激光聚变和高功率激光系统中。

其他固体激光材料主要是调谐激光晶体，目前已有多种调谐晶体，最有发展前途的是钛宝石（Ti^{3+}：Al_2O_3）、金绿宝石（Cr^{3+}：$BeAl_2O_4$）、铬橄榄石（Cr^{4+}：Mg_2SiO_4）等晶体。另一类新发现的固体激光材料为自掺杂激光晶体，有五磷酸钕（NdP_5O_4）、铝硼酸钇酸钇钕（NYAB）、铝酸镁镧钕（LNA）等。

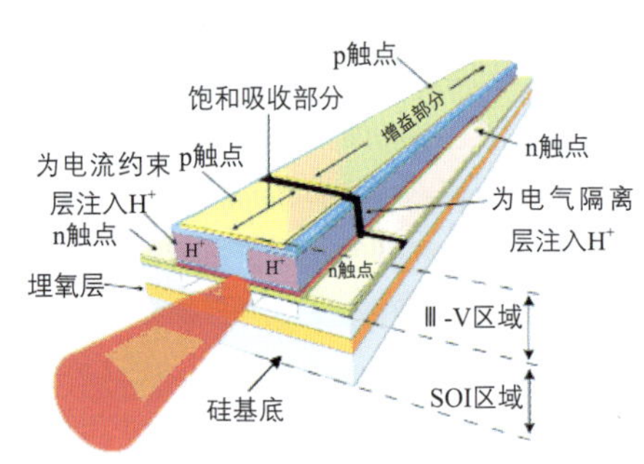

图4-14 激光器发光原理示意图

4.4.2 光电材料

1. 光电子控制元件材料

光电子控制元件材料用于制作光电子技术中起开关、调制、隔离、偏转、变频等功能的元件。这类功能元件主要应用光学非线性材料来制作，光学非线性效应是指当外加于介质的电场、磁场、声场和光场引起介质内部的非线性极化，因而使通过介质的光特性（如强度、位相、偏振及频率等）也随之改变，这些效应广泛用来实现对光波的控制。

电光材料便是通过电场引起材料变化或光吸收的变化，来达到控制光波振幅、频率和位相的变化，以制成电光器件。重要的电光材料有铌酸锂（$LiNbO_3$）、磷酸二氢钾（KDP）等晶体，磁光材料有钇铁拓榴石（YIG）等，声光材料有$Pb-MoO_4$、高铅玻璃等。

介质的非线性极化引起材料的光学性质发生变化，导致不同频率光波之间能量耦合。这些非线性光学材料主要有偏硼酸钡（BeBO）、铌酸锂、磷酸二氢钾等。

2. 光电探测及光电信息传输材料

光电探测材料是将光信号转变为电信号的材料，主要是制作光电二极管的半导体材料。近来发展图像显示和接收的阵列光电探测器材料，常用的如硅、锗、Ⅲ－Ⅴ族、Ⅳ－Ⅵ族化合物半导体等。光电信息传输材料是以光导纤维（即光纤）用作光通信的材料，在高速宽带网络中得到了相当广泛的应用。光导纤维可分为多组分硅酸盐玻璃光导纤维、熔石英玻璃光导纤维、氟化物玻璃光导纤维和单晶光导纤维。目前以熔石英玻璃光导纤维为主要材料，氟化物玻璃光导纤维和单晶光导纤维还在发展之中。

光能在光纤中传输，主要是纤芯和包层的共同作用。光纤的纤芯和它外面的包层是两种密度不同的物质，而且纤芯的密度远大于包层。这样，只要光线射入的角度合适，那么这束光线就会在光纤内部不停地进行全反射而传向另一端。

光纤所传输的光可以分成两类情况，一是带有各种信号的光，一是我们日常所见的普通影像的光。既然我们可以让光线表达各种信息，因此就可以让光纤直接传输影像，称之为“传像”。光纤传像不再经过像一般光通信那样的信号转换中间过程。

基于上述原理，人们利用光纤制造出多种多样的传感设备，这些设备我们统称为光纤传感器。光纤传感器不仅能传输信息，也能获取信息。光纤传感器可以测量温度、压力、振动、含量、位置移动、旋转、变形、速度、声响、电压、电磁场等，数不胜数。

传像光纤虽说不用在光信号方面费太多的事，但它的制造却要麻烦得多。通常，传像光纤由数万至数百万根极细的光纤集成束，叫做传像束。现今广泛应用于医疗行业的内窥镜（见图4-16）就是利用传像束实现传像功能的。医生们把这种内窥镜伸入到患者体内，可以直接观看到病情。内窥镜还可以同计算机相连接，将图像显示在屏幕上。

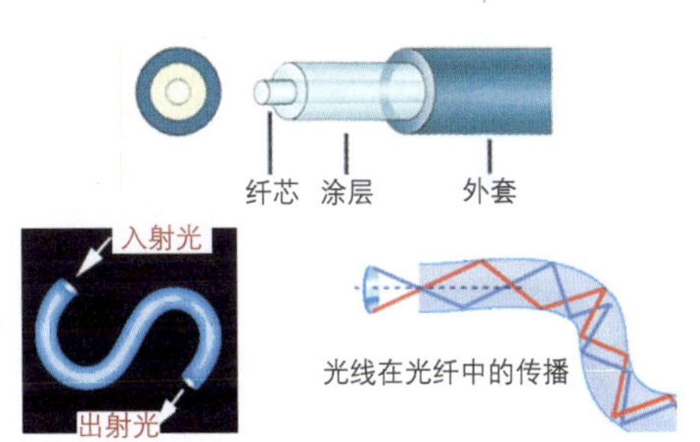

图4-15 光纤的结构及工作原理

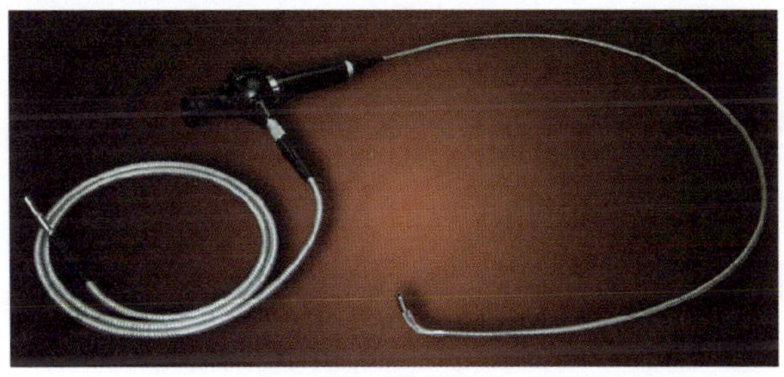

图4-16 用光纤制成的内窥镜

3. 光存储和显示材料

长期以来电子计算机上的存储都用半导体动态存储器作内存储，用磁盘等磁记录材料作为外存储，20世纪80年代出现的数字化光盘存储技术开辟了光存储的新道路，光盘存储技术经历了只读式（ROM）、一次写入、多次读出（WROM）、可擦重写方式（ERW）等不同阶段。前两种光盘介质材料是烧蚀型的，一般使用碲基合金和有机染料作为材料。可擦重写光盘介质材料有磁光型和相变型两类，磁光型光盘材料主要有稀土-过渡元素合金和非晶薄膜如钴化钆（Gd Co）、铁化铽等；相变型光盘材料大都采用低熔点半导体材料，如锗-碲（Ge-Te）、铟-锑-硒（In-Sb-Se）、锑-硒等。光电子显示器材料主要应用于计算机终端显示等方面，当前主要应用电致发光材料，大都使用稀土掺杂硫化物、氧化物。液晶显示器材料也在迅速发展，目前发展的铁电液晶，其响应时间可达微秒量级。

4. 光电转换、光电子集成化材料

目前，光电转换材料以单晶、多晶和非晶硅为主要材料，主要应用于太阳能利用上。砷化镓单晶和硫化镉或硒化镉多晶薄膜也应用于制造光电转换材料，但由于制备面积上的困难，还没有像硅材料那样普遍使用。

早在20世纪70年代，有人就提出光电子集成，试图将光学器件与电子器件集成在一个芯片上。多功能量子阱结构材料被认为是实现光电子集成的最合适的材料。半绝缘衬底平面化集成结构被认为是获得高性能光电子集成芯片的可能途径。目前研究最多的有以下几类材料体系：

（1）砷化镓/硅体系。把成熟的硅集成电路工艺技术与良好的砷化镓光电子器件材料结合起来，可降低成本，改善其热学性能，可望在光互联、信息处理和光计算机中占有重要地位。

（2）磷化铟/硅体系，现在光通信采用长波长（1.5 μm）激光，磷化铟/硅材料适宜于制作此类激光材料。

（3）砷化镓／磷化铟体系，这种体系充分利用磷化铟的长波长特性，用它和砷化镓做成的金属半导体场效应晶体管具有很高的性能，因而备受重视。

4.5 超导材料

有些物质在一定的临界温度T_c以下会转变为完全没有电阻的状态，同时具有完全抗磁性，这就是所谓的超导现象。具有这种性质的材料称为超导材料，超导材料构成了当今新材料领域中一个十分重要的方面。超导材料的发现是20世纪物理学的一项重大成就。它为人类展现出一个前景十分广阔的技术领域，人们深信，超导技术的广泛应用将对社会发展产生深远的影响。

4.5.1 超导现象的基本特征和临界参数

1. 超导现象

1911年，荷兰物理学家昂尼斯发现，水银的电阻在温度下降到4.2K附近或更低时突然减小到零，随后他又相继发现锡、铅也有类似的效应。1913年，昂尼斯宣称，这些材料在低温下“进入了一种新的状态，这种状态具有特殊的电磁学性质”。他把这种电阻消失的状态定名为超导状态，因而零电阻就被看做是超导态的基本特征。对于水银，4K是其超导临界温度（T_c），当温度高于T_c时，它是有电阻的正常态，低于T_c时是无电阻的超导态。

超导态的另一个基本特征是完全抗磁性。迈斯纳和奥克森弗尔德发现，不仅是外加磁场不能进入超导体的内部，而且原来处在外磁场中的正常态样品，当温度下降到T_c以下使它变成超导体时，也会把原来在体内的磁场完全排出去，完全抗磁性通常称作迈斯纳效应。

进一步研究发现，即使温度低于临界温度T_c，强磁场也会破坏超导态，即当磁场值超过某一临界值B_c时，超导态就转变为正常态。B_c叫临界磁场。不同超导体的B_c不同，并且受温度的影响。此外，通过超导体的电流也会破坏超导态，当样品的电流密度达到或超过某一值J_c时，超导体就有电阻了，J_c叫临界电流密度。T_c、B_c和J_c被称为超导体的三个临界参数。

2. 超导体的探索及其种类

自1911年发现超导现象到1986年的几十年中，经过科学家和工程技术人员的不懈努力，发现或制造出了上千种超导材料，其中包括元素、合金和化合物等。在这上千种超导体中，超导临界温度最高的铌三锗（Nb_3Ge）仅为23.2K，大多数超导体的临界温度比这个温度还要低得多，这就意味着超导现象只能在液氦温度（热力学温度4.2K）区域才能出现。这大大地限制了它们的应用。

因此，探索具有更高临界温度的超导材料即高温超导材料就成了科学家们追求的目标。1986年，贝德诺兹和缪勒发现T_c约为35K的钡镧铜氧化物超导材料，才使超导研究取得突破性进展，从此在全世界掀起一场超导研究热潮。1986年12月，日本、美国和中国的科学家相继宣布研制出分别为37.5K、40K和48.6K的氧化物超导材料，1987年初，美、中两国科学家各自独立地发现临界温度超过90K的氧化物（钡钇铜氧化物）超导材料，日本曾宣布获得了175K的超导材料。

已发现的高温超导材料很多，其中有四种属于典型复杂金属氧化物，钡镧铜氧化物体系（T_c约为35K）；钇钡铜氧化物体系（T_c约为92K）；铋锶钙铜氧化物体系（有两个不同的高温超导相T_c分别为110K和85K）；铊钡钙铜氧化物体系（最高T_c约等于125K）后三种体系已是可以在液氮温区实现超导的材料。

除了高临界温度氧化物超导体的迅速发展之外，重电子金属超导体、有机物超导体等也得到了迅速发展。2001年又获得了若干具有里程碑意义的重要成果：发现了新型高温超导材料二硼化镁；开发出世界上第一个塑料超导材料；发现C_{60}分子和一维碳纳米管具有超导性。

超导材料的种类很多，按物质的结构组成来分类，可分为：单质（如铌、镧、钽、汞等）、合金（如铌钛合金、铌锆台金、铌钛钽合金等）、化合物（如铌三锗、铌三镓、金属氧化物、有机化合物等），若按超导材料的特性来分类，则可分为第Ⅰ类超导体和第Ⅱ类超导体。

4.5.2 超导材料的应用

目前能够在工业上实用的超导材料可分为合金型和化合物型两大类，合金型主要有铌钛合金，它比较成熟，真正达到了商品化，并成为一种“工程材料”。化合物型超导材料主要有铌三锡和钒三镓等，已发展成为一种实用超导体。

高温超导材料的稳定性，尤其是成材工艺问题尚未完全解决，所以临界温度较高的超导体还未进入实际使用阶段。一旦高温超导材料的成材工艺有所突破，那么超导技术将在能源、交通、电子技术等方面发挥其巨大威力。下面就超导材料和超导技术已有的应用和可能的应用前景作一简要介绍。

1. 超导磁体的应用

目前，在超导应用上，处于领先地位的是超导磁体的制造和应用。超导磁体不只是常规（铜线绕成）磁体的替代品，而是对常规磁体的革命，它具有许多常规磁体无法比拟的优点，应用领域也十分广阔。

高能物理研究所用的加速器中，需要大型超导磁体，用作粒子的加速、探测、聚焦和储能等。最早在高能加速器上使用超导磁体的是美国的费米实验室，他们制造的世界上第一台超导加速器，能量为8×10^{11}eV，用近1 000块二极超导偏转磁体和四极集束超导磁体，如图4-17所示。

图4-17 全超导托卡马克高能加速器

核电站的发展是解决能源危机的重要方面，而受控热核反应的实现，将从根本上解决能源危机。受控热核反应堆中温度高达亿摄氏度，它需一个超导磁体在数十立方米的广大空间内产生高强的磁场作为热核反应的“磁炉”，而常规磁体是无法做到的。人们认为，核聚变的成败，主要取决于装置中能否用超导磁体代替常规磁体。显然，受控热核反应中的大型磁体将成为超导工业应用中的一个十分重要的方面。磁流体发电可将火力发电的热效率从40%提高到55%，它也需要大空间中有强磁场，用大型超导体最适合。

超导材料应用于交通上的关键技术是用超导材料产生强磁场的技术。典型的例子是超导列车——即现今在上海浦东机场和地铁龙阳路站之间进行商业化运营的磁悬浮列车。

所谓超导列车，就是在车上安装强大的超导磁体，地上安放一系列金属环状线圈，当车辆行进时，车上的磁体（S-N）在地上的线圈中感应出相反的磁极（N-S），两者的斥力足以将整个车辆浮起。车辆在电机牵引下无摩擦地前进，时速可高达500km。这种超导列车已于20世纪70年代成功地进行过载人可行性试验（日本国铁研究项目），后因运行费用太高而搁置。高温超导体发现后，超导列车的问题重又被提起。在第五届国际超导大会上，我国科学家展示的高温超导磁悬浮列车实验装置，吸引了各国科学家的注意力，国内外超导专家称这台装置是当时世界上最大的高温超导磁悬浮列车模型。

2001年3月2日，被称为中国交通之盛举、世界商运之“飞船”的上海磁悬浮列车示范运营线工程正式启动，经过不到3年的建设，2003年12月，从龙阳路地铁站至浦东国际机场的磁悬浮列车工程全线完成考核验收，最大时速达430km，成为全世界第一条投入商业化运营的超导磁悬浮列车线路，如图4-18所示。

图4-18　时速达430km的全球第一条商业化运营磁悬浮列车线路

超导磁体在医学和生物学上也有应用。如核磁共振断层成像系统（MRI）是大型医学诊断设备，其中配有一个强磁体，因采用超导磁体，不仅体积小，场强高，还可大大改善系统的灵敏度及分辨率。利用超导磁体研究人体磁场现象，有助于揭示“磁生物学”的机制。

2. 能源和动力方面的应用

利用超导材料的零电阻特性，超导电缆在理论上可以无损耗地输送电能。而常规输电即使采用高压线，能量损失仍很大，因此，电能的输送将是超导体最重要的应用之一。

利用超导材料制造变压器，可以大幅度降低励磁损耗、缩小体积、减轻质量、提高效率。用常规导体制成的发电机，由于导线发热和散热技术以及材料的强度等限制，单机功率极限为2 000MW，如用超导发电机则至少可提高5～10倍，而且体积小、质量轻。未来特大容量的发电机势必考虑超导化。超导储能装置可将夜间剩余的电能输入巨型超导磁体，需要时引出。这一应用，目前尚处于工程技术试验阶段。

3. 超导材料在其他领域的应用

基于超导约瑟夫森（Josephson）效应的方法制作的超导量子干涉器件（SQUID）是精密测量磁、电、辐射、重力等参量的高级仪表。这些设备有灵敏度高、反应速度快、功耗小、噪声低等优点。例如超导磁强计，这是目前分辨率最高的磁场测量仪，其磁通分辨率可达10^{-19}Wb，可用来测量生物磁场、人体磁场等微弱磁场；超导电子照相机用于天文望远镜，有效地扩大了天文望远镜的极限观测能力，使图像的清晰度大大提高。在超导计算机研究方面，超导开关器件、超导存储器已显示出得天独厚的优点。例如，超导开关器件的开关速度已达10^{-12}s，比高速硅集成电路要快几百倍。超导材料在军事上也有广泛的应用。例如SQUID系列可以构成灵敏的低频信号接收机。这在海军长波通信中具有重要意义，当信号频率低时，电磁波在海水中的穿透深度增大。利用SQUID作高灵敏度、低噪声放大器，与一个超导线构成的环形天线相连接，就可以构成一个比常规系统体积小、灵敏度高的低频通信接收机，该接收机可以用于航海中的潜艇。

总之，随着超导技术的不断发展，高温氧化物超导材料和有机物超导材料的不断问世，21世纪，超导技术将广泛应用于国民经济、生物医疗和现代国防建设中，必将导致一场新的产业革命和军事革命，超导材料的应用前景是非常广阔的。

4.6 纳米科学与纳米材料技术

4.6.1 纳米科技简介

“纳米”是英文namometer的译名，缩写为nm，是一种度量单位。$1nm=10^{-3}\mu m=10^{-9}m$（即十亿分之一米），约相当于45个原子串起来那么长，一根直径为0.05mm的头发，把它径向平均剖成5万根，每根的直径约为1nm。

纳米科学与技术，有时简称为纳米技术，是指在0.1~100nm的尺度范围里，研究电子、原子和分子内的运动规律和特性的一项崭新的科学和技术。纳米结构通常是指尺寸在100 nm以下的微小结构。1981年扫描隧道显微镜发明后，便诞生了一门在0.1~100nm长度范围内研究分子世界的学科，它的最终目标是直接以原子或分子来构造具有特定功能的产品。因此，纳米技术其实就是一种用单个原子、分子设计物质的技术。

科学家们在研究物质构成的过程中，发现在纳米尺度下隔离出来的几个、几十个可数原子或分子，显著地表现出许多新的特性，而利用这些特性制造具有特定功能设备的技术，就称为纳米技术。

纳米材料研究是目前普遍关注的一个新的材料科学技术领域，纳米技术被公认为是21世纪最有前途的科研领域。对纳米材料的研究开发是历史发展的必然趋势，是人类对客观世界认始的新层次。

纳米技术与微电子技术的主要区别是：纳米技术研究的是以控制单个原子、分子来实现设备特定的功能，是利用电子的波动性来工作的；而微电子技术则主要通过控制电子群体来实现其功能，是利用电子的粒子性来工作的。人们研究和开发纳米技术的目的，就是要实现对整个微观世界的有效控制。

纳米技术是一门交叉性很强的综合学科，研究的内容涉及现代科技的广阔领域。1993年，国际纳米科技指导委员会将纳米技术划分为纳米电子学、纳米物理学、纳米化学、纳米生物学、纳米加工学和纳米计量学等六个分支学科。其中，纳米物理学和纳米化学是纳米技术的理论基础，而纳米电子学是纳米技术最重要的内容。

纳米技术包含下列4个主要方面：

（1）纳米材料。当物质到纳米尺度以后，大约是在1～100nm这个范围空间，物质的性能就会发生突变，出现特殊性能。这种既不同于原来组成的原子、分子，也不同于宏观的物质的特殊性能构成的材料，即为纳米材料。如果仅仅是尺度达到纳米，而没有特殊性能的材料，也不能叫纳米材料。过去，人们只注意原子、分子或者宇宙空间，常常忽略这个中间领域，而这个领域实际上大量存在于自然界，只是以前没有认识到这个尺度范围的性能。第一个真正认识到它的性能并引用纳米概念的是日本科学家，他们在20世纪70年代用蒸发法制备超微离子，并通过研究它的性能发现：一个导电、导热的铜、银导体做成纳米尺度以后，它就失去原来的性质，表现出既不导电、也不导热。磁性材料也是如此，像铁钴合金，把它做成大约20～30nm大小，磁畴就变成单磁畴，它的磁性要比原来高1 000倍。20世纪80年代中期，人们就正式把这类材料命名为纳米材料。

（2）纳米动力学。主要是微机械和微电机，或总称为微型电动机械系统，用于有传动机械的微型传感器和执行器、光纤通信系统，特种电子设备、医疗和诊断仪器等。用的是一种类似于集成电器设计和制造的新工艺。特点是部件很小，刻蚀的深度往往要求数十至数百微米，而宽度误差很小。这种工艺还可用于制作三相电动机，用于超快速离心机或陀螺仪等。在研究方面还要相应地检测准原子尺度的微变形和微摩擦等。虽然它们目前尚未真正进入纳米尺度，但有很大的潜在科学价值和经济价值。

（3）纳米生物学和纳米药物学。如在云母表面用纳米微粒度的胶体金固定DNA的粒子，在SiO_2表面的叉指形电极做生物分子间相互作用的试验、磷脂和脂肪酸双层平面生物膜、DNA的精细结构等。有了纳米技术，还可用自组装方法在细胞内放入零件或组件使构成新的材料。一些新的药物，即使是微米粒子的细粉，也大约有半数不溶于水；但如果粒子为纳米尺度（即超微粒子），则可溶于水。

（4）纳米电子学。包括基于量子效应的纳米电子器件、纳米结构的光/电性质、纳米电子材料的表征，以及原子操纵和原子组装等。当前电子技术的趋势要求器件和系统更小、更快、更冷。更小是指响应速度要快；更冷是指单个器件的功耗要小。但是更小并非没有限度，纳米技术是建设者的最后疆界，它的影响将是巨大的。

1998年4月，美国总统科学技术顾问Neal Lane博士在评论启动一个在科学和工程领域将会对未来产生突破性影响的计划时说到，建立一个名为纳米科技的大型挑战机构，资助进行跨学科研究和教育的队伍，包括为长远目标而建立的中心和网络。其中一些潜在的可能实现的突破包括：把整个美国国会图书馆的资料压缩到一块像方糖一样大小的设备中，这通过提高单位表面储存能力1 000倍，使大存储电子设备储存能力扩大到几兆兆字节的水平来实现。由自小到大的方法制造材料和产品，即从一个原子、一个分子开始制造它们，这种方法将节约原材料和降低污染。生产出比钢强度大10倍，而重量只有其几分之一的材料来制造各种更轻便，更省燃料的陆上、水上和航空用的交通工具。通过极小的晶体管和记忆芯片把电脑的速度和效率提高几百万倍，使今天的酷睿双核处理器只能“望其项背”。运用基因和药物传送纳米级的MRI（核磁共振）对照剂来发现癌细胞或定位人体组织器官，去除在水和空气中最细微的污染物，得到更清洁的环境和可以饮用的水。提高太阳能电池能量效率两倍。足以说明纳米科技对未来世界产生的影响将会是多么巨大!

从迄今为止的研究来看，纳米技术分为如下3种概念：

（1）1986年美国科学家德雷克斯勒博士在《创造的机器》一书中提出的分子纳米技术。根据这一概念，可以使组合分子的机器实用化，从而可以任意组合所有种类的分子，可以制造出任何种类的分子结构。这种概念的纳米技术还未取得重大进展。

（2）把纳米技术定位为微加工技术的极限，也就是通过纳米精度的“加工”来人工形成纳米大小的结构的技术。这种纳米级的加工技术，也使半导体微型化即将达到极限。现有技术即使发展下去，从理论上讲终将会达到限度，这是因为，如果把电路的线幅逐渐变小，将使构成电路的绝缘膜变得极薄，这样将破坏绝缘效果。此外，还有发热和晃动等问题。为了解决这些问题，研究人员正在研究新型的纳米技术。

（3）从生物的角度提出的概念。生物在细胞和生物膜内就存在纳米级的结构，纳米生物学将使分子生物学领域产生巨大的反响。

4.6.2 纳米材料的特点和性质

纳米材料可分为纳米颗粒和纳米固体（见图4-19）两个层次，纳米颗粒（也称为超微粒）是指颗粒尺寸为纳米量级的超细颗粒，它尺寸大于原子簇，小于通常的微粒，它是介于原子簇与固体之间的过渡物质；纳米固体（也称为纳米结构材料）是由超微粒子凝聚而成的块体、薄膜、多层膜和纤维。纳米微粒的结构同样具有晶态、非晶态和准晶态三种形式。按照纳米颗粒的结构状态，纳米固体可分为纳米晶体材料、纳米非晶态材料和纳米准晶态材料。若按照纳米颗粒键的形式又可以把纳米固体分为纳米金属材料、纳米离子晶体材料、纳米半导体以及纳米陶瓷材料。

纳米材料所具有的不同于传统常规微粉和块体材料的特殊性质，使得它的应用前景十分宽广，发展潜力巨大；在当今和未来科学技术中将发挥重要的作用。下面仅就纳米材料的基本特性和广泛的应用领域作简单的介绍。

目前的研究结果表明，纳米材料的特殊性质主要取决纳米颗粒的表面效应、小尺寸效应以及量子效应。纳米材料的特性如下：

（1）超微粒的高比表面积和活性。普通物质中表面原子所占的比例非常小，它们所显示的性质对整个物质的性质几乎没有影响，但对于超微粒，由于其比表面积显著增大，表面原子对整个物质性能的影响已不能忽略。因此超微粒的表面对纳米材料的性质将具有重要的作用，这就是所谓的表面效应。超微粒的表面效应主要表现在两个方面：

1）随着微粒粒度的减小，颗粒的比表面积迅速增加，其表面能也迅速增加。例如，计算表明，对于铜超微粒，当粒度分别为100nm和1nm时，则比表面积分别为$6.7m^2/g$和$6.7\times10^2m^2/g$，表面能分别为$5.9\times10^2J/mol$和$5.9\times10^4J/mol$。

2）随着颗粒粒度的减小，颗粒表面的原子数占颗粒的总原子数的比例也迅速增大。由于粒径的减小，比表面积和表面原子的迅速增加，这就使得超微粒的表面成为极有活性的表面。如果将刚制成的金属超微粒暴露在空气中，瞬间就会氧化。

（2）纳米材料的热学性质。固态物质在其形态为大尺寸时，其熔点是固定的。但是人们发现在超微粒状态下固体的熔点将会明显下降（与同种大尺寸固态物质相比较）。超微粒和大块物质之间的热学性质的区别来源于表面效应或量子尺寸效应。当颗粒小于10nm量级时尤为显著。例如，金的常规熔点为1 064℃，当颗粒尺寸减小到10nm时，则降低27℃，当颗粒尺寸为2nm时，熔点仅为327℃左右。纳米材料的比热容也和晶体物质或非晶态物质有明显的不同，并明显增加。实验和分析表明，比热容的增加主要是界面部分引起的。

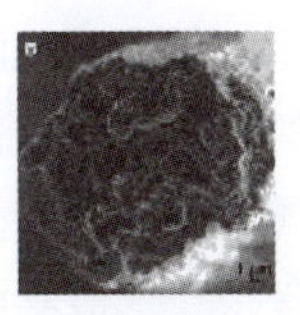

图4-19 颗粒纳米材料与固体纳米材料

（3）纳米材料的光学性质。尺寸效应和表面效应使超微粒对光有极强的吸收能力。例如所有的金属在超微粒状态下都呈现为黑色。尺寸越小，颜色越黑。金属超微粒对光的反射率很低，一般低于1%，大约几微米的厚度就能完全消光。与大块材料相比，纳米微粒的吸收带普遍存在“蓝移”现象，即吸收带向短波方向漂移。由超微粒构成的纳米固体材料也显示很好的吸波性。

（4）纳米材料的力学性质。材料的力学性能取决于材料的显微结构，由超微粒构成的纳米固体材料，界面占有显著比例，其显微结构明显不同于晶态和非晶态材料。因此纳米固体材料的力学性质和传统材料相比就有明显的区别。例如传统陶瓷材料在通常情况下呈脆性，然而由纳米超微颗粒压制成的纳米陶瓷材料却具有良好的韧性，这是因为纳米材料具有大的界面，而界面的原子排列相当混乱，原子在外力变形的条件下很容易迁移，因此表现出极佳的韧性与一定的延展性，使陶瓷材料具有新奇的力学性质。

材料中的杂质常在晶界析出，影响材料的力学性能，由于纳米固体材料有很大的界面浓度，使杂质在界面的浓度大大降低。杂质总浓度相同的情况下，纳米微晶界面的杂质浓度仅为通常晶态材料的万分之一至百万分之一，从而提高了材料的性能。

此外，纳米材料的磁学性质和电学性质与常规微粉和块体料的磁学性质和电学性质也有很大的不同。

4.6.3 功能纳米材料

功能纳米材料是纳米材料领域富有活力的、应用前景广阔的材料科学分支。它包括功能纳米材料的制备科学、结构、性能表征和应用科学，科学内涵丰富。功能纳米材料按维数划分有零维、准一维和二维纳米材料。近年来，纳米点阵列、纳米线阵列和各种结构花样纳米材料以其独特的功能特性备受人们关注。当前功能纳米材料重要发展趋势是在制备科学上由随机生长到可控生长，无序到有序，它标志着功能纳米材料合成进入了一个新阶段，人们可以按照需要设计和合成有实用价值的纳米材料。

在应用科学上，以奇特性能和稳定功效为牵引的功能纳米材料研究，把纳米材料研究又推向了一个新高度和新的层次。材料的最终价值要在应用载体上体现出来，纳米材料与下一代器件的联系，纳米材料与生物、医药、环境和能源等各个领域的联系推动了功能纳米材料研究的进展。

非碳无机纳米管，包括氮化物、硫化物、氧化物和其他化合物纳米管，由于管状形状、低维形貌和纳米尺度，因而有常规无机材料不具备的新特性，这类非碳纳米管也表现出许多不同于碳纳米管的性能。人们对非碳纳米管的性能研究才刚刚起步，在性能探索和知识创新等方面还存在着广阔的研究空间。已经报道了非碳纳米管的奇特功能特性，告诉人们这个领域具有潜在的应用前景，将形成新的研究热点。

1. 功能纳米材料的奇特功能

（1）储氢特性。储氢材料是未来能源领域最重要的材料之一。氢能源在下一代能源利用中将占有极其重要的地位，比如宇航领域，探测火星的“机遇号”和“精神号”，所有器件的工作都需要能源的供应。太阳能是无法直接利用的，氢能源不但质量轻，能量转化效率高，而且是典型的绿色能源，从某种意义上来说氢能源在宇航业中将有重要的应用。而储氢材料又在氢能源转化过程中占有举足轻重的地位。纳米储氢材料无疑将扮演重要的角色，它体积小、质量轻，也符合宇航的要求。据美国NASA报告，用于宇航的材料，每减轻500g，就会节约几十万美元，可见研究纳米材料，特别是纳米管的储氢特性至关重要。最近无机非碳纳米管储氢的研究取得了可喜的结果，储氢量可与储氢的明星材料$LaNi_5$相媲美。

Tenne等人发现氮化硼（BN）纳米管可存储相当量的H_2。多壁BN纳米管在室温和10MPa下可存储1.8%～2.6%（质量分数）的氢。目前非碳纳米管储氢能力明显

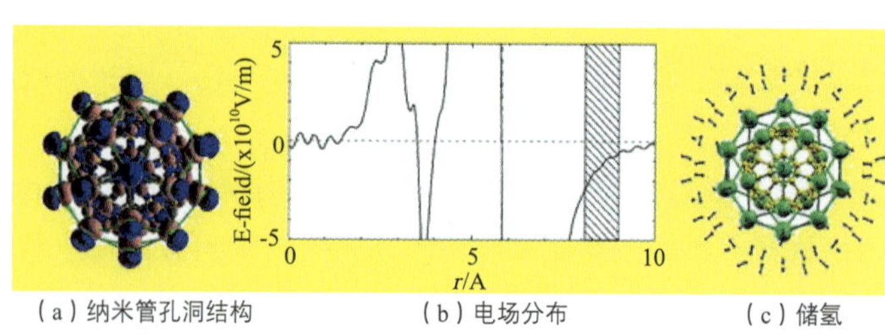

（a）纳米管孔洞结构　（b）电场分布　（c）储氢

图4-20　一种新型储氢材料$C_{60}+Ca$

低于碳纳米管，但是尚有提高的空间，非碳纳米管将为扩大储氢材料的应用作出贡献。J. Chen的研究表明通过硫化钼（MoS）纳米管很容易形成$H_{1.24}MoS_2$，而使电化学溶液中充放电电流可达260mA・h/g，如此高的储氢能力归因于纳米管的孔洞结构，这种多孔结构提高了电化学的催化能力，这种材料在制造高能电池上有重要的应用前景。

（2）润滑特性。在真空加工、空间技术和汽车运输等方面，液体润滑剂不能很好发挥作用。人们研制了各种固体润滑剂来代替它，其中MX_2（M＝Mo、W，X＝S、Se）应用得较为广泛。这些材料为层状结构，层间由弱的范德瓦尔斯力相连接，层间很容易滑动。科学家们发现与块体材料相比，空心的WS_2纳米颗粒无论是在摩擦、磨损还是寿命等方面都表现出更好的性能。《自然》上报道了HN-WS_2纳米管的优越摩擦性能，这种管状结构具有良好的弹性，颗粒可以滚动而不是滑动，这就大大提高了润滑能力。

（3）催化特性。由于纳米管具有高比表面积，与实心的纳米线和粉体材料相比，它具有更高的活性，催化反应能力十分诱人。在氢和一氧化碳生成甲烷可燃性气体的过程中，MoS_2纳米管催化能力强，反应速率快，提高了甲烷气体的转化效率。这种催化剂还有一个优点是稳定性好，可连续催化50多次而不中毒。

（4）分子分离。最近Martin等人通过氧化硅纳米管的内外表面不同的功能化，实现了分子的分离。首先他们用溶胶－凝胶法在多孔氧化铝模板中制备了氧化硅纳米管。为了达到对内外表面不同功能化的目的，他们采用了以下两步工艺：第一步，把内包氧化硅的氧化铝模板浸入含有功能剂的溶液中，由于氧化硅外表面尚有氧化铝保护，从而可实现氧化硅纳米管内表面的硅烷功能化；第二步，溶掉模板后，把过滤出的氧化硅纳米管放入另一种功能溶液中。采用上述的方法，他们用疏水的C_{18}（十二烷基硅烷）功能化氧化硅纳米管的内表面，在分离水溶液中的苯醌（7，8 benzoquino line）试验中，UV光谱测试表明这种纳米管可提取溶液中82％的苯醌。

（5）场发射功能。人们发现碳纳米管可以作为场发射的电子源，这可广泛地应用在平板显示、气体放电、X射线和微波管，甚至照明电灯等领域。但由于碳纳米管的加工和分散还存在困难，制备均一单分散的碳纳米管仍是一个难题。许多研究小组研究了一些其他纳米管，诸如氮化硼（BCN）、氮化钛、氮化铌、氮化锆等材料的场发射性能。最近有人报道了单根二硫化钼（MoS_2）纳米管优越稳定的场发射性能。这种纳米管在10^{-5}Pa真空度下，发射电流超过10μA，70h内电流变化不超过13％，而且可重复性好。这种性能可与碳纳米管相媲美，且较容易制备，是一种很有前途的场发射材料。

（6）纳米温度计。2002年，日本科技工作者利用碳纳米管中液镓线性膨胀效应制成了纳米温度计，但由于碳纳米管在600～700℃空气中不稳定，它的实际应用受到了很大限制。一年后，Y. B. Li成功合成了两端填充镓，中间为空心的氧化镁纳米管。热膨胀测试表明镓之间的距离与温度成线性变化，这意味着这种纳米管可以作为温度计。与碳纳米管相比，氧化镁的熔点很高（3 073K），被广泛的应用于热电偶的保护层、高温炉的内层衬套和金属，如铝、铜、银的熔融坩埚，这就大大拓宽了纳米温度计的工作范围。进一步研究发现，这种温度计的工作范围仅与纳米管的长度和镓之间的原始距离有关。

（7）AFM针尖。传统的AFM针尖不能测量具有纵横比的形貌，例如深窄的沟槽，主要原因是传统针尖的纵横比在3：1左右。如果把纳米管附在针尖上，可改善这种限制。有人将二硫化钨（WS_2）纳米管放到针尖上，结果发现这种针尖大大提高了AFM的图像处理能力。

2. **纳米热电材料**

热电材料是将热能和电能互相转换的功能材料，其应用已经拓展到空间技术、军事领域、医疗器械、石油化工等领域。近几年来，有关热电材料的研究引起了越来越多的国家和科学家的重视，目前美国、日本及欧洲都提高了热电材料的研究力度，国际重要的学术会议（美国物理学会、化学会、材料学会）都将热电材料的研究列入其主要内容。理论研究也表明，降低维数会使费米能级附近的电子态密度变大，从而使载流子的有效质量增加（重费米子），故超晶格、纳米线和量子点热电材料的热电动势率相对于体材料将有很大的提高，纳米线超晶格具有最高的热电性能。2001年Rama Venkatasubramanilan及其合作者在《自然》上发表的有关热电灵敏值ZT＝24的p型Bi_2Te_3／Sb_2Te_3超晶格热电材料，2002年5月《物理评论快报》报道了多孔氧化铝和氧化硅中铋纳米线热电动势有非常高的增加，普林斯顿大学的研究小组，根据实验的结果推论，纳米氧化钴所呈现异常优越的热电效应应该是来自电荷自旋的结果。这些突破性的研究成果给低维热电材料的研究和发展提供了希望，也大大提高了人们对热电材料的研究兴趣。

作为宽禁带半导体材料系统，铋、钛和铽体系以其特有的优良热电性能，在热电材料研究中占有重要的特殊地位。锑是典型的半金属材料，在4.2K时，其价带和导带的交叠宽度为180meV。如果对锑进行二维限域生长形成纳米线，则由此而产生的量子尺寸效应会对其能带结构产生影响，导致价带和导带的交叠程度降低，进而发生从金属特性向半导体特性的转变。Bi和Ti一样也是一种典型的半金属材料，其价带和导带的交叠宽度为38meV。$Bi_{1-x}Sb_x$是一种连续固溶体窄带半导体合金，其点阵参数和能带结构（载流子能级）与合金成分有关，在$0.085< x <0.22$成分范围，$Bi_{1-x}Sb_x$是一种高性能优值的低温热电材料，可用于IT产业，高性能的热电、热磁能量转换和检测以及远红外波段辐射发生器，而Bi－Sb－Te也是用途非常广泛的室温热电材料。

对于铋纳米线阵列的输运和热电性能已经进行了大量的研究，包括非晶、多晶和单晶纳米线阵列，而对于钛只有利用气相法制备的非晶（多晶）钛纳米线阵列的报道，如MIT的M.S. Dresselhaus研究小组。最近我国也报道了锑单晶纳米线阵列的制备技术。对于铋－钛及其多元合金纳米线，国际上报道的主要采用压力注入方法获得，如MIT的M. S. Dresselhaus研究小组的铋－锑体系为非晶或多晶结构，少数采用电化学沉积的方法制备的$CoSb_3$和Bi_2Te_3纳米线阵列为多晶结构，如加利福尼亚大学化学系的A.M. Stacy研究小组。2002年底和2003年A.M. Stacy研究小组先后报道了铋－钛和铋－钛－硒合金纳米线阵列的制备技术，迄今为止，尚未见Bi基合金纳米线超晶格阵列制备技术的报道。

由热电材料性能优值的定义$Z = a^2/\lambda$可知，影响纳米线阵列热电性能的主要因素是电导率和热导率，寻找比较高的电导率和低的热导率材料是需要解决的关键问题。功能纳米材料有序阵列为解决这一问题呈现了新的曙光。最有前途的材料体系是铽－镉－铯这种材料的纳米有序阵列，属于冷电流材料，即在保持高电导的同时，热导率较低，这为高效热电材料的研究提供了一个新的思路和

图4－21　Bi_2Te_3纳米材料的颗粒状晶体组织

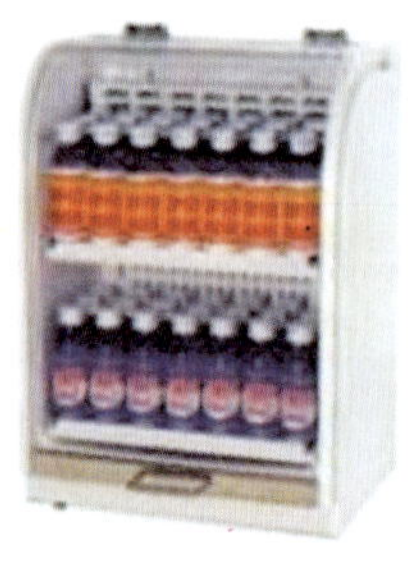
图4－22　制备的Bi_2Te_3基热电材料

新的途径。

据2008年3月24日《纳米科技世界快报》的最新报道，美国波士顿学院和MIT的一个联合研究小组发现新纳米材料能够极大地提高热电效率。这一发现对于从半导体和空调到轿车排放系统及太阳能利用等新一代产品的开发有着里程碑式的重要意义。图4-21是在电子透射显微镜下所观察到的这种BiTe/TiTe纳米热电材料的颗粒状晶体组织结构。

3. 光偏振材料

光偏振是衡量光隔离、光调制、光开关等元件性能的一个非常重要的技术指标。在许多光学元件和光电子元件中，必不可少的是要由偏振器来产生或检验线偏振光。偏振器的偏振性能如何将直接影响到这些元件的性能。随着光学技术的飞速发展，偏振器的微型化和高性能将成为必然趋势，微型光偏振元件便应运而生。微型偏振器在光通信、集成光学、光学测量、定位探测和光学传感中具有重要应用前景，它是航天高科技领域内下一代所需要的关键器件。

纳米线和纳米管有序阵列可以在光通信重要波长（1 310nm和1 550nm）上显示出很好的偏振性能，该种阵列可被用来设计微偏振器。而且，对纳米线和纳米管有序阵列的可控合成可以调制其消光比与插入损耗，能制备出具有很好性能的微光学偏振元件。

线栅型偏振器的设计经历了一个漫长的历史过程。早在1888年，Hertz率先利用一种金属线栅作为偏振器，这种线栅是由直径为1mm的铜导线周期性平行排列而成的，相邻的导线间距为3cm。他发现用66cm的微波入射到线栅上时，电矢量平行于线轴向的部分被反射，而电矢量垂直于线轴向的部分能透过。1911年，duBois和 Rubens将线栅型偏振器的适用波段从微波区扩展到红外区，他们设计的线栅中金属线的直径是25μm，实验表明：直径细的金属线，相应的线栅在较短波长显示出偏振性能。1963年，Bird和Parrish采用掠入射的方法在玻璃衬底上蒸发金属来制备线栅型微偏振器。这种线栅的周期是0.463μm，它在2～15μm的红外波段具有偏振性能。Young等人通过采用不同的衬底材料（如ZnS和ZnSe）来进一步改进线栅的光偏振性能，它适用于6～20μm的红外波段。

采用真空蒸发技术和刻蚀技术制备线栅型微偏振器的不足使制备过程复杂且技术昂贵。而采用纳米线、纳米管有序阵列设计的线栅微偏振器的突出优势在于制备过程简单而且成本低，同时通过控制条件，能够改善线栅的偏振性能。1987年，Miyagi等预言了可能借助于铝的氧化及随后的着色技术来设计一种新型的线栅微偏振器。两年后，他们成功地制备了这种偏振器。但在他们合成的氧化铝模板中，通道的分布并不有序，而且通道与通道也不平行排列。当时不成熟的铝氧化技术导致了低的金属填充率，以及金属沿线轴方向呈不均匀分布，致使这种线栅在某一波长范围内偏振性能呈不均匀分布。

偏振器特别是线栅偏振器发展的历史，给人以3个方面的重要启示：

（1）采用导电的金属作为线栅显示出明显的偏振现象。当线偏振光的电矢量平行于金属线轴向时，金属内的自由电子沿金属线轴向运动并与晶格碰撞消耗了入射偏振光的能量，导致透射光强明显衰减，甚至接近于零；而当线偏振光的电矢量垂直于金属线轴向时，透射光强基本不变。这为设计金属线栅偏振器提供了重要的理论依据。

（2）随着金属线直径的变小和线间距的缩小，线栅的偏振性能所适用的波长移向短波段，这为我们设计在期望波段上的纳米线栅偏振器提供了重要的科学依据。

（3）材料选择、线栅直径和单位面积内线栅数目（密度）对消光比与插入损耗有重要影响，这就告诉我们可以通过控制线栅的直径和密度以及选择适当的材质来实现对偏振性能的控制。

总之，金属纳米线、纳米管和导电聚合物纳米线、纳米管阵列光偏阵现象的研究，很可能为设计和制造纳米线栅偏振器提供新的途径。

4. 纳米氧化锌及新型紫外光源材料

准一维纳米氧化锌在蓝绿光范围的荧光现象，一直引起人们极大的研究兴趣。1997年，香港和日本的科学家在室温下实现了光泵浦氧化锌薄膜紫外激光。1999年美国西北大学的曹慧等人在ZnO多晶粉末薄膜上获得了自形成谐振腔室温随机紫外激光，使氧化锌有可能制成高效、长寿命的蓝光或更短波长的激光二极管，这极大地鼓舞了人们的研究热情，使氧化锌材料的研究成为国际光电领域前沿课题中的热点。2001年美国加利福尼亚大学伯克利分校P. D. Yang等人采用气相输运的方法，在蓝宝石衬底上生长出具有<0001>取向的氧化锌纳米线阵列，在385nm处观察到线宽小于0.3nm的受激紫外激光辐射，激光泵浦阈值降至40kW/cm^2，大大低于粉末（300kW/cm^2）和薄膜（240kW/cm^2）的光泵阈值，使利用氧化锌纳米丝做成纳米紫外激光器件成为可能。人们对氧化锌纳米线研究的注意力很快由蓝绿光转向了紫外光，一个新的研究氧化锌纳米线阵列的热潮正在形成，3年来关于这个领域的研究论文剧增，以氧化锌低维纳米材料为专题的国际会议已召开数次。为什么氧化锌纳米线紫外光发射受到人们如此的重视？研究的驱动力可以归结为白光LED显示和照明对紫外光的需求。

1993年，日本东亚化学公司成功解决了困扰人们达30年之久的氮化镓的p型掺杂问题，制造出世界上第一个蓝光LED，令世界为之震动。1996年该公司又成功制造了白光LED，由于LED体积小、功耗低、响应速度快（纳秒级）、寿命长（万小时）和环保型（无汞）等优点，因而备受国际上关注。专家们认为白光LED发展将引起照明领域一场新的变革，这就意味着自1879年爱迪生发明第一个白炽灯泡以来，100多年一直处于照明领域霸主地位的白炽灯泡将逐步被白光LED所取代。美国和日本在这方面的奋斗目标是大力发展白光LED，2005年进入工业界，2010年进入家庭，照明系统正在掀起一场挑战性的变革。

目前发展白光LED有3种途径：

（1）蓝色LED芯片和可被蓝光有效激发的发黄光荧光粉有机结合组成白光LED。一部分蓝光被荧光粉吸收，激发荧光粉发射黄光。发射的黄光和剩余的蓝光混合，调控它们的强度比即可得到各种色温的白光，蓝光芯片主要材料是p型掺杂的氮化锌，制造技术是分子束外延（MBE）。

（2）将红、绿、蓝三基色LED组成一个像素（pixel）也可得到白光LED。

（3）用紫外光（波长可调）激发红、绿、蓝三基色荧光体有机结合组成白光LED。

从科学、经济和实用化的角度来分析，第三条途径是下一代白光LED追求的目标，寻找新型紫外光源就成为人们关注的重点。另外，紫外发射器件和紫外激光器件等对于提高光通信的带宽、光信息的记录密度和存取速度都有着非常重要的作用，因此短波发光器件和光电子器件具有广阔商业应用前景，这也导致了宽带隙半导体化合物材料的研究

图4-23 大功率LED光源

图4-24 用LED光源做家居装修

越来越受到人们的重视。

寻找紫外光源的热点主要集中在两种材料上，一是氧化锌，它的能隙是3.3～3.4eV，激子束缚能高达60meV，比室温热离化能26meV大很多，且纳米ZnO具有更低的光泵浦阈值，纳米结构的氧化锌在室温下极易实现紫外受激发射，发出最普适常用的350～380nm紫外光。另外氧化锌还可以发出500～520nm的可见光，正好与紫外形成互补而发出白光。因而对氧化锌纳米线紫外发光的研究自然成了人们研究的重点，日本和美国都在为第一个做出氧化锌的紫外发光二极管而展开激烈的竞争；二是氮化铝，它的能隙是6.67eV，紫外光发射的波段应该与水银差不多，是提供短波紫外光首选材料。当前的热点主要集中在合成纳米氧化锌，追求其在紫外波段发光，成为继氮化镓蓝光之后又一大重要的光电材料，目前对其紫外发光的研究还处于初始阶段。从原理上来分析，氧化锌的能隙，正处于能发射350～380nm紫外光的波段，解决问题的关键是如何通过纳米技术合成氧化锌的纳米线及其阵列，通过量子限域效应，使该体系的发光处于350～380nm范围内。白光LED需要的紫外光源材料，应该是电致发光（EL）材料，天然氧化锌中存在许多本征施主缺陷，如间隙锌（Zn_i）和空位氧（Vo），对受主掺杂易产生自补偿作用，属于n型半导体。而EL紫外发光的必要条件是发光体有p−n结的存在，因此对纳米氧化锌实现电致发光的关键技术是p型掺杂，构筑受主中心，增强施主中心和受主中心的复合概率，这是实现紫外光EL发射的必要条件。纳米尺寸下氧化锌的p−n结性能不同于常规尺寸的p−n结，随着结的直径减小，不仅它的$I-U$特性更明显，而且载流子注入效率会大大提高，这就使得常规尺寸难于实现的EL成为可能。攻克氧化锌的p型掺杂一直是近年来氧化锌研究课题中的重点。氧化锌纳米线阵列体系p型掺杂的实现，为寻找新的纳米紫外光源奠定了重要实验基础，这个领域的研究，很快会形成新的热点。

5. 低维长余辉材料

长余辉荧光粉（俗称夜光粉）是一种能接收自然光（日光）及各种光源（荧光灯、白炽灯等）的能量，将光储存起来，然后在一个相当长的时间内释放出可见光的新型光致蓄光型自发光材料，故又称之为长余辉发光材料。它是一类重要的新型能源材料和发光材料。其利用太阳光或其他自然光储光夜晚发光的特性，可作为绿色节能光源和装饰美化人们生活，在建筑装潢、交通运输、军事设施、消防应急、日用消费品，纳米尺度标记等领域能得到广泛的应用。

20世纪90年代以前，这类材料主要是硫化物（硫化锌和碱土金属硫化物）系列。这类材料属于复合型发光，在吸收能量、传递能量和发光的过程中，能量损耗较大，发光效率较低。而且硫化物的化学性质在空气中不稳定，不适应特殊的环境，且有效余辉时间短。

20世纪90年代人们逐渐发展了以稀土离子为激活剂，碱土铝酸盐为基质的无机发光体系。这种特长余辉发光现象是长余辉发光材料研究历史上的一次重大的飞跃。从环境保护的角度来看，不具有放射性，而且在制备过程中不引进和产生有毒的化学物质，并可无限次循环使用，与传统的以硫化物为基底的发光材料相比较，具有明显的优点，是新一代绿色环保型自发光材料。铝酸盐、硅酸盐和瑞士硫氧化物的余辉性能都大大超过了硫化物，且发光颜色覆盖从紫色到红色的所有可见光波段。其耐光性、耐候性、化学稳定性优良，不含任何放射性物质，无毒、无害、无刺激性，是新一代的绿色环保型发光材料。以铝酸锶为例，余辉时间在人眼睛可分辨的范围内（0.32mcd/m^2以上）可达20h以上，使其应用领域大大拓宽。这类材料不仅可以作为荧光材料，而且具有很强的力致（摩擦或压力）发光和红外释光现象，其可实现对红外激光的探测、跟踪、识别、校对，可用于红外激光检测的检测板。正是这些广阔的应用前景，使得这些长余辉光致发光材料近几年在国际上引起了广泛兴趣，且产品被广泛的二次开发应用。作为发光颜料，可均匀分散于多种透明介质中，如塑料、涂料、釉料。油墨、玻璃、印花浆等制成发光制品，呈现良好的性能指标，显示出本颜料具有的明亮色彩和装饰效果。可广泛用于马路划线、道路标识、地名标牌、建筑陶瓷、工艺美术和低度应急照明等方面，如图4-25所示，具有巨大的市场潜力。

图4-25　地铁站内长余辉消防逃生标识系统

纳米尺度下的长余辉材料由于具有余辉特性和比较强的荧光现象，将具有非常大的应用前景，它可作为纳米器件和纳米装置的标记物。特别对于纳米管状的长余辉材料，在其管中组装上药物或其他生物有机物，用于生物荧光标定。

4.6.4　纳米表面工程

纳米材料应用于表面工程，也会发挥其特异的功能。如在光电子领域，日本NEC公司在砷化镓基体表面上，利用分子外延技术，把所需的原子喷射到一块半导体表面上，形成特定的岛状晶体而成功制作出具有开关功能的量子点阵列。美国已制造出可容纳单个电子的量子点，小到可在一个针尖上容纳几亿个量子点。这些技术都是在特定表面上实现的，属表面工程范畴。但随着尺度的减少，表面积与体积之比相对增大，表面效应增强，表面影响加大，传统的表面设计和加工方法已不再适用。为适应纳米科技发展带来的变化，需建立与之相适应的表面工程——纳米表面工程。

1. 纳米表面工程的内涵

纳米表面工程是以纳米材料和其他低维非平衡材料为基础，通过特定的加工技术、加工手段，对固体表面进行强化、改性、超精细加工或赋予表面新功能的系统工程。纳米表面工程是在纳米科技产生和发展的背景下，对固体表面性能、功能和加工精度要求越来越高的条件下产生的。纳米表面工程以具有许多特质的低维非平衡材料为基础，它的研究和发展将产生具有力、热、声、光、电、磁等性能的许多低维度、小尺寸、功能化表面。

与传统表面工程相比，纳米表面工程取决于基体性能和功能的因素被弱化，表面处理、改性和加工的自由度扩大，表面加工技术的作用将更加突出。

2. 纳米表面工程的科学理论基础

纳米表面工程的主要科学问题有两个：

（1）材料的表面改性、界面及非平衡条件下低维材料的结构和行为。如纳米等低维非平衡材料结构的形成演化及表征，以及对结构、物理性能、化学性能等基本问题进行深入研究，有助于材料表面的优化设计和加工控制。

（2）宏观、介观和微观的一体化研究，从而揭示出两个新的科学问题：一是“尺度问题”，不同尺度层次——宏观、介观及微观下的过渡是怎样进行的，其相应的内在联系是什么？如体相材料表面原子排布对单晶格、超晶格和纳米超薄膜的生长、力学性能等有何影响；二是“群体演化问题”，即如何描述介观、微观结构和缺陷作为群体所体现的交互作用和演化问题。

3. **低维材料是现代表面工程研究和发展的物质基础**

低维材料包括薄膜材料和纳米材料，薄膜材料可分为表面工程意义上的薄膜、纳米超薄膜和原子尺度上的薄膜。纳米表面工程中用得较多的是纳米超薄膜。纳米超薄膜实际上也是二维纳米材料。

纳米粒子的表面效应使界面杂质浓度大大降低，从而改善了材料的力学性能。同一材料，当尺寸减小到纳米级时，由于位错的滑动受到限制，表现出比体相材料高得多的硬度，其强度和硬度可提高 4～5倍。如 n-Fe晶断裂强度比普通铁高12倍；纳米碳管密度仅为钢的1/6，但其强度却比钢高100倍，杨氏模量估计可高达5TPa，这是目前可制备的具有最高比强度的材料。研究发现，骨、牙、珍珠和贝壳之所以具有很高的强度，是因为它们是由纳米羟基磷酸钙、纳米磷酸三钙与少量的生物高分子复合组装而成的。

纳米材料界面量大，界面原子排列混乱，原子在外力作用产生变形时，很容易迁移、扩散，表现出甚佳的塑性、韧性、延展性和比粗晶高10^{16}～10^{19}倍的扩散系数。如28nm的 n-20Ni-p在280℃时的伸长极限比257nm的20Ni-p高 3.7倍；n-CuF_2和n-TiO_2室温下的塑性变性也有类似现象。n-CaF（纳米氟化钙）。在80～180℃范围内可产生100%的变形，且在弯曲时，材料表面的裂纹可不扩大，这些高强度、高塑性甚至超塑性的纳米材料对材料表面改性具有特殊意义。

小尺寸效应使纳米材料的热容和散射率比同类其他材料大，其熔点和烧结温度显著下降，使得在常温和次温条件下加工陶瓷和合金成为可能。如2nm的Au熔点仅为330℃，比通常Au的熔点低700℃，而n-Ag熔点竟低于100℃，而在钨颗粒中附加 0.1%～0.5%的 n-Ni可使烧结温度降近2 000℃。这些特性将为传统材料表面的合金化改造和陶瓷功能化改造带来新机遇。

另外，由于纳米材料电磁性能的改变及极高的光吸收率（大于99%），可用于制作红外敏感元件、雷达波纳米吸收涂层等，这在军事上具有特殊的应用前景。纳米材料在力、热、声、光、电、磁等方面的许多特性为纳米表面工程技术的发展奠定了基础。

4. **纳米表面工程应用现状**

纳米表面工程是极具应用前景和市场潜力的。据德国科技部预测，2000年材料表面的纳米薄膜器件组装和超精度加工的市场容量达6 000亿美元。

（1）超高精度表面加工。用分布很窄的0-D纳米材料作磨光材料，可加工表面粗糙度（Ra_{max}）为 0.1~1nm的超光表面，如高级光学玻璃、晶体、宝石、金相表面等，其加工精度比传统的磨光加工提高了一个数量级。使用的抛光液是含n-MoS_2、n-Al_2O_3、n-SiO_2、n-Cr_2O_3等纳米微粒的润滑油。据报道，英、美等国纳米抛光液生产已商业化，$Ra_{max}\leqslant 2$nm。采用沉积超薄膜的方法也可加工超光表面。Takenka等人用射频溅射技术，先在基体表面沉积一层可减少基体粗糙度、厚3.2nm的碳层作缓冲膜，然后在-20℃下沉积一层2.3nm厚的镍，这样可以得到$Ra_{max}\leqslant 0.25$nm的、由纳米多层膜组成的超光表面。

表面超精加工的另一方面是对材料表面进行纳米尺度超微细图形加工，这是制备纳米结构和器件的关键。如 Sohn等用 AFM针尖对 PMMA/MMA超薄膜进行机械刻蚀，制得40nm宽的金属铬线；Magno等用AFM 针尖直接在半导体上刻划出沟槽，最细可达宽 20nm、深2 nm。最著名的例子是用SPM针尖在镍金属表面用35个原子摆出的IBM字样，如图4-26所示。材料纳米尺度

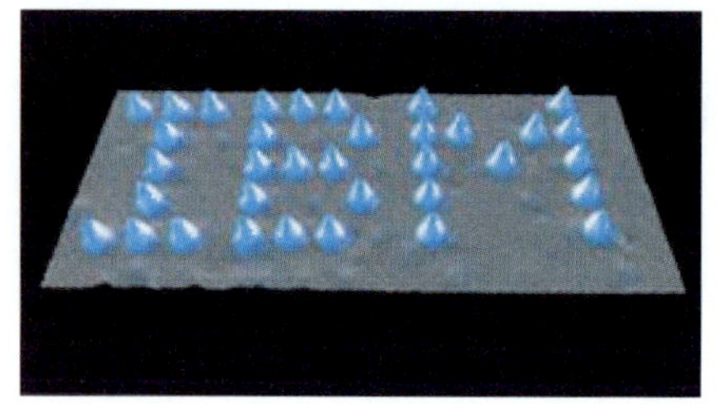

图4-26　用35个原子摆出的IBM字样　图4-27　我国科学家用AFM针尖摆出的中文字样

表面加工通常采用电场诱导局域物理化学变化和机械刻划等。

（2）制备功能涂料。纳米粒子添加的静电屏蔽材料比炭黑添加的静电屏蔽材料用于电器具有更好的静电屏蔽作用。为了改善静电屏蔽涂料性能，日本松下公司已用n-Fe_2O_3、n-TiO_2、n-Cr_2O_3、n-ZnO等研制成功具有优良静电屏蔽作用的纳米涂料，且不同粒度、不同种类的纳米材料其颜色各不相同，因此可调配出不同颜色的静电屏蔽涂层，不会像炭黑屏蔽涂层那样颜色单一。

纳米粒子的光反射率低，加之其电磁性能的改变，可用于制造红外线吸收涂料和雷达波吸收涂料。美国曾花上亿美元研制了一项项极绝密技术——纳米雷达吸波涂料，每辆坦克只需花5 000美元就可获得涂层薄、吸波率高、吸收波带宽的隐身涂层，具有极高的军事利用价值。采用金属、铁氧体等纳米微粒与聚合物形成的0～3型复合涂层和采用多层结构的2～3型复合涂层，能吸收和衰减电磁波和声波，从而达到电磁隐身和声隐身的作用，这在潜艇等军事领域有广阔的应用前景。

0-D涂层还有促进面核作用，如用PVD、CVD生长金刚石薄膜时，在基体表面先沉积一层纳米金刚石（DNP）或巴基管作为金刚石成核的“晶粒”，从而有利于金刚石的快速成核，并提高薄膜质量。另外某些纳米微粒还有杀菌、阻燃、导电、绝缘等作用，用这些纳米粒子可制成防生物涂料、阻燃涂料、导电涂料和绝缘涂料。

（3）制作功能复合镀层。在镀液中加入0-D或1-D可形成纳米复合镀层。如在45钢上镀镍-磷-巴基管复合镀层，可极大地改善镀层的摩擦学性能。化学镀Ti-P镀层的磁盘基板表面若采用DNP复合镀后，可减少磨损50%。用来生产磁头和磁性记忆储存器磁膜的钴-磷化学镀液中添加 DNP形成复合镀层，其耐磨能力提高2～3倍。用于模具镀铬的DNP复合镀层，可使寿命延长、精度持久不变，长时间使用镀层光滑无裂纹。用于钻头镀铬的DNP复合镀层，寿命成倍提高。汽车、摩托车汽缸体（套）的镍-金刚石纳米复合镀，可使汽缸体寿命提高数倍。

纳米材料还可用于耐高温的耐磨复合镀层。如将 n-ZrO_2加入镍-钨-硼非晶态复合镀层，可提高镀层在550～850℃的高温抗氧化性能，使镀层的耐蚀性提高2～3倍，耐磨性能和硬度也都明显提高。金刚石的导热性比金银高得多，DNP与金银形成复合镀层，能在保持金银良好导电性的同时，大大增强镀层的强度、耐磨性、导热性，可使电接触材料的寿命提高2倍以上。镍、镍-磷、铬镀层一般只能在400℃以下工作，钴基复合镀层，如 Co-Cr_3C_2、Co-ZrB_2、Co-SiC的出现大大提高了高温耐磨性能。但采用Co-DNP复合镀更具明显优势，它能承受500℃以上的高温，使机件使用寿命延长。若镀层采用短杆DNP，由于同镀层金属的接合面积大，摩擦时不易剥落，则效果更好。

将DNP和纳米陶瓷微粒为代表的、具有耐高温性能的纳米硬质粉应用于刷镀层，能较大幅度地提高电刷镀层的机械性能。用电刷镀技术制备含DNP的复合镀镍层。研究表明，DNP的弥散强化作用可有效改善镀层的生长，减少内应力，提高镀层的显微硬度，并使镀层在室温、高负荷下具有优良的抗疲劳、抗磨损性能，其耐磨性是纯镍镀层的4倍。在快速镀镍液中加入n-SiC，刷镀层的耐磨性和硬度均有较大幅度地提高，摩擦系数减小。加人的n-SiC微粒主要分布在镀层缺陷处和镀层中镍晶粒之间。

（4）制作功能性薄膜材料。纳米单层膜、叠层膜具有许多特异性，在特定基材沉积、组装纳米超薄膜将会产生表面功能化的许多新材料，这对功能器件、微型机电产品的开发具有特别重要的意义，同时也是表面工程迈向先进制造技术和高新技术的重要方面。预计纳米薄膜将在信息与通信（磁性存储、光学存储、液晶显示）、光学（制作反光镜、过滤器、防锈X射线、激光器等功能性薄膜）、电子（开发各类薄膜型电子元件）、能源（太阳能电池、热敏绝缘体、大容量储能电池）、测量与控制技术（制作各类传感器）等方面得到广泛的应用。

另外，法国的汤姆逊公司正在利用纳米多层膜的巨磁阻效应开发用于汽车制动系统的产品。巨磁阻效应可使磁盘的磁记录密度增加许多倍，因而IBM公司和其他磁盘驱动器制造商正在生产巨磁阻磁头产品。利用巨磁阻纳米叠层膜存储芯在计算机开断时保持“记忆”的特性，制成了低噪声、快速、长寿命的MRAM。为解决工具薄层硬度问题，德国Linkopin大学和美国西北大学成功地制作了二重交替的薄膜，如 TiN/VN或TiN/NbN，尽管薄层厚度仅为 5～10nm，但其硬度却超过了50GPa。在有机树脂光学镜头表面沉积10nm厚的纳米薄膜，可改善其抗划痕能力和反射指数。

（5）组装纳米结构涂层。与传统热喷涂涂层相比，纳米结构（ns）涂层在强度、韧性、抗蚀、耐磨、热障、抗热疲劳等方面会有显著改善，且一种涂层可同时具有上述多种性能。但0-D要用于热喷涂，需解决两个问题；一是0-D质量太小，不能直接喷涂；二是喷涂过程中怎样保证0-D不被烧结。解决问题一的办法是将0-D组装为可直接喷涂的ns 喂料。研究表明，只要控制好条件，ns喂料在喷涂过程中，0-D是不会烧结的，因为粒子从加热到接触冷基体时间非常短暂，原子来不及扩散，0-D生长和氧化同时受限。组装ns喂料的方法主要有两种：机械法和溶液合成法。Stutt和Xiao将n-Al_2O_3和n-TiO_2用超声波分散在溶液中后再加入黏结剂，制成浆状物，然后喷雾干燥，将0-D黏结重组为直径为 15～100 μm的ns喂料。喷涂过程中，颗粒从室温加热到1 200℃，黏结剂被燃烧去除，从而在基体上得到由几十纳米到亚微米粒子构筑成的、涂层致密度为95%～98%的涂层。与商用粉末涂层相比，该涂层结合强度、抗磨能力均提高2～3倍。Stewart等用ns喂料，采用HVOF方法也得到了抗磨性能和抗电化学腐蚀性能优异的纳米结构涂层，还有人用机械碾磨法制备的Ni、Inconel718和316不锈钢作HVOF的ns喂料，获得了相应的ns 层，与普通涂层相比，其显微硬度分别提高20%、60%和36%。

（6）制作抗磨减磨润滑涂层。近年来，以零磨损、超滑为目标的纳米粒子在表面改性技术、表面分子工程领域也取得了进展。如DLC膜、Ni-P非晶膜和非晶碳膜等作为磁盘表面保护膜，以及利用LB膜技术组装有序分子润滑膜，获得了优异的减磨抗磨性能，使软磁盘表面每运行 10～100km的磨损量小于一层原子，硬磁盘磨损率为零。通过研究纳米薄膜微观磨损特性，了解材料表面的物理化学状态，优化薄膜设计，完善膜的制备方法，则纳米超薄膜，特别是具有硬度高、耐磨能力强的BN、Al_2O_3、TiN、Si_3N_4膜和具有超模量、超硬度的纳米叠层膜，以及SA膜、MD膜等在摩擦学领域将有更大的实用价值。

4.6.5 纳米材料的应用前景

由于纳米材料的表面效应、小尺寸效应、宏观量子隧道效应使得纳米材料在光、热、电、磁等方面呈现出常规材料所不具备的特性。因此纳米材料具有十分广泛的应用前景。

1. 作为磁性材料的应用

磁流体是使强磁性超微粒外包裹一层长链的表面活性剂，稳定地分散在基液中形成胶体，具有固有的强磁性和液体的流动性。磁流体在旋转轴密封和磁液扬声器等许多领域得到了应用。

磁性超微粒由于尺寸小，具有单磁畴结构，矫顽力很高的特性，已被用作高储存密度的磁记录磁粉，大量应用于磁带、磁盘、磁卡等。用这样的材料制作的磁记录材料可以提高信噪比，改善图像质量。

磁性纳米微粒除了上述应用外，还可作光快门、光调节器、病毒检测仪等仪器仪表材料；抗癌药物磁性载体、细胞磁分离介质材料；复印机墨粉材料以及磁墨水和磁印刷材料等。

2. 作为传感器材料及微电子器件材料的应用

传感器是超微粒的最有前途的应用领域之一，例如，用n-ZnO_2膜制成的传感器，可用于可燃性气体泄露报警器和湿度传感器。由金超微粒沉积在基板上形成的膜可用作红外线传感器，金超微粒膜的特点是对可见至红外整个范围的光吸收率很高。大量红外线被金属膜吸收后转变成热，由膜与冷接点之间的温差可测出温差电动势，因此可制成辐射热测量器。

作为跨世纪的新材料，纳米材料将用于下一代的微电子器件（即纳米电子器件），使未来的电脑、电视、卫星、机器人等的体积变得越来越小。例如，北京大学用单壁碳纳米管做出了世界上最细的、性能最好的扫描探针，获得了精美的热解石墨的原子形貌像；利用单壁短管作为场电子显微镜（FEM）的电子发射源，拍摄到过去认为不可能的原子像。

3. 纳米材料在催化方面的应用

超微粒的表面有效活性中心多，这就为做催化剂提供了基本条件。通常的金属催化剂Fe、Co、Pd、Pt等制成纳米微粒可大大改善催化效应。以粒径小于0.3 μm的Ni和铜-锌合金的超微粒为主要成分制成的催化剂可使有机物氢化的效率达到传统镍催化剂的10倍。纳米铜粉在冶金和石油化工中是优良的催化剂。在高分子聚合物的氢化和脱氢反应中，纳米铜粉催化剂有极高的活性和选择性；在汽车尾气净化处理过程中，纳米铜粉作为催化剂可以用来部分代替贵金属Pb和Lo。近年来国际上对超微粒催化剂十分重视。

4. 作为光学材料的应用

纳米微粒具有常规大块材料不具备的光学特性，如光学非线性、光吸收、光反射、光传输过程中的能量损耗等，使得用纳米材料制备的光学材料在日常生活和高技术领域得到广泛的应用。在现代通信和光传输方面占有极其重要的地位。纳米微粒作为光纤材料已显示出它的优越性，它可以降低光导纤维的传输损耗。

纳米微粒用于红外反射材料上主要制成薄膜和多层膜来使用，由纳米微粒制成的红外膜有透明导电膜、多层干涉膜。例如用n-SiO_2和n-TiO_2微粒制成的多层干涉膜，总厚度为微米级，衬在灯泡罩的内壁，不但透光率好，而且有很强的红外线反射能力。

5. 在医学、生物工程方面的应用

纳米微粒的尺寸一般比生物体内的细胞、红血球小得多，这就为生物学研究提供了一个新的研究途径，即利用纳米微粒进行细胞分离及利用纳米微粒制成特殊药物或新型抗体进行局部定向治疗等。

6. 纳米复合材料应用

纳米材料在复合材料的制备方面也有广泛的应用。例如把金属的纳米颗粒放入常规陶瓷中可大大改善材料的力学性能。将金属超微粒掺入合成纤维中可防止带静电，在塑料中掺入金属超微粒可不改变其强度而控制电磁性质等。超微粒也有可能作为梯度功能材料的原材料，例如，材料的耐高温表面为陶瓷，与冷却系统相接触的一面为导热性好的金属，其间为陶瓷与金属的复合体，使其间的成分缓慢连续地发生变化。这种材料可用于温差达1 000℃的航天飞机隔热材料、核聚变反应堆的结构材料等。

以纳米技术制造的电子器件，其性能大大优于传统的电子器件：工作速度快，纳米电子器件的工作速度是硅器件的1 000倍，因而可使产品性能大幅度提高；功耗低，纳米电子器件的功耗仅为硅器件的1/1 000；信息存储量大，在一张不足巴掌大的5in光盘上，至少可以存储30个北京图书馆的全部藏书；体积小、重量轻，可使各类电子产品体积和重量大为减小。

7. 纳米制造和纳米机械

随着纳米科技的发展，微机电系统的设计、制造日益增多，制造技术与加工技术已由亚微米层次进入到原子、分子级的纳米层次。如日本已研制成功直径只有1～2mm的静电发动机、米粒大小的汽车。美国已研制成功微型光调器，并计划研制微电机化坦克、纳米航天飞机、微型机器人、纳米微型飞机——机器蝇，如图4-29所示。

由于纳米材料会表现出特异的光、电、磁、热、力学、机械等性能，纳米技术迅速渗透到材料的各个领域，成为当前世界科学研究的热点。按物理形态分，纳米材料大致可分为纳米粉末、纳米纤维、纳米膜、纳米块体和纳米相分离液体等五类。尽管目前实现工业化生产的纳米料主要是碳酸钙、白炭黑、氧化锌等纳米粉体材料，其他基本上还处于实验室的初级研究阶段，大规模应用预计要到5～10年以后，但毫无疑问，以纳米材料为代表的纳米科技必将对21世纪的经济和社会发展产生深刻的影响。

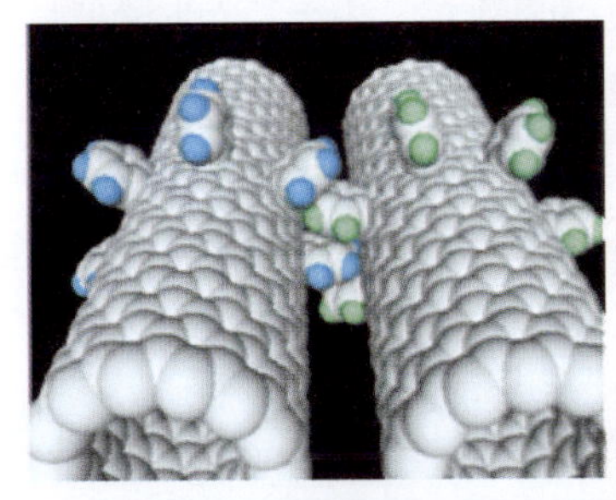

图4-28 纳米齿轮

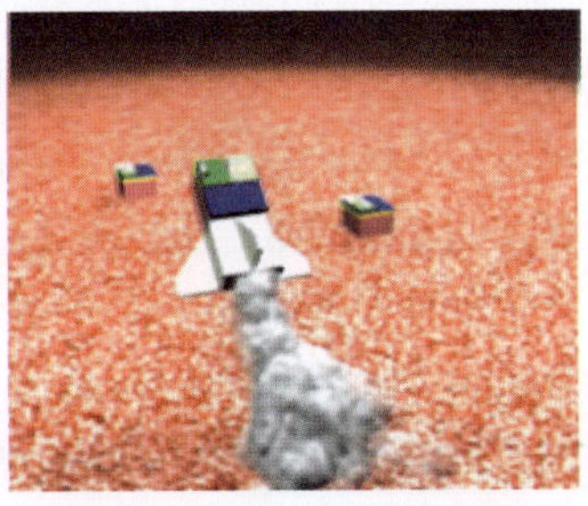

图4-29 纳米机器蝇在起飞

图4-30 股掌之中的机器蝇

纳米技术、信息技术及生物技术将成为新世纪社会经济发展的三大支柱。纳米科技的兴起，对我国提出了严峻的挑战，同时也为我国实现跨越式发展提供了难得的机遇。纳米材料是纳米科技的基础，功能纳米材料是纳米材料科学中最富有活力的领域，它对信息、生物、能源、环境、宇航等高科技领域，将产生深远的影响并具有广阔的应用前景。

人们对纳米材料的物理、化学性质进行了大量的研究工作，目前纳米材料的某些应用已进入了工业化生产阶段，但一些新的应用领域还需要进一步开拓。从国内外关于纳米材料的研制、生产及应用的形势来看，纳米材料的工业生产与广泛的应用正处于重大突破的前夕，纳米材料未来应用的前景将是十分广阔的。纳米科学技术必将发展成为21世纪最重要的高技术。必将对经济建设、国防实力以及社会进步产生巨大的影响。

当前的研究热点和技术前沿包括：以碳纳米管为代表的纳米组装材料；纳米陶瓷和纳米复

合材料等高性能纳米结构材料；纳米涂层材料的设计与合成；单电子晶体管、纳米激光器和纳米开关等纳米电子器件的研制、C_{60}超高密度信息存储材料等。

4.7 富勒烯材料及其潜在的应用前景

20世纪 80年代中期至90年代初期，以 C_{60}为代表的一系列富勒烯材料的发现开辟了材料科学的一个全新的领域，形成了一门蓬勃发展的交叉学科——富勒烯科学。C_{60}的发现被认为是化学史上继高温超导体之后最激动人心的事件。材料科学家们将C_{60}誉为“新材料皇后”。它们所具有的一系列独特性质，使得它们可能在光学、半导体、超导和微电子等领域具有广阔的应用前景，它们的出现极有可能导致材料科学技术的一场革命。

4.7.1 C_{60}及其他富勒烯的结构

在人类已知的100多种元素中，碳是十分重要的元素之一，过去人们一直认为自然界中的纯碳只存在两种同素异构体——金刚石和石墨，这两种物质都是由原子堆积构成的网状固体，不存在单个的碳分子。然而在1985年，可尔（R. F. Cur）、克罗托（H. W. Croto）、斯莫利（R. E. Smalley）三人一项具有划时代意义的发现，改变了人们的传统观念，以C_{60}为代表的全碳分子系固体的出现宣告了碳的多种稳定的同素异构体结构的诞生，实验和理论研究都揭示出纯碳存在多种形态，包括球形、管状等结构。他们三人因此共同获得了诺贝尔化学奖。

C_{60}（见图4-31）分子的结构现在已完全得到确认，C_{60}分子有60个碳原子所组成，它是由12个五边形和20个六边形组成的空心32面体，这种结构很像美国建筑设计师巴基敏斯特·富勒（Buckminster Fuller）发明的笼形屋顶，因此人们将这种分子命名为富勒烯。由于其外形酷似足球，又称之为巴基球或足球烯。后来人们又将包括C_{60}在内的全碳分子统称为富勒烯。C_{60}是目前发现的自然界中最圆的分子，碳原子占据的60个顶点位于一个半径为35.5nm的球面上。它含有两种不等价的化学键，所有的五元环均由单键构成，而所有的六元环由单键和双键交替构成。单键键长14.6nm，这些单、双键既不像石墨那样的sp^2杂化；也不像金刚石那样的sp^3杂化，而是介于二者之间。后来进一步的研究发现除了C_{60}之外，C_{20}、C_{24}、C_{28}、C_{32}、C_{36}、C_{50}、C_{70}、C_{76}、C_{84}、C_{90}、C_{94}……都是存在的。其中C_{70}、C_{76}、C_{84}、C_{90}以及C_{94}都已被分离出来并得到研究，还初步测定了它们的分子几何构型、电子结构和有关的基本参数。例如C_{70}的分子结构包含了12个五边形和25个六边形，由于六边形的数目增多，其结构偏离球状，形成比C_{60}略扁的橄榄球形状。C_{60}的制备主要是用高功率的激光蒸发石墨，蒸发出来的碳蒸气在惰性气体的气氛中冷凝，形成大量原子紧密结合的凝聚体（团簇）；然后把碳团簇束导致真空室膨胀，并冷却到比绝对零度高几度的低温，就可以分离出C_{60}。C_{60}在室温下可以形成分子晶体，但制备大尺寸的C_{60}单晶体却很困难。

1991年，日本电气公司基础研究室的饭岛（Iijima）在研究巴基球分子的过程中发现了一种直径为4～30nm，长达微米量级的多壁碳管状结构，并命名为巴基管。巴基管是由一些同轴的圆柱形管状碳层叠套而成，原子层的数目从二到几十不等，碳原子在管壁上形成六边形结构并沿管壁方向呈螺旋状，其两端往往依靠引入五边形环而封闭。不同巴基管以及同一巴基管的不同原子层其螺旋度都有所不同，并且这种螺旋结构有助于巴基管的生长。由于巴基管的直径在几纳米到几十纳米之间，因而又被称为碳纳米管，如图4-32所示。

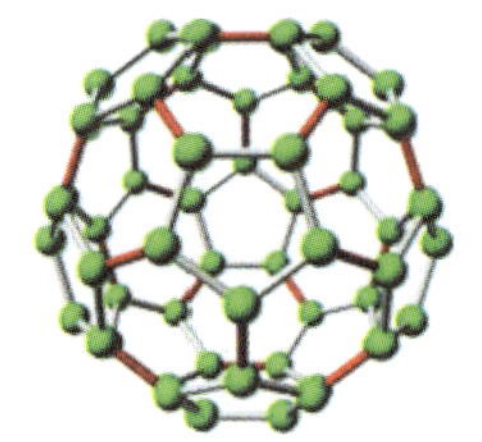

图4-31 C_{60}分子结构

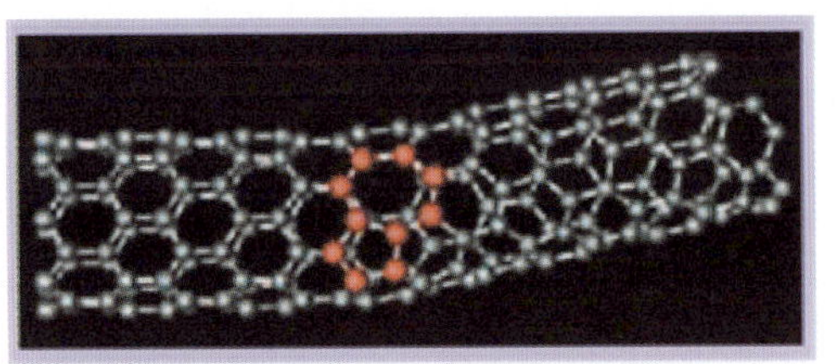

图4-32 碳纳米管

碳纳米管的发现是继C_{60}之后的又一令人振奋的发现。碳纳米管的制备主要有电弧放电法、脉冲激光蒸发法和化学气相法等方法。

据日本《朝日新闻》最新报道，由于纳米技术的发展，从来只存在于科幻世界中的“太空电梯”有可能变成现实。太空电梯实际上是从距离地面3.6万km但静止轨道卫星向地面垂下一条缆索，并沿着这条缆索修建往返于地球和太空之间的电梯型飞船。为了保持平衡，在卫星背向地球的一侧也要架设数万千米的缆索，这样整条缆索将长达10万km。从理论上计算，制作缆索的材料强度必须达到钢强度的180倍。随着纳米技术的发展，科学家们不断开发出质量轻、强度高的碳纳米管纤维材料，现有的此类纤维材料的强度已达到所需强度的1/4，这使修建“太空电梯”逐渐成为可能。

4.7.2 C_{60}及碳纳米管的性质

以C_{60}为代表的富勒烯一经发现，有关它们性质的研究就引起了人们的极大兴趣。这些富勒烯几乎无一例外地表现出十分独特的物理、化学性质，具有丰富的物理、化学内涵，对富勒烯进行化学修饰可以得到各种丰富的化合物。这里仅就C_{60}及碳纳米管的性质作简单介绍。

1. C_{60}的物理、化学性质

（1）C_{60}的物理性质：

1）C_{60}分子的对称性：C_{60}分子的结构现在已完全得到确认，它是由二十面体截去12个顶角而得到的。碳原子占据60个顶点位置。这种分子是三维欧几里得空间可能存在的最对称的分子，它具有Ih群的对称性。

2）固态C_{60}的结构及相变：C_{60}分子之间主要通过范德瓦尔斯力相互作用而凝聚在一起。在室温下，形成面心立方结构，其晶格常数a=141 980nm，但在294K，C_{60}固体发生相变，形成简单立方结构，这种相变是由于分子取向从无序到有序而形成。

3）C_{60}的振动特性及电子结构：C_{60}是由60个碳原子组成的三维分子，因此C_{60}共有174（3×60−6=174）个振动自由度。理论计算表明，C_{60}有48个可分辨的振动频率，其中10个为拉曼（Raman）激活的，4个是红外激活的。人们用不同的理论方法计算了C_{60}的电子结构，其最高占据态是5重简并的，最低占据态是3重简并的，能隙为1.9eV。

4）C_{60}固体的半导体特性：理论计算表明，C_{60}固体是一种类似于GaAS的直接能隙半导体。与砷化镓不同的是，C_{60}分子在格点位置高速无序地自由转动，导致C_{60}固体在某些方面类似于非晶硅。因此C_{60}固体成为继硅、锗和砷化镓等之后的又一种新型半导体材料。

5）掺杂C_{60}固体的超导电性质：在C_{60}固体中掺入碱金属A，形成A_xC_{60}（A＝钾，铷，铯）晶体，A原子处于C_{60}点阵的间隙位置，并呈现完全离子化状态。研究表明：A_3C_{60}为面心立方结构，它是超导相。A_1C_{60}为体心正交结构，而A_6C_{60}为体心立方结构，它们均为非超导相。除了上面提到的C_{60}的一些物理性质以外，C_{60}还有很弱的抗磁性以及非线性光学特性等性质。

（2）C_{60}的化学性质：目前，人们采用各种办法，对C_{60}分子进行修饰，比如使其分子笼内俘获其他原子或分子，称为内修饰；使其在分子笼外俘获其他原子或分子，称为外修饰；在表面进行原子替代，称为表面修饰。

C_{60}能够进行的化学反应很多，例如C_{60}的氢化和脱氢反应、C_{60}的卤化反应、C_{60}的自由基反应、C_{60}的亲核加成反应以及富勒烯的骨架扩大反应等。总之，富勒烯的化学修饰开辟了一条合成种类繁多的新化合物的道路。

2. 碳纳米管的特点

碳纳米管是除了C_{60}之外的另一种十分奇特的富勒烯，这种具有纳米尺度的全碳分子微管具有许多奇特的性质，主要表现在：

（1）具有不同寻常的电磁性能，对单根碳纳米管的导电性能的理论计算和实测结果表明，由于结构的不同，碳纳米管可能是导体，也可能是半导体。进一步研究表明，完美碳纳米管的电阻要比有缺陷的碳纳米管的电阻小一个数量级或更小。碳纳米管的径向电阻大于轴向电阻，并且这种电阻的各向异性随温度的降低而增大。有人通过计算认为直径为0.7nm的碳纳米管具有超导性，对于碳纳米管的磁性研究表明轴向磁感应系数与径向磁感应系数不同。

（2）碳纳米管具有极高的强度、韧性和弹性模量，其弹性模量可达1TPa，弹性应变最高可达12%，约为钢的60倍。

（3）碳纳米管还具有奇特的热学性能和光学性能。

4.7.3 富勒烯材料潜在的应用前景

以C_{60}为核心的富勒烯材料由于具有许多优异的性质，开辟了材料科学中的一个崭新的研究领域，C_{60}的许多不寻常的特性几乎都可以在现代科技和工业领域找到实际应用价值。已经预见到C_{60}材料的应用是多方面的，包括润滑剂、催化剂、研磨剂、半导体、非线性光学器件、超导材料、高能电池、燃料、传感器、分子器件、医学成像及治疗等方面。这些C_{60}材料在许多高新科技领域的应用可能是关键的和无法替代的。这些材料进入实用化必将带来材料科学技术的一场革命，无疑具有重大而深远的意义。

1. C_{60}的潜在应用前景

（1）用于润滑剂、研磨剂和制造超硬切削刀具。C_{60}具有特殊的圆球形状，是目前发现的最圆的分子，同时C_{60}的结构具有特殊的稳定性。在分子水平上，单个C_{60}分子是异常坚硬的，C_{60}一经发现，就有人提议用它作为“分子滚珠”。C_{60}的这种异常坚硬性，极可能使它成为高级润滑油的核心材料。将C_{60}完全氟化得到的$F_{60}C_{60}$是一种比氟化石墨更好的优良润滑剂。

C_{60}的特殊形状和极强的抵抗外界压力能力，使其有希望转化成为一类新的超高硬度的研磨材料。一种有希望的方法是通过在室温下加高压直接将C_{60}转化成为金刚石。

在正常的情况下，C_{60}晶体同石墨一样柔软，这是因为其结构中两个C_{60}分子球心间的距离大约是100nm，空隙较大。但是当把它压缩到小于原体积的70%时，预测它将变得比金刚石还坚硬。这种压缩了的C_{60}晶体很可能被用来制造超硬切削刀具。

（2）作为半导体材料应用。目前硅、锗和砷化镓是主要的半导体材料，C_{60}固体是一种直接能隙半导体。有人在砷化镓衬底的（110）面上成功地制出了C_{60}-K_3C_{60}异质膜，由于C_{60}膜和

K_3C_{60}之间无K的扩散，故这种异质膜结构具有清晰而稳定的界面，利用它可望制出优良的微电子器件。

（3）作为软铁磁材料、储氢材料的应用。最近合成的强磁性盐$TDAE_{0.86}C_{60}$（有机分子四-二甲胺乙烯）则是一种不含金属元素的软铁磁材料，居里温度为16.1K，用这种材料制作的磁体可望替代昂贵的金属磁体。

由于C_{60}是个中空的分子，因而其内部可以储存一些直径较小的原子。氢原子的直径最小，每个C_{60}分子内部可以储存若干个氢原子，这就为未来的新能源开发带来了契机。如果用充满氢的C_{60}分子做成储氢罐，就可以装在各种运输工具上，利用燃烧氢能源来提供动力，从而既节省了能源，又改善了环境。

（4）作为非线性光学材料的应用。实验研究发现，C_{60}薄膜具有很大的三次非线性响应，有人对C_{60}苯溶液进行实验，发现很大的超快三次非线性响应。C_{60}的这种非线性光学性质使其成为集成非线性光学装置的理想材料。

（5）作为超导材料的应用。在C_{60}固体中适当掺杂碱金属可以成为超导体。1991年，在C_{60}的结构仅仅被证实一年多，就报道了掺钾的C_{60}超导临界温度为18K。美国哈佛大学的科学家把金属铷掺入C_{60}，使超导临界温度提高到29K，又有报道掺铷、铊的C_{60}固体，其超导临界温度高达48K，进入了高温超导材料行列。有人预言C_{60}有可能成为临界温度大于100K的高温超导体。

研究表明，K_3C_{60}在18K时会变成超导体，Rb_3C_{60}和Cs_3C_{60}的超导临界温度分别为29K和33K，如果将铯、铷一起掺入C_{60}晶体，形成$RbTi_2C_{60}$，其超导临界温度会进一步提高到48K。这类材料能够制造成三维超导体，因此，它们极有可能成为实用超导体。

C_{60}超导体不同于金属氧化物超导体。它是有机物，并且具有三维特性。在目前所有的有机物超导体中，它的超导临界温度最高，且具有较大的临界电流、临界磁场，还具有易于加工成型、质轻等优点，因而预期有广泛的应用前景。

C_{60}及其衍生物的潜在应用是多方面的，除上面提到的以外，在生物学、化学、医学等其他领域都有广阔的应用前景。

2. 碳纳米管的潜在应用前景

（1）作为储氢材料的应用。碳纳米管由于其管道结构及多壁碳管之间的类石墨层空隙，使其成为最有潜力的储氢材料，可能是未来燃料电池汽车氢气储运材料的最佳选择。已经证实，碱金属嵌入碳纳米管会极大地提高其储氢性能。

（2）作为场发射的阴极材料。碳纳米管具有极好的场致电子发射性，该性能可用于制作平面显示装置取代体积大、质量大的阴极电子管技术。美国加州大学的研究人员证明碳纳米管具有稳定性好和抗离子轰击能力强等良好性能，可以在10^{-4}Pa真空环境下工作，电流密度达到$0.4A/cm^2$。用碳纳米管制成的电子枪与传统的电子枪相比，不但具有在空气中稳定、易制作的特点，而且具有较低的工作电压和大的发射电流，适用于制造大的平面显示器。

（3）用作复合材料的增强体。碳纳米管由于纳米中空管及螺旋度的共同作用，具有极高的强度和理想的弹性，杨氏模量甚至可达1TPa以上，碳纳米管长径比在1万倍以上，强度比钢高100倍，密度仅为钢的1/6，碳纳米管无论是强度还是韧性，都远远优于任何纤维材料。将碳纳米管作为复合材料的纤维增强体，可表现出极好的强度、弹性、抗疲劳性等特性，这可能带来复合材料性能的一次飞跃。

（4）用作超级电容器电极材料。超级电容器的出现使得电容器的极限容量骤然上升了3～4

个数量级。其工作原理是基于电极与电解液界面形成所谓的双电层的空间电荷层，在这种双电层中积蓄电荷，从而实现储能之目的。它不同于传统意义上的电容器，类似于充电电池，但比传统的充电电池（镍氢电池和锂离子电池）具有更高的比功率和更长的循环寿命，因此超级电容器在移动通信、信息技术、电动汽车、航天和国防科技等方面具有极其重要广阔的应用前景。目前一般用多孔炭作为超级电容的电极材料，不但微孔分布宽（对存储量有贡献的孔不到30%），而且结晶度低，导电性差，导致容量小。碳纳米管结晶度高，导电性好，比表面积大，微孔大小可通过合成工艺加以控制，比表面利用率可达100%，具备理想的超级电容器电极材料的所有要求。碳纳米管的出现为超级电容器的开发提供了新机遇。

（5）作为传感器材料。利用碳纳米管对气体吸附的选择性和碳纳米管的导电性，可以做成气体传感器。不同温度下吸附氧气可以改变碳纳米管的导电性。在碳纳米管内填充光敏、湿敏、压敏等材料，可制成纳米级的各种功能传感器，纳米管传感器将会是一个很大的产业。

（6）用于锂离子充电电池的电极材料。目前，锂离子电池正朝高能量密度方向发展，因此要求材料具有高的可逆容量。碳纳米管的层间距略大于石墨的层间距，充放电容量大于石墨，而且碳纳米管的筒状结构在多次充、放电循环后不会塌陷，循环性好。碱金属如锂离子和碳纳米管有强的相互作用。用碳纳米管作负极材料做成的锂电池的首次放电容量达1 600A·h/g，可逆容量为700mA·h/g，远大于石墨的理论可逆容量372mA·h/g。

（7）其他方面的应用。碳纳米管的小尺寸和高的机械强度使得它可以作为扫描探针显微镜的探针。碳纳米管独特的电学性能使其在大规模集成电路、超导线材等领域具有良好的应用前景。

碳纳米管由于其管状结构和较高的介电常数，并且可植入磁性粒子，呈现出较好的高频宽带吸收特性，在2～18GHz范围内有很好的介电损耗。比传统的铁氧体、碳纤维和石墨优越，加上它的低密度、耐腐蚀、耐高温、抗氧化等优点，是极好的吸波和屏蔽材料。

碳纳米管也可用于诊断、治疗、修复人体器官或组织更换的生物材料、环保材料及催化剂材料等。此外，碳纳米管在军事领域，特别是在未来的纳米战争中必将有广泛的应用。

第5章　能源科学与新能源技术

5.1　能源概述

能源即能量之源泉，是可以直接或经转换提供人类所需的光、热、动力等任一形式能量的载能体资源。确切地说，能源是自然界中能为人类提供某种形式能量的物质资源。

自古以来，材料、能源、信息是人类社会进步发展的三大要素，其中能源是人类生存和发展不可缺少的物质基础，它的开发和利用状况是衡量一个时代、一个国家经济发展和科学技术水平的重要标志，直接关系到人们生活水平的高低。长期以来，人类大量使用煤炭、石油和天然气等化石能源，不仅使这些有限的资源日益枯竭，而且对环境造成严重污染，人类已面临能源与环境的双重挑战。因此，世界各国都在研究开发利用新的能源、清洁能源和可再生的能源，以求人类的持续发展。

5.1.1　能源的分类

自然界中的能源虽然有很多种类，但根据它们的初始来源，当前可以概括为如下四大类：

1. 与太阳有关的能源

太阳给人类带来了光明和温暖，并给人类以生命以及维持生命活动的各种物质。可以说，没有太阳便没有人类；没有太阳，也不会有今天物质世界的一切。太阳一刻不停地向宇宙空间中发送着大量的能量。据计算，仅1s发出的能量就相当于1.3×10^{16}t标准煤燃烧时所放出的热量。太阳发送到地球上的能量虽然很多，但只占它向外辐射能量的22亿分之一。由于地球表面大气层的反射和吸收，真正到达地球表面的太阳能，大约相当于目前全世界所有电站发电能力总和的20万倍。地球每天接收的太阳能，相当于全球一年所消耗的总能量的200倍。太阳发光放热的历史已达40多亿年以上，据科学家们预计，太阳释放巨大能量的时间还将持续几十亿年。因此，太阳可称得上是人类取之不尽、用之不竭的能源宝库。对人类来说，太阳释放的能量还包括地球上的各种能源，例如煤炭、石油以及风能、海洋能、地热能等，它们都是由太阳能转化而成的。另外，与其他能源相比，太阳能具有独特的优点：

（1）它没有一般煤炭、石油等矿物燃料产生的有害气体和废渣，因而不污染环境，被称作“洁净能源”。

（2）太阳能到处都可以获得，使用方便、安全。

（3）成本低廉，可以再生。

现在，人们越来越认识到太阳能的重要价值。特别是在当前世界各国面临能源日益紧缺的情况下，人们已把太阳能作为开发利用的现代主要新能源之一，因此，向太阳这个取之不尽的能源宝库索取能量，实现人类历史上的能源变革，已成为今后能源开发的主要趋向。

随着科学技术的不断发展，人们对太阳能的利用也日益广泛和深入。现在，太阳能的利用已扩展到科学研究、航空航天、国防建设和人们日常生活的各个方面。尽管人们对太阳能的开发利用方式如此丰富多样，然而直到目前为止，所利用的太阳能与太阳照射到地球上的能量相比，仅是沧海一粟，而且使用效率较低，规模也较小，致使大自然赐予的这种宝贵能源大部分损失掉了。所以，用现代化方法大规模地开发利用太阳能，已成为摆在人们面前的一项重要任务。

与太阳有关的能源除了光和热外，它还是地球上多种能源的主要源泉。目前，人类所需能量的绝大部分都直接或间接地来自太阳。首先是各种植物通过光合作用把太阳能转变成化学能在植物体内储存下来，这部分能量为人类和动物界的生存提供了最基本的能源。煤炭、石油、天然气、油页岩等化石燃料也是由古代埋在地下的动植物经过漫长的地质年代形成的，它们实质上是由古代生物固定下来的太阳能。此外，水能、风能、潮汐能、海流能等也都是由太阳能转换来的。从数量上看，太阳能非常巨大。可是，到达地球表面的太阳能只有千分之一、二被植物吸收，并转变成化学能储存起来，其余绝大部分都转换成热，散发到宇宙空间去了。

2. 与地球内部的热能有关的能源

地球是一个大热库，从地面向下，随着深度的增加，温度也不断增高。从地下喷出地面的温泉和火山爆发喷出的岩浆就是地热的表现。地球上的地热资源储量也很大，按目前钻井技术可钻到地下10km的深度，估计地热能资源总量相当于世界年能源消费量的400多万倍。

3. 与原子核反应有关的能源

这是某些物质在发生原子核反应时释放的能量。原子核反应主要有裂变反应和聚变反应。目前在世界各地运行的440多座核电站就是使用铀原子核裂变时放出的热量。使用氘、氚、锂等轻核聚变时放出能量的核电站正在研究之中。世界上已探明的铀储量约490万t，钍储量约275万t。这些裂变燃料足够人类使用到迎接聚变能的到来。聚变燃料主要是氘和锂，海水中氘的含量为0.03g/L，据估计地球上的海水量约为$1.38\times10^{18}m^3$，所以世界上氘的储量约40万亿t；地球上的锂储量虽比氘少得多，也有2 000多亿t，用它来制造氚，足够人类过渡到氘、氚聚变的年代。这些聚变燃料所释放的能量比全世界现有能源总量放出的能量大千万倍。按目前世界能源消费的水平，地球上可供原子核聚变的氘和氚，能供人类使用上千亿年。因此，只要解决核聚变技术，人类就将从根本上解决能源问题。实现可控制的核聚变，以获得取之不尽、用之不竭的聚变能，这正是当前核科学家们孜孜以求的。

4. 与地球–月球–太阳相互联系有关的能源

地球、月亮、太阳之间有规律的运动，造成相对位置周期性的变化，它们之间产生的引力使海水涨落而形成潮汐能。与上述三类能源相比，潮汐能的数量很小，全世界的潮汐能折合成煤约为每年30亿t，而实际可用的只是浅海区那一部分，每年约为6 000万t煤。

由于目前使用的能源以常规能源为主，而这些常规能源如煤、石油、天然气等却越用越少，是不能再生的能源，总有一天要用完，加上它们燃烧时污染环境并且热能利用率不高等，世界各国都在加紧研究开发新能源，以满足社会发展对能源日益增长的需要。

随着经济的发展和能源消耗量的大幅度增长，能源的储量、生产和使用之间的矛盾将会日益突出，成为世界各国面临的亟待解决的重大问题之一。现在，能源已向人类发出了挑战：据专家们估计，除煤炭因为储量较多尚可维持较长时间外，目前已探明的石油储量将于2020 年左右开采完毕，一些工业发达国家的天然气也将在2020年被用完，而发展中国家在2060 年也将会发生天然气短缺。另外，煤炭资源虽然较丰富，但是直接使用煤炭既不能充分利用它的能量和资源，还会对环境造成污染。

5.1.2人类面临着能源挑战

1. 非再生能源资源面临枯竭的危险

像煤炭、石油、天然气及铀之类的能源只能是越消耗越少，属于非再生能源资源。据世界能源会议2007年大会期间提出的《2006年能源资源调查》，对世界各国2006年的资源调查和产量作了统计。

（1）煤炭：世界各国煤炭探明共可采储量，烟煤和无烟煤 5.214×10^{11}t，次烟煤和褐煤 5.177×10^{11}t，合计1.0391×10^{12}t，2006年产量为30.8×10^{9}t，还可开采210年。2006年中国消费量为11.91×10^{9}t油当量，位居世界第一，占世界消费量的38.6%。

（2）石油：世界各国原油探明可采储量共计 1.348×10^{11}t，2006年原油产量39.14×10^{9}t，还可开采404年。

（3）天然气：世界各国探明天然气可采储量共计 $1.2885\times10^{14}m^3$、2006年净产量$2.865\times10^{12}m^3$，还可开采60年。

（4）铀资源：31个国家铀资源探明可开采储量每千克80美元以下的共1.41×10^{6}t，每千克80~130美元的共6.7×10^{5}t，合计2.08×10^{6}t。2006年世界核电总产量相当于6.27×10^{9}t油当量。

以上几种能源资源今后可能会有新的储量被探明，然而由于现代社会对能源需求越来越大，能源短缺将是人类面对的实际问题。

2. 直接燃烧化石燃料对环境构成严重威胁

燃烧化石燃料给环境造成的危害是当今世界性的严重问题。常规能源的生产和利用是产生公害的重要原因。

化石燃料在燃烧过程中都要产生SO_2（二氧化硫）、CO（一氧化碳）、NO_x（各类氮氧化物，x=1，2）、烟尘、3，5-苯芘、放射性飘尘以及二氧化碳等。这些排放物中，3，5-苯芘是致癌物质，二氧化硫和氮氧化物会形成酸雨，使植物死亡，饮水变质。二氧化碳是造成温室效应，使地球温度升高的罪魁。尤其是煤炭的燃烧，危害最大。20世纪五六十年代伦敦有“雾都”之称，就是由于大量使用煤炭造成的。

厄尔尼诺气候现象根本原因有待于科学家们继续研究，但气温上升造成气候紊乱，破坏生态平衡已是事实。而气温上升与现行能源结构有关。现在发达国家改变能源结构比例，减少煤炭消耗，使本国环境质量得到改善，但是发展中国家的一些城市却变得越来越脏，比20世纪50年代西方国家的情况还严重。

我国是煤炭大国，煤炭占能源消费的比例达76%，燃煤排放到大气的烟尘和二氧化硫分别占总排放量的73%和90%，如果气象条件出现不利情况，也会出现伦敦那样的情况。

酸雨会使大片森林毁灭，使农作物减产，使桥梁、建筑受酸蚀，全国环境污染造成的经济损失每年达800亿~1 000亿元。

常规能源中煤、石油耗量的增加导致大气中二氧化碳浓度相应增加，使全球气温随之升高，即产生“温室效应”。19世纪末，全球平均气温为14.5℃，目前已达15℃，如果不限制二氧化碳的排放量，到21世纪中叶，预测地球平均气温将升高到17~18℃，到21世纪末，可能达到20℃以上。全球气温继续升高变暖，将危及人类的生存。它将造成海平面升高，淹没大片陆地；农业生产条件发生变化，引起农作物大迁移，使农作物大幅度减产。全球变暖是十分有害的自然变化现象，1992年在“联合国环境与发展大会”上，人们对全球变暖问题进行了认真探讨。会议对造成全球变暖的重要根源之一的能源问题，提出了相应对策，并对能源结构变革寄予厚望，极力减少使用有污染的化石燃料，积极开发非炭能源、尽可能减缓全球变暖的程度和推迟变缓时间，为创造优美、文明、平衡的适于人类生存发展的生态环境而努力。

5.1.3 探索和开发新能源

从古至今，人类就为改善自身的生存条件、促进社会的经济发展而不懈地奋斗。面对能源紧张的情况，世界各国除了充分利用现有的传统能源外，都在大力研究开发新能源。同时，在努力探索和开发新能源之际，人们还在寻求各种方法、采取各种措施节约能源，并积极防止或减轻对环境的污染。

所谓新能源指的是新近才利用的或正在开发研究的能源，这种能源包含有太阳能、核能、沼气、风能、氢能、地热能、海洋能、地磁能等。

当然，新能源和常规能源也是相对而言的，现在的常规能源在过去也曾是新能源，而今天的新能源在将来肯定也会成为常规能源。例如核能，在许多第三世界和不发达国家中当前还可以称为新能源，但在某些工业发达国家中，核能的使用已经非常普遍，已经变成了一种常规能源。

我国目前正处于能源短缺、能源结构不合理且对能源的需求却迅速增长的新的历史时期，而要解决能源问题，就必须依靠科技进步，特别是应用高新技术加快开发新能源的步伐。在这方面，既要深入开展研究以跟上工业化国家的先进水平，也要符合我国的实际国情。我国能源发展的中期战略是开发与节约并重，能源开发利用以电力为中心，以煤炭为基础，积极开发石油和天然气，大力开发水电资源和有计划地发展核电，提高能源生产利用效率。只有依靠高新技术，才有可能完成能源工业在现代化建设中承担的重要使命。

随着科学技术的发展，人类社会正在跨入高科技时代。代表这一时代科技发展水平的高科技，将作为强大的生产力，直接影响着人类的生产和生活方式，并推动社会走向未来的新世纪。能源作为所有高新技术产业的能量源泉，其发展水平绝不能落后于依赖它的高新技术，所以在21 世纪技术突飞猛进的同时，能源的发展也必须跟上时代的步伐。

现代高科技的发展序列是，以信息技术为先导，以新材料技术为基础，以新能源技术为支柱，沿微尺度领域向生物技术开拓，沿宏尺度领域向海洋和空间技术扩展。由此可见，新能源技术在现代高科技中占有多么重要的地位。

为了推动高科技的发展，解决能源供应所面临的问题，人们投入了很多的人力和物力，积极寻求新能源。随着高新技术领域中的新材料技术、信息技术、海洋技术和空间技术等的发展，一批新能源如太阳能、核聚变能、氢能、海洋能、风能和生物质能等方面的研究已经取得重大突破，并展示出令人鼓舞的发展前景。例如，超导材料和超导技术的进一步发展将为核聚变装置提供强大的磁场，并使人们早日掌握渴望已久的核聚变技术；利用超导技术还可研制出实用的超大型蓄电池，将会极大地促进太阳能、海洋能、风能等新能源的发展。

可以预料，新能源的应用与发展，不仅会推动社会生产力的发展，而且将使人类从有限的一次性能源的使用，转向多样化的、再生的、取之不尽的洁净能源的使用。这样，在未来世纪中，人们可以不再为能源的枯竭、环境的污染和生态的破坏而担忧。

可以确信，在科学技术已经相当发达的今天，只要坚定地坚守“科学技术是第一生产力”的发展思路，坚持创新，勇于探索，人类一定能妥善地解决所面临的能源问题。

5.2 太阳能的利用

太阳是一颗炽热的恒星，蕴藏着无比巨大的能量。地球上除了地热能和核能以外，所有能源都来源于太阳能，因此可以说太阳能是人类的“能源之母”。地球上万物生长都依赖太阳的光和热，没有太阳能，就不会有人类的一切。自古以来，人们就注意利用太阳能。早在几千年前，我们的祖先就曾用“阳燧”这种简单的器具向太阳“取火”，开辟了人类利用太阳能的新时代。古希腊著名物理学家阿基米德曾用巨大的镜子聚集太阳光，一举烧毁了敌人的帆船队。然而，人们对太阳能的深刻认识和开发利用，直到最近的二三十年内才真正开始。

从太阳光谱分析中发现，氢和氦占整个太阳质量的96%，太阳能的来源主要是氢原子核间的高温热核聚变反应所释放的辐射能，这种热核反应不停地进行着，所以太阳不断地向宇宙空间辐射出巨大的能量。其辐射功率约为3.8×10^{23}kW。能达到地球大气层的能量仅占总辐射能的二十亿分之一，而其中的30%被大气层反射回宇宙空间，23%被大气层吸收，即便如此，真正能够达到地面的辐射功率仍高达8.0×10^{13}kW，相当于目前地球上总发电功率的8万倍。

图5-1 古代利用太阳能聚光取火的工具——阳燧

太阳辐射能主要表现为光和热的能量，太阳能是清洁的可再生能源，阳光普照，分布广泛，到处都有。但利用太阳能也有很大难度，这是因为它照在地球上的能量密度小，而且还受云、雨气候变化的影响。大规模利用太阳能，投资、设备费用也很高。尽管如此，太阳能还是最诱人的、潜力最大的新能源。

实际上，草木燃料、化石燃料、风力、水力及海作热能等都来自太阳的辐射能，它们的利用属间接利用太阳能。人们直接利用太阳能的方法主要有三种：第一种是使太阳能直接转换成电能，即光电转换，太阳能电池就属于这种转换方式；第二种是使太阳能直接转变成热能，即光热转换，如太阳能热水器等；第三种是使太阳能直接转变成化学能，即光化学转换，如太阳能发动机等。

5.2.1 光热转换

1. 太阳能光热转换的基本原理

光热转换是把太阳辐射能直接转换成热能，就是设法使太阳光聚集，用以加热某物体获得热能。人类利用太阳能已有悠久的历史，而且首先利用的就是光-热转换。实际上，人类有意识地利用太阳能，也是从取暖、加热、干燥和采光等太阳能的热利用开始的。我国战国时代就已经用金属凹面镜（即阳隧）聚焦太阳光用以点火，又据晋代《博物志》记载：“消冰命圆、举以向日，以艾承其影，则得火。”将冰制成凸透镜也可以聚焦阳光而点火。近代人们对太阳能的利用逐渐前进了，1837年英国天文学家赫胥黎在去非洲探险途中首先使用太阳灶烧饭，1860年出现了用抛物面反射阳光装置，可使聚焦面温度达500℃，1875年又出现了太阳能集能器。要充分收集并使用太阳光发挥热能效益，就必须采用能把太阳光反射并集中在一起、变成热能的系统，还要有把收集的热能加以储存和热交换的设备。目前，聚光装置有平板型集热器和抛物面型反射聚光器。太阳能热水器就是最简单的平板型集热器，它由涂黑的采热板及与采热板接触的水构成，用透明盖层与外界隔开，防止散热。输入冷水后，可以得到较高温度的水，这种热水器转换效率低，为取得足够的热，要把集热器表面做得很大。为提高转换效率，人们还制成一种“选择性涂层”使较小面积的集热器就能获得较多的热量。

近十多年来，太阳能的光热利用发展很快，已经制成了式样繁多的各类太阳能集热器，将太阳光的热能用于取暖、制冷、通风、烘干、冶炼、洗浴、灌溉、养鱼、发电等许多方面，节省了大量的其他能源，并为能源短缺地区提供和解决了所需要的能源。

利用平板型太阳集热器可以制造各种太阳能热水器满足各方面的热水需要。截至1994年底，我国安装太阳热水器面积近$3.00\times10^6m^2$，居世界首位。国际上美、日、以色列和澳大利亚等国都是大量使用太阳能热水器的国家。

聚光型集热器是利用光线的反射和折射原理，采用反射或折射器使阳光改变方向，集中照射在吸热物体上，吸热体面积小于采光面积，聚焦处可得到较高温度，一般应用在太阳能聚光灶和太阳能高温炉上。聚光的形状有线状聚焦和点状聚焦，聚光器的光孔面积与接收器的吸收面积之比称聚光比，它是聚光型集热器的特性参数，聚光比越大，集热器温度越高。太阳能高温炉温度可达2 500～3 000℃，特别适合作高温材料研究，进行难熔金属冶炼，生产高纯合金。20世纪70年代初法国在比利牛斯山麓的奥台陆建成一座高40m的大型太阳能高温炉，最高聚焦温度达3 500 ℃，输出功率约 1 000kW，它由11 000多块平面反光镜组成，全自动跟踪太阳，平面反射镜将反射光全部投射到处在抛物面焦点的集热器上聚焦。前苏联在乌兹别克斯坦的塔什干市郊也建一座 1 000kW功率的太阳炉，最高温度2 500℃，专门用来冶炼钛酸铝和钇铝石榴石等高纯和超纯材料。

图5-2　立柱式单碟太阳能聚光器

图5-3　槽式太阳能聚光器

2. **光热转换的应用**

（1）太阳能热电站。光热转换的最典型应用是太阳能热电站。这种既可发热又可发电的装置先将太阳光转变成热能，然后再通过机械装置将热能转变成电能。其能量转换的过程是：利用集热器（聚光镜）和吸热器（锅炉）把分散的太阳辐射能汇聚成集中的热能，经热换器和汽轮发电机把热能变成机械能，再变成电能。它与一般火力发电厂的区别在于，其动力来源不是煤或燃油，而是太阳的辐射能。一般来说，太阳能电站多数采用在地面上设置许多聚光镜，以不同角度和方向把太阳光收集起来，集中反射到一个高塔顶部的专用锅炉上，使锅炉里的水受热变为高压蒸汽，用来驱动汽轮机，再由汽轮机带动发电机发电。

另外，太阳能热电站的独特之处还在于电站内设有蓄热器。当用高压蒸汽推动汽轮机转动的同时，通过管道将一部分热能储存在蓄热器中。如果在阴雨天或晚上没太阳时，就由蓄热器供应热能，以保证电站连续发电。世界上第一座太阳能热电站，是建在法国的奥德约太阳能热电站，这座电站当时的发电能力仅为64kW，但它却为以后太阳能热电站的建立和发展打下了基础。

太阳能蒸汽锅炉是大规模利用太阳能的装置。用许多块平面镜或抛物面反射镜把太阳光聚集到位于镜面上方的锅炉上，产生高参数的蒸汽作为动力源。以太阳能蒸汽锅炉为主所构成的太阳热站可用于农田灌溉、室内取暖、海水淡化等。如果将产生的蒸汽用于推动涡轮机发电，就构成了太阳能热电站。太阳能电站要有聚光系统、储能系统、热交换系统、传导系统，经过蒸汽涡轮机，将热能转换成机械能，驱动发电机运行。

20世纪70年代末，日本、美国等进行数百至数千千瓦容量太阳能发电机组的试验，到80年代进入十兆瓦级电站试验，1982 年，美国建成了一座大型塔式太阳能热电站，这座电站用了1 818个聚光镜，塔高80m，发电能力为10 000kW。它利用太阳能把油加热，再用高温油将水变成蒸汽，利用蒸汽来推动汽轮发电机发电。

图5-4 太阳能热电站

1989年美国南加利福尼亚州的275MW太阳能发电站建成投产，并还计划建600MW及1 000MW级的太阳能发电站。目前，美国的太阳能发电站的电费平均成本为8～9美分/（kW·h），已接近平均电力成本6美分/（kW·h），前苏联也于1989年建造了30MW的大型太阳能发电站。

太阳能热电站不足之处在于：一是需要占用很大地方来设置反光镜；二是它的发电能力受天气和太阳出没的影响较大。虽然热电站一般都安装有蓄热器，但不能从根本上消除影响。因此，人们设想把太阳能热电站搬到宇宙空间去，从而能使热电站连续不断地发电，满足人们对能源日益增长的需要。

目前，各国都在积极研究太阳能热发电技术，并正向大功率、实用化方向发展，前景十分广阔。

（2）太阳能热管。光热转换的又一种应用是太阳能热管，通常又叫真空集热管，它在结构上与我们平常所用的热水瓶相似，但热水瓶只能用来保温，而太阳能热管却能巧妙地吸收太阳的热能，即使阳光很微弱，它也能达到较高的温度，比一般太阳能集热器的本领强多了。

热管之所以有这么大的本领，主要是因为它的结构较特殊，能充分地吸热和保温。热管有一个透明的玻璃管壳，里面密封着能装液体或气体的吸热管，两管之间抽成真空。这样，在吸热管周围形成了性能良好的真空绝热层，这和热水瓶胆的内外层之间保持真空的原理是一样的，都是为了防止热量散失出去。吸热管的材料可以是金属，也可以是玻璃，在它的外表面涂有选择性的吸热涂层。当阳光照在热管上，吸热管的涂层就能大量吸收光能，并将光能转变成热能，从而使吸热管内装的液体或气体的温度升高。热管的特殊结构使它一方面通过吸热管外壁上的涂层尽可能吸收更多的阳光，并及时转变成热能；另一方面，在能量吸收和转换中最大限度地减少热量损失。也就是说，它用抽真空等办法堵死了热量散失的一切渠道。因此，在阳光很微弱的情况下，热管也能将阳光巧妙地集聚和保存起来，从而达到较高温度。

太阳能热管不仅集热性能好，而且拆装方便，使用寿命长，因而获得了人们的好评。它可以单个使用，如用在太阳能灶上，代替平板式集热器；也可根据需要，用串联或并联的方式将几十支热管装在一起使用。热管在一天之内可以提供大量的工业用热水，又能一年四季不断地为它的主人供应所需要的热能。此外，热管还广泛用于海水淡化、采暖、空调、制冷、烹调和太阳能发电等许多方面，是一种深受人们欢迎的太阳能器具。

5.2.2 光电转换

光电转换就是把太阳的辐射能直接转换成电能，所利用的原理就是“光电效应”。太阳能电池就是利用光电效应将太阳辐射直接转换成电能的装置，分结晶太阳能电池和非结晶太阳能电池两种。

这种电池是利用“光生伏打效应”原理制成的，所以又称“光伏电池”。光生伏打效应是指当物体受到光照射时，物体内部就会产生电流或电动势的现象。

太阳能电池是半导体材料内部光电效应的产物，当太阳光照射到硅半导体的p-n结上时，波长极短的光很容易被半导体晶体内部吸收。并去碰撞硅原子中的价电子，价电子得到能量成为自由电子而逸出晶格，产生电子流动。

世界上第一台实用型的硅太阳能电池是1954年在美国贝尔实验室研制的，1958年就被用作人造卫星的电源。这种电池取代了化学电池，使卫星电源安全工作20年之久，为航天器提供了重要的能源。用于太阳能光-电转换的材料有许多种，如硅（包括单晶硅、多晶硅、非晶硅）电池，硫化镉电池，磷化铟电池，砷化镓电池，砷化镓-砷化铝镓电池等。砷化镓、磷化铟材料光电转换效率高，但原料少，造价高，目前主要用于卫星上用的太阳能电池。常用的单晶硅电池，转换效率可达15%左右。但单晶硅工艺复杂，加之拉制的单晶硅成圆柱状，切片制作组件平面利用率低，因此，20世纪80年代以来，开始多晶硅太阳能电池的研制；多晶硅太阳能电池光电转换效率约12%，但生产成本较低，因此得到大量发展。

非晶硅太阳能电池是1981年才出现的新型薄膜式太阳能电池，消耗材料少，生产电耗低，工艺简单，可大规模生产，很有前途。制造非晶硅太阳能电池方法有多种，常见的辉光放电法是将一石英容器抽成真空；充入氢气或氩气稀释的硅烷，用射频电源加热，使硅烷电离，形成等离子体，非晶硅膜就沉积在被加热的衬底上。若在硅烷中掺入适量的氢化磷或氢化硼，即可得到n型或p型的非晶硅膜。衬底材料一般用玻璃或不锈钢板。

太阳能电池新技术的开发是世界热门课题，现在国外出现了一些建材一体型太阳能电池，最早是在玻璃基瓦上，后又开发出板式建材一体型太阳能电池，使用于建筑物上，不需另外占用土地。

太阳能电池最初是应用在空间技术中的，后来才扩大到其他许多领域。据统计，世界上90%的人造卫星和宇宙飞船都采用太阳能电池供电。美国已于近年研究开发出性能优异的太阳能电池，其地面光电转换率为35.6%，在宇宙空间为30.8%。澳大利亚用激光技术制造的太阳能电池，在不聚焦时转换率达24.2%，而且成本较低，与柴油发电相近。

在太阳能电池方阵中，通常还装有蓄电池，这是为了保证在夜晚或阴雨天时能连续供电的一种储能装置。当太阳光照射时，太阳能电池产生的电能不仅能满足当时的需要，而且还可提

图5-5　太阳能电池板

图5-6　装有太阳能电池板的飞行器

供一些电能储存于蓄电池内。

有了太阳能电池，就为人造卫星和宇宙飞船探测宇宙空间提供了方便、可靠的能源。1953年，美国贝尔电话公司研制成了世界上第一个硅太阳能电池。而到1958年，美国就发射了第一颗由太阳能供电的“先锋1号”卫星。

现在，各式各样的卫星和空间飞行器上都安装了太阳能电池翼板，为它们在太空中远航高飞供给能量。卫星和飞船上的电子仪器和设备，需要使用大量的电能，但它们对电源的要求很苛刻：既要重量轻，使用寿命长，能连续不断地工作，又要能承受各种冲击、碰撞和振动的影响。而太阳能电池完全能满足这些要求，所以成为空间飞行器较理想的能源。通常，根据卫星电源的要求将太阳能电池在电池板上整齐地排列起来，组成太阳能电池方阵。当卫星向着太阳飞行时，电池方阵受阳光照射产生电能，供应卫星用电，并同时向卫星上的蓄电池充电；当卫星背着太阳飞行时，蓄电池就放电，使卫星上的仪器保持连续工作。我国在1958年就开始了太阳能电池的研究工作，并于1971年将研制的太阳能电池用在我国发射的第三颗卫星上，这颗卫星在太空中正常运行了8年多。太阳能电池还能代替燃油用于飞机上。世界上第一架完全利用太阳能电池作动力的飞机“太阳挑战者”号已经试飞成功，共飞行了4.5h，飞行高度达4 000m，飞行速度为60km/h。在这架飞机的尾翼和水平翼表面上，装置了16 000多个太阳能电池，其最大能量为2.67kW。它是将太阳能变成电能，驱动单叶螺旋桨旋转，使飞机在空中飞行的。

以太阳能电池为动力的轿车，已经在墨西哥试制成功。这种汽车的外形像一辆三轮摩托车，在车顶上架了一个装有太阳能电池的大篷，如图5-8所示。在阳光照射下，太阳能电池供给汽车电能，使汽车以40km/h的速度向前行驶。由于这辆汽车每天所获得的电能只能驱动它行驶40min，所以在技术上还有待于进一步改进。

太阳能电池在电话中也得到了应用。有的国家在公路旁的每根电线杆的顶端，安装着一块太阳能电池板，将阳光变成电能，然后向蓄电池充电，以供应电话机连续用电。蓄电池充一次电后，可使用26h。现在在约旦的一些公路上，已安装有近百台这种太阳能电话。当人们遇有紧急事情时，可随时在公路边打电话联系，使用非常方便。由于太阳能电话安装简单，成本较低，又能实现无人管理，还能防止雷击，所以很多国家都相继在山区和边远地带，特别是沙漠和缺少能源的地区，安装了许多以太阳能电池为电源的电话。

芬兰曾经制成一种用太阳能电池供电的彩色电视机。它是通过安装在房顶上的太阳能电池供电的，同时还将一部分电能储存在蓄电池里，供电视机连续工作使用。太阳能电池很适合作为电视差转机的电源。电视差转机是一种既能接收来自主台的电视信号，又能将这种信号经过变频、放大再发射出去的电视转播装置。我国地域辽阔，许多远离电视发射台的边远地区收看

图5-7 装有太阳能翼板的人造卫星

图5-8 太阳能轿车

不到电视节目，就需要安装电视差转机。但是，电视差转机一般都建在高山上，架设高压输电线路供电很困难，投资很高，所以最适合使用太阳能电池供电。电视差转机使用太阳能电池作电源，既建设快捷、节约投资，而且维护使用方便，还可以做到无人管理。目前，我国许多地方已建成用太阳能电池作电源的电视差转台，很受人们欢迎。

正是由于太阳能电池具有许多独特的优点，因而其应用十分广泛。从目前的情况来看，只要是太阳光能照射到的地方都可以使用，特别是一些缺少能源的孤岛、山区和沙漠地带，可以利用太阳能电池照明、抽水、淡化海水等，还可以用于灯塔照明、航标灯、铁路信号灯、杀灭害虫的黑光灯、机场跑道识别灯、手术灯等，真可以说是一种处处可用的方便电源。

当太阳能电池具有成本低、功率强、转换效率高等优点时，才能成为大的动力能源，各国都在这方面进行各种研发，以创造出新的成绩。1991年澳大利亚的科学家将光电转换效率提高到24.2%。还有人设想利用卫星收集太阳光发电，在同步卫星上用大型收集器和硅电池把太阳能转化为直流电，通过超导电缆输送到卫星的微波发生器上，以微波形式将能量传送到地面接收站。

太阳能电池制造技术的改进及新的光-电转换装置的发明，必将为人类大规模利用太阳能带来广阔的前景。

5.2.3 光化学转换

光化学转换是将太阳辐射能直接转换为化学能，实现这种转换方式主要是利用植物的光合作用。但通过绿色植物实现光－化学转换不能完全受人控制，是非完全可控的能量转换过程。完全可控的光化学转换只有模拟绿色植物的光合作用才能实现。我国有960万km^2的领土，每年可获得10^{16}kW·h的太阳能，相当于 1.2×10^{12}t标准煤。中国大部分地区太阳能资源都超过国外同纬度地区，特别是西部地区太阳能资源十分丰富。

自20世纪70年代以来，太阳能利用技术的研究列入国家“六五”、“七五”、“八五”科研攻关计划，获得的成果已在国内推广应用于从生活到工农业生产的各个领域。据1993年的统计，全国已推广太阳房$1.2\times10^{16}m^2$，太阳灶15万台。全国已有200家企业生产太阳能热水器，有10多家企业生产太阳能电池，太阳能工业初步形成，太用能利用进程加快，边远地区民用独立电源，电围栏，水泵系统，无人值守的通信、交通、气象台（站）等用电应用也已逐步推广。21世纪将在太阳能动力、发电等工业应用上有大的进展。

总之，太阳能是巨大的，同时又不存在污染和放射性，是很有开发前途的新能源。从目前对太阳能的研究、利用状况来看，实现光—热转换研究较充分，开发、利用得早，一些成本低、结构简单的小型装置已得到较广泛的实际应用，随着材料的改进将会得到更大的普及。实现光—电转换，利用太阳能发电对解决未来能源具有重大意义。降低成本，解决能量储存是大规模利用太阳能发电的关键。太阳能发电的大规模采用必将引起能源构成及对人类生产和生活带来巨大变革。

5.2.4 太阳能的其他应用方式

除了以上几种典型的太阳能转换方式之外，还可以通过其他一些途经更充分地利用太阳能，其中包括：太阳池发电、太阳能气流电站及太阳能空间电力站等。

1. 太阳池发电

太阳池是吸收太阳能水池的简称。水平如镜的水池也能用来发电，这可能是许多人没有想到的。因此，利用水池收集太阳能发电，可以说是迄今为止将太阳辐射能转换为电能的最美妙的构想之一。

太阳池可以利用水池中的水吸收阳光，从而将太阳能收集和储存起来。这种太阳能集热方法，与太阳能热水器的原理相似，但是，用太阳能热水器储存大量的热能，需要另设蓄热槽，而太阳池的优越之处在于水池本身就可充当储存热能的蓄热槽。一般的水池，当阳光照射时，池水就会发热，并引起水的对流，即热水上升，冷水下沉。当温度较高的水不断从底部上升到池面时，通过蒸发和反射将热能释放到空气中。这样，池中的水大体上保持着一定的温度，但无论天气多么热，经过的时间如何长，水温总达不到气温以上。为了提高池中的水温，人们想了许多办法，其中最引人注目的就是利用盐水蓄热。这种提高水温的办法，是受到一种自然现象的启发而产生的。早在1902年，科学家们考察罗马尼亚一个浅水湖时发现，越是靠近湖底，水温就越高，即使在夏末时，水温有时可高达70℃。这种现象是如何产生的呢？原来，湖底水温之所以高，是因为水中含有盐分，而且越是靠近湖底的水，其所含盐分的浓度就越大。通常，湖底处的热水会因密度变小而升到水面，从而形成对流。但是当水中的盐分浓度很高时，水的密度就会随之增大，这样热水就难以升到水面，从而打乱了水热升冷降的循环过程。由于湖水无法形成对流，热量便在湖底处蓄积起来，而湖面上较轻的一层水，就像锅盖一样将池底的热能严严实实地封住。结果，湖底的水温就会越来越高。目前，世界上许多国家对太阳池发电很感兴趣，认为它提供了开发利用太阳能的新途径，而且这种发电方式比其他利用太阳能的方法优越。

同太阳热发电、太阳光发电等应用太阳能的技术相比，太阳池发电的最突出优点是构造简单，生产成本低；它几乎不需要价格昂贵的不锈钢、玻璃和塑料一类的材料，只要一处浅水池和发电设备即可；另外它能将大量的热储存起来，可以常年不断地利用阳光发电，即使在夜晚和冬季也照常可以利用。因此，有人说太阳池发电是所有太阳能应用中最为廉价和便于推广的一种技术。

美国对这项利用太阳能的新技术十分重视，一个由政府资助的科学家组织对全国进行了调查，以确定太阳池发电计划和建造发电站的地方。至今美国已修建了10个太阳池，以便进行研究试验。

在澳大利亚，已建成了一个面积为3 000m^2的太阳池，并将用它发电，以便为偏僻地区供电，并进行海水淡化和温室供暖等。日本农林水产省土木试验场已建有四个8m^2，深2.5～3m的太阳池，用来为温室栽培和水产养殖提供热能，表5-1为太阳池的尺寸参数。

表5-1 供暖要求、池水温度及太阳池尺寸

供暖要求/MJ	池水温度/℃	池水深度/m		太阳池面积/m^2
		非对流层厚度	对流层厚度	
150	50～100	1.48	1.36	193
	33～100			164
73.2	50～100			96.5
	33～100			82
1500	50～100			1 930
	33～100			1 640
732	50～100			965
	33～100			820

人们在太阳池发电的推广使用中，对其可能出现的问题能够及时地予以研究解决。例如，起初人们估计铺在池底的薄膜会发生破裂，从而使盐水流出，污染水池下面的土壤。但是实践证明，薄膜的防渗漏性能很好，没有出现上述问题。对于太阳池发电所需要的大量盐，则可以利用太阳池的热能去带动海水淡化装置来解决。就当前的实际应用情况来看，太阳池在供热和发电方面还存在一些不足之处。但我们相信，随着科学技术的进步，在不久的将来，太阳池发电将作为一种廉价的电源得到普遍应用。

2. 太阳能气流电站

利用太阳能发电的方式很多，其中最为新奇的是太阳能气流发电。由于这种电站有一个高大的“烟囱”，所以也被称作太阳能烟囱电站。太阳能电站既不烧煤，也不用油，所以这个烟囱并非是用来排烟的，而是用它抽吸空气，所以确切地说应称其为太阳能气流电站。太阳能气流电站的中央，竖立着一个用波纹薄钢板卷制而成的大“烟囱”，在“烟囱”的周围，是巨大的环形曲面半透明塑料大棚，在烟囱底部装有汽轮发电机。当大棚内的空气经太阳曝晒后，其温度比棚外空气高约20℃。由于空气具有热升冷降的特点，再加上大“烟囱”向外排风的作用，就使热空气通过“烟囱”快速地排出去，从而驱动设在烟囱底部的汽轮发电机发电。由于太阳能气流电站占地较大，所以今后的气流电站将要建在阳光充足、地面开阔的沙漠地区。另外，塑料大棚内的地方很大，温度又较高，可利用起来作暖房，种植蔬菜和栽培早熟的农作物。

太阳能气流电站的建造成功，使人类利用太阳能的技术得到进一步的提高，并为利用和改造沙漠创造了良好的条件。

3. 太阳能空间电力站

在太阳能利用中，发展前景最为诱人的是在宇宙空间建立太阳能电力站的宏伟计划。前已提及，太阳光经过大气层到达地球表面时，已经大大减弱。而到达地面的阳光，又有三分之一被反射回空间。因此，在大气层以上接收的太阳能要比在地球上接收的多四倍以上。在这种情况下，人们就萌发了一个大胆的设想：要把太阳能发电站搬到宇宙空间去，以便得到更多的太阳能。而且这样还能避免地面太阳能电站接收太阳光时断时续的缺点。要达到这一目的，就必须研制一种太阳能动力卫星，并把它发送到距地面3.5万km以上的高空，而且与地球同步的轨道上（在这一轨道上，卫星绕地球飞行一圈的时间，正好与地球自转一周的时间相同），这样就可以用它把太阳能直接引到地球上。在动力卫星上装有巨大的太阳能电池板，能把太阳能直接转换成电能，然后再将电能转换成微波束发回地面。地面接收站通过巨型天线，可将动力卫星送回地面的微波能重新转换成电能。

当然，就目前来说实现大型太阳能空间电力站计划还存在一定的技术难关。比如，一个发电能力为1万kW的空间电力站，它上面的太阳能电池板面积已达64km^2；而把微波能发送到地面的列阵天线，其占用面积约达2km^2。此外，巨大的动力卫星需要分成部件运送到太空进行组装；卫星安装后，还需要定期进行保养和检修，这就需要一种像航天飞机一样能往返于地球和太空的运输工具。

现在，担负运输任务的航天飞机已奔忙于太空和地球之间，随着航天技术的飞速发展，以及太阳能利用水平的不断提高，科学家们满怀信心地预言，到21世纪末有可能通过航天飞机将第一个大型动力卫星送入轨道，为人类利用太阳能揭开新的篇章。

5.2.5 太阳能的储存

太阳能是一种很有发展潜力的新能源，然而它只能在白天和晴天使用，而且稍纵即逝，结果是有时想用却没有，有时又多得用不完。因此储能问题是太阳能利用中的一个重要问题，晴天光线强，用放大镜聚光就能把纸点燃；而夜间或阴雨天没有阳光怎么办？这就需要有储能的办法，可以利用物质的一种“潜热”性质。目前，发现“潜热”特性最好的物质是易熔的“碱金属盐类”，如硝酸盐等，这些碱金属盐类吸收太阳能熔化之后，就把热能潜存起来，在夜间水温下降时，让水通过熔盐存热器，在熔盐凝固过程中释放热量，这样就可以保证连续发电，这种方法称熔盐储能方式。还有其他储能方式，如将白天的电能储存起来一部分，或向蓄电池充电，或向高处储水，或向巨大的洞穴中泵入压缩空气。在阴天、夜间使用储存的能量发电。联邦德国1989年研制一种新型太阳能存储器，其太阳能利用率可高达80%，大大降低了太阳能发电的成本。它是用聚集的太阳能使镁-氢化合物分解，产生作为反应媒介的氢气，再将氢气输回到镁床，在这连续的化学反应中产生热量，根据需要随时释放出热量，比简单地利用太阳能技高一筹。

于是，人们就想将它像煤炭、石油、天然气那样储存起来，或者如蓄电池那样把电能积蓄起来，以便随时使用。

随着科学技术的发展，现在已经出现了除太阳能电池以外的一些储存太阳能的方法，为充分利用太阳能创造了有利的条件。目前，使用比较普遍的储存太阳能的方法是，先将太阳能变成热能，然后再将热能储存在密封、隔热的水池中，以供需要时使用。

5.3 核能的开发和利用

核能俗称原子能，它是指原子核发生裂变或聚变时所放出的能量。核能分为两类，一类叫核裂变能，是指重元素（铀或钚等）的原子核发生裂变时放出的能量。另一类叫聚变能，是指轻元素（氘和氚）的原子核发生聚变反应时放出的能量。

核能有巨大的威力，一座1 000MW的核电站，每年只需25～30t低浓度的铀核燃料，而相同功率的火电站，每年则需要300多万t煤炭。

地球上蕴藏着数量可观的铀、钚等核资源，如果把它们的裂变能充分利用起来，可以满足人类上千年的能源需求。

在大海中蕴藏着2×10^{13}t氘，如果把其聚变能充分利用，可满足人类百亿年的能源需求。

核能是人类解决能源问题的希望。截至2006年12月，全世界已有37个国家或地区438座核电站在运行，正在建造核电站61座，核发电量占世界总发电量的17%以上，随着核电事业的发展，这个比例还将继续提高。

核能主要有核裂变能、核聚变能两种形式。

5.3.1 核裂变能

核能的发现，是与人类认识原子核内部结构以及它们的质量与能量关系联系在一起的。大家知道，一切物质都是由原子组成的，原子由居于中心带正电的原子核与核外带负电的电子组成。原子核体积很小，只占原子体积的千亿分之一。原子核由不同数量的质子与中子组成，质子与中子统称为核子，核子间靠核力紧密结合在一起。把这种使核子凝聚在一起的能量称为“结合能”，原子只有在受外力作用时，才能释放出能量。

1898年12月，波兰科学家居里夫人发现放射性元素镭，并发现镭在蜕变时伴随着能量的释放。

后来，人们又发现用高速运动的带电粒子轰击原子核可使能量释放出来，但命中率太低，直到1938年12月22日德国放射化学家哈恩和奥地利籍犹太人迈特纳两位科学家在《自然》上发文确认，铀核在中子的轰击下分裂成了质量相近的两块碎片，并计算出反应过程中释放出2 MeV的能量；居里夫人的女儿伊伦·约里奥·居里和费米等人此前也在着手从裂变中寻找自由中子，并几乎与之同时得到肯定的答案。他们发现用中子轰击铀原子核，除产生两个裂变原子核并释放出能量外，还会产生出两三个新的中子来，这两三个中子再轰击两三个铀核，再分裂出更多的中子。如此按几何级数陡增的众多中子可使铀核瞬间全部分裂，人们称此为“链式反应”过程，在这过程中，失去的质量转变为巨大的能量释放出来，即核能。“链式反应”的发现为人类利用核能开辟了通路。核能的开发和利用就是在这样的基础上产生和发展起来的。

1905年，爱因斯坦提出质能关系式$E=mv^2$，从理论上预示了核能利用的可能性，为核能的利用打开了大门。核能的成就虽然首先用于军事目的，但此后很快就实现了它的和平利用，最主要的是通过核电站发电。

在核能利用上，并不希望铀核一下子都裂变掉，否则那就会在瞬间释放出巨大的能量，最终导致核爆炸，因此必须使裂变在可控制的条件下按要求有序地进行。为此需要设计特殊的可受控制的反应装置——原子核反应堆，如图5-9所示。由于控制方法不同，有几种不同的堆型。这里主要介绍第一代堆型——“热中子转换堆”和第二代堆型——“快中子增殖堆”。

图5-9　核反应堆

1. 热中子转换堆

由于热中子易引起铀-235裂变，比较容易控制，目前大量运行的都属这种核反应堆型，它是通过原子核与快中子弹性碰撞，将快中子慢化成热中子。热中子堆利用低浓度浓缩铀为燃料，能量以热能的形式释放出来。按慢化剂和冷却剂的不同，热中子堆又分为轻水堆（包括压水堆、沸水堆）、重水堆和气冷堆。轻水堆技术上比较成熟，用净化的普通水做慢化剂和冷却剂，分为两类压水堆型和沸水堆型。压水堆型，热量是通过一次冷却介质带出堆芯传给二次冷却介质进行工作，比较安全，放射性物质不易被带出一次冷却介质之外，是最常用的堆型。核反应堆芯里的轻水，是非常重要的输送热能、保障安全的组成部分，如果堆芯温度不能降低就可能发生严重事故，所以一次冷却回路、二次冷却回路都不许发生故障。压水堆铀核裂变速度由中子数目多少来控制，用铝或银铟镉特种合金控制棒插入核燃料堆芯的深度来控制其吸收中

图5-10　正在建设的热中子转换堆

子的多少达到控制裂变速度的目的。

重水堆使用重水作为中子减速剂和冷却剂，重水即氧化氘（D_2O），其提取获得很复杂，故重水堆较难于普遍推广。但它可使用富钚天然铀为燃料，燃料利用率高、连续工作时间长，不必停机更换燃料，是一种安全、经济型堆型。

气冷堆利用气体（氦气）冷却反应堆，慢化剂采用石墨，是公认的固有安全性反应堆，应用有两种形式，即发电的同时采用抽气供热，另一种方式低温低压运行只供热不发电。

2. 快中子增殖堆

热中子堆是目前实用的第一代核反应堆，都要以天然铀中只含0.7%的铀-235作为基本燃料。在反应中，大部分铀-235发生裂变，只有一部分铀-238吸收中子转换成核燃料钚-239，实际上只把天然铀1%~2%的能量利用了，燃料利用率太低。解决这个问题现实可行的办法是发展快中子增殖核反应堆，简称“快堆”。快堆相当于把核燃料的利用率提高50～60倍。

快堆的显著特点是直接靠核裂变产生的快速中子维持链式裂变反应，不设慢化剂，只设冷却剂（钠或氦）。它用钚-239作燃料，每裂变一个钚-239原子，能够使铀-238吸收中子后新产生出 1.4个钚-239原子，快堆开动起来以后，会不断地有铀-238吸收中子变成钚-239，只要继续添加热堆中不能作燃料的铀-238贫料，经过一段时间（例如15～20年），就可以从燃料的“灰烬”中提取足以装备与自身功率一样大的新堆所需的钚燃料。

30多年来，一些发达国家投入大量人力、物力，耗资几十亿美元发展快堆，目前全世界共有21座快堆，正在运行的有13座，电功率为1 200MW的大型商业验证快堆正在法国运行，快堆已从试验阶段步入工业化生产，是21世纪初核电的主要堆型。目前虽有些技术尚未成熟，但随着技术进步，它将是替代第一代堆的理想堆型。

我国开发核电的成绩令世人瞩目，我国自行设计建设的秦山核电站（装机300MW）1983年6月1日动工，1991年 12月15日第一期工程建成，正式并网发电。广东大亚湾核电站（900MW）1992年1月2日试运转成功，1993年8月正式投入运行。泰山电站是压水堆型反应堆，经国际原子能机构专家组检查，结论是完全符合国际标准的、十分优质的、可靠的先进核电站，已经达到世界先进水平，完全可以保证正常运行生产。

5.3.2 核聚变能

核聚变能是利用轻原子核（氘-氘或氘-氚）在极高温（几千万度或上亿度）下聚合成较重原子核（如氦）过程中释放出来巨大能量。因这种反应是在极高温度下才能进行，所以又叫热核反应。作为杀伤武器的氢弹，就是依据热核聚变原理制造出来的，但氢弹的热核反应速度不能控制，不能作为能源来利用，需要使核聚变顺从地在人为的控制下进行，即建立受控热核聚变反应装置。为实现这个目的，有两种可能的途径：一是用强磁场把低密度的高温重氢原子核长时间约束在容器内使其发生聚变反应，称为磁约束受控核聚变。二是利用运动惯性把高密度的高温重氢原子核在短时间内约束住，使其形成微型爆炸式的聚变反应，称为惯性约束核聚变。1991年11月9日在欧洲的联合核聚变环形实验装置里

图5-11 新一代核聚变实验装置

实现了人类首次受控核聚变，产生1.8MW电力的聚变功率，温度达3×10^{8}℃，持续时间2s。这是受控核聚变研究上的重要突破。21世纪初是热核聚变反应堆研究史上产生飞跃的年代。

核聚变能是名符其实的理想的、干净的能源，是永远解决人类能源的希望所在。虽然目前尚处于研究阶段，许多高难度技术问题没有解决，有待于激光技术、超导技术、新材料技术等崭新技术的发展，但在能源革命中占有重要地位的核聚变能开发和利用已经为期不远。

5.3.3 核能利用的安全性

提起核能，人们会想到原子弹、氢弹，担心是否安全，特别是世界上已经发生的几次核事故，尤其前苏联切尔诺贝利核电站事故更增加了人们的担心。

发展核能源，安全因素至关重要。对于这个人们最为关注的问题，可以从以下几个方面来认识：

（1）核电站不会像原子弹那样爆炸。建造核电站的设计和使用的材料、燃料等都与原子弹完全不同，其工作方式和介质也不一样，不可能发生核爆炸。这是因为，原子弹是一种不可控的链式裂变反应。用高浓度铀-235或钚-239做原料，纯度在90％以上，并用极复杂精密引爆系统才能引爆。而核电站的反应堆是用由低浓缩铀作燃料的可控制裂变反应装置，其燃料只含百分之几的铀-235，封装在锆合金包壳管内，成为一根根细长的燃料棒，分散固定在反应堆内，中间有高速流动的冷却水通过，堆内还有许多吸收中子能力很强的控制棒。反应堆在控制棒未提起之前，不会发生裂变反应。只有当控制棒被提起时，才会发生部分裂变反应，将能量有控制地释放。此外，还有多种控制装置和保护手段，确保即使发生最严重的核事故也不会发生核爆炸。

美国为证明反应堆的可靠性，曾在沙漠地区的一座压水堆核电站做过控制棒完全失控的实验，结果证明不会爆炸。即使在1986年4月26日，前苏联切尔诺贝利核电站发生最严重事故的情况下，反应堆失控过热，堆芯熔化，石墨高温燃烧，电站发生火灾，也没发生核爆炸，这次事故也证实，核电站根本不会发生像原子弹那样的爆炸。

后经调查，切尔诺贝利核电站事故是人为责任事故。按核电站运行操作规程规定，运行期间，不能将安全保护系统切断。但那天，当4号机组在降功率运行时，为了进行汽轮机惰性运转实验，实验人员违反规定，将所有事故安全设施系统的电源切除，当反应堆功率回升时，由于失去保护，也就失去了控制，最后使堆芯石墨过热而烧毁。发生化学爆炸和失火。据有关专家分析，除人为责任外，也存在设计方面的缺陷，该反应堆的石墨减速剂是在超出常限的高温下运行，2 000t石墨工作温度达700℃，一旦失去冷却，石墨本身就会燃烧爆炸，该电站又无安全喷淋系统。另外，设计上未采用安全壳将反应堆密封起来，一旦发生事故，放射性气体就会向外界扩散，危及人畜。

这次事故为世界各国发展核电提供了许多宝贵经验和教训，有助于防止核事故的发生。

（2）核能应用的安全保障措施。今后发展的先进核反应堆是“固有安全性”的反应堆，即当反应出现异常情况时，可以不靠人为操作或外部设备的强制性干预，而是依靠反应堆的自然安全性和非能动安全性，使反应堆趋于正常运行或完全停闭。

自然安全性是指只取决于内在负反应性系数、多普勒效应等自然法则的安全性，事故发生时反应堆能自动终止裂变反应。非能动安全性是指建立在惯性原理（如泵的惰性）、重力法则（如位差）、热传递法则等基础上的非能动设备（无源设备）的安全性。

为进一步确保反应堆安全，设计上还采用了“能动的安全性”和“后备的安全性”技术。能动的安全性是依靠有源的能动设备作为保证安全性的外部条件，而后备的安全性指防止放射性逸出的多道屏障。可见，核反应堆是用多层保险设施来保证其安全的。要彻底解决安全性问题，需进一步将“固有安全性”概念用于反应堆的整体设计过程中。目前核安全保险系数虽然不能达到100%，但在各国科学家们的努力下，可以使核安全完全处于自动化控制之下。

5.4 其他新能源的开发利用

5.4.1 风能

风是地球上常见的一种自然现象，它是由太阳辐射热引起的。地球各处受热情况不同，由温差而形成大气压差，形成地表大量空气的流动。

在公元前，风车提水、磨米和风帆助航等是人类利用风能的较早形式。风能存在能量密度低、不稳定、地区差异性大等特点从而影响了它的发展。

风能是蕴藏量大、分布广、可再生、无污染的能源，据估算，全世界可开发的风力达2×10^{10}kW，比地球上可开发的水力资源大10倍；据2005年的能源资源调查，我国的风力资源达10亿kW的资源潜力。在现代科技的支持下，风能正在成为新能源的重要成员。

风能的利用主要有以下几种形式：

（1）风能转换成机械能。通过风力机将风能转换成机械能而直接利用。传统风车是水平轴式，由若干浆片组成，近代研制出成本低、结构简单的立轴式风车。

（2）风能转换成电能。风力发电是风能利用的最主要形式，它是通过风力机带动发电机运行，将风力机提供的机械能转换成电能。小型风力发电机组通常备有蓄电池储能装置，以保证无风时供电。近年来，许多国家兴建了“风车田”，是大规模的风力发电装置。在某一多风地区安装多台风力发电装置，统一由计算机控制向电网供电，这是风能利用的重要突破，继20世纪80年代美国在加利福尼亚州获得成功后，世界各国都在规划和建设。我国到1994年底已建立13处风车田，装机容量30MW。利用风力发电的装置还有“风力发电栅”，是根据分离的正、负电荷相互吸引的基本原理，由美国人发明设计的。

（3）风能转换成热能。利用风力搅拌液体、挤压液体或涡电流致热，被用来取暖及供热，这也是近年引人注意的一种风能利用形式。

（4）风帆助航。帆船已有悠久的历史，现代风帆每平方米可获得200～300W的风能，这为风能在远航运输中的应用展现了新的前景，美国正在筹建4 500t的风帆助航远洋货轮。风力这个古老的能源在新技术支持下，也正在成为新能源的重要组成。

图5-12 风力发电

5.4.2 地热能

地球内部蕴藏着巨大的热能，人类很久以前开采温泉洗澡、取暖、医疗等，但是把它视为一种储量巨大、有经济竞争力的能源，特别是用来发电，还是20世纪初才开始的。

地热来源于地球内部，地球是一个平均半径为 6 370km的实心椭圆球体，其构造分为三层，地壳、地幔、地核。地壳厚度不均，几千米至几十千米。地球内部热量来自地壳下放射性元素缓慢放射性衰变不断释放的热量。

世界上已知的地热资源主型分布在三个地带：环太平洋沿岸的地热带；从大西洋中脊向东横跨地中海，中东到我国滇藏的地热带；非洲大裂谷和红海大裂谷地热带。目前世界上已有80多个国家发现有地热资源，有60多个国家正在开发利用。地热能储量巨大，仅地下热水和地热蒸汽存储的热能总量为地球全部煤炭储能的上亿倍。

按存在形式，地热资源可分为五个类型，即蒸汽型、热水型、地压型、干热岩型和岩浆型。目前人类开发利用的仅限于蒸汽型和热水型两类，而地压型及干热岩热型的开发处于试验阶段，岩浆型的利用尚处于基础研究阶段。

在目前技术条件下，利用地热能的方式主要有地热发电和地热采暖两种。

1. 地热发电

地热发电的基本原理和一般人力发电一样，是利用地热能通过机械能的中间转换产生电能，它不用燃料，不需锅炉，热能直接取自于地热流体。由于利用地热流体类型不同，采用的做功流体不一样，发电方式也不同，主要方式有：

（1）地热干蒸汽发电。这种发电方式是将地热干蒸汽从地热井中取出，经过分离器分离出固体杂质和水滴后进入汽轮机内膨胀做功，做功后的蒸汽用于其他供热系统或直接排入大气。

为提高热力系统循环效率和机组发电能力，也可将做功后的蒸汽排入冷凝器，而采用凝汽式汽轮发电系统。这种发电方式比较简单，但由于干蒸汽地热资源蕴藏量比较少，且多存于较深的地层中，因此，干蒸汽型发电站还不太多，美国盖瑟斯地热电站属此类型，是当今世界上最大的地热电站，装机17台机组，总容量1 135MW。

（2）地下热水（湿蒸汽）发电。地下热水温度处于或接近覆盖岩层压力下相应的沸点。当热水通过钻井向地面冒出时由于压力减轻，一部分水扩容（闪蒸）为蒸汽。这类地热资源一般采用以下两种热力循环方式发电：

一种是从蒸汽井里出来的水－气混合液中分离出来蒸汽引入汽轮发电机组驱动发电，剩下的热水可通过渠道送回地下，向地热源补充给水，也可以作为工业热源直接使用，这种地下热水钻井深度一般为300～1 500m，温度为150～300℃。

图5－13　美国加利福尼亚州的地热发电厂

图5－14　我国西藏羊八井地热发电

在地下热水层中，一般多含有各种腐蚀性气体、杂质等，这些物质对汽轮机组腐蚀磨损很大，为解决这些问题，要采取多种净化办法。

另一种是以地热蒸汽为热源，加热干净的水，使干净的水变成蒸汽再驱动汽轮机发电；或用地热水加热低沸点工作物质（如氯化烷、氟利昂等），使之汽化，驱动汽轮机做功后，又令其凝结成液态，循环使用。这种方式有两种流体同时循环，一个是地热流体，另一个是工作物质流体产生蒸汽做功，称双流体循环系统。

目前，地热发电转换效率只有15%～20%，还有待提高。但地热发电是地热能应用最有前途的方式，目前，已有十多个国家建立了地热发电站，我国西藏羊八井地热电站6MW机组已投入运行。地热发电技术的不断提高必给这一能源的开发带来活力。

2. **地热采暖**

地热能源的利用，除用于发电外，地热能供热、供暖、供水是仅次于发电的地热能利用方法。地热能在用来采暖、供热是最经济、最简便、最有效的用途，采用这种利用方式的国家很多，最典型的国家是冰岛，首都雷克雅未克在20世纪40年代就实现了“天然暖气化”，是世界最清洁的城市之一。我国地热供暖、供水比较普遍，北京、天津、熊岳、兴城、任丘和威海等城镇都发展很快，北京市地热供暖面积有20多万平方米，福州市成功利用87℃地热水制冰，供工业和生活使用。但是，更多的地热资源有待于人们去开发。

5.4.3 生物质能和石油植物能源

1. **生物质能**

生物质能又称“绿色能源”，它是指通过植物的光合作用而将太阳的辐射能量以一种生物质形式固定下来的能源。它包括世界上所有的动物、植物和微生物，以及这些生物产生的排泄物和代谢物。生物质能来源于太阳辐射能，是取之不尽的再生能源，据推算，地球上每年由植物固定下来的太阳辐射能是当今世界年能耗总量的10倍多。生物质能是人类利用很久的能源了，只是随着科学技术的发展，对地球上生物质能的认识，对开发利用这种能源有了新的创造，才把它提上新能源技术领域。

世界上生物能源种类繁多，有农作物和农业有机残余物，林木和森林工业残余物，有动物排泄物、江河湖泊沉积物、农副产品加工后的有机废物、城市生活有机废水、垃圾等。科学开发利用生物质能既可获得干净无污染的新能源，又能充分利用城市垃圾、有机废物等能源。

生物质能的转换技术，大体分为三类。

（1）直接燃烧，获取热量。这是最简单的方法，但转换效率很低，且污染环境，目前有的国家研究生物质压块燃料以提高热效。

（2）生物转换技术。通过微生物发酵方法将生物质转换成液体或气体燃料。我国农村广泛使用的“沼气”就是这种转换。沼气发酵原料十分广泛而丰富，这是解决农村能源和处理城市垃圾变废为宝的现实途径，而且潜力很大。据推测，我国的农作物废弃物和人畜粪便等如全部入池发酵，每年可制取$10^{11}m^3$沼气。从20世纪80年代以来，沼气的利用已从生活领域走向生产领域，从农村走向城镇。

（3）化学转换技术。通过化学方法使生物质转换成燃料物质，化学方法目前有三种：有机溶剂提取法气化法、热分解法。

在现代高技术群体的支撑下，生物质能的开发利用必将进一步发展，成为新能源的重要组成。

2. **石油植物**

所谓“石油植物”，是指那些可以直接生产工业用“燃料油”，或经发酵加工可生产“燃料油”的植物的总称。例如，现已发现的大量可直接生产燃料油的植物，主要分布在大戟科，如绿玉树、三角戟、续随子等。这些石油植物能生产低分子量氢化合物，加工后可合成汽油或柴油的代用品。

据专家研究，有些树在进行光合作用时，会将碳氢化合物储存在体内，形成类似石油的烷烃类物质。如巴西的苦配巴树，树液只要稍作加工，便可当作柴油使用。

人们还发现，地球上存在着不少的“石油植物”，它们所分泌出的液体，不需加工或稍经加工就可作燃料使用。如澳大利亚有一种含油率高达4.2％的桉树，也就是说，1t桉树可获取优质燃料5桶之多。在菲律宾和马来西亚，有一种被誉为“石油树”的银合欢树，这种树分泌的乳液中含“石油”量很高。巴西有一种香胶树，割开树皮就可流出胶汁般的树汁，它的化学成分与石油相似。据实验，这种树汁不需任何加工，就可当柴油使用，经简单加工可炼制汽油。这种树每棵每年可产胶汁40～60kg。

经专家测试，某些芳草也含有“石油”。美国加利福尼亚州生产一种分布广泛的杂草，由于黄鼠等啮齿动物很害怕它的气味，故取名黄鼠草。黄鼠草可以提炼“石油”，大约每公顷这样的野草可提取“石油”1 000kg；若经人工杂交种植，每公顷可提炼“石油”6000kg。目前，美国学者已发现了30多种富含油的野草，如乳草、蒲公英等。此外，科学家还发现300多种灌木、400多种花卉都含有一定比例的“石油”。

近年来，科学家又发现利用玉米、高粱、甘蔗的秸秆可以生产汽油酒精，并能直接用作汽车的动力燃料。目前，美国销售的汽油中，70％以上实际是酒精汽油（1∶9的混合燃料）。巴西用甘蔗发酵生产酒精做汽车动力燃料。

如前所述，目前全世界植物生物质能源（主要是森林）每年生长量相当于600～800亿t石油，为目前世界开采量的20～27倍，可见潜力之大。目前，英、美等一些工业发达国家用木材加工出石油已达到实用阶段。英国一家公司采用液化技术，用100kg木材生产了24kg石油，同时还生产出16kg沥青和15kg蒸汽。美国俄勒冈州一家以木片为原料的工厂，100kg木片可制取30kg石油。

目前，世界上许多国家都开始“石油植物”及其栽种的研究，并通过引种栽培，建立起新的能源基地“石油植物园”、“能源农场”，专家预计，在21世纪初“石油植物”将成为人类能源的宝库。

关于建立“能源农场”的设想，却是在一种特殊情况下提出来的，它对于人类在21世纪启用植物“石油”能源有着深远的意义。1973年，石油输出国组织成员国临时停止向美国出口石油，因此，美国教授卡尔文想出了建立“能源农场”这个主意，到现在已经20多年了，这个设想已在不少国家开始试验。

当时，这位科学家知道，某些植物如橡胶树，能把碳化物变成碳氢化合物胶汁。他想，既然橡胶树能产生胶汁，那么其他能进行光合作用的植物也能合成类似石油的物质。要得出这样的结论，他首先放弃了一些原有的习惯想法。卡尔文教授是一位化学家，1961年，他因为一本关于光合作用的著作而获得了诺贝尔奖金。现在他是“能源农场”的最热心的支持者之一，他跑遍全球去寻找那种具有合成燃烧能力的植物。

在巴西，卡尔文教授看到一种名叫香胶树的植物，并参观了割胶作业。据他观察，这种植物6个月内能分泌出20~30L胶汁，这种胶汁实质上就是石油，化学特性同柴油相似，所以不经过提炼，直接可以当柴油使用。今天，香胶树大概是大自然中最理想的一种能直接提供“生物石油”的植物。

卡尔文在加利福尼亚州找到了另一种虽不像香胶树那样令人吃惊，但分布非常普遍的植物，农场主们把它叫做“黄鼠树”。卡尔文教授的实验证明，人工制造石油并不需要几百万年的时间，而是21世纪就可成功的事情，那么，剩下的一个问题是：“能源农场”的设想在工艺上是否行得通？在经济上是否划算？

对于这个问题，由亚利桑那州植物生理学家皮帕尔斯主持的进一步研究作出了回答。数年来，他们在“黄鼠树”实验农场做了一系列有趣的试验。得出的结论是：直径约为25km的圆形土地种上黄鼠树以后，平均每昼夜可炼出500万L石油。

亚利桑那大学还开始设计某种提炼植物石油的企业的雏形，这种企业一周内能生产450L黄鼠树粉末。同时又在设计既能提炼石油，又能提炼乙醇的小型工厂。他们断言，再过10年以后，工业提炼设备可以在一昼夜之间从1 000t黄鼠树粉末中提炼出 18万L石油和13万L乙醇。剩下来的渣滓可以作25 000亿kW的热电站的燃料。要达到这么大的生产规模，需要开辟面积为14万公顷的黄鼠树种植场，相当于美国匹兹堡市那么大。

能够提炼燃料的植物不一定都要在泥土里才能生长。奥兰多市净化池里的风信子长势良好，污水是这种植物的最好营养物。因此，种植风信子可以达到一箭双雕的目的，不仅可以净化水源，而且可以得到可燃气体。加拿大科学家在地下盐水层中发现了两种生产石油的细菌，一种是红的，一种是无色透明的。它们繁殖很快，两天可收获一次。一平方海里的水域里一年就可生产14亿L“生物石油”。

石油植物作为未来的一种新能源，与其他能源相比，具有许多优点：

（1）石油植物是新一代的绿色洁净能源，在当今全世界环境污染严重的情况下，应用它对保护环境十分有利。

（2）石油植物分布面积广，若能因地制宜地进行种植，便能就地取木成油，而不需勘探、钻井、采矿，也减少了长途运输，成本低廉，易于普及推广。

（3）石油植物可以迅速生长，能通过规模化种植，保证产量，而且是一种可再生的种植能源，而非一次性能源。

（4）植物能源使用起来要比核电等能源安全得多，不会发生爆炸，泄漏等安全事故。

（5）开发石油植物，还将逐步加强世界各国在能源方面的独立性，减少对石油市场的依赖，可以在保障能源供应、稳定经济发展方面发挥积极作用。

由此看来，石油植物的开发，是解决未来能源的有效新途径之一。难怪能源专家们指出，21世纪将是石油植物大展宏图的时代。

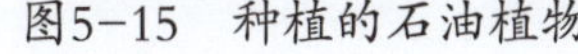
图5-15 种植的石油植物

图5-16 狗仔花——一种石油植物

5.4.4 氢能

1. 氢能的特点

在众多的能源品种中，人们一直在选择能量最大、使用方便、来源丰富和没有污染的持久能源，这就是氢能。

氢在常温常压下是气体状态，在超低温高压下又可成为液态。作为能源，它具有以下几大特点。

（1）质量最轻，它的原子序数为1。

（2）热值高，是汽油热值的3倍。

（3）爆发力强，极易燃烧，且燃烧速度快。

（4）来源广，除空气中含有外，主要以化合物的形态储存于水中。

（5）品质最纯洁，本身无色、无臭、无毒，十分纯净，燃烧后生成纯水而无碳化物污染。

（6）能量形式多，可通过燃烧产生热能，也可以通过燃料电池和燃气–蒸汽涡轮发电机转换成电能。

（7）储运方便，可以用气态、液态或固态金属氢化物形态加以运输和储存。

2. 氢的制取

然而天然的纯氢毕竟是有限的，氢一般属于二次能源。要大量的利用氢能，必须通过科学方法，利用其他能源来制取。

（1）水解法制氢。目前，制氢的原料是天然气、石油和煤。但是，用矿物燃料制氢并非长久之计，因为它们的储量也是有限的，要大量制氢，从根本上说，只有用取之不尽的水和用之不竭的太阳能制氢才是最妥当的。当前，一些国家正在摸索一些太阳能制氢技术。如：太阳热分解水制氢法，利用太阳能聚光器将水加热到3 000K以上，水中的氢和氧开始分解，如果在水中加进化学元素或化合物等催化剂，则可在900～1 200K温度下分解；太阳能电解水制氢，首先将太阳能转换成电能，再电解水；太阳能光化学分解水制氢；太阳能光电化学电池分解水制氢；模拟植物光合作用分解水制氢；太阳光络合催化分解水制氢；微生物发酵制氢、化合微生物制氢等方法。这些方法目前大部分还处于理论研究和实验室阶段，随着技术的进步，低价制取、储运、安全使用氢这种干净优质的新能源不会太遥远，21世纪，它将成为能源舞台上的重要角色之一。

（2）生物制氢技术。生物制氢以其能耗少、环保而备受关注。新兴的厌氧发酵生物制氢法是利用某些微生物以有机物为基质产生氢气的一种制氢方法。该方法可以利用大量的有机废物，把有机废物的处理和能源回收结合起来，不仅有利于环境，而且可利用大量取之不尽的可再生能源。此外，发酵制氢过程具有“微生物比产氢速率”高、不受光照时间限制、工艺简单等优点。因此厌氧发酵制氢具有广阔的应用前景，已成为国际上热衷探索和研究的课题。

以上海市为例，1996—2002年生活垃圾日生产量平均增长率超过11%，相对于1998年，2002年垃圾产生量增长1.8倍，这些源源不断、大量产生的废物已成为困扰城市发展、污染市容环境、影响市民生活的社会问题。因此，如何遵循可持续发展的原则，减少有机废物排放量，变废为宝，实现废物的资源化循环利用，是上海现代化城市管理的一个重要课题。上海每年产生大量的生活污水和工业废水，其中含有大量有机物对环境造成污染。已有研究者成功利用有机废水制取氢气。

长期以来，发酵制氢研究都停留在实验室小试探索阶段，主要集中在人工配水和易降解有机物上。近年来，利用有机废水的发酵制氢研究有较大突破。哈尔滨工业大学在污水发酵制氢上已取得较大成果 他们研制了高效CSTR反应器，并在此基础上进行了糖蜜废水、淀粉废水和牛奶废水等发酵制氢研究，表明糖蜜废水和淀粉废水是较有前途的制氢底物。在小试基础上完成了发酵糖蜜废水制氢中试研究。装置总体积$2m^3$，有效体积$1.48m^3$。中试结果表明，反应器每天最大持续产氢能力可达$7m^3$，去除其中的有机物含量（COD）可获得26mol的产氢量（mol是物质量的单位，$1mol = 6.02 \times 10^{23}$分子或原子等微观粒子数）。

餐厨垃圾与城市居民的厨余垃圾、蔬菜、水果等食品加工和批发零售市场产生的食品垃圾共同构成了城市有机生活垃圾。以上海为例，目前每天产生餐厨垃圾约1 100t，餐厨垃圾含水率高，脱水性能较差，高温易腐，易产生蚊蝇、病菌，如果直接用作饲料，易导致病菌进入食物链，对人体健康造成危害。因此，有关餐厨垃圾的合理利用和处理方式的研究引起了重视。然而餐厨垃圾以有机组分为主，含有大量沉淀物和多级素等，具有较高的生物可降解性。因此非常适合于厌氧发酵生物制氢。用于生物制氢既能减少污染环境，又能获得能源，一举两得。目前已对餐厨垃圾的生物制氢进行了多项实验研究，且取得了一定的进展。但由于餐厨垃圾成分复杂，制氢过程影响因素较多，大多停留在小试阶段。然而餐厨垃圾厌氧制氢是一种较彻底解决餐厨垃圾环境污染问题的技术，因此都在积极探索，以便尽早应用这一技术。

图5-17 生物制氢的反应过程

生物制氢所用的原料是城市污水、生活垃圾、动物粪便等有机废物，通过发酵细菌的处理可获得氢气，同时净化水质，达到保护环境的作用。因此。无论以环境保护还是从新能源开发为目的，生物制氢均具有很大发展前途。它不仅能给人们提供清洁的能源，还能处理有机废物，保护环境，获得可观经济效益，是一条可持续发展的道路。但是，也存在着基质利用率较低、发酵产氢微生物不易获得和培养等问题。因此将来研究重点将是如何方便快速地从自然界获得产氢效率高的混合微生物群以及如何利用农业生产中废弃的生物质如谷壳、秸秆、玉米棒、甘蔗渣等通过厌氧发酵产生氢气。

图5-18 生物制氢装置

由于氢是高效、洁净、可再生的二次能源，其需求日益增加。因此开发新的制氢工艺势在必行。从氢能应用的长远规划来看，开发生物制氢技术是历史发展必然趋势。因此加快开发有机废物制氢技术既能满足对氢能源的需求，又能保护环境，实现我国可持续发展。

5.4.5 磁流体发电技术

当前，世界各国的电力主要来源仍旧是火力发电，但是，这种发电方式的热效率很低，最高只有40%，浪费了大量的燃料，而且所产生的废气、废渣污染环境。因此，人们要寻求和研制各种新型的发电方法，而磁流体发电经实践证明是一种可靠的新发电技术，可以将燃料热能直接转变成电能。

磁流体发电是首先对燃料（石油、天然气、煤）进行高温加热，直至电离成导电的等离子气体，高速通过磁场，切割磁感应线产生感应电动势，这样直接将热能转换成电能。由于磁流体发电排气温度很高，如果与常规汽轮发电厂联合循环发电，可将燃料热能利用率从40%提高到60%。

磁流体发电目前已成功建成10MW级装置，数百兆瓦级实验装置在实验中。

那么，高温、高速流动的气体通过磁场时，为什

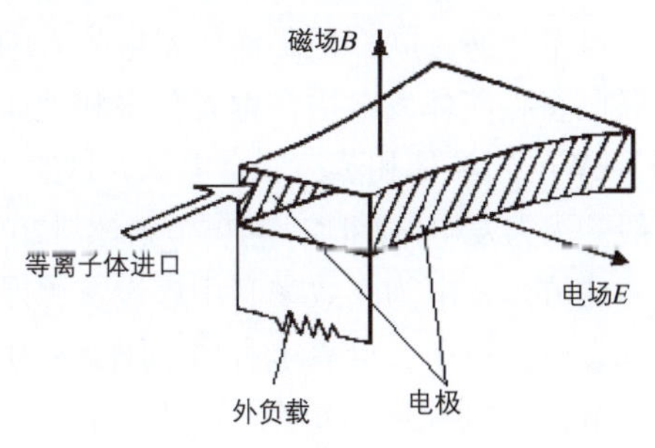

图5-19 磁流体发电工作原理图

么会产生电流呢？原来，这些气体在高温下发生电离，出现了一些自由电子，就使它变成了能够导电的高温等离子气体。根据法拉第的电磁感应定律，当高温等离子气体以高速流过一个强磁场时，就切割了磁力线，于是就产生了感应电流。所谓“电离”，就是气体原子外层的电子不再受核力的约束，成为可以自由移动的自由电子。普通气体在7 000℃左右的高温下才能被电离成磁流体发电所需要的等离子体。如果在气体中加入少量容易电离的低电位碱金属（一般为钾、钠、铯的化合物，如碳化钾）蒸汽，在3 000℃时气体的电离程度就可达到磁流体发电的要求。在这种情况下，就可采用抽气的方法，使电离的气体高速通过强磁场，即可产生直流电。加热气体所用的热源，可以是煤炭、石油或天然气燃烧所产生的热能，也可以是核反应堆提供的热能。

磁流体发电技术是一种新的能源转换方式，它不仅热效率高，而且在很大程度上降低了排入大气中的粉尘和二氧化硫等有害气体，可大大减轻对大气的污染。

它比一般的火力发电具有的优越性主要表现在以下几个方面：

（1）综合效率高。磁流体的热效率可以从火力发电的30%～40%提高到50%～60%，预计将来还会再提高。

（2）启动快。在几秒钟的时间内，磁流体发电就能达到满功率运行，这是其他任何发电装置无法相比的，因此，磁流体发电不仅可作为大功率民用电源，而且还可以作为高峰负荷电源和特殊电源使用，如作为风洞试验电源、激光武器的脉冲电源等。

（3）去硫方便，对环境污染少。磁流体发电虽然也使用煤炭、石油等燃料，但由于它使用的是细煤粉，而且高温气体还掺杂着少量的钾、钠和铯的化合物等，容易和硫发生化学反应，生成硫化物，在发电后回收这些金属的同时也将硫回收了。从这一点来说，磁流体发电可以充分利用含硫较多的劣质煤。另外，由于磁流体发电的热效率高，因而排放的废热也少，产生的污染物自然就少多了。

（4）无高速旋转部件，噪声小，设备结构简单，体积和重量也大大减小。由于磁流体发电时的温度高，所以可将磁流体发电与其他发电方式联合组成效率高的大型发电站，作为经常满载运行的基本负荷电站。例如，将与一般火力发电组成磁流体-蒸汽联合循环发电，即让从磁流体发电机排出的高温气体再进入余热锅炉生产蒸汽，去推动汽轮发电机发电，其热效率可达50%～60%。前苏联在1971年建造了一座磁流体-蒸汽联合循环试验电站，装机容量为7.5万kW，其中磁流体电机容量为2.5万kW。

美国是世界上研究磁流体发电最早的国家，20世纪50年代末，美国就研制成功了11.5kW磁流体发电的试验装置。60年代中期以后，美国将它应用在军事上，建成了作为激光武器脉冲电源和风洞试验电源用的磁流体发电装置。

日本和前苏联都把磁流体发电列入国家重点能源攻关项目，并取得了引人注目的成果。前苏联已将磁流体发电用在地震预报和地质勘探等方面。1986年，前苏联开始兴建世界上第一座50万kW的磁流体和蒸汽联合电站，这座电站使用的燃料是天然气，它既可供电，又能供热，与一般的火力发电站相比，它可节省燃料20%。

磁流体发电为高效率利用煤炭资源提供了一条新途径，所以世界各国都在积极研究燃煤磁流体发电。目前，世界上有17个国家在研究磁流体发电，而其中有13个国家研究的是燃煤磁流体发电，包括中国、印度、美国、波兰、法国、澳大利亚等。

我国于20世纪60 年代初期开始研究磁流体发电，先后在北京、上海、南京等地建成了试验基地。根据我国煤炭资源丰富的特点，我国将重点研究燃煤磁流体发电，并将它作为“863”计划中能源领域的两个研究主题之一，争取在短时间内赶上世界先进水平。

磁流体发电从开始研究到现在已有几十年的历史，目前，短时间磁流体发电装置已得到应用，而燃烧天然气的磁流体发电站和燃煤磁流体发电都已投入运行，从而使磁流体发电的研究进入到大规模工业试验阶段。

随着科学技术的迅速发展，磁流体发电这项新技术必将获得进一步提高，为合理而有效地利用化学燃料创出一条新路。

5.4.6 燃料电池发电技术

1. 燃料电池的工作原理与特点

从原理上讲，燃料电池和传统电池基本相同（见图5-20），也是通过电化学反应把物质的化学能转换成电能。所不同的是，传统电池是将内部物质事先充填好，而燃料电池进行化学反应所用的物质则是由外部不断充填，就像往炉膛里添加煤和油等燃料一样，因此，它能够源源不断地发电，所以人们称它为燃料电池。

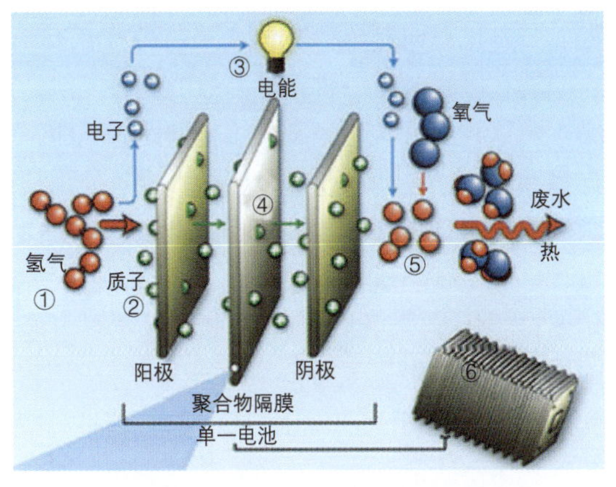

图5-20 燃料电池的工作原理

燃料电池在结构上与蓄电池相似，也是由正极、负极和电解质组成，其正极和负极大都是用铁和镍等惰性、微孔材料制成。工作时首先从负极将氢气、碳氢化合物、甲醇、甲烷、天然气、煤气和一氧化碳等气体燃料输送进去，在电池内部，经过“燃料改质装置”分离出氢后，进入电池本体，另一端的空气中的氧也进入电池本体，分别供给电池的电极，通过电解质使氢氧发生电化学反应，产生电位差，形成低压直流电对外输出。于是，燃料的化学能便直接转变成了电能，其发电效率比现在应用的火力发电还高。因此，又称其为“新型发电机”，而且它比一般的发电机还要优越，在发电的同时还可获得质量优良的水蒸气。也就是说，燃料电池既能发电，又可供热，故其总的热效率可望达到80%。

燃料电池与一般火力发电相比，具有以下几个优点：

（1）发电效率高，而且稳定。一般的火力发电的能源转换效率只有30%～40%，而燃料电池在所有的发电装置中转换效率是最高的，目前已达到50%～70%，预计将来可达到80%。

（2）工作可靠，不产生污染和噪声。燃料电池在反应过程中只产生水蒸气，所以不会污染环境，由于它没有运动部件，自然不会产生噪声。

（3）使用方便，电损耗低。燃料电池可以安装在用户跟前，既简化了输电设备，又降低了输电线路的电损耗。

（4）建发电站用的时间短，而且还可根据需要随时扩大规模。燃料电池本身是由模块组合件构成的，几百上千瓦的发电部件可以预先在工厂里做好，然后再把它运到燃料电池发电站去进行组装。因此，可大大缩短建站时间，而且电站规模可随着电力需求量的增加不断扩大。

（5）它的体积小、重量轻、使用寿命长，单位体积输出的功率大，可以实现大功率供电。

目前，燃料电池主要在宇航工业、海洋开发和电气货车、通信电源等方面得到实际应用。例如，美国的一艘潜艇用燃料电池代替铅蓄电池后，其潜水时间增加了3倍。

1958年，燃料电池正式问世，其输出功率为5 000W，工作温度为200℃，所产生的电力足以开动风钻和电车。到了20世纪60年代，燃料电池已用来作为“阿波罗”等宇宙飞船的电源，为宇宙开发立下了汗马功劳。

近年来，输出直流电4.8MW的燃料电池发电厂的试验已获成功，人们正在进一步研究设计11MW的燃料电池发电厂。

美国曾在20世纪70 年代初期，建成了一座1 000kW的燃料电池发电装置，随后，这套发电装置并入电网运行，成功地运行了1 000多个小时。目前，美国的一些住宅区和商业区已开始用上40kW的燃烧电池。这种电源装置结构简单，使用维修方便，又不污染环境，因而很受用户欢迎。日本也在研制燃料电池，并在80 年代初研制成功0.48万kW的磷酸解质电池。

现在已研制出一种新型高效能燃料电池，这种电池不仅价钱便宜，而且体积小，重量轻，污染少。这种由片状陶瓷制成的新型燃料电池，它的每个陶瓷片都由几层陶瓷组成，在陶瓷层间有许多微小的小三角形通道，燃料和空气分别从这些通道中流过，并穿过陶瓷薄壁而相互进行电化学反应。这种燃料电池的工作温度高达800～1 000℃，足以将所有的轻质碳氢燃料分解成有用的氢和一氧化碳。这样，像汽油、酒精、煤气等都可以作为这种燃料电池的燃料，从而扩大了它使用燃料的范围。目前，这种高效能的燃料电池还处在研制阶段。人们预计，用来驱动汽车的小型陶瓷燃料电池将会在21 世纪初得到实际应用，它的大小与现在汽车上的大蓄电池相似，可以输出50kW电力，供开动车辆使用。而且这种新颖的陶瓷燃料电池还将在其他方面发挥作用，美国准备将它用作战地发电机，以及作为无声电动坦克和“星球大战”计划卫星上的电源。

2. 质子交换膜燃料电池

质子交换膜燃料电池又称为固体高分子燃料电池（Polymer Electrolyte Fuel Cell，PEFC）是一种中低功率的以氢为燃料的燃料电池，如图5-21所示。作为固定式燃料电池的发电装置已经进入大规模实证示范运行阶段，预计将成为未来家庭的热电联合供应装置，其前景极其广阔。另一方面中功率质子交换膜燃料电池（50～90kW）可用于新型车用动力，也是极有前途的动力装置。

据报道，前苏联解体以前俄罗斯燃料电池研发集中于碱性燃料电池（AFC）。其最为典型事例就是俄罗斯宇宙飞船搭载的10kW光子燃料电池。根据宇宙开发与军事技术预算进行开发，其中部分也考虑转换到民用项目。

自前苏联解体以后，俄罗斯经历了经济体制转轨的重大调整时期，整个科研经费大幅下降，燃料电池研发经费更是奇缺。由于俄罗斯仍具有巨大的科研潜力，在经济全球化背景下，西方发达工业国在一定范围内，试图通过与俄罗斯合作对燃料电池进行研究与开发，可望俄罗斯在燃料电池研发方面将对人类做出应有贡献。首先提供经费支持俄民用新一代燃料电池发电装置的研发，构建了“国际科学技术中心”，由美国、欧洲、日本、加拿大等国资助。

俄罗斯有关燃料电池及氢能主要的研究项目主要为以下几个方面：

（1）采用酶的电极用非铂催化剂研究。莫斯科大学化学系及库尔恰托夫研究所共同实施的研究项目“固定酶型燃料电池/电解装置用非铂电极催化剂的开发”是考虑到铂催化剂价格昂贵和资源稀缺，同时为避免燃料电池电极催化剂受到一氧化碳和硫化氢影响而中毒，因此研究燃料电池电极催化剂由原来的白金（铂）改为酶作为催化剂。在自然界中与氢分子氧化剂及其生成相关氢化酶对一氧化碳和硫化氢保持稳定状态。为了由特定的微生物生产氢化酶，必须依靠最新遗传工程及现代生物化学，目前其生产成本极高，但是预计随着大批量生产，其价格极有可能将下降到与制造洗涤剂所用的酶价格一样。

图5-21 质子交换膜燃料电池发动机

图5-22 燃料电池堆

莫斯科大学从20世纪70年代后半叶开始到20世纪80年代初与弗鲁姆金电化学研究所（现名为物理化学研究所）共同开始研究在燃料电池催化剂中使用酶。库尔恰托夫研究所内设氢能与等离子研究所，在20年中研究使用铂催化剂的质子交换膜燃料电池及电解装置。成功试制高效率铂催化剂，设计出1kW燃料电池及制氢能力为2m^3/h的电解装置。

有关氢化酶的生物电化学催化剂的作用，并不是采用以前传统的生物化学方法，而是把重点集中于质子交换膜燃料电池用酶电极的研究。该课题是在汽车用燃料电池所要求的工作温度（90℃）下，确保生物催化剂功能。氢电极试制品由俄罗斯氢能与等离子研究所负责试验。

（2）纳米碳技术。圣彼得堡工程技术大学化学系的研究人员分析了热处理对多分散碳材料“富勒烯”炭黑FS－42的电子传导率、空隙度及阻水性的影响。在富勒烯炭黑中要考虑到燃料电池载体所必需的导电性与阻水性，使铂粒子的纳米团粒获得稳定化的作用。

当富勒烯炭黑FS—42在加氮气氛下进行2 000℃高温热处理研究发现，富勒烯结构遭到破坏，形成含有多数高活性细孔的高导电性石墨物质。

（3）膜表面修饰。圣彼得堡工程技术大学化学系对构成质子交换膜燃料电池的膜-电极-双极板的“三合一”组件（MEA的过碳氟磷酸盐离子交换膜）MF－4SK上催化剂层的形成作了以下几方面的研究：

1）为使具有高吸附能力的复合碳材料有效吸附铂，进行了包括应用固定或可变电磁场的研究。

2）应用石墨化的聚氧二唑复合气体扩散电极的制造。

3）在离子交换膜上进行铂-碳的最优化涂层研究。内容包括催化剂组成、高聚物（lonomer）溶液、阻水剂、复合悬浮液喷雾、加热压力加工等。阻水剂不再使用电介质的氟树脂或有机硅化合物，而使用富勒烯物质。

（4）小型质子交换膜燃料电池系统的开发。作为国际科学技术研究中心的科研项目，进行了小功率质子交换膜燃料电池系统的开发。其目标就是完成包括燃料处理的3～5kW质子交换膜燃料电池系统的匹配并进行实证示范运行。

（5）小型天然气重整器。质子交换膜燃料电池用的小型天然气重整器制氢的开发也是其项目之一。由全俄实验物理研究所及波列斯科夫催化剂研究所共同进行。由日本及欧盟政府提供资金，并得到日本与欧盟有关企业的合作支持。5kW级质子交换膜燃料电池用天然气重整器制氢，重整器的容积效率：升功率约为12kW，采用阳极排气。

（6）小型低价的降低CO装置的开发。与上述研发项目并行的是由全俄实验物理研究所负责的降低CO气体的关键技术开发。因为由重整器制造氢燃料的过程中，可能会产生CO气体，而这种气体会使燃料电池电极上的催化剂中毒，从而降低燃料电池的性能，所以必须开发降低CO的装置。

1）用于5 kW级质子交换膜燃料电池系统。

2）重整器出口处的10%～15％的CO浓度降低到0.001％，即降低到10^{-5}，要求外形体积紧凑，成本低。

3）转化反应、甲烷化过程，选择氧化用催化剂开发。

（7）纳米复合物催化剂。全俄实验物理研究所同时还负责减少催化剂铂使用量的研究。

1）5kW级重整器制氢试制样品用。

2）开发贵金属含量低于0.3％的整体式催化装置，作为重整器用。

5.5 节能技术

在人类的社会和经济活动中，常有“开源节流”的说法。如果把开发和利用新能源看做是“开源”，那么节约能源的技术就可视作“节流”，同样也起到提高能源利用效率的作用。本节所介绍的两项技术虽说不能产生能源，却能够在节约能源上发挥巨大作用。

5.5.1 超导技术

电在金属材料内部流动时的电阻大小跟材料的温度高低密切相关，例如，水银、铅的电阻随着温度降低而逐渐变小，到了−269℃时，它们的电阻小到几乎没有。

科学上把电流通过金属导体时没有电阻的现象叫做超导。这种超导现象，早在100多年前就被荷兰科学家昂尼斯发现了。多年来，随着科学的发展，人们做了大量的工作，探索超导的奥秘。曾有一位美国科学家用铅作为材料，做了一个封闭的圆环，并把它放在超低温的环境中，也就是使铅处于超导的状态，接着，他又将一定量的电流通入铅环，然后切断电源，使电流在铅环中没有休止地流动下去。过了几年，当这位科学家再去测量铅环的电流时，他惊异地发现，电流依旧跟过去一样，没有明显的减弱。这说明了电流在超导体中没有损耗，是可以永远地保存下去的。

这个实验给人们非常巨大的启示。在日常生活中，一天24h里的用电量是不相同的，白天和傍晚用电量最大，到了深夜就大大地减少了。我们现在的发电厂，不可能做到白天发电多、深夜发电少，所以到了深夜，发出来的电往往会浪费掉。假如有一个很大的电力仓库，能够及时地把余下的电能储存起来，到了需要的时候再放出来，那该有多好啊！

目前，电力生产只能是需要多少生产多少，无法储存，超导体的出现将解决这一难题。由于超导体能使电流无限通过，因此利用超导体制成线圈可以大量储存电能。这种储能装置既可以用作特殊电源，也可以用来调节电力系统的负荷，以充分利用发电设备。

科学家设想在地下很深的地方挖一个直径100m 的大坑，又将其分成上、中、下三层，在里面充满着超低温的液态氦气，把超导金属做成的线圈浸没在里面。平时，可以把多余的电能储存到超导线圈里去，当需要时，再把电取出来使用。由于电能没有损耗，所以能长期地储存下去。

科学家已着手研究、制造可以储存100 万kW·h电的超导设备，只要制造成功，人们就再也不会为用电的不平衡而伤脑筋了。电是从发电厂的发电机发出来的，由于发电机所用的导线是用金属铜、铝制成，在常温下电在金属导线中流过时，会因电阻而使导线发热，发电厂发出来的电10%被发电机本身消耗掉了（称为铜损），只有90%可供使用。如果发电机的导线是用超导金属做成的，就可以有效地减少这部分铜损，能使发电机的效率提高到98%，而且发电机也不必造得很大。

21世纪中期，输电线和变压器都可能用超导金属制成，超导电缆和超导变压器的问世，更能为人类节约巨大的电能。超导技术的应用将使电力工业产生根本性的变革。利用常规导线作为输电线，电能的损耗极为严重，为了提高送电效率，只能向超高压输电方向发展，但损耗仍然很大。由于超导体几乎可以无损耗地输送直流电，而且目前对超导材料的研究已经可以使交流电损耗降到很低的水平，所以利用超导体制作的电缆将节省大量能源，而且可以实现远距离送电，建设跨国、跨洲的大电网。目前世界上已经制造成功1万kW功率的超导发电机，到21世纪末，会有2 000万kW大功率超导发电机问世，它可以供应一个现代化大城市的全部用电。

超导材料还可用于电机制造。普通发电机由于各种限制，单机最大输出功率不能超过150万kW，而超导材料由于无电阻而且载流能力大，用来制造电机可使功率损失减少到普通发电机的一半以下，并能简化普通发电机庞大而复杂的冷却系统。

超导技术的应用将会给产业界带来一场革命。超导材料可广泛应用于交通、医学、计算机、精密仪器、军事、机械制造等各个领域，对能源工业也将产生巨大冲击。人类将最终解决能源问题的希望寄托在实现核聚变，而核聚变要达到实用化，必须依靠超导体。目前国际能源机构正在组织应用超导体实现核聚变的国际合作，一旦人类掌握了这一技术，将彻底摆脱能源危机的困扰。

5.5.2 超级电容技术及其应用

日益严重的石油危机与环保压力，世界各大汽车公司纷纷研制各种新能源汽车，包括燃料电池车、电动汽车、混合动力汽车、代用燃料汽车等。而由于燃料电池汽车和纯电动汽车还存在不少问题，目前还不具备产业化条件，只能进行研制开发、示范运行。1997年丰田汽车公司投产混合动力（Hybrid）轿车以来，至2008年4月已销售1 028万辆。当今，全球各大汽车公司纷纷推出各种混合动力汽车。混合动力汽车是指两个以上动力源的汽车，最早丰田汽车公司推出的是汽油机和蓄电池混合动力系统。目前已研发的有柴油机和蓄电池混合动力、汽油机和超级电容器混合动力、柴油机和超级电容器混合动力、蓄电池和超级电容器混合动力、燃料电池和蓄电池混合动力，在2007年必比登挑战赛上又出现了一种新型燃料电池和超级电容器混合动力车，韩国现代推出的途胜FCEV是一款搭载燃料电池和超级电容器混合动力车。

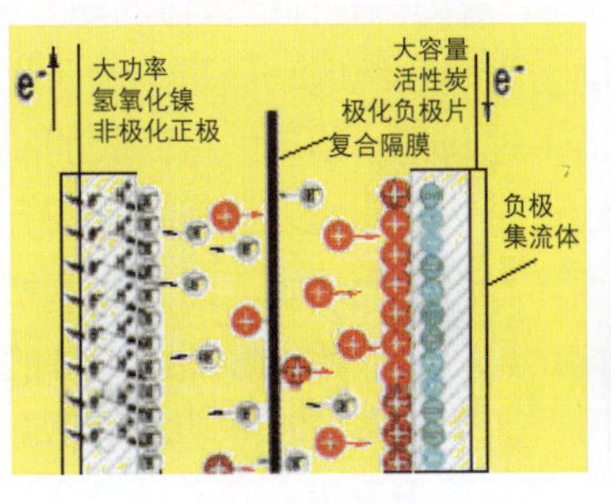

图5-23 超级电容的工作原理

图5-24 超级电容动力模块

超级电容器具有以下特点：

（1）充电速度快。充电超级电容器可在很短时间内（10～600s）完成一个充放电循环，远远低于可充蓄电池，可很好满足电动车的起动、爬坡要求。

（2）循环寿命长。充放电次数可达5万～50万次，比目前最好蓄电池要高出100倍，在使用过程中不需要经常性维护。

（3）转换效率高。大电流能量循环效率高达90％以上。

（4）规律密度大。超级电容器放电电流可达上百安。大电流应用，特别是高能脉冲环境可更好满足功率要求，相当于蓄电池5～10倍。

（5）可实现能量回收利用。车辆制动、减速、下坡时制动能量回收。

（6）安全系数高。长期使用免维护，安全可靠。

（7）适用温度宽。可在40～60℃范围内使用，低温特性好。可满足车辆在低温环境下起动。

（8）清洁、环保。超级电容器所使用的活性炭材料无重金属物质，使用过程和使用后不会对环境造成二次污染。

目前储能器主要有传统电容器、蓄电池和超级电容器三种。超级电容器（电化学电容器）是介于传统物理电解电容器和蓄电池之间一种新型储能装置。其基本原理是利用高性能活性炭形成的多孔电极和电解质组成的双电层结构获得超大的电荷容量。传统物理电容中储存的电能来源于电荷在两块极板上的分离，两块极板之间为真空（相对介电常数为1）或一层介电物质（相对介电常数为ε）所隔离。因此，这种储能装置兼顾了电解电容器和蓄电池两种储能装置的优点，已成为电动车行业将来自选储能装置。

作为一种新兴的绿色储能电源器件，超大容量电容器目前还面临两大难题：一是能量密度的不足，一般是2～3W·h/kg；二是成本过高，达到100元/（W·h）以上。大大制约了其代替蓄电池等传统电源的应用。针对这两方面的问题，奥威科技公司经过多年的研发，形成了以下特色和创新点：

（1）采用了Ni－C混合型电极结构，从而使超级电容器的比能量比C－C型电极结构提高了4～5倍，牵引型可达到10W·h/kg。

（2）用发泡金属材料作为集电体，降低了电容器的内阻，使比功率达到2 000W/kg。

（3）自主研发的原材料并与产业化结合，使成本大大降低，电容器价格比国外同类产品低2～3倍，形成了较大的价格优势。

超大容量电容器已完全不同于传统的电解电容器，由于特殊的原材料、特殊的制作方法，其车体容量能够超过传统电容器的1 000倍以上，在0.5L的体积内就能够达到10 000F以上的容量，兼具蓄电池与电容的双重特性，成为一种性能极佳的动力电源。

制动能量回收利用在混合动力汽车和纯电动汽车能量回收中占有突出位置，在混合动力汽车和纯电动汽车中，要求尽可能多地利用由制动能量回收的能量，通常多采用为蓄电池充电来吸收制动能量回收的能量，其缺点是蓄电池难以实现短时间大功率充电，且充放电循环次数有限。大功率放电必将使蓄电池循环寿命大大缩短，而使成本增加。超级电容器是一种介于蓄电池和传统电容器之间的储能装置，具有比电解电容器高得多的能量密度（比能量）和比蓄电池高得多的功率密度（比功率大），适合用作短时间功率输出源。具有比功率高（单位质量输出的功率W/kg）、一次储能多等优点，能大大提高混合动力车、纯电动汽车续驶里程，并能在汽车起动、加速、爬坡时有效改善混合动力汽车运动特性。

混合动力车使用的动力蓄电池在加速或爬坡时要进行大电流放电，减速或下坡时可快速充电，实现制动能量回收。超级电容器存储能量大、质量轻、可多次大电流充放电，充放电寿命长、可快速充放电、能在−40～70℃范围内工作。但超级电容器的不足是比能量较低，仅是蓄电池的1/10。

在燃料电池和超级电容器混合动力轿车中，当车辆起动时，利用超级电容器快速放电，而使汽车起动；当正常工作状态下，由燃料电池参加工作，将多余电能给超级电容器充电；而在车辆加速和上坡时，由燃料电池和超级电容器同时工作；在减速、下坡、制动时，由超级电容器吸收制动回收能量。

由于燃料电池车中燃料电池要达到工作温度要有一定时间，而超级电容器可帮助燃料电池车起动，且可使燃料电池能很快达到工作温度，所以燃料电池和超级电容器具有很好的互补性，是较理想的混合动力模式，也是混合动力车的发展方向之一。非常适用于轿车和城市公交车上使用。而这种燃料电池和超级电容器的轿车和城市公交车在大城市经常发生遇红绿灯、停车和频繁起动、减速、制动的情况下特别适合采用超级电容器作为辅助能源。而且超级电容器价格比镁离子蓄电池便宜不少。

超级电容器电车以超级电容器这种先进的储能装置作为车辆的动力电源，能够起到节能、环保的效果，尤其适用于城市无轨、无线纯电动公交车，2007年在上海11路全线超级电容器电车上得到了应用，并将在26路等公交线路上推广。

上海奥威科技开发有限公司开发和生产的超级电容器在国内处于领先地位，达到国际水平。目前已用在上海城市公交线路上，还将在2010年世博会期间获得广泛应用。

超级电容器电车和无轨电车区别在于车辆行驶时所使用电力来源于车载超级电容器而不是从电网中获取，而且在车辆停靠站时车载超级电容器从电网中补充能量。由于超级电容器具有非常好的充电接收能力，所以在车辆停靠时，通过车载快速充电器，在极短时间内（几十秒到几分钟）即可补充到足够电能供车辆运行。继续运行时，只需要将授电导与供电线网脱离即可，非常适合城市公共交通工况模式运行。

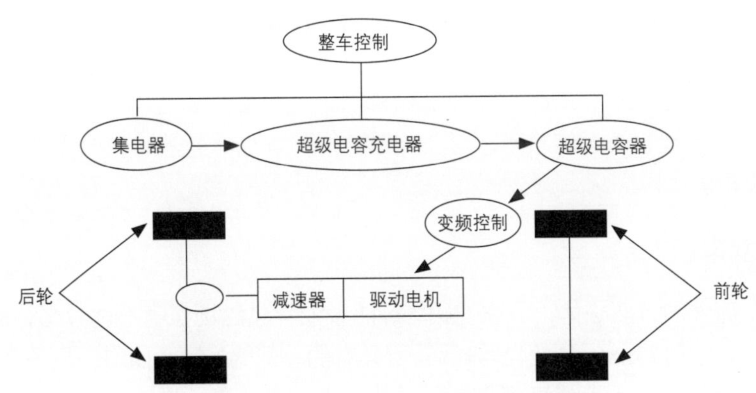

图5-25　超级电容电车运行框图

超级电容器是超级电容器公交电车的核心技术，还需进一步提高比能量、比功率，优化体积，减轻重量，在有一定批量前提下降低成本，进一步提高超级电容器单体可靠性，拓展其他应用领域。

5.6 未来的新能源

5.6.1 可燃冰能源

冰是夏天人们最喜欢的消暑饮料，何以成为燃料呢？这里所说的“冰”，不是由水凝结而成的自然冰，而是由天然气——甲烷的水溶液凝结而成的。它蕴藏在海岸深处的地层中，外表和特征都与自然冰相似，但是它能直接燃烧。所以，科学家把它称为“可燃冰”或“透明煤”。

可燃冰的发现得益于一个惨痛的海底事故：1963年4月10日，当时美国海军中最先进最复杂的攻击型核潜艇“长尾鲨”号，在水中试验下潜深度。当下潜到240m以下时，艇体发出一种尖细的叫声，叫声混杂在各种声音里，并没有引起人们的注意。战士们都沉醉在兴奋和激动中，因为这个深度是海军以前从未到达的深度，他们正在走前人从没走过的路。到了300m 以下时，刺耳的尖细叫声更加频紧急促，“砰！”潜艇的辅机舱突然传来巨大的金属爆破声。巨大的深水压力把海水汽化成浓密的雾弥盖了辅机舱。不久，核反应堆停止工作，潜艇主机停车。艇长采取了一系列应急措施都无济于事，潜艇继续下沉。接着，机舱传来惊天动地的巨响，1 500t 海水冲进受伤的潜艇。艇内通常约每$1kg/cm^2$的空气压力，急剧上升到至少$56kg/cm^2$，那些没有被水流冲杀的战士，顷刻间被高压空气压死了。巨大的水下压力使“长尾鲨号”核潜艇从此消失了，129名艇员全部丧生。这一水下大悲剧惊动了美国朝野，传遍全球。

正是这一惨痛的海底事故引发人们对海底深处爆炸的关注，最终导致了可燃冰的发现。海洋中的动物和微生物遗骸不断沉积在海底，会分解出一种甲烷气体。由于洋底的温度低而水压力非常高，所以，大部分甲烷气体不是逃逸到水面，而是被压力压到沉积岩细微的孔隙内转化为水合物。这些充满水合物结晶体的沉积物，随着时间的推移，被新的沉积物覆盖。这时，水合物开始分解，气泡冲破冰的封锁，沿着弯弯曲曲的缝隙和孔隙向上运动，重又进入上面的水合物形成区。这样，在数百万年的漫长岁月里周而复始，形成了固体化合物——冰矿矿床。

地球上可燃冰矿的蕴藏量十分惊人。美国和加拿大沿海地区蕴藏量估计达数百亿立方米，可供开采几百年。在俄罗斯的里海、黑海和鄂霍次克海也取出了含可燃冰矿的岩芯。新西兰、印度、日本等国都有可燃冰矿存在。

只是目前世界上还没有开采冰矿的经验和技术。人们正在研究开采方法。可以预料，随着科学技术的进一步发展，不远的将来，这一难题会得到解决。到那时，人类就可以用冰做饭、取暖、炼钢、发电。

5.6.2 地球发电机

地球是一个庞大的天然磁体，但它的磁场却比较弱，总磁场强度不过47.7A/m。然而，地球却在不停地转动，它每23h56min便自转1周，所具有的动能为2.58×10^{29}J，是一个很大的数值。具有磁场的天体旋转时，由于单极感应作用，就会产生电动势。如果我们把整个地球作为发电机的转子，以南北两极为正极，以赤道为负极，理论上可以获得10万V左右的电压。这便是人们把地球本身当作一个巨大的发电机的一种设想。不过，如何把地球自转发出来的电引出来使用，还须有可行的方案或设想。

电磁感应定律告诉我们，导体在磁场中作切割磁力线的运动便会产生感应电流。由于地球本身具有磁性，所以，在地球及其周围空间存在着地磁场。地球上的河流和海洋也是导电体。随着地球的自转，它们自然而然地就相对于地磁场产生了切割磁力线的运动。那么，河流和海洋中就有地磁场的感应电流了。海洋覆盖着地球表面的71%，如果想办法把河流和海洋中的感应电流引出来，不就有巨大的电能供使用了吗？显然，这是利用地球发电机的一种可能方案。

此外，地球本身又是一个巨大的蓄电池。雷雨云聚集和储存着大量负电荷，使云层下面的大地表面感应出正电荷，从而对地球充电。两种不同极性的电荷互相吸引，就驱使电子从云层奔向大地，形成闪电给地球充电。据估算，每秒钟约有100次闪电袭击地球，其闪光带长度从300～2 750m不等。一次闪电电压可达1亿V，电流可达16万A，可以产生37.5亿kW的电能，比目前美国所有电厂的最大容量之和还多。但闪电持续时间很短，只有若干分之一秒。闪电中大约75%的能量作为热耗散掉了，它使闪电通道内的空气温度达到15 000℃。空气受热迅速膨胀，就像爆炸时的气体一样，产生震耳欲聋的雷声，在30km以外都能听到。

1752 年，富兰克林曾带着他的儿子在雷雨中用风筝捕捉闪电。他的不怕牺牲、勇于探索的精神实在可嘉，但是他的实验结果，除了导致避雷针的发明外，在利用闪电方面却影响不大，至今还没有人找到利用闪电能的有效途径。在地球表面产生的具有强大能量的闪电，能不能直接用来为人类造福呢？已转化为热能的75%的闪电能是否也可利用呢？有没有办法使闪电不把那么多的能量转化为热能，仍保持电能的状态为我们所用呢？能不能撇开上述思路另辟蹊径，譬如，既然闪电已把电能传给了地球，能不能从利用蓄电池的角度，把地球当作一个巨大的蓄电池，想办法把电能引出来使用呢？这些答案恐怕要由未来的科学家们给出了。

再者，极光又是“地球发电机”以另一种形式发出的“希望之光”，也是一种威力巨大的“天然发电站”。在地球的南、北两极，高阔的天幕上，竞相辉映着五彩缤纷的光弧。有的像探照灯的光芒在空中晃动，有的像彩带在空中飞舞，有的像帷幕随风飘拂，有的像成串的珍珠闪闪发光。光弧的颜色或红或绿，或蓝或紫，时明时暗，构成一幅瑰丽的景观，这就是极光。它是地球两极特有的自然现象，多出现在3月、4月、9月和10月四个月份。

那么，极光是怎样发生的呢？它对人类又有什么用处呢？

我们已经知道，太阳的内部和表面进行着剧烈的热核反应，不断地产生出强大的带电微粒流——电子流。这种电子流顺着地磁场的磁力线，来到地磁极附近，以光的速度向四面八方散射。其中一部分电子流射入大气层时，使大气中的气体分子和原子发生电离，产生出大量的带电离子，发出光和电来。极光爆发时，会产生强烈的磁暴和电离层扰动，使无线电通信和电视广播等受到干扰破坏，使飞机、轮船上的磁罗盘失灵。尽管如此，作为一种未来很有希望的新能源，它将给人类带来巨大的好处。有人推算过，极光发射出的电量高达1亿kW，相当于目前美国全年耗电量的100倍以上。有的科学家设想，将来在北极或南极地区，建造一座高达100km的巨型塔架，用适当的方法把高空中极光的电能接收下来，供人们使用。

5.6.3 束能

当今世界，不管我们在地球上哪一个角落，打开收音机，就能聆听到自己喜爱的新闻、音乐、戏曲等各种节目。在收听这些节目时，不知你们是否想到过，这节目是从哪儿来的？是谁把它们送到我们耳朵里的？这些节目是由电台预先制作好，然后，由无线电发射机，以无线电波的形式定向传播出去。无线电波的波长有不同，人们把它们分为长波、中波、短波、微波等。收音机接收不同波长的无线电波，把它们变成节目。如果我们用放大镜把太阳聚成一点，提高太阳光的能量，就能点燃火柴、纸片。同样，科学家通过聚焦技术，把无线电波紧缩在一起，成为一种能，这种能叫做束能。

束能理论最早是在19 世纪，由著名科学家赫兹和泰拉斯提出来的。现在，这个理论已发展成熟，进入实用阶段。微波是波长很短的无线电波。第二次世界大战后，随着微波技术的发展，科学家首先对微波聚焦，使它们成为微波束能。20世纪70年代，美国计划在卫星上建造太阳能电站。电站上有两块巨大的矩形电池帆板，它们将太阳光转换成电。在电池帆板之间的微波辐射天线将电通过波发生装置变成微波能，再由微波天线聚成微波束能，发射到地面。地面接收站把接收天线收到的微波束能转换成电，供人们使用。

目前，科学家对束能的研究主要集中在建立地面微波束能站方面，为各种飞行器提供束能动力。加拿大制造了一架利用微波束能作燃料的试验飞机。飞机机翼下面有天线，专门接收地面微波站发射的微波束能，然后，将微波束能转变成电，用作飞机动力。这架飞机在空中飞行几个月，像一个低空飞行的通信卫星，既可以监视地球大气层中的各种危险气体，又可成为无线电通信转播站。

美国NASA打算设计一种小型束能宇宙飞船，能载5名宇航员，船重6t，升空十分方便，从简易场地起飞，只需三四分钟就可以进入运行轨道。

美国科学家还设计了一种大型无人驾驶束能飞机，能在离地面19.2km的高空飞行，携带67.5kg重的各种仪器设备，持续飞行90天。这架束能飞机的任务是监测地球环境。束能是一种新型能源，正受到人们越来越多的重视。

5.6.4 潜能

科学家们太空中的天体分成恒星、行星、卫星、彗星、流星等。恒星本身发出光和热，太阳就是一颗典型的恒星。由于过去人们认为恒星的位置是固定不动的，所以，把它们叫做恒星，实际上，恒星也在运动。许许多多的恒星组成一个集合体，就像动物世界中的动物群、密林里的植物群，科学家们把它们称为星系，比如银河系。

我们知道，自然界的生物都有生有死，只是各种生物的寿命长短不一样。其实，自然界的物质都在不停地运动着，恒星也不例外，它们也有产生的过程，也有消亡的过程。我们日常生活中，除了用煤气、液化气烧菜煮饭以外，还有许多家庭在使用煤炉，比如用煤做成煤饼或煤球放在炉内作为燃料燃烧，放出光和热。当煤燃烧完了，就不会产生光和热，而变成一堆煤灰了。恒星能发出光和热，也是因为它内部的燃料在燃烧。恒星内部的燃料不是煤，而是原子核，通过原子核的聚变反应，产生大量的光和热。当恒星内部的核燃料用完了，它的剩余物质被紧紧地挤压在一起，压缩得非常紧密，最终收缩成黑洞。在漫无边际的宇宙中，黑洞是一个孤立的天体，只有网球那样大小，但它的重量却跟地球差不多。人的肉眼是看不见它们的，即使科学家用天文望远镜也看不见它们，人们只能通过黑洞的巨大吸引力，才能确定它的存在。黑洞有巨大的吸引力，如果宇宙飞船、航天飞机飞过黑洞，就会立刻消失。凡是在黑洞附近的物质，都被它吸进去，消失得无影无踪。

黑洞似乎很可怕，可是，经过科学家们的研究，找到了一种开发和利用黑洞的能量的方法：把生产原子能的核反应堆放到黑洞上去。人们把核燃料发射到黑洞上，由黑洞内巨大的引力压缩核燃料，迫使其实现核聚变反应，释放巨大的能量，人造卫星电站接收能量反射到地面。科学家把这种能量称作潜能。

潜能的开发利用，是一项巨大的星际工程。为使这一工程付诸实现，人类要付出惊人的代价。尽管科学家在地球上还没有实现这样的任务，但是，一旦这项工程成功了，那就能源源不断地获得非常巨大的能量，而且是一本万利的。

5.6.5 “反物质”能源

1908 年6月30日清晨，俄罗斯西伯利亚通古斯地区发生了一场前所未有的大爆炸，它的威力相当于2 000颗巨型原子弹同时爆炸，一时间爆炸的巨响震撼万里长空，声音传到1 000km之外，炽热的火球在空中翻滚，熊熊烈焰把2 000km^2范围内的树木全部烧毁，巨大的气浪冲击着四面八方，100km^2 以内的房屋屋顶全都被掀掉。这场威力无比的大爆炸是怎样发生的？几十年来一直是个难解的谜。

1965年，美国科学家李比博士发表文章，认为通古斯大爆炸的起因是“反物质”引起的。反物质经由茫茫的宇宙，进入正物质组成的世界，在正物质的引力作用下，在西伯利亚的上空与正物质相撞，一瞬间，正反物质全部转化为巨大的能量，周围大气的温度急剧上升，产生剧烈膨胀而发生大爆炸。正反物质的这种反应叫做“湮没”反应，在反应过程中全部物质都转化为能量。湮没反应产生的能量非常巨大，至少比核反应产生的能量大100倍，但不产生放射性。

什么是反物质？它为什么会有这么巨大的威力？这就得从科学家爱因斯坦的统一场论说起。爱因斯坦认为运动的物体都有能量，当它的总和是一个正值时，这种物质就是我们在生活中看到的各种物质。但是，当运动的物体所具的能量的总和是一个负值时，情况就完全两样了，物质的性质跟我们日常见的正好截然相反，那种物质就称为反物质。

反物质的内部组成与正物质正好相反。正物质的原子是由带正电荷的质子和带负电荷的电子组成的，而反物质的原子却是由带负电荷的质子和带正电荷的电子组成的。所以，反物质受力后，它的运动方向跟正物质的运动方向完全相反。当你向前推它，它却往后靠；当你往南推它，它却向北移动。正反物质在短距离内是“水火不相容”的，它们很难同时存在，一旦相遇，就相互吸引，通过碰撞而同归于尽，同时放出大量的能量。在我们所处的半个宇宙中，只有正物质存在，而离我们非常遥远的另半个宇宙中，却是反物质的世界。

经过科学家几十年的努力，现在已经找到各种反粒子和反物质。1932年，科学家在宇宙射线实验中发现了正电子。正电子是电子的反粒子。1955年，科学家获得了反质子和反中子。反质子是质子的反粒子，反中子是中子的反粒子。1965年，科学家得到了世界上第一个反物质，由反质子和反中子组成的“反氘”，后来，又得到了反物质“反氢”。

既然反物质确实存在，那么，利用反物质的特性，利用物质和反物质在湮没过程中释放的巨大能量，把反物质作为未来能源，前景太美妙了。把反物质跟化学燃料相比较，后者实在相差得太大了。比如，把航天飞机、巨型火箭送上太空，若使用液体化学燃料大概需200t，如果换用反物质，只需10mg（相当于小小的一粒盐）就足够了。

但是，现在要充分利用反物质还有许多困难。要得到反物质，除了研制技术上的难度非常大外，生产费用也大得惊人。初步估计，生产1g反物质，至少要花费10亿美元。另外，反物质的储存、运输也是一大难题，它只要一接触普通的物质，就会立即爆炸。

目前，反物质研究还只是在探索阶段，要把反物质作为未来的能源，只能说是一个美好的理想。在21世纪，经过科学家的不懈努力，反物质之谜将会被彻底揭开，它为人类服务的时代也将会来到。

第6章　生命科学与生物技术

6.1　现代生命科学

在现代科学发展过程中，生物学取得了引人注目的成就。化学、物理学、数学向生物学领域的广泛渗透，为分子生物学的产生和发展奠定了基础。分子生物学的兴起，DNA双螺旋结构的建立，被视为20世纪自然科学的重大突破之一，也被看做是生物学发展的一个新的里程碑。分子生物学的建立使生物学的面貌发生了革命性的变化，不仅使人们对生命本质的认识飞跃到一个崭新的阶段，而且带动了整个生物学向分子水平的发展，特别是推动了对各种神经系统，尤其是大脑活动过程的研究。“生物学”这一传统学科概念正逐渐被“生命科学”的名称所取代，生命科学的进步也向数学、物理学、化学以及工程技术科学提出了新的问题，提供了新的理论和概念，开辟了许多新的研究领域和生长点，如脑和计算机、智能和人工智能等。

6.1.1　现代遗传学的实验基础

1. 孟德尔与基因的发现

现代遗传学的奠基人是奥地利生物学家孟德尔（G. J. Mendel，1822—1884），从1856年开始，孟德尔作为天主教布隆修道院的修士，他从1854年起在默默无闻的寺院里进行了9年的豌豆杂交实验（见图6-1），在此期间，他尽可能多地观察和统计，在一次实验中，他仔细观察并统计了7 324株豌豆！孟德尔发现，豌豆的一些性状，如红花和白花，在杂交后代中存在一定比例关系。他认为，这是一种“遗传因子”在起作用，并于1865年发表了那篇题为《植物杂交实验》的著名论文。孟德尔作出了重要的理论假定：在生物体内存在着一种遗传物质——遗传因子。他同时提出了两条遗传定律。第一，分离定律，一对因子在异质接合状态下并不互相影响和互相沾染，而是在配子（即生殖细胞）形成时完全按原样分离到不同的配子中去；第二，自由组合定律，两对或更多对因子处于异质接合状态时，它们在配子中的分离彼此独立，可以自由组合。用通俗的话说，即遗传是公正平等的，每个遗传因子均有50%的遗传机会。遗传因子的结合是自由的，两两结合的机会符合统计规律。

孟德尔开创了用数量统计方法研究遗传规律的道路，他的工作设计巧妙、逻辑严密、结论新颖可靠，极具创造性。但是，“遗传因子”究竟是什么，它又“躲”在哪里呢？当时的孟德尔没有也无法作出回答。

遗憾的是孟德尔这一划时代的成就却被埋没了30多年，直到1900年才被科学家重新发现。孟德尔定律被重新发现并被证实之后，人们用“基因”代替了遗传因子的概念，而且试图使这种“虚构的遗传单位”物质化。但要做到这一点，不仅需要确立

图6-1　孟德尔在修道院内进行豌豆杂交实验

基因与性状之间的联系，还必须确立基因与细胞内部所发生的一系列过程之间的联系。这促使遗传学研究同细胞学成就的结合，使遗传学从个体水平深入到细胞水平，由此导致了染色体和基因理论的创立。

2. 摩尔根与基因理论的发展

对基因理论发展做出重大贡献的是美国生物学家摩尔根（T. H. Morgan，1866—1945）及其学派。1910年，美国遗传学家摩尔根进行了著名的果蝇杂交实验（见图6-2），他们在一群红眼果蝇中，发现一只雄性白眼果蝇，他让这只果蝇与红眼雌果蝇交配，结果子二代的白眼果蝇全部是雌性的。显然，决定白眼性状的基因应当与决定性别的基因有联系。由于在此之前已有实验证明，性别由染色体决定，所以，摩尔根得出结论：基因住在染色体上。人们终于明白，染色体就是基因的载体！

图6-2 摩尔根的果蝇杂交实验

摩尔根发现了基因的连锁现象（位于同一条染色体上的基因一般将一起遗传而不彼此分开，每条染色体都有一个基因连锁群）、交换现象（不同染色体之间可以发生片断互换，从而破坏连锁），以及性别决定、伴性遗传等事实。以此为基础，摩尔根等人在《遗传的物质基础》（1919）、《基因论》（1926）等著作中系统论述了基因理论，该理论的主要内容如下：

（1）基因作为物质的遗传单位，不是虚构的。“它代表着一个有机的化学实体”，是染色体的物质微粒。

（2）基因位于染色体上，总是与一定的连锁群相联系。

（3）基因能够重新产生，细胞分裂时子细胞中可以再生出一套同样的基因。

（4）在一定条件下，基因能够以极小的概率发生变异，并保持其改变了的特性。

（5）每个基因所具有的功能不是唯一的，在某些情况下，基因对个体性状往往显示出多种效应。

（6）在同源染色体中，等位基因具有相互吸引的作用。

基因理论证明了染色体是基因的载体，但对染色体的化学分析表明它是由蛋白质和核酸这两种主要成分构成的，那么，究竟哪种成分是遗传的物质基础呢？基因的物理、化学本质是什么呢？对这个问题的解决，有赖于分子生物学的建立。

鉴于摩尔根及其学派在细胞遗传学研究方面所做出的卓越贡献，摩尔根被尊为细胞遗传学的创始人，并于1933年获得了诺贝尔生理学或医学奖。

3. 格里菲斯的肺炎双球菌转化实验

格里菲斯在1928年开展了肺炎双球菌转化实验。他发现肺炎双球菌的两种菌株，一种为R型，外面没有荚膜，注入小鼠后小鼠正常；另一种是S型，外面有一层多糖类荚膜且光滑，注入小鼠后很快导致小鼠死亡，若加热杀死后注入小鼠，小鼠正常。如果将S型菌株杀死，与活的R型细胞一起注入小鼠，R型菌可以转化为S型，而且可以传代，这表明S型肺炎双球菌具有转化物质，能够进入R型细胞，引起稳定的遗传变异。

对蛋白质和核酸在生命现象中的作用，人们的认识经历了一个发展过程。19世纪，化学家和生物学家分析研究了鸡蛋蛋白、血液、骨髓和神经等物质的成分，认识到含氮的蛋白质类化合物的重要性，同时细胞化学的研究也表明，同生命现象密切相关的细胞质也同蛋白质很相似。于是人们认为蛋白质是生命的物质基础，并对蛋白质的结构等问题进行了比较深入的研究，明确了蛋白质是由多种氨基酸连接而成的生物大分子，形成了蛋白质的肽键结构理论。然而直到20世纪30年代，生物学界仍普遍地倾向于认为蛋白质是遗传信息的物质载体。与蛋白质相比，核酸的发现约晚30年，1869年，科学家用胃蛋白酶水解脓细胞，得到一种不同于蛋白质的含磷物质，这被公认为是核酸的最早发现。以后，人们又根据核酸分子中核糖是否失去了一个氧原子，把核酸分成脱氧核糖核酸（DNA）和核糖核酸（RNA）两种。但是，长期以来科学界缺乏对核酸结构和功能的深刻认识。

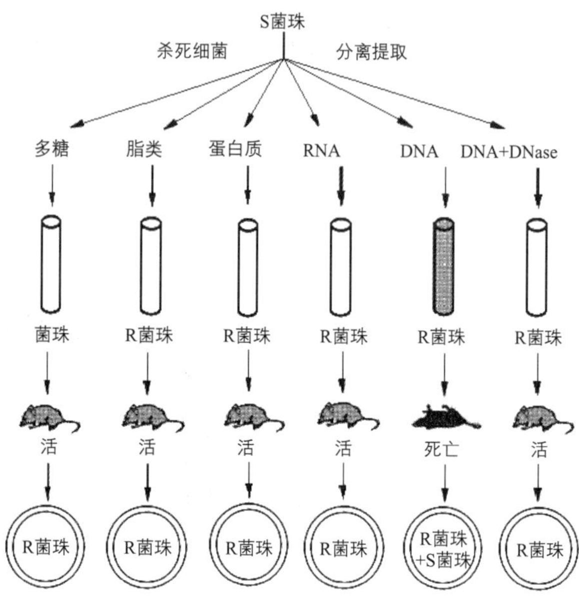

图6−3　肺炎双球菌转化实验

4. **艾弗里的肺炎球菌转化实验**

首先用实验证明基因的化学本质就是DNA分子的是加拿大生物化学家艾弗里（O. T. Avery，1877—1955）。1945年，他和他的合作者在纽约进行细菌转化的研究，实验材料是肺炎链球菌，结果说明，使细菌性状发生转化的因子是DNA（即脱氧核糖核酸），而不是蛋白质或RNA（即核糖核酸）。这一重大的发现轰动了整个生物界。因为当时许多研究者都认为，只有像蛋白质这样复杂的大分子才能决定细胞的特征和遗传。而艾弗里等人的工作打破了这种信条，在遗传学理论上树起了全新的观点，即DNA分子是遗传信息的载体。

艾弗里利用肺炎球菌的转化实验证明，遗传信息从一个有机体传递到另一个有机体，起传递作用的不是蛋白质，而是DNA。1952年，科学家用同位素硫和磷分别标记噬菌体的外壳蛋白质和 DNA，进行遗传信息传递的研究，发现当噬菌体进入大肠杆菌时，外壳蛋白留在菌体外，只有DNA进入菌体进行正常繁殖，这表明DNA携带了生物繁殖所需要的全部遗传信息，从而进一步确认了DNA是生命遗传信息的物质载体，也使得对DNA功能、结构及其与蛋白质之间关系的研究成为分子生物学研究的重点。所以，有人称艾弗里的实验标志着DNA“黑暗时代”的结束和“分子遗传学”的开始。还有人称，艾弗里是分子遗传学的鼻祖。

生命现象作为自然界的奇迹，历来对哲学家和科学家具有持久的魅力。生命科学就是要探索这个奇妙世界的奥秘。现代生命科学包括现代遗传学、分子生物学、生物化学和神经科学等诸多学科，其中以分子生物学为代表。分子生物学要研究生物大分子的结构及其与功能之间的关系，这里所说的生物大分子是指细胞成分中的高分子聚合物，即蛋白质、核酸、多糖、脂肪以及它们相互结合的产物，它们在分子水平上体现着各种重要的生命功能，如遗传、新陈代谢、细胞增殖和分化、免疫等，其中遗传问题是人们研究的重点。

当时，科学家们最大的希望就是要寻找到控制生命的物质，并了解它的机制。德国科学家戴波克（Max Delbruck）和美国哥伦比亚大学的细菌学家罗利亚（Savador Luria）对寄生在大肠杆菌里的一种病毒——噬菌体的遗传物质进行了研究。他们发现噬菌体有一种传宗接代的本领。它们通过某种物质的作用，能够复制与亲代完全一样的子噬菌体。他们称这种物质为“基因”。

基因到底是什么东西？不少研究者都认为可能是细胞中众多蛋白质的一种。艾弗里通过他的实验认识到基因与DNA（脱氧核糖核酸，DeoxyriboNucleic Acid ）有关。艾弗里最先发现DNA就是基因，但他的辉煌成就直到死后才被重视。

1952年当人们为艾弗里的实验而激烈争论时，微生物学家赫尔希（Alferd Hershey）和他的学生马却斯（Martha Chase）用放射线标记噬菌体的DNA，然后把它转入大肠杆菌中，结果在下一代的噬菌体的DNA中，发现了预先标记有放射线的亲代DNA片断。至此，终于证明DNA携带着基因，肯定了艾弗里的结论。此后，再也无人怀疑DNA是遗传物质了。赫尔希因此获得1960年的诺贝尔医学和生理学奖。

图6-4 摩尔根

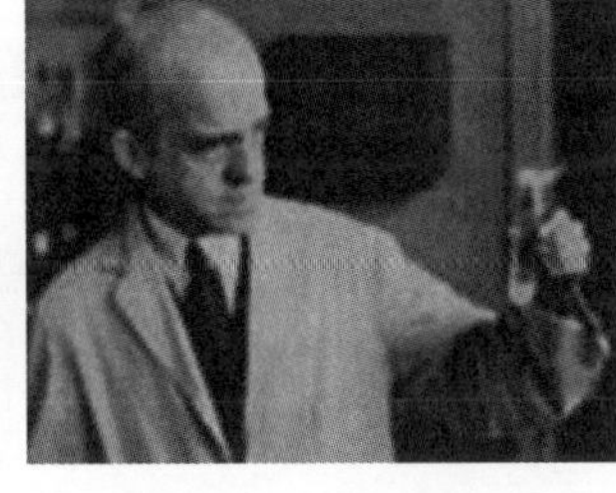

图6-5 艾弗里

图6-6 赫尔希

地球上瑰丽多姿的生命世界有100多万种动物、30多万种植物和10多万种微生物，无不由基因决定了他们的遗传特性。从外表来看，似乎是同样的一个受精卵，却能够演变成一朵鲜花，或者一只果蝇，或者一头大象。人也是从受精卵开始逐步发育成完整的个体的。俗语说：“种瓜得瓜，种豆得豆”，又说“一娘生九等”，指的就是：同一父母所生的兄弟姐妹，既有相似于父母的外貌和性格，那是遗传；又有各不相同的体态和脾气，那是变异。这说的是异性繁殖。如果我们将某个人克隆一下，来个自身繁殖，那就活脱脱是一个复制品，无所不与亲代相似。这么说来基因倒真有点像灵魂呢？它确实能“投胎转生”。不过这是物质，不是精神。

6.1.2 主宰生命的双螺旋

1. DNA的二级结构——双螺旋结构模型（double helix model）

1953年，在英国剑桥大学卡文迪西研究所工作的美国科学家沃森（James Dewey Warson）和英国科学家克里克（Francis Click）发现了DNA分子为双螺旋结构（见图6-7）。他们以立体化学原理为准则，对Wilkins和Franklin的DNA X射线衍射分析结果加以研究，创立了DNA的分子双螺旋结构模型。沃森当时只有25岁，而克里克也只有37岁。他们根据对DNA的物理、化学分析发现：DNA是一条细长的分子链，若将它展开成平面，那么它就像一个梯子。两边的柱子是由磷酸和五个碳原子所构成脱氧核糖，借助磷酸二酯桥，相互交织而成。中间的一个个横档是由四种含氮碱基物质：T（胸腺嘧啶）、A（腺嘌呤）、C（胞嘧啶）、G（鸟嘌呤），借着氢键相结合，两两互补而成。就是这个东西主宰着大千世界芸芸众生“生老病死”的命运。

在DNA双螺旋结构模型建立之前，早在1868年，米歇尔已经从脓细胞提取到核酸与蛋白质的复合物，当时称为核素（nuclein）。但核酸在生命活动中的重要地位，却迟至20世纪50年代才被认识。20世纪20年代，列文研究了核酸的化学结构并提出四核苷酸假说；20世纪40年代末，艾弗里、赫尔希和马却斯的实验严密地证实了DNA就是遗传物质；50年代初，查戈夫应用紫外分光光度法结合纸层析等简单技术，对多种生物DNA作碱基定量分析，发现DNA碱基组成有如下规律：

图6-7 沃森、克里克与DNA双螺旋结构模型

（1）同一生物的不同组织的DNA碱基组成相同。

（2）一种生物DNA碱基组成不随生物体的年龄、营养状态或者环境变化而改变。

（3）几乎所有的DNA，无论种属来源如何，其腺嘌呤摩尔含量与胸腺嘧啶摩尔含量相同（[A] = [T]），鸟嘌呤摩尔含量与胞嘧啶摩尔含量相同（[G] = [C]），总的嘌呤摩尔含量与总的嘧啶摩尔含量相同（[A + G] = [C] + [T]）。

（4）不同生物来源的DNA碱基组成不同，表现在（A + T）/（G + C）比值的不同。

这些结果后来为DNA的双螺旋结构模型提供了一个有力的佐证。

2. DNA双螺旋结构主要特点

图6-8所示为DNA的双螺旋结构模型。这一模型结构的主要特点是：

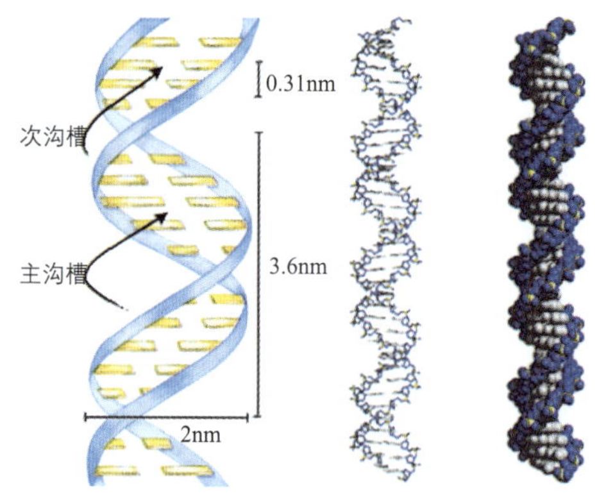

图6-8 DNA的双螺旋结构模型

（1）DNA分子由两条反向平行的脱氧核苷酸链围绕同一个中心轴像旋转扶梯一样盘旋而形成稳定结构。

（2）DNA分子中的脱氧核糖和磷酸交替连接，排列在双螺旋结构的外侧，构成基本骨架。碱基则排列在内侧，并与中心轴垂直。

（3）两条链上的碱基通过氢键连接而形成碱基对，每10对碱基组成一个完整的螺旋周期。碱基对的组成有一定规律：腺嘌呤A一定与胸腺嘧啶T配对，鸟膘呤G一定与胞嘧啶C配对。这种对应关系叫做碱基互补配对原则。

（4）两条长链上的脱氧核糖和磷酸交替排列的顺序是稳定的，但碱基对排列组合的方式是变化的，遗传信息包含在特定的碱基顺序之中，由此导致了生物表现的多样性。

在建立DNA双螺旋结构模型之后不久，沃森和克里克又在《自然》上发表文章，指出DNA分子结构的遗传含义。他们认为，DNA双螺旋结构就是遗传基因，携带着遗传密码。DNA双螺旋结构可以解决遗传学中长期存在的核心问题，即基因的分子基础问题。作为遗传的物质基础，为了保证遗传的稳定性，有机体在每次细胞分裂之前，DNA必须准确地复制自己。DNA双螺旋的稳定由互补碱基对之间的氢键和碱基对层间的堆积力（base stacking force）维系。DNA双螺旋中两股链中碱基互补的特点，逻辑地预示了DNA复制过程是先将DNA分子中的两股链分离开，然后以每一股链为模板（亲本），通过碱基互补原则合成相应的互补链（复本），形成两个完全相同的DNA分子。其结果是，原来的一个亲代双螺旋分子变成两个完全相同的子代双螺旋分子，在子代分子的双链中，有一条单链来自亲代，另一条则是新复制的。从这个复制过程看，DNA分子独特的双螺旋结构为其自我复制提供了精确模板，而碱基互补配对能力则使复制准确完成得以保证。因为复制得到的每对链中只有一条是亲链，即保留了一半亲链，将这种复制方式称为DNA的半保留复制（Semi Conservative Replication）。后来证明，半保留复制是生物体遗传信息传递的最基本方式。

对DNA分子结构及其自我复制机理的研究，极大地深化了人们对基因概念的理解，基因是一个化学实体，是具有遗传效应的DNA分子中的一定核苷酸顺序，它是遗传信息储存、传递、表达、性状分化和发育的依据。

最初由孟德尔提出的遗传因子的概念，通过摩尔根、艾弗里、赫尔希和沃森、克里克等几代科学家的研究，已经使生物遗传机制建立在遗传物质DNA的基础之上。

沃森和克里克提出的DNA分子双螺旋结构模型，揭示了遗传信息是如何储存在DNA分子中，以及遗传性状何以在世代间得以保持。DNA双螺旋是核酸二级结构的重要形式。双螺旋结构理论支配了近代核酸结构功能的研究和发展，使人们对DNA作为基因的物质基础不再怀疑，奠定了分子遗传学的基础，对生命的科学发展做出了杰出贡献，是生物学发展的重大里程碑。

双螺旋结构模型较好地解释了生物的遗传、复制问题，是20世纪遗传学上的一项重大突破，它宣告了分子生物学的诞生，以此为开端，生物学各个领域都不断取得巨大进展。沃森、克里克和维尔金斯因此而获得1962年诺贝尔医学与生物学奖。

3. **遗传密码的破译**

DNA双螺旋结构发现后，科学家对碱基顺序和蛋白质的氨基酸顺序之间的相互关系展开了研究：蛋白质由普遍存在的20种氨基酸按照一定的顺序连接而成，氨基酸各自特定的排列顺序对应着不同的蛋白质。RNA只有四种核苷酸（以四种碱基A、G、C、U为其代表），四种不同的核苷酸（碱基）怎样排列组合进行编码才能表达20种不同的氨基酸？这正是科学家破译遗传密码所要解决的问题。

DNA如何储存并表达遗传信息？这个问题引起了很多物理学家的兴趣，1944年，著名的物理学家薛定谔在《生命是什么》一书中提出了遗传密码的概念，认为生命是能用物理法则来说明的。他用量子力学的观点来论证基因的稳定性和突变发生的可能，并提出了一个科学的预测，认为必定有一种由同分异构的连续体构成非周期性晶体，其中含有巨大数量的排列组合，构成遗传密码的稿本。这本书对生物学界影响极大，它激发了人们用物理学的思想和方法探讨生命物质运动的兴趣，也激励一些有抱负、有才华的物理学家从物理学转向生物学。

1954年，曾提出大爆炸模型的美籍俄国著名物理学家伽莫夫（G.Gamov，1904—1968）经过研究分析，提出DNA的4种碱基可能就是基本的密码符号，如果只用2个碱基进行组合，4种碱基只能得到16种组合，比氨基酸的数目还少。如果用3个碱基进行组合，则能得到64种可能性，又比氨基酸的数目多，于是他假定有些氨基酸可能对应不止一个碱基密码，这就是著名的“三联密码”假说。

第一个用实验破译遗传密码的是德国出生的美国生物化学家尼伦贝格（M.W.Nirenberg，1927—）。1961年他在实验中发现苯丙氨酸的遗传密码是RNA上的尿嘧啶（UUU）。此后，科学家分别测定其他氨基酸的遗传密码，到1963年，有20种氨基酸的遗传密码被译出。1967年，64种全部遗传密码被译出，制成了遗传密码表。遗传密码的发现，再一次宣告神创论的破产。

遗传密码的破译，使基因概念得到极大发展。作为生物遗传和进化的最基本的单元，遗传密码同氨基酸之间的专一性联系是稳定性。这种稳定性是遗传信息准确无误的传递和表达的重要基础，是物种相对稳定的重要保证。遗传密码不但具有稳定性，还具有可变性。基因的自然突变率在10^{-4}~10^{-9}之间。基因突变是密码子变化的结果，而这种基因突变是生物进化的主要源泉。更为重要的是，遗传密码的破译和中心法则的确立，直接导致了重组DNA技术的建立，并由此产生了基因工程。重组DNA技术在新的产业革命中具有重要意义，它的建立被认为是分子生物学新时代的开始。

作为当代生命科学的主流，分子生物学的发展不但深化了人们对生命活动机制和生命本质的认识，给生物学带来了深刻变革，而且也丰富了物理学和化学等学科的研究内容。特别值得指出的是它为人类进一步改造生物物种和创造新型物质开辟了广阔前景，并因此深刻影响着医学和工农业技术发展的方向。人们认为，分子生物学的建立是继物理学革命之后20世纪自然科学的又一次革命，分子生物学将成为当代自然科学新的带头学科，未来的世纪将是生命科学的世纪。

6.1.3 人类的基因图谱——“绘制生命的蓝图”

随着分子生物学的发展和重组DNA技术的日趋成熟，使科学家们从基因组的整体水平去认识、研究人类及其他物种所有基因的结构与功能成为可能。在现代科学技术发展中，基因组研究是一项令人瞩目的工程。基因组绝非各个单独作用的基因的集合，它具有对整个遗传信息全局的、高度协同的控制功能，因而基因组的研究能够揭示整合的生物体系中的各种关系。

1985年美国科学家提出测定人类基因组全序列，呼吁科学家们联合起来从整体上研究和分析人类基因组序列。1990年10月，美国正式启动人类基因组计划（HGP）项目，此后有德、日、法、英、中五国16个实验室的科学家先后加入该研究计划，终于在2003年4月完成人类基因组全部23对染色体10万个基因作图和 DNA全长30亿个碱基对的序列分析。目前，HGP已经完成了遗传图谱、物理图谱、转录图谱和序列图谱的绘制和初步分析，这一研究奠定了21世纪人类生命科学发展的基础。

2000年6月26日，“人类有史以来第一个基因组全序列（工作草图）已经完成”的消息震动了全世界。由美、日、德、法、英，以及中国的科学家参与的“绘制人类生命蓝图”的计划，正在对上面的问题作出答复。在这些科学家看来，生命也可以用物理学和化学的法则来加以说明。

基因图谱就是A、C、T、G四种核苷酸的排列组合结构图（见图6-9）。它不但影响着人类的生老病死、喜怒哀乐，而且也影响着地球的生态环境与生物进化。例如，在人类的疾病中有600多种遗传病是由致病基因引起的。

（a）克里克与人类基因图谱

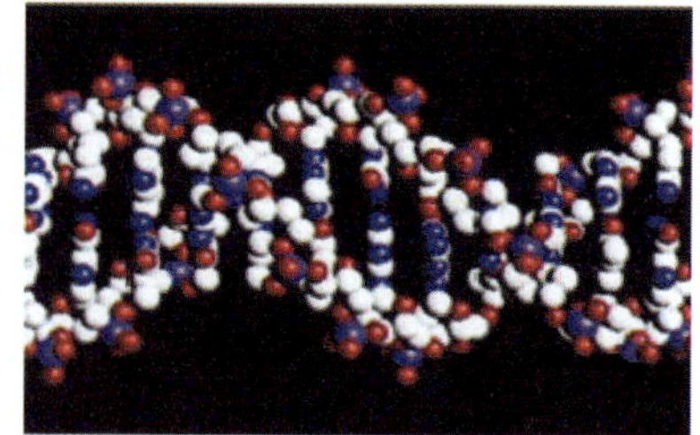
（b）黄种人基因图谱

图6-9 人类基因图谱

生命的物质基础是蛋白质、核酸、糖类、脂类、水和无机盐等。这些物质的有机结合，为生命活动提供了生存的必要基础。其中，水和无机盐提供了有机体生存的液态环境；糖类和脂类是生命活动所需的能量；蛋白质则是生物体的主要组成部分，它的基本单位是氨基酸；核酸的基本单位是核苷酸，它分为两大类，一类是RNA（RiboNucleic Acid），其化学名称叫核糖核酸，另一类是DNA，由脱氧核糖与四种含氮碱基物质（A、G、C、T）和磷酸组成。

蛋白质在生物体内担负着各种各样的生理功能，如运输、催化、信号反应等。它是一种含氮的极为复杂的生物大分子，不同的氨基酸按不同的方式连接在一起，就形成不同的化学结构和空间结构，也就决定了其生物功能的不同。每个人体内的蛋白质种类数以千计，然而，决定其遗传性状的并非蛋白质，遗传信息的载体是核酸，包括存在于染色体上的RNA与DNA。科学家发现，遗传信息流是根据一个固定的中心法则在蛋白质、核酸之间转向的。按照这个法则，携带遗传信息的DNA，经转录过程流向RNA，再经转译过程流向蛋白质，即遗传信息一般是通过DNA的不同形式传给后代的，而在表现生物性状时，又将DNA语言转换成RNA的语言，再转换成蛋白质的形式。遗传信息的转录与转译过程的实质就是核苷酸与氨基酸的复杂的合成过程，也就是生命的特征与本质。

如此一来，人体就好像一架有机物质构成的复杂的机器。体内各种部件协调地运行就产生了生命现象。机器一旦老化或损坏到不能修复时，生命也就终止了。不过人体的DNA已经“投胎”传给了下一代，由此生生不息。

100多年前，科学家亨利·格兰尼绘制了人体的第一张解剖图，标明了人的骨骼、肌肉、器官、血管、神经等，从而奠定了近代医学的基础；今天，全世界成千上万名科学家又在绘制人类的第二张解剖图，所要标明的是人的30亿对核苷酸的序列，以便于分离、辨认所有的基因，用以奠定未来医学的基础。今后两三年内，百分之百的人类基因组全序列图将绘制成功；同时，制定一些相关的法律，以避免产生对个人或社会的破坏作用。那么，估计在10年内可以用检测基因的方法来预防癌症和糖尿病，以及对血友病进行基因治疗；25年内，可以研究出针对个人基因组合的治疗方法，包括癌症在内多种疾病将不再是“不治之症”，包括贫血症在内的许多疾病将能用修复基因缺陷的方法来进行治疗；50年左右，可以用基因动物的器官来代替人的已衰老或损坏的器官，用带有免疫功能的转基因植物来替代大部分药物进行治病。例如吃一个转基因西红柿，你的病就好了。一张个人基因图谱就是你生老病死的“命”。你将知道自己什么时候最容易得什么病，怎样进行预防和治疗，或者干脆植一个基因芯片来弥补你的基因缺陷，以免得病。那时候，如果愿意，人人都可活上好几百岁，倒真有点“成仙成佛”的味道了。

6.1.4 基因的调节与控制：中心法则

基因作为具有遗传效应的DNA片断，其基本功能表现为两个方面：一方面通过复制，在生物繁衍过程中传递遗传信息；另一方面，在生物的个体发育中使遗传信息得以表达，从而使“子代”表现出与“亲代”相似的性状。而生物的性状主要是通过蛋白质来体现的，且生物体内多数化学反应也需要蛋白质“酶”进行催化。因此，基因对于生物性状的决定性作用是通过DNA控制蛋白质的合成来实现的，探讨这一控制过程的机理，就是要研究核酸与蛋白质之间的相互作用。

基因控制蛋白质合成的过程，可以分为两个重要步骤：转录和翻译。

转录是指以 DNA的一条链为模板，按照碱基互补配对原则，合成 RNA的过程，它是在细胞核内完成的。遗传信息不能由DNA直接传递给蛋白质，因为DNA主要存在于细胞核中，而蛋白质的合成是在细胞质中进行的。DNA所携带的遗传信息如何才能从细胞核传递到细胞质呢？1957年克里克根据蛋白质合成时DNA数量增大，DNA在细胞核中形成后再转入细胞质等事实，提出设想：在DNA和蛋白质之间，RNA可能是中间体。这一设想得到证实。与DNA相比，RNA含核糖而不含脱氧核糖，它的碱基是A、U、C、G，而不是A、T、C、G。换言之，在RNA中，尿嘧啶U代替了DNA中的胸腺嘧啶T。因此在合成RNA时，就以U代替T与A配对，转录方法可以表示如下：

DNA···—A—T—G—C···
: : : :
RNA···—A—T—G—C···

通过上述转录，DNA的遗传信息被传递到RNA上，这种RNA被称为信使RNA（mRNA）。

翻译是指以信使RNA为模板，合成具有一定氨基酸顺序的蛋白质的过程。这一过程是在细胞质中进行的。mRNA形成以后，离开细胞核，进入细胞质，并与核糖体结合起来，合成具有一定氨基酸顺序的蛋白质。然而氨基酸如何被运送到核糖体中信使RNA上去呢？作为运转工具的是tRNA。每种tRNA的一端都有三个碱基，这三个碱基能与信使RNA的碱基相配对。tRNA的另一端是携带氨基酸的部位，一种tRNA只能转移一种特定的氨基酸，当tRNA运载着氨基酸进入核糖体以后，就以mRNA为模板。将氨基酸连接起来，由此，合成具有特定氨基酸顺序的蛋白质。在这一过程中。核糖体作为蛋白质合成的场所，在不同机体中大小不同，但具有基本相同的组织结构和功能，它能够把翻译系统中的各种组织成分结合在一起，以完成信息规定的氨基酸顺序排列。

上述遗传信息从DNA传递给RNA，再从RNA传递给蛋白质的转录和翻译过程，以及遗传信息在DNA分子中的复制，刻画了基因调节和控制的机制，被称为“中心法则”。该法则如图6-10所示。

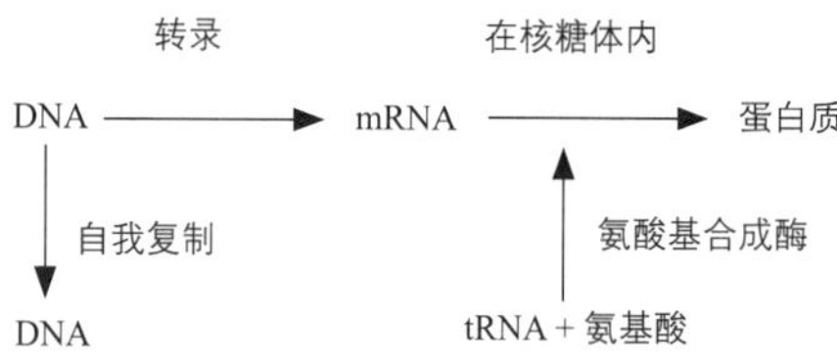

图6-10 基因调节和控制的中心法则

1970年，科学家的研究进而表明，某些病毒的RNA也可以自我复制，并在蛋白质的合成中，RNA可以反过来决定 DNA。在他们发现的逆转录酶的作用下，病毒RNA能够逆转方向，产生DNA的抄本。这一发现是对“中心法则”的重要补充。

6.2 生命的起源

生命起源问题被人们喻为“宇宙之谜”。这个问题既古老又年轻。说它古老，是因为古往今来的哲学家和科学家始终在思考和探索着这一问题；说它年轻，是因为从20世纪起，人们才开始用科学实验的方法来解释这一问题。

千百年来，“生命的奥秘”从来就是一个不容人侵犯的神圣领域。西方的基督教认为众生是上帝创造和主宰的；中国的神话传说人类是女娲用黄土造成的。不论东方或西方的宗教都认为人是有灵魂的，有灵魂才有生命；只要坚持修炼，肉身死后，灵魂就会升入天国和极乐世界，或成仙成佛，或投胎转生富贵人家。这些无非是对生命现象感到神秘莫测和对生老病死产生恐惧的一种精神寄托，以及劝人为善的一种良好愿望。

不是上帝创造和主宰了生命，而是在适宜的生态环境下，蛋白质与核酸相互作用的结果；是氨基酸与核苷酸生物大分子的分离和合成，生物细胞长期多代遗传、变异和进化的结果。冥冥之中没有“天意”，人类自己要掌握自己的命运。

“人的生命产生了精神，而生命现象却是可以用物质来解释的。”人类总有那么一些“叛逆”，他们往往是智慧的先行；他们不安于现状，敢于质疑，勇于创新，并因此促进了人类自身的发展，对于生命奥秘的探索也不例外。

对生命起源问题的解释，历来存在两种对立的思想：一种认为生命来自非生命，这种观点被称为“自然发生说”；另一种认为生命只能源于生命，这种观点被称为“生生说”。这两种立场在不同的历史时期有不同的表现方式。从本质上讲，“生生说”最终要将生命的起源归于超自然的原因，即归于天命或神秘的活力等。如基督教“创世纪”中记载：上帝创造了生命。因此，这种主张也被称为“神创论”或“特创论”。19世纪下半叶恩格斯在《自然辩证法》一书中，对神创论进行了批判，他研究并概括了当时生物学和化学方面的科学成就，以客观物质世界的普遍联系和辩证发展为出发点，认为生命确实是从非生命的无机界物质运动中分化产生的。他明确指出：“生命的起源必然是通过化学的途径实现的。”1924年，前苏联科学家奥巴林（A. И. Опарин，1894—1980）出版《生命起源》一书，他根据当时关于地球、太阳系其他行星以及太阳形成的资料，认为地球上出现生命之前就存在有机小分子物质，并能在原始地球条件下，形成复杂的有机化合物。由此他试图用物质的长期进化发展来从整体上建立生命在地球上发生的科学理论。以此为起点，人们在20世纪开始了对生命的起源这一问题的科学研究。

6.2.1 从无机物合成有机小分子

生命的起源必然是通过化学的途径实现的，这里所说的化学途径，主要指的是非生命的物质由于自然的原因，通过化学作用，从简单的无机物质逐渐演变成复杂的物质。产生出多种有机物和生命必需的生物大分子。换言之，在生命系统出现之前，必然要经历长期的化学进化。

如前所述，生物大分子是指细胞成分中的高分子聚合物，特别指蛋白质和核酸。蛋白质由数十至数十万个氨基酸分子聚合而成，分子量可以高达四千万以上。估计地球上全部生物中蛋白质的种类可达$10^{10}\sim10^{12}$种。核酸是由$4\times(10^2\sim10^6)$对核苷酸组成，相对分子质量可超过2×10^9。核苷酸作为核酸的基本结构单位，由戊糖、含氮碱基和磷酸三种成分组成。由此，要从非生命物质演变出生命物质，首先要合成氨基酸、核苷酸和单糖类等有机小分子物质。

20世纪二三十年代，奥巴林等人提出，地球原始大气的主要成分是硫化氢、氨、甲烷、水及氢气等，由于没有氧，所以是还原性的，而且大气中没有形成臭氧屏障，太阳紫外线能够强烈地透射到地球表面，有利于原始大气中的上述简单分子，在紫外辐射和其他自然能源（如闪电、宇宙射线及陨星撞击等）的作用下，通过各种机制形成不同的有机化合物。1953年，美国科学家米勒（S. L. Miller，1930—）模拟了在原始地球条件下产生复杂有机物的可能过程。他根据人们对原始大气组成成分的分析，将甲烷、氨、水和氢气等混合物注入特殊封闭的系统中，连续火花放电一周，得到了大量有机化合物。经鉴定，反应产物中包括11种氨基酸，其中谷氨酸、丙氨酸、甘氨酸和天冬氨酸存在于天然蛋白质中。米勒的实验启发许多科学家进行了一系列类似的模拟合成。人们发现原始材料中只要有碳、氢、氧、氮，就能够合成构成蛋白质的氨基酸，使用的能量也不一定是火花放电。据统计，到20世纪70年代中期，已经能够合成天然蛋白质所包含的全部20

种氨基酸及其衍生物，对于核苷酸的模拟合成也取得了较大进展。这些实验表明，核酸的组成成分和蛋白质的组成成分均可以在生命出现前的原始地球条件下得以合成。

此外，宇宙考察和陨石分析，也为有机化合物的非生物起源提供了证据。从宇宙飞船带回来的月球岩石样品中发现有微量的氨基酸，对陨石的化学分析，也发现了氨基酸、脂肪酸等有机化合物：如在1969年陨落于澳大利亚的麦切逊陨石中，发现所包含的天然型氨基酸的立体结构是螺旋型的，由此推测，可能是通过非生物途径合成的。1971—1972年，美国NASA通过对1864年、1950年和1969年陨落的两块陨石的分析，发现陨石所含的氨基酸中，有6种和米勒的火花放电合成的6种氨基酸在组成和含量方面均相似，表明这些氨基酸可能通过类似的途径合成。除陨石外，我国科学家在陨冰水样中，发现了氨基酸化合物。这些发现表明，与生命现象密切相关的有机化合物可以通过无机物或简单小分子的化学反应而获得，这支持了有机化合物具有非生物起源的论断。

6.2.2 生物大分子的合成

由氨基酸等有机化合物形成蛋白质和核酸这种生物大分子，在化学进化过程中具有更加重要的意义。但是要模拟这个过程，必须经过脱水缩合或高温热聚缩合，因而具有较大困难。在这个问题上，有两种观点。一种观点被称为陆相起源派。按照这种观点，在原始地球上火山熔岩地带和局部地表热区的高温条件下，可能导致多肽和多核苷酸的热合成。如美国福克斯（S. W. Fox，1912—）实验室将甘氨酸溶解于加热熔化的焦谷氨酸液体中，加热到170℃，获得谷氨酸甘氨酸聚合物，后来，又对天冬氨酸和谷氨酸加热，也得到了高分子聚合物。这种用加热方法合成的类蛋白具有某些类似蛋白质的特性，如能够表现出天然蛋白质的显色反应，有酶活性或激素活性等。另一种观点是海相起源派。它认为在原始海洋中的生物分子氨基酸和核苷酸等，被浓集在无机矿物形成的黏土颗粒上，在缩合剂和金属离子的参与下，分别缩合形成原始的蛋白质和核酸分子。比如人们利用蒙脱土吸附氨基酸腺苷酸的氨基，使氨基酸发生聚合反应，曾经获得了50个氨基酸的肽链。在这种脱水聚合中，作为缩合剂的往往是氰化氢等氰的衍生物和聚磷酸。当然，通过模拟原始地球的条件获得的蛋白质和核酸，都是比较原始的、粗糙的，分子结构比较简单，有序程度低，功能不够专一，还必须经过长期的继续进化，才能演变成比较完善的蛋白质和核酸分子。

在进行原始条件下的模拟实验的同时，以深入研究蛋白质和核酸结构、功能及其相互作用为基础，人们也采用人工合成的方法合成这些重要的生物大分子。从1965年起，中国科学院上海生物化学研究所、中国科学院上海有机化学研究所和北京大学生物学系等单位的科研人员经过13年的努力，于1981年完成了用化学方法合成了含有51个氨基酸的胰岛素，这是在世界上第一次用化学方法合成了蛋白质（见图6-11）。这项研究表明，我国在人工合成生物大分子的研究方面居于世界先进行列。差不多与此同时，欧美有两个科研组也研究了胰岛素的合成，并稍后于我国取得成功。

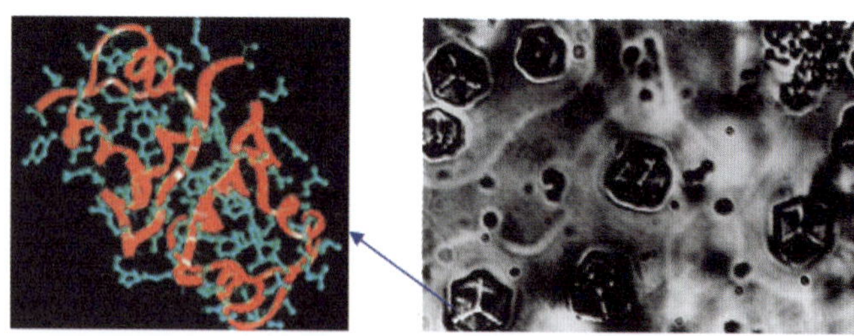

图6-11　中国科学家人工合成的胰岛素结晶

核酸的化学合成比蛋白质困难，美籍印度科学家柯拉那（H. G. Knorana，1922—）等从1958年开始DNA合成研究，到20世纪60年代已经用化学方法合成了64种可能的遗传密码，1972年又成功合成了酵母丙氨酸tRNA基因（含有77个核苷酸的DNA长链）。RNA的合成比DNA难度更大。

6.2.3 多分子体系和原始生命的出现

生物大分子的形成并不等于生命现象的出现。生物化学研究表明，蛋白质和核酸分子只能在较窄的酸碱度pH和温度范围内保持它们的生物活性，而且离散于溶液中的个别蛋白质分子、核酸分子也不能显示生命现象。只有众多的生物大分子在水溶液中聚集成多分子体系，才有可能表现出生命所具有的自我复制、自我更新的本质特征。

多分子体系是由生物大分子相互结合形成的具有一定内部结构的独立系统。人们采取模拟原始地球条件的方法，通过实验探讨形成这种多分子体系的机制，并提出了两种可能模型。

一种模型是奥巴林提出的团聚体模型（见图6-12）。奥巴林认为原始海洋中的有机物质能浓缩成团聚体，以此作为生命发展的可能模式。他把各种生物大分子，如蛋白质-蛋白质、蛋白质-核酸和蛋白质-核酸-糖类等组成各种复杂的团聚体，由此构成独立的多分子体系。这种体系与周围介质有明显界限，能有选择地吸附环境中的物质，具有各种活性。如果吸附的物质具有催化作用，或加入某些酶，则可加速氧化、还原磷酸化和聚合作用，从而为新陈代谢的原始过程奠定基础。但是，奥巴林的团聚体产生于从现代生物学得到的聚合物，不能直接和原始地球条件下的化学进化产物相比拟，因而在人工模型和最初的有机体之间存在很大差距。

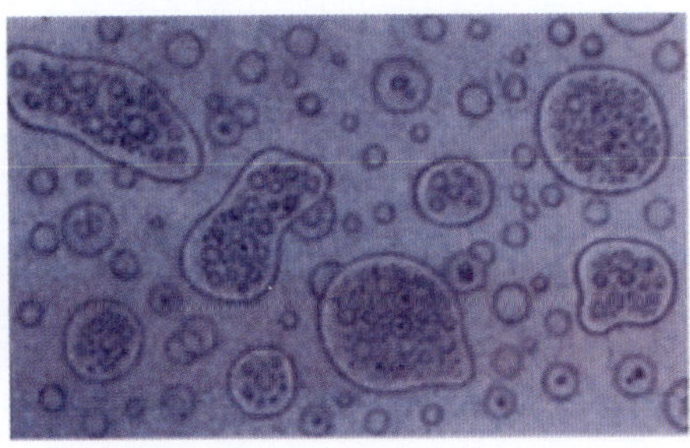

图6-12　奥巴林及其团聚体模型

另一种模型是福克斯的微球体模型。福克斯在合适的pH和一定浓度的盐溶液条件下，让加热生成的类蛋白的热浓溶液缓慢冷却，形成无数球状滴粒，即类蛋白微球体。这种微球体具有相对稳定的结构，显示出许多与现代细胞相似的性质，如催化活性、有双层界膜、分裂的繁殖方式等。福克斯认为，类蛋白微球体代表最初的类生命微系统，有进一步进化成现代细胞的可能。同团聚体模型一样，这种模型也还限于假设和推测。

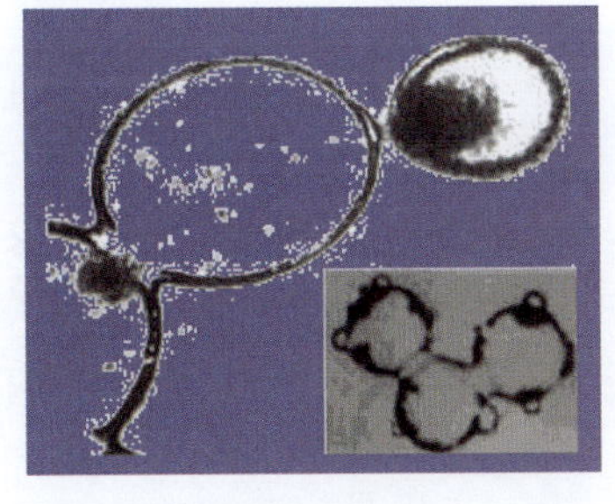

图6-13　福克斯的微球体模型

从多分子体系进而演变成原始生命，是生命起源过程中最复杂和最有决定意义的阶段。尽管目前还不能在实验室中模拟这一过程，但可以推测多分子体系中生物大分子之间，特别是蛋白质和核酸这两种主要成分之间的相互作用，是形成具有原始新陈代谢作用和能够进行繁殖的原始生命的关键。针对这种相互作用，有一个问题引起了人们的关注，即蛋白质和核酸形成的先后顺序问题。一种观点认为蛋白质形成于核酸之前，因为在实验室中从简单无机物合成氨基酸比合成核酸的核苷酸容易，而且氨基酸比合成核酸的原料核糖或核糖核酸稳定。按照这种观点，生命的最初形式建立在蛋白质基础上，核酸和遗传体系是以后获得的。第二种观点认为，在生命体系中，蛋白质和核酸是相互联系相互制约的，蛋白质是代谢物质，核酸是遗传物质。要问先有核酸还是先有蛋白质，就会遇到困难。离开了核酸的信息，就不能进行蛋白质的合成，离开了蛋白质，也无法完成核酸的复制，因而在蛋白质和核酸之间形成了封闭的循环。这种观点的典型代表是艾根（M. E. Eigen，1927—）提出的超循环理论。该理论建立了蛋白质和核酸在一个超循环中共同进化的动力学模型。第三种观点认为，生命的最初形式建立在核酸基础上，这样的原始生命可以自我复制，也能催化某些化学反应。如20世纪80年代初，科学家通过实验发现，某些RNA自身可以起酶的作用，可以在没有蛋白质的帮助下进行自我复制，由此他们认为，RNA可能是最早出现的能自我复制的分子。在这一工作的基础上，有人进而提出了“RNA世界”这一术语，以表明最初的原始生命是由简单自我复制的RNA分子组成的，随着它们的进化，蛋白质和脂类得以合成，前者促进RNA的复制，后者可以形成细胞壁或细胞膜。最后这种RNA生物体产生了DNA，DNA起着更可靠的遗传信库的作用。

多分子体系向原始生命的演化，是化学进化的重要阶段。这一阶段也被称为分子进化阶段，而后将进入生物进化阶段。

生命起源问题是现代生命科学中的重要问题。目前虽然取得了不少成就，但由于生命起源的过程涉及原始地球40亿年的演变，因而要真正解决这个问题，需要天文、地理、地质、化学、生物、物理及航天等各学科领域的合作。可以说，现在人们对生命起源的探讨仍只是初步的。

6.3 人类的起源及其智力的发展

在化学进化之后的漫长生物进化过程中，一个伟大的飞跃是人类的出现，这是整个自然发展史上具有划时代意义的事件。人类起源于动物界，但同时又超越了动物界，人类“不仅使自然物发生形式变化，同时他还在自然物中实现自己的目的”。与这个超越的过程相伴随，人类智力也处在不断的发展之中。

6.3.1 人类的起源

在生物学发展史上，人们曾对人类起源问题作过多方面的探讨。早在18世纪，拉马克在《动物学的哲学》一书中便专门论述过人由动物起源的思想，明确表示人类是由四手类动物进化而来的。到19世纪，达尔文和赫肯黎等人依据进化论的观点和当时的科学研究成果，论证了人类与高等动物之间的亲缘关系，如达尔文在《人类的由来及性选择》中证明人类是由古猿进化来的，人类和现代类人猿有着共同的祖先。19世纪之后，生物科学在比较解剖、胚胎发育、生理生化和古生物化石等方面积累了大量事实，为人类起源于动物界提供了更加确凿的证据。比如，比较生理学的血清试验，证实人类与高等猿类有较近的亲缘关系。运用生物化学和分子生物学的方法，比较各种类型生物的细胞色素C的氨基酸，也发现越是接近于人类的那些动物，其细胞色素C的氨基酸成分越是和人类的成分相似，如猕猴和人类的细胞色素C只有一个氨基酸的差别，黑猩猩的则与人类完全相同。古生物学方面所发现的从猿到人的各种化石材料，更直接地反映了人类是由动物界中分化出来的，特别是20世纪20年代以来，在非洲各地发现的大量人科化石，为阐明人类起源的进化过程提供了实物根据。

人类起源于动物界，但同一般的动物有着本质的区别。以往的生物学家只是单纯从生物学的观点来考察人类的起源问题，因而虽然指出了人类是从类人猿进化而来的，但却无法解释人类从动物界中分化出来的根本原因。恩格斯运用辩证唯物主义的观点和方法考察人类起源问题，在《劳动在从猿到人转变过程中的作用》一文中明确提出“劳动创造了人本身”的科学论断，认为劳动在人类超越动物界的过程中有着决定性的作用：“动物仅仅利用外部自然界，单纯地以自己的存在来使自然界改变；而人则通过他所作出的改变来使自然界为自己的目的服务，来支配自然界。这便是人同其他动物的最后的本质的区别，而造成这一区别的还是劳动。”

恩格斯指出，劳动在人类超越动物界过程中的作用表现在以下几个方面：第一，劳动促使古猿直立行走，这就完成了从猿转变到人的具有决定意义的一步。第二，劳动促使古猿的前爪转变为人手，手不仅是劳动的器官，它还是劳动的产物。而手的发展不是孤立的，依据生成相关律，生物机体某一部分形态的改变，必然会引起其他部分形态发生相应的变化。因此手的解放和发展也导致了古猿整个躯体结构发生变化。第三，在劳动中产生了语言。动物之间，甚至在高度发展的动物之间，彼此要传达的东西也很少，不用分音节的语言就可以互相传达出来。和动物不同，人类的语言是社会劳动活动发展的产物，语言是从劳动中并和劳动一起产生出来的。第四，劳动推动了人脑的形成和发展。首先是劳动，然后是语言和劳动一起成了两个最主要的推动力，在它们的影响下，猿的脑髓就逐渐地变成人的脑髓。第五，劳动发明了用火，最终把人同动物界分开。就世界性的解放作用而言，摩擦生火还是超过了蒸汽机，因为摩擦生火第一次使人支配了一种自然力，从而最终把人同动物界分开。

依照现在已有的一些并不完善的化石材料和石器时代的文物，根据不同时期劳动活动的特点，人们粗略地把人类发展的大致过程划分为四个特殊阶段（见图6-14）。

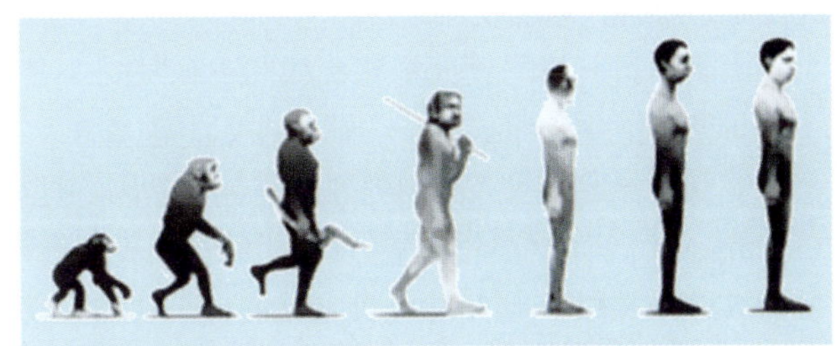

图6-14　人类从类人猿进化的过程

第一，早期猿人阶段。早期猿人包括东非坦桑尼亚的“能人”和肯尼亚“1470号人”，以及更新世早期前一段时间内已能制造工具的人类。第二，晚期猿人阶段。这一阶段大约在距今150万年到三四十万年前，属于这一阶段的猿人有我国的蓝田猿人、元谋猿人和北京猿人，印度尼西亚的莫佐克托猿人，非洲的毛利坦猿人，欧洲德国的海德堡猿人等。我们现在一般讲的猿人，就是指这类晚期猿人，其中最为著名的，是在我国北京周口店发现的北京猿人。第三，早期智人阶段（古人阶段）。这一阶段的人类化石1856年发现于德国尼安德特河谷中，人类学上称之为“尼人”。到20世纪中期，亚、非、欧洲广大地区已发现大量这种化石。早期智人大约生存于距今二三十万年至 5万年前，已进入旧石器时代中期。第四，晚期智人阶段（新人阶段）。晚期智人化石1868年发现于法国农村，后来证实这种化石分布很广，数量相当丰富，甚至大洋洲和美洲也有。新人大约生存于 5万年前，除具有某些原始性征外，新人基本上已和现代人类相似，正是从新人逐渐发展出现代各色人种。

6.3.2　脑科学对人类智力发展的研究

人类与动物界的根本区别在于，人能够能动地改造自然界。与人类自我意识逐渐觉醒的过程形成直接对应的，是作为意识活动物质基础的脑器官的不断进化。从猿脑到人脑的显著变化，首先表现在脑容量的增加上。黑猩猩的脑容量仅为400mL（毫升），北京猿人的脑容量已达1 000mL，而现代人的脑容量则平均高于1 400mL，如图6-15所示。更为重要的是，人脑不是猿脑的简单扩大，人脑表现出结构的复杂化和皮层机能高度分化，正是由于人类意识活动是人脑的特定功能，所以脑科学便成为认识人类智力发展的重要途径。

图6-15 人类大脑与黑猩猩大脑的比较

1. 人脑进化之争

各领域的科研人员一直都在探索人类是如何进化的。我们人类的大脑是我们祖先大脑的三倍大小，一种肌肉蛋白或许就是人脑这种快速扩大的幕后操纵者。该蛋白是下颌肌肉的组成部分，迄今研究的所有人类中都含有该蛋白的一种突变形式，但在其他灵长类动物中尚未发现该突变，这说明该突变蛋白在人类进化中起着一定作用，导致头骨周围肌肉减小，下颌缩小，头骨坚硬程度减小，使大脑容积更易增大。但寻找这些性状差异背后的基因难度极大。

人类的脑容量大是因为下巴肌肉少，这听上去有些滑稽的说法是科学家最新发表的一项研究结果。科学家指出，大约240万年前的一次基因突变，使进化中人类的颌肌生长放慢，颅骨由此没有了束缚，大脑便开始自由生长。

由美国宾夕法尼亚大学和费城儿童医院的一名肠胃外科专家Hansell Stedman和他的同事（外科整容医生）组成的一个研究小组日前宣布，在研究肌肉运动遗传学的过程中偶然发现一个可能就是导致现代人与祖先性状差异的基因。这个新基因被命名为MYH16，编码一种肌球蛋白（myosin）。他们可能已经发现了猿类祖先向最早的原始人进化时的第一次基因突变。一种名为MYH16的蛋白质是除人类之外的灵长动物形成强健颌肌必不可少的物质。他们对几乎所有地球人种的DNA样本进行研究，并与其他灵长动物大猩猩、黑猩猩以及非人灵长类动物中的同样基因比较时，发现人类的MYH16基因存在一个缺陷：缺少两个关键的碱基对，导致MYH16蛋白变短，因此大下颌肌肉也较弱，使脑容增大三倍成为可能。研究者推测，这种基因突变可能发生在大约240万年前，大约与人类进化开始发生的时间相同。研究人员将其与有关研究结果发表在最新一期的《自然》上。

这个理论既激动人心，又充满疑问。“这是明确什么使我们成为人类的极为重要的一步。”澳大利亚Victor Chang心脏研究所的进化发育生物学家Peter Currie 称，这是首次将一个基因的改变与一个使灵长类相关功能发生改变的蛋白联系到一起。

虽然这一发现不是由人类学家提出的，但却引来了科学界的极大关注，这一基因突变使人类的颚骨变得更小和更脆弱，而此次重要发现表明，正是它引发了一场意义深远的生物变革。更小的颚骨使大脑的进一步发育和生长成为可能，而东非平原的原始人们正是从此一步步地拥有制造工具、语言以及其他各种人类特有的特质与能力。

上述报告引发了科学界关于人类起源的一场激烈辩论，有科学家宣布这一发现“与进化的基本原理相违背”，也有的认为这是一次“伟大的”发现。宾夕法尼亚州的研究者们估计，第一次基因突变发生在大约240万年前，与最早史前人类化石的时间相重合，那时的人类化石已经拥有较小的头盖骨、更平的脸部、更小的牙齿和更脆弱的颚骨。但是包括黑猩猩等在内的非人类灵长动物还拥有着原始的大颚基因，借助骨头上的强有力肌肉啃那些坚固的食物。宾州大学医学院的汉塞尔–斯特曼（Hansell Stedman）称：“这一历史性的事件是非常重要的，自那次突变之后的200多万年以来，人类的大脑容量几乎增长了三倍。”

其他一些研究者坚决不同意人类的进化与颚骨基因的突变直接有关，美国肯塔基大学的欧文–拉夫乔（Owen Lovejoy）说：“这样的声明与进化的基本原理相违背”。另外，也有一些科学家对此表示中立态度，一些大学和商业研究机构都在将人类的基因与黑猩猩等动物的基因进行比较，试图确定到底是什么标志着人类的出现，以及原始人类是如何于600万年前从猴子和猿类分离出来的等。目前为止，科学家们已经明确了大约250个不同的基因用于进一步研究。

科学家随后又对黑猩猩、短尾猴和大猩猩等灵长类动物的颅骨进行了比较。他们发现，这些动物的颅骨上都有大的凸起，而这些凸起处便是其发达颌肌生长的地方。负责此项研究的汉塞尔·斯特德曼说：“肌肉的生长会影响骨骼的形状，进化中的人类摆脱了发达的颌肌，其颅骨便逐渐进化成现代的这种圆形。”

灿烂的人类智慧和文化真的归功于240万年前的一次基因突变吗？英国谢菲尔德大学一位研究人类起源的专家在接受《新科学家》杂志采访时说，这个基因突变也许能够解释容量超过500mL大脑的出现。但也有一些科学家对该结论提出疑问，美国哈佛大学人类进化学专家丹尼尔·利伯曼指出，颅骨上的凸起似乎并没有束缚灵长类动物的大脑发育。他说：“黑猩猩长到3岁大脑便发育成熟了，而其颅骨上的凸起到8岁时才会出现。”

当人类从其他动物中分化出时，研究人员相信，大脑的进化起到了至关重要的作用。事实上，与大脑有关的基因变化似乎能够解释人类与黑猩猩在认知能力上存在的巨大差异。如今，科学家们发现，这些基因之间的空缺同样也起到了重要作用。

通常认为，那些被视为垃圾的未编码脱氧核糖核酸（DNA）序列填充了基因间的空缺，并且我们的基因组超过90%都是由它们构成的。最近，科学家们发现，这些未编码DNA片段包含有一些调节因子，能够控制附近的基因在何时、以何种方式开启与闭合。由美国加利福尼亚州劳伦斯·伯克利国家实验室的基因组研究人员Edward Rubin领导的一个国际研究小组于是便想搞清，到底有多少未编码DNA区域在人类的进化过程中起到了重要作用。

研究小组将目光聚集在110 549个人类未编码DNA序列上，这些序列被认为一直存在于哺乳动物的进化过程中。利用统计学分析方法，Rubin和他的同事发现，有992个未编码DNA序列在人类进化过程中出现了变化，而这些变化并非偶然发生，这意味着此类遗传变化应归因于自然选择。随后利用最接近未编码序列的编码基因的功能，研究人员通过两个现存的基因数据库——名为Gene Ontology和Entrez Gene——对未编码序列进行了匹配。

在有助于神经细胞彼此黏附的基因附近，研究人员从未编码DNA序列中发现了加速人类进化的最有力证据（见图6–16）。研究小组发现了69个这样的未编码DNA序列，这表明此类调节因子的变化对于人类独有的认知能力的进化作出了贡献。

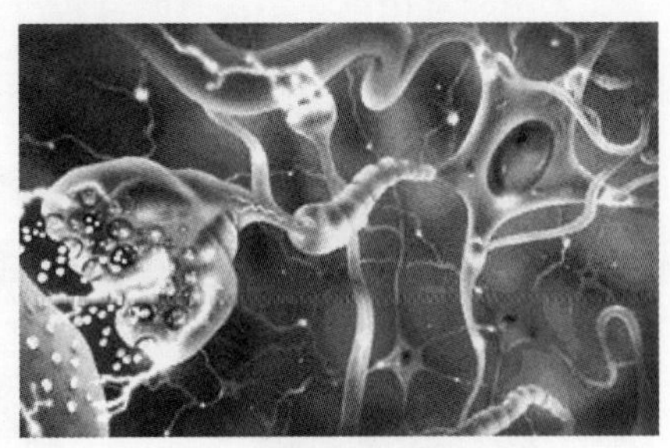

图6–16 DNA的未编码区域有助于神经细胞的黏连

Rubin表示，神经细胞黏连分子在大脑回路中扮演了一个主要角色，例如在神经细胞之间形成连接突触。他强调指出，这些过程在早期的大脑发育中是非常重要的，甚至对于成人的学习、记忆和认知功能都是至关重要的。

Rubin表示，例如，在一个名为CNTN4的基因附近存在一种未编码DNA序列，前者与人类口头和非口头交流能力的发育有关；而另一个未编码DNA序列则位于一种名为CHL1的基因附近，这种基因与人类和小鼠的认知功能有关。研究小组在美国《科学》杂志上报告了这一研究成果。

本书编者根据自己多年来在口腔颌面外科医疗器械方面的研究及对颌面肌作用的认识，并结合考古学家所取得到成果，提出一种与“基因突变说”不同的人类大脑进化的观点：认为古人类的大脑的快速进化并非由于240万年前的一次基因突变，而是差不多也在那个时段对火开始有所感知，进而学会用火的结果。

据我国考古学家考证，位于芮城县中瑶乡西侯度村，为目前中国境内已知的最古老的一处旧石器时代遗址，距今大约180万年。经发掘出土的动物化石有巨河狸、鲤、山西轴鹿、粗面轴鹿、粗壮丽牛、山西披毛犀、三门马、古中国野牛、晋南麋鹿、步氏羚羊、李氏野猪、纳玛象等。石器出土数量不多，主要以石英岩为原料，类型有石核、石片、砍斫器、刮削器和三棱大尖状器。另外在文化层中还出土有若干烧骨，这是目前中国最早的人类用火证据。石器和有切割痕迹的鹿角以及烧骨的发现，证明远在180万年前，这里就有人类活动。遗址属国家级文物保护单位。我国著名的考古学家贾兰坡先生据此认定：西侯人大约在180万～200万年前已开始学会用火。这就把我们中国人用火的历史整整往前推了100万年。这不但是迄今所知中国人类用火的最早记录，也是世界上人类用火的最早记录之一。

最早的原始人不知熟食，存在一段所谓“茹毛饮血”的时代，他们把猎取到的飞禽走兽和采集到果实根茎，分着生吃。这就必须长就一副强有力的咬颌面肌，来撕裂那些猎物食品。这些发达的颌肌恰好位于颅骨的凸起之处，紧紧地束缚住了颅骨的扩张，因此古人的脑容量极为有限。可是，他们经过初期和反复地观察发现，雷电或火山爆发所引起的森林大火，不但可以取暖，吓跑野兽，而且还发现被火烤熟了的兽肉吃起来香喷可口，可以不费力地咀嚼，又容易消化吸收。于是，他们开始学会用火，起初只会利用和保存自然火，经过不知多少年月的生活实践，人们又发现了“燧石起火”和“钻木取火”。自从有了火，特别是人工取火，人类的生活发生了一次巨大的飞跃，人类自身也随之发生了更大的飞跃。火的使用不仅为人类大脑的发育和进化提供了更充足的营养，而且烧熟易吃且可口的食物又逐渐地加速了颌面肌的退化。古人用以进食的喙部逐渐后缩，而头部的前额则逐步前移，面部逐渐变平，脑颅的容积不断扩张，终于由“古人”进化为“新人”和“智人”（见图6-17）。然而这一进化过程是在漫长的岁月里逐步实现的，其间，此类遗传变化则依赖于自然选择，促进了未编码区域神经细胞彼此黏连。在此过程中，调节因子的变化对于人类大脑的进化起到极其重要的作用——这才是大脑进化的内因。

人类的进化是一个漫长的过程，但大脑的进化是在“短期”内完成的，其中火的功绩是其他任何方式都不可替代的！科学家最新研究发现，人脑与其他动物脑的进化过程有重大区别，

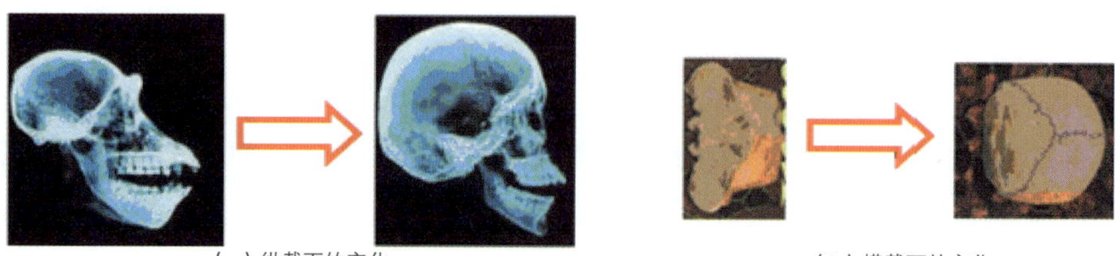

（a）纵截面的变化　　（b）横截面的变化

图6-17　古人在学会用火前后脑颅容积的变化

其他动物的进化如同行走在崎岖小道上，而到了人这个阶段，因为脑子越用越发达，大脑的进化就像突然驶上了高速路，“以火箭般的速度，在短时间内完成了进化”。

人类与其他动物相比，至少在脑部进化方面具有速度上的优势，这是美国芝加哥大学霍华德·休斯医学研究中心的最新研究结果。“到了人类这一阶段，脑部进化的速度就不再像蜗牛般爬行了，取而代之的是火箭般的速度”。

控制大脑面积和复杂性的基因在人类身上比在非人类灵长类动物或其他哺乳动物身上进化速度要快得多。这些基因在人类世系方面的加速进化显然是受到强大选择过程的驱动。在人类祖先时代，拥有面积更大、更复杂的大脑会比其他哺乳动物享有更多的益处。根据进化论优胜劣汰的原理，这些特点使那些拥有“更聪明大脑”的个体可以留下更多的后代。因此，产生面积更大、更复杂大脑的基因突变可以在人口中迅速蔓延，其结果是最终导致控制大脑大小和复杂性的基因的进化速度“极快”。

科学家们认为：包括进化生物学、人类学和社会学在内的各个领域的专家都在讨论人类大脑的进化是否是一个特殊事件。研究员们把他们的研究集中在与大脑相关的214个基因，也就是控制大脑发展和功能的基因。他们分析了这些基因的DNA序列在人类、短尾猿、家鼠和老鼠等四个物种上随进化时间的变化过程。人类与短尾猿在2 000万~2 500万年前同属一个祖先，而家鼠和老鼠在1 600万年至2 300万年的进化过程中逐渐分化。但在8 000万年前，所有这四个种类同属一个祖先。

人类进化过程中对智力更发达的大脑选择要比其他哺乳动物进化过程中的大脑选择激烈得多。人类拥有大而复杂的大脑，即使是与猕猴和其他非人类灵长类动物相比也是如此。该中心的主要研究人员布鲁斯·赖恩博士表示，人类大脑比猕猴大脑要大好几倍——即使考虑到身体大小，“就大脑结构而言，人类大脑也要复杂得多。”

2. 人类大脑与智能的关系

人类神经系统的活动，特别是关于大脑的活动，自古以来就是医学、生物学以及哲学的研究对象。但是由于神经系统组织结构非常复杂，所以历来哲学和医学著述中涉及神经系统时便多从“灵魂”、“活力”等超自然因素加以解释，因而带有浓厚的神秘主义色彩。只是在最近一百年来才不断出现显著的科学研究成果，特别值得提出的是西班牙组织解剖学家卡哈尔（S. R. Cajal，1852—1934）的神经元理论和英国生理学家谢灵顿（C. S. Sherrington，1861—1952）的反射学说，它们为20世纪神经系统研究的迅速开展奠定了基础。

依据现代神经科学的研究成果，人们已经能够比较准确地认识人脑的基本构成及其活动的一般规律。从神经系统的结构看，神经系统与有机体的其他系统一样，其基本组成单元是细胞。组成神经组织的细胞可以分为两类：神经细胞和神经胶质细胞。神经细胞即神经元，它是神经系统的最基本的结构和功能单位。人类神经系统约含有10^{11}个神经元，且没有任何两个神经元的形状完全相同，但它们具有某些结构上的共同特征。一般来说，神经元由细胞体、树突、轴突三个部分组成。细胞体是神经细胞中最膨大的部分，大致呈圆形或锥形，内有核及细胞进行生命活动所必需的其他细胞器。用适当的染色方法检查细胞体，可以看到神经元两种特征性结构：尼氏体和神经元纤维。树突与轴突都是细胞体原生质的延伸，统称突起。树突是分支很精细的管状物，在多数情况下，起接收输入信息的作用。轴突细长如纤维，中间有营养物质，在轴突中流通，它能够将细胞体加工、处理过的信息传出，发向另一个神经元。

大量研究表明，神经元之间以高度的有序性和特异性互相连接，其传递信号的方式，在一个神经元内部沿轴突传输的是电脉冲，在神经元与神经元之间，则是在其接触点处传输化学递质分子。神经元与神经元之间的接触点即突触。这个概念是谢灵顿在对脊髓反射进行了长期研究后提出的；他认为，感觉神经上传导的冲动得以传输到运动神经，必然同感觉神经末梢与运动神经元之间的某种特殊接触有关，他选用了“突触”这个词来表示这种特殊接触。现在这一术语被用来泛指神经元与神经元之间的机能联系部位。通常，一个神经元有多达几百个甚至几千个突触联系，因此人脑的全部突触数目大约10^{15}数量级。突触的连接方式也是比较复杂的，一般是在轴突和树突之间形成突触，但也可以在轴突与轴突间、树突与树突间、轴突与细胞体间形成突触。突触结构与功能的发现，对于认识脑功能具有重要意义，有人认为，揭示人脑中的突触机制，是研究脑的复杂功能的必要基础。人类的感觉、思想、学习和记忆的倾向性，最终将被证明是存在于脑神经元之间的突触互相连接的精确形式之中。人类的神经系统可以分为中枢神经系统和周围神经系统两大部分。后者由各种神经节和神经组成，前者则包括脊髓和脑，其中脑包括大脑、间脑、中脑、脑桥、延髓和小脑六方面。这些部分既存在着机能分工，又存在着彼此间的协同活动。关于脑的机能分工，自从19世纪以来，已经取得了一系列的重要成就。美国心理生物学家斯佩里（R. W. Sperry，1913—）从20世纪40年代就开始研究大脑两个半球的功能，60年代，他对癫痫病人进行两个半球割裂治疗，并进行观察实验。他发现，两个半球有不同的分工，但各自又为一个独立的脑。每一个脑分别具有高级智慧，但语言主要在左侧，右脑半球占优势的功能则主要包括音乐才能和对复杂目视图形的识别等（见图6-18）。这些发现使人们对于大脑功能定位有了更深刻的了解，也改变了大脑两个半球是对称的这种传统观念。

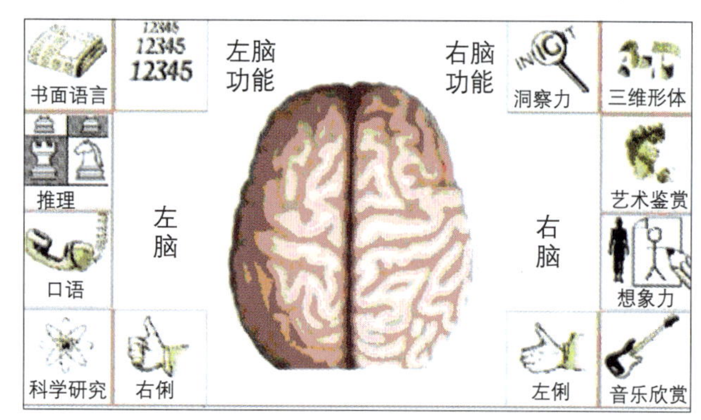

图6-18 大脑功能的分工

脑是人类意识活动的物质基础。目前，对脑的本质的认识还只是初步的。但可以设想，随着神经科学特别是脑科学的不断进步，人们对于人类智力的发展将会有越来越深刻的理解。

6.3.3 认知科学对人类智力发展的认识

研究人类智力发展的另一个重要学科是认知科学。“认知”一词含有两层意思：一是指最广泛意义上的认识过程，包括感知、记忆和判断等；二是指这种过程的结果，如知觉和概念等。一般来说，可以简单地把认知科学定义为关于思维过程的科学。也就是说，认知科学是以人类智力活动的基本规律作为研究对象的。

人类的认知活动历来是哲学认识论研究的主要内容。哲学家们都曾对此问题作过多方面的思考，并提出了各种认识论思想。但哲学的研究方法是思辨的，无法精确地揭示人类思维过程的具体机制。19世纪80年代，科学家在德国莱比锡建立了第一个心理学实验室，以经验作为心理学的研究对象，并用严格的内省法分析了大量的有关人的认知过程的问题，这是心理学独立于哲学的标志，也使得人的认知行为被纳入经验科学的研究范围。然而这时人们运用具有浓厚主观色彩的内省方法，并没有实现科学解释人类意识经验的目标。此后，美国心理学家华生（J. B. Watson，1878—1958）等把巴甫洛夫条件反射学说系统应用于人类心理学，建立了行为主义学派。行为主义力图采用完全客观的方法，使心理学变成一门关于可观察行为的科学。所以它完全撇开人的意识活动，并贬低其他认识过程的作用，只着眼于外部世界中的刺激（S）和有机体的肌肉反应（R），研究它们之间的连接关系（S–R）。这种做法是以实证主义作为哲学依据的，它坚持严格的环境决定论，并且无法刻画人和动物的本质区别，它避而不谈人类认知的内部过程，在某种程度上等于取消了关于思维的研究。因而在统治心理学界数十年后，行为主义受到多方面的批评。除哲学和心理学外，与思维问题有关的学科还有逻辑学，但逻辑学只研究思维形式，并不涉及思维活动的具体过程。

到20世纪五六十年代，作为心理学、心理语言学、信息论、逻辑学、脑科学和计算机科学相互交叉相互融合的产物，产生了以人类思维活动的具体规律为研究对象的认知科学，并取得了重要的研究成果。如1956年，科学家受信息论的启发，发现人的短时记忆容量是有限的，但人的记忆不是以比特（bit）为单位而是以组块为单位，因此像物理通信装置那样，人能够在一定程度上克服通道容量的限制，提高传送信息的数量。同一年西蒙（H. Simon）等人设计了模拟人解决问题的计算机程序。到1967年，美国心理学家奈塞尔（U. Neisser）出版第一部认知心理学专著，从此，认知科学成为最繁荣兴盛的学科之一。

认知科学的基本观点是：把人视为信息记忆加工系统，并把人类认知概括为人的全部心理活动。它论述我们如何获得世界中的信息，这些信息如何作为知识得以再现和转换，它们如何被储存，以及如何用于指导我们的注意和行动。它研究全部范围的心理过程。该学科抱有这样的信念，只要对人类收集、存储、加工和使用信息的过程有深入的了解，就能够把握从知觉到记忆的思维范围内的人的智力活动，并且能够改善教育，使人们更好地返回出自己的认知能力，也有助于认识人类的情绪个性和社会交往等另一些特征。由此可见，认知科学的研究对于理解人类智力的发展有着极其重要的意义。

6.4 生物技术

按《圣经》的说法，世间万物，包括人在内，都是上帝这一全知全能的造物主创造出来的。其中作为万物之灵的人，则是造物主按照自己的形象创造出来的。长久以来，尽管拥有造物主特性的人类一直在进行着各种各样的造物（生产、制造等）活动，但他们对生命现象的本质却是茫然的，而更不用说去创造生命有机体了。然而，当历史的时钟指向20世纪下半叶时，人类似乎真的能像上帝那样全知全能了。他们创造出了既像马铃薯又像番茄的新植物、能吐出蜘蛛丝样的细菌以及长出鲤鱼胡子的鲫鱼。一些激进者甚至宣称，要克隆出“人”来。如果人类真的有一天能够创造出自身的复制品——“克隆人”来，那么，人与全知全能的造物主还有什么不同呢？人类之所以能够走上一条超越上帝之路，原因就在于他们发展出了生物技术这样一门新的利用生命有机体及其组成来发展新产品或新工艺的技术体系。

6.4.1 生物技术体系

我们的祖先早就已经学会利用发酵、酿酒、制酱、育种等传统生物技术，但是当代概念的生物技术与之有着根本的区别。当代生物技术是应用现代生物科学及某些工程原理，利用生命有机体（从微生物到高级动物）及其组成（含器官组织、细胞、细胞器甚至基因）来发展新产品或新工艺的一种技术体系。当代生物技术是20世纪以来在细胞生物学、遗传学、微生物学尤其是分子生物学等生物科学的理论基础上产生的，它的最显著特点是，人们能够在细胞和亚细胞的分子水平上直接操纵生命，改变生物的遗传形态，甚至定向地创造新的生命形式。

人们普遍认为，基因工程是当代生物技术的核心技术。随着20世纪30年代以来分子生物学理论的发展和当代各种尖端技术在生物领域的应用，一门具有划时代意义与战略价值的高技术——基因工程产生了，基因工程彻底改变了传统生物技术的被动状态，使得人们可以按照自己的意愿改造生命的愿望成为可能。基因工程产生后，即迅速渗透到传统生物技术的所有领域，并最终形成了包括酶工程、发酵工程、细胞工程和基因工程等四大领域在内的当代生物技术体系：

（1）酶工程。主要是利用生物酶或细胞、细胞器所具有的某些特异催化化学反应的功能，通过现代工艺手段和生物反应器生产生物产品的技术。

（2）发酵工程。也称微生物工程，主要是利用微生物的某些特定功能，通过现代工程技术手段生产有用物质，或直接把微生物应用于工业化生产的一种技术。

（3）细胞工程。利用细胞的全能性，按人们的意愿，有计划、大规模地培养生物组织和细胞，以获得生物及产品，或使细胞的遗传组成发生改变，从而创建新的生命品种的一种新型生物技术。细胞工程是在细胞水平上进行操作的。

（4）基因工程。又称DNA重组技术，这项技术就是按照预先设计的蓝图，用人工方法在体外或体内把不同生物细胞中的脱氧核酸（DNA）分子进行切割、拼接与重新组合，再转移进操作的生命体，以达到改变生物性状，甚至创造新的生命类型的目的。与细胞工程不同，基因工程是在分子水平上进行操作的。

生物技术在当代的发展引起了人们的广泛关注。这主要是因为生物技术直接关系到与人民生活、卫生、健康密切相关的农业、医药卫生、食品工业和化学工业的发展，并能在解决人类面临的粮食危机、环境污染和能源危机中发挥巨大作用。一种流传于日本科技界的说法是，今后将不再是矿物时代，而是生物时代，谁抓住了生物技术，谁就能在竞争中处于有利地位。的确，正如很多有识之士所说的，生物技术将成为21世纪最重要的技术支柱之一。因此，在世界各国高度重视高技术发展的当代，生物技术普遍为人们看好，被列为优先发展的领域之一。

6.4.2 酶工程与发酵工程

酶工程与发酵工程是生物技术中有着悠久历史的两门技术。近年来，随着与生物技术相关的诸多基础理论和技术以及实验手段的发展，这两门传统的生物技术逐步走出被动、低效的状态，而发展成为主动、高效的当代生物技术，被列入到高技术领域。

1. 酶的特性与分类

在化学中，我们常把一切能使化学变化加速而自身不变的物质都称为催化剂，许多简单物质都能起催化作用。例如，氢和氧的混合物会缓慢地结合成水，但当加入少量的铂粉时，就能使氧和氢结合成水的进程加速，以致引起爆炸。又如过氧化氢溶液分解成氧和水时，氧气泡慢慢地从溶液中冒出，但如果在过氧化氢溶液中加入微量铁粉，就使气泡冒出的速度提高，变成一团泡沫。在这两个反应中，铂粉和铁粉就是催化剂，它们加快了反应速度，但本身基本保持不变。

生物体就像一个复杂而完善的“化工厂”，它从外界摄取氧气、水、矿物质和其他养分，在体内通过一系列的化学反应，转变成生物体自身的物质和能量，排除废物。生物体就是在这种不断的新陈代谢中发育和生长的。生物体内的一切化学反应都是在酶的催化下完成的。酶是一类具有特殊催化能力的蛋白质，它由生物体的活细胞产生。在生物体内进行的各种化学反应，几乎都需要在酶的催化下才能顺利地完成，所以，酶又被称为生物催化剂。我们每天吃的米饭、鸡蛋、肉类等食物都必须在胃分泌的胃蛋白酶和胰脏分泌的淀粉酶、胰蛋白酶和脂肪酶的作用下，分解成葡萄糖、氨基酸、脂肪酸和甘油等小分子，才能透过小肠壁，被组织吸收和利用；而当人体生长的时候，体内又会进行各种蛋白质、脂肪等的合成反应，这些合成反应也需要在酶的催化下完成。一旦酶的正常催化作用遭到干扰破坏，轻则会使生物体表现出某些症状，重则将危及生命。比如，在人体内有一种酪氨酸酶，当它不能行使正常作用时，人就会得白化病。白化病患者不能或几乎不能合成黑色素，所以患者的皮肤很白，带粉红色，头发淡色，眼睛的虹膜粉红色，怕光，视力也差。在人类中有一种叫半乳糖血症的遗传病，发病的原因是由于患者体内缺乏将半乳糖转化为葡萄糖的酶。患该病的婴儿出生后，吃奶（人奶或牛奶）不久即发病。因为在乳汁中含有乳糖，乳糖分解会产生半乳糖，由于患者不能将半乳糖转化为葡萄糖，于是造成患者血液中半乳糖含量急剧升高。该病的临床表现一般很严重，病儿呕吐和腹泻，肝脏逐渐肿大，生长延缓，智能低下，往往在婴儿期就死亡。可见，酶是生物体赖以正常生存的基础。

作为生物催化剂，酶有着很多不同于一般非生物催化剂的特性。

（1）酶比一般化学催化剂的催化效率高出几百万倍，与没有催化剂的反应相比，最多可高出10^{14}倍。例如，碳酸酐酶催化二氧化碳与水合成碳酸的反应是已知最快的酶催化反应之一。每一个酶分子在1s内可以使10^5个二氧化碳分子发生水合反应。如果没有这种酶，二氧化碳从组织到血液，然后再通过肺泡呼出体外的过程只能以极其缓慢的速度进行，远远不能满足生物体生存的要求。

（2）酶作用的专一性很强。酶作用的专一性主要有两方面的含义：一是指酶对于被作用的底物（反应物）是专一的。当底物在酶催化下发生反应时，首先必须与酶的活性部位有适当的契合，所以只有特定结构的分子才能作为某一个酶的底物，这就是酶对底物的专一性。酶对于底物的专一性使生物体内成百上千种酶能分别在各自代谢途径的特定位置上发挥作用，保证了新陈代谢有规律地进行。比如，胃蛋白酶和凝血酶都属于蛋白水解酶，但胃蛋白酶作用于食物中的蛋白质，而凝血酶只能作用于血纤维蛋白这一蛋白质。二是指酶对于被催化的反应是专一的。一个酶可能有几个类似的底物，但只能催化某一类特定的化学反应，这叫做酶反应的专一性。一般催化剂都有催化几个过程的能力，如盐酶作为一种无机催化剂，能催化淀粉水解成葡萄糖，也能催化蛋白质水解成氨基酸，所以一般催化反应的反应物中往往伴有或多或少的副产物。酶则不然，一种酶只能催化某一特定的反应，例如蛋白酶只能催化蛋白质水解成氨基酸，脂肪酶只能催化脂肪水解成脂肪酸和甘油，各种酶不能相互替代。由于酶催化的专一性，所以在酶的催化反应中没有副产品产生。

（3）酶在生物体内参与每一次反应之后，它本身的性质和数量都不会发生改变。

（4）酶的化学本质是蛋白质，因此可以在常温、常压等比较温和的条件下进行催化反应，而且酶本身无毒性，反应过程中也不产生腐蚀性物质和毒物，因此采用酶法生产对于设备的要求低，劳动卫生条件也能得到改善，这就为各行各业使用酶来改革工艺提供了可能性。

在酶的上述四大特性中，高效率的催化能力和作用的专一性是酶的两个最重要的特性。

酶的来源广泛，凡是生物都含有酶，所以从理论上讲各种生物都可以是酶的提取原料，而其中微生物又是酶的主要原料。这是由于微生物有繁殖快、产量高、设备简单、生产便于控制、容易选育优良菌种等优点。酶的种类繁多，现在已发现2 000多种，按其催化作用的性质，可分为六个大类：

（1）氧化还原酶。在体内参与产能、解毒和某些生理活性物质的合成。重要的有各种脱氢酶、氧化酶、过氧化物酶、氧合酶、细胞色素氧化酶等。

（2）转移酶。在体内将某功能基团从一化合物转至另一个，参与核酸、蛋白质、糖及脂肪的代谢和合成。重要的有各种碳基转移酶、酮醛基转移酶、酰基转移酶、糖苷基转移酶、含氮基转移酶、磷酸转移酶、含硫基因转移酶等。

（3）水解酶。在体内外起降解作用，也是人类应用最广的酶类。重要的有各种酯酶、糖昔酶、肽酸等。水解酶一般不需要辅酶。

（4）裂合酶。这类酶可脱去底物上某一基因而留下双链，或可相反的在双链处加入某一基团。它们分别催化碳碳键、碳氧键、碳氮键、碳硫键、碳卤键和磷氧键等。

（5）异构酶。此类酶为生物代谢需要而对某些物质进行分子异构化，分别进行外消旋或差向异构、顺反异构、醛酮异构、分子内转移、分子内裂解等。

（6）连接酶。此类酶关系到许多生物物质的合成，其特点是促成碳氧键（与蛋白质合成有关）、碳硫键（与脂肪酸合成有关）、碳氮键（与酸胺、肽、核梦酸转化与合成有关）、碳碳键和磷酸酯键。

2. 酶工程

所谓酶工程，就是在一定的物质反应装置内，利用酶的催化作用，将相应原料快速高效地转变为人类所需产品的一门技术。酶工程的名称出自20世纪20年代初，早期的酶技术主要是从动物、植物、微生物中分离提取、纯化、制造各种游离的酶制剂，并将它们应用到化工、食品和医药等方面。在20世纪 50 年代，游离酶制剂的生产开始有了迅速的发展。但由于酶是生物体根据自身需要而产生的，因而在生物体内每一种酶的含量通常是在0.000 1~0.01之间，这给酶的分离提取工作带来了困难，同时由于游离的酶制剂在使用后又不能回收，其结果是酶利用的成本较高。自20世纪六七十年代以来酶的固定化技术兴起后，传统酶技术中的很多问题得到了解决，从而使酶工程发展成为一门全新的当代高技术。

一般说来，酶工程主要包括酶的生产与分离技术、酶的固定化技术、酶的化学修饰技术、酶反应器技术等。其中，酶的固定化技术是当代酶工程的核心。这里主要就酶的生产与分离技术、酶的固定化技术作简单的介绍。

（1）酶的生产和分离技术。酶制剂初期是选用动物的内脏（胃、肠、胰、心等）和植物的果实、种子等作提取原料的。尽管选择的是含酶丰富的器官和组织，但它的来源受到季节、地区、数量和成本的限制，与酶制剂被越来越广泛应用的情况不相适应。后来发现几乎所有酶都可以在各种不同微生物中找到，而且不受上述那些条件的限制，所以，微生物成了酶制剂工业的主要原料。

酶制剂生产中常用的微生物，包括细菌、霉菌、酵母菌和放线菌四大类。细菌在酶制剂生产中是一个重要角色。两个主要酶制剂品种（淀粉酶和蛋白酶）都是细菌发酵的产物，还有脂肪酶、凝乳酶也是由细菌生产的。

我国劳动人民几千年前就在实践中发现霉菌酿酒制醋的自然作用。现代酶制剂工业的多种产品，如用于葡萄糖生产的淀粉酶，电影胶片再生的蛋白酶，水解脂肪的水解酶，加工罐头的纤维素酶，澄清果汁的果胶酶等都来源于霉菌。用酵母生产酶制剂最早用于蔗糖转化的转化酶，后来研究应用较多的是生产脂肪酶。放线菌也是蛋白酶、纤维素酶及施粉酶生产常用菌种。

利用微生物制备酶，分微生物的培养发酵和酶的分离两个阶段。发酵，就是在人工控制的条件下，微生物通过本身新陈代谢的活动，将不同物质进行分解或合成的产酶过程。

在生物体和微生物发酵液中，酶都是与大量的其他物质共同存在的，因此酶的分离是十分必要的。不同蛋白质可在不同浓度的中性盐溶液中沉淀下来，借以达到酶和其他杂质蛋白质分离的目的。最常用的中性盐是硫酸铵，因为它溶解度大，它的饱和溶液能使绝大多数蛋白质沉淀出来且对酶无破坏作用。

由于酒精、丙酮、甲醇等能与水相混合，所以它们在不同的浓度下，能沉淀不同的蛋白质，因此常用来提炼酶制剂。

酶工程中酶的产生和分离技术，为化学分析、临床诊断、农业生产、水产加工等提供了各种有效的酶制剂。如用酶作催化剂生产葡萄糖，用淀粉酶进行棉织品脱浆，用蛋白酶制革，用酶抑制和除虫等。

（2）固定化酶技术。自然状态的酶拿到体外，以制剂状态参与化学反应，显得太“娇嫩”，在工艺过程中容易受到破坏。把酶制剂经物理或化学处理，跟某些固体如树脂相结合，可以成为不溶于水但仍然具有活性的固相状态，这种固定了的酶就叫固定化酶，又称固相酶。固定化酶具有一定的机械强度，稳定性高，可以多次反复使用。日本用固定化酶技术生产酱油一天就完成半年才能完成的催化反应，法国用这种技术生产啤酒，结果不仅使周期大大缩短，风味也好多了。

固定化酶技术是20世纪70年代迅速发展起来的一项技术。采用这种技术，不必将酶从细胞中取出来，而是直接把整个细胞固定，使酶处于细胞内的自然状态，参与催化反应。由于固定的都是微生物细胞，所以又叫固定化微生物细胞。比如在酒精发酵中；把微生物包埋在明胶里或琼脂里，这样可以连续发酵，菌体可长期使用。固定化细胞技术已被广泛应用于医药、化工产品、食品、饮料的生产、环保和能源方面。如使用固定化白色链霉菌细胞，用葡萄糖作原料，可大量生产一种称为“人工蜂蜜”的糖浆，使用多种固定化细胞处理废水，还可能生产出可作为能源的氢气，用固定化酵母细胞快速发酵生产啤酒，用某些固定化细胞回收水中的铀等。国外把胰岛素也作了固定化处理，这样糖尿病患者就可以不用定期注射胰岛素，而只需在体内植入一个固定化胰岛素就可解除病患了。自然界有着丰富的像木头、稻草和玉米秸等纤维素物质，它们都是由许多葡萄糖连接起来形成的大分子，如果能找到一种特殊的纤维素酶把木头、稻草和玉米秸彻底分解，就能得到大量的葡萄糖，将大大丰富人类的食品，增加粮食来源。有的酒厂利用绿色木霉菌生产的纤维素酶对原料做前期处理，破坏了一部分纤维素的细胞壁，释放出更多淀粉，从而提高10%～20%的出酒率。

酶工程还应用于微生物发电。不久前美国和日本分别研究成功的微生物电池和酶电池引起国际上的重视。所谓微生物电池就是巧妙地运用生物酶催化剂进行能量转换，把生物有机物转化为适当的低分子物质，然后再把这种低分子物质导入转换的位置，产生电能。

酶工程领域的最诱人的发展热点之一是生物传感器的发展和应用，尤其是生物技术和半导体物理及微电子学之间的相互渗透十分明显。生物传感器正在向小型化、微型化方向发展，因为酶利用率高，体积小，可植入体内以直接摄取正常和异常的生命信息，可以得到较高的信噪比，便于控制使用。最早实现商品化的是医用生物传感器，例如用于糖尿病患者家庭监测的葡萄糖传感器，1995年已达7 500万美元产值，而且每年以大约高达100%的速度增长。

3. 发酵与发酵工程

发酵是一门古老的技术。从考古学获得的资料来看，古代人类在完全不懂得什么是发酵的情况下就已学会用发酵技术来制造一些有用的食品。如古巴比伦人在公元前3世纪就会用大麦芽酿造啤酒。1884年，法国化学家巴斯德（Pasteur）开始研究发酵，他通过一系列的实验证明，发酵正是微生物活动的结果，不同种类的微生物可引起不同的发酵过程。比如，将葡萄汁酿造成葡萄酒是发酵，它是酵母菌的功劳。酒在空气中变酸也是发酵，它是由醋酸杆菌或乳酸杆菌落入发酵桶而造成的。巴斯德的贡献给发酵技术带来了巨大的影响。从此，随着人们对微生物与发酵认识的深入与重组DNA、细胞融合等现代化技术以及工程学的引入，发酵技术这门古老的技术获得了新的生命，并由此产生了当代发酵技术——发酵工程或称微生物工程。发酵工程的开端始于20世纪的40年代初期，由于当时战争对青霉素等抗生素的大量需求，促进了大规模生产抗生素工艺的建立，为发酵工程的发展奠定了基础。

（1）微生物与发酵。在发酵工程中唱主角的是微生物，微生物是一些肉眼看不见的小生命，包括细菌、病毒、真菌、原生生物等。微生物分解有机物质，将某些物质转化成另外一种物质的过程称为发酵。发酵的产物名目很多，并且大都与人们的日常生活有关，酒、醋、酱、甘油、味精、抗生素、维生素和微生物杀虫剂等都是发酵的产物。比如，醋是由醋酸杆菌发酵产生的，甘油则是酵母菌帮助发酵产生的。同时，人们还利用微生物发酵来生产粮食，微生物发酵生产蛋白质的速度比植物快500倍，比动物快2 000倍。一个细菌一昼夜里发酵生产的蛋白质，大约等于它自身重量的30～40倍。

（2）发酵工程的四个阶段。当代发酵工程是利用微生物的许多特殊本领，通过现代的工程技术手段，生产对人类有用的产品和把微生物直接应用于工业生产的一种技术体系。由于微生物在发酵工程中的特殊地位，所以习惯上也称为微生物工程。它包括优良菌种的选育，微生物菌体生产，微生物发酵产品的生产，微生物对某些化学物质的改造，对有毒物质的分解以及细菌选矿，细菌冶金等。

发酵工程的操作一般可分为四个阶段：

第一个阶段是选取发酵原料及对原料进行预处理。传统的发酵技术多采用薯类、谷类等粮食作物作为发酵的原料。如今随着某些微生物酶的开发、利用以及新型菌种的选用和制备，可利用的发酵原料的种类也在增加。有时还可采用某些废料，如甘蔗渣、麦秆等材料作为发酵的原料。如选择的原料不能直接被微生物利用，还需要对原料进行粉碎、蒸煮、水解等预处理。

第二个阶段是发酵过程的准备。这个阶段的操作可分三步进行。第一步是对发酵原料进行高压灭菌。灭菌操作是要绝对去除原料中的任何杂菌，这是发酵能否成功的关键。第二步是根据发酵类型来选择所需要的目标菌种。第三步是将目标菌种接种到灭过菌并已冷却了的发酵原料中。

第三个阶段是发酵过程。由于不同的微生物对生活条件有不同的要求，在发酵过程中应根据目标菌种需氧和厌氧的特点，进行无菌空气发酵或密闭静止发酵。

第四个阶段是对发酵产品进行分离和提纯，以获得符合要求的发酵产品。

（3）发酵工程的贡献。由于微生物生长旺盛，繁殖快，发酵生产又不需要高温高压，能转化和生产许多目前用化学方法无法合成的物质，加上其他一系列技术的进步，使发酵工程得到迅速发展。它已深入到化学、医药、食品、轻工、农业及冶金等各个部门，在国民经济和人民生活中占有越来越重要的地位。

1）菌体细胞的利用。菌体细胞的利用是微生物发酵作用在生产上的一种应用，目前主要有细菌肥料、以菌治虫、细菌浸矿、净化污水和单细胞蛋白生产等。

人们把固氮的微生物进行人工培养获得大量的活体菌，然后用它们拌种或施播，获得高产量和改良土壤的效果。把人工培养的固氮菌、磷细菌、钾细菌制成复合肥料，这种肥料既有固氮作用，又能分解土壤和肥料中难溶于水的含磷、钾的物质，以供植物利用。

人们把病原微生物的活菌体撒布在田间以杀灭害虫。有些微生物还有能从矿石中提炼金属的本领。如硫化杆菌能从铜矿中炼铜。有人统计，国际上用细菌法溶浸获得的铜产量达32×10^5 t，占整个采铜量的20%。还可以利用微生物把铀从含量不多的铀矿中提取出来。

有些微生物，如细菌、霉菌、酵母菌等能把水中的有机物变成简单的无机物，而使污水净化。有种芽孢杆菌能把酚类物质转变成醋酸，作为营养物质吸收利用，其除酚效率可达到99%。一种耐汞菌通过人工培养能把废水中的汞吸收到菌体中，然后再改变条件使汞再由菌体放到空气中，用活性炭可以回收。有的微生物能把稳定有毒的滴滴涕（DDT）转变成溶解于水的物质而解除其毒性。

最令人注目的菌体细胞利用是单细胞蛋白的生产。单细胞蛋白生产是用工厂化发酵方法，培养蛋白含量高的酵母细胞，作为人类食物和动物饲料蛋白的来源。由于人口的迅速增长，蛋白质的供应是一个十分突出的问题，世界各国都在积极发展发酵工程，生产单细胞蛋白。生产单细胞蛋白的原料十分丰富。作物秸秆、农副产品加工业的大量废水，废渣以及淀粉含量高的木薯、白薯等均可利用。据资料介绍，加拿大微生物发酵工艺处理木材纸浆的废液，每两吨废液就可以生产出一吨单细胞蛋白。根据分析，单细胞蛋白的蛋白质含量高达72%，比一般植物高4～6倍。

2）微生物代谢产物的利用。从国内外目前研究开发的项目来看，主要有抗菌素、酒类、氨基酸、有机酸、维生素、核苷酸、甾体激素等，它们均有应用价值。

自从英国科学家弗莱明首次发现青霉素以来，在短短的几十年中，已研究出了近300多种抗菌素，常用于临床的已有60多种。

氨基酸和维生素是人和动物营养的重要成分，由于其用途广泛且重要，促使人们研究用微生物发酵生产氨基酸，最早在1958年，用细菌发酵糖类生产谷氨基酸成功，目前已有19种氨基酸能用微生物发酵生产。

利用微生物发酵处理农作物秸秆等酿造的酒精，已成为一种有生命力的再生能源。20世纪70年代以来，能源危机对世界各国都产生了影响。不少国家把酒精生产列入节能计划中，巴西积极推行酒精代替汽油作汽车燃料，他们利用甘蔗和木薯通过酵母发酵，在80年代初产生大约$4\times10^6 m^3$酒精，到1990年达$1.6\times10^7 m^3$。酒精作为一种重要能源，有绿色石油之称。

6.4.3 细胞工程

细胞工程是一门在细胞水平上利用生物、改良生物和创造新生物的技术。这门技术的兴起与完善，耗尽了几代人的心血。

1. 细胞的全能性

根据细胞学说，细胞是生物体的基本结构单位和功能单位。那么，单个的细胞可以独立生活和发展吗？细胞学说的发明人之一施旺对此作出了“应该可以”的推测。然而，施旺的推测一直没有得到事实根据的支持。到1902年，德国科学家哈伯兰特又提出了“植物细胞具有全能性”的预言。按照他的看法，每个植物细胞都能像胚胎细胞一样，可以在体外培养成一棵完整的植株。哈伯兰特的假说影响了很多科学家。1937年，美国科学家怀特从寻找细胞独立生产和发展的条件入手，将已知的化合物和植物生长调节物质按一定比例混合起来，制成了植物细胞离开整体以后的营养物质（即所谓的培养基），当他把取自烟草茎的形成层细胞以及从胡萝卜根上切下的小块放在培养基上时，发生了意想不到的变化。无论是烟草的形成层细胞，还是胡萝卜根上切下的块上的细胞，都能进行旺盛的分裂，最终长出一团花菜状的瘤状物（愈伤组织）。怀特的这一成功，朝着证明施旺与哈伯兰特的假说大大前进了一步。

但是，仅仅使细胞能够因分裂而增多是远远不够的。怎样使细胞或愈伤组织在人为条件下转变成一棵新的植株呢？1958年，美国科学家斯蒂伍德用打孔器从胡萝卜的根上取下一块组织，并把取下的组织放在营养基内进行转动，胡萝卜组织的细胞一个个离开组织而进入培养液中，并且能在培养液中不断分裂. 进而长出像胚胎状的结构，这种结构叫做体细胞胚。这种体细胞胚在培养液中还能进一步长成一棵棵胡萝卜小苗，当把这些小苗移植到土壤中后，小苗终于长成能开花结实的胡萝卜。

斯蒂伍德的研究，完成了从一块胡萝卜组织到细胞、由细胞再发育成一株胡萝卜的整个循环过程。这项研究成果不仅证明了细胞的全能性，同时也开创了生物技术的又一个新天地——植物组织培养。

2. 植物组织培养

自从斯蒂伍德把单个细胞培养成完整的胡萝卜植株后，植物组织培养技术逐渐发展成为一门成熟的技术并在生产实践中得到应用。

组织培养技术最早应用于名贵花卉的繁殖中。名贵花卉极难繁殖或周期长、费用高，采用组织培养法，可在试管内使组织繁殖成苗后，移植田间，从而迅速获得大量植物。这种方法由于在试管中繁殖又称微型繁殖术。首创花卉微型繁殖技术的是法国的莫雷尔，他于1960年利用兰花茎尖繁殖技术繁殖兰花成功。莫雷尔之后，世界各地相继传出将植物组织培养成植株的喜讯。与此同时，法国、荷兰等少数国家的部分花卉组织培养学者与企业家联手，办起了花卉工厂。法国的花卉工厂最早大规模地生产出了兰花。而荷兰的花卉工厂也在短期内繁殖出了大量的优秀康乃馨种苗（见图6-19）。由于荷兰组织培养生产出大量的优质种苗，所以，今天的荷兰已成为世界上最大的花卉输出国，每年创汇13亿美元以上。

图6-19　盛开的红色康乃馨

组织培养技术也被应用到植物的无病毒繁殖上。目前已发现的植物病毒达500余种，广泛寄生于粮食、经济作物及森林植物中，使植物严重退化和大幅度减产，特别是马铃薯、甘蔗等作物，病毒还经种子传递，成为育种上的一大难题。1934年，怀特从感染烟草病毒的烟草中获得离体根进行培养，发现迅速生长的根尖部病毒浓度最低，越往后的成熟区病毒浓度越高。后来其他的人发现茎部也有类似现象，由此可知病毒在植物中的分布是不均匀的。于是人们开始思考，能否从感染病毒的植物中提取无病毒的组织进行组织培养，从而获取完全无病毒的植株。

一些科学家对此进行了深入的研究，最后，马铃薯的茎尖培养和其他一些作物的无病毒植株获取获得了成功。

此外，组织培养技术也被应用于某些植物细胞（通常是一些稀缺的天然植物资源，如人参、香料植物等）的工业化生产。利用组织培养技术，给植物细胞提供最适宜的生活环境，可以使它有可能像微生物那样，在培养罐中连续培养. 从而大量地、低成本地获得植株，这样可较完美地解决天然资源不足的问题。如人参含有贵重药物粗皂角苷，天然根块中只含4.1%，但用细胞组织培养的却高达20%，而且采集方便，价格便宜。1968年，日本明治制药公司用13万kg的培养罐进行人参细胞培养，标志着植物细胞培养由试验走上了工业化的规模生产。

3. 细胞融合

20世纪50年代，日本学者把仙台病毒混在两种不同的动物细胞中，结果细胞之间发生凝聚，异种细胞产生了融合，在这些细胞中存在着两个以上的细胞核。到60年代，科学家从这种细胞的融合现象出发，发展出了细胞融合这样一门重要的遗传工程技术。

所谓细胞融合，也称体细胞杂交，就是用自然的或人工的方法使两个或几个不同的细胞融合成杂种细胞，从而使来自亲本细胞的基因都有可能得到表达。这种融合是细胞水平上的无性杂交，与精卵子结合不同，因而具有非常重要的意义。我们知道，很多亲缘关系较远的生物体之间是无法正常杂交的。也就是说，一种生物体上的某种优良品质无法通过传统的杂交方法转到另一种生物体上，这就给育种（而更不说创造新种了）带来了很大的困难。然而，它们之间的体细胞却往往能彼此融合，产生出杂种细胞，这就给解决这一难题提供了机会。通过细胞融合技术产生的杂种细胞，由于其本身的全能性，只要条件合适，就有可能长成兼有两个亲本植株特性的新种。

在植物细胞融合技术的应用方面，目前已产生了一些先前用传统的杂交技术无法获得的新的杂种植物。如我们熟悉的“西红柿马铃薯（pomato）”就是番茄和马铃薯之间体细胞融合的结果（见图6-20），它是20世纪80年代初由原联邦德国科学家迈尔切斯和赞克泰勒等完成的。这种新型的“西红柿马铃薯”其植株的地下部分结马铃薯，而地上部分结西红柿。尽管这一新种存在着不少问题，如马铃薯和西红柿都长得不够大等，但这种新的尝试毕竟为作物品种的改良开辟了一条新的途径。

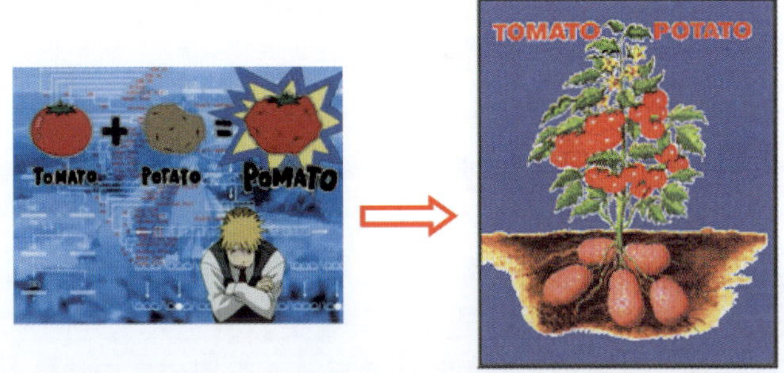

图6-20 番茄和马铃薯体细胞融合得到的Pomato

在动物细胞融合技术的应用方面，最值得一提的是单克隆抗体的制备及其应用。我们知道，机体对自身或异己物质能产生种种识别与反应，叫做免疫反应。能引起机体产生免疫反应的物质称为抗原，如外源蛋白质、病毒细菌、DNA、RNA等。体内由于抗原会产生各种抗体，抗体的种类非常多，要想制备获得单一的纯抗体相当困难，但是一旦有了它，由于它的单一性，就可用它来检测甚至医治各种疾病。参与体内免疫反应的有来自骨髓的两类细胞：β淋巴细胞，它是产生抗体的细胞；T淋巴细胞，它帮助淋巴细胞产生抗体及具有细胞杀伤能力。β淋巴细胞系在成熟的早期便形成大量的各种不同的β淋巴细胞，每个β淋巴细胞只能产生一种针对它能识别的特异抗原相应的抗体，由这个细胞通过有丝分裂后繁殖形成的细胞群称为克隆，由这种克隆系产生的特异抗体称之为单克隆抗体。细胞融合技术的发展启发了两位英国科学家，他们由此而发明单克隆抗体技术。单克隆抗体技术带来了免疫学上的一项重大技术革命，为许多疾病的诊断和治疗开辟了广阔的前景。

4. 细胞拆合与胚胎移植

利用显微注射技术对细胞进行拆合（如换核）是细胞工程的一项重要内容。这项技术开始于20世纪六七十年代，当时，我国著名的动物学家、在中国科学院动物研究所任职的童第周曾用极细的玻璃管，从鲤鱼的卵细胞中取出细胞核，并将其移进已除去细胞核的鲫鱼卵细胞中。在童第周的精心照料下，这种特殊的换核细胞最终发育成了能在水中游动的长着鲫鱼嘴、鲤鱼须的鲫鲤鱼。后来，他又用同样的方法将鲫鱼核移进已除去细胞核的金鱼卵细胞中，培养出了头像金鱼、尾像鲫鱼的鲫金鱼（见图6-21）。随着科学技术手段的发展，目前科学家已采用显微计注射技术成功地将DNA、RNA及蛋白质直接注入细胞体内以培养新的细胞。细胞拆合对改良品种具有重要的意义，通过我国科学工作者的工作，由这项技术得到了生长快、个体大、鱼味鲜美的鲫鲤鱼。

图6-21　童第周与他采用胚胎移植法培育的鲫金鱼

胚胎移植也是当今流行的改良家畜品种及解决人类不育等问题的细胞工程。早在1890年，英国的希普曾将安哥拉兔的早期胚胎移植到已接受交配的野兔输卵管中，结果生育的6只小兔中有2只具有长细毛、白化的安哥拉兔的特征。

1978年，第一个试管婴儿在英国的诞生，标志着胚胎移植技术已发展到一个新的历史水平。20世纪70年代，英国一位火车司机布朗在与一妙龄女郎喜结良缘九载后，竟始终没有得到爱情的结晶。于是，他们向慕名已久的妇产科医生斯特普顿求助，检查的结果是，不孕的根本原因是夫人的输卵管堵塞了，成熟的卵细胞虽然能由卵巢产生，却无法经过输卵管进入子宫。如何解脱布朗夫妇的痛苦呢？斯特普顿不想走打通输卵管的老路，因为这种办法不仅使病人痛苦，而且成功的机会也不大。在请教剑桥大学爱德华教授后，斯特普顿决定与其合作开创新路。他们在征得布朗夫妇同意后，决定用体外授精的办法使布朗夫妇生儿育女。于是，一个成熟的卵细胞从布朗夫人的卵巢中取出，放入到了一个装有特制营养液的试管中，同时，布朗的精子也被放到了试管中。奇迹出现了，一个精子钻入卵细胞，精卵合二为一，并在第6天开始分裂发育成一个多细胞胚胎。一段时间后，拥有丰富临床经验与高超外科手术技艺的妇产科医生将这个在试管中形成的胚胎移植到布朗夫人的子宫。在这里，胚胎开始完成它正常的发育过程。1978年7月26日，布朗夫人顺利地产下了他们的女儿，世称试管婴儿。

人类试管婴儿的诞生，激发起很多家畜改良工作者的极大热情，一时间，试管狒狒、试管猴等各种试管动物相继问世，给畜牧业带来了巨大的影响。如利用试管动物这种胚胎移植技术，可大量地快速培养良种家畜。以良种乳牛的培养为例，当一头良种乳牛发情时，向其注射孕马血清，就能使一头良种乳牛产生几个或几十个的卵细胞，这些卵细胞在体外试管中受精后可一次性地得到几个或几十个良种胚胎，将这些良种胚胎移植到普通母牛的子宫中发育直至出生，就可得到几头或几十头良种乳牛。据资料，现在由一头良种乳牛最多可以得到40头牛仔。

5. 克隆技术

1978年，有一位叫罗维克的美国作家写了一本曾经轰动美国乃至整个西方世界的科幻小说《人的复制——一个人的无性繁殖》。书中写道，有一个百万富翁没有后代，他之所以从未结婚和生孩子，是因为他不希望通过正常的有性生殖过程，把夫妇双方无数个基因偶然地组合在一起遗传给后代。他想借用无性繁殖技术得到一个与他一模一样的复制品。于是，他便不惜工本制定了一项耗资巨大的实验计划，并雇佣世界一流的科学家、助产师、技术人员与一位代理母亲，在一个岛屿上秘密地进行这项实验。最后，在不懈的努力下，几经曲折，终于实现了他梦寐以求的愿望。

虽然这只是一个科幻故事，但是人们确实能够利用此项技术来繁殖植物与动物，如前面提到的美国科学家斯蒂伍德曾用胡萝卜根片细胞繁殖出胡萝卜植株。由于用无性繁殖方法繁殖的产物都来自于一个亲本上的细胞，所以它们的遗传物质的组成是完全相同的。科学家又用“克隆”这个专门的名称来表示无性繁殖以及由无性繁殖形成的产物。在这里，“克隆”既可以作为名词，也可以作为动词。

实际上，在我们的日常生活中也会经常用到“克隆”技术。每年开春的时候，很多农作物（如红薯苗）的扦插就是克隆，因为从一颗植株上剪下的枝条，通过扦插形成了许多遗传物质完全相同的植株。嫁接形成的产物也是克隆，如将优质果树的枝条嫁接在一般果树上。在自然条件下，许多植物本身就适宜进行无性繁殖，所以很容易形成克隆。在动物界，这种繁殖方式多见于无脊椎动物，如原生动物的分裂生殖、尾索类动物的出芽生殖等。但是，对于高等动物，由于在自然状态下它们一般只能进行有性繁殖，所以要使它们进行无性繁殖，科学家必须经过一系列复杂的操作程序。首先要用外科手术除去受精卵的细胞核，或用辐射等手段使受精卵内的细胞核失去活性，然后再用注射器将另一个个体的细胞核转换到已去除细胞核的受精卵中。在20世纪50年代，科学家成功地用上述无性繁殖方法培养出一种两栖动物——非洲爪蟾。1997年2月，英国科学家伊恩·维尔姆特成功地“克隆”出“多莉”羊（见图6-22），标志着克隆技术发展到了一个新的水平。根据英国*Nature*杂志的报道，科学家们利用一只6岁绵羊的乳腺细胞，在特殊条件下经过几天培养以后，他令这些细胞的细胞核进入休眠期，同时从另一头雌绵羊体内取出一个卵细胞并抽去细胞核，然后通过细胞融合将乳腺细胞的细胞核导入到去核的卵细胞中，形成组合细胞。接下来，科学家们对这一组合细胞进行电击。令人惊异的事情发生了，组合细胞以来自乳腺细胞的DNA作为遗传基础，像受精卵一样开始分裂。之后，科学家们又把已经开始发育的胚胎植入另一头雌绵羊体内，经过150天的发育生下一个来自成年体细胞的克隆绵羊。科学家们共用了247个重组胚胎，“多莉”是仅有的一只存活下来的绵羊。

随着克隆羊多莉的诞生，克隆技术顿时成为全球瞩目的焦点。克隆技术不仅是生物技术的一次重大技术突破，而且引发了一场全球性的关于克隆与传统伦理道德的讨论。因为“多莉”羊这种高等动物的克隆成功，意味着有了“克隆人”问世的技术可能性。然而，人的复制必然要涉及诸多的伦理道德问题。更有人指出，如果克隆技术被恐怖分子和其他犯罪组织所掌握和利用，后果将令人担忧。然而，也有人持乐观态度，这部

图6-22 伊恩·维尔姆与“克隆”羊“多莉”

分人认为，尽管一个人的克隆和这个人有着完全相同的基因，但并不会在各个方面都是这个人的翻版，后天的、环境的因素会对人在生理上和心理上产生不容忽视的影响，尤其是对于一个人习惯、性格和思想观念的形成。克隆，只不过是人工繁衍的一种新方式而已。然而，对克隆技术的应用加以限制，尤其是对克隆技术应用于人类要进行严格控制，却是大多数人的共识。那种认为应该停止对克隆技术的一切研究的观点是不可取的。任何一项新技术给人类带来的是祸是福并不完全取决于它本身，而取决于人类如何应用它和如何控制对它的应用。我们所应该做的，是更加深入地思考技术与人和自然的关系，更好地管理自身，恰当地应用和管理、控制包括克隆技术在内的一切科技成果，让它们造福于自然界和人类。

第59届联合国大会法律委员会 2005年2月18日以71票赞成、35票反对、43票弃权的表决结果，以决议的形式通过一项政治宣言，要求联合国所有成员国禁止任何形式的克隆人，“只要这种做法违反人类尊严和保护人的生命原则”。对于宣言中禁令涵盖的范围，赞成和反对治疗性克隆的阵营有不同的解读。反对阵营认为禁令既涵盖了生殖性克隆，也包括了治疗性克隆。但赞成阵营表示，宣言中“只要这种做法违反人类尊严和保护人的生命原则”的说法，仍给了允许治疗性克隆研究的空间。

克隆技术的用途是显而易见的。首先，它是园艺业和畜牧业中选育遗传性质稳定的优质果树和良种家畜的理想手段。其次，克隆技术在医学领域的应用具有十分诱人的前景。目前，美国、瑞士等国已经能够利用克隆技术培植的人体皮肤进行植皮手术。这一新成就避免了异体植皮可能出现的排异反应，给病人带来了福音。科学家预言，在不久的将来，他们还将借助克隆技术“制造”出人的乳房、耳朵、软骨、肝脏，甚至心脏、动脉等组织和器官，供医院临床使用。

6.4.4 基因工程

作为一项通过重组DNA来定向改变生物遗传特性的崭新技术，基因工程是1973年由美国斯坦福大学的科恩和旧金山大学医学院的博耶所创造的。它的出现是20世纪30年代以来分子生物学发展的必然结果。

1. 基因工程的产生

如前所述，分子生物学的发展表明，生物的遗传性状是由基因，即其携带者DNA决定的。由此，人们自然要想到，是否可以通过对基因的重组来修饰、改造生物的遗传性状，甚至创造新的生物物种呢？为此，一门崭新的生物技术——基因工程应运而生了。所谓基因工程，确切地说，就是一种将不同生物的遗传物质 DNA，按照人们的意愿，在体外或体内进行人工剪切和拼接，然后通过一定的载体，再转入到所操作的生物体中，使其在所操作的生物体细胞中得到表达，从而产生出人们所需要的产品，或创造出人们所需要的新的生物类型的技术。

例如，如果我们想培育一种抗虫的农作物，就要先获取一段能够编码某种专门杀虫的毒蛋白的基因，然后将这个基因放在一个载体上，并通过载体将基因转移到农作物植株细胞的DNA上去。这样，在这些被转入基因的农作物细胞中就能产生杀虫的蛋白，虫子一吃就会被杀死。同时，农作物的这种杀虫特性也将随着DNA的复制而传给后代，成为农作物的一种稳定性状。

从上面的例子可以看出，基因工程的关键在于对微小DNA分子的切割与拼接，很显然，这种操作需要特殊的精密工具才能完成。如果不找到这些特殊的精密工具，基因工程就无从谈起。所幸的是，生物科学领域中对限制性内切酶、连接酶的基础研究为基因工程找到了这些特定的工具。

1960年，瑞士科学家沃纳·阿尔伯在观察大肠杆菌时，发现有一种限制现象，即感染某一菌株的大肠杆菌的噬菌体可以有效地感染该菌株中其他的菌，但却不能有效地感染另一菌株的菌。后来，人们认识到限制现象的产生是由于外来的DNA分子被分解，自身的DNA分子则因进行了某种修饰而免于分解。担当这种分解外来DNA分子任务的是一类酶，即限制性内切酶。这种酶有一共同的特点，它们可以专一识别DNA序列，并在DNA链中将它切开，这就是“内切”的来历。内切酶切割DNA分子的方式有两种：一种是将DNA切成带有黏性末端的分子；另一种是将DNA切成平末端分子。由于限制性内切酶的这些特定的酶切方式，就决定了它们在基因工程操作中要扮演“剪刀”这一重要的角色，它们能把DNA按照人们的意愿切割下来。

既然有内切酶的存在，为什么不可能存在DNA连接酶呢？1967年，在美国有三位科学家阿尔伯、内森斯和史密斯不谋而合地从代号为T噬菌体感染的大肠杆菌里分离和提取到了连接酶。这种连接酶竟神奇地使DNA分子相邻的两端或是被“剪刀”断开的DNA片段重新连接起来。很显然，这种连接酶可以在基因工程中充当“胶水”的角色，它们能够把切割下来的基因导入受体细胞，粘在受体细胞DNA分子的特定位置上。

这样，由于包括限制性核酸内切酶、连接酶等在内的基因工程的工具酶的发现，人们就可能切下目的基因的特有DNA的片断，将其连接起来与载体结合。1972年，世界上第一批重组的DNA分子诞生了，一年后，几种不同来源的DNA分子装入载体以后被转入到大肠杆菌中表达（成蛋白质），从此基因工程正式踏上了历史的舞台。

2. 基因工程的基本程序

基因工程的基本程序有如下五个主要步骤：

（1）获取所需的基因（称为目的基因）。目的基因可以从生物基因中分离，也可靠人工合成获得。从生物基因分离DNA片断，一般用限制性内切酶切断DNA分子，人工合成DNA，一般用逆转录酶获得与mRNA序列互补的DNA单链，然后再在聚合酶作用下复制成双链DNA分子，也可用化学方法人工合成。

（2）将目的基因与选好的载体连在一起，构成重组DNA分子。载体的任务就是要把重组后的目的基因送回到生物体内去检测其生物活性。载体的共同特点是，它们都是环状DNA，都能专一地感染某一类细胞，都具有多个可供使用的限制性内切酶位点和选择性标记，在细胞中都能随染色体的复制而独立复制，并随着细胞的分裂而扩增。

（3）将连接有目的基因的重组载体转入宿主细胞，主要有转化（用于重组质粒）、转染、转导（体外噬菌体包装）、直接注射等方式。

（4）对重组分子进行选择，即从大量携带重组DNA分子的宿主细胞中分离出携带目的基因的细胞。

（5）表达，目的基因需要表达成蛋白质，我们才能进一步鉴定其功能或是提纯应用，因此在构建重组DNA分子选择宿主细胞时都要考虑到基因表达的问题，既要保证目的基因准确地转录，翻译成蛋白质，并维持稳定，又要根据研究或应用的目的，或是大量地表达或是表达后分泌出细胞以利于提纯等。

蛋白质工程是重组DNA技术和蛋白质物理化学及生物化学技术现代进展相结合的生物技术领域。蛋白质工程的基本目的是通过对蛋白质分子结构的合理设计，经由基因工程的手段生产出更高生物活性或独特性质的蛋白质。其关键在于了解决定蛋白质一级结构和三级结构之间关系的因素，在此基础上搞清结构和功能之间的相互关系。从流程上看，蛋白质工程主要包括下列四个方面：

（1）蛋白质分子的结构分析。蛋白质分子结构分析主要采用两种方法：

1）晶体结构分析，即通过单晶体衍射方法分析蛋白质分子的三维空间结构。

2）蛋白质溶液构像研究，即用核磁共振方法，对蛋白质或多肽分子的溶液空间结构进行分析。

（2）蛋白质分子的结构预测与分子设计，即利用已知的一级结构（氨基酸序列）来构建蛋白质分子的立体结构模型，在此基础上进行结构与功能的研究与分子设计。蛋白质分子设计就是为有目的的蛋白质工程改造提供方案，其中既有通过基因工程的定点突变技术，改造蛋白质分子中的几个氨基酸分子，以改善蛋白质性质和功能的“小改”，也有替换一个阶段或者一个特定结构域，从而能够转移或改变相应功能的“中改”，还有“从头设计”蛋白质分子的“大改”，即从一级序列出发，设计自然界中不存在的全新蛋白质，使之具有特定的结构和功能。

（3）基因工程。将蛋白质分子结构分析、预测及分子设计的成果具体通过基因工程实现出来，这是蛋白质工程的关键步骤，因此蛋白质工程常常被称为第二代基因工程。

（4）蛋白质的纯化、结构和功能分析。这是对蛋白质工程实施质量的评估，也是为进一步结构预测、分子设计提供更直接的背景材料。经过这样的反馈，我们才能进一步地认识到此前的预测和设计是否合理，是否达到预则的目标，为进一步的蛋白质工程提供指导和借鉴。

3. 基因工程对传统生物技术的渗透

基因工程的产生使整个生物技术跨入了一个崭新的发展时代，传统的生物技术与基因工程的结合形成了真正有生命力的当代生物技术。如在发酵工程方面，运用传统的生物技术方式要用 10万只羊的下丘脑才能获得1mg的生长激素抑制素，所耗资金相当于通过航天飞机从月亮上搬1kg石头回地球。而现在，通过基因工程将人工合成的人的生长激素抑制素基因重组一个高效表达载体在大肠杆菌中表达，只需要10L这种重组的大肠杆菌培养液经计算机严格控制条件就可以获得。这就是基因工程向发酵工程渗透的威力。又如在细胞工程方面，1989年美国将获得抗体的重链基因和轻链基因构建成重组DNA，转入烟草细胞，利用植物细胞组织培养技术培养出转基因烟草，结果在烟草叶片上产生了占叶蛋白总量13%的抗体。按照这种水平计算，美国只需要用其目前种烟草土地面积的1%来种这种转基因烟草，每年就可以生产出270kg的抗体，足够27万病人用1年。这就是基因工程向细胞工程渗透后产生巨大社会效益和经济效益的一个证明。再如，现代酶工程在基因工程技术的帮助下可对各种酶进行大量改造。例如将水解霉素的青霉素酸化酶基因重组到一个质粒上，然后构建一个新的菌株，结果使新构建的菌株的酶活力提高50倍。还有，通过基因工程，现在的遗传育种技术能够把一些有用的优良或特殊性状的基因转入到农作物中，缩短育种时间达几万倍。目前已经培育出了具有抗病毒、抗除草剂、抗虫、高蛋白等特性的各种农作物品种，也培养出了携带人的生长激素基因的猪种和鱼种，它们都比普通猪和鱼要长得快，长得大。总之，基因工程给传统生物技术带来了彻底的革新，而且其应用范围仍然在不断加深扩展，前景十分广阔。

6.5 生物技术的应用前景

当代生物技术是20世纪异军突起的最重要的高技术领域之一，它的影响已波及人类生活的许多方面，极大地改变了人们的生活及观念，从而使人们发出了“21世纪是生命科学的世纪”的惊叹。

6.5.1 生物技术在农牧业中的应用

在农牧业方面，生物技术的应用有着引人入胜的前景。生物技术将从根本上改造传统农业，成为21世纪农牧业领域的主导技术，带来第二次“绿色革命”。

如在转基因植物研究方面。应用转基因技术将有特殊经济价值的基因引入植物体内，从而获得高产、优质、抗病虫害的转基因农作物新品种，目前这方面已取得重大突破。农作物病虫害是农业生产的主要障碍之一，经常造成农产品大幅度减产，常规防治病虫害的方法是大量喷施化学农药，既费工费时费钱，又污染环境和农产品。采用转基因技术就可以克服这些缺陷。例如，把一种抗香蕉叶斑病和巴拿马病的基因导入香蕉植株体内，使生长中的香蕉植株不受这些病害，既避免了病害造成大幅度减产，又不需喷洒杀真菌化学药剂。将基因引入改良品种，不仅可抗病，还可以提高产品价值。如荷兰的一家植物生物技术公司应用转基因技术培育出一种抗真菌草莓新品种（见图6-23），减少了草莓病害，延长了草莓保鲜期，使每英亩草莓在美国市场上多获利1 800美元。转基因植物育种的另一主要目标是提高农作物产量和根据人类的需求把特定基因导入植物体内，达到改良品质的目的。如美国生物技术研究人员把月桂树基因导入油菜，生产出含月桂酸油约达40%的油菜籽，大大地降低成本并增加了产量。已获准在美、英、日等国上市的转基因番茄，比未经改良的番茄品种储存期长，这使消费者能在一年中较长时期内购买到可口的番茄。目前，全世界进入田间试验的转基因植物已超过500多种。

图6-23 采用DNA重组技术获得到转基因草莓

转基因动物育种技术也在大踏步前进。科学家们运用此项技术，已培育出转基因猪、羊、牛、鱼等。美国伊利诺伊大学研究人员展示了一种带牛基因的小猪，标志着这一研究领域所取得的最新进展。这种转基因猪比普通猪体重增长快，个头大，饲料利用率较高，可为养猪业带来丰厚的经济效益。另一种转基因猪是带有人体基因的猪，其器官移植到人体能够抑制对异体器官的排斥，也可望解决供移植的人体器官不足的问题。应用转基因技术还可培育生产人的血红蛋白的猪，从猪血中获得完全活性的蛋白。另一种转基因山羊（见图6-24），其乳汁中产生具有抗癌作用的复合单克隆抗体，可极大地降低生产此种复杂分子的成本，10只山羊就具有取代抗癌药物生产厂大规模成批生产能力的潜力。从以上进展可见，转基因动物育种技术的进步，不仅可提高畜牧业的生产效率，还可拓展新的用途，为发展高效益农业创造了条件。

自从1983年贝文和梅莱拉-埃斯特蕾拉等分别报道Ti质粒载体转化的嵌合基因在植物细胞中表达后，转基因工程在植物上的应用就大行其道，其中将外缘基因导入植物细胞和转基因植株再生是转基因工程的关键环节。根据詹姆士的统计，仅在1986～1997年期间，就有45个国家在60种作物上进行了近25 000例转基因植物的田间试验。1994

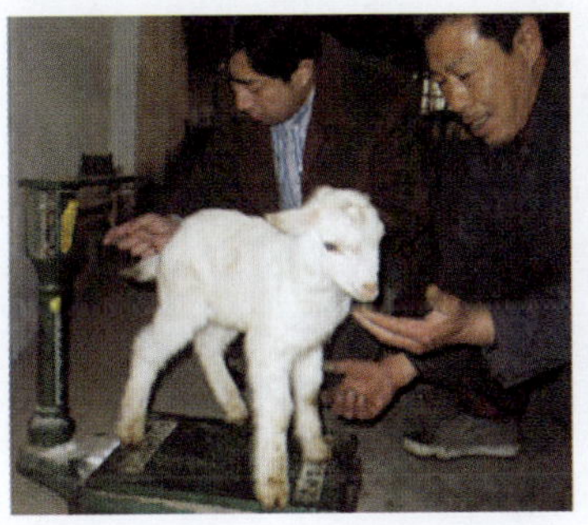

图6-24 我国科学家育出的转基因山羊

年第一个转基因农产品即耐储存的番茄批准在美国市场上销售，1997年底，全球已有12种作物的48种转基因作物产品获准商业化生产。2000年，种植转基因作物的国家从1996年的6个增加到13个。1995年全球转基因产品的市场销售额为0.75亿美元，1996年增加了3倍，2000年为30亿美元，预计2010年将高达250亿美元。

植物转基因工程不受自然界物种之间有性杂交不育的限制，可以充分利用不同的遗传资源来改良作物，或使植物生产有用的次生物质，满足人类食物和医药方面的需要，为科学和人类社会的发展提供新的机遇。

然而，植物转基因产品或转基因品种是在开放的田地中大量种植，因此其风险比在控制条件下转基因微生物的风险要大了许多。携带有自然界中原本不存在的全新的重组基因的生物可能导致的危险性，使得人们在面对这种在经济上潜力巨大的新技术时心情矛盾，既要尽可能充分利用其难以估量的巨大利益，又要担心其难以评估、难以控制的风险。

转基因作物对人类健康有无危害至今仍然是一个激烈争论的话题。面对公众对转基因食品的不同态度，美国FDA要求市场上出售的所有转基因食品必须注明，以供消费者选择。转基因作物及其产品可能带来的风险是多方面的。如巴西核果蛋白基因导入大豆的研究被取消，就是因为对该蛋白过敏的人同样对转基因大豆过敏。又如，人类摄取转基因食物后，如果消化系统不能完全分解转基因DNA或不能将其排出体外，病毒DNA可能会进入细胞，其启动子插入人染色体，启动沉寂基因，可能会使人细胞内沉寂的病毒复苏，产生新病毒或者诱发癌症。对抗生素标记基因的担心是，是否会引起人类致病病菌产生对抗生素的抗药性。

转基因植物的另一个可能风险是对生态环境的威胁。转基因品种如果由于基因重排趋于不稳定，则可能产生新的病毒或者侵入其他遗传因子。一旦新的遗传因子释放到自然环境中，则难于控制其传播范围。另外，如果转基因作物在获得新的外缘基因后，提高了生存竞争力，趋向杂草演化，就有可能改变自然界的生物种群分布，打破生态平衡。

以上这些可能在理论上不能排除，虽然迄今为止尚无太多的实例来印证人们的担心。但是转基因植物对生物多样性的威胁却更加直接和紧迫。随着人口增加，粮食的压力越来越大，人们会越来越倾向于大量种植高产的转基因作物。而这必然会导致传统作物品种被普遍取代，其结果就会是生物多样性的丧失。与此相关的风险还有第三世界国家和人民在作物种子上对发达国家的严重依赖，这种依赖还会导致政治和经济上的不平等进一步加剧。所有这些风险并非是意味着要否定转基因技术，而是提醒我们必须审慎使用转基因技术，加强风险评估和防范，从而可以趋利避害，促进人类社会的和谐、持续发展。

在其他方面，生物技术也给农牧业带来了巨大的影响。如固氮技术将使农作物逐渐摆脱对外施氮肥的依赖，为农作物施肥开辟了一个全新的思路。

6.5.2 生物技术在生物医学工程中的应用

到目前为止，生物技术发展最快，对人类影响最大，也最为人们所关注的是生物医药领域。运用生物技术能够对一些过去难以确切诊断的疾病作出诊断与治疗，其中以基因疗法最为突出。

所谓基因疗法，就是人为地有目的地对人体DNA或RNA进行处理。目前，基因疗法主要有三个方面：一是跟踪体内细胞，二是治疗疾病，三是预防疾病。

体内细胞跟踪，是将特定的示踪基因导入一定细胞内，以后可以靠追踪这个基因来观察这些细胞到身体什么部位，命运如何等。严格地说，这只是帮助一些研究工作，不是治疗。但这种方法可以用来辅助一些真正的治疗，比如观察疗效或帮助跟踪肿瘤转移情况。

治疗疾病是通常人们最容易想到的基因疗法的用途，理论上可以有体细胞基因治疗和性细胞基因治疗两种。前者是对个体基因治疗，不影响其后代。后者是对个体的遗传系统进行改造，以至影响其后代的基因。性细胞基因疗法将影响人类将来，有广泛的社会后果，因此，在社会的和伦理的重要课题没有达到人类共识前，现在还不能进行人类性细胞的基因疗法方面的研究。这个情况主要不是技术上的问题，因为在老鼠体内，科学家们已经做了大量的性细胞基因改造的工作。对人类进行的基因疗法现在都是体细胞治疗。迄今做得多的是遗传病的体细胞基因疗法。人们已知一些遗传病是单个基因变化所造成，如果是功能缺乏性的变化，就可用基因疗法，人为地引入一个正常的基因，从而治疗疾病，这种治疗现已有临床试验。这种用途有几个局限因素，不是所有基因变化都可以用引入正常基因来纠正的。比如一个基因变化后，如果不是简单的失去功能，而是引起一个新的功能而造成疾病，单靠引入正常基因是不能治病的，这时需要去掉原来的坏基因，换上好基因。这种基因置换型的基因疗法在人类尚无成功的先例。基因疗法可用于多方面的非遗传病。基因疗法可用于给药系统，比如肾透析的病人血中红细胞会下降，常规对策是给病人补充红细胞生成素。这种药价格昂贵，长期注射给药也不方便。理论上可以把红细胞生成素的基因导入体内，让人体细胞自行造药。基因疗法也可用于许多肿瘤的治疗。比如很多肿瘤是因一个叫P53的基因变化所致，将正常的P53导入肿瘤细胞，对有些肿瘤就会有治疗作用。基因疗法应用于传染病方面的研究也受到很多科学家重视，特别是对那些用常规疗法很少有效的病毒类疾病。人们寄希望于基因疗法方面目前做得最多的自然是艾滋病。

基因疗法的第三大主要应用是预防疾病。这项应用是近几年才特别重视起来的，从其趋势来看有可能是能最快成熟起来的技术，因为制造基因疫苗来预防疾病用的是基因技术中最简易和可行的部分：表达基因产物。这个产物如果是可以引起保护性免疫的合适的蛋白质，就可以有疫苗作用。基因长期表达产物是多数基因疗法需要解决的问题，但这一问题对疫苗最容易解决，因为疫苗不要求长期产生蛋白质，只要短期有足量蛋白质产生就可以了。这方面已经有成功的例子，显示可以用基因疫苗替代卡介苗对付结核病。对其他一些常见传染病，比如在中国危害很大的肝炎（乙肝），基因疫苗的前景也很吸引人。除了包括基因疗法在内的生物诊断技术外，生物技术对医药领域一个最重要的贡献在于对体内微量存在的生物活性物质的研究和大量生产以用于疾病的治疗。一些体内微量存在的生物活性物质，如激素、酶、细胞因子等，过去难以获得，现已可以利用生物技术来改造大肠杆菌、酵母或动物细胞甚至动物个体作为宿主，将这些生物活性物质的基因转入这些宿主中，使它们为人们大量生产这些生物活性物质，作为药物来治疗人类疾病。例如有一种被称为6FGF的细胞生长因子，对溃疡面、创伤、神经损伤等的再生修复有极好的作用，但这种物质在生物体内含量极微。若从牛中提取，用常规方法在600头牛只能提取到 150μg，价值远远超过黄金。但通过生物技术，将6FGF的基因导入大肠杆菌，通过培养，可以提取到高活性高纯度的6FGF。

采用生物医学工程材料制备的牙种植体具有很好的生物相容性，可以用作种植牙，如图6-25所示。

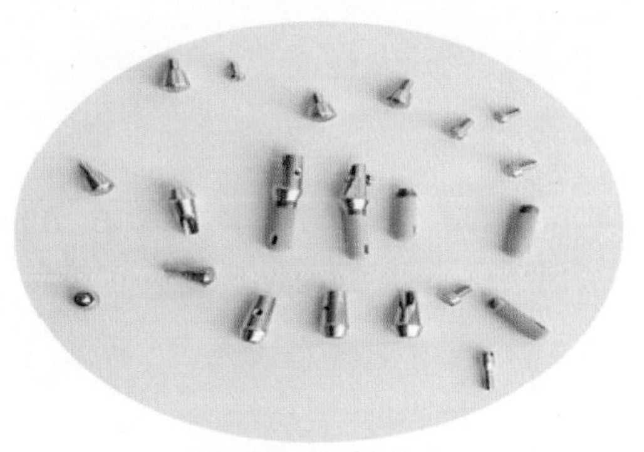

图6-25　羟基磷灰石涂层钛基牙种植体

6.5.3 生物技术在能源与环保中的应用

能源和环保将是未来生物技术崭露头角的一个舞台。高度发达的现代工业给人类带来了现代物质文明，但同时也带来了严重的问题。能源危机和环境污染日益困扰着人们，影响到人类的发展和生存。生物学家们正在尝试运用生物技术将植物中的纤维素降解进而转化为可以燃烧的酒精等新能源。自然界中有取之不尽的植物纤维素资源，这项技术的突破有可能成为能源技术的新方向。

除能源外，生物技术为环境保护也提供了有力的武器。美国科学家已用基因工程培育出了一种能同时降解四种烃类的“超级工程菌”。原先自然菌要用一年才能消化掉的海上浮油，这种细菌几个小时就能吃完，所以可以利用它来迅速消除因油轮失事造成的海洋中各种浮油的污染。

第7章　微电子学与计算机技术

在现代科学技术中，微电子科学与技术扮演着十分重要的角色，它渗透到人类社会、经济的各个领域和人类生活的各个方面，成为支撑高技术发展的基础和推进社会和经济信息化的巨大动力。

以微电子技术为基础的计算机技术飞速发展，使计算机迅速普及并得到广泛地应用。多媒体计算机作为一种消费时尚进入了寻常百姓家，Internet连接世界的各个角落，拉进了人们之间的距离，整个地球变成了一个“村庄”。从政府机关到企事业单位，从金融到交通、通信，从军事、国防到日常生活，计算机确实已成为当代社会和人们不可缺少的工具，正在推动着社会进步和改变着人类的工作、生产和生活方式。

7.1　微电子科学与技术及其发展历程

微电子学是在物理学、固体物理、量子力学等学科基础上发展出来的一门新的学科。微电子技术是微小型电子元器件和电路的研制、生产以及用它们实现电子系统功能的技术领域。它是20世纪50年代后随着集成电路技术，特别是大规模集成电路技术的发展而逐渐兴起的新技术。

微电子技术不仅使电子设备和系统的微型化成为可能，更重要的是它引起了电子设备和系统的设计、工艺、封装等的巨大变革。所有的传统元器件，如晶体管、电阻、连线等，都将以整体的形式互相连接，设计的出发点不再是单个元器件，而是整个系统或设备。

7.1.1　电子管、晶体管到集成电路

1. 电子管

最早的电子设备以电子管作为基本元器件。一个三极电子管的基本工作原理是：阴极在一定的电压作用下，向阳极发射出电子，形成电流；在阴极和阳极之间有一个栅极，通过改变栅极上的电压大小，可以控制由电子产生的电流大小，使三极管具有放大作用。但是电子管的体积较大，耗费的功率也大，工作时还发出很高的热量。使用电子管的电子设备往往占据较大的空间。

2. 晶体管

20世纪30年代，量子力学取得了举世瞩目的成就，它应用于固体物理，产生了固体能带理论，成为理解包括半导体在内的固体的基本性质、发展半导体技术的重要理论基础。1947年，美国电报电话公司（AT&T）的贝尔实验室的三位科学家巴丁、布莱顿和肖克莱发明了晶体管。这一发明是20世纪电子技术上的重大突破，为微电子技术的出现拉开了序幕。

然而用晶体管取代电子管，只是一种器件代替另一种器件，采用晶体管分立元件制造的电子设备仍然存在着故障多、体积大、维修困难等不足。生产和军事部门还希望电子设备进一步微小型化，这又强烈地推动着人们去开辟电子技术的新途径。

3. 集成电路

1952年5月，英国人达默在一次电子元件会议上首次提出了集成电路的设想。达默认为：可以将电子设备做在一个没有导线的固体块上，这种固体块由一些绝缘的、导电的、整流的以及放大的材料层构成，把每层分割出来的区域直接相连，可以实现某种功能。1957年，英国普列斯公司与马耳维尔雷达研究所协作，在6.3mm × 6.3mm × 3.15mm的硅晶上，制成了触发器电路。1958年，美国得克萨斯公司的基尔比和仙童公司的诺伊斯在6.45mm^{2}的芯片上做成了一个包括电阻、电容在内的由12个元件组成的RC移相振荡器。1959年，仙童公司的诺伊斯和摩尔研制出了一种特别适合于做集成电路的工艺。它巧妙地利用了二氧化硅对某些杂质的扩散的屏蔽作用，在硅片上的二氧化硅层被刻蚀的窗口中，扩散一定的材料，以形成各种元器件，同时，又应用了p-n结的隔离技术，并在二氧化硅上以沉积金属作为导线，这样就基本上完成了集成电路的全部工艺。奠定了半导体集成电路发展的坚实基础。

集成电路的发明导致了电子技术的一次新的革命，标志着电子技术进入了微电子技术的新阶段。

集成电路是以半导体晶体材料为基片，采用专门工艺技术将集成电路的元器件和互连线集成在基片内部、表面或基片之上的微小型化电路或系统。标志集成电路水平的指标之一是集成度。所谓集成度就是指在一定尺寸的芯片上能做出多少个晶体管。一般将每片集成100个晶体管以下的集成电路称为小规模集成电路（Small Scale Integration，SSI），集成100~1 000个晶体管的集成电路称为中规模集成电路（Medium Scale Integration，MSI），集成 1 000~100 000个晶体管的集成电路称为大规模集成电路（Large Scale Integration，LSI），集成 10万~1 000万晶体管的集成电路则称为超大规模集成电路（Very Large Scale Integration，VLSI）。

集成电路发展的初期仅能在一个芯片上制造十几个和几十个晶体管，因而电路的功能是有限的。到 20世纪 60年代中期，集成度水平已提高到几百甚至上千个元器件。20世纪70年代是集成电路迅速发展的时期，进入大规模集成电路时代，这期间已经出现了集成20多万个元器件的芯片。大规模集成电路不仅仅是元器件集成数量的增加，集成的对象也发生了根本的变化，它可以是一个复杂的功能部件，也可以是一台整机（单片计算机）。20世纪80年代可以看做是超大规模集成电路的时代，芯片上元器件的集成数量已突破了百万大关。1993年已出现集成 5.6亿个晶体管的芯片。这样多的元件集成在一小块硅片上，元件所占的面积及元件间的连线细到0.25μm。

图7-1　几种类型的晶体管

图7-2　含有6.5亿个晶体管的集成电路

目前，世界上集成电路已实现0.15μm、0.12μm加工工艺，最精细的制造工艺已达到65nm。世界最高水平的单片集成电路芯片上所容纳的元器件数已经达到100多亿个。

7.1.2 微电子技术的摇篮——硅谷

在美国加利福尼亚州的旧金山以南圣荷塞地区有一个狭长的山谷，这里空气清新，气候宜人。20世纪初，此地果园葱葱，风景秀美，有“心悦之谷”的美名。当今，用硅制成的半导体芯片成了当地高科技产业的主导产品，该地也成了闻名遐迩的“硅谷”，如图7-3所示。

硅谷作为微电子技术的摇篮、微电子革命的发源地，它有着一种神奇的魅力，已成为高技术产业基地的代名词。硅谷的神奇在于它产生了许多影响世界的发明家（公司）和技术发明。像仙童公司的世界上第一块硅集成电路、Intel公司的世界上第一个微处理器、Apple公司的个人电脑，还有电子游戏机、无线电话、电子手表等，这些对人类社会产生深远影响的发明，都是在硅谷诞生的。硅谷有一种特殊的氛围，激励人们去创造。

20世纪初，位于硅谷的斯坦福大学电子工程系，已成为世界电子学的中心。当时，电子三极管的发明人弗罗斯特从纽约来到这里。20世纪50年代，被称为“晶体管”之父的诺贝尔物理奖获得者肖克莱从贝尔实验室回到家乡创业，他们的声望，吸引全美国电子学领域的精英来追随。这样，在硅谷汇聚了众多的人才和技术，其知识密集、人才密集程度之高在世界上首屈一指。

图7-3 美国加州硅谷

图7-4 位于硅谷的Google总部

硅谷发展成为美国电子工业最大的研究和制造中心、高技术的摇篮，成为享誉全球的科技工业园，是与加州政府长期注重科技工作和倡导科工贸相结合的努力分不开的。早在20世纪60年代，加州就出台一项科技政策，明确表示支持大学的研究与发展工作，并提供一些相应的扶植政策，包括提供教育经费和筹措风险资金等。其目的不仅要提高大学的研究开发水平，更重要的是要靠智力和技术促进本地区企业的进步，形成促进经济增长的机制。

在硅谷，人们善于配合、协调，极少官场习气。那里的人虽然个性极强，但却很容易合作，想尽一切办法尽快把事情办好。

鼓励冒险、刺激创新、容忍失败、绝少束缚的氛围形成了硅谷独特的文化，这就是创新。企业在创新中实现梦想，人在创新中实现价值。创新像基因根植于每一个硅谷人的大脑。创新像空气，滋养着每一个硅谷人的生命。当你天天接触别人更新、更快、更大胆的想法时，你的眼光自然在变宽，你的灵性之烛自然被点燃，你的想象力和创造力自然在增值。

除去技术、人才、外部环境，硅谷的形成还有一个因素，这就是风险资金。亚瑟·罗克是位有名的风险投资家，像Intel、Apple公司的创业，都与他有很大的关系。Intel的创始人诺依斯曾说过，他从亚瑟·罗克那里“只用五分钟就筹齐了创建Intel公司的资金”。风险投资家投入资金，帮助公司上市，然后获得收益。

Kleiner Perkins（KP）是一家创立于1972年的风险投资公司，它投资了像AOL、Netscape、Sun、@Home和Amazon等一群被公认为当今美国发展最快的新技术企业，KP投资过的企业曾创造过16万个就业机会、61亿美元的税收和125亿美元的市场价值。

完善的投资环境和风险投资机制使这里变成了思想和技术冒险者的天堂。如今，这儿聚集了大约2 000多家电子和信息技术公司，还有无数的服务和供应公司。包括计算机、半导体、激光、光纤、机器人、医疗器材、磁记录设备、教育和家用电子学等技术领域。一些大公司的总部虽不在硅谷，但它们在那里建立机构或设立分部，及时把握住技术前沿的脉搏。

硅谷的公司很多都发展成为巨人级的公司。营业额动辄就是几亿、上百亿甚至几百亿美元。在全美最大的500家企业中，硅谷有十多家。硅谷的公司好多都在从事跨国经营，HP、Intel、Apple、AMD、SUN、Oracle等，都逐渐为中国电脑用户所熟悉。

崇尚自由创造的美国硅谷成了世界科技史上的奇迹，中国人在建设有中国特色社会主义的电子信息产业基地的计划和过程中也借鉴了美国高科技中心硅谷的发展模式，引进世界各知名企业及科技公司的技术、资金以及先进的管理模式以实施“中国硅谷”计划。

中国在高科技领域的人才资源优势，加上国内较大的潜在市场都将成为中国硅谷城发展的有利契机。美国硅谷经过最近二三十年的长足发展，取得的成绩举世瞩目，但发展到顶峰后必然会出现制约瓶颈，土地、房租、工资待遇日益上涨的开销使得高新技术企业成本提高、风险加大，而丰厚的资源优势和政策环境使他们不约而同地把目光投向了中国。

中国硅谷的目标定位是以大学、科研院所为依托，创造一个极具孵化功能的企业生长环境，同时，引入完善活跃的风险投资基金，创建健康的敢于冒险的园区风气，最终形成一座颇具规模的、富有现代文化色彩的国际化中国硅谷城。中国硅谷城必将成为创业者们的首选园区。现今，在北京西郊，以北京大学和清华大学为依托的中关村电子科技城，上海张江软件园已发展成为类似硅谷的高新技术产业基地。

7.1.3 微型计算机的核心——微处理器

微电子科学与技术最重要的应用领域就是计算机技术领域。计算机的发展建立在微电子技术基础之上，而计算机应用领域的拓宽，反过来又促进了微电子科学技术的发展。

1. 微处理器

在计算机家族中，影响面最大、应用最广泛的是微型计算机。微机的组成部分，从运算器、控制器、存储器，到输入／输出设备都是微电子技术的结晶。其中运算器和控制器集成在一个芯片上，称为中央处理单元（Central Processing Unit，CPU），也叫微处理器，它是微型计算机的心脏。运算器是完成数学运算和逻辑运算的部分，控制器则起指挥计算机的作用。计算机之所以叫电脑，就是由于微处理器像人的大脑一样起指挥作用。人们常说的奔腾、酷睿计算机，实际上指的是微处理器的型号。微处理器指挥着计算机各部分的工作，可以接收和传输信息，并在其内部进行数据的运算、比较、交换、分类、排序和检索等信息处理。

微处理器的历史可追溯到1971年，当时的Intel公司推出了世界上第一台微处理器4004。它集成了2 300个晶体管，运算速度为6万次/s，它可从半导体存储器中提取指令，实现大量不同的运算功能，这在当时是非常了不起的。

2. 微型计算机——个人电脑

在微处理器出现之前，计算机体积比较大、价格昂贵，大多是供科学家、大学教授、工程技术人员使用的，一般的老百姓则是对其可望而不可即。微处理器的出现，使计算机逐步做到小型化、微型化，而且价格大幅度下降，这才进入了寻常百姓家。

1980年，Intel的16位8088微处理器被IBM选中用作第一台PC机的核心，开创了个人电脑的时代。作为第一代PC机特征芯片的8088变得越来越受欢迎，并使计算机用于桌面印刷系统，这在当时是具有重大意义的。

1982年，Intel推出了80286芯片，内部装有13.4万个晶体管，具有当时的其他16位处理器三倍的性能。这种芯片用在IBM的PC/AT计算机上。这种新型的个人电脑一进入市场很快就风靡全世界。

1985年，80386处理器投放市场，采用新的32位结构，内装27.5万个晶体管，芯片每秒钟可完成 500万条运算指令（5MIPS）。

1989年，出现了80486处理器，芯片内装120万个晶体管，带有数字协处理器。这种新芯片大约比最初的4004快50倍。

1993年，Intel公司推出了奔腾处理器。奔腾处理器用了310万个晶体管，运算速度达到90 MIPS，是原始的4004处理器的1 500倍。

1997年，Intel推出有 750万个晶体管的奔腾Ⅱ，AMD公司推出具有880万个晶体管的K6MMX微处理器。利用这些芯片的计算机，具有更高的性能价格比。

2002年，Intel推出了主频为2.2GHz的奔腾 IV芯片，采用0.13 μm工艺生产。AMD推出了主频为1.67GHz的Athlon XP2000 + 芯片，尽管主频较低，但性能不比英特尔逊色。

2004年，Intel又继续推出了迅驰、酷睿芯片，制造出了像笔记本那样大小、具有无线通信功能的计算机——笔记本电脑。

Intel公司称，他们将在2010年推出容纳10亿个晶体管芯片，处理速度将达10万MIPS。

有人预计到2020年一台计算机的能力将是目前美国硅谷所有计算机能力的总和。

集成电路自面世以来，便遵循摩尔定律发展，就是说集成度每三年便翻两番。美国半导体工业协会预测，到2016年将采用0.022 μm生产更高档次的芯片。

图7-5 采用45nm工艺的酷睿4核微处理器

7.1.4 微电子技术的广泛应用

除了计算机以外，微电子技术在其他方面的应用也是相当广泛的。从通信卫星、军事雷达、信息高速公路，到程控电话及今天几乎普及到每个人的无线手机，从气象预报、遥感、遥测，到闭路电视、激光唱盘、DVD，从医疗卫生、能源、交通，到环境工程、自动化生产、日常生活，各个领域无不渗透着微电子技术。它已经成为一种既代表国家现代化水平又与人民生活息息相关的高新技术。

现代的广播电视系统是微电子技术大有用武之地的领域之一，集成电路代替了彩色电视机中大部分分立元件组成的功能电路，使电视机电路简洁清楚、性能稳定、维修方便、价格低廉。采用微电子技术的数字调谐技术，使电视机可以对多达上百个频道任选，而且大大提高了声音、图像的保真度。

微电子技术对电子产品的消费市场也产生了深远的影响。价廉、可靠、体积小且质量轻的微电子产品，使电子产品面貌一新。电子技术产品和微处理器不再是专门的科学仪器世界的贵族，而落户于各式各样的普及型产品之中，进入普通百姓家。例如电子玩具、游戏机、学习机以及洗衣机、电冰箱、空调、VCD/DVD等家用电器产品。在汽车电子应用中也渗透进了微电子技术，采用微电子技术的电子引擎监控系统、汽车安全防盗系统、电子液压自动变速系统、出租车的计价器、GPS等已得到广泛的应用，现代汽车上有时甚至要有十几到几十个微处理器。

微电子技术的应用例子举不胜举，它对我们工作、生活和生产的影响无法估量。

7.2 计算机科学与技术

7.2.1 计算机科学与技术的体系

计算机是本世纪最重大的科学技术成就之一，它已成为现代化国家各行各业广泛使用的强有力信息处理工具。计算机使当代社会的经济、政治、军事、科研、教育、服务等方面在概念和技术上发生了革命性的变化，对人类社会的进步已经并还将产生极为深刻的影响。目前，计算机科学与技术是世界各发达国家激烈竞争的科学技术领域之一。

电子计算机虽然叫做“计算机”，它的早期功能主要也确实是计算，但后来高水平的计算机已远远超越了单纯计算的功能，还可以模拟、思维、进行自适应反馈处理等，把它叫做“电脑”更为合乎实际。由于电子计算机功能的飞跃性发展，应用于生产和生活的各个方面，直接和显著地提高了生产、工作和生活的效率、节奏和水平，在软科学研究和应用中它也起着关键作用，因此它已被公认是现代技术的神经中枢，是未来信息社会的心脏和灵魂。在这种背景下，从对计算机的技术研究，又上升到了对计算机的科学研究，于是，计算机科学逐渐建立起来了。

尽管在1946年世界第一台电子计算机ENIAC就已经问世，但是直到1963年美国斯坦福大学Forsythe教授才引入“计算机科学”这个术语。不过对于它的含义，在不同发展阶段的不同背景的人们常持有不同的理解。

美国斯坦福大学计算机教授唐纳德.E.克努特（Donald E. Knuth）认为：应当把计算机科学看做是算法的学问。算法是精确定义的一系列规则：指出怎样从给定的输入信息经过有限步骤产生所求的输出信息。关于算法的学问，主要涉及研究算法的理论、执行算法的机器、描述算法的语言以及对于具体算法的分析。这种提法大体反映了20世纪50年代计算机硬软件取得的成就，包括了用物理形式实现的各种计算设备以及算法、程序和程序设计语言等。然而，仅从这些方面尚未能说明计算机科学的本质。

著名的计算机科学家P. 维格纳（P. Wegner）强调计算机科学是一种“关于信息结构转换的科学”，他认为“工业革命中起核心作用的是‘能量’；在计算机革命中它将被‘信息’取代”。显然，把计算机科学看做是研究信息结构的表示、变换、传输、利用，这是很大的进步。它反映了计算机实践的信息处理内涵，强调了计算机科学的数学统一性。20世纪60年代对自动机理论、形式语言理论、运算语义和数学语义理论进行了抽象研究，这些都导致人们把计算机科学作为某种数学模型的抽象演绎来研究。

20世纪70年代后，人们又提出计算机科学是计算机工程技术的理论基础的观点。例如对软件工程的理论研究，对知识表示、存储和利用的研究等。这反映了对创新软件工艺所做的努力，从而把计算机科学当作技术科学来研究。总之，我们认为计算机科学正是在于寻求一个科学基础，在这个基础上可以从事包括计算机设计、计算机编程、信息处理、问题的求解算法、运算过程本身以及它们之间互相关系的研究。

近年来，人们逐渐意识到“计算机科学”一词不能概括社会信息化提出的要求。1986年10月在国际信息处理联合会召开的第十届世界计算机大会上，Bjoner、Nygaard等人提出用“信息学（Informatics）”代替“计算机科学”的观点。他们认为“计算机科学”含义过窄，而“信息学”才是在计算机不断创新的环境中发展起来的，像数学、物理学那样的基础科学。这些观点值得我们充分注意。

事实上，计算机科学的萌发比这一术语在文献中出现的时间要早得多，它的产生发展都与计算机器的设计、制造、实践紧密相关。可以说计算机科学理论来源于计算机工程技术，并指导计算机实践向更高阶段前进。

计算机科学的创始人公认为是英国数学家图灵（Alan Mathison Turing，1912—1954），1936年他提出图灵机模型。我们知道普通计算机都是一种自动计算装置，理论上曾提出多种计算模型，其中最有普遍性而且功能最强的模型就是图灵机。普通计算机的存储器是有限的，而图灵机的存储器是无限的。业已证明普通计算机的计算能力不会超过图灵机。图灵机只能计算递归函数，普通计算机大量遇到的正是这类函数。但是还存在图灵机不能计算的非递归函数，图灵本人就找到过这样的函数。普通计算机肯定也不能求解这类问题。此外，由于实际机器的许多物理限制，即使理论上由图灵机可解的一些问题，在普通计算机上也是“实际上”不可解的。为了纪念图灵对计算机科学所作的贡献，美国计算机协会（ACM）设立了图灵奖。从1966年开始每年奖励在计算机科学上获得突出成就的科学家，这被认为是计算机科学领域的最高荣誉。

计算机科学研究受到各国政府的重视，许多国家都制定了长期发展规划。许多著名的计算机公司，如IBM公司，AT&T的贝尔（Bell）实验室都对计算机科学的发展做出了重要的贡献。

目前，计算机科学的研究领域可以概括为以下7个方面：

（1）计算机系统结构的研究。传统的计算机系统基于冯·诺依曼的顺序控制流结构，从根本上限制了计算过程并行性的开发和利用，迫使程序员受制于“逐字思维方式”，从而使程序复杂性无法控制，软件质量无法保证，生产率无法提高。因此，对新一代计算机系统结构的研究是计算机科学面临的一项艰巨任务。人们已经探索了许多非冯诺依曼结构，如并行逻辑结构、归约结构、数据流结构等。

智能计算机以及其他新型计算机的研究也具有深远的意义，例如光学计算机、生物分子计算机、化学计算机等处理方法的潜在影响是不可忽视的。计算机构造学正在发展着。

（2）程序设计科学与方法论的研究。冯·诺依曼系统结构决定了传统程序设计风格的缺陷，逐字工作方式，语言臃肿无力。缺少必要的数学性质。新一代语言要从面向数值计算转向知识处理，因此新一代语言必须从冯诺依曼设计风格中解放出来。这就需要分析新一代系统对语言的模型设计新的语言，再由新的语言推出新的系统结构。

（3）软件工程基础理论的研究。软件工程的研究对软件生存期作了合理的划分，引入了一系列软件开发的原则和方法，取得较明显的效果，但未能从根本上解决“软件危机”问题。

软件复杂性无法控制的主要原因在于软件开发的非形式化。为了保证软件质量及开发维护效率，程序的开发过程应是一种基于形式推理的形式化构造过程。从要求规范的形式描述出发，应用形式规范导出算法版本，逐步求精，直至得到面向具体机器指令系统的可执行程序。由于形式规范是对求解问题的抽象描述，信息高度集中，简明易懂，使软件的可维护性得到提高。

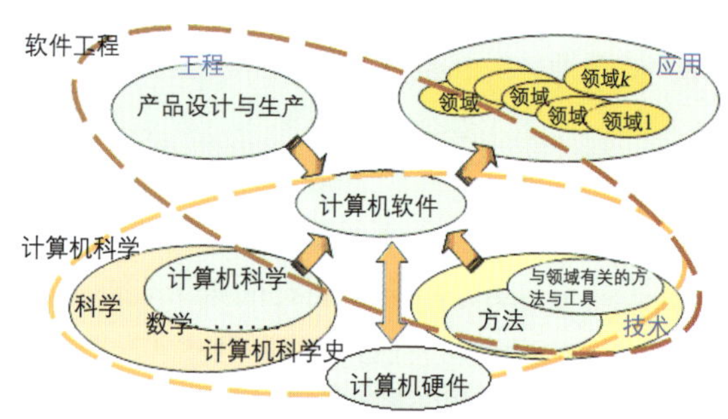

图7-6　计算机科学与技术的体系

显然，形式化软件构造方法必须以科学的程序设计理论和方法为基础，以集成程序设计环境为支持。近年来这些方面虽取得不少进展，但距离形式化软件开发的要求还相差甚远。因此，这方面仍有不少难题有待解决。

（4）人工智能与知识处理的研究。人工智能的研究正将计算机技术从逻辑处理的领域推向现实世界中自然产生的启发式知识的处理，如感知、推理、理解、学习、解决问题等。为了建立以知识为基础的系统，提高解决问题的综合能力，以启发式知识表达为基础的程序语言和程序环境的研究就成为普遍关心的重要课题。

人工智能还包括许多分支领域，如人工视觉、听觉、触觉以及力觉的研究，模式识别与图像处理的研究，自然语言理解与语音合成的研究，智能控制以及生物控制的研究等。总之，人工智能向各方面的深化，对计算机技术的发展将产生深远的影响。

（5）网络、数据库及各种计算机辅助技术的研究。计算机通信网络覆盖面的日趋扩大，各行业数据库存的深入开发，各种计算机辅助技术如CAD、CAM、CAT、CAE、CIM（计算机集成制造）等的广泛使用，也为计算机科学提出许多值得研究的问题。如编码理论，数据库的安全与保密，异种机联网与网间互连技术，显示技术与图形学，图像压缩、存储及传输技术的研究等。

（6）关于计算机科学的理论性研究。自动机及可计算性理论的研究，例如图灵机的理论研究还有许多工作可作。理论计算机科学使用的数学工具主要是信息论、排队论、图论、符号逻辑等，这些工具本身也需进一步发展。

（7）计算机科学史的研究。在计算机科学的发展史上，有许多对认识论、方法论是很值得借鉴的丰富有趣的史料，它们同样是人类精神宝库的重要财富。

7.2.2　计算机的主要特点和分类

1. 计算机的主要功能和特点

计算机可以存储各种信息，按人们事先设计的程序自动完成各类计算、控制等许多工作。除了计算之外，计算机还可以像人脑那样，具有推理、逻辑判断、识别、决策等功能。如果说机器和汽车是人手足的延伸，那么计算机就是人脑的延伸，是一种高效的脑力劳动工具。计算机与人有许多相似之处，如人脑有记忆细胞，计算机有可以存储数据和程序的存储器；人脑有神经中枢处理信息并控制人的动作，计算机的中央处理器，可以处理信息并发出控制指令；人靠眼、耳、鼻、四肢感受信息并传递至神经中枢，计算机靠输入设备接收数据；人靠五官、四肢做出反应，计算机靠输出设备处理结果。

计算机具有以下特点：.

（1）快速的运算能力。电子计算机的工作基于电子脉冲电路原理，由电子线路构成其各个功能部件，其中电场的传播扮演主要角色。电场传播的速度是极快的，现在高性能计算机每秒能进行上万亿次以上的加法运算。如果一个人在一秒钟内能作一次运算，那么一般的电子计算机一小时的工作量，一个人得做100多年。很多场合下，运算速度起决定作用。例如，计算机控制导航，要求“运算速度比飞机飞得还快”；气象预报要分析大量资料，如用手工计算需要十天半月，就失去了预报的意义。而用计算机，几分钟就能算出一个地区内数天的气象预报信息。

（2）足够高的计算精度。电子计算机的计算精度在理论上不受限制，一般的计算机均能达到15位有效数字，通过一定的技术手段，可以实现任何精度的要求。历史上有位著名数学家契依列，曾经为计算圆周率π，整整花了15年时间，才算到707位。现在将这件事交给计算机做，几个小时内就可计算到10万位。

（3）超强的记忆能力。计算机中有许多存储单元，用以记忆信息。内部记忆能力是电子计算机和其他计算工具的一个重要区别。由于具有内部记忆能力，在运算过程中就可以不必每次都从外部去取数据，而只需事先将数据输入到内部的存储单元中，运算时即可直接从存储单元中获得数据，从而大大提高了运算速度。

计算机存储器的容量可以做得很大，而且记忆力特别强。目前普通计算机的内部存储器容量为1GB（吉字节），即1 024×1 024×1 024个字节（每两个字节可以存储一个汉字），通过磁盘、光盘存储的信息更是达到“海量”。

（4）复杂的逻辑判断能力。人是有思维能力的。思维能力本质上是一种逻辑判断能力，也可以说是因果关系分析能力。借助于逻辑运算，可以让计算机作出逻辑判断，分析命题是否成立，并可根据命题成立与否作出相应对策。例如，数学中有个“四色问题”，说是不论多么复杂的地图，使相邻区域颜色不同，最多只需四种颜色就够了。100多年来，不少教学家一直想去证明它或者推翻它，却一直没有结果，成了数学界著名的难题。1976年两位美国数学家终于使用计算机进行了非常复杂的逻辑推理验证了这个著名的猜想。

（5）按程序自动工作的能力。一般的机器是由人控制的，人给机器一个指令，机器就完成一个操作。计算机的操作也是受人控制的，但由于计算机具有内部存储能力，可以将指令事先输入到计算机存储起来，在计算机开始工作以后，从存储单元中依次去取指令，用来控制计算机的操作，从而使人们可以不必干预计算机工作，实现操作的自动化。这种工作方式称为程序控制方式。

2. 计算机的分类

电子计算机分为模拟式、数字式和模拟数字混合式三种。模拟式电子计算机内部表示和处理的数据所使用的电信号，是模拟自然界的实际信号。如它可以用电信号模拟随时间连续变化的温度、湿度等。这种模拟自然界实际信号的电信号称为“模拟电信号”，其主要特点是“随时间连续变化”。数字式电子计算机内部处理的是一种称为符号信号或数字信号的电信号，这种信号的主要特点是“离散”，即在相邻的两个符号之间不可能有第三个符号。通常所说的计算机指的是数字式电子计算机。

电子计算机从规模上分为巨型、大型、中型、小型、微型和单片型。

计算机中的“巨型”，并非从外观、体积上衡量，主要是从性能方面定义的。20世纪70年代初期，国际上常以运算速度在每秒1 000万次以上、存储容量在1 000万位以上及价格在1 000万美元以上的所谓“三个1 000万以上”来衡量一台计算机是否为“巨型”。到了80年代中期，巨型机的标准运算速度为每秒1亿次以上，字长达64位，主存储器的容量达4～16MB。这一标准还在逐年增长，目前，巨型机的运算速度已达到每秒100～100 000亿次。

小型机和微型机很难有严格的界限。特别是微型计算机发展最快、应用最广，大家所熟悉的奔腾Ⅲ、奔腾Ⅳ、酷睿Ⅱ等PC机都属于微型计算机。目前，微型机已达到每秒20亿次的运算速度，字长64位，主存储器的容量1GB以上，超过了20世纪80年代中期巨型机的标准。

单片机在结构上与上述几类计算机有很大的差别，它是在制作时就已经将计算机中的所有功能部件集成在一起，形成外观上仅仅是一片集成电路的计算机。

7.2.3 计算机发展简史

1936年，24岁的英国数学家图灵发表著名论文《论可计算数及其在密码问题的应用》，提出了“理想计算机”，后人称之为“图灵机”。图灵通过数学证明得出理论上存在“通用图灵机”，这为可计算性的概念提供了严格的数学定义，图灵机成为现代通用数字计算机的数学模型，它证明通用数字计算机是可以制造出来的。

1938年，信息论的创始人、美国科学家仙农发表论文“继电器和开关电路的符号分析”，首次阐述了如何将布尔代数运用于逻辑电路，奠定了现代电子计算机开关电路的理论基础。

1940年，美国科学家维纳阐述了自己对现代计算机的五点设计原则：数字式而不是模拟式；以电子元件构成并尽量减少机械装置；采用二进制而不是十进制；内部存放计算表；内部存储数据。维纳在1948年完成了他的重要著作《控制论》，这不仅使维纳成为控制论的创始人，而且对计算机后来的发展和人工智能的研究产生了深刻的影响。

第二次世界大战期间，美国陆军出于军事上的目的与宾夕法尼亚大学签订了研制计算炮弹弹道轨迹的高速计算机的合同。耗资约15万美元，历时三年，终于在1946年2月15日，世界上第一台电子计算机诞生了，取名ENIAC。承担开发任务的“莫尔小组”由四位科学家和工程师埃克特、莫克利、戈尔斯坦、博克斯组成，总工程师埃克特当时年仅24岁。世界上第一台通用数字电子计算机ENIAC的问世（见图7-7），宣告了人类从此进入电子计算机时代。

图7-7 世界上第一台数字计算机ENIAC

ENIAC看上去是一个庞然大物，长30.48m，宽1m，30个操作台，占地面积170m^2，约相当于10间普通房间的大小，总质量约30t，耗电量为150kW，造价48万美元（相当于现在的1 000万美元以上）。它使用18 000多个电子管，70 000个电阻，10 000个电容，1 500个继电器，6 000多个开关；运算速度为每秒5 000次，每秒执行5 000次加法或400次乘法，是继电器计算机的1 000倍、手工计算的20万倍。工作时，常常因为电子管烧坏而不得不停机维修。尽管如此，在人类计算工具发展史上，它仍然是一座不朽的里程碑。自它以后，人类在智力解放的道路上开始突飞猛进。

现代意义上的计算机从其诞生至今虽只有近60年的历史，其发展过程中留下一些明显的里程碑，大体上经历了五代：

第一代（1946—1958年）：主要特点是使用电子管作为逻辑元件。运算器和控制器采用电子管，存储器采用电子管和延迟线，只能用机器语言和汇编语言编写程序。这一代计算机在控制上的特点是高度的中央集权制，一切操作，包括输入、输出在内，都由中央处理器集中控制。这种计算机主要用于科学技术方面的计算。

在这一时期，美籍匈牙利科学家冯·诺伊曼提出了“程序存储”的概念，其基本思想是把一些常用的基本操作都制成电路，每一个这样的操作都用一个数来代表，由这个数指挥计算机执行某项操作。程序员根据解题的要求，用这些数作为指令来编制程序，并把程序同数据一起放在计算机的内存储器里。当计算机运行时，它可以依次以很高的速度从存储器中取出一条条指令，逐一予以执行，以完成全部计算的各项操作，它自动从一个指令进到下一个指令，作业顺序通过“条件转移”指令自动完成。“程序存储”使全部计算工作真正自动进行，它的出现被誉为电子计算机史上的里程碑，而这种类型的计算机被人们称为“冯·诺伊曼机”（见图7–8）。

第二代（1958—1964年）：采用了性能优异的晶体管代替电子管为逻辑元件。晶体管的体积比电子管小得多，这样晶体管计算机的体积大大缩小，但使用寿命和效率却大大提高。它的计算速度达到每秒几万到几十万次。

磁记录设备的应用是第二代计算机的又一个特点。主存储器用磁芯，外存储器用磁鼓，主存储器的容量从几千字节提高10万字节。

程序系统也发展得非常快。提出了高级语言及其编译程序的思想，出现了ALGOL、FORTRAN、COBOL等高级语言，使计算机的总体性能大大提高。除在科研、数据处理方面得到广泛的应用外，还用于航空、航天和生产过程的时实控制。

第三代（1964—1971年）：重要标志是采用了集成电路。集成电路使计算机的体积、可靠性、速度、功能及成本等方面都有了大幅度的改善。它的体积比晶体管计算机又缩小了百倍以上，运算速度和内存容量比第二代计算机提高了一个数量级，分别达到每秒上千万次和十几万字节，价格大幅度下降，通用性提高，软件支持成倍增加，有利地推动了计算机的普及。

在体系结构上，第三代计算机的最大特点是采用了微程序设计技术，使大部分机器系列兼容。

在存储技术方面，出现了速度更快、更可靠的半导体存储器代替磁芯存储器（见图7–9）。

图7–8 冯·诺伊曼计算机

图7–9 华裔科学家王安发明的磁芯存储器

外存储器用磁盘代替了磁鼓。

在应用方式上广泛发展了多用户自动分时系统并开始建立计算机网络。

第四代（1971年以后）：最显著特点是大规模集成电路和超大规模集成电路的运用。大规模集成电路的采用，使得计算机向微型化发展，计算机不但可以放在办公桌上，而且可以放在手提包里，甚至衣服的口袋里，其功能大大增强，可靠性大大提高，价格却大大下降，一般家庭都可以买得起。

第四代计算机在语言和操作系统方面发展尤其快。形成了软件工程，建立了数据库，出现了大量工具软件。

在应用方面，第四代计算机全面建立了计算机网络，实现了计算机之间的相互信息交流。多媒体技术崛起，计算机集图形、图像、声音、文字处理于一体。

当前，第五代计算机——智能计算机的研究正渐入佳境。智能计算机的主要特征是具备人工智能，能像人一样思维，并且运算速度极快，它不仅具有一种能够支持高度并行和推理的硬件系统，还具有能够处理知识信息的软件系统。目前，美国、日本、西欧正集中人力、物力开发这种智能计算机，它将从数据处理转为知识处理，从存储计算数据转为推理和提供知识。

7.2.4 我国计算机技术的发展

早在1956年，我国制订12年科学技术发展规划，把发展计算机作为国家四大紧急措施之一。1958年，在中国科学院、工业部门和国防部门的大力合作下，研制成通用电子管计算机（又称103机），这是我国第一台电子计算机。随后，又制成104机。103机、104机投入使用后，解决了水坝应力分析、天气数值预报、大地测量、石油勘探等与国家建设事业有密切关系的复杂计算问题，为社会主义建设事业作出了贡献。从此以后，国内计算机的研制、生产和使用逐渐广泛地开展起来。从1964年起，北京、天津、上海等地相继研制成一批晶体管计算机，如DJS-6型计算机。20世纪70年代以后，我国进入集成电路计算机时期，1974年，高等院校、研究所、工厂联合设计的DJS-130通过鉴定，随后在十多个工厂投产。

1983年，我国先后研制成功“757”大型计算机和“银河”巨型计算机。757型机是我国自行设计的第一台大型向量计算机，每秒运行千万次。“银河”是每秒运算1亿次的计算机。它填补了国内巨型计算机的空白，使我国跨进世界研制巨型计算机的行列。

1993年初，我国自行设计的“银河-Ⅱ”巨型机在国防科大通过了鉴定，它的运算速度高达每秒钟10亿次。

1997年6月19日，由国防科技大学计算机研究所研制的“银河-Ⅲ”百亿次巨型计算机系统，在北京通过了国家技术鉴定。这个系统综合技术达到了当时的国际先进水平，并突破和掌握了更高量级计算机的关键技术，具备了研制更高性能巨型机的能力，它标志着我国高性能巨型机研制技术取得新突破。

目前，世界上只有少数几个发达国家掌握了高性能巨型机的研制技术。“银河-Ⅲ”巨型机的研制成功，使我国在这个领域跨入了世界先进行列。

据有关专家介绍，“银河-Ⅲ”巨型机采用了当时国际最新的可扩展多处理机并行体系结构，成功设计了由硬件支持的全系统共享访存机制，是“银河”系列第一台实现全局共享分布存储结构的巨型计算机。它的整体性能优异，系统软件高效，网络计算环境强大，可靠性设计独特，工程设计优良，运算速度为每秒130亿次，综合处理能力是“银河-Ⅱ”巨型机的10倍以上，而体积仅为“银河-Ⅱ”巨型机的1/6。特别是这个系统具有很强的伸缩性，可根据用户不同的需求，小可组装成数亿次级的计算机系统，大可组装成比实际运算能力更强的超高性能巨型机系统，而且无论大小系统，都十分高效实用。

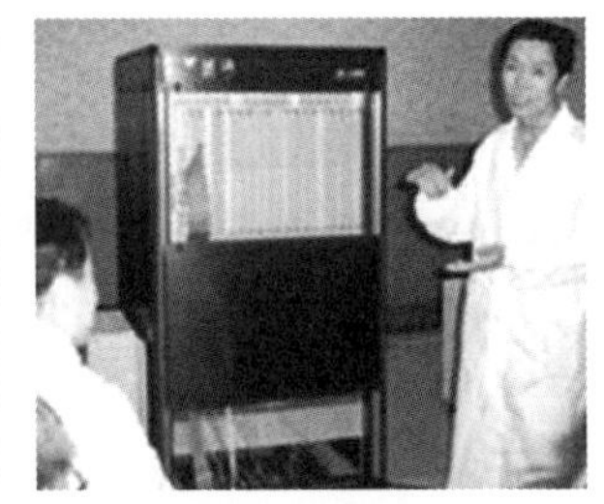

图7-10 每秒运行1亿次的“银河-I”和130亿次的“银河-Ⅲ”巨型计算机

由中国科学院、中国工程院院士和国内著名专家组成的鉴定委员会，经过对“银河-Ⅲ”巨型机系统全面严格的技术考核后认为，这个系统许多技术在国内都处于领先水平，又一次证明我国已具备研制高性能、大规模并行巨型机的能力，是我国高科技领域取得的又一重大成果，必将对我国国民经济建设、国防建设和科学事业的发展，产生重大的推动作用。

国防科技大学计算机研究所在研制“银河-Ⅲ”巨型机的同时，与有关用户合作开发了一批适用数值天气预报、地震机理研究、量子化学研究、气动力研究等方面的高水平核心算法软件，提高了“银河-Ⅲ”巨型机进入市场的能力，使它刚研制成功就吸引了国内有关用户，在多加科研单位和企业得到广泛的应用。

7.3 计算机系统的组成及工作原理

一般所说的计算机，严格地讲，应该称为“计算机系统”。因为它并非是一台单独的机器，而是由若干硬件和软件组成的一个系统。用计算机进行计算和数据处理，必须具备两个条件：一是计算机设备即硬件；二是使用计算机的方法或运用计算机的技术，即软件。

计算机硬件是指计算机系统中的全部设备，包括计算机的主机及外围设备。它由各种机械的、磁性的、电子的装置或部件组成，是计算机进行工作的物质基础。

计算机软件是指使用计算机系统的全部技术，包括计算机中使用的所有程序和有关技术资料。

7.3.1 计算机的硬件系统

计算机解决问题的过程和步骤与人解题的过程十分相似，题目以及解题的步骤首先以程序的形式送入计算机存储起来，然后，计算机将按程序的顺序一条条执行，并将中间结果也存到计算机的某一地方，最后将计算结果显示或打印出来。可以看出，作为一个计算机，首先应具有输入装置和输出装置，只有通过它们才能把事先准备的数据和编好的程序送到计算机内，将算得的结果送出来。由于执行程序是有前后顺序的，数据和计算程序输入到计算机后就必须先存储，然后，依次序从存储处取出加以计算，这样计算机就必须有用于储存数据和程序的存储部分以及具体进行运算的运算部分。运算部分从存储部分中取数据和指令，并将运算结果储存到存储部分中。那么计算机指令是怎样执行的呢，各部分如何才能协调一致地工作呢？这需要有一个控制部分，对计算机的各个部分和计算过程中的每一步骤实行控制。

所以，构成计算机的硬件系统通常有五部分：存储器、运算器、控制器、输入设备和输出设备。

图7-11所示为一典型的微型计算机的硬件结构。

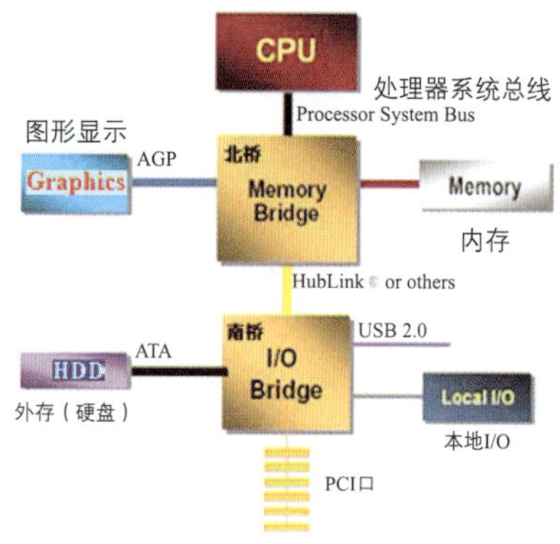

图7-11　微型计算机硬件结构

（1）输入设备。计算机要有相应的设备，将数据、程序、文字符号、图像以及声音等输送到计算机。称它为输入设备。常用的输入设备有键盘、鼠标器、数字化仪（相当于人的触觉）、光笔、光电阅读器和图像扫描器（相当于操作者的眼睛）及各种传感器等。

（2）输出设备。计算机通过其输出设备将运算结果输出来。常用的输出设备有显示器、打印机、绘图仪等。

打印机按其印字方式可分为击打式打印和非击打式打印两种。击打式打印机是利用打印钢针撞击色带和纸打出点阵组成字符图形。非击打式印字机是用各种物理的或化学的方法印刷字符，如静电感应、电灼、热敏效应、激光扫描和喷墨等。

（3）存储器。计算机将输入设备接收到的信息以二进制的数据形式存入存储器中。存储器又分内存储器和外存储器两种。

1）内存储器。内存储器简称内存（也称主存储器），用来存放当前计算机运行所需要的程序和数据。每个存储单元有一定量的记忆元。每个记忆元都只有两种状态，可分别用来表示（存储）数字“1”和“0”。每个记忆元存储的0或1称作一个二进制位（bit）。连续的八个二进制位叫做作字节（byte）。存储器容量的大小通常用字节数表示。1 024个字节为1KB，1 024KB为1MB，1 024MB为1GB。内存容量的大小是衡量计算机性能的主要指标之一。

按存储方式，内存储器可分为只读存储器（ROM）和随机存储器（RAM）。前者只能读出信息，而不能写入信息，已存入的信息不会因关机而消失，通常只读存储器的内容是由厂家做好的。后者可随机读出和存入信息，但关机后，所存入的信息将全部消失。所以RAM通常存放变动的程序和数据，而ROM则存放固定不变的程序或数据。

2）外存储器。内存速度快，使用起来很方便，但其容量是有限的。另外，RAM内存是接电才能反映存储状态的一种易失性存储电路，不能长期保存信息，所以计算机还要配备容量更大的、能够长期保存信息的外部仓库——外存储器。

外存储器（简称外存）是内存储器的后备，它的速度较低，但容量大。计算机工作时将一些常用的信息放在内存，暂时不用的留在外存。可以说，外存是内存的延伸和扩大，它的容量几乎是没有什么限制的。内存与外存间信息的传递是相当方便的，几秒内就可完成。由此可见，外存既是计算机中主要信息的源地，又是被处理信息的归宿。计算机的各种软件，正是通过外存得以转移，甚至作为商品销售。

常用的外存是磁盘存储器。磁盘有硬盘和软盘之分。软盘很像唱片，软盘尺寸通常为5.25in（英寸）和3.5in两种，前者的存储容量一般为 1.2MB，后者的容量一般为 1.44MB。随着具有Flash闪存结构的“U盘”的出现，由于它体积很小，携带方便，且存储量很大（目前已有32GB的U盘问世），前两种软盘均已先后淡出市场。

硬盘也是一种大容量的外存储器。它的存取速度比软盘快，容量也比软盘大得多，目前常见的有 80GB、160 GB、250GB、500GB等。

目前被广泛使用的另一种外存储器是光盘（CD-ROM、DVD-ROM），光盘存储容量大、便于携带。一张CD 光盘的存储容量通常是650～800MB，而DVD光盘的存储容量可达4.2GB。

光盘驱动器是多媒体计算机的必备部件。

1）运算器。计算机的运算器是完成各种算术运算和逻辑运算的装置，既能作加、减、乘、除等数学运算，也能作比较、判断、查找等逻辑运算。

2）控制器。控制器是指挥和控制其各部件协调工作的机构，其工作过程和人的大脑指挥和控制人的各器官类似。

前面提到过，在微型计算机中，运算器和控制器是集成在一个芯片上的，叫中央处理单元（CPU），也叫微处理器。CPU 是计算机系统的核心，CPU性能的高低直接决定了一台计算机系统的档次。CPU的主要技术指标有：

字长——CPU能同时处理的二进制数据的位数。它决定了计算机一次数据操作的吞吐量。一般说来，字长越长，运算精度越高，处理速度越快，但价格也越高。386机、486机的字长为32位，奔腾机是字长为32位的高档微机，现在的酷睿二代机已达到64位。

主频——计算机的时钟频率，指CPU在单位时间内平均“动作”的次数。通常时钟频率以 MHZ或 GHZ为单位，如800MHz，2.0 GHz等。时钟频率越高，运算速度就越快。

7.3.2 计算机的软件系统

软件是指程序、程序运行所需要的数据以及与程序相关的文档资料的集合。程序是一系列有序的指令的集合。计算机之所以能够自动而且连续地完成预定的操作，就是运行特定程序的结果。计算机程序是用某种计算机语言来编制的，编制程序的工作就称为程序设计。

对程序进行描述的文本称为文档。因为程序是用抽象化的计算机语言编写的，如果不是专业的程序员很难看懂它们，因此就需要用自然语言来对程序进行解释说明，形成文档。

软件是计算机的灵魂。计算机的所有操作都是在相应软件控制下进行的，没有软件的计算机被称为“裸机”，什么也干不了。根据软件用途可将其分为两大类：系统软件和应用软件。

1. 系统软件

系统软件是管理、监控和维护计算机资源，使计算机能够正常高效工作的程序及相关资料的集合。主要包括以下几个方面：

（1）操作系统。它是控制和管理计算机的平台，如DOS、UNIX、XENIX、WINDOWS、VISTA和OS/2等。

（2）各种程序设计语言及其解释程序和编译程序。

（3）各种服务性程序，如监控管理程序、调试程序、故障检查和诊断程序等。

（4）各种数据库管理系统。

系统软件是计算机正常运转不可缺少的，一般都是作为计算机系统的一部分提供给用户的，或由专门的软件供应商提供。

2. 应用软件

应用软件是为了解决用户的各种问题而编制的程序及相关资料的集合，因此应用软件都是针对某一特定的问题或需要而编制的软件。

应用软件的种类非常多，例如各种财务软件包、统计软件包、计算软件包、设计软件、人事管理软件、档案管理软件等。应用软件丰富与否、质量好坏，直接影响到计算机的应用范围与实际经济效益。

应用软件需要系统软件的支持，或者说系统软件是应用软件开发和运行的支撑环境。以系统软件作为基础，用户就能够使用各种各样的应用软件，让计算机来为自己完成各种工作。随着计算机应用领域的不断扩大，应用软件越来越多。软件开发是个艰苦的脑力劳动过程，硬件生产日益自动化，相比之下软件水平还很低，为此，包括我国在内的许多国家正在投入大量人力从事软件开发工作。

7.3.3 计算机病毒及其防治

计算机病毒是具有自我复制能力的计算机程序，它影响或破坏正常程序的执行及数据的安全。

1987年，在世界的许多角落，出现了形形色色的计算机病毒，如Brain、lenigh、IBM圣诞树、黑色星期五等。1988年底我国开始出现计算机病毒。如今，计算机病毒已有数万种。

计算机病毒按其寄生场所不同，可分为文件型病毒、引导型毒和混合型病毒三大类。引导型病毒寄生在磁盘的引导记录区，文件型病毒寄生在可执行文件里。混合型病毒不仅感染磁盘文件也感染引导记录区。

按破坏程度，计算机病毒分为良性病毒和恶性病毒。良性病毒对磁盘信息、用户数据不产生破坏作用，只是对屏幕产生干扰，或使计算机的运行速度降低。如小球、音乐和毛毛虫病毒就属于这一类。恶性病毒对磁盘信息、用户数据产生不同程度的破坏，这类病毒危害性极大，大麻病毒、方块病毒就属于这一类。

计算机病毒具有隐藏性、潜伏性、传染性和破坏性。它往往寄生在软盘或硬盘的特殊位置或程序文件里，很难被觉察。计算机被染上病毒后，一般并不立刻发作，而是等待特定的条件或时间，时机成熟时才发作。计算机工作离不开对磁盘的读写操作，绝大多数病毒都利用了这一特点，一旦对磁盘进行读写操作时，它便将自身复制到被读写的磁盘，或其他正在执行的程序中，这样便达到传染扩散的目的。病毒发作时会占用系统资源、破坏数据。干扰程序运行，甚至造成系统瘫痪。

计算机病毒并不可怕。首先，我们应当知道它的破坏范围是有限的，它无法破坏ROM中的信息，也不会对微机的各种硬件造成损害，更不会传染给人。其次，我们应该知道病毒的传染是有条件的、可预防的，万一感染上病毒也是有办法清除的。

计算机病毒防治包括预防、检测、清除等几个方面。预防是关键，堵塞传播渠道是防止计算机病毒入侵的有效方法，为此应从以下几个方面注意：

（1）经常对硬盘上的重要文件进行备份。

（2）凡是不需要再写入数据的文件都应设置为“只读”方式。

（3）不要随意将系统盘、应用程序盘借给他人使用，也不要随意使用别人的U盘。

（4）不要使用来历不明的程序或不是正当途径复制的程序。

（5）对交换的软件及数据文件进行检查，确定无毒后方可使用。

（6）经常用杀毒软件对系统进行查毒、杀毒。

常用的杀毒软件有KV3000、瑞星、金山毒霸等。这些软件功能强大并且不断进行版本升级。但任何杀毒软件都不是万能的，用杀毒软件对付病毒只能是一种消极的方法，“预防为主，防治结合”才是我们应该坚持的最好方法。

7.3.4 计算机安全法规与软件保护

1. 计算机犯罪及安全法规

制造蠕虫病毒的美国康奈尔大学计算机专业的研究生，当时年仅23岁的罗伯特·莫里斯，他的律师在法庭辩护时说："莫里斯是位诚实的值得信赖的计算机奇才，作为实验他编出了病毒程序，暴露出全美计算机网络安全的缺陷。"但是，莫里斯还是被判处有期徒刑5年，缓期三年执行，罚款15万美元，并罚做社会服务工作400h。因此，莫里斯成为世界上因制造计算机病毒而受到法庭审判的第一人。

计算机的广泛应用促进了经济和社会的发展。然而，随着人们对计算机的依赖与日俱增，计算机系统涉及国防、科研、经济、技术等领域的信息资源和秘密如被破坏或损失，将给经济和社会带来严重的危害。

当前，国内外利用计算机犯罪的表现形式主要有以下几种：

（1）盗窃国家政治、军事、经济情报。1988年一个德国学生将自己的计算机与军方计算机联网，搜集到大量的国防机密，从而被定为犯罪。

（2）诈骗窃取资金。据美国报刊披露，最近几年美国因计算机诈骗盗窃案件平均每年损失40亿美元且均为大案，平均每起45万美元。

（3）破坏信息。主要是利用计算机病毒进行破坏。

为了确保计算机系统的安全，除了采取一些技术性措施外，还需强化管理措施和法制建设。自1973年瑞典制定了数据安全法以来，不少国家陆续制定了各种计算机安全法律和法规，有的对刑事法典作了相应的补充修改，有的建立了计算机安全管理监察和审查机构。我国公安部的计算机安全监察局成立以后，颁布了计算机安全规范，已经并正在做大量的法制、法规方面的工作。

2006年12月初，我国互联网上大规模爆发"熊猫烧香"病毒及其变种（见图7-12）。在短短两个月内，有上百万个人用户、网吧及企业局域网用户遭受感染和破坏。2007年2月，制造该病毒的犯罪嫌疑人被缉拿归案，公诉人以"非法侵入计算机信息系统罪"、"非法破坏计算机信息系统罪"、"盗窃罪"及"侵犯通信自由罪"将其告上法庭，主犯被判刑4年。

计算机用户要增强法制观念和社会责任感，抵制一切有损于信息系统安全的误用、滥用和破坏行为。

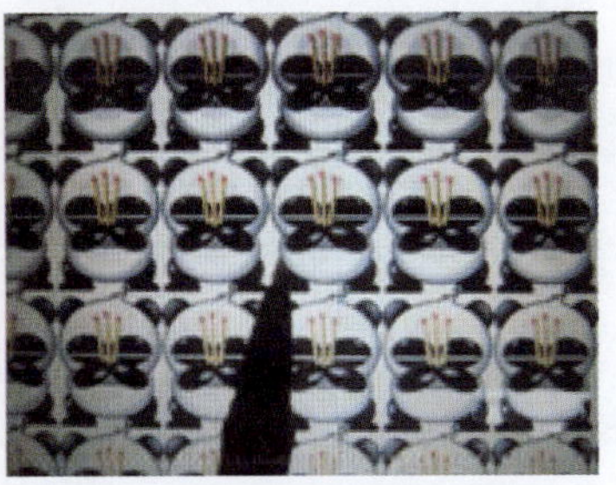

图7-12 肆虐一时的"熊猫烧香"病毒及其传播途径

2. 计算机软件著作权的保护

计算机软件的应用可以产生巨大的社会效益和经济效益，它在人们认识自然、认识社会、履行社会职责的活动中具有越来越重要的地位。有人甚至称它为“现代炼金术”。目前，软件已成为市场上流通的商品，具有越来越大的商品价值。因此，计算机软件著作权的保护问题已引起人们的高度重视。

计算机软件主要包括程序及其文档。非法复制、抄袭程序及其文档是侵害软件开发者利益的主要方式。国际上相当多的国家以一般作品的著作权法保护软件。

我国国务院依据《中华人民共和国著作权法》的规定，颁布了《计算机软件保护条例》，并于1991年10月1日起实施。该条例对于计算机软件的著作权、法律责任、软件的登记管理等作出了具体的规定。

条例禁止任何人对他人的软件进行非法复制、非法销售及任意剽窃。对于上述侵权行为，将根据情况，承担停止侵害、消除影响、公开赔礼道歉、赔偿损失等民事责任，并可由国家有关部门予以没收非法所得、罚款等行政处罚。

该条例还规定新开发的软件可向软件登记管理机构办理软件著作权登记，这是提出软件权利纠纷行政处理或诉讼的前提。

为了划清界限，该条例还规定，对于软件的保护，不能扩大到并发软件所应用的思想、概念、原理、算法、处理过程和运行方法，以避免阻碍人类知识的传播和科学技术的进步，条例还允许因课堂教学、科学研究、国家机关执行公务等非商业性的需要对软件进行少量的复制，但要求在使用时加以说明，并不得侵犯有关人员所享有的权利。

该条例的颁布是我国计算机界的一件大事，是我国政府尊重知识，尊重人才政策的具体体现，它将保护并激发人们进行智力劳动的创造性、积极性，形成正常的软件市场。同时，也有利于对外贸易、外国投资和进行技术的引进，从而促进我国计算机软件事业健康发展。

7.4 计算机的应用

随着计算机技术的发展，计算机文化的推广，用户不断为计算机开辟新的应用领域。反过来，计算机应用的扩展又持续地推动了信息产业的新增长。

20世纪50年代，计算机主要用于科学计算。60年代，计算机应用扩展到工业、交通、军事部门的实时控制和大公司、大银行的数据处理。70年代以后，许多中小企业和事业单位用上了计算机，一方面扩展了在事务管理和工程控制方面的应用，另一方面在计算机辅助设计/制造、数据库应用。图形处理、专家系统等领域也开展了应用。目前，计算机应用正进一步向各行各业渗透，上至高新的尖端技术，下至家庭小活与各种电器，计算机几乎无处不在，无时不在。计算机把社会生产力提高到前所未有的水平。它已经成为人脑的延伸，使社会信息化真正成为可能。

7.4.1 科学计算

计算机用于科学计算主要体现在数值计算和数值模拟仿真两个方面。

1. 数值计算

科学计算是指利用计算机来完成在科学研究和工程技术中提出的数学问题的计算，也是计算机最早的应用领域。第一批问世的计算最初取名 Calculator，以后又改称 Computer，就是因为它们当时全都用作快速计算的工具。计算机最早的应用就是军事上的需要，如炮弹弹道计算，核武器的设计等；其次是广泛地用于科学计算，工程设计计算。在现代，计算机运算器的核心部件是加法器和若干高速寄存器，前者用于实施运算，后者用于存放参加运算的各类数据及运算结果。

同人工计算相比，计算机不仅速度快，而且精度高。特别是对于大量的重复计算，计算机从不会感到疲劳、厌烦。比如中央电视台每天播出的天气预报，必须事先进行大量的数值运算，而这些计算用手工是无法完成的。我国研制的“银河”计算机就承担了这一繁重的计算任务。

今天，科学计算在计算机应用中所占的比重虽不断下降，但是在天文、气象、地质、生物、数学等基础科学研究以及空间技术、新材料研制、原子能研究等高新技术领域中，仍然占有重要的地位。在某些应用领域，对计算的速度和精度仍不时提出更高的要求。

2. 数值模拟与仿真

计算机数值模拟方法是从基本的物理定律出发，用离散化变量描述物理体系的状态，然后利用电子计算机计算这些离散变量在基本物理定律制约下的演变，从而体现物理过程的规律。计算机数据处理是应用计算机强大的计算能力，通过编写一定的程序，处理试验中得出的大量复杂数据，从而达到提高试验效率与试验精度。

计算机数值模拟实验是在计算机中进行的实验，虽然它不能代替真实的物理实验过程，但确实是一种极其重要的实验方法。它是通过大量“个例”来研究特定的物理过程，能够反复进行，而且能方便地控制和调整参数，在理论研究和实验之间搭起了一座“桥梁”。数值模拟可以研究一些非常复杂的过程，而理论研究必须作出许多简化假设才能处理这些过程，简化则意味着可能丢失许多重要的因素，这就使得数值模拟可以更全面地了解一个物理过程，而且还可能发现新的物理现象。另一方面，数值模拟也能够为实现观测方案提供理论的支持，对大型实验装置进行评估，对试验条件或试验参数进行优化选择，以避免造成极大的经济损失和人力浪费。随着计算机性能的高速发展，数值模拟在各门学科的研究中应用将更加广泛，起到越来越重要的作用。

由亚利桑那大学教授弗尔维奥·梅利亚领导的天文物理学研究小组耗时数年提出的这项理论，清晰地描绘出了在银河系中心黑洞附近所发生的物理过程。科学家们在研究过程中发现，一些强大而混乱的磁场正在不断地黑洞附近的质子和其他带电粒子加速到很高的能量。

为了制作反映中心高速质子运动过程的模型，研究人员还利用了距离黑洞10光年范围内的星际气体的详细分布图。通过分析磁场分布情况，科学家们确定出了该领域范围内22万条高能质子的运动轨迹图。图7-13即为采用超级计算机根据上述理论进行模拟，所获得的银河系图像。

图7-13 计算机模拟出的银河系图像

7.4.2 信息处理

现代社会是信息化社会。随着生产的高度发展，导致信息量急剧膨胀。信息是资源，人类进行各项社会活动，不仅要考虑物质条件，而且要认真研究信息。信息已经和物质、能量一起被列为人类社会活动的三个基本要素。信息处理就是指对各种信息进行收集、存储、整理、分类、统计、加工、利用和传播等一系列活动，目的是获得有用的信息作为决策的依据。

目前，计算机信息处理已经广泛应用于办公自动化、企业计算机辅助管理与决策、文字处理、文档管理、情报检索、激光照排。电影、电视动画设计、会计电算化、图书管理以及医疗诊断等各行各业，信息正在形成独立的产业。多媒体技术更是为信息产业插上腾飞的翅膀。有了多媒体，展现在人们面前的不再是枯燥的数字、文字，而是人们喜闻乐见、声情并茂的声音和图像信息了。

微型计算机正在使办公室工作发生根本性的变化，利用磁盘、光盘，将大量的文件、档案、资料、信件等存储起来，只要按几下键，所需的资料就可在屏幕上显示出来或通过打印机打印出来。如果要销毁某些文件，操作也是同样的简单。

据统计，世界上的计算机80%以上主要用于信息处理。这类工作量大、面宽，决定了计算机应用的主导方向。

7.4.3 自动控制与机器人

计算机具有准确的逻辑判断能力，它能够根据一些具体的信息来自动控制设备的工作。从20世纪60年代起，就在冶金、机械、电力、石油化工等产业中用计算机进行实时控制。其工作过程是首先用传感器在现场采集受控制对象的数据，求出它们与设定数据的偏差，接着由计算机按控制模型进行计算，然后产生相应的控制信号，驱动伺服装置对受控对象进行控制或调整。

实时控制不仅能通过连续监控提高生产的安全性和自动化水平，同时也提高了产品的质量，降低了成本，减轻了劳动强度。

在军事上，用计算机控制导弹等武器的发射与导航，自动修正导弹在飞行中的航向。在海湾战争中，美国的爱国者导弹之所以能准确地拦截了伊拉克的飞毛腿导弹，就是因为从捕获信息到控制导弹的发射，均使用了计算机等先进设备。

最早的机器人诞生在美国。20世纪60年代初期，美国万能自动公司和机械铸造公司的机器人问世以后，世界上掀起了工业机器人的热潮。到1989年底，全世界已有近40万台工业机器人在运行。

机器人在生产、科研和生活等各个领域中发挥的作用是巨大的。日本生产的一种被称为“铺地王”的水泥机器人，每小时可铺水泥地面500m^2，约是一个工人工作量的40倍。澳大利亚的剪羊毛机器人，可在20min内剪一头羊，轻微损伤只有3%～5%。1966年，美国一架B−52轰炸机不慎把一枚氢弹失落海中，海洋机器人“卡布”只身把氢弹从750m深的海底捞起。

机器人是生产高度自动化的标志。因此，我国“863”计划将其列为自动化领域的两个主题项目之一，中国科学院在沈阳建立了机器人示范工程。水下机器人圆满地解决了检查小丰满水坝拦污栅的难题，建设机器人刚刚问世就在石洞口电厂成功地顶升双缸内筒烟囱，令世人刮目相看。

1997年，我国研制的6 000 m无缆水下机器人深入海底 5 100～5 200m，圆满地完成各项太平洋海底调查任务，获得大量数据、图片和资料，并顺利回收。6 000m无缆机器人的研制涉及自动化、计算机、水声、深潜等多项专业技术，需要解决水中通信、高压、密封、自主航行控制、动力系统、能源系统、各种信息的采集和处理、特种材料及可靠性等高技术难题。我国是世界上能研制这项尖端设备的少数几个国家之一。

7.4.4 计算机辅助设计与辅助制造（CAD/CAM）

在工程和产品设计中，计算机可以帮助设计人员担负计算、信息存储和制图等项工作。在设计中通常要用计算机对不同方案进行大量的计算、分析和比较，以决定最优方案；各种设计信息，不论是数字的、文字的或图形的，都能存放在计算机的内存或外存里，并能快速地检索；设计人员通常用草图开始设计，将草图变为工作图的繁重工作可以交给计算机（软件）完成；由计算机自动产生的设计结果，可以快速地以图形方式显示出来，使设计人员及时对设计做出判断和修改；利用计算机可以进行与图形的编辑、放大、缩小、平移和旋转等有关的图形数据加工工作。

7.4.5 计算机辅助教学与计算机管理教学（CAI/CMI）

计算机辅助教学（CAI）和计算机管理教学（CMI）是计算机在教育领域的应用，也是一种新兴的教育技术。

计算机可以模拟自然界各种变化的现象，用屏幕作为直观的教具，显示的图像具有直观性，动感强、速度快、色彩丰富并且还可配有音响效果。某些以往只能用语言来间接描述的微观的、宏观的、瞬时的现象可以得到准确、直观的表达。

利用CMI，计算机不仅可以向人们传授知识、提供资料，还可以帮助学生做练习、复习、解题、辅导和测验等。

CAI与传统教学方式相比较，最突出的特点是真正实现了以学生为中心的人格化教学方法，学生可以按照自己的实际情况来选择学习内容，控制学习进度，及时了解自己的学习效果。同时，由于计算机在教学过程中表现出的无比“耐心”，所提供的安详和谐的学习气氛，使学生完全可以消除畏惧心理，从而使学习的成功率大大提高。

CMI用计算机实现各种教学管理，例如教务管理、教学计划制订、课程安排、计算机题库与计算机评分等。

图7-14 利用多媒体技术展示发动机工作原理

7.4.6 多媒体应用

多媒体是计算机技术与图形、图像、动画、声音和视频等技术相结合的产物。多媒体计算机的出现提高了计算机的应用水平，扩大了计算机技术的应用领域，使得计算机除了能够处理文字信息外，还能处理声音、视频等信息。

多媒体家电是多媒体应用的一个重要领域。人们离不开娱乐，离不开家电，也离不开多媒体家电。

利用多媒体技术可以进行建筑设计、建模、渲染和修改，只要将建筑工程的立体图进行旋转、近处、远处就一目了然。用多媒体来解决交通问题，可以根据人口分布和车辆流向来扩建或改建原来的交通布局。采用多媒体监控的办法，在各个路口和主要交通干线上，对行人、车辆进行实时监控和疏导；可以减少交通拥堵现象。

多媒体会议系统，也就是视频会议，使人们之间的信息交互可以超越时间、空间的约束，千里化为咫尺，能“听其声、看其人”，能进行实时的信息交互。

多媒体可用于各种办公系统、监控系统、家庭影院（VOD）、远程医疗、远程教学和培训等。

家庭影院与视频点播是同一个概念，即VOD，是多媒体应用的一个方面。利用VOD，在一个小区中，用户不需要从电视频道上收视电视节目，而可以直接从视频点播系统中任意点播装在这个系统中的影片，可以随意切换，可以重复点播一个影片，还能控制快进、快退、查看、暂停和转换到其他场景。当然它可以点播新闻、卡拉OK、游戏等。

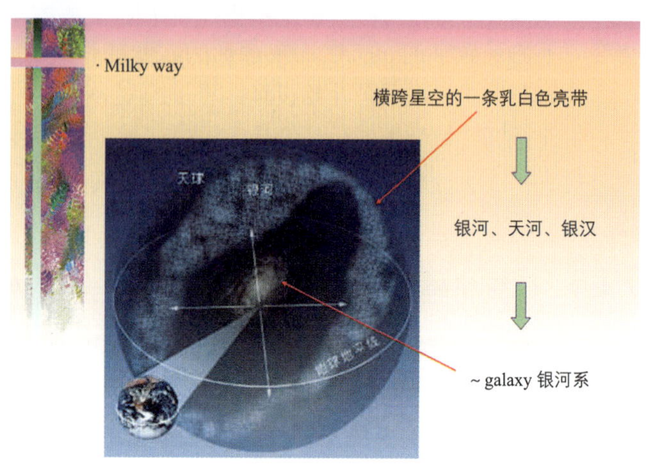

图7-15　利用多媒体进行远程教学

多媒体技术的发展虽只有短短十几年的时间，但它对人们生产方式、生活方式和交互环境的改变所起的作用，不容忽视。它对各个学科发展和融合的促进，对计算机应用领域的开拓具有深远意义。

7.4.7　网络应用

1. 计算机网络

早在20世纪70年代，国外已有一批广域网投入运行。例如，美国国立医学图书馆的国际情报检索网，当时共连接1 000余个终端，其中约4/5分布在美国，其余1/5分布在日、德、法和加拿大的科技情报网，在全美253个大型图书馆设有近400个终端，到了20世纪70年代末期已存储了 650万条书刊目录索引。

从20世纪70年代末到80年代是局域网（LAN）取得巨大进展的时期。一个大楼内的计算机用LAN连接起来，可以在全系统内实现资源共享，提高了系统工作的可靠性和单台计算机的可用性。PC机的普及推动了LAN的发展，而大批LAN的出现，又为人们熟悉网络工作方式，加速各国和全球的网络建设准备了条件。

这种背景下，美国提出了建设信息高速公路的计划，大力加强网络基础设施的建设。现在，遍布世界每一个角落的Internet把整个地球变成了“地球村”，居住在大洋彼岸、相隔万里的朋友可以利用计算机通过网络进行各种通信联系和对话。

Internet具有一种非常重要的特性——资源共享。正是这一特性让国界、洲界消失于无形之中，缩短了我们的时间与空间距离。也是这种性质使计算机与计算机、网络与网络之间可以彼此连结起来，互相使用彼此的传输线路、计算机硬件以及应用软件。

Internet提供了多项资源，以及五花八门的服务系统。如E-mail（电子邮件）、TELNET（远程登录）、FTP（远程文件传输）、Talk（交互对话）、WWW（全球信息网）等。

电子邮件的内容可以包含文字、图像、音乐等。它与传统邮件的最大不同之处是投递邮件的速度，电子邮件的投递通常是一瞬间，而且可以跨越遥远的空间。

Internet是近年来发展最快的网络，用“爆炸”来形容其发展规模和速度一点也不过分。到1998年2月，全世界Internet用户已达 1.13亿，年增长率高达 300%。

可以毫不夸张地讲，Internet是人类历史上最伟大的成就之一，它的重要意义可以与工业革命给人类社会带来的巨大影响相媲美。现在，我们已经无法想象一个没有电话的世界会怎样，将来我们更无法想象一个没有计算机网络的世界又会是什么样。

我国也在政府的统一领导下，制订并开始实施规模空前的国家经济信息网、教育科研网和公用数据通信网的建设计划。在经济信息网的“金卡”工程中，计划用10年或更长一点的时间，在3亿人口中推广使用信用卡。计划通过“金关”工程来加强外贸管理，开展EDI（即电子数据交换，并称“无纸贸易”）的应用试点。而“金桥”工程则要通过在全国范围内建立主干网、基干网和区域网，联通全国500个大中城市，上万个大、中型企业，科研基地，重点高校和国家经济管理部门。与此同时，国家还建设了中国教育科研网（CERNET），并与Internet相连，目前，全国几乎所有高校的校园网都与CERNET连接起来了。

2. 网格计算

所谓“网格”（Grid）就是把互联网上的众多计算资源整合成一台虚拟的超级计算机，将以CPU为主的各种闲置的可利用的资源“整合”起来，实现各种资源的全面共享，为完成一个共同的大型计算任务而协同工作。可以构造跨越国界的巨型网格，也可以构造地区性的网格，如城市网格、企业内部网格、局域网网格，甚至家庭网格等——网格的根本特征，不是它的规模，而是资源共享。

网格计算的兴起将改变传统的Client/Server和Client/Cluster结构，形成新的Pervasive /Grid（普适计算/网格计算）体系结构。在这种结构中，客户端是各种各样的上网设备，而连在网上的各种服务器将组成单一的逻辑上的网格。它试图将过剩的计算能力以及其他闲置的IT资源联系起来，以供应给那些在一定时间内需要高性能计算能力的部门。

2002年11月，日本国家高级工业科技研究所从日本向美国发送数据，速度高达707Mbit/s，在1万km以上的距离之间以如此高的速度传送数据，这在世界上尚属首次，此次试验就是通过网格系统实现的。网格技术凭借其独特的计算力联合和分布式计算模式，在科学研究、企业信息处理、电子政务、个人娱乐方面拥有广泛的应用前景。

“众人拾柴火焰高”，中国的这句老话成了网格计算出现并蓬勃发展的最好注脚。网格计算利用分布式（Distributed Computing）计算机网络来处理大计算量任务，可以最大限度地利用现有网络的计算力，而不必为增加信息处理能力而添置新的设备。通过租用网格网络的计算力，我们可以实现许多以前因为计算力不够，或者因为增加计算力导致成本过高的商业应用。网格计算主要应用于以下几个方面：

（1）科学研究。当前，科学研究的问题空前复杂化，而科学研究所需要的运算资源常常是捉襟见肘。复杂科学领域的计算通常以超级计算机作为数据处理中心，超级计算机虽然处理能力强大，但是其本身的造价极其高昂，并不是所有的研究机构都有能力配备。网格技术的出现，最大程度地提高了现有网络计算资源的利用率。目前，利用网格提高现有资源利用率主要有两种办法：一是利用网格技术可以将各个实验室的超级计算机连接起来，形成一个“强强联合”的超级信息处理中心。如美国国家科学基金会正在建立的“分布式兆兆级网格（TeraGrid）”，利用网格技术将伊利诺依州立大学超级计算中心、圣地亚哥大学超级计算中心、阿贡国家实验室和加州理工学院计算中心连接起来，形成一个处理能力约为每秒13.5万亿次浮点操作，存储容量接近700兆兆字节的“巨无霸”计算中心，以供许多领域的研究机构使用。另外一种方式就是通过互联网，利用互联网个人用户的闲置计算机，进行科学研究。这种方式最为著名的项目就是寻找外星生命的计划seti@home。1999年，美国行星学会发表一项公告，呼吁互联网上的天文爱好者参与寻找地球外文明的科学实验。该实验将阿雷西博射电天文望远镜所拍摄到的外太空数据分成若干“小片”，参与该项目的天文爱好者通过下载载有“数据小片”的客户端，该客户端以屏幕保护程序的形式出现，只要计算机处于闲置状态，屏幕保护程序就开始工作，利用本地运算资源分析该“数据小片”，分析完后再将分析结果传回seti@home小组。从1999年至今已经有500多万台个人计算机在闲置之时参与这项工作，这些利用零星时间所累计起来的计算总量相当于20台价值千万美元的超级电脑昼夜不息工作所能达到的计算极限。

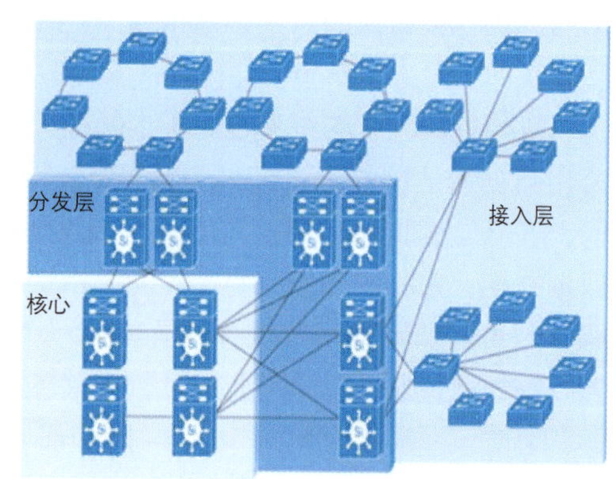

图7-16 网格计算的拓扑模型

（2）企业信息处理。2006年5月底IBM推出一个新的计划，该计划称，为帮助软件厂商开发新的应用程序，并测试现有的应用程序，IBM为这些软件厂商提供IBM网格运算服务器的免费存取权。拥有免费存取权的软件开发人员可以利用IBM网格服务器的强大运算资源，快速完成新开发的软件所必需的调试及模拟运算，从而缩短程序从开发到应用的周期，提高软件的开发速度。

当然，这只是网格“计算力”出租的一个例子。实际上，网格所能做得比我们想象的还要多。网格专家为我们描绘的是这样的一幅画面：等网格的触角深及到互联网的每一个角落时，我们从互联网获得网格的运算资源就会像我们从电网上获取电力那么简单，我们只需要支付少量费用，就可以租用这台“超级信息处理中心”为我们工作。这对于信息处理需求大的企业来讲，无疑是个福音。现在很多企业为了保证其业务不间断地运转，大多部署了价格不菲的大型IT系统，这些IT设备除了在少数的业务高峰时间可以得到充分利用外，大部分时间都是闲置的，这些闲置资源无疑导致了企业运行成本的增加。一个强大的可租用虚拟系统，可以让用户完成以前难以承担的任务，其生产成本却不会有明显的增长。

（3）电子政务。一提到电子政务，很多人马上就会想到政府网站，想起网站上的政府公告、红头文件。其实，电子政务不仅仅是利用互联网来宣传政府的计划和服务，也不应该只停留在政府文件的“网页化”，利用互联网传达信息只是电子政务的初级阶段，利用互联网进行日常性的政府办公才是真正意义上的电子政务，而做到这一步最佳手段是采用网格技术。

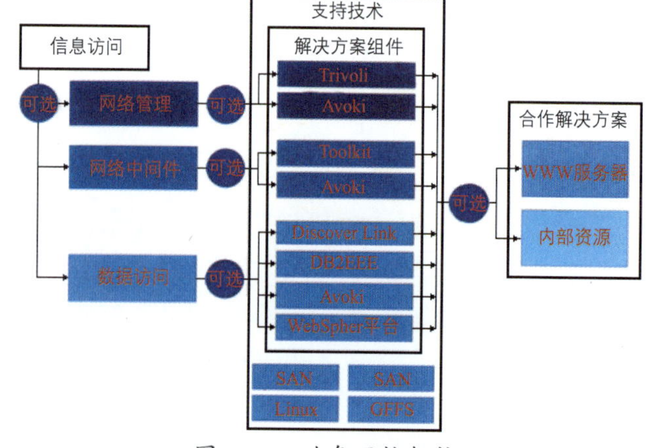

图7-17 政务网格架构

网格技术可以整合和管理分散在各部门的信息化资源，实现各个政府部门之间数据的无缝交换，消除“信息孤岛”，打破电子政务资源共享的瓶颈；另一方面，网格技术的分布式工作模式，可以有效地实现在网络虚拟环境下的协同办公，提高政府的工作效率、增强为公众服务的能力。网格技术在电子政务建设方面具有极大的优势。

2003年7月上海市政府与IBM中国公司签署了网格计算合作谅解备忘录，旨在利用网格技术解决上海信息港建设中出现的问题，诸如部门之间的信息化资源分散、跨部门协作缺乏标准，部门间资源共享与协作困难，通过资源的整合，提高信息化建设的整体成效，开了国内利用网格计算技术推动电子政务发展的先例。相信随着网格技术的进一步发展，网格在电子政务方面的应用会越来越广泛。

（4）个人娱乐。随着互联网的发展，网络视频点播与在线游戏已经成为个人娱乐重要的一环。使用网格可以为游戏开发商和服务供应商提供可扩展的、高弹性的基础设施以运行大型多人游戏。美国游戏基础设施提供商Butterfly.net公司目前使用的就是IBM的网格计算服务器。该服务器利用了网格技术自恢复特性，能够无缝隙地将所玩的游戏转到最近的可用服务器上，实现了用户资源的统一调动、统一保存，极大提高了游戏运行和服务的可扩充性。据Butterfly.net与IBM的评估，在同相同的预定收益中，利用网格技术布置的网格服务器产生的利润是传统集中式服务器的8倍。而对于个人用户来说，网格服务器则意味着更安全、更快捷的游戏体验。

网格技术有望使虚拟现实技术走向平民化。虚拟现实（Virtual Reality）技术是一种利用计算机图形技术人工合成的可以按照用户的输入而变化的模拟仿真环境，一个多维信息空间，各种传感器获得虚拟环境给予的各种体验。由于运行虚拟现实技术所需要的计算资源太过于庞大，目前虚拟现实技术只用于飞行员、宇航员等的训练工作，普通个人根本无法享受这一技术带来的娱乐体验。利用网格这种造价低廉而数据处理能力超强的计算模式，可以将虚拟现实技术运用于网络游戏中，让参与游戏的人可以真切地感受虚拟环境所带来的游戏快感。毫无疑问，如果这一技术移植成功，将对目前的网络游戏起革命性的变化。

当然，在网格技术走向大规模应用时，也存在着不少问题，如各个公司之间的技术标准不统一、并非所有的软件都支持分布式计算、分享服务器会带来数据安全问题。当然，还有些非技术性问题，如人们对新技术成熟与否、共享资源会不会丧失对资源控制权的担忧，也成为网格技术进一步普及的障碍。

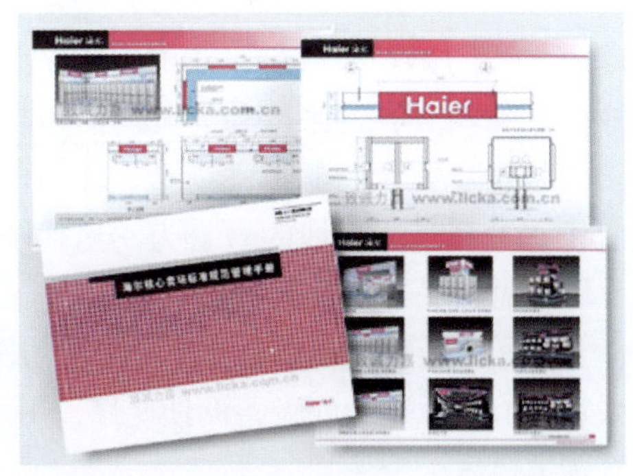

图7-18　海尔集团的电子商务主页

7.4.8　电子商务

借助于电子技术和网络技术来解决商贸业务过程中的各类单证交换和数据处理是人类多年的梦想。20世纪90年代以来，由于计算机技术、网络通信技术以及单证数据交换技术的出现为人们实现这一梦想提供了可能。于是自20世纪90年代中期，各式各样的电子商贸系统风靡全球，成为国际学术界、高新技术界和工商管理界研究和开发的热点。

从狭义上讲，电子商务指在网上进行交易活动，包括通过Internet买卖产品和提供服务，产品可以是实体化的，如汽车、电视机，也可以是数字化的，如新闻、录像、软件等基于知识的产品。此外，还可以提供各类服务，如安排旅游、远程教育等。

事实上，电子商务并不仅仅局限于在线买卖。它将从生产到消费各个方面影响商务活动的方式。除了网上购物，电子商务还大大改变了产品的定制、分配和交换的手段。而对于顾客，查找和购买产品乃至寻求服务的方式也将大为改进。

总之，电子商务的革命性在于它对整个过程的影响。包括企业内部商务活动（如生产、管理、财务等），也包括企业间的商务活动，它不仅仅是硬件和软件的结合，更是把买家、卖家、厂家和合作伙伴利用Internet技术与现有的系统结合起来进行业务活动。

目前，我国电子商务已在外经贸、海关、银行、税务等许多领域和层次上得到应用，取得了很大成绩，为中国电子商务的发展打下了良好基础，也积累了宝贵经验。1996年2月，外经贸部决定成立中国国际电子商务中心，负责研究、建设、运营中国国际电子商务工程。

7.4.9 激光照排与电子出版

从1975年开始，王选主持我国计算机汉字激光照排系统和以后的电子出版系统的研究开发，跨越当时日本的光机式二代机和欧美的阴极射线管式三代机阶段，开创性地研制当时国外尚无商品的第四代激光照排系统。

所谓激光照排技术，就是将文字通过计算机分解为点阵，然后控制激光在感光底片上扫描，用曝光点的点阵组成文字和图像。激光电子排版系统的诞生，给出版印刷行业带来了一次革命性的变革。使用激光照排系统不但可以避免铅字排版的低效益和对工人的健康伤害，好处还在于它的易改动、成本低和效率极高等特点。目前我国绝大多数的报纸、杂志和书籍都在使用着这套系统，它比古老的铅字排版工效至少提高5倍。

一项原创性核心技术可以改变一个时代。激光照排技术的诞生，使我国在发明了活字印刷的上千年之后，实现了印刷技术的第二次革命，让中国印刷业“告别铅与火，迎来电与光”。这一中国科技进步史上的颠覆性创新，使原创者王选教授当之无愧的被誉为“当代毕昇”（见图7-19）。

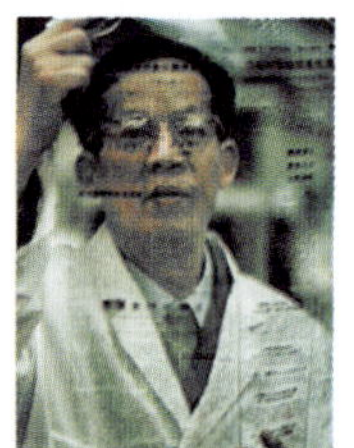

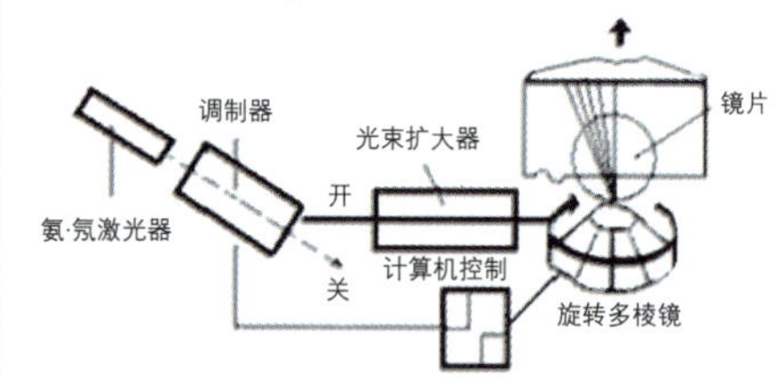

图7-19 当代“毕昇”——王选

电子出版物是指以数字代码方式将图文声像等信息存储在磁、光、电介质上，通过计算机或者具有类似功能的设备阅读使用，用以表达思想、普及知识和积累文化，并可复制发行的大众传播媒体。

目前我国电子出版物从功能上主要分为三类：娱乐类、资料类和教学类。电子游戏是娱乐类的主角。资料类是指各种数据库以及由百科全书之类的传统书籍转变成的电子书籍，这样更便于检索和携带。教学类是指一些教育软件，如幼儿教学、在职培训、CAI软件等。

通过电脑和网络进行研究是研究方法的革命性的变化。它突破了传统的收集资料和研究的方法。以前所谓“秀才不出门，全知天下事”，如今已不再是一句空话。由于网上图书馆全天24h服务，而且完全免费，因此，从理论上来讲，个人能够拥有全世界的图书资料。通过Internet到世界各地图书馆查询资料，不但方便、快捷、省时省力，而且能够弥补我们所在地图书馆馆藏的不足。

科学研究人员在确定研究方向之后，首先应当收集和研读相关资料。以便了解学术界对此问题的研究现状。最快的方式，即是查询光盘版的博士论文摘要。通过研读比照，我们可以发现已有的研究成果及存在的问题，从而避开现有的结论，找出没有或较少被论及的方面，确定研究题目，并将相关的论文作为参考资料。一个可能有创见的选题就诞生了。以此作为出发点，可以进一步检索有关光盘中的论文及专著资料，也可以上Internet进行查询。

无论是从光盘还是从网络中获得的资料，都是电子文本，最适合用电脑作进一步的处理。经过必要的排列、裁剪和比勘之后得出的结论，就是我们的初步研究成果。除此之外，我们还有一些可以利用的软件工具，如自动编写摘要工具、自动编制索引工具、自动校对工具、自动翻译工具等，都是我们进行研究的有效辅助工具。

7.4.10 人工智能与“人机大战”

计算机虽称作电脑，但目前与人的大脑还相差甚远。人的左、右脑是有分工的，左脑承担运算、推理等逻辑思维，右脑承担感知、认识、学习等形象思维。目前的计算机主要完成运算、推理，属于左脑型。使计算机具有人脑的智能一直是计算机科学家追求的一个目标。

人工智能（AI）是计算机科学的一个分支，是指用计算机和工程的方法来理解人的智能行为，使计算机具有智能和模拟人的智能行为的能力，使计算机能应用在需要认知、感知、推理、学习和理解及其他类似有认识和思维能力的任务中。

人工智能理论自1956年诞生之后，经历了博弈时期、自然语言理解、知识工程和目前的机器学习等阶段，人工智能的成果也得到了较好的应用，如包括语音识别、手写体和印刷体识别在内的多模式人机接口、机器翻译、专家系统在医学等方面的应用等。智能控制将人工智能应用于传统的控制技术方面也取得了明显地进展，收到了很好的经济和社会效益。

1997年5月，在美国纽约城，国际象棋世界冠军卡斯帕罗夫与IBM的超级计算机“深蓝”（Deep Junior）下了一场世纪棋赛，展开了一场“人机大战”。结果，计算机战胜人类冠军，引起了计算机界的轰动。这标志着人工智能的重大进展。

作为人类最伟大的棋手，卡斯帕罗夫在国际象棋棋坛上独步天下，无人能出其右。前世界冠军卡尔波夫号称是唯一能与卡斯帕罗夫抗衡的人类棋手，但在两人交战史上，多为卡斯帕罗夫取胜，至于排名在后面的棋手，即使是印度的阿南德，这位世界排名第二的棋手，也无力撼动卡斯帕罗夫的霸主位置。可是，在临近20世纪末的1997年，“独孤求败”的卡斯帕罗夫（见图7-20）却输给了一台电脑，一个没有生命力、没有感情的机器。

1997年5月11日，星期一，早晨4时50分（北京时间），当名为“深蓝”（见图7-21）的那

图7-20 绞尽脑汁的卡斯帕罗夫

图7-21 IBM“深蓝”计算机

台超级电脑将棋盘上的一个兵走到C4位置时，人类有史以来最伟大的棋手不得不沮丧地承认自己输了。20世纪末的一场人机大战终于以计算机的微弱优势取胜而结束。

六局比赛，双方杀得难解难分，引来全世界无数棋迷和非棋迷的热切关注。人们对此次人机对弈倾注巨大热情，各种报刊也对这场举世瞩目的人机大战予以密集报道和评论，显然不只是出于对国际象棋的本身的兴趣。事实上，许多关心比赛的记者和读者可能本身是棋盲，是这场比赛所蕴涵的机器与人类智慧较量的特殊意义吸引了他们。

此次赛前，卡斯帕罗夫充满信心，发誓要为捍卫人类之优于机器的尊严而战。然而，最终结果却未如卡斯帕罗夫及其拥戴者之意。他所捍卫的人类尊严在一台冷漠的“蓝色巨人”面前被无情地击溃了。

象棋本身是一种高深的逻辑运算游戏，其每一个棋子的每一步都蕴涵着无数的可能性。自电脑发明以来，许多电脑专家都试图发明能够战胜一流棋手的程序。由于这是一项高智能活动，要想让电脑能够和世界一流的象棋大师对弈，需要极高的运算速度、丰富的信息资源、强大的信息处理能力和先进的人工智能技术。就电脑硬件而言，“深蓝”是世界第一台超级国际象棋电脑，是超级并行处理计算机，它有32个微处理器，每个微处理器上有8块专门设计的国际著名棋局芯片，每秒钟可以计算两亿步棋。观察比赛的记者发现“深蓝”每步棋平均要三分钟，也就是说，每走一步棋，它要“思考”360亿个棋位。这即使还不能穷尽全部的逻辑可能性，用来对付人也显得绰绰有余了。相比之下，超一流的大师卡斯帕罗夫，每秒钟可思考三步棋，那么以他每步棋思考10分钟计，也不过是计算了1 800个棋位。

“深蓝”研制小组请来了美国特级象棋大师乔・本杰明，让他帮助改进“深蓝”对局面的判断，提高其思考效率，将他对局面的全部理解输入“深蓝”。研制人员还给“深蓝”输入了一百多年来优秀棋手对弈的两百多万棋局，使它具有了非常强的攻击性。

面对这样一个对手，卡斯帕罗夫的失败几乎是注定的了。正像他本人说的那样：我和不少电脑交过手，但从未遇到过这种情况。我能感到——我能嗅到——坐在桌子对面的一种新智能。尽管在这一局收场时我使出浑身解数，但我还是输了。它的棋下得漂亮极了，一着接着一着，步步为营，走得天衣无缝，终于轻取此局。

“人机大战”的结果标志着计算机技术，特别是人工智能技术达到了一个崭新的阶段，但并不能以此说明“电脑”就战胜了“人脑”，因为“电脑”的背后实际上是包括美籍华人谭宗仁、许峰雄等一大批计算机专家，他们经过多年的努力，培养出这样一个超级电脑棋手。电脑的进步表明人类对人脑的思维方式有了更深的理解。从科学的意义上讲，“人机大战”只是一项科学实验。

中国科学院院士吴文俊说，“深蓝”没有智慧，有智慧的是它背后那些设计人员。负责“深蓝”技术开发的IBM 华裔科学家谭宗仁先生指出，开发“深蓝”，其根本的目的在于找出人与机器相协作解决复杂人类问题的道路。

专家们预计，“深蓝”所采用的技术将被广泛地应用在分子动力学、天气预报、决策辅助系统、金融风险分析和数据采掘等各个方面。所有这些应用的共同之处在于，它们都涉及海量的数据并要对这些数据之间无穷的逻辑关系作出判断。这里需要的不仅仅是高速的运算能力，而且包括电脑程序中必要的“智能化”成分。比如类似人类直觉的模型认知。有了逻辑判断再加上少许拟人的直觉式判断，电脑就能帮助人类进入一个新时代。

英国作家赫胥黎曾言，“棋盘就是整个世界”。这句名言的意思是：解决世界问题同解决棋盘上的问题一样，都需要非凡的计算能力和直觉判断的完美结合。那么我们可以推论说：电脑已经解决了一盘棋上的问题，那就该让它来解决世界的问题了。

7.5 计算机技术的发展与展望

任何事物都是在不断发展变化的，而且这种发展和变化是无休止的。随着人类需求的日益提高，对计算机也将提出更高、更新、更快、更智能化的要求。计算机技术正在向以下几个方向发展。

7.5.1 微型计算机的发展趋势

由于超大规模集成电路技术的进一步发展，微型机的发展日新月异。2003年，基于Intel处理器的主流桌面系统主频已升至2.0GHz。在未来的几年里，更多的微处理器会角逐 CPU市场，新的内存标准将会确立。所有这些性能上的增强使PC在处理3D动画、MPEG－II视频以及实时语音识别等任务时能做到游刃有余。

PC将是一个速度更快、性能更强、易于连接的系统，而且更小巧，价格也会更便宜。最引人注目的是PC的外形将会更美观，而不一定是单调乏味的硬壳子。

今后的PC部件可能是简单易行、即插即用的模块，没有扁平电缆，没有小螺钉，而且连接任何设备时都不再需要将机盖打开了。

在今后的几年里，计算机语音识别技术、面部表情以及手势识别技术的飞速发展将会给人机界面带来新的革命。IBM研究中心的技术专家认为，显示器上的数字摄像头以及高速硬件将使人机界面更加多样化。他们正致力于将键盘、手写输入笔、数字摄像头以及语音识别等输入技术集成在一起。未来的计算机输入技术在儿童教育以及帮助残疾人用电脑方面会起到很好的作用。

采用先进的磁存储技术，硬盘容量还会继续高速发展，当前的磁盘读写技术使硬盘的容量很容易达到250GB或500GB。

随着Internet的蓬勃发展及广泛应用，计算机（Computer）、通信（Communication）、消费类电子（Consumer Electronics）及内容（Content）的相互结合和渗透而形成的3C或4C信息世界将成为信息技术发展的一个重要趋势。

7.5.2 高性能计算机和智能计算机

1. 高性能计算机

衡量高性能计算机的一个重要指标是其运算速度，2001年6月美国IBM公司宣布已经研制成功世界上速度最快的高性能计算机，每秒运算速度达12.3万亿次，随后日本宣布从2001年起开发运算速度高达每秒130万亿次的超级计算机。

近年来高性能计算机呈现出两个发展趋势：首先，高性能计算机原来主要用于科学计算，现在则逐渐在诸如数据仓库、在线分析处理、决策支持、数据挖掘等商业智能化和网络信息服务等领域有所应用。其次，高性能计算机原来主要强调的是运算速度，而现在也开始重视高性能计算机的效率、易用性、易管理性和可靠性等非速度因素。

随着数字家电、机顶盒、移动计算和移动通信设备等客户端的发展，服务器的重要性也日渐突出。高性能计算机开始由从前的超级计算机向超级服务器方向过渡。

超级服务器的应用领域兼顾科学计算、事务处理、网络信息服务等方面，目前已经成为了高性能计算机的主流，今后的发展还将越来越快。

2. 智能计算机

智能计算机是指有人工智能的计算机系统。人工智能及智能计算机成为当前国际科学技术竞争的焦点之一，各国对这方面的技术都十分重视进行了大量的研究与开发工作。智能计算机模拟人脑以及一些器官方面将有新的突破，在实现脑力劳动自动化方面将有重大进展。它具有如下特点：

（1）对于声音、文字、图形、图像等各种形式的信息处理能力大大增强。

（2）具有自然语言的理解能力。用户可以用自然语言与计算机会话，使用计算机变得更方便。

（3）具有学习、联想、推理和解释问题的能力，可以帮助人们更有效地处理信息，进行创造、发明、总结规律、发现规律等处理自然语言或接近自然语言书写的程序，只要把需要计算的问题用自然语言写出要求及说明，计算机就会进行相应的计算和处理，不必像目前书写程序那样要使用专门的语言把解题过程与数据描述出来，到那时，软件生产自动化将真正得到解决。

现在人工智能已经取得了较大的进展，可以辅助或部分代替人们做一些智能工作，如计算机辅助自动定理证明、自然语言理解、机器人、专家系统等，但人工智能的继续发展也面临着许多难题。如知识表达、自学习等。传统的人工智能、专家系统一直是用产生式规则或框架式结构来表达专家知识的，然而就连一些人类学家也很难用这种规则表达他们的经验，而一些“常识知识”甚至往往难以用语言描述清楚。另一方面人的知识越来越多，人变得越来越聪明，而在专家系统中，知识越多，系统解决问题搜索所花费的时间就越长，因而就显得越笨。以上这些问题向传统的人工智能提出了尖锐的挑战。许多学者在认真研究之后认为症结就在于传统的冯·诺依曼型计算机结构本身。数字计算机发展到今天已经经历了四代的变化。但即使是现代巨型计算机，其基本原理仍然是原始的冯·诺依曼原理。由于受其本身所固有的程序存储式串行处理以及局域式地址存储等特征的限制，冯·诺依曼型计算机虽然在数值计算等方面取得了巨大的成功，但在自学习、联想、记忆、识别、形象思维等方面却显得能力低下。人们期待着新一代计算机的出现，国际科技界也开始了新一代计算机的艰难探索。

7.5.3 网络计算机

下一代计算机产品的发展主要围绕着两个方向展开：一个是实现电脑、电视和电话的三合一，换句话说，就是使电脑具有彻底的多媒体功能；另一个是传统的个人电脑与网络个人电脑的竞争。

网络个人电脑，即网络计算机（NC），它是一种通过网络提供大部分资源的无盘工作站，程序、数据甚至操作系统都需要从网络服务器下载，因此不需要硬盘，同样也不需要软盘驱动器和光盘驱动器。因此，它是一种无噪声、微型、价格便宜、易于使用的简化设备。业界许多人士和分析家均预言，这种计算机（或者称其为通信设备）在家庭和办公室将大量普及。

为家庭设计的NC，甚至不需要专门的显示器，新技术的发展可以将电视转化为一种高分辨率的显示器，NC可以直接把电视与网络相连。在办公室应用中，NC将直接通过企业内部网存取数据、下载程序，并在客户端运行。

网络世纪的特点，是把硬件和软件资源都尽可能集中于网络，由大家共享，处理也尽可能由网络上的服务器来进行。在这样的使用方式下，用户无需经常对自己的个人机升级以求得更多功能和更好性能，而且不必为操作系统的兼容性而烦恼，更不必经常去购买和安装层出不穷的新应用软件，所以用户将省心、方便多了。

由于资源和处理都尽可能集中到网络上，所以用户面前使用的NC，可以只起进出网络的端口作用。更形象地说，它成为接到网络上的“水龙头”。这和人们常说的，计算机由最初的计算工具发展成为办公工具，而现在又从办公工具变为信息媒体的说法是一致的。所谓信息媒体是指可以像利用报纸、电视那样，利用计算机来取得所需的各种信息。网络的“水龙头”正是指可以以通过它从网络上源源不断地取得所需信息。

由于NC只起“水龙头”作用，大部分功能都转到网络上，所以NC变得非常简单，价格可以降至很低。

7.5.4 其他新型计算机

电子计算机由于多种因素的制约，其运算速度和处理能力不可能无限制地提高，因此，科学家们积极跳出传统的电子计算机的结构模式，去寻找新的途径，研制开发新型的计算机。

1. 光计算机

光计算机是用光电集成电路（即由光学器件和电子器件相集成的新型器件，主要由激光器、光纤和开关等组成）代替传统的电子型集成电路制成的计算机。它的工作原理不是利用电子，而是利用光子来处理信息和存储程序。由于光速大于电子传输速度，所以其运算速度可以大为提高，又由于光计算机采用并行传输原理，故其传输的信息量也大大提高。此外，由于光空间传输的平行性好，所以光计算机中不需要布线，这既简化了工艺，又避免了在电子计算机中由于相邻布线之间存在的电磁干扰。

科学家估算，光计算机处理信号的能力将是电子计算机的成千上万倍。这种计算机可以具有人脑一样的联想能力及自学习能力。这种复杂多变的联想能力是电子计算机无法实现的，而这正是光计算机施展本领的机会。光计算机的应用主要包括语音和图像的识别，交换大量的电话信号，以及通常的工作量极大的计算工作。

2. 神经元计算机

神经元计算机是一种仿真人脑神经网原理的一种新型计算机。生物学家研究表明，人脑之所以能在瞬间完成学习、逻辑推理等复杂的信息处理，是因为人脑和担任信息处理基本要素的神经细胞以并行方式传输信息的缘故。而传统的电子计算机则采用逐次处理信息的方式，所以信息处理速度慢，难以实现仿人脑的功能。正是基于这种机理，神经元计算机的设计方案则设想利用多个处理器并行连接方式，来加速计算机的信息处理能力，使之接近于人脑的功能。

我国目前已研制出“高精度双权值突触神经元计算机CASSANN-II”。该计算机在一次运算中可实现具有1 024个神经元512 K个双权值突触的神经网络规模，其通用性强，适用面宽，总体技术达国际先进水平。

3. 生物计算机

20世纪70年代以来，人们发现，DNA（脱氧核糖核酸）处在不同态下，可产生有信息和无信息的变化。联想到逻辑电路中的0与1、晶体管的导通或截止、电压的高或低、脉冲信号的有或无等，科学家们激发了研制生物元件的灵感。

生物计算机的主要原材料是生物工程技术产生的蛋白质分子，并以此作为生物芯片。生物元件比硅芯片上的电子元件要小很多，甚至可小到几十亿分之一米，而且生物芯片本身具有天然独特的立体化结构，其密度要比平面型的硅集成电路高五个数量级。如让几万亿个DNA分子在某种酶的作用下进行化学反应，就能使生物计算机同时运行几十亿次。生物计算机芯片本身还具有并行处理的功能，其运算速度要比当今最新一代计算机快 10万倍，能量消耗仅相当于普通计算机的十亿分之一，存储信息的空间仅占百亿分之一。

生物芯片一旦出现故障，可以进行自我修复，所以具有自愈能力。生物计算机具有生物活性，能够和人体的组织有机地结合起来，尤其是能够与大脑和神经系统相连。这样，生物计算机就可直接接受大脑的综合指挥，成为人脑的辅助装置或扩充部分，并能由人体细胞吸收营养补充能量，因而不需要外界能源。

把生物学和工程学结合起来制造生物计算机已不是天方夜谭。1997年，美国南加州大学计算机科学家伦纳德·艾德曼已研制成功一台DNA计算机。艾德曼说“DNA分子本质上就是数学式，用它来代表信息是非常方便的，试管中的DNA分子在某种酶的作用下迅速完成生物化学反应。28.3gDNA的运行速度超过了现代超级计算机的10万倍”。

2003年，以色列科学家研制出一台速度达每秒330万亿次运算的生物计算机。这种计算机中的DNA既可以为整个计算机输入信息，又可以为计算机提供运行所必需的能量。

科学家们认为：生物工程是全球高科技领域最具活力和发展潜力的一门学科，加上计算机、电子工程等学科的专家通力合作，有可能在21世纪将实用的生物计算机推向世界。

4. 量子计算机和纳米计算机

（1）量子计算机。量子计算机所用的处理器是量子器件，而且其运算过程也将建立在量子理论的基础上。

电子和光子一样具有波粒二象性，即有时表现出波动性质，有时表现出粒子性质。当集成电路线宽在0.1μm以下时，电子的波动性质便不能忽略。由于波动性质而表现出来的种种现象，例如隧道效应，便是量子效应。利用量子效应作为工作基础的器件便是量子器件。

量子器件不仅体积小，而且工作原理和现在的电子器件完全不同，能够实现更高的响应速度和更低的电力消耗，使电子器件两个最主要性能指标有较大的提高。它不仅将支持未来来计算机的发展，还将导致整个电子技术的革命。

量子计算机除了所用器件同现有计算机不同外，其工作原理也与之不同。由于出现量子效应时波的模糊性（当电子表现为波动时，它的位置是不确定的），使量子计算机具有并行性。

美国IBM公司、斯坦福大学和卡尔加里大学科学家联合研制出世界上最先进的量子计算机，并首次证明这类装置有明显快于常规计算机的运算潜力。这种量子计算机使用5个原子作为处理器和内存。研究人员对实验机型进行了测试，用它来确定一个函数的周期，结果发现，量子计算机能够只需一步就解决任何一个例题，而常规计算机完成相同的工作却需要多次循环运算。

量子计算机的独特之处在于，处于量子状态的粒子能够进入“超态”，即同时沿上、下两个方向自旋。这一状态可代表1、0以及中间的所有可能数值。因此，量子计算机可以不像常规计算机那样按顺序把所有数值相加，而是能够同时完成所有数值的加法，这使得量子计算机具有强大的功能。使用数百个串接原子组成的量子计算机可同时进行几十亿次运算。

量子计算机有望应用于广泛的领域。用它进行数据库检索可大大提高网上搜索速度；也可用来设置或破译密码、提高天气预报准确性、模拟化学反应以加快新药的研制等。他预测说，今后两年中，有7至10个原子的量子计算机将问世。

（2）纳米计算机。2006年，美国亚利桑那大学的物理学家发明了一种将单分子转换为可使用的晶体管的技术。这项突破使制造体积更小、功能更强的计算机成为可能。

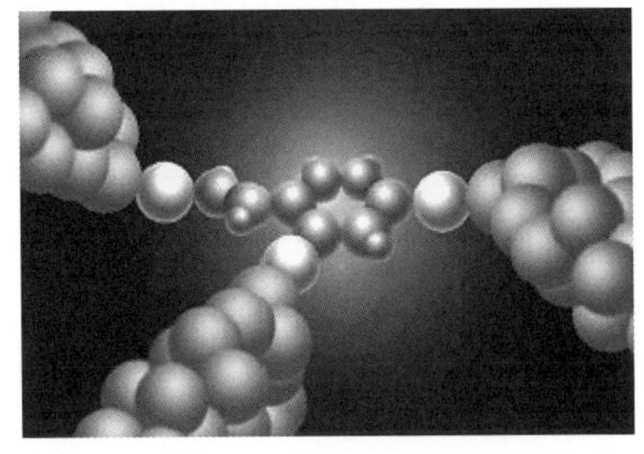

图7-22 分子晶体管

晶体管就是微型电子开关，是构建CPU的基石，目前工业生产晶体管的工艺可以达到65nm（十亿分之一米），而亚利桑那大学的科学家可以将晶体管做到只有一个分子那么大，也就是大约1nm。

亚利桑那大学物理学家查尔斯·斯坦福说：“目前技术下的所有晶体管都通过提高或降低能垒来控制电流，用这种方法制作开关已有一个世纪的历史。”

尽管制作工艺不断提高，然而传统技术下的晶体管体积也不能无限缩小。斯坦福说：由于因体积缩小会带来很难处理的能量问题，它的尺寸最小也只能达到25nm。即使用现有技术制造出分子大小的晶体管并组装成笔记本电脑使用，将需要整个城市的电力来运行这台计算机，所产生的热则会使它蒸发消失。

亚利桑那大学的科学家自3年前就开始思考如何设计新一代的晶体管。他们发现量子力学可以解决分子级晶体管的散热问题。

他们使用的最简单的分子是拥有环形结构的苯分子。研究人员在环上连接了两个电极，使电流有两个可选择的通路。接下来，也是最难的一步，他们在一个电极的对面连接了第三个电极，这使这个小分子可以开通和关闭。

斯坦福说：“在经典物理学中，来自两个通路的电流能够汇集，但在量子力学中，两个电波会互相干涉而消耗，导致电流不能通过，晶体管处于关闭状态。”

现在，科学家利用第三个电极中的电流改变了前两个电波的相位，使它们不再相互干扰，从而让晶体管处于开通状态。科学家只用了几个星期就使这一技术从理论变为了现实，但后来他们却花了很长的时间将所有电子交感考虑在内，并制作出真正成熟的装置。目前，他们已经为该装置申请了名为“量子干涉效应晶体管（QuIET）”的专利。

利用这项技术，我们不但可以生产出计算功能更加强大的计算机，在天文、气象、电脑动画等多个需要虚拟现实的领域大显身手，还可以生产出细菌大小的微型机器人，让它们像科幻电影中演示的那样进入血管，帮助医生作出更精确的诊断和治疗。

第8章　信息技术与先进制造技术

8.1　信息经济和信息社会

8.1.1　信息经济的由来

随着微电子技术、计算机技术、通信技术和信息处理技术的飞速发展，世界经济发展在经历了农业经济、工业经济之后，又进入了一个崭新的经济时代——信息经济时代，人类社会的发展也进入了一个新的阶段——信息化社会。物质（材料）、能源与信息已成为社会发展的三大资源。Internet/Intranet技术的兴起，给企业业务流程、管理模式、组织机构的重组乃至整体的发展带来新的机遇，并将导致产业结构及企业经营方式的变革。

20世纪人类社会最伟大的成就之一是：以微电子技术和计算机技术为代表的信息技术的高速发展与普及应用，带动了全球社会的经济发展与划时代的经济腾飞。

信息经济的主体是以信息技术为代表的信息生产或服务构成的产业化群体，它的形成与发展是生产力发展的必然结果。人类社会经济发展的历史经验表明，在工业经济社会中，社会生产由低级阶段向高级阶段过渡的发展过程，表现在对生产力层次的不断创新与发展上，社会生产的发展是通过对先进技术产业化后，形成新的产业群体实现的，是通过运用先进技术，对传统产业进行技术改造和创新来实现生产力飞跃的。信息经济的形成与发展同工业经济发展历程一样，一方面，它依靠信息技术与信息生产或信息服务来形成产业化群体，然后逐步发展成为经济主体的信息产业；另一方面，它通过对农业、采掘业、加工制造业、建筑业、交通运输业、金融业、商业和服务等传统产业的信息化改造，推进信息经济的发展进程。在传统的工业经济结构中，通过对传统产业在生产、管理、设计等各个环节全方位的技术改造与更新，应用信息技术实现企业信息化，从而达到企业内效率提高、能耗降低、效益增加、成本降低、产品及服务质量提高，使传统行业的整体竞争能力迈上一个新台阶。

2001年4月20日，在北京召开的《网络经济与经济治理国际研讨会》上，朱镕基总理在祝贺信中指出，Internet技术及其应用已经把全球带入新的网络经济时代，经济全球化、信息网络化和区域经济合作进程正在明显加快，并向纵深发展。中国和世界各国特别是发展中国家的经济发展迎来了新的机遇，同时也面临着严峻的风险和挑战。

朱镕基总理对我国在新世纪如何加强信息化建设有着精辟的阐述，推进国家工业化，同时不失时机地推进国民经济信息化，把信息化与工业化结合起来，带动产业结构与产业素质提高到一个新的水平，大力发展以信息技术为中心的高新技术产业，实现国民经济的信息化。

8.1.2　进入信息社会的主要标志

21世纪是高新科学技术的世纪，其标志是高新科学技术及其产业将成为全球的经济核心。新的技术革命将在高新科学术领域展开，激烈的全球经济竞争将以这个领域为战场，谁掌握了高新技术及其产业，谁就掌握了经济战场的制高点。高新科学技术是人民生活水平不断提高的可靠保证，是社会稳定的基础和社会发展的动力，也是国家先进军事装备和国防现代化的有力支柱。

按照许多科学家的预测，21世纪初到30年代这段时期，科学技术的中心是信息科学技术，从21世纪30年代开始，将逐渐转移到生物科学技术（包括生命科学技术），而到本世纪中叶以后，将有可能以认知科学技术为中心，把信息科学技术、生命科学技术和系统科学技术结合起来，形成认知科学技术群。因此，从这个意义上来说，21世纪中叶以前的中心科学技术是信息科学技术，它在整个世纪中都将起到重大的作用。

进入21世纪，信息技术特别是网络技术的高速发展势头丝毫无减，进一步推动了经济全球一体化和信息网络化的发展进程，对世界经济发展的格局产生了广泛而深远的影响。信息技术成为当代社会最活跃的生产力，正在对人类经济和社会的发展产生巨大而深远的影响。信息化水平的高低已成为衡量一个国家综合国力和一个地区现代化水平的重要标志。

20世纪90年代以来，信息化浪潮一浪高过一浪，世界各国更加关注和重视未来的信息社会，发达国家借助掌握信息技术的优势，大力推进国家信息基础设施的建设，促进本国产业结构重组，从而增强了自身的国际竞争力。美国经济借助于信息技术和网络技术的推动，获得了前所未有的强劲发展势头。1993年，克林顿政府上台后的美国经济曾连续8年获得了2%~3%的增长率，而且还同时保持低通胀率和低失业率，这一“经济奇迹”应归功于信息化和网络化。

1993年9月美国政府率先提出了国家信息基础设施计划（National Information Infrastructure，NII），通常称为信息高速公路，实质是高速信息网络。它是美国政府针对美国社会信息化发展而提出来的，具有21世纪的战略眼光，是重振美国经济、增强美国国际竞争力的重大举措。之后，全球掀起了建设“信息高速公路”的高潮，日、英、法、德、加等国也纷纷提出各自的类似计划，发展中国家如韩国、新加坡、巴西、乌拉圭，也都加紧制订本国的信息化计划。

根据20世纪90年代美国经济发展的规律，可以预见到信息化、网络化将会给新经济带来许多新特点，如不会发生旧经济的衰退和通货膨胀的周期性；知识是新经济的基础，企业发展将是知识资本重于物质资本；知识分子将成为新经济时代的主体，知识分子和工人的界限将会消除，社会结构将发生变化；人才是知识资本的核心；企业的利润主要来自于科技创新；虚拟企业、敏捷制造、企业网络动态联盟、供应链、企业重组等与信息技术密切相关的现代制造模式、现代管理方法和先进制造技术迅速发展，企业对市场的反应越来越快；企业经营趋向于全球性，电子商务将成为企业经营的主要形式；商品质量越来越高，价格越来越低，服务越来越好；顾客将参与产品的设计和制造，商品将更加个性化；消费结构也将发生变化；由吃、穿、住转为住、用、休闲为主，非物质消费将占总消费的50%以上。

20世纪90年代后期，世界经济发展年平均增长率在3%左右，而信息技术及其相关产业的增长幅度却是经济增长幅度的2~3倍，信息产业对社会经济发展的贡献越来越大。

我国在“九五”期间，信息产业年平均增长速度达到31.3%，对GDP的贡献率由5.2%上升到12.4%，占GDP的比重从2%提高到4%。1999年电子通信行业总产出5 831亿元，销售额5 573亿元，均列全国工业之首，1999年实现利润307.5亿元，占全部工业利润的比重从1999年的4.1%上升到13.4%，成为工业行业第一利润大户。2000年中国信息产业总产值突破了1万亿元，出口额达到551亿美元，占全部外贸出口近1/4。我国信息产业已成为工业经济的第一支柱。

2000年生产计算机860万台，工业总产值达到2 800亿元，比上一年增长36.6%，计算机市场总销售额达2 150亿元，增长25%，全国计算机2 000年的总拥有量达3 000万台。彩电2 000年生产3 742万台（日本仅1 000万台），国内需求为1 000万台/年，还有2 000多万台远销海外市场。2005年我国联想集团购买了美国IBM笔记本电脑的生产和销售权，成为世界上为数不多的超级电脑生产销售商。

固定电话普及率由1995年的每百人不到5部提高到2000年每百人18部，固定电话总数达1.5亿部。移动电话总数由1995年363万户迅速增长到2000年的7 500万户，固定、移动电话总数已突破2亿户，跃居世界第二位。2002年移动电话的总拥有量已居世界首位。2007年全国总拥有量达到4.9亿户。

2000年生产程控交换机4 637万线、移动通信交换机3 630万线、集成电路50亿块。

1995年上网户数仅有8万户，到2000年已猛增到2 650万户，2001年达到4 000万户，据CNNIC的最新估算，截至2002年10月31日，上网用户数达到5 800万户，2005年达到1亿户、上网人口普及率达到15%左右。上网用户发展态势如图8-1所示。“九五”期间，网络带宽从几百KB增长到1 200多MB，整整翻了数千倍。网络产品和服务正在成为新的消费热点。2000年我国电信业务收入3 074亿元，比上年增长26.4%；计算机软件销售额达到230亿元，比上年增长34.2%；计算机、移动电话等网络产品的销售增长都在50%以上。

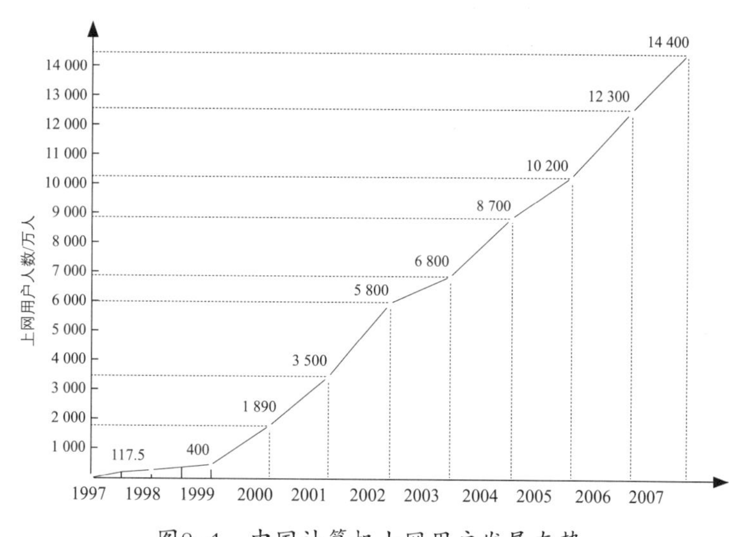

图8-1　中国计算机上网用户发展态势

2002～2007年的5年间，我国信息产业持续保持20%以上的高速增长，市场规模将比2000年翻一番，产业增加值占国内生产的比重超过8%。固定、移动电话网规模容量将跃居世界第一位，电话用户总数达到5亿户，全国电话普及率达到40%。到2010年，信息产业市场规模将再翻一番。也就是说，未来十年，信息产业将翻两番。

尽管我国的信息产业已驶上高速路，但它仍然处于初级发展阶段。美国国民去年用于信息产品的支出为5 610亿美元，而我国却仅不足200亿美元。尽管我国上网人数如此飞速增长，但与世界网络化相比差距还很大。2001年，全世界Internet用户已达到3亿户，其中美国为1.1亿户，欧洲为9 000万户，而我国仅为4 000万户，还不及他们的一半。全世界电子商务的发展很快，1998年时全世界电子商务交易额为69.5亿美元，预计2002年将将达到1 850亿美元，4年内将提高25倍。电子商务在我国才刚刚开始，人们还不习惯在网上做交易。由于网上交易的法规不健全、“游戏规则”不熟悉、运作渠道不通畅、安全措施不完善，当前我国电子商务的发展尚有不少困难。随着中国进入WTO，发展电子商务的迫切性越来越大。

8.2 信息、信息技术和信息化

8.2.1 信息、信息媒体及信息基础设施

1. 关于信息的定义

近50年来，科学界一直在对信息的定义进行积极的探索。有关信息的定义很多，但由于其本身内涵的全面性和科学性，目前尚无一个令大家都接受的定义。如：

信息是使人们促进知识更新和认识事务的客观存在。

信息是维系事物内部结构和外部联系，感知、表达并反映其属性和差异的状态和方式。

信息是指应用文字、数据或信号等形式通过一定的传递和处理，来表现各种相互联系的客观事务在运动变化中所具有特征性内容的总称。

信息是减少不确定性的一种客观存在和能动过程。

它们都从不同的侧面反映了信息的某些特性，而且随着时间的推移，时代将赋予信息新的含义，是一个动态的概念。现代“信息”的概念，已经与半导体技术、微电子技术、计算机技术、通信技术、网络技术、多媒体技术、信息服务业、信息产业、信息经济、信息化社会、信息管理、信息论等含义紧密地联系在一起。

总之，可以认为，信息是对客观世界中各种事物的变化和特征的反映，是客观事物之间相互作用和联系的表征，是客观事物经过感知或认识后的再现。

（1）信息的基本特征：

1）客观性。信息反映客观事物的属性。信息必须真实、准确、如实地反映客观实际。

2）主观性。对于信息和信息处理的任何研究与讨论，都离不开主体的目的或目标（即人们的目的或需求）。

3）抽象性，即二重性。必须区分信息的载体与内容，使信息有可能在不同的载体之间转化与传递。这里需要强调的是，人们往往将主要注意力集中在信息的载体（例如计算机网络的建设）或技术手段上，而忽略了信息的内容，这种本末倒置现象的产生就源于对信息的抽象性缺乏明确的认识。

4）整体性。即系统性。信息必须作为表达客观事物（或系统）的完整描述中的一环，脱离了全局，零碎的信息将毫无意义。

5）时效性。客观事物（或系统）都是在不断发展变化的，信息只有及时、新颖，才能发挥巨大的作用，才有价值。

6）层次性。信息及其处理与客观事物（或系统）的层次密切相关，只有合理地确定层次，才能正确地确定信息需求的范围和信息的价值，并有效地进行信息处理。

7）不完全性。信息与不确定性是对立统一的整体，客观事物的无限复杂与动态变化，决定了信息的无限性。故信息的完全性只能是相对的，而其不完全性则是绝对的。因此，我们在信息的处理过程中，要能在信息不完全的情况下，以各种可能的方法，力图降低其不确定性，提供比较合理的信息服务与支持，避免僵化。

（2）信息的地位和作用：

1）信息是联系客观事物（或系统）各部分的纽带。一个企业，正是通过其物流（原料、半成品、成品等）、能量流（水、电、汽、风等）和信息流（物流、能量流的量、质及控制信息等）三者的紧密联系，才构成一个有机的整体。

2）信息是客观事物（或系统）的表征。企业的生产、经营情况正是通过其产品结构、产值产量、经营总额、利税总额等信息来体现的。

3）信息是客观事物（或系统）管理与控制的依据及实现手段。企业领导者正是通过掌握企业生产、经营的有关信息，来判断目前生产、经营状态是否正常，从而作出有关调整的决策并加以实施，以便使生产、经营活动正常进行。

4）信息是科学技术转化为生产力的桥梁与工具。科学研究的成果，实验中的发明，技术上的创新作为推动社会前进的直接生产力是需要转化的，而转化的桥梁工具则是人们所要把握的信息和其他一些因素。

5）信息是经济发展的保证。信息是非常重要的资源，这一点已得到了国际社会的广泛承认，这也是“信息是现代经济发展的保证”这一论断的理论和实践的依据。对于企业来说，产品信息是企业经营、管理的最重要的资源。

2. 信息媒体

信息，通常需要通过一定的物质载体来表示。这些用来表示信息的物质载体就称为信息的表示媒体，或者简称为媒体。在工程实践中，可用的信息媒体种类很多。最常见的媒体包括声音、图像、文字、数据等。一般来说，声音可以用来表示或携带可听信息，图像或文字可以用来表示或携带可见信息，数据则可以用来表示或携带可测信息。但是，需要特别强调指出的是，不管媒体的具体形态是什么，它们所表示和携带的都是信息。在这个意义上，它们是一个统一的整体。

利用多种媒体综合协调地表示多种类型的信息，则称为多媒体信息。从技术发展和社会进步的趋势来看，单媒体的信息服务将逐渐转变为多媒体的信息服务，这是因为它能够为人们提供更全面、更高质量的信息服务。

3. 信息活动

对于个体的人来说，信息活动的基本过程可以用图8-2形象地加以说明。

人的基本信息活动包括信息获取、信息传递、信息处理与再生、信息使用等过程。图中所示的各种信息活动都是一目了然的，唯一需要说明的是信息再生。这里，信息再生是表示在信息处理的基础上重新产生新的信息（一般是产生更深入更本质的信息，或产生用来指导实际行动的策略信息）的过程。这种信息是在人的头脑中产生的，是第二性的信息生成，因此称为信息的再生。

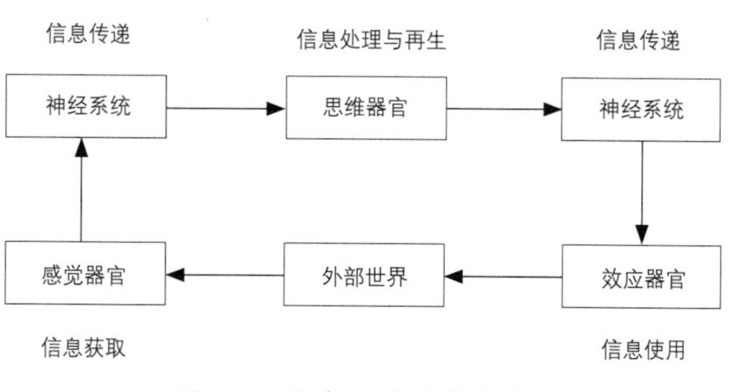

图8-2　信息活动的基本过程

如果作进一步的分解，其中信息获取又包括信息感知、信息识别、信息提取等子过程，信息传递又可以包括信息变换、信息传输、信息交换等子过程，信息处理与再生也可以包括信息存储、信息检索、信息分析、信息加工、信息再生等子过程，而信息使用则可以包含信息转换、信息显示、信息调控等子过程。

4. 信息基础设施

信息基础结构是用以支持社会信息活动所需要的全部技术设施（或称信息基础设施）以及

为了保证这些活动和设施有效运转所需要的社会环境和条件。信息基础设施系统由感测系统、通信系统、智能系统和控制系统这四大要素所构成。系统模型如图8-3所示。其中，感测系统是人类感觉器官获取信息功能的延长，通信系统是人的神经系统传递信息功能的延长，智能系统是人的思维器官处理信息和再生信息功能的延长，控制系统是人的效应器官使用信息功能的延长。

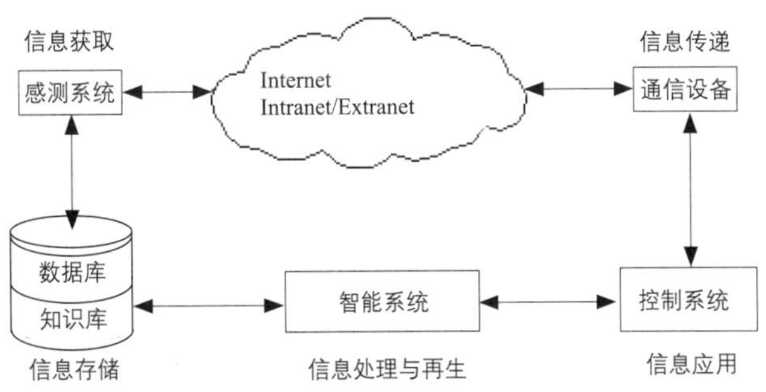

图8-3 信息基础设施系统模型

该模型中的“四大要素”还可以进一步说明如下：

（1）感测系统。包含能够在各种环境下感测各种信息的传感设备（包括摄像机、拾音器、场强计等）、测量设备（各种各样的仪器仪表）等技术系统。

（2）通信系统。包含能够传输和交换各种信息的传输系统和交换系统（如光纤通信系统、卫星通信系统、微波通信系统、移动通信和个人通信系统、ATM交换系统等），以及覆盖指定服务面积的网络及网络组织体系等技术系统。

（3）智能系统。包含能够根据实际需要和针对各种目的对各种信息进行各种处理，并且在处理这些信息的基础上再生新信息的信息处理和信息再生系统，如各种数据库系统、计算机系统、决策支持系统、人工智能专家系统等。

（4）控制系统。包含能够根据策略信息的指示相引导对外部世界的各种对象的运动状态及其变化方式进行干预、调节和改变的各种执行系统，如各种各样的显示系统、伺服系统、调节系统和控制系统等。

但是，上述信息基础设施只是信息基础结构之中的技术设施。为了使这些技术设施能够有效地发挥实际作用，为人类提供好的信息服务，产生应有的实际效益，还必须具备一系列社会支持环境和条件。其中，最主要的有：支持信息基础设施的运转、生产、研究、开发以及提供各种信息服务的人才队伍，大量乐于并善于利用信息服务的用户大军，保证信息基础设施有效运转和高质服务的规章制度、政策法规以及与此相适应的社会文明道德规范等。

8.2.2 信息技术

最近二三十年是人类文明史上科学技术发展最迅速的阶段，各种高新技术像雨后春笋般纷纷出现，其中最为突出的就是信息技术，而且已经成为当代新技术革命最活跃的领域。信息技术是由计算机技术、通信技术、信息处理技术和控制技术等构成的综合性高新技术，它是所有高新技术的基础和核心。它的发展是以电子技术，特别是微电子技术的进步为前提的。信息技术对其他高新技术的发展起着先导作用，而其他高新技术的发展又反过来促进信息技术更快地发展。一般地讲，其他技术作用于能源和物质，而信息技术则改变人们对空间、时间和知识的理解。信息技术的普遍应用将会充分挖掘人类的智力资源，而且对包括能源和物质资源在内的各种生产要素效能的发挥，将起到催化和倍增作用。

到目前为止对信息尚无一个统一而公认的定义，因此，对信息技术也就不可能有一个统一而公认的定义。一般认为，所谓信息技术就是人类开发和利用信息资源的所有手段的总和。

信息技术既包括有关信息的产生、收集、表示、检测、处理和存储等方面的技术，也包括有关信息的传递、变换、显示、识别、提取、控制和利用等方面的技术。由此可见，作为一般意义上的信息技术，其历史几乎和信息一样久远，因为只要有了信息就要使之发挥作用，不能发挥作用的信息是没有意义的。而各种使信息发挥作用的技术不但现代有，古代有，就是远古时代也有。就信息的传递来说，它是信息技术的重要组成部分。在远古时代，人们用手势来表达信息，在古代，用烽火台和驿站来传递信息，而到了现代，信息的传递是用电话、电报、电视、传真、微波和通信卫星来实现的。三个时代信息传递的功能和效率虽然不可以同日而语，但是它们的目的却是一样，那就是尽可能准确和迅速地传递信息。信息的传递技术如此，信息技术的其他组成部分也莫不如此。信息技术雏形虽然早已存在，但是真正作为一项技术为人们所重视，并系统地加以研究、开发和利用，还是最近几十年的事情，信息技术的发展状况和信息的发展状况几乎是一样的。在20世纪60年代以前，计算机技术主要用于军事方面。从20世纪60年代初期开始，计算机技术逐渐用于信息处理。20世纪70年代后，特别是进入20世纪90年代，计算机技术、数据库技术、通信技术和网络技术的迅猛发展，使信息处理技术好像插上了强劲有力的翅膀，进入了一个全新的迅速发展阶段。因此，从某种意义来说，一部人类文明史就是一部信息技术发展史。

8.2.3 信息技术的由来和发展

信息作为一种社会资源自古就有，人类也是自古以来就在利用信息资源，只是利用的能力和水平很低而已。

人类社会的早期，人们只能利用大自然给予的器官及功能来进行信息的简单处理。眼、耳、鼻、舌和身是收集信息的门户，神经系统是信息在人体中传递的渠道，大脑则是记忆和处理信息的器官。这一阶段，反映了人类利用生理本能的自然形态。以后，经过漫长的进化演变，人类处理信息的方式逐渐由自然到自由，由被动到主动，由低级到高级，由本能到理智，由动物的共性到人类独有的个性。语言的出现，可以说是人类独有的交流信息的最初步骤，也是人类成为社会人的最基本条件。当然，在语言出现以前，人类交流信息也已经有通过动作、表情、甚至动物的其他本能等多种方式了。显然，在这样原始的条件下，人类作为一个整体，其能力处于极低的水平。无论是抗击野兽或自然灾害，还是集中力量改造自身的生存环境，都还是十分无力的，更谈不上更多地积累知识、发展文明了。

然而，即使在如此原始的时代，人类的祖先在开始使用石斧、石刀等原始工具生产物质财富与大自然斗争的同时，也已在能源与信息的处理方面迈出了最初的步伐。火的使用作为人类利用能源的最初尝试，后人对此在人类进步中的作用给予高度的评价。同样，在信息的处理和利用方面，原始的人类也已通过结绳记事、用筹码计算等手段，开始超出大自然所赋予的器官与功能，借助于各种“身外之物”来帮助自己处理信息。因此，应当说，信息技术的萌芽在这里已经开始了。原始的人类在利用工具延长自己的手臂，利用钻木取火获取能量的同时，也已经开始利用各种原始的技术协助自己处理信息。这可以称为人类处理信息，即信息技术的最原始的阶段——史前时代。

信息处理手段的第一次飞跃应当说是文字的产生与使用，包括纸张的产生与印刷术的进步。文字的出现使人们在信息的存储方面有了重大的突破。作为一个整体、一个民族、一个部落有了独立于个别人的头脑之外的、可靠稳定的、不受时间与空间限制的、共同的信息存储形式，用现代信息处理的专用术语来说，有了永久的外存储器。这与只靠语言来传播和继承知识与信息的时代相比，无疑是一个极大的进步。正是由于这个进步，人类就能够有效地积累经验，形成对自然界以及人类自身的知识的理解，而这正是人类社会得以迅速发展与进步的必要条件。至此，人类才摆脱了缓慢发展、无法积累经验成果的史前时期，在相对比较短的几千年的时间内（与上百万年的史前时期相比），推动了古代社会的发展。与此同时，在信息的存储、加工、传递和显示方面，也有了相应的进步与发展。众所周知，纸张与印刷术是中华民族引以为自豪的对人类的伟大贡献；同样，从古代的筹算到流传至今的算盘，都是早期信息处理技术的典型例子；遍布全国的烽火台系统（见图8-4）和驿道系统同样表现出我们的祖先为加快信息传递速度而做出的巨大努力；我国古代发明的指南针则是原始的感测技术和显示技术。这个阶段可以称为信息处理的手工时代。

图8-4　古代长城烽火台点燃狼烟作为信号

以蒸汽机的出现为标志，工业革命在物质和能量的使用方面开创了一个全新的时代。在信息处理方面，工业革命的思想与技术同样产生了一系列成果。例如，帕斯卡发明的机械计算机，这种设备可以在一定程度上帮助人们从事大量数据的累加、乘、除等运算。以其为原形发展起来的手摇计算机直到20世纪60年代初还在许多地方使用。在信息的加工与传递上，由于电的使用，人类又发明了一系列新的技术，如电报（包括有线电报与无线电报）和电话。这些技术与设备使人类在信息处理方面有了进一步的提高。这个时期可以称之为机械与电气为主要手段的机电时代。

20世纪中叶，由于生产社会化程度的空前提高，人类在信息处理方面也进入了一个全新的阶段，我们可以称之为信息处理的现代阶段，或信息处理的电子时代。所谓现代信息技术，就是指在这几十年内迅速发展起来并且迅速普及的一系列技术，正是这些技术构成了现代信息处理的基础。

现代信息技术的核心是电子计算机和现代网络通信技术。作为信息处理的设备电子计算机，无论在信息量的存储方面，还是在信息处理加工速度方面都有长足的发展。电子计算机的价格大幅度下降，性能大幅度提高，这些都为电子计算机广泛应用于信息处理提供了可能。现代通信技术主要包括数字通信、卫星通信、微波通信、光纤通信等。通信技术的普及应用，是现代社会的一个显著标志。通信技术的迅速发展大大加快了信息传递的速度，使地球上任何地点之间的信息传递速度缩短到几分钟之内甚至更短，加上价格的大幅度下降，通信能力的大大加强，多种信息媒体（数字、声音、图形、图像）的传输，使社会生活发生了极其深刻的变化。

除了以上最主要的技术外，现代信息技术还包括了现代办公设备、轻印刷设备、缩微技术、遥测技术等方面的内容，它们同样对人类信息处理水平的提高发挥了巨大的作用。在游牧时代、农业时代以至工业时代，信息资源的利用都处于从属地位。只有到了信息时代，信息资源的利用才上升到主导地位。也只有到了信息时代，社会经济的发展才要求形成强大的信息基础结构。这种社会基础结构的变迁过程可用表8-1来说明。

表8-1 信息处理手段随着历史的发展而变更

时间	远古	几千年（古代）	几百年（近代）	50年（现代）
信息处理手段	直接观察	手工	机械技术 电气技术	计算机技术 现代通信技术
收集	直接传递	驿道	机电信号	电磁信号
传递	口头	烽火台	电报电话	微波、卫星、光纤遥感、遥测
存储	个人头脑	算盘/图书	机电式仪表	自动化仪表
加工		印刷	机械及电动计算机、穿孔卡（带）	电子计算机、磁盘、光盘、磁卡
发布		印刷	印刷、广播	广播、电视、多媒体及其他显示技术、电子出版物

从表中可以看出，社会基础结构的发展是有一定规律的，这种规律根植于人类对社会资源的认识、开发和利用能力的进步，根植于人类利用资源制造生产工具能力的进步。在物质、能量、信息这三种资源中，物质资源比较具体，信息资源比较抽象，能量资源介于物质和信息之间。因此，人类最先认识物质资源，然后及于能量，最后才逐渐认识信息资源。在古代，人类只会利用简单的物质资源，因此只能制造出锄头、镰刀一类的人力生产工具，建立农业时代的社会生产力；在近代，人类学会了利用能量资源，于是就能制造机车、机床一类具有动力的生产工具，发展了工业时代的社会生产力；到了现代，人类又进一步学会了利用信息资源，因而就可能制造出专家系统一类具有智能的生产工具，培育信息时代的社会生产力。有什么样的社会生产力，就要求建立什么样的社会基础结构。我们现在所处的时代，是信息时代生产力蓬勃发展的时代，因此要求建立信息基础结构来支持它的发展和成长。

8.2.4 信息化

1. 信息化的内涵

信息化（Informatization）是近年来世界各国都非常关注的并具有深远影响的战略课题。与此相应，有关未来信息社会的种种构想与预测也在不同的杂志刊物中出现，以不同的方式被公众所了解。

信息化是指加快信息高科技发展及其产业化，提高信息技术在经济和社会各领域的推广应用水平并推动经济和社会发展前进的过程。它以信息产业在国民经济中的比重，信息技术在传统产业中的应用程度和国家信息基础设施建设水平为主要标志。

信息化包括信息的生产和应用两大方面。

信息生产要求发展一系列高新信息技术及产业，既涉及微电子产品、通信器材和设施、计算机软硬件、网络设备制造等领域，又涉及信息和数据的采集、处理、存储等领域。信息技术在经济领域的应用主要表现在用信息技术改造和提升农业、工业、服务业等传统产业上。

20世纪90年代以来，信息产业对国民生产总值增长的贡献率不断上升，已经成为当代经济发展的主要驱动力之一。由信息化驱动的经济结构调整，将大大提高各种物质和能量资源的利用效率，大大提高企业在市场经济中的竞争力。

具体地说，信息化的任务十分广泛，涉及如下几个方面：

（1）在社会经济的各种活动中，例如在政府、企业、组织的决策管理与公众的日常生活中，信息和信息处理的作用大大提高，从而使会社会的工作效率与管理水平达到一个全新的水平。

（2）为了提供满足各种需求的信息资源、信息产品和信息服务，各种不同规模、不同类型的信息处理系统建设起来，并进入稳定、正常的运行，成为社会生活的不可缺少的组成部分。

（3）为支持信息系统的工作，遍及全社会的通信及其他有关的基础设施（如计算机网络、数据交换中心、个人计算机等）得到全面发展，并且投入正常运行。

（4）为支持信息系统和基础设施，相关的信息技术得到充分发展，相应的设备制造产业也得到充分发展，为信息处理系统和通信系统的正常运行提供设备和技术保证。同时，它自己也已经发展成为国民经济中的一个庞大的、新兴的产业部门，并且在从业人数和产值份额上均占相当的比例。

（5）与经济生活的变化相适应的法规、制度等经过一定时期的探索，已经逐步健全形成，并且走向完善，为全社会成员所了解和遵守。例如，关于信息产权的有关规则，关于通信安全与保密的有关规则等，特别是在政府与企业的各级管理中形成了有关信息的各种管理体制与管理办法。

（6）与各项经济和社会生活的变化相适应，人们的工作方式、生活方式以至娱乐方式也形成了新的格局，相应的习惯、文化、观念、道德标准也在新的形势下发生了深刻的变化。

总体而论，所谓信息化，就是在国民经济各部门和社会活动各领域普遍采用现代信息技术，充分、有效地开发和利用各种信息资源，使社会各单位和全体公众都能在任何时间、任何地点，通过各种媒体（声音、数据、图像或影像）享用和相互传递所需要的任何信息，以提高各级政府宏观调控和决策能力，提高各单位和个人的工作效率，促进社会生产力和现代化的发展，提高人民文化教育与生活质量，增强综合国力和国际竞争力。

2. 企业信息化的重要意义

企业是国民经济的细胞，是实施以“信息化带动工业化，以工业化促进信息化”战略举措的主体。在企业中推进信息化，可以提高企业劳动生产率、自主创新能力、资金周转率和利用水平，提高企业科学管理、经营水平，促进现代企业制度的形成，进而全面提高企业的核心竞争能力。中国已加入WTO，中国的每一个企业部将置身于全球平等贸易的公平环境与直面强大的跨国公司的激烈市场竞争之中。抓住机遇，迎接挑战，不失时机地实施企业信息化，就成了每个企业在跨进新世纪之际必须实施的关键步骤。

企业信息化实质上是将企业的生产过程、物料移动、事务处理、现金流动、客户交互等业务过程数字化，通过各种信息系统网络加工生成新的信息资源，提供给各层次的人们洞悉、观察各类动态业务中的一切信息，以做出有利于生产要素组合优化的决策，使企业资源合理配置，以使企业能适应瞬息万变的市场经济竞争环境，求得最大的经济效益。

第一次提出信息化这个概念是在1976年。当时，人们还很难看出信息化的本质和它与自动化之间的区别。随着技术潜力的日益发挥，信息化的概念才慢慢地开始确定下来。在20世纪80年代中期和后期，随着连接、集成、网络、存取和友好界面等技术融合到一起，信息化的概念就越来越有力地得到了阐明，越来越多的人开始理解它并对它发生了兴趣。但这只是第一步，人们要理解信息化的内涵，理解为什么它与自动化不同，以及它深刻而全面的管理上的意义，还需假以时日。

3. 企业信息化的发展趋势

随着全球信息化和经济全球化进程加快，企业信息化将朝着更高、更深的层次发展，其发展趋势体现在以下几方面：

（1）数字化、智能化和网络化。数字技术是21世纪的主导技术，将在企业信息收集、整理、传输、存储、显示、分析、处理各个环节和信息技术装备中得到越来越广泛的应用；智能技术将是未来企业信息化装备的主要发展方向；互联网的发展与应用，将直接改变企业的生产经营（人和管理模式），为企业带来革命性的变化。

（2）设计开发和试制过程虚拟化。实现虚拟产品研制，避免实际图纸设计与印制、实际模具试加工以及各种高成本的实验投入，从而提高开发效率和研制成功率，降低新产品的开发成本。

（3）生产和服务柔性化、敏捷化。通过信息系统的建设和先进智能技术的应用，可实现生产过程和生产设备的动态重组，从而实现完全按订单和用户要求的柔性化、敏捷化生产和服务，提高企业在整个产品生命周期的利润。

（4）电子商务将得到全面普及应用。作为一种高效的业务往来和交易手段，电子商务将成为一种普遍的应用，不采用电子商务的企业将难以生存。

（5）企业组织结构扁平化，并行化。适应企业信息化的发展，要求有先进的企业理念、企业组织模式和管理模式与之相配套。企业正朝着扁平化组织、并行化运作的方向发展。

（6）企业决策支持系统高级化。决策支持系统是管理信息系统的高层部分，未来将向面对内外部情况，即时进行预测分析、整体综合决策、全过程总体控制与全员现代化管理的高级决策支撑系统方向发展。

8.3 先进制造技术

8.3.1 先进制造技术的定义和特征

先进制造技术（Advanced Manufacturing Technologies，AMT）是传统制造技术不断吸收信息技术、计算机科学与技术、自动化技术、网络通信技术、材料科学技术及现代管理科学技术的最新成果，并将其综合应用于产品开发与设计、制造、检测、管理、销售、使用、服务乃至回收的制造全过程，实现优质、高效、低耗、清洁、敏捷生产，并取得具有市场竞争能力的社会、经济、技术等综合效果的前沿制造技术的总称，其本质是信息、制造工艺、物流技术和现代管理技术的集合。

先进制造技术的特征与内涵如下：

（1）综合性（Integration）。先进制造技术不是某一项具体的技术，而是一项综合的系统技术，是制造技术与基础科学、经济管理、人文社会科学和工程技术先进成果、理论、方法有机结合产生的适应未来制造的技术，是多学科的交叉集成。学科交叉将是推动制造科学与技术发展的决定因素。

（2）先进性（Advanced）。先进制造技术不是一成不变的，而是一个建立在不断汲取其他相关领域高新技术成果基础上的动态的、发展的技术，是制造技术的最新发展。它并不摈弃传统技术，而是不断有科学技术的新成果、新手段去研究它和充实它。

（3）创新性（Innovation）。创新是先进制造技术的灵魂，并贯穿于产品生命周期全过程，包括产品创新、生产工艺过程创新、生产手段创新、管理创新、组织创新及市场创新等。

（4）系统性（System）。先进制造技术讲究综合性、全过程、全生命周期的综合优化，它涉及到产品从市场调研、产品设计、工艺设计、加工制造、销售、使用、服务直至回收等产品生命周期的所有内容，并将它们结合成一个有机的整体。

（5）敏捷性（Angle）。先进制造技术受顾客/市场驱动，以人为本，以信息为支柱，以效益（包括经济效益、社会效益和生态环境效益）为目的，强调人、技术和管理的有机结合，从而快速响应多变的国际市场，赢得激烈的国际市场竞争。

（6）可持续发展（Enable-Continuance）。先进制造技术是绿色制造，特别强调资源与环境保护，既要求其产品是所谓的“绿色产品”——对资源的消耗最少，对环境的污染最小甚至为零，对人体的危害最小甚至为零，报废后便于回收利用，发生事故的可能性为零，所占空间最小等，又要求产品的生产过程是环保型的、可持续发展的。

8.3.2 先进制造技术的范畴和体系结构

先进制造技术本身是一个动态的、不断发展、不断变化的概念，一些专家和学者们的观点认为，它主要应包括如下几个大的领域：

（1）现代设计理论与方法。

（2）先进制造工艺与设备。

（3）自动控制技术。

（4）信息技术与综合自动化技术。

（5）现代系统管理技术。

先进制造技术体系结构如图8-5所示。

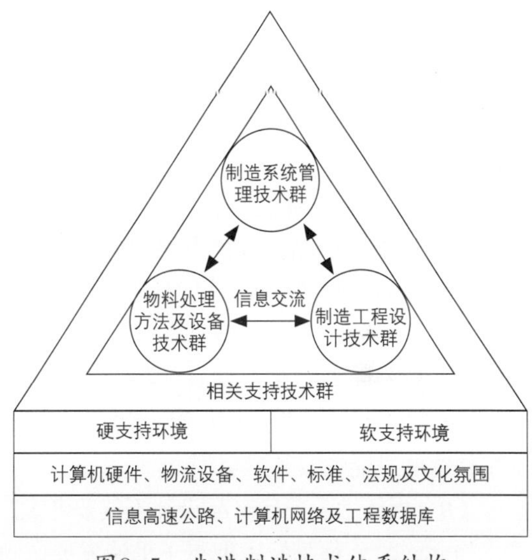

图8-5 先进制造技术体系结构

概括地说，先进制造技术应包括三大主体技术群（现代制造系统管理技术群，面向制造的工程设计技术群及物料处理方法和设备技术群）和一个支撑技术群。后者为前者提供理论基础。由于先进制造技术是一个有机的整体，所以，三大主体技术群并不是相互孤立的，它们之间有大量的信息交换。为了管理好整个生产过程，实现产品的设计和制造，需要硬、软两个支撑环境的支持，其中硬环境包括各种计算机硬件及外围设备和各种物流设备，软支撑环境包括各种计算机软件、企业的文化氛围、企业的管理体制以及各种标准和法规等。最后，先进制造技术的实现还依赖于国家信息高速公路、企业的计算机网络和工程数据库的支持。

8.3.3 先进制造技术与信息技术的关系

在两百多年以前的手工业时代，产品的构想、设计工作与加工制造工作是由同一个（或一组）工匠完成的，工匠主要依赖于他的技能、经验和记忆来完成他的产品设计和制造。

进入现代化大规模的生产模式以后，设计工作逐渐与制造过程分离，成为一种专门化的工作。主要靠各业务部门的人员各司其职来完成产品的设计和制造。

今天，由于设计对象的复杂性上升、设计知识的获取难度加大等原因，使得设计出现了从经验设计到知识设计的转变。

现代产品设计除了愈来愈密切的依赖知识以外，它所考虑的问题的范围也在不断地拓宽。今天的设计和制造工作必须面向产品的“全生命周期”，必须全面地掌握产品制造工程中的全部数据信息。所以说现代产品的设计和制造过程中包容了大量的与产品全生命周期紧密关联的信息。

新形式下制造业面临着新的挑战：世界市场由过去传统的相对稳定逐步演变成动态多变的特征，由过去的局部竞争演变成全球范围内的竞争；同行业之间、跨行业之间的相互渗透、相互竞争日益激。为了适应变化迅速的市场需求，为了提高竞争力，现代的制造企业必须解决TQCS难题，即以最快的上市速度（Time to Market, T），最好的质量（Quality, Q），最低的成本（Cost, C），最优的服务（Service, S）来满足不同用户的需求。主要体现在以下几点：

（1）产品功能。利用原来已知的或新发现的科学原理或技术可能性，来实现产品的功能，使之满足使用要求。

（2）产品模型。产品的几何形状、精度、材质及有关的力学或物理学方面的全部信息。

（3）制造与装配工艺性。能够以现有的或者新研制的加工、装配设备经济地、高效地生产出来。必须注意，在产品设计阶段中的一个小小的改进，往往可以使零件制造或整机装配中的一些难题迎刃而解，极大的改善产品的工艺性。

（4）可靠性。产品在一定的使用或运行期限内，不发生故障的概率。

（5）维修性。产品在发生故障，丧失或部分地丧失其功能以后，通过修理或撤换发生故障的单元而恢复其功能的难易程度。维修性的最基本的要求是产品上较常发生故障的部位必须具有良好的可接近性，包括留有必要的操作维修空间和扳手空间。

（6）测试性。通过检测和测试，判定产品的健康状况，或诊断出其故障所在的可能性和难易程度，这属于产品自身状态的“透明性”问题。为了增强产品的透明性，有时需要在产品设计内装式检测、监视系统，以便随时显示产品的状态或故障。

（7）保障性。为保证产品正常运行，充分发挥其功能而需要的人力、物力等后勤保障的复杂程度和苛刻性。

（8）安全性。产品在生产、运输、储存和使用过程中对于操作人员、产品自身或周围环境发生伤害的可能性及其严重程度。

（9）拆卸性。现代产品设计不仅要考虑产品的装配工艺，使零部件之间装配方便、迅速。

与此同时，信息技术取得了迅速发展，特别是计算机技术、计算机网络技术、信息处理技术等取得了人们意想不到的进步。20多年来的实践证明，将信息技术应用于制造业，进行传统制造业的改造，是现代制造业发展的必由之路。20世纪80年代初，先进制造技术以信息集成为核心的计算机集成制造系统（Computer Integrated Manufacturing System, CIMS）开始得到实施；20世纪80年代末，以过程集成为核心的并行工程（Concurrent Engineering, CE）技术进一步提高了制造水平；进入20世纪90年代，先进制造技术进一步向更高水平发展，出现了虚拟制造（Virtual Manufacturing, VM）、精益生产（Lean Production, LP）、敏捷制造（Agile Manufacturing, AM）、虚拟企业（Virtual Enterprise, VE）等新概念。信息技术为制造业的腾飞插上了健壮有力的翅膀，它不仅会像信息技术那样飞速发展，而且制造技术本身也会发展演变为信息技术。

8.4 计算机集成制造系统（CIMS）

8.4.1 CIMS的基本概念及发展背景

计算机集成制造系统（Computer Integrated Manufacturing System, CIMS）是基于系统科学、制造技术、管理科学和信息技术，利用分布式数据库和网络技术，把制造业内原先各自独立的、分散的自动化设计、制造、经营管理等环节有机地集成于一体的综合系统，它能完成从经营决策、用户订货、工程设计、加工制造、生产管理，直至销售发运等功能，协助企业成为对外应变能力强，对内生产与经营相互协调的新型企业，这一新概念最早是由美国的约瑟夫·哈林顿（Joseph·Harrington）博士于1973年提出，进入20世纪80年代以来，在工业发达国家受到重视并得到较快的发展。人们把它作为一种思想，一种概念，以系统科学为指导，主要通过计算机与通信相结合的信息技术对传统的制造业，尤其是对离散的机械制造业进行技术改造。完整的CIMS应该是从收集分析市场对产品的需求信息开始，继而对市场急需且又适合本企业生产的产品着手研究、开发，进行CAD、CAM，再通过本企业的MIS和CAPP等，然后在FMC或FMS等生产线上进行自动化的加工制造，产品进入市场销售后，再次收集对此产品的信息（反馈），加以改进或开发更新的产品。这样形成一个以计算机集成的闭环系统。系统内各个环节之间能及时地进行数据和信息的交换，从而使整个企业的决策联系和组织联系更为紧密、合理，使企业的总体达到最优或“准优”。

有一种较为简洁的解释认为，CIMS是借助计算机使设计、制造、销售及管理等部门之间的信息集成化，另一种更为简洁的说法则是把CIMS理解为“整体优化”。

不管怎么看，CIMS的最终目标是谋求提高生产率，增强企业的综合经济效益和市场竞争能力。

从生产过程自动化的角度来看，制造业自动化技术大致经历了以下三个阶段：

20世纪40~70年代，主要发展组合机床、高效自动化机床和自动线，首先在大批大量生产中实现了生产过程的自动化。

20世纪50~80年代末，大力发展数控机床，努力实现中小批量（甚至单件）生产过程自动化，并以数控机床为基础，逐步发展了FMC、FMS，独立制造岛，自动化仓库等底层柔性自动化环节。与此同时，随着计算机技术的日益普及应用，还逐步发展了CAD、CAM、CAPP、MIS（MRP-II）等许多涉及生产经营管理方面的自动化环节。

20世纪末期的主攻方向是将各个自动化环节进行集成，向CIMS方向发展，以实现整个企业生产的最优化，提高总体经济效益。

纵观世界制造业、机床和自动化的发展历史，可以看到如下几点：

（1）CIMS是生产力发展到一定水平的必然产物，也是世界自动化生产发展的时代产物。它是对业已具备的各种自动化设计、制造、管理等基本单元的集成。上面提到的那些上层柔性自动化环节及底层的柔性自动化设备，在它们诞生之初并无十分紧密的联系，生产力的发展要求用一种新的思想、新的概念来对它们进行统一、集成，以与之相适应。于是便产生了CIMS。

（2）CIMS符合制造业自身发展规律。一般说来，企业（这里主要指制造业）是由设计（工艺）、制造、经营管理诸环节构成的互相关联、互相制约的有机整体，CIMS正是从企业的整体出发，对企业进行综合技术改造，以谋求整体优化，提高企业的生产效率，缩短产品生产周期、增强企业产品在市场上的竞争能力。

（3）CIMS与传统的自动化概念不同，后者往往局限于硬设备的物理联结，而前者则是追求企业整体优化的经营管理，是提高企业市场竞争力的一种战略。

（4）CIMS的关键是集成，其中包括对人的集成。从哲学的意义上讲，CIMS是一种概念，一种思想。它还不单单是技术问题，它与社会经济体制、职工的价值观念、企业环境及企业文化等要素有关。

为适应社会主义市场经济的发展，我国的机电制造类企业正面临着由粗放经营型向集约经营型转变，由过去仅靠增人增设备，一味提高发展速度到依靠科技进步，靠管理来提高总体经济效益的转变。必须对传统的设计、工艺、加工制造、管理经营、销售等多方面进行综合性改造。而CIMS恰恰是对企业进行综合改造的最有力手段。因此，把CIMS作为我国机械行业技术改造的战略思想，不仅符合世界潮流，而且是实现上述转变的有力武器。

8.4.2 CIMS的体系结构及经济效益

近20多年来，在制造业中利用计算机实现自动化已形成了许多自动化单元，它们是实现CIMS的基础。现在的问题是如何在集成的要求下改造它们、充实它们，增加必要的单元，使它们能形成一个集成系统。对于CIMS的体系结构，虽然存在着一些不同的看法，但有一点是共同的，那就是它应包括产品全生命周期的各类活动。这里主要从功能结构和控制结构上来分析CIMS的组成。

1. CIMS的功能结构

CIMS是一个复杂的大系统，它必然要分解为不同的分系统，分系统再分解为更小的子系统。从系统功能角度看，一般说来，CIMS是由管理信息系统、工程设计自动化系统、制造自动化系统和质量保证系统这四个功能分系统以及计算机通信网络和数据库系统这两个支持分系统组成，图8-6表达了CIMS组成的功能结构以及与外部的信息联系。

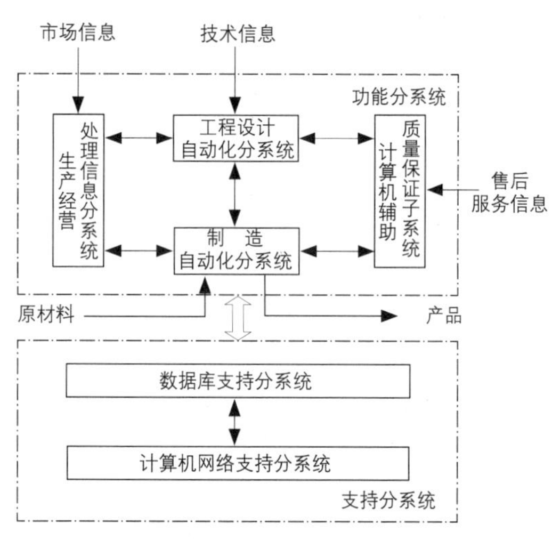

图8-6 CIMS分系统结构

（1）生产经营管理信息系统。管理信息系统（Management Information System, MIS）是企业在管理领域中应用计算机的统称。它以MRP-II为核心，从制造资源出发，考虑整个企业的经营决策、中短期生产计划、车间作业计划以及生产活动控制等，其功能覆盖了市场营销、物料供应、各级生产计划与控制、财务管理、成本、库存和技术管理等活动，是CIMS的神经中枢，指挥与控制着各个部分有条不紊地工作。

（2）工程设计自动化系统。该系统分的功能是在产品开发过程中计算机技术，进行产品的概念设计、工程与结构分析、详细设计、工艺设计与数控编程。通常划分为CAD, CAE, CAPP和CAM四大部分，其目的是使产品开发活动更高效、更优质、更自动化地进行。

工程设计系统是CIMS中的主要信息源，为管理信息系统和制造自动化系统提供BOM和工艺规程等信息。

（3）制造自动化系统。制造自动化系统的功能是在计算机的控制与调度下，按照NC代码将一个毛坯加工成合格的零件，再装配成部件以至产品，并将制造现场信息实时地反馈到相应部门。制造自动化系统要生成作业计划、进行制造自动化系统优化调度控制、生成工件、刀具、夹具需求计划，进行系统状态监控和故障诊断处理，以及完成生产数据采集及评估等。制造自动化系统是CIMS中信息流和物料流的结合点，是CIMS最终产生经济效益的聚集地。它一般由数控机床、加工中心、清洗机、测量机、运输小车、立体仓库、多级分布式控制计算机等设备及相应支持软件组成。其目的是使产品制造活动优化、周期短、成本低、柔性高。

（4）质量保证系统。主要是采集、存储、评价与处理存在于设计、制造及使用等过程中与质量有关的大量数据，从而获得一系列控制环，有效促进质量的提高。它包括质量决策、质量检测与数据采集、质量评价、控制与跟踪等功能。其功能是实现产品的高质量、低成本，从而提高企业的竞争能力。

（5）计算机网络系统。它是支持CIMS各个分系统集成的开放型网络通信系统。采用国际标准和工业标准规定的网络协议，可以实现异种机互联、异构局部网络及多种网络的互联。计算机通信网络系统以分布为手段，满足各应用分系统对网络支持服务的不同需求，支持资源共享、分布处理、分布数据库、分层递阶和实时控制。

（6）数据库系统。这是一个支持CIMS各分系统并覆盖企业全部信息的数据库系统。它在逻辑上是统一的，在物理上可以是分布的，以实现企业数据共享和信息集成。

2. CIMS的递阶控制结构

从控制结构上看，任何企业都是分层次结构的，不可能一竿子到底，但各层的职能及信息特点可能不同。所以，CIMS主要采用递阶控制的方式，它既适应于信息技术和制造技术的当前发展水平，又接近于企业现行的控制习惯。

图8-7是美国国家标准局自动化制造研究实验基地（Automated Manufacturing Research Facility, AMRF）提出的五层递阶控制结构。它采用模块式的分级结构，每一模块均接受上一级的命令并将状况反馈至上一级，每一模块都有独立的数据存取接口。通过这种分级式控制结构和模块化系统可将复杂的整体任务一级一级地分解成更细的具体任务来完成。

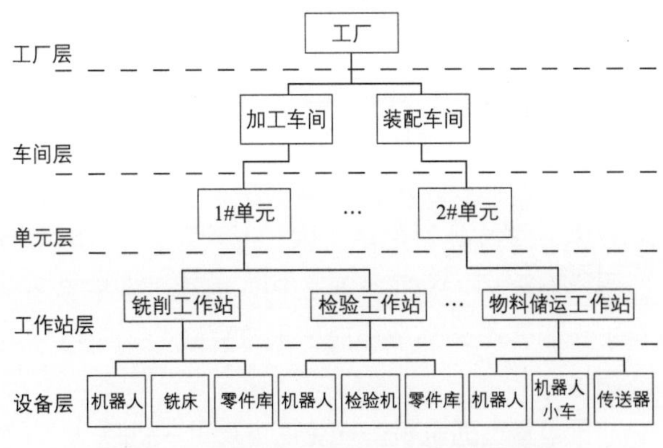

图8-7 AMRF/CIMS递阶控制结构

还可以把整个CIMS体系细分成若干个基本单元，当然这里强调的是对各个基本单元的集成。各基本单元的功能简介于下：

（1）计算机辅助设计（Computer Aided Design, CAD）。是指产品开发过程中直接和间接使用计算机活动的总和。

（2）计算机辅助制造（Computer Aided Manufacturing, CAM）。包括加工、制造控制，进货管理，运输管理，装配、检验、装箱发运等功能。

（3）计算机辅助工艺规程（Computer Aided Process Planning, CAPP）。根据设计结果产生的各种用以指导零件制造或部件装配工作的信息（如制造或装配工艺卡，数据信息等）。

（4）综合管理信息系统（Management Information System, MIS）。包括生产的计划与管理，经营计划，财务、销售和采购管理。人们又把MIS称作制造资源计划（Manufacturing Resource Planning, MRP–II）。

（5）计算机辅助质量控制（Computer Aided Quality control, CAQ）。利用计算机制定质量管理计划及实施质量管理活动，并对产品质量进行控制。这是一个广义的概念，不仅仅局限于加工制造环节上，而是在产品生产的全过程中对质量进行监控。

（6）柔性制造单元（Flexible Manufacturing Cell, FMC）。由CNC机床，机器人，托盘和运输小车等构成的独立功能单元。

（7）柔性制造系统（Flexible Manufacturing System, FMS）。由若干台CNC机床，机器人，托盘，自动搬运车，中央刀库等构成的自动化生产系统。

CIMS的经济效益主要表现在劳动生产率（包括脑力和体力）的提高，生产经营透明度的增加，产品开发周期和生产周期的缩短以及交货迅速等方面。根据国外一些企业推行CIMS的情况调查，CIMS的效益大致如下：

缩短新产品研制周期	30%~60%
提高产品质量（成品率）	200%~500%
降低工程设计成本	15%~30%
提高工程分析能力	300%~3500%
提高生产设备输出能力	40%~70%
增加投资设备的可使用时间	200%~300%
减少在制品数	30%~60%
降低工作人员的成本	5%~20%

8.4.3 CIMS发展概况

美国凭借其在计算机、信息领域中的优势，对发展CIMS技术寄予厚望。他们分别在总体设计方法，体系结构，联网，通信协议和标准的制定、推行，集成技术的实验研究基地建设，传播先进制造技术和人才培训以及先进企业的试点等方面均列入国家、部门或企业的有关规划项目中，并按计划正在实施。近阶段，美国在实现CIMS过程中的部分领先企业有汽车工业的通用汽车公司，福特汽车公司，航空工业的波音–麦道公司，洛克希德公司，机床工业的英格索尔铣床公司，辛辛那提·米拉克隆公司及电子电气工业方面的通用、西屋、惠普和德克萨斯公司等。

日本富士通电机公司生产电磁开关的吹上工厂，已经全部完成CIMS化改造，并开始运行。这是世界上第一家CIMS化的工厂。它能够从接受订单到产品出厂，周期不超过24h，缩短为原来的1/3，工资费用也削减了60%。

日本马扎克（MAZAK）公司最近在新加坡开设一座最现代化的CIMS工厂，称之为“小巨人公司”，这家厂装备了高度先进的计算机控制无人系统，把研究开发、生产、销售、服务集成在一起，使得原先在传统工厂需要288名工人而现在有可能仅需17人就能达到同样的产量。这不单在新加坡是第一家，而且在世界上也是最先进的无人化工厂之一。欧洲一些工业发达国家主要是以汽车工业为代表的大公司正在积极向CIMS进军，比较有特色的有法国的Peugeot（标致）汽车集团，该公司把CIMS称为“公司综合管理系统”，采取把集团的综合管理与信息化一同推进的战略。分以下三个阶段进行：

第一阶段：从统一术语开始。标致公司是由若干个公司合并而成，合并前各公司的技术术语和管理术语不统一，因此他们首先抓术语的统一化和规范化。

第二阶段：业务信息分析，研究业务性质和组织不同阶层的各类人员，在什么场合使用什么样的信息决策。

第三阶段：考虑CIMS的总体结构和部局。

目前标致汽车公司已完成了第一、二阶段的工作，开始进入第三阶段。

法国在开展CIMS方面的一些具体做法很值得我们借鉴：为帮助企业推行CIMS计划，法国借助高等工科院校的力量，在全国一些发达的工业地区成立了六个（Ateliers Inter-etablissement du Producture, AIP）机构，这些机构大都由法国机电类高等工科院校著名教授亲自领导，机构内设立了CNC、FMC、ROBOT（机器人）、CAD、CAM等研究和实验部门，既是教授们进行科学研究，培养研究生的实验室，又面向广大企业进行技术培训、技术咨询服务，直至实施CIMS工程的开发，在法国企业界起到了领导和示范的作用。

瑞典Opel（奥贝尔）汽车公司的汽车司机操作面板部件已采用单元化生产方式生产，已使用自动导引车（装配作业台），且充实了CAD／CAM系统的内容，具备了种种FA（工厂自动化）的特征。

德国西门子综合电气公司在开展CIMS工作时，注意提高“与机器和计算机一同工作的每个人的适应性”，认为人是第一位的，机器和计算机是第二位的。把“教育和训练人在获得信息之后如何决策和行动”放在首位。

西门子公司把CIMS划分为若干不同的功能岛，通过信息流和物料流来联结这些功能岛。

我国政府和机械制造业对CIMS也给予高度的重视。1987年开始实施的“高技术发展纲要”即863计划，已把CIMS作为自动化领域内的一个主题项目。对建立CIMS实验工程，单元技术网点，重点应用工厂，单元技术应用工厂，目标产品开发和三级专家决策及管理体系等都作了明确的规划。国内的一些大型骨干企业如上海第二纺织机械厂、沈阳第一机床厂、杭州汽轮机厂、郑州纺织机械厂、一汽第二发动机厂、大连液压件厂等科技领先企业都已经在不同程度上开展CIMS的开发和研究工作，在科研和学术界，清华大学率先成立了CIMS工程研究中心，致力于CIMS的总体规划、布局和指导性的研究示范工作。

在CIMS实验工程的建设过程中，共取得了46项技术成果，有30项通过了部、委级鉴定，其中有20项达到国际先进水平，其余均为国内领先或国内先进水平。该项目九三年被电子工业部和《中国电子报》评为全国电子信息类十大科技成果之一，1994年获国家教委科技进步一等奖，1995年获国家科技进步二等奖。清华大学CIMS中心1994年11月获国际权威学术机构美国制造工程师学会（SME）颁发的国际大奖CIMS开发与应用“大学领先奖”（University LEAD Award）。

8.5　成组技术（GT）

8.5.1　成组技术的背景和理论基础

1. 成组技术的由来

随着人类生活水平的提高和社会的进步，人们追求个性化、多样化的思想日益普遍。作为提供人的日常生活所需各种产品的制造业中，大批量的产品越来越少，单件小批量的产品生产模式越来越多，约占各类机器生产的76%～85%。随着世界经济的高速发展，社会对机械产品需求多样化的趋势也越来越明显。传统的针对小批量生产的组织模式会存在如下一些矛盾：

（1）生产计划、组织管理复杂化。

（2）零件从投料到加工完成的总生产时间较长。

（3）生产准备工作量大。

（4）产量小，使得先进的制造技术的应用受到限制。

为了解决好上述矛盾，人们从“按事物相似性分类成组处理问题能避免重复、提高效率”的古朴思想和哲理出发，提出一种新的科学理论及实践方法——成组技术（Group Technology, GT），并把它应用于社会和生产活动领域。实践证明，它能从根本上解决生产由于品种多，批量小带来的矛盾。

最早提出成组技术概念的是前苏联学者米特洛法诺夫教授，他在1959年发表了《成组加工的科学原理》，比较系统地总结出一套对机械零件“分类成组”进行工艺分析和加工处理的方法，并认为这种方法对80%的及其制造和仪器制造业，在单件、小批和成批生产的条件下是非常合适的，在使用数控机床时，成组加工技术具有特别重要的意义和广阔的发展前途；1960年，联邦德国学者奥匹兹教授发表了《零件统计学》，并制定了第一个“零件分类法则”，进而又归纳出Opitz分类代码系统，从而使成组技术发展成为一门专门的生产技术科学，系统地、深入地研究如何识别和发掘生产活动中有关事务的相似性，并对其进行充分利用。成组技术的本质是把相似的问题归类成组，寻求解决这一组问题相对统一的最优方案，以取得所期望的经济效益。

成组技术应用于机械加工方面，乃是将多种零件按其工艺的相似性分类成组以形成零件族，把同一零件族中零件分散的小生产量汇集成较大的成组生产量，从而使小批量生产能获得接近于大批量生产的经济效果。成组技术将品种众多的零件按其相似性分类以形成为数不是很多的零件族，把同一零件族中诸零件分散的小生产量汇集成较大的成组生产量。这样，成组技术就巧妙地把品种多转化为“少”，把生产量小转化为“大”，由于主要矛盾有条件地转化，这就为提高多品种、小批量生产的经济效益提供了一种有效的方法。

把成组技术用来指导生产实践，诸如生产专业化、零部件标准化等皆可以认为是成组技术在机械工业中的应用。现代发展了的成组技术已广泛应用于设计、制造和管理等各个方面，并取得了显著的效益。

与生产事务的相关性是客观存在的，这不仅为人的一般常识所认可，而且也为统计学所证实。用统计学的方法统计事物某些特征属性出现的频率，可以从总体上定量地说明事物客观存在的相似性。从对捷克和德国机床产品各类零件的统计资料表明，零件间的相似性已超越国界，它确实是客观存在的，且遵循一定的分布规律。成组技术的基本原理是符合辩证法的，所以它可以作为指导生产的一般性方法。

从对英国机床业不同时期内几种主要加工设备需要量的资料表明：相对稳定的各类零件构成比例要适应各类机床数量。由此可以认为，根据一定生产任务配备以相适应的各类机床数量，在较长的一段时间内是能够满足产品不断更新换代的生产要求的，这就科学地证明了成组技术实施的延续性，即产品（同类型或相近类型）的更新换代将不会影响成组技术的继续实施。零件统计学不仅为成组技术的创立提供了可以信赖的科学依据，也是实施成组技术过程中充分认识和利用有关事物相似性的有用的科学方法。成组技术基本原理要求充分认识和利用客观存在着的有关事物的相似性，所以按一定的相似标准将有关事物归类成组是实施成组技术的基础。

2. **成组技术的理论基础和特点**

人们在研究自然、社会和思维领域普遍存在的相似运动、相似联系和相似创造规律，逐步总结出一系列关于“相似”的概念、属性和特征，并对事物的相似性有了规律性的认识。我国学者周美立教授经过十余年的悉心研究，发表了《相似学》（1993年）、《相似系统论》（1994年）、《相似工程学》（1998年）等一系列的学术专著和论文，认为世间一切事物在其不断发展、演变的过程中，都存在着相同、相似和差异（即不同）的属性。相同体现了对原有基础（事物）的继承，差异体现了其发展中的变化和创新，而相似则是介于相同和差异之间的一个过渡概念，恰恰是客观事物中相同和差异的矛盾统一。所提出的理论和方法系统地阐述了“相似概念”、“相似元”、“相似特征”、“相似关系”、“相似矩阵”、“相似变换”及“相似类型”等基本定义，总结出相似分析的基本方法，并把这些概念和方法应用于产品设计、科学研究和科学试验之中。这些理论成果和分析方法为成组技术的发展和应用提供了坚实的理论基础，并得到了国内外学者的认同，将进一步地促进成组技术理论、方法的发展和完善。

基于国内外特别是国内近20年关于成组技术的研究与实践，成组技术的实质内涵可简述为：以相似理论为指导，综合利用现代科技，发掘、标识、利用产品生产过程的多层次相似规律，通过对生产过程中的事物和事件的“分类成组”处理，实现生产全过程的合理化、信息化、高效化与现代化，提供企业的整体效益和竞争能力。

成组技术具有如下属性和特点：

（1）符合认识论，体现继承和创新。成组技术以“物以类聚”的古朴处事哲理为基础，以近代相似理论为指导，是基于现代科技基础和合理化的综合性方法体系。

（2）重视事物及其属性、特征的科学分类、标识。分类编码是成组技术学科的重要特点，并以此作为信息简化、标准化和建立共享数据库的基础工作和标识工具。

（3）具有良好的适应性和灵活性。成组技术适用于一切多品种生产企业，既能适应于高水平的全面实施，也可根据主客观条件在局部范围内应用。

（4）着眼于生产全过程的合理化、信息化与现代化，强调改造、革新、挖潜，重视人的主观能动性，是一条重实践、讲实效的内涵、经济型技术进步途径。

（5）兼有包容性和参与性。成组技术既能吸收和应用一切先进科技精华（NC、计算机技术、信息技术等），具有综合性、独立性，能与精益生产、准时生产等综合概念多元共处，又能作为CAD/CAPP/CAM的技术基础，还可以作为CIMS、敏捷制造等现代综合相同的子系统。

8.5.2 成组技术的实施过程和效益

1. **成组技术的实施过程**

对企业而言，实施成组技术是一种从更新传统生产观念入手，带革命性的合理化、信息化和现代化的综合治理。国内外的实践表明，全面实施成组技术，企业应具备三个基本条件：一是具有远见卓识的主要领导；二是产品的品种较多、批量不太大，且产品方向比较稳定；三是具有与实施目标、水平相适应的人员、设备等必要资源。传统多品种生产企业全面实施成组技术通常是在充分收集成组技术资料，进行广泛调研的基础上，按下述步骤开发、实施：

（1）分析本企业实施成组技术的可能性，高层领导作出决策。

（2）分层次开展成组技术培训，组织落实，明确分工。

（3）确定远、近期目标和总体规划、进度。

（4）做好基础工作，包括选择或制定信息标识系统，标识、分析有关事物，建立共享基础数据库。

（5）技术准备：在产品设计、生产准备和生产管理领域，组织成组生产系统软、硬件的技术开发、设计。如制定信息标识系统、成组布置设计，开发GT-CAD、CAPP、工装CAD软件等。

（6）实施、总结：全员培训、现场准备、系统运行等。

2. **分类成组的方法**

目前，将零件分类成组常用的方法有：

（1）视检法。视检法是由有生产经验的人员通过对零件图纸仔细阅读和判断，把具有某些特征属性的一些零件归结为一类。它的效果主要取决于个人的生产经验。视检法的分类步骤如下：

1）收集消化资料。包括零件图样、工艺文件、生产纲领、加工条件（设备、工装等）。

2）分类。按照零件的结构形状相似原则，将全部零件组粗分为盘、套、轴、壳（箱）体等大类（簇）。

3）分组。按照工艺相似原则，并考虑及零件的尺寸、毛坯、材料和工装、设备等工艺特征，将每大类进一步细分为大小适宜的零件组。

4）分析处理特殊件。主要是针对形状相似但工艺不相似或形状不相似而工艺相似的少数零件进行类组调整。

5）综合平衡。综合考虑各零件组内的品种、件数及同组零件的相似程度，作综合调整。

（2）生产流程分析法。生产流程分析法（Production Flow Analysis，PFA）是一种适用于制造、管理领域的分组方法。它对改善企业物流系统，合理划分零件组、机床组和实施合理投产顺序，具有方便、实用等优点。近十几年来，随着计算机的应用，生产流程分析法在理论上和实践上均发展较快。

该方法以零件生产流程及生产设备明细表等技术文件，通过对零件生产流程的分析，可以把工艺过程相近的，即使用同一组机床进行加工的零件归结为一类。采用此法分类的正确性与分析方法和所依据的工厂技术资料有关。采用此法可以按工艺相似性将零件分类，以形成加工族。

（3）编码分类法。这种零件分类方法是按编码进行分类，首先需将待分类的诸零件进行编码，即将零件的有关设计、制造等方面的信息转译为代码（代码可以是数字或数字、字母兼用）。为此，需选用或制定零件分类编码系统。由于零件有关信息的代码化，就可以根据代码对零件进行分类。应指出，采用零件分类编码系统便零件有关生产信息代码化，将有助于应用计算机辅助成组技术的实施。JCBM-1系统是我国机械工业部门为机械加工中推行成组技术而开发的一种零件分类编码系统。该系统是在德国Opitz编码分类系统的基础上修改制定的，并经过先后四次修订，已于1990年正式为我国机械工业部的技术指导资料。图8-8是JCBM-1分类编码系统的基本结构。

该系统由5位主码、4位辅码组成，即利用9位数字型字符描述零件的主要属性（或特征）。

5位主码按先粗后细、由表及里的原则依次标识零件的总体类型、外部形状、内部加工、平面加工和辅助加工等特征；4位辅码依次标识零件的主要轮廓尺寸、材质和精度特征。第1位代码为0、1、2、3、4、5、6、7的7类常见零件，系统提供了7张分类代码表，代码为4、8类的“特殊件”留给用户自行定义。4位辅码共用一个分类代码表。利用零件的9位数字代码，能规律性地标识零件的主要结构和工艺特征。

这里以一个具体零件为例，说明JCBM-1编码系统是怎样来标识它的工艺属性和特征的。图8-9所示为某滚齿机上的一个接盘零件，按照JCBM-1系统的编码法则，其9位数字代码为“011024122”，在该零件图的下方对各位代码的含义作出了说明。

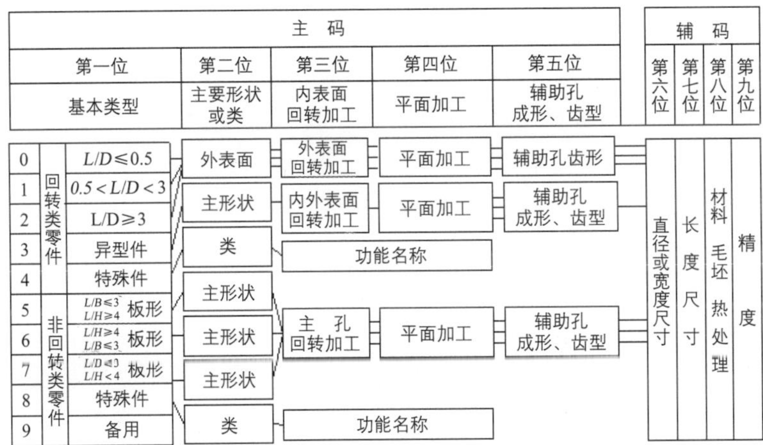

图8-8 JCBM-1系统基本结构图

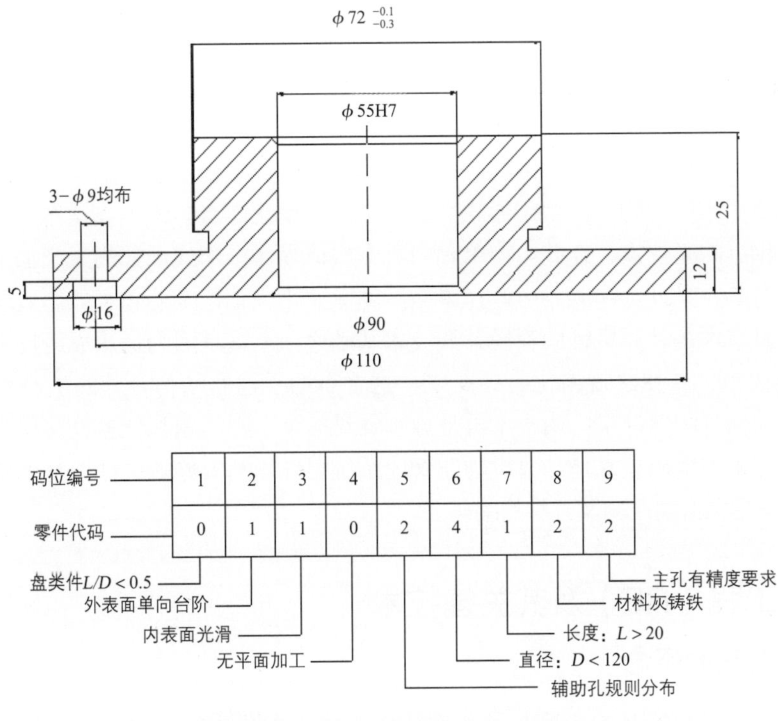

码位编号	1	2	3	4	5	6	7	8	9
零件代码	0	1	1	0	2	4	1	2	2

图8-9 零件分类编码的一个实例

8.5.3 成组技术的应用

目前发展的成组技术是应用系统工程学的观点，把中、小批生产中的设计制造和管理等方面作为一个生产系统整体，统一协调生产活动的各个方面，全面实施成组技术以提高综合经济效益。以下将从产品设计、制造及生产管理等方面简述成组技术的应用。

（1）产品设计方面。由于用成组技术指导设计，赋予各类零件以更大的相似类，这就为在制造管理方面实施成组技术奠定了良好的基础，使之取得更好的效果。此外，由于新产品具有继承性，使往年累积并经过考验的有关设计和制造的经验再次应用，这有利于保证产品质量的稳定。以成组技术为指导的设计合理化和标准化工作将为实现计算机辅助设计（CAD）奠定良好的基础，为设计信息最大程度地重复使用，加快设计速度，节约时间作出贡献。据统计，当设计一种新产品时，往往有3/4以上的零件设计可参考借鉴或直接引用原有的产品图纸，从而减少新设计的零件，这不仅可免除设计人员的重复性劳动，也可以减少工艺准备工作和降低制造费用。

（2）制造工艺方面。成组技术在制造工艺方面最先得到广泛应用。开始是用于成组工序，即把加工方法、安装方式和机床调整相近的零件归结为零件组，设计出适用于全组零件加工的成组工序。成组工序允许采用同一设备和工艺装置，以及相同或相近的机床调整加工全组零件，这样，只要能按零件组安排生产调度计划，就可以大大减少由于零件品种更换所需要的机床调整时间。此外，由于零件组内诸零件的安装方式和尺寸相近，可设计出应用于成组工序的公用夹具——成组夹具。只要进行少量的调整或更换某些零件，成组夹具就可适用于全组零件的工序安装。成组技术亦可应用于零件加工的全工艺过程。为此，应将零件按工艺过程相似性分类以形成加工族，然后针对加工族设计成组工艺过程。成组工艺过程是成组工序的集合，能保证按标准化的工艺路线采用同一组机床加工全加工族的诸零件。应指出，设计成组工艺过程、成组工序和成组夹具皆应以成组年产量为依据。因此，成组加工允许采用先进的生产工艺技术。以成组技术指导的工艺设计合理化和标准化为基础，不难实现计算机辅助工艺进程设计（CAPP）及计算机辅助成组夹具设计。

（3）生产组织管理方面。成组加工要求将零件按工艺相似性分类形成加工族，加工同一工件族有其相应的一组机床设备。因此，成组生产系统很自然地要求必须按模块化原理组织生产，即采取成组生产单元的生产组织形式。在一个生产单元内有一组工人操作一组设备，生产一个或若干个相近的工件族，在此生产单元内可完成诸零件全部或部分的生产加工。因此可以认为，成组生产单元是以工件族为生产对象的产品专业化或工艺专业化（如热处理等）的生产基层单位。成组技术是计算机辅助管理系统技术基础之一。这是因为运用成组技术基本原理将大量信息分类成组，并使之规格化、标准化，这将有助于建立结构合理的生产系统公用数据库，可大量压缩信息的储存量。由于不再是分别针对一个工程问题和任务设计程序，可使程序设计优化。此外采用编码技术是计算机辅助管理系统得以顺利实施的关键性基础技术工作，成组技术恰好能满足相似类产品及分类的编码。

8.6 反求工程（RE）及其关键技术

8.6.1 反求工程的概念

一般说来，大多数产品的生产起源于设计概念，这些设计概念通过工程图或一些模型表达出来。但在许多情况下，一些产品并非来自于设计概念，而是起源于已有的产品、实物或模型。例如，某些流线型物体、人造假肢、艺术雕塑品和汽车零件的物理模型等。在这种情况下，首先要对实物或模型进行测量，并反求设计概念（CAD模型），然后才能继续进行后序过程的操作，如修改设计、有限元分析、误差分析、数控编程和制造等。这种通过对存在的实物模型或零件进行测量，然后根据测量数据重构设计概念的过程被称之为反求工程（Reverse Engineering），也称逆向工程。

反求工程能够缩短从设计到制造的周期，是实现快速仿制的有力工具。一般来说，产品反求工程包括形状反求、工艺反求和材料反求等几个方面，在工程领域中，形状反求得到较为广泛的应用，主要包括以下内容：

（1）新零件的设计。在工业领域中，有些复杂产品或零件很难用一个确定的设计概念来表达，或为了与客户交流，以获得优化的设计，设计者常常通过创建基于功能和分析需要的一个物理模型，来进行复杂或重要零部件的设计，然后用反求工程方法从物理模型构造出CAD模型，在该模型的基础上可以进一步的修改，实现产品的改型或仿型设计。

（2）已有零件的复制。在某些情况下，零件的图样不存在或无法得到，这时可以通过反求工程方法对零件进行复制，以再现原产品或零件的设计意图。

（3）损坏或磨损零件的还原。当零件损坏或磨损时，可以直接采用反求工程方法重构该零件CAD模型，对损坏的零件表面进行还原或修补。由于被测零件表面的磨损、损坏等因素，会引起测量误差，这就要求反求工程系统具有推理、判断能力。例如，对称性、标准尺寸、平面间的平行、垂直等特性。最后加工出该零件。

（4）模型精度的提高。设计者基于功能和美学的需要对产品进行概念化设计，然后使用一些软材料，例如木材、石膏等将设计模型制作成实物模型，在这个过程中，由于对初始模型改动得非常大，没有必要花大量的时间使物理模型的精度非常高，可以采用反求工程的方法进行模型制作修改和精练，提高模型的精度，直到满足各种要求。

（5）数字化模型的检测。对加工后的零件进行扫描测量，再利用反求工程方法构造出CAD模型，通过将该模型与原始设计的CAD模型在计算机上进行数据比较，可以检测制造误差，提高检测精度。还可以利用反求工程方法检验产品的变形分析、焊接质量等，以及进行模型的比较。

反求工程的实施过程是对现有零件原型数字化之后，再形成CAD模型，这是一个推理、逼近的过程，并非完全仿制原有的产品，而是要掌握原有的设计理念，经过调整来建立一个类似的设计模型。可见，反求工程所涵盖的意义不只是重制（Re-Manufacturing），也包含了再设计（Re-Design）的理念。反求工程为快速设计和制造提供了很好的技术支持，已经成为制造业信息获取、传递的重要和简捷途径之一。

8.6.2 反求工程的主要步骤

实施形状反求工程的过程一般可分为以下四个阶段：

（1）物理原型的数字化。通常采用三坐标测量机（CMM）、激光扫描及其他测量装置来获取零件原型表面点的三维坐标值。

（2）从测量数据中提取零件原型的几何特征。按测量数据的几何属性对其进行分割，采用几何特征匹配与识别的方法来获取零件原型所具有的设计与加工特征。

（3）零件原型CAD数字化模型的重建。将分割后的三维数据在CAD系统中分别进行曲面拟合，并通过各曲面片的求交与拼接获取零件原始型面的CAD模型。

（4）重建CAD模型的检验与修正。根据获得的CAD模型重新测量和加工出样品，检验重建的CAD模型是否满足精度或其他试验性能指标要求，对不满足要求者重复以上过程，直至达到零件的设计要求。

图8-10所示为最后满足公差（0.1mm）要求的覆盖件曲面的CAD模型。

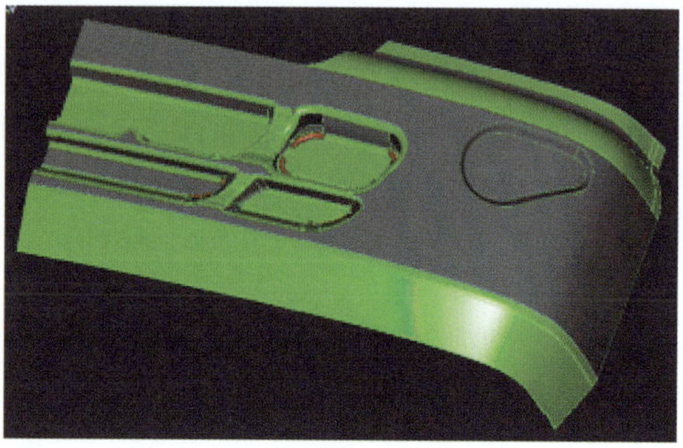

图8-10　由反求工程获得的汽车覆盖件CAD模型

从本例还可以看出，反求工程中的曲面重构并非一次可以顺利完成的，往往需要经过多次修改、反复迭代的过程，最后才能得到比较理想的结果。

8.7　快速原型（RP）技术

快速原型技术（Rapid Prototyping Technology, RP）是国外20世纪80年代中后期发展起来的一种新技术，它与虚拟制造技术（Virtual Manufacturing）一起，被称为未来制造业的两大支柱技术。快速原型技术对缩短新产品开发周期，降低开发费用具有极其重要的意义，有人称快速原型技术是继NC技术后制造业的又一次革命。目前RP技术已成为各国制造科学研究的前沿学科和研究焦点。

8.7.1　快速原型技术的基本原理

快速原型技术是综合利用CAD技术、数控技术、激光加工技术和材料技术实现从零件设计到三维实体原型制造一体化的系统技术。它采用软件离散-材料堆积的原理实现零件的成形，如图8-11所示。

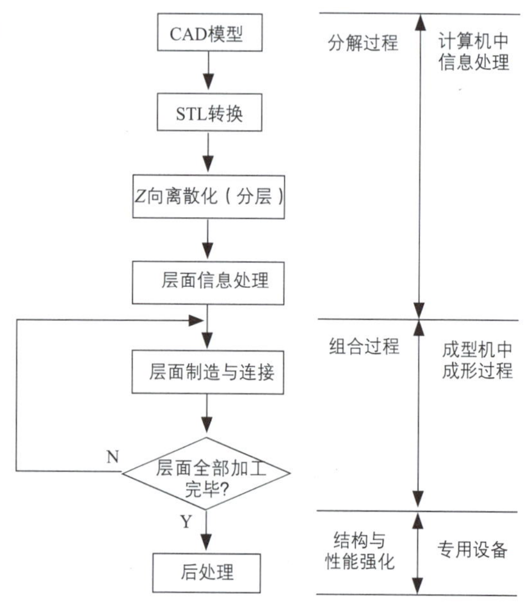

图8-11　快速原型工作原理

具体过程如下：首先利用高性能的CAD软件设计出零件的三维曲面或实体模型；再根据工艺要求，按照一定的厚度在Z向（或其他方向）对生成的CAD模型进行切面分层，生成各个棱面的二维平面信息；然后对层面信息进行工艺处理，选择加工参数，系统自动生成刀具移动轨迹和数控加工代码；再对加工过程进行仿真，确认数控代码的正确性；然后利用数控装置精确控制激光束或其他工具的运动，在当前工作层（三维）上采用轮廓扫描，加工出适当的截面形状；再铺上一层新的成形材料，进行下一次的加工，直至整个零件加工完毕。可以看出，快速原型技术是由三维转换成二维（软件离散化），再由二维到三维（材料堆积）的工作过程。

快速原型方法不仅可用于原始设计中快速生成零件的实物，也可与反求工程相结合，用来快速复制实物（包括放大、缩小、修改和复制）。其工作过程是：用三维数字化仪采集产品或零件的三维实体信息，在计算机中通过CAD建模技术再还原生成实物的三维模型，必要时还可以用三维CAD软件对重建的CAD模型进行修改和缩放，然后采用专门的软件进行三维离散化，以生成STL格式的文件，再传送到快速成型机中生成实体产品或零件。

8.7.2 快速原型技术的主要工艺方法

1. 光固化立体造型（Stereo Lithography Apparatus, SLA）

LSL法是以各类光敏树脂作为成形材料，以氦-镉激光器为能源，以树脂受热固化为特征的快速原型方法。具体做法是，由CAD系统设计出零件的三维模型，然后设定工艺参数，由数控装置控制激光束的扫描轨迹。当激光束照射到液态树脂时，被照射的液态树脂固化。当一层加工完毕后，就生成零件的一个截面，然后移动工作台。加上一层新的树脂，进行第二层扫描，第二层就牢固地粘贴到第一层上，就这样一层一层加工直至整个零件加工完毕。在本书第4章我们已介绍过SLA快速原型技术的工作原理，这里就不再重复。

2. 选择性激光烧结（Selective Laser Sintering, SLS）

SLS法采用各种粉末（金属、陶瓷、蜡粉、塑料等）为材料，利用滚子铺粉，用CO_2高功率激光器在计算机的控制下按照零件分层轮廓有选择性地对粉末进行加热、烧结，被烧结处裹覆在粉末材料外的粘接剂熔化而使粉末材料粘结在一起，一层完成后再进行下一层烧结，直至烧结成块。全部烧结后去掉多余的粉末，再进行打磨、烘干等处理便获得零件，其工作原理如图8-12所示。利用该方法可以加工出能直接使用的塑料、陶瓷或金属件。

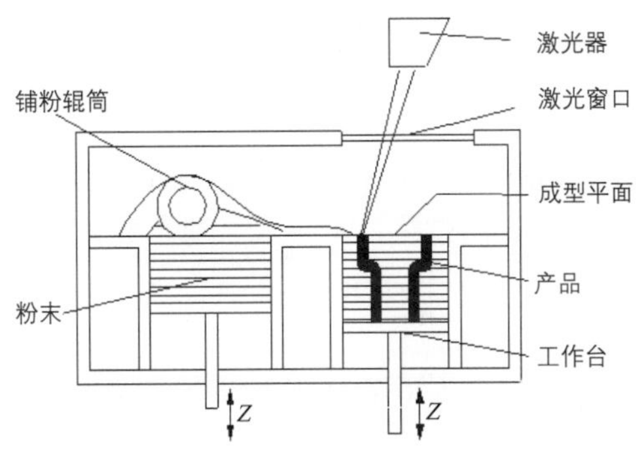

图8-12 SLS工作原理示意图

3. 熔融沉积造型（Fused Deposition Modeling，FDM）

FDM是一种不使用激光器而使用喷头的快速成形方法。它使用塑料、蜡、尼龙等丝状热塑性材料为原料，丝材由供丝机构送至喷头，利用电加热方式将材料熔化成熔融状，喷嘴根据零件CAD截面轮廓信息在计算机的控制下做$X-Y$平面运动，在扫描运动过程中，喷头内的熔融的液体被选择性地涂覆在工作台上指定的位置，经快速冷却后固化形成截面轮廓。如此沿Z方向一层层地涂覆，最终加工出三维产品原型或零件。该方法污染小，材料可以回收；比较适合成形小塑料件，且制作的零件的翘曲变形比SLA法小。其工作原理如图8-13所示。

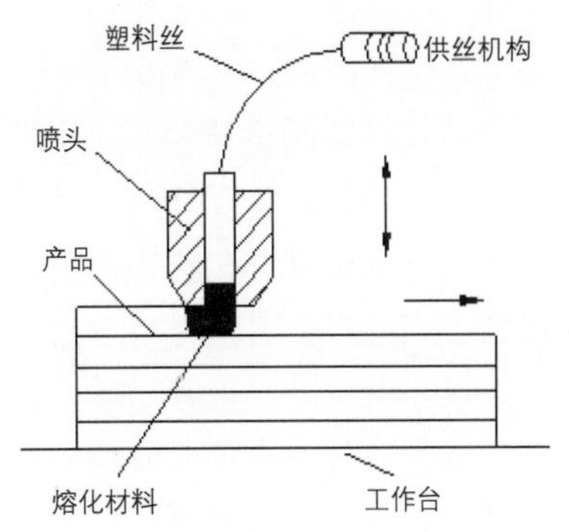

图8-13 FDM工作原理示意图

由于FDM过程中，丝状材料要经过“固态-液态-固态”的转变，故要求材料具有良好的化学和热稳定性。

8.7.3 快速原型技术的特点和适用范围

快速原型法具有下列特点和优点：

（1）更适合于形状复杂的、不规则零件的加工。

（2）减少了对熟练技术工人的需求。

（3）没有或极少废弃材料，是一种环保型制造技术。

（4）成功的解决了计算机辅助设计中三维造型“看得见，摸不着”的问题。

（5）系统柔性高，只需修改CAD模型就可生成各种不同形状的零件。

（6）技术集成，设计制造一体化。

（7）具有广泛的材料适应性。

（8）不需要专用的工装夹具和模具，大大缩短新产品试制时间。

（9）零件的复杂程度与制造成本关系不大。

以上特点决定了快速原型法主要适合于新产品开发，快速单件及小批量零件制造，复杂形状零件的制造，模具设计与制造，也适合于难加工材料的制造，外形设计检查，装配检验和快速反求工程等。

8.8 计算机辅助设计与制造（CAD/CAM）

8.8.1 计算机辅助设计的含义

所谓计算机辅助设计一般是指工程技术人员在自己的专业设计知识和设计经验的基础上，利用计算机硬件快速、高效的运算能力和专业设计软件的丰富功能，完成产品开发或零部件设计的过程。一提到计算机辅助设计，人们往往首先想到在机电产品的开发应用中，计算机辅助设计大有用武之地，它的确能让广大工程技术人员有如虎添翼、游刃有余之感！其实还不尽如此，计算机辅助设计不仅能在机电行业发挥巨大作用，它甚至能在各行各业的设计、规划、计划、管理等多个方面大显身手。因此从广义上说，在业务过程中，利用计算机作为工具，帮助工程技术人员进行设计的一切实用技术的总和称为计算机辅助设计（Computer Aided Design）。

最早的计算机辅助设计的含义是计算机辅助绘图，随着技术的不断发展，计算机辅助设计的含义发展为现在的计算机辅助设计。一个完善的计算机辅助设计系统，应包括交互式图形程序库、工程数据库和应用程序库。对于产品或工程的设计，借助计算机辅助设计技术，可以大大缩短设计周期，提高设计效率。

计算机辅助设计主要应用于机械、交通、电子、宇航、建筑、纺织等产品的总体设计、造型设计、结构设计等环节，随着多媒体计算机的出现及其功能的不断革新和完善，计算机辅助设计在艺术设计、广告传媒设计、动画动漫设计、电影制作、电子游戏设计等更多更广的领域得到了广泛的应用。

仅在工业产品设计领域，计算机辅助设计包括的内容就很多，如计算机辅助绘图、概念设计、优化设计、有限元分析、计算机仿真、计算机辅助设计过程管理等。在工程设计中，一般包括两种内容：带有创造性的设计（方案的构思、工作原理的拟定等）和非创造性的工作，如绘图、设计计算等。创造性的设计需要发挥人的创造性思维能力，创造出以前不存在的设计方案，这项工作一般应由人来完成。非创造性的工作是一些繁琐重复性的计算分析和信息检索，完全可以借助计算机来完成。因此我们说：计算机辅助设计是工程技术人员利用自身的设计知识和设计经验，在运算高效、快捷的计算机硬件和专业设计软件的帮助下进行设计和开发的过程。一个好的计算机辅助设计系统既能充分发挥人的创造性作用，又能充分利用计算机的高速分析计算能力，即要找到人和计算机的最佳结合点。

计算机辅助设计作为一门学科始于20世纪60年代初，一直到20世纪70年代，由于受到计算机技术的限制，计算机辅助设计技术的发展很缓慢，进入80年代以来，计算机技术突飞猛进，特别是微机和工作站的发展和普及，再加上功能强大的外围设备，如大型图形显示器、绘图仪、激光打印机的问世，极大地推动了计算机辅助设计技术的发展，并已进入实用化阶段，广泛服务于机械、电子、宇航、建筑、纺织等产品的总体设计、造型设计、结构设计、工艺过程设计等环节。

早期的计算机辅助设计技术只能进行一些分析、计算和文件编写工作，后来发展到计算机辅助绘图和对设计结果进行模拟，目前的计算机辅助设计技术正朝着人工智能和知识工程方向发展，即所谓的智能计算机辅助设计（Intelligent CAD）。另外，设计和制造一体化技术即计算机辅助设计/计算机辅助制造技术以及计算机辅助设计作为一个主要单元技术的CIMS技术都是计算机辅助设计技术发展的重要方向。

在工业化国家如美国、日本和欧洲，计算机辅助设计已广泛应用于设计与制造的各个领域如飞机、汽车、机械、模具、建筑、集成电路中，基本实现100%的计算机绘图。计算机辅助设计系统的销售额每年以30%～40%的速度递增，各种计算机辅助设计软件的功能越来越完善，越来越强大。

国内于20世纪70年代末、80年代初开始计算机辅助设计技术的大力推广应用工作，已经取得可喜的成绩，计算机辅助设计技术在我国的应用方兴未艾，在“八五”、“九五”、“十五”期间更得到长足地发展。

8.8.2 计算机辅助设计的条件和环境

当然，要开展计算机辅助设计，必须要具备一定的条件和环境，这通常被称作计算机辅助设计系统。一个计算机辅助设计系统由硬件和软件两部分组成，要想充分发挥计算机辅助设计的作用，必须要有高性能的硬件和功能强大的软件。

1. 计算机辅助设计系统硬件的组成

先进的计算机辅助设计系统的硬件由计算机及其外围设备和网络组成。计算机分为大型机、中小型机、工作站和微机四大类。目前应用较多的是计算机辅助设计工作站，国内主要是微机和工作站。外围设备包括鼠标、键盘、扫描仪等输入设备和显示器、打印机、绘图仪、拷贝机等输出设备。网络系统包括中继器（增加网线长度）、网桥（同种网相连）、路由器（选择通信路线）、网关（不同协议相连）等方式连接到网络上，以实现资源共享。网络的连接方式即网络的拓扑结构可分为星形、总线形、环形、树形以及星形和环形的组合等形式。先进的计算机辅助设计系统都是以网络的形式出现的，特别是在并行工程环境中，为了进行产品的并行设计，网络更是必不可少的。那种单机计算机辅助设计的工作方式在大中型企业中将逐渐淘汰，因为它远远不能满足现代企业设计的要求。

2. 计算机辅助设计软件的组成

为了充分发挥计算机硬件的作用，计算机辅助设计系统还必须配备各种功能齐全的软件。计算机辅助设计系统的软件构成如图8-14所示。

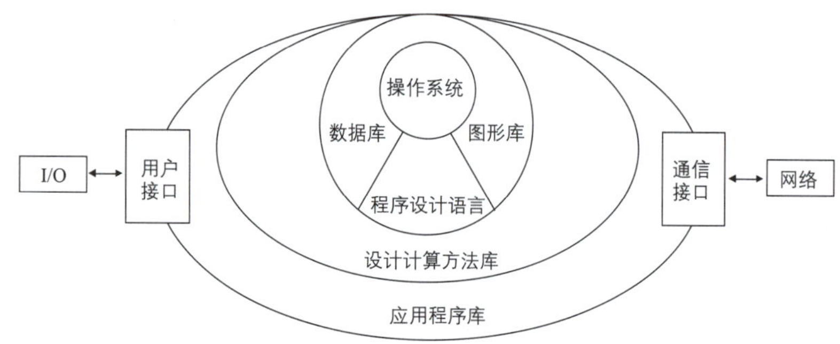

图8-14 计算机辅助设计系统的软件组成

计算机辅助设计的软件一般分为两大类：支撑软件和应用软件。支撑软件包括操作系统（实现对硬件的控制和资源的管理），程序设计语言及其编辑系统，数据库管理系统（对数据的输入、输出、分类、存储、检索进行管理）和图形支撑软件（如AutoCAD）。另一类是应用软件，它是根据本领域工程特点，利用支撑软件系统开发的解决本工程领域特定问题的应用软件系统。应用软件系统包括：设计计算方法库（常用数学方法库、统计数学方法库、常规设计计算方法库、优化设计方法库、可靠性设计软件、动态设计软件等）和各种专业程序库（常用机械零件设计计算方法库、常用产品设计软件包等）。

8.8.3 计算机辅助设计的功能

我们在图8-15中所看到的波音777是美国波音-麦道飞机公司制造的世界上第一个不需要纸而成功设计的大型飞机，这架飞机一共有2万多只零部件，仅驾驶舱就有近万个部件，从开始设计直到制造、装配、试飞完工，其间没用过一张纸，我们称其为无纸化设计，它靠的就是计算机辅助设计系统。

为了设计波音777飞机，波音公司把工作人员组织成238个专业小组，分别负责对飞机的各个专门零部件产品的设计和生产制造。他们采用的是Dassault/IBM公司的CATIA CAD系统，并开发了自己的基于电脑系统的电子预装配。在第一架飞机的实际组装之前除了实体模型（检查重要曲线）之外是没有任何物理原型的。而虚拟原型使波音公司在飞机设计时能够分清乘客和机师。虚拟原型是如此之成功，以至于在舱门合上时，两者之间的装配间隙仅有0.03mm的误差！这是人类制造史上的奇迹！

在采用计算机辅助设计之前，工程师要设计一个产品，首先要在绘图板上设计出一张张的图纸，如果有哪张图纸的设计、计算出了问题，就得用橡皮把图纸上的线条擦去，再重新设计出正

图8-15 波音777飞机

确的来。而设计本身就是一个多次比较、重复的过程，改来改去是免不了的事。显然，过去在图板上设计图纸是一件十分繁琐的事。

有了计算机辅助设计系统，工程师们就免去了反复擦、改的辛苦劳作，只需用一个简单的“删除”命令，轻点鼠标，就能把不需要的线条擦除掉，万一操作错误，也只需点击一下“撤销”命令，原先的设计就会重新出现在计算机屏幕上。工程师还可以针对一种产品拿出几套设计方案，进行对比分析，看哪个方案更好，可以通过计算机网络把方案传输到同事和上级主管那里，请他们作出评价，以最终确定设计方案。一个大型的复杂的设计任务可以分解成为若干个简单的局部的设计任务，同时由多个设计人员分别完成，然后再把这些零部件组装起来。

可见，计算机辅助设计能够大大地提高设计效率和设计水平，还能大大地减轻工程技术人员的工作量，显著地缩短新产品开发的周期。

1. 几何建模

然而像前面提到的波音777飞机毕竟是一个由几万个零部件组成的庞然大物，具体进行设计的时候应该从何做起呢？这就是计算机辅助设计中的几何建模问题。

对于现实世界中的物体，从人们的想象出发，利用交互的方式将物体的想象模型输入计算机，而计算机以一定的方式将模型存储起来，这种过程称为几何建模。建模技术是计算机辅助设计系统的核心技术，因为它是分析计算的基础，也是实现计算机辅助制造的基本手段。几何建模主要处理零件的几何信息和拓扑信息。几何信息一般是指物体在欧氏空间中的形状、位置和大小，拓扑信息则是指物体各分量的数目及其相互间的连接关系。目前常用的建模系统是三维几何建模系统，一般常用四种建模方式：线框建模、表面建模、实体建模和空间单元表示法。

（1）线框建模。这是用线条表示物体上的轮廓、交线及棱线来反映物体的立体形状的模型。由于只通过棱边（直线、圆弧、圆）来描述物体的三维形状，所需信息量少，所占存储空间也最少，是最简单的建模系统。尽管线框模型提供了有关零件上表面不连续部位的准确信息，然而它对零件的描述是不完全的，缺少面的信息，用它来描述复杂的三维零件时，往往存在多义性。

（2）表面建模。表面建模是通过对物体各种表面或曲面进行描述的建模方法，能够克服线框模型中许多模棱两可的问题。表面建模常用于其表面不能用简单的数学模型进行描述的物体，如汽车、飞机、船舶的一些外表面。这种系统的重点在于由给出的离散数据构造曲面，使该曲面通过或逼近这些点，一般都采用插值、逼近和拟合算法。常用的算法有Bézier曲线、B样条曲线、Coons曲面和NURBS曲面。表面建模还可以用于有限元网格划分、多坐标数控编程、计算刀具的运动轨迹等。

（3）实体建模。三维实体建模是目前应用最多的一种技术，它在运动学分析、物理特性计算、装配干涉检验、有限元分析方面都已成为不可缺少的工具。实体建模生成物体的方法有体素法、轮廓扫描法（二维平面封闭轮廓在空间平移或旋转形成实体）和实体扫描法（刚体在空间运动以产生新的物体）。

（4）空间单元表示法。这是通过具有一定大小的立方体（称为单元）组合起来表示物体的一种方法。它是通过定义各个单元的位置是否被占用来表达物体，因而是一种近似表示法。并且，单元的大小直接影响到模型的分辨率。单元表示法要求的存储空间大，且不能表示物体各部分之间的关系，也没有点、线、面的概念。优点是算法简单，便于物理特性计算和有限元分析。

2. **特征技术和特征建模**

传统的计算机辅助设计系统都是基于几何造型技术的，它们都以一些低层的几何信息，如点、线、面和实体及其拓扑关系来描述产品模型。这种模型中除了产品的名义几何信息外，不包括产品的功能信息及其他语义信息。没有给出对产品不同层次的抽象描述，如回转体、箱体、或凸台、凹腔、孔、槽等，也难于描述诸如材料、公差、表面质量和技术要求等非几何工艺信息，所以是一个不完备的产品信息模型。采用特征技术进行特征建模可以弥补这些不足之处。

（1）特征的定义。在现代计算机辅助设计中，特征（Feature）是一个被广泛应用的概念。在制造业，特征的概念起源于工艺计划的需求，所以最早的特征定义是面向工艺计划的，例如把工件上的面、边或角落上形成的特定几何形状，以及用以修改工件的外形或帮助实现某种功能的单元定义为特征。随着特征技术从工艺计划推广到设计、检测、装配和工程分析等其他领域，特征的定义也趋于一般化和实用化，总的来说，特征应该包含以下几层含义：

1）特征是零件或产品上重复出现的具有特定拓扑关系的一组集合实体（面、边、点），这组几何实体反映工程人员习惯的思维方式，是工程人员交流信息的共同“语言”，是推理、决策的基本对象。

2）特征具有丰富的语义信息，表达它能实现的功能，并隐含相应的工程知识。

3）特征是产品非几何信息（约束、尺寸/公差、技术要求等）的载体。

例如，箱体上的定位孔，具有圆柱形的几何形状，起定位作用，隐含孔的加工方法，同时还包括最小孔径约束以及制造与配合精度。

概括起来，可以给出如下特征定义：特征是产品上具有一定语义信息，能实现特定功能的一组几何实体及其相关信息的集合。

特征不仅具有几何信息，还隐含工程知识。因此，特征在产品开发中将具有如下优点：

1）特征能广泛地表达设计意图，使设计者能直接通过对特征的操作来表达设计意图。

2）特征数据库允许几何推理系统执行设计校验、可制造性分析以及启发式设计优化；能有效地满足工艺计划、数控编程和自动网格生成等后续应用的信息需求，便于实现不同应用间的信息共享与系统集成。

（2）特征的分类。由于特征反映了具体的工程语义信息。因而对于不同的产品、不同的应用（如设计、分析、加工、检测、装配等）和不同的生产工艺（如切削加工、铸造、冲压、锻造、拉延、注塑等）都会有不同的特征表现形式。即使是同一形状、同一工艺的产品，由于所处的制造资源（如设备、材料、人员素质等）的不同，其所表达的特征信息也可能不同。因此，对它们进行分类或分组是完全可能的。特征分类将有以下优点：

1）特征分类将导致产生一些共同的工程术语，能够提供一个明确、简洁和一致性的特征描述，有助于零件的标准化和标准化生产。

2）简化特征操作机制，如能将特征分成类或簇，且同一类的特征具有相同的特性，那么就可以设计一些相同的机制来支持每一类特征的操作，而不是用一些特殊的方法来支持每一个特征。

3）有利于产品数据交换标准的研制，因而有利于标准化的产品数据交换和共享。

目前在生产应用中关于特征的分类方法主要有按几何形状分类、按产品开发过程分类、按制造方法分类、按产品定义数据的性质分类等。

以上是一种广义的特征分类，其中最重要的是形状特征。在应用中常将材料特征、技术特征、精度特征、有限元特征等作为一种产品定义的数据和操作方法附加到形状特征上，作为形状特征的属性和映射。所以通常所说的“特征”一般都是指形状特征。

根据形状特征的表现形式或所起作用的不同，还可以进一步分为：

1）基本特征（主特征）。表示零件的基本形状，如圆形、方形等。

2）附加特征（或辅助特征）。附加到基本特征上用以实现局部功能的特征，如过渡圆角、拔模斜度等。

3）相交特征。表示基本特征和附加特征相交的情况。

4）整体形状特征。表示整个零件的属性。

5）宏特征。基本特征复合。

国际上有个通用的STEP标准，各国的工程技术人员在进行计算机辅助设计和制造时都尽可能地采用这个标准，这样各国、各个地区所设计出来的产品或零部件就能够互相交流，做到资源共享。STEP标准作为一种思想和方法学，采用了一种三层的特征分类法，即应用特征、形状特征和形状特征表示。

3. 基于特征建模的零件模型表示

零件模型就是要将描述零件的所有信息有机地组合成一个整体，用以支持不同应用的信息需求。它包括管理信息（如零件名、零件号、材料、GT码、设计者等）、工艺信息（如热处理、表面处理等技术要求）和形状信息（如特征、几何形状、尺寸与公差等）。零件模型是产品模型的重要内容。事实上，从设计与制造的角度来看，合理的零件表示模型是实现计算机辅助设计/计算机辅助制造集成的关键，这反映在目前大多数的关于集成技术的研究都是基于零件模型的。

图8-16是仿照北京奥运吉祥物福娃迎迎的造型，用若干特征构建的卡通中国娃娃。其面部的上部特征展现了藏羚羊的形象，而下部特征则表达出一个天真可爱的小姑娘的形象。图8-17所示的卡通小猪的造型也可以看成是若干个特征组成的。其身体和头部分别是两个近似球体的回转体，张开的双脚和双手则是圆柱状回转体，耳朵、鼻子和眼睛则是拉伸体，再加上鼻孔和耳环的细部修饰，一个活灵活现的小猪就展现在我们面前。类似地，一个产品中的某个零件也是由特征构成的，而零件模型首先是特征信息的组织问题，其次还有约束信息（构成模型的各个特征之间的相互位置和结合关系）的组织。对于一个零件形状的特征表示，首先要确定它的主体形状及各特征间的依赖关系或排列顺序，这会给计算机辅助工艺设计和计算机辅助制造系统带来很大的方便，建立特征顺序的原则可根据不同类型的零件来确定，如轴类零件可按从一端到另一端的组成顺序排列，而箱体类零件可大体按四壁、顶面和底面的顺序排列，在此基础上再依附关系或定位原则详细组织特征及

图8-16 用特征表示的卡通中国娃娃

图8-17 用特征表示的卡通小猪

其约束关系。对于约束信息的组织，尺寸、公差及其在实体模型中的表示问题就是对它的具体研究。一般地，零件特征的组织主要包括特征关系、特征属性和特征实例数据等。此外，在零件模型中还涉及特征模型与实体模型的关系。对于任何一个零件，它的实体模型（几何形状）是唯一的、无二义性的，但它内在的特征语义将随具体应用的不同而不尽相同。

8.8.4 产品变型设计

在产品设计过程中，对已有产品的变型设计占有相当大的比例，尤其是在小批量、多品种制造模式中，以企业的某一项主导产品为基型，借助于变型设计获得各种满足用户个性化需求的系列产品，是非常有意义的。这种变型设计可以大大提高设计的速度和质量，同时又可以重用企业的已有资源，使企业对市场变化作出快速地响应，高效、高质量、低成本地开发新品种，满足用户的需求。

产品结构的变型设计是在保持产品基本原理和总体结构基本不变的条件下，为满足特定的功能要求或用户个性化需求，对产品的某些局部结构形式、结构要素或尺寸进行调整、变更。在进行变型设计时，要求当产品的某个零部件的参数和结构发生变化时，应能使设计变更意图在产品整个设计过程中有效传递，实现产品的相关性设计。因此产品建模过程实际上是对设计知识、关系、经验提取和表达的过程，所获得的产品设计模型不仅是设计结果的描述，更重要的是设计知识的描述。如在图8-18所示的收音机外形设计中，由图6-18（a）中的若干曲线和曲面所控制的特征可以构成图8-18（b）所示的收音机外形。

倘若从美学的要求出发，需要把位于顶部的CD盒由正方形改为“钟形”，仅需对CD座的一条控制线作出修改，这一变更将会自动地传递并控制该产品的CD座、CD盖的形状，前、后盖，CD座与箱体的相贯线等自动发生相应变更。又如，音响的前盖和音箱盖板开口形状也可由外部的控制线决定，将面板上音箱盖板开口控制线由方形改为椭圆形，通过对产品总装配模型的重建，可以实现音响前盖及音箱盖板等相关零件和装配体的变形，得到由图8-18（d）中新的收音机外形，而不需要经过单个零件的逐一改动实现产品的变型设计。这种变型设计体现了计算机辅助设计的创新能力。

再如图8-17中的卡通小猪，我们只要抓住其关键特征，对其一只耳朵和一只眼睛及鼻子的控线进行适当的修改，那么，原来的卡通小猪就变成了憨厚可爱的小熊，如图8-19所示。

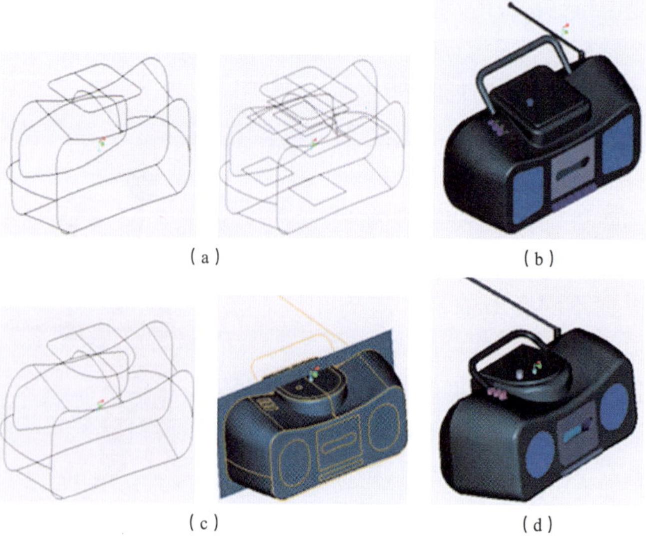
（a）（b）（c）（d）
图8-18　收音机外形的变型设计创新

8.8.5 机构运动仿真

采用计算机辅助设计的手段进行产品开发，可以先逐个地构建产品中各个部件的几何模型，然后在虚拟环境下进行装配，这种产品开发的过程称之为“自底向上的装配设计”。还有一种“自顶向下的装配设计”方法，是在新产品开发的概念设计阶段在设计的顶层构建整个产品装配模型的总体布局，大致确定每个部件的基本形状以及它们之间的位置关系，然后通过各种约束和关联，在虚拟装配环境下完成各个部件的构建，从而完成整个产品的开发。在以上两种装配设计中，各部件之间的邻接关系是静态的，它们组装在一起之后能否满足产品设计目标中的运动要求和动态要求？这对于大多数需要运动的机构如：旋转机械、运载工具、动力机械来说是非常重要的。对此，我们可以采用计算机辅助设计中的机构运动辅助功能来进行仿真模拟，以对所开发的产品进行测试和评估。

图8-19 由卡通小猪变型而来的卡通小熊

图8-20为一四缸发动机模型中的运动部分，为了便于操作，我们对原发动机模型进行了简化，仅保留了曲轴和第二缸和第三缸连杆、活塞等运动部分。采用UGS NX 5软件中的运动仿真模块对此运动机构的构件和运动副进行定义和约束，并在活塞顶部施加驱动力，或在曲轴端施加转矩，即可获得该机构运动的动画。活塞在铅垂方向做上下往复运动，曲轴绕旋转中心转动，连杆则随曲轴与活塞做摆动和平动。说明该机构的运动状态满足发动机机构主运动的要求，设计基本上是成功的。

图8-21所示为基于Stewart平台原理设计和研制出的6-RPR虚拟轴机床（1：2）模型。制造实际模型之前，可通过计算机仿真的方式来模拟验证其运动方程正解的正确性，采用OpenGL设计出该虚拟轴机床的运动模型，并通过演示来分析其位姿运动规律。以三维动画的形式来展示动态仿真的结果。采用该方法避免了设计的盲目性，大大节省了项目研制开支。

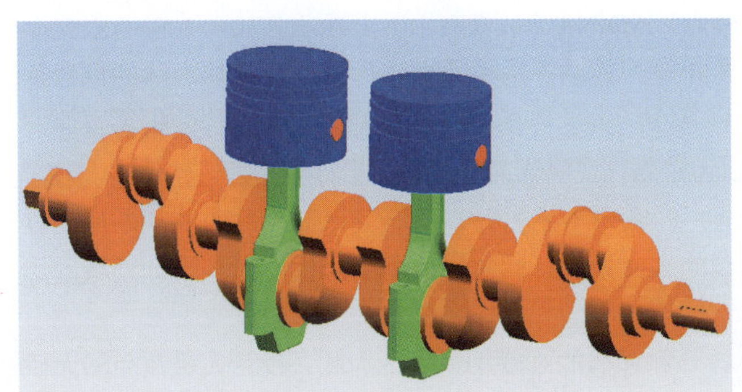

图8-20 发动机的运动机构

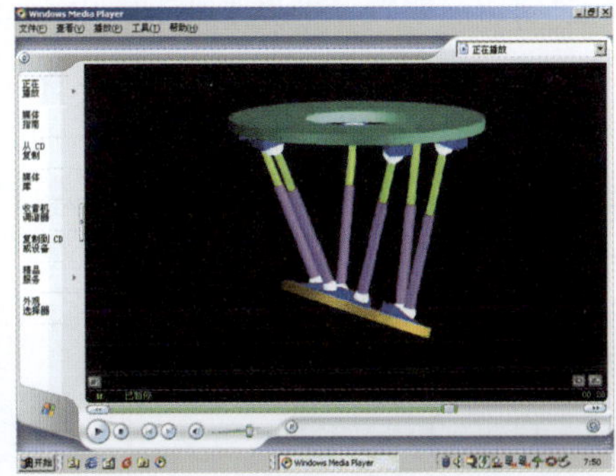

图8-21 6-RPR虚拟轴机床运动模型位姿变换

8.8.6 有限元分析和数值仿真

“有限元”这个名词1965年第一次出现，作为计算机辅助设计的重要功能之一，到今天已在工程上得到广泛的应用，经历了三十多年的发展历史，理论和算法都已经日趋完善。有限元的核心思想是结构的离散化，就是将实际结构假想地离散为有限数目的规则单元组合体，实际结构的物理性能可以通过对离散体进行分析，得出满足工程精度的近似结果来替代对实际结构的分析，这样可以解决很多实际工程需要解决而理论分析又无法解决的复杂问题。

近年来随着计算机技术的普及和计算速度的不断提高，有限元分析在工程设计和分析中得到了越来越广泛的重视，已经成为解决复杂的工程分析计算问题的有效途径，现在从汽车到航天飞机几乎所有的设计制造都已离不开有限元分析计算，其在机械制造、材料加工、航空航天、汽车、土木建筑、电子电器，国防军工，船舶，铁道，石化，能源，科学研究等各个领域的广泛使用已使设计水平发生了质的飞跃，主要表现在以下几个方面：

（1）增加产品和工程的可靠性。

（2）在产品的设计阶段发现潜在的问题。

（3）经过分析计算，采用优化设计方案，降低原材料成本。

（4）缩短产品投向市场的时间。

（5）模拟试验方案，减少真实试验次数，从而减少试验经费。

国际上早在20世纪60年代初就开始投入大量的人力和物力开发有限元分析程序，但真正的CAE软件是诞生于20世纪70年代初期，而近15年则是CAE软件商品化的发展阶段，CAE开发商为满足市场需求和适应计算机硬、软件技术的迅速发展，在大力推销其软件产品的同时，对软件的功能、性能，用户界面和前、后处理能力，都进行了大幅度的改进与扩充。这就使得目前市场上知名的CAE软件，在功能、性能、易用性、可靠性以及对运行环境的适应性方面，基本上满足了用户的当前需求，从而帮助用户解决了成千上万个工程实际问题，同时也为科学技术的发展和工程应用做出了不可磨灭的贡献。目前流行的CAE分析软件主要有NASTRAN、ADINA 、ANSYS、ABAQUS、MARC、MAGSOFT、COSMOS等。MSC-NASTRAN软件因为和NASA的特殊关系，在航空航天领域有着很高的地位，它以最早期的主要用于航空航天方面的线性有限元分析系统为基础，兼并了PDA公司的PATRAN，又在以冲击、接触为特长的DYNA3D的基础上组织开发了DYTRAN。近来又兼并了非线性分析软件MARC，成为目前世界上规模最大的有限元分析系统。ANSYS软件致力于耦合场的分析计算，能够进行结构、流体、热、电磁四种场的计算，已博得了世界上数千家用户的钟爱。ADINA非线性有限元分析软件由著名的有限元专家、麻省理工学院的 K. J. Bathe教授领导开发，其单一系统即可进行结构、流体、热的耦合计算。并同时具有隐式和显式两种时间积分算法。由于其在非线性求解、流固耦合分析等方面的强大功能，迅速成为有限元分析软件的后起之秀，现已成为非线性分析计算的首选软件。

屹立在2010年的世博会入口处的上海卢浦大桥（见图8-22），它既是横跨黄浦江两岸的重要交通工具，又是一处雄伟、优美、壮观的人文景观，同时也体现了当代科技和设计领域内的最新成就。

卢浦大桥跨径550m，须一跨过江，设计和建造的难度相当大。为此，设计人员在卢浦大桥设计过程中运用计算机辅助设计技术对大桥的各个关键部位和构件有限元分析和数值仿真，解决了设计中的一系列高难度的结构力学和土力学问题：

（1）提出新的闭口薄壁单元刚度矩阵，用于卢浦大桥的总体稳定计算。

卢浦大桥是闭口薄壁结构，现有的非线性薄壁构件有限元理论和程序都是开口的，大桥设计人员应用乌曼斯基假定，推导出新的闭口薄壁单元刚度矩阵，并进行程序编制，用于卢浦大桥的总体稳定计算。根据有限元

图8-22　雄伟壮观造型优美的上海卢浦大桥

分析和数值仿真结果，确定大桥按第二类稳定计算，其最小安全系数为2.3。此外，还考虑到存在制造误差和焊接残余应力，必须用局部稳定试验确认其安全度，并与箱拱1：4缩尺实物模型试验进行对比，表明大桥是安全可靠的，能满足正常运营的要求。

（2）抗风研究。

1）提出卢浦大桥桥位地形模型的风环境风洞试验和卢浦大桥桥位风速采用多个气象站风速统计方法。

2）提出桥梁涡振的概率性评价方法和涡振等效风荷载计算方法。

（3）抗振研究。

1）主桥结构的抗震研究采用二水平设防，二阶段设计的设计思想。

2）大桥中横梁上的支座处设置减隔振装置方案进行解算，经分析、比较后决定采用黏滞阻尼器对大桥进行减振和隔振。

通过上述精心的设计，从而确保大桥的结构、强度和刚度等满足设计要求，最终实现在软土基上建成了举世罕见的大跨度拱桥。

计算机辅助设计还包括很多其他内容，如优化设计、智能计算机辅助设计、概念设计、工程数据库、计算机分析和仿真、计算机辅助设计/计算机辅助制造集成及接口技术等。一个完善的计算机辅助设计系统，应包括交互式图形程序库、工程数据库和应用程序库。对于产品或工程的设计，借助计算机辅助设计技术，可以大大缩短设计周期，提高设计效率。

第9章　非线性科学简介

非线性科学内容非常广泛，它包括非线性物理，非线性化学，非线性生物等，不仅有自然科学中的数、理、化、生物、天文、气象的非线性研究，还有医学以及经济，社会科学等方面非线性的问题。然而，非线性物理，无论其研究的内容，方法，或者其发展的历史在非线性科学的研究中都有重要的地位。事实上，非线性物理的内容也是十分丰富的。当前混沌，分形，孤粒子等都是非线性物理的热门课题。我国著名科学家钱伟长曾经说过：“当今所有的科学前沿问题都是非线性问题，包括自然科学和社会科学。”中科院院士物理学家郝柏林也曾经说过，如果你的研究碰到困难，原来的思路走不通了，不妨换一下思路从非线性理论入手，也许能找到解决问题的新方法。因此，有人称，当今谈论科学前沿要以“非字当头，想入非非”的态度去面对充满了非平衡、非对称、非线性之类的大千世界。

应该说，非线性的研究并不是一个新的学科，只是由于近几十年来在计算机技术的推动下，在确定性系统中发现了混沌现象，极大地激发了人们自然界和社会中存在的各种复杂问题的兴趣，吸引着自然科学家，工程技术人员甚至社会科学家，经济学家都投入到非线性问题的研究中去。在研究这些问题的同时，也改变了人们观察周围世界的思维方法，促进了各学科领域的发展。

9.1　非线性与混沌

9.1.1　线性与非线性

线性与非线性是数学上的一对名称，前者指两个量之间存在着正比的“直线”关系，后者则是没有这样的直线关系，例如方程

$$y=kx \tag{9-1}$$

k是一常数，那么y与x的关系是线性的。比如，如果$k=2$，且令$x=1，2，3，\cdots$，从小到大的增加，那么$y=2，4，6，\cdots$，也成倍的增加，用曲线来表示x与y的变化关系，如图9-1所示，这是一条直线，所以我们把方程（9-1）所描述的两个量x与y称为线性关系。如果不符合方程（9-1）所界定的关系，那么两个量之间就存在非线性的关系。例如y与x的关系满足

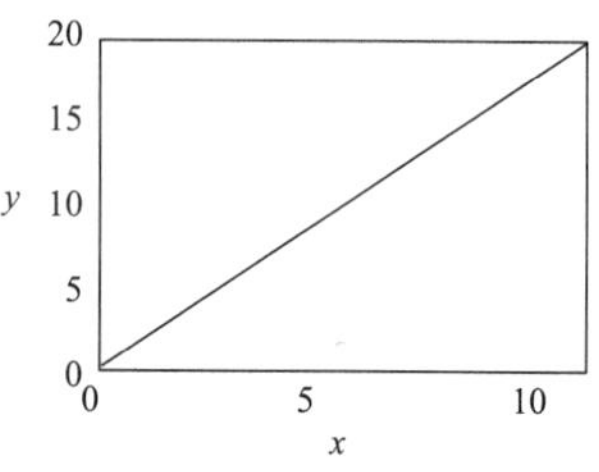

图9-1　x与y的线性关系

$$y=kx^2 \tag{9-2}$$

当$x=1，2，3，\cdots$时，$y=2，8，18，\cdots$，x增加2倍，y却可以增加4倍，用曲线来表示x与y的变化关系，如图9-2(a)所示，这是不再是一条直线，而是一条随x增加迅速向上倍增的曲线，所以x与y是非线性的。

又如x与y是余弦关系

$$y=\cos(x) \tag{9-3}$$

很显然，x与y也是非线性的，因为随着x的增加，y可以周期性的变化，如图9-2（b）所示。

在我们周围的世界中有许许多多不同的事和物，这些事和物不会总是静止的，它们受到各种因素的作用，总在不断地变化发展，产生各种不同的结果。研究这些变化结果对初始因素的关系，或者说描述事物发展的因果关系，从数学上来看不是线性的就是非线性的。例如考察一台扩音机（见图9-3）。当放大倍数不是很高，输入信号不是很强时，输出信号（相当于y）与输入信号（相当于x）的关系可以写作：输出=放大倍数×输入（这里“放大倍数”即是上面式子中的k）。显然，输出信号与输入信号的关系是线性的。但是，如果输入信号非常强，超出了扩音机的放大能力，或者扩音机本身性能不佳，就会产生失真的输出音响，严重的甚至会产生刺耳的尖叫声。在这种情况下，扩音机实际上是处于非线性工作状态，它已经不能保证输入信号成比例的得到放大。图9-4表示了扩音机线性与非线性工作状态下的输出与输入信号之间的关系，从图9-4（b）可以看到输出信号发生了畸变。

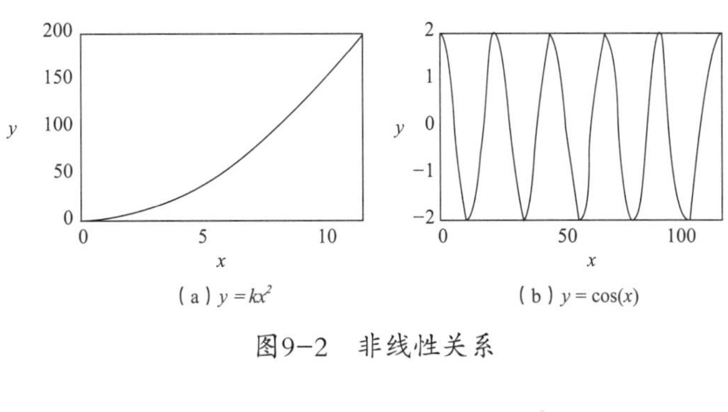

（a）$y=kx^2$ （b）$y=\cos(x)$

图9-2 非线性关系

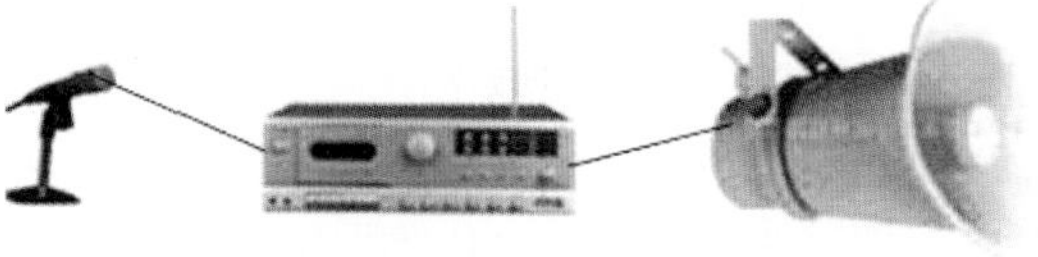

图9-3 扩音机系统

自然科学和工程技术中有许多问题可以用线性的数学模型来解决，在现今的物理领域内大量的问题，如麦克斯韦电磁方程，量子力学等都是建立在线性理论上的。在经济，社会活动中也有许多线性关系，如某个商品的销售量与销售收入的关系是线性的（见图9-5）。

（a）线性工作状态下的输入（左）与输出（右）信号

（b）非线性工作状态下的输入（左）与输出（右）信号

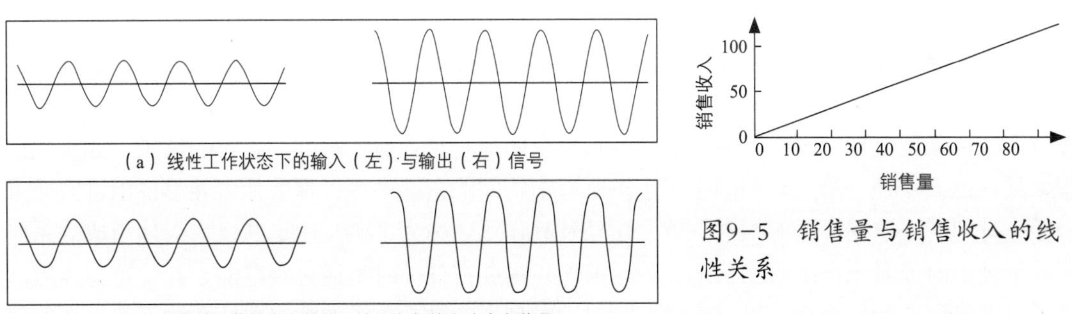

图9-4 不同工作状态下的输出输入曲线

图9-5 销售量与销售收入的线性关系

但事实上，在自然界中无论是自然科学还是社会科学非线性的问题都要比线性问题多得多。例如农业生产，一般来说在贫瘠的土地上多施一点肥农作物的产量会高一些，但农作物的产量并非总与施肥的多少成正比关系，过度的施肥不仅产量不再增加，反倒可能导致作物死亡。这就是一种非线性关系（见图9-6）。又如我们记忆系统。如果你一天可以记住20个新单词，那么两个月有可能记住1 200个新单词，这是一个相当不错的成绩，可以满足一般性对话。然而对大多数人来说学习外语的时间与所记住新单词数量不是线性关系。开始一段时间记牢的单词数可能多一些，时间长了要掌握新单词就困难了，于是在这两个月内学习新单词的同时还会忘记一些已学过的单词，到头来不会有掌握1 200个新单词的理想数。所以说我们的记忆系统对学习时间也不是一种线性关系。

很显然，处理非线性问题要比线性问题复杂得多。但在一定条件下把一些非线性问题简化成线性问题来研究往往是解决问题行之有效的办法。例如通常对单摆振动的研究就是一例。严格地讲，单摆在重力作用下的来回摆动是非线性运动，但如果仅考虑小角度的摆动，那么我们就可以把单摆的摆动看做是线性的，并由此导出了单摆周期性摆动的结论，而且长时期以来把单摆周期性的摆动当作韵律的象征。

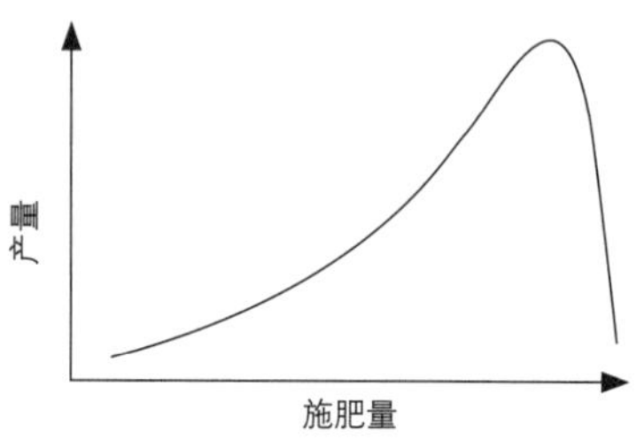

图9-6　产量与施肥的关系非线性

不过，在科学技术的各个领域里所碰到的大多数非线性问题，都难以用线性理论来近似解决的。例如在激光理论中有许多非线性光学问题，无线电技术中涉及非线性振荡理论，在一些化学反应中也要用到非线性的数学模型。又如大气，海洋中的湍流现象，野生动物种群数的涨落，心脏和大脑的各种振动信息，经济领域中经济模式和股市的突发波动等，都有大量的非线性问题。甚至连我们十分熟悉的单摆运动在大角度下也是一个非线性问题，求解起来也并非易事。对这些非线性问题的研究拓展了人们的思路，吸引着人们去寻求新的办法。

9.1.2　从确定论到混沌

确定性的系统是指通常用常微分方程、偏微分方程、迭代方程等来描述的动力学系统。确定论认为，只要写出了描述该动力学系统的方程，已知了初始状态，那么根据方程的解就可以准确地得知未来任一时刻的运动状态。以前面讲的扩音机为例，如果已知了它的放大倍数k在线性情况下是一常数，在非线性情况下k可以与输入信号的大小或输入信号的频率等因素有关，不再是一常数，但只要知道了输入信号，我们就准能正确地预测其输出信号的情况，这就是确定性系统的特征。

在物理学的发展史上，由伽利略、牛顿所创立的经典力学是确定论描述的典范，它在天体运动规律的研究方面所取得的辉煌成就使得人们认为经典力学无所不能。当时著名天文学家拉普拉斯曾自豪地宣称：“自然系统的当前状态很明显是其在前一瞬间的状态的结果；如果我们想象某一位天才在一给定时刻洞悉了宇宙所有事物间的全部关系，那么他就能够说出过去或未来任一时刻所有这些事物的相对位置、运动及其作用……为了确定由这些巨大天体组成的系统在若干世纪前或若干世纪后的状态，数学家们只需要在任一时刻通过观察测定其位置与速度就行了。”但到了20世纪初，量子力学，相对论的创立，微观粒子波粒二象性和测不准关系的发现，使人们认识到客观世界是复杂的，自然界除了牛顿力学支配的确定论过程之外，还有大量的随机过程，尽管如此，科学界几乎没有理由怀疑拉普拉斯在200年前的见解至少在理论上是正确的。

相对论的创始人爱因斯坦一生中始终坚定地认为自然界是简单的、和谐的和统一的。过去、现在与未来之间的差别只是一种幻觉，由此他创立了新的时空观。在对待自然界的规律的问题上，爱因斯坦曾经说过一句名言：“上帝不掷骰子。”也就是说，自然界的规律是确定的。

但法国数学力学家蓬加莱（Poincarre）在20世纪之初却认识到：在一个系统状态中的任意小的不确定因素可能会逐渐增大，使未来的状态不可能预测。从这时刻起，对拉普拉斯确定论的可预测性提出了怀疑和挑战。

从20世纪60年代起，由于电子计算机的应用，对非线性问题的研究有了突破性的进展，人们在确定性的非线性系统中发现了混沌(Chaos)，大大地推动了非线性科学的研究。所谓混沌是在确定的系统中出现的貌似不规则的运动。或者说成是由系统内在的非线性动力学本身产生的不规则（非周期）的宏观时空行为。混沌的特征表现为对初值敏感性和未来的不可预见性。如果系统初值有极微小扰动会对系统长期行为产生极大变化，我们就说系统对初值的依赖性十分“敏感”。这样，从物理上看，这个过程的解似乎是随机的。这种“假”随机过程和由于方程中加上随机项或随机系统而得到的随机过程不同，它是由这个确定系统固有的或内在的随机性引起的，它只是在非线性系统中才能出现（线性方程的解也依赖于初值，但没有上述的“敏感性”），因此说，混沌是非线性动力学系统具有内在随机性的一种表现。由此，确定论思想的这个突破使人认为，20世纪自然科学只有三件事将被记住：相对论、量子力学和混沌。如同一位物理学家所说：“相对论排除了绝对空间和时间的牛顿幻觉，量子力学排除了可控测量过程的牛顿迷梦，混沌则排除了可预见性的狂想。”以混沌现象为中心课题的非线性科学的基本概念会持久地影响自然科学进程，成为继相对论、量子力学之后又一次新的革命。

9.2 混沌方程

混沌运动是一种动力学运动形态，它存在于许多非线性动力学系统之中，但并非所有非线性系统都会产生混沌，且混沌并不一定出现在复杂系统中。这里我们从一个简单的非线性映射——罗吉斯蒂（Logistic）映射入手，阐明混沌可能出现在一些非常简单的动力学系统中。通过对一维罗吉斯蒂映射的研究，将着重介绍混沌论中的一些重要的概念和特征。

9.2.1 罗吉斯蒂映射实验

一维二次罗吉斯蒂（Logistic）映射是可以演示混沌的最简单的映射，其迭代方程是

$$x_{n+1}=rx_n(1-x_n) \tag{9-4}$$

式中，r 是外部参数，其取值范围是$0\leqslant r\leqslant 4$。把上述方程右边展开

$$x_{n+1}=rx_n-rx_n^2 \tag{9-5}$$

出现了x的平方项，所以这是一个非线性的迭代方程。现在我们来考察一下罗吉斯蒂映射的行为特征。由于这是一简单的迭代方程，我们可以在一般计算机上，甚至用一个普通的计数器都可以实现其行为特征的考察，具体操作如下：

在这里我们先取r=0.9，在选定了一个x的初始值后，例如假定x_0=0.6，以此代入方程（9-4）右边，不难计算得到x_1 =0.9×0.6×（1－0.6）=0.216；然后又以x_1=0.216代入方程（9-4）右边，算得x_2=0.152 409 6…如此演算下去，可以得到一系列x值。改变参数r的取值，重复这个计算过程，又可以得到一组新的x值。如果把罗吉斯蒂映射每次迭代的结果与迭代次数在$n-x_n$坐标面上标出来的话，我们可以十分清晰地看到它的演变规律。图9-7就是在不同参数下迭代了100次（n=100）的轨迹（设初始值x_0=0.9）。

这些图示结果可以验证x的值有如下的规律，经过n次迭代后：

（1）若$0<r<1$，例如r=0.9，当$n\to\infty$，x_n单调减少最终趋于零。

（2）若$1<r<2$，例如r=1.8，迭代次数增加时，x单调增加最终$x_n\to$（$1-1/r$）。

（3）若$2<r<3$，例如r=2.3，迭代次数增加时，x衰减而逐渐接近$1-1/r$，它和（2）的情况一

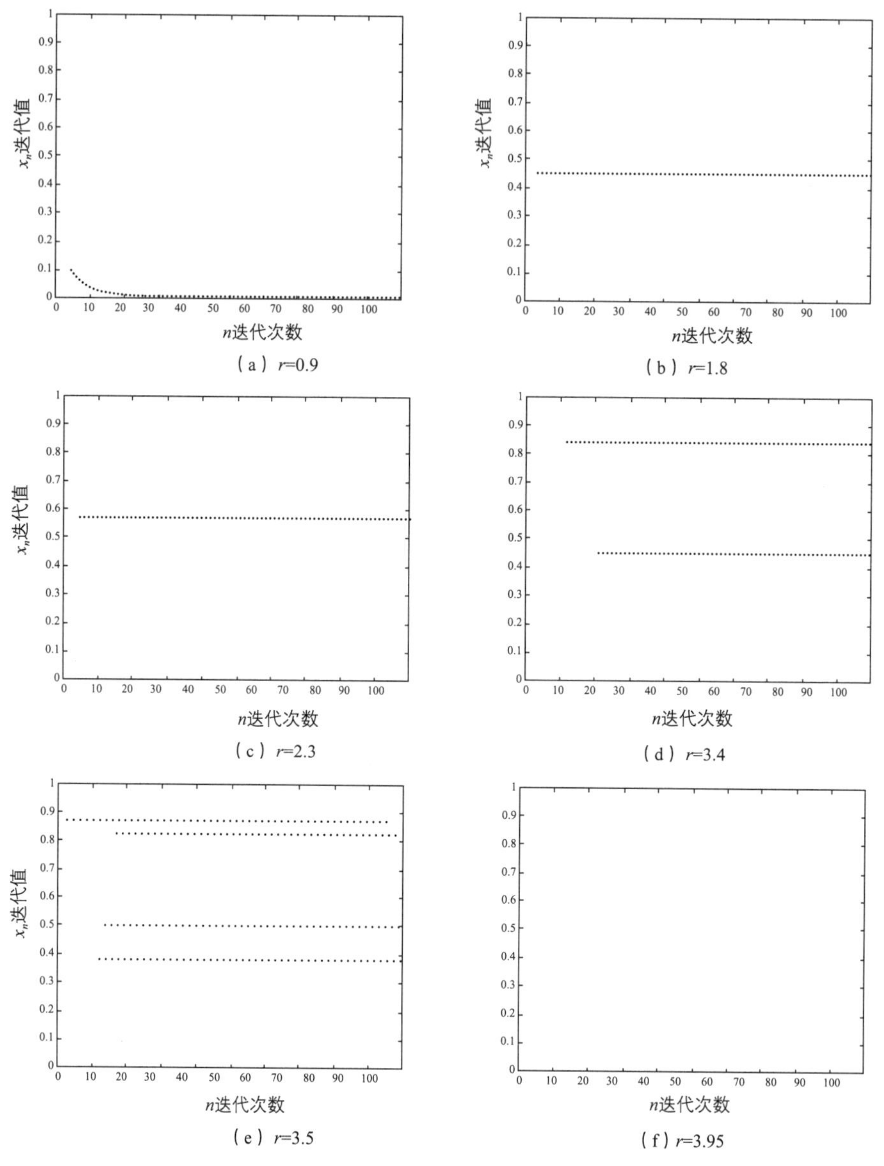

（a）r=0.9　（b）r=1.8　（c）r=2.3　（d）r=3.4　（e）r=3.5　（f）r=3.95

图9-7　不同参数r下的迭代轨迹（x_0=0.9）

样，罗吉斯蒂迭代方程最终趋于一稳定值。

（4）若$3<r\geqslant\sqrt{6}$，例如r=3.4，x的值只在两个值之间变化，出现接近周期2的震荡；而如果r增加到3.5，x的值在四个值之间周而往复的来回振荡，这是接近周期4的震荡。

（5）若$1+\sqrt{6}<r\leqslant 4$，x值变化非常复杂，随着r的增加，逐渐出现4周期，8周期，…，2^n周期的震荡，当r=3.57时，x的变动周期已达2^{∞}，这就进入了混沌状态。如图9-7(f)是r=3.95，x值的变化已毫无规律而言了。

当然，“看上去”混乱无序的东西未必就是混沌，要确定某个状态是否混沌，必须考察它是否具有混沌的特征。混沌最显著的特征是什么呢？前面已讲到混沌最显著的特征是对初始条件（初值）特别敏感，即初始条件的微小变化将极大地改变状态轨迹。仍以处于混沌状态的罗吉斯蒂映射为例来说明。如果令r=4，列出初值分别为$x_0 = 0.1$和$x_0 = 0.100\ 000\ 000\ 000\ 01$的迭代结果（这两个初值仅在小数点后14位有差别）。见表9-1，不难看出初值对迭代结果的巨大影响。

表9-1　　初始条件的微小差异对Logistic 映射前50次迭代结果比较

n	x_n	x_n
0	0.1	0.100 000 000 000 01
1	0.36	0.360 000 000 000 03
2	0.921 6	0.921 600 000 000 04
	…	…
10	0.147 836 559 913 29	0.147 836 559 901 20
…	…	…
50	0.560 036 763 222 38	0.688 872 492 659 13
51	0.985 582 348 247 12	0.857 308 726 066 90
52	0.056 839 132 283 25	0.489 321 897 195 78
…	…	…

初始条件的微小变化可导致一段时间后解的完全不确定性，这称作“蝴蝶效应”，其意思是上海的一只蝴蝶煽动一下翅膀——相当于微弱地改变了当天的空气流（初始条件）——结果可能是数日后在太平洋的彼岸会引起一场料想不到的大风暴。这就是非线性方程出现混沌解时的最大特征——解的不可预料性。在一个实验中，初始条件不可能测得没有误差，如果是非线性系统且在混沌解的情况下，稍有偏差就会有一种“差之毫厘，谬以千里”的结果。而这个不可预测的结果却来自一个确定性系统，这正是混沌理论给我们的最重要的新思想，即确定性系统不一定有确定的解。

西方有一则寓言说：“丢失一个钉子，坏了一只蹄铁；坏了一只蹄铁，折了一匹战马；折了一匹战马，伤了一位骑士；伤了一位骑士，输了一场战斗；输了一场战斗，亡了一个帝国。”马蹄铁上一个钉子是否会丢失，本是初始条件的十分微小的不同，但其“长期”效应却是一个帝国存与亡的根本导火线。这就是军事和政治领域中的所谓“蝴蝶效应”。

9.2.2 罗吉斯蒂映射的意义

罗吉斯蒂映射这样一个简单的非线性迭代方程在许多场合都会出现。维黑斯特（P.F.Verhust）在1845年用这个方程模拟了种群数量的演化，因此是一个人口（或虫口）方程；另外，这还是一个具有自限制利率的储蓄方程。下面我们就这两个例子来说明罗吉斯蒂映射的导出及意义。

先从著名的马尔萨斯（Thomas Robert Malthus，1766—1834）人口理论说起。设x_n是第n代人口数，x_n+1是第n+1代人口数，如果每隔一代人口要增加μ的百分比，马尔萨斯的人口理论说两代人口数可由下面的线性迭代方程描述

$$x_{n+1}=x_n+\mu x_n=x_n（1+\mu） \tag{9-6}$$

式中人口增长率

$$\mu=（x_{n+1}-x_n）/x_n \tag{9-7}$$

这是一个什么样的增长规律呢？不妨作这样一个近似分析，已知

$$e^{\mu} = 1 + \mu + \frac{\mu^2}{2!} + \frac{\mu^3}{3!} + \cdots \quad (9\text{-}8)$$

略去二次项以上的高次项，而仅保留一次项，即

$$e^{\mu} = 1+\mu \quad (9\text{-}9)$$

那么式（9-6）近似为

$$x_{n+1}=e^{\mu}x_n \quad (9\text{-}10)$$

若令x_0为第零代人口数，则此后各代人口数将是

$$x_1=e^{\mu}x_0$$
$$x_2=e^{\mu}x_1=e^{2\mu}x_0$$
$$x_3=e^{\mu}x_2=e^{3\mu}x_0$$
$$\cdots\cdots$$
$$x_n=e^{n\mu}x_0 \quad (9\text{-}11)$$

可见人口按指数规律增长。显然这个模型过于简化，没有考虑到人口数量受到环境条件的制约，如食物来源，疾病因素等的影响。按照这个规律来估计世界人口的增长情况，计算表明到2635年世界人口将达到1.8×10^{15}。地球总表面积（包括陆地和海洋之和）为5亿km^2。到那时平均每人只占有$0.1m^2$的地方。显然这个增长是太快了，也不合乎实际情况，需要进行修正。维黑斯特提出了一个修正方案，即在式（9-6）右方加一非线性修正项bx_n^2以反映环境条件的制约因素，于是

$$x_{n+1}=(1+\mu)\,x_n-bx_n^2 \quad (9\text{-}12)$$

令

$$r=1+\mu \quad (9\text{-}13)$$

则

$$x_{n+1}=rx_n-bx_n^2 \quad (9\text{-}14)$$

所加的非线性修正项bx_n^2在人口数较少时，非线性影响较小，可以忽略，回到马尔萨斯的人口理论模型。当人口数增至一定量时非线性项的影响就起着决定性的作用，换句话说，当人口数增至一定时，减去一很大的人口数，实际人口数就又降下来，不至于一味地膨胀。但进一步地分析发现，事情并非这么简单。如果我们对这样一个修正作一变量代换，令$X=bx/r$，并把X写回x，那么式（9-14）可改写为

$$x_{n+1}=rx_n(1-x_n) \quad (9\text{-}15)$$

原来维黑斯特修正后看似更合理的人口模型就是罗吉斯蒂映射方程。r是一个依赖于繁殖能力，实际生活条件等的参数。

另一个例子是具有自限制利率的储蓄模型。假设在银行有一笔存款z_0，银行年利率是ε，那么逐年的存款按

$$z_1=z_0(1+\varepsilon)$$
$$z_2=z_1(1+\varepsilon)=z_0(1+\varepsilon)^2 \quad (9\text{-}16)$$
$$\cdots$$
$$z_{n+1}=z_n(1+\varepsilon)=z_0(1+\varepsilon)^n$$

规律增长。这是一个指数规律增长。举例说，如果存款z_0=10万元，年利率是ε_0=8%，那么100年后的本息一共是2.2亿。为了防止无限的富有，有人建议利率应随z_n的增大而按比例降低。如果设定一最高限制金额数z_{max}，存款z_n愈高，年利率ε应愈低。调整后的年利率应写为

$$\varepsilon=\varepsilon_0\left(1-\frac{z_n}{z_{max}}\right) \tag{9-17}$$

于是存款的增长为

$$z_{n+1}=\left[1+\varepsilon_0\left(1-\frac{z_n}{z_{max}}\right)\right]z_n \tag{9-18}$$

令

$$r=(1+\varepsilon_0) \tag{9-19}$$

$$b=\frac{\varepsilon_0}{z_{max}} \tag{9-20}$$

则上述存款增长方程化为

$$z_{n+1}=rz_n-bz_n^2 \tag{9-21}$$

比较式（9−21）与式（9−14），形式完全一样，所以作类似的变换，存款方程仍由罗吉斯蒂映射$x_{n+1}=rx_n(1-x_n)$描述。

对于上述两个例子，最初人们以为由于反馈机理，人口的增长，存款数额最终都会趋于某个平均值，但人们惊奇地发现事情并非如此，其行为显得很复杂，甚至在r很大时成为混沌——人口的增长，存款的数额居然变得漂浮不定，完全不可预料。

1976年数学生态学家梅（R. May）在英国《自然》杂志上发表文章说：“如果更多的人能够认识到简单的动力学系统不一定导致简单的动力学行为，那么可能不仅在研究和教学中，而且在日常的政治经济生活中我们也会大有收益。”这也许是我们在进一步研究各典型的非线性方程及其混沌解时，首先要考察罗吉斯蒂映射的重要意义。

9.2.3　混沌学的发展及应用

混沌学——Chaology一词据说是贝里（M. berry）从1893年出版的一本字典中发掘出来的。英文Chaos 一词与它同源，意为紊乱、无秩序、混乱。

最早发现混沌运动的是法国科学家蓬加莱。1890年他在讨论三体问题的论文中得到极其复杂的结果。他后来写道：“这种图形的复杂性如此显著，我都不想去画它”。这里所说的极其复杂的解便是最早的混沌雏形。过去，人们一直以为宇宙是一个可以预测的系统。牛顿力学的最杰出的成就之一就是预言了天体的运动。近两个世纪以来，我们总是告诉学生按照牛顿运动定律可以解决星球的运行轨道。但是当三个或多个天体相互作用时，就有可能出现随机的动力学行为。这样，在确定性系统中发现了混沌之后，人们开始认识到用牛顿定律并非总能推算出在某一时刻行星运动的准确位置和速度。

但是，混沌论之所以在当前引起人们如此大的兴趣，首先还应当提到1963年麻省理工学院的气象学家洛伦兹（F. N. Lorenz）的著名工作。1961年冬季的一天，洛伦兹在皇家麦克比型计算机上进行关于天气预报的计算。为了预报天气，他用计算机求解仿真地球大气变化的13个方程式。因为计算的复杂性以及计算机运行速度问题，他在计算的某个时间中断了计算，并把结果记下来，作为下次接下去计算的初值。然而当他再次运算时，出乎意料地发现天气变化同上一次的计算模式迅速偏离。进一步的计算表明，输入的细微差异可能很快导致输出发生巨大的差别。他发现这个差异完全不是来自计算机有什么毛病，于是，洛伦兹认定，他发现了新的现象，即蝴蝶效应。而且，他进一步地指出，天气预报的长期预报简直是不可能的。

天气预报的长期预报是不可能的，地震的预报比天气预报更困难，是世界级的大难题！因为地震是地壳的运动，它涉及非线性弹性力学、地震波传播的非线性波动方程等一系列有关非线性特征因素相互竞争共同作用的问题，所以必然导致地震勘探在勘探精度等多方面存在难以突破的困难。我国近几十年来的几次大地震，如1966年3月8日河北邢台6.8级大地震，1976年7月28日唐山7.6级大地震，2008年5月12日四川汶川8级大地震，事前均没有预报，而且目前世界上80%的地震都没有预报!

图9-8　2008年四川汶川大地震

随着混沌研究的深入，人们自然要考虑经典力学决定论的实际图像是怎么会产生混沌的。蓬加莱早在20世纪初就指出了不可预见的偶然性的几种原因：初始状态的近似性，现象的复杂性和对事物考察的不完全性。而混沌产生于通常被认为是确定性系统的原因在于数学上所要求的无限观测精确度与物理系统所能提供的显然是有限精确度之间的矛盾。由于物理系统在实验上所能提供的精度是有限的，这就导致了物理过程初始状态的差异，处于混沌态的非线性系统放大了这种差异，因而产生了蝴蝶效应。

人们对混沌现象的认识似乎是“捉摸不定”，随机性态，对初试条件敏感，长期行为不可预测等特征，因而谈论混沌的控制及应用又似乎是天方夜谭。但随着人们对混沌论的深入研究，特别是在物理，数学和控制工程等专家的努力下，一些新的特征相继发现，人们认识到混沌是可以控制的，更进一步地，混沌还是可以开发利用的。据报道，在许多方面已取得了利用混沌的进展。例如，美国佐治亚理工学院的Rajarshi Roy成功地将混沌控制器用于激光的动态控制，使激光强度的混沌性起伏得到了控制。激光器的输出功率可以提高15倍。又如在通信信号中添加混沌信号，有可能建立一种新型的保密通信系统，虽然在实施中尚有许多问题要解决，但前景比较乐观。生理节律(physiological Rhythms)对生命至关重要，可以说一切生命现象都蕴藏着各种各样的生理节律。新近的工作表明， 对生理系统这一复杂的结构，要用非线性方程来描述，而呈现周期性动力学特征的生理系统的数学模型在某些参数范围内，有时会表现出混沌特征。同样的，通过对人体生理参数的调节，人们也可以找到控制包括混沌在内的生理节律的方法，开辟一条新的治疗和康复途径。

除了科学技术中的混沌研究以外，混沌在经济活动，社会科学中的应用也引起了人们极大的兴趣。但是，一个经济系统，就其本质来说是一个复杂的非线性系统。宏观经济变量的不规则涨落，其根源是经济系统内部的非线性相互作用，经济学不可避免地要处理非线性和混沌的问题。不过混沌经济学（非线性经济学）还处于初创阶段，许多问题尚未解决，还有漫长的路要走。

目前，混沌问题已受到学术界的普遍重视，广泛的研究工作有以下几个特点：首先，混沌研究的成果给自然科学的一些最基本的观念如确定性、随机性、统计规律性等注入新的含义，进而使一些更普遍的哲学范畴如因果、机遇等有所变化；其次，混沌研究的深入伴随着新的实验方式（数值实验）的广泛采用和完善，迄今的科学实践已证实数值实验在混沌研究中重要作用；最后，混沌研究所导致的对复杂现象的深入分析使得数理科学有可能为生理学、心理学、经济学、社会学等学科提供更有力的方法和工具。因此，人们有理由相信，混沌问题的深入研究必将大大促进从自然科学到社会科学各领域的发展。我国著名科学家钱学森在谈及混沌与有序辩证关系时说：在一个层次的混沌是紧接着上一个层次有序的基础。所以没有混沌就死水一潭，不会出现有结构的有序化，也就没有“生命”。连一块石头都有原子、电子层次的混沌，石头有晶体的结构，这是有序。但这个结构有“活”的，原子、电子进进出出，是混沌！因此，生与死界限是相对的，不是绝对的。

最后必须指出，混沌的控制，开发和利用尚在研究之中，虽然现在有许多引人注目的报道实例，多数仅仅是在实验室条件下得到的，较之真正的应用还有一定的距离，但人们从这些实例中打破了对混沌的神秘感，看到了混沌应用的美好前景。

9.3　分形

人们都很习惯地说，我们生活的空间是三维的，因此对直线是一维的，平面是两维的，而立方体是三维的这样一种几何形状的描述非常容易接受（“点”可以看做是零维的）。无论是一维，还是两维或是三维，空间维数总是整数。然而，自然界有许多物体的几何形状非常复杂，而且很有特征，它们不能用通常的整数维描述，它们的维数是一个分数。我们把这样的结构叫做“分形结构”。分形是一个崭新的科学名词，是科学家们在20世纪80年代议论最热烈，最为兴奋的话题之一。卷入分形热潮之中的，除了物理学家、数学家、化学家、生物学家和医学家之外，还有地震学家，冶金学家，社会学家，甚至许多艺术家也跻身于此行列中。美国物理学家约翰·惠勒（J.A.Wheeler）曾说：“可以相信，明天谁不能熟悉分形，谁就不能被认为是科学上的文化人。”

9.3.1　什么是分形

1967年，年轻的法国数学家比诺埃特·曼德尔布罗特（Benoit B. Mandelbrot）在国际权威的《科学》杂志上提出这样一个问题：“英国的海岸线有多长？”初看起来这是个极其简单的问题，但是要明确的回答却并不容易。

曼德尔布罗特通过对该问题的研究，认为海岸线的长度是“不确定的！”原因何在？海岸线的长度取决于测量时所用的尺度。可粗略地作如下解释：从高空飞行的飞机往下测量海岸线长度，如所测得长度为x_1，当飞机降低飞行高度，从低空往下测量，此时由于原来观察不到的一些较小的海湾现在能看到了，因而能较为精确地测量，测得长度为x_2，x_2必定大于x_1。如果进一步，用人沿海岸行走的方法来测量，沿海岸的凹凸弯曲线都能展现出来，测量精确大为提高，其测得长度为x_3，那么$x_3>x_2>x_1$。如果再进一步，一个人用厘米的尺子来测量，其测量长度为x_4，必有$x_4>x_3>x_2>x_1$。如此下去，不难得出结论：海

（a）

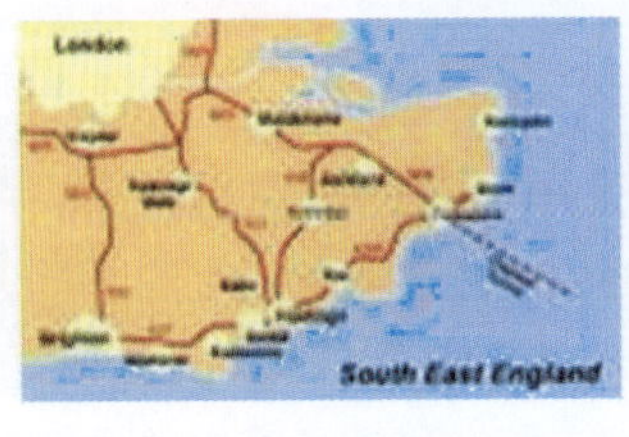

（b）

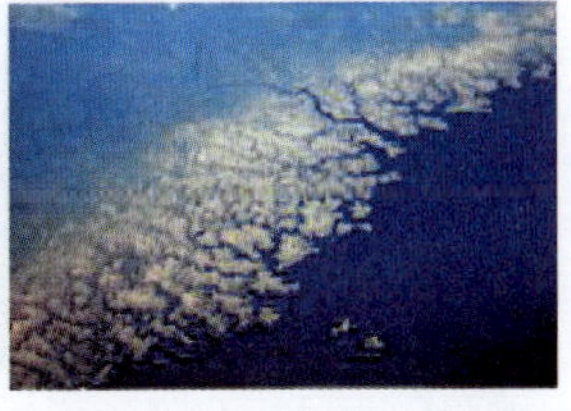
（c）

图9－9　不同尺度下的英国海岸线

岸线长度与测量用的尺度有关。对研究的对象的观察越贴近，越仔细，那么发现的细节就会越多。所测量出的海岸线长度就越长。

类似海岸线这样的曲线还有许许多多。它们的共同特征是其形状极不规则，极不光滑。在越来越小范围上可发现同等程度的不规则性和复杂性。曼德尔布罗特给具有这种性质的图形命名为“Fractal（分形）”。此词来源于拉丁文Fractus，意思为细片，破碎，分数，分级等。那么如何来定义分形呢？如果我们暂且不用严格的数学描述，而给出一个比较容易为人们接受的定义，这个定义就是曼德尔布罗特在1986年提出的：分形是其组成部分以某种方式与整体相似的形状（A fractal is a shape made of parts similar to the whole in some way）。

当然，自相似性有数学上的严格自相似性概念，如下面要介绍的Koch曲线，Sierpinski地毯等，也有统计意义上的近似自相似性，如前面提到的弯弯曲曲的海岸线就是近似的自相似性。前者称为有规分形，后者称为无规分形。自然界和物理学中的许多分形多属于无规分形。在我们周围处处可见这些不规则的几何形态，如花草、山脉、烟云、火焰等举目皆是。而微观世界物质结构的复杂性，宏观世界浩瀚天体的演变，更是展现了不规则的几何形态（见图9-10），它们都是分形几何研究的对象。可见分形是大自然的几何学，处处可见。

（a）起伏的山峦

（b）美丽的白云

（c）苍劲的大树

图9-10　自然界的无规分形结构

分形学作为20世纪70年代非线性科学的三大热点之一(混沌、分形和孤子波)，对其理论研究有着宽阔的应用前景。由于分形具有自相似性，有可能成为无序到有序的桥梁。过去对自相似性这种对称性知之甚少，所以数学和物理学等一些领域的许多科学家对此进行了大量的研究，使分形理论得到很快的发展。许多传统的科学难题，应用分形的新概念和新方法，已取得了显著的进展。例如气象学中对云系的形状、降雨的模式等的研究，经济学中对人口的分布、城市的规划的研究，都在分形理论的推动下开辟了新的研究局面。而在其他一些学科中又派生出了新的研究方向，如地理学中出现了分形地貌学，还有生物分形，分形艺术等一些引人入胜的领域。今天分形已成为描述不规则几何形态的有力工具。

9.3.2　分维数

如果说海岸线的长度是不确定的，它与测量的标尺有关，那么国境线也是这样。例如西班牙和葡萄牙之间的国境线，由于测量标尺的不同，西班牙测出的是897km，而葡萄牙说是1 214km，竟有20%的差异。人们很自然提出一个问题：能不能用一种与标度无关的方式来表征国境线或海岸线的结构呢？人们在研究了度量单位ε和测量结果L（即总长度）之间的关系后，发现对一定的分形结构存在着另一种保持不变的参量，这就是下面要讲的分形的维数。

前面已经提到过，在欧几里得空间中，维数是整数。其实，早在1875年数学家黎曼就指出对维数的概念有必要作深入的研究。此后，人们对维数的认识由浅入深，越来越丰富。

首先，我们引入相似性维数的概念。先研究直线段、正方形和立方体的维数。假定它们的边长都是1。将一直线段等分为2，则原来的线段被分成边长为1/2的两段，即两条缩小为原来1/2的线段，我们说获得了2^1个相似的子线段；将一正方形的边长也等分为2，那么原来的正方形可分为4个边长为1/2的正方形，即2^2个缩小的相似的子正方形。将一立方体的边长仍等分为2，那么原来的立方体可分为8个边长为1/2的立方体，即2^3个缩小的相似的子立方体（见图9-11）。

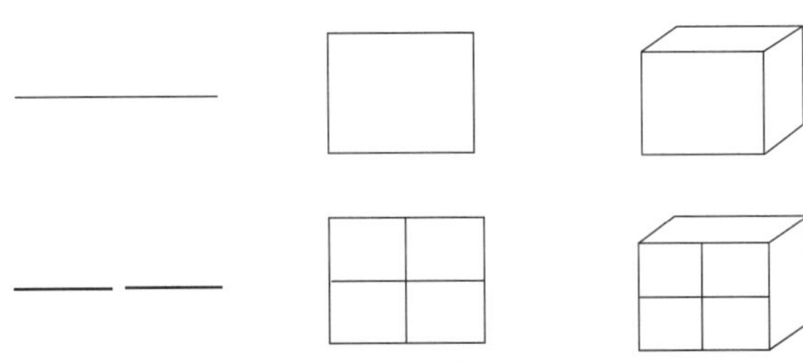

图9-11　直线段、正方形和立方体的相似性

由上可见，2^1，2^2，2^3中的指数1，2，3正好分别是该图形的经验维数。一般来说，如果某图形是由把原图形缩小为$1/a$的b个相似性图形所组成，那么有

$$a^D=b \tag{9-22}$$

两边取自然对数得到指数

$$D=\frac{\ln b}{\ln a} \tag{9-23}$$

这个D就称为相似性维数。例如在上例中a=2，b分别等于2，4，8，那么在一维、二维和三维情况下D就分别是1、2和3。D可以是整数，也可以是分数。下面我们就以康托尔（Cantor）集为例进一步说明。

所谓康托尔集是这样形成的（见图9-12）：取一线段［0，1］，三等分，舍去中间段，保留两侧的两段；保留的两段再各自三等分，并舍去中间段。如此下去，无限分割舍弃，所有保留部分组成康托尔三分集。由于在不断分割舍弃过程中，形成的数目越来越多，对保留下来的点集是不能用通常的测度和长度来度量的，因为用任何合理的大小定义的长度去度量，其长度总为零。在极限的情况下，康托尔集是一个有无穷多个点的点集。点的分布既不均匀又有规律，这无穷多个点形成的点集具有自相似性，其局部与整体相似，所以是一规则分形系统。

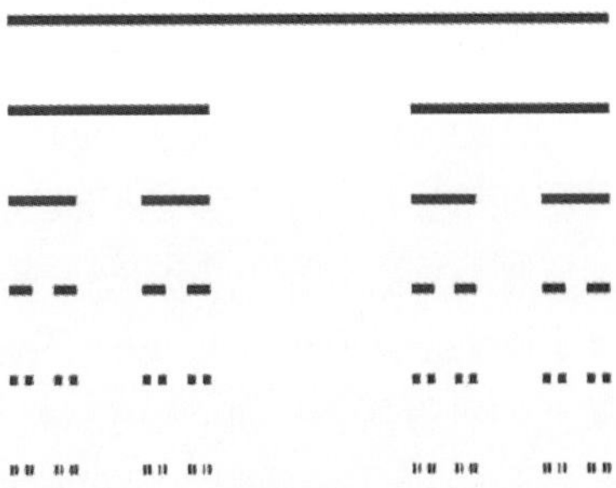

图9-12　康托尔分形的形成

利用相似性维数的定义可以计算出康托尔集的分形维数。由于康托尔集是三等分取二个相似形而构成的，即原图形缩小1/3的2个相似的图形（见图9-12），因此a=3，b=2，那么相似性维数

$$D=\frac{\ln b}{\ln a}=\frac{\ln 2}{\ln 3}=0.630\,9 \tag{9-24}$$

由此可见康托尔集的维数不是整数，而是一分数。20世纪60年代初，分形的创始人曼德尔布罗特在IBM公司研究电话线路中的随机“噪声”问题。由于噪声总要丢失一些信号，当时人们以为只要提高信号强度就可以把噪声压下去，但效果不理想。曼德尔布罗特经过仔细地理论分析，特别是他发现维数在0和1的布朗运动的轨迹与这种噪声的波形很相似之后，认为在电话线路中出现的这种噪声与电话信号有关，是不可避免的。曼德尔布罗特提出了一种描述差错

分布的方式，可以对观察到的噪声模式作出预言。他认为若一天以3h作工作单位计，总有1h有误差；在这有误差的1h内，分成三段，每段20min，又会发现其中一段有误差，另两段时间无误差；在有误差的时间内，以同样地方式分割下去，这就是康托尔集的构造。曼德尔布罗特指出，无论时间取得多短，无误差与有误差期间之比是常数，这是一种分形结构。于是，曼德尔布罗特在研究康托尔集的理论上提出克服噪声是不能依靠增强信号的办法，而必须采用适当的信号。IBM公司根据他的研究撤消了原来耗资巨大的对付噪声的计划，而另辟途径，从而节省了数以百万计的投资。

图9-13是所谓谢尔宾斯基垫片。它是将一个正三角形［见图9-13（a）］分为四个小的正三角形，弃去中间的一个［见图9-13（b）］，然后将余下的三个正三角形再等分为四个更小的正三角形，并弃去各自中间的一个［见图9-13（c）］；如此无限地处理下去，最后所得这图形就好像是一个三角形的垫片，故称谢尔宾斯基垫片片，又称“空三角”。读者可以证明谢尔宾斯基垫片维数也是分数。对于非整数维的图形或几何对象来说，维数越大，其复杂性就会越高。

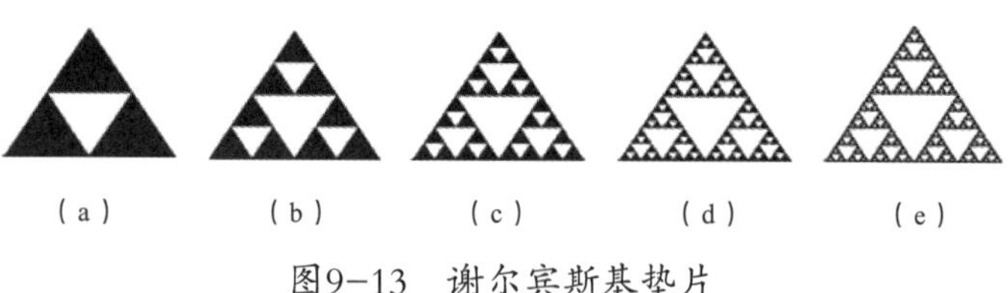

图9-13　谢尔宾斯基垫片

$$D=\frac{\ln 3}{\ln 2}=1.5849 \tag{9-25}$$

除了相似性维数以外，科学家还定义了其他计算分形维数的描述方法，例如容量维、维豪斯道夫维数、信息维等。但自然界大量客观存在的曲线，如曲曲弯弯的海岸线，起伏不平的山峰轮廓等，都不可能是这样规则的曲线，它们属于另一类分形曲线。这类曲线也具有自相似性，但只是近似的或统计意义上的相似，称为无规分形，也称为随机分形。对不规则复杂的统计分形人们定义了关联维数（Correlation dimension）。这是一种从实验数据来计算分维数的方法，所以不仅物理学家，而且生物学家和经济学家都广泛地采用这种方法。

作为分形维数分析应用的一个例子，我们列举近年来发展起来的骨质疏松诊断的新方法。骨质疏松症是由于骨基质有机成分及钙盐沉着减少使得骨头密度变小，从而导致骨头强度降低的一种疾病。如图9-14所示，随着骨密质和骨松质的变疏，骨头将变得愈来愈脆弱，当骨头密度下降到正常密度的2个以上的标准偏差值时，就被诊断为骨质疏松症，这表示已经失去了25%以上的总骨质量。许多人患骨质疏松症并没有明显的前兆，任一小的外伤都会因为骨质疏松而导致骨折。骨质疏松症也被称为“无声的流行病”。随着全球人口的增长和老龄化问题，患骨质疏松症的病人将会显著增加。据媒体报道，我国有9 000万人，即7%的人口患骨质疏松症。近年来，人们作了相当大的努力去研究骨质疏松症。研究者将重点放在建立定量评估人体骨骼的技术上。

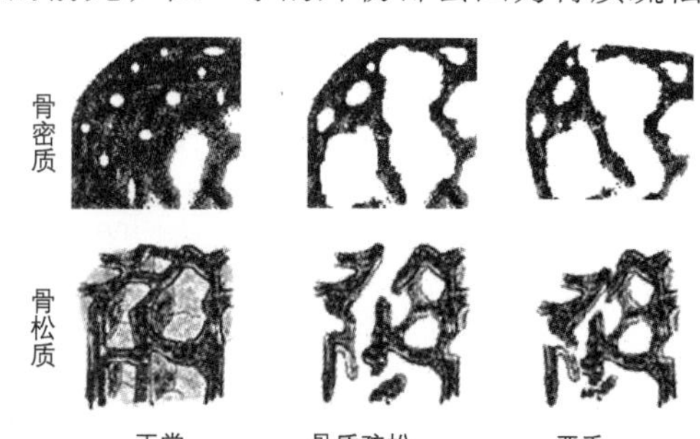

图9-14　正常及骨质疏松症的骨密质、骨松质的比较

研究发现骨质具有分形结构（见图9-14），这个事实为骨质疏松症的早期诊断提供了新的思路。利用分维数的定量的计算方法对X光片或磁共振对

骨质像片作精细的分析，可以看到，正常骨质与骨质疏松及其他骨疾病的分维数有明显的差异。表9-2列出了实验数据的分析结果，由此可见分维数的计算确是骨质疏松诊断的一种新方法。

表9-2　　正常骨头与病态骨头的分维数

	N	OA	OP	OM
维数范围	1.49~1.60	1.28~1.36	1.25~1.42	1.55~1.65
平均分维数	1.54	1.30	1.35	1.60
标准偏差	0.028	0.019	0.057	0.038
标准误差	0.008	0.005	0.016	0.010
采样数	13	13	13	13

注：N—正常骨头；OA—骨关节炎；OP—骨质疏松；OM—骨软化。

9.3.3　分形艺术欣赏

可以说分形的研究离不开计算机技术。利用计算机技术可以解释自然界分形产生的原因，模拟出美丽的自然分形结构，更有趣的是还能创造出自然界并不存在的分形图形。本节首先介绍几个简单的绘制计算机分形图的Matlab程序，有兴趣的同学可以在自己的计算机上体会一下用计算机绘制分形图的乐趣；然后，我们展示了部分由数学方程设计、用计算机绘制出的分形图，通过这些千姿百态的分形图，你一定会深感分形之美。

（1）分形树。运行下面的Matlab程序，所得结果模拟了一棵枝叶茂盛大树的分形结构（见图9-15），其躯体与肢体的相似性一目了然。

（a）自然界的大树

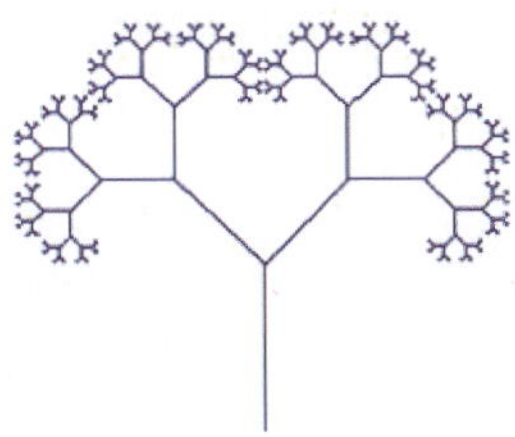

（b）计算机模拟大树分形图

图9-15　大树的分形结构

```
%TreeFractal
h=10;d=0.6;th=pi/4;n=9;
A=zeros(2,2^(n+1)−2);A(:,2)=[0;h];C=[cos(th) −sin(th);sin(th) cos(th)];D=inv(C);
for i=2:n

  B(:,2^(i−1)−1:2^i−2)=A(:,2^(i−1)−1:2^i−2);
  A(:,2^i−1:2^i+2^(i−1)−2)=d*C*B(:,2^(i−1)−1:2^i−2)+[0;h]*ones(1,2^i−2^(i−1));
  A(:,2^i+2^(i−1)−1:2^(i+1)−2)=d*D*B(:,2^(i−1)−1:2^i−2)+[0;h]*ones(1,2^i−2^(i−1));
end
for i=1:2^n−1
  L=line(A(1,[2*i−1 2*i]),A(2,[2*i−1 2*i]));set(L,'LineWidth',2);
end
```

（2）雪花图。下面的Matlab程序，模拟了一粒雪花（见图9-16）。

```
%输入：kochsnow(120,5);
function f=kochsnow(l,c)
```

```
ax=0;ay=0;bx=l;by=0;
cx=l/2;
cy=l*sqrt(3)/2;
Koch(ax,ay,cx,cy,c);
Koch(cx,cy,bx,by,c);
Koch(bx,by,ax,ay,c);
axis([-20,140,-40,120])
~ ~ ~ ~ ~
function f=Koch(ax,ay,bx,by,c)
if (bx-ax)^2+(by-ay)^2<c
  x=[ax,bx];y=[ay,by];
  plot(x,y);hold on;
else
  cx=ax+(bx-ax)/3;   cy=ay+(by-ay)/3;
  ex=bx-(bx-ax)/3;   ey=by-(by-ay)/3;
  l=sqrt((ex-cx)^2+(ey-cy)^2);
  alpha=atan((ey-cy)/(ex-cx));
  if (alpha>=0&(ex-cx)<0)|(alpha<=0&(ex-cx)<0)
    alpha=alpha+pi;
end
  dy=cy+sin(alpha+pi/3)*l;
  dx=cx+cos(alpha+pi/3)*l;
  Koch(ax,ay,cx,cy,c);
  Koch(ex,ey,bx,by,c);
  Koch(cx,cy,dx,dy,c);
  Koch(dx,dy,ex,ey,c);
end
```

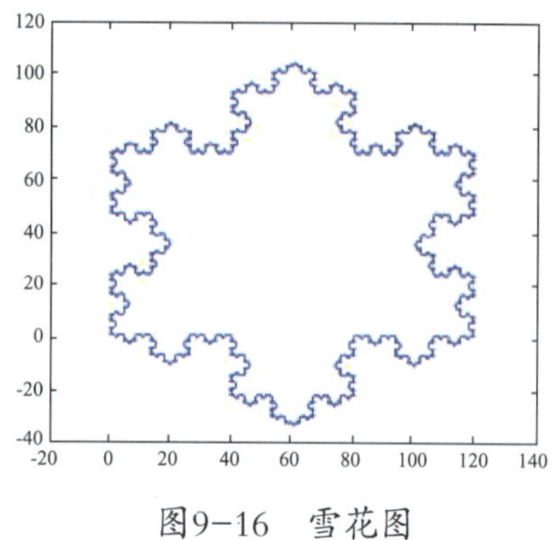

图9-16　雪花图

（3）Julia 集。一些非常简单的映射可以产生很复杂的分形图。例如前面讲过的罗吉斯蒂映射，如果用复数z替代x，复数的罗吉斯蒂映射是

$$f(z)=cz(1-z) \tag{9-26}$$

这里参数c=cr+cij是一复数，cr是其实部，ci为虚部。当参数c=0.2+0.65i时，能产生图9-17所示的类似葫芦的自相似分形图。式（9-26）所描述的映射属Julia集合。下面是Julia集合的Matlab程序以及所描绘的美丽分形图（见图9-17）。

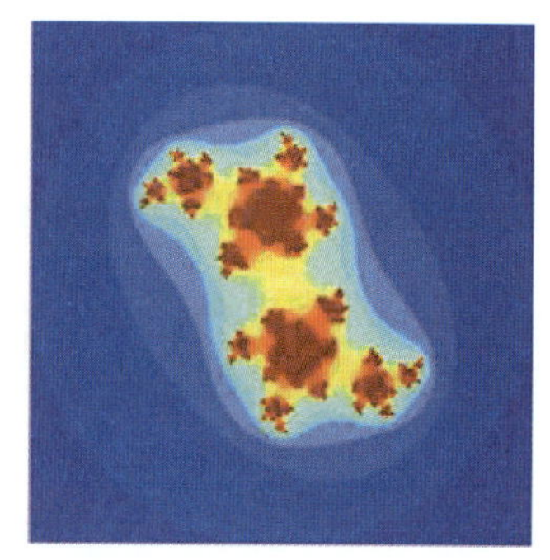
图9-17　Julia 集($c=0.2+0.65i$)

```
% Julia 集
function Julia(c,k,v)
if nargin < 3
c=0.2+0.65i;
k=14;
```

```
v=500;
end
r=max(abs(c),2);
d=linspace(−r,r,v);
A=ones(v,1)*d+i*(ones(v,1)*d)';
B=zeros(v,v);
for s=1:k
B=B+(abs(A)<=r);
A=A.*A+ones(v,v).*c;
end;
imagesc(B);
colormap(jet);
hold off;
axis equal;
axis off;
```

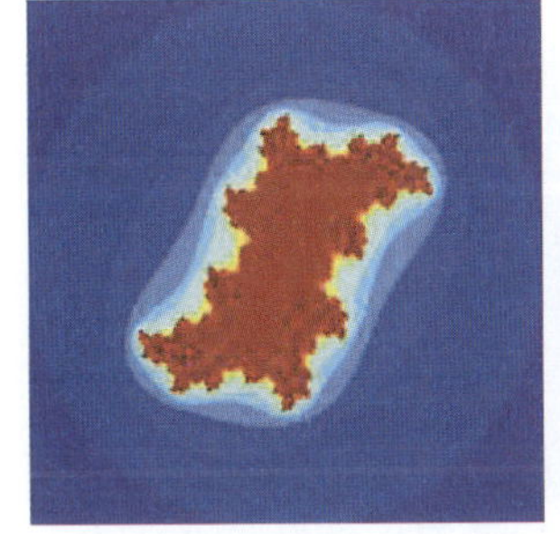
（a）c= 0.1+0.6i

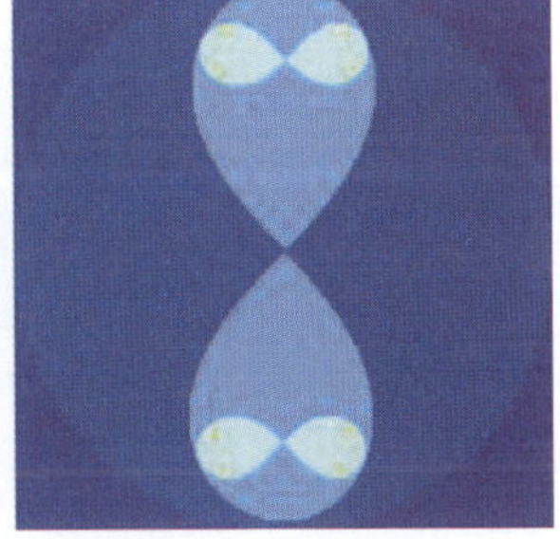
（b）c= 2.1+0.06i

图9-18　不同参数c下的Julia 集图形

程序很简单，却能描绘出绚丽多姿的图形，如果改变参数c，还能获得不同的Julia 集图形，如图9-18给出了两个不同参数c下的Julia集图形。

（4）分形图欣赏。图9-19所示的这些美丽的分形图充分体现了数理科学与艺术的完美结合！

图9-19　妙趣无穷的分形图案

9.4　孤子波

一般认为非线性科学应包括以下三个主要部分：混沌、分形、孤子波。孤子波与我们常见的波动，如简谐波不一样，它在传播过程中能保持不变的单波形状，有些孤子波在彼此碰撞后仍能保持原形，就像一般的粒子碰撞一样，因此把这种带有粒子性质的特殊波动称为孤子波。

它们出现在不少自然现象和工程问题中，如海浪孤子波可在数千里的海岸线上滚滚向前，经久不衰；又如光纤通信中提出了非线性的光孤子通信的全新概念。

9.4.1 罗素的发现

1834年8月，苏格兰科学家、造船工程师约翰·罗素（Russell，John Scott 1808—1882）观察到一个奇怪的现象。他在勘察爱丁堡到格拉斯哥的运河河道时，看到一只运行的木船摇荡的船头挤出高约0.3～0.5m、长约10m的一堆水，当船突然停下来时，这堆水竟保持着它的形状，以每小时大约13km的速度往前传播。他把这团奇特的运动着的水堆称为“孤立波”或“孤波”。罗素沿着河道跟着这孤波走了好几里，他被这巨大的孤波深深地吸引了。罗素花了10年时间通过实验研究了这个“有规则而美丽的现象”。10年后，在英国科学促进协会第14届会议上，他发表了一篇题为《论水波》的论文，对这个现象作了生动地描述：1834年秋，我看到两匹骏马正沿运河拉着一只船迅速前进。突然，船停了下来，然而被船所推动的一大团水却不停止。它们堆积在船头周围激烈地扰动着，随后形成一个滚圆、光滑且轮廓分明的大水包，其高度约有1～1.5ft，长约30ft，以每小时大约8～9mile的速度，沿着水面向前滚动。我骑在马上一直跟随着它，发现它的大小、形状和速度变化很缓慢，直到1～2mile后，它才在蜿蜒的河道上消失(1ft=0.304 8m，1mile=1 609.344m)。

我们从日常生活中知道，一般的水波看上去是由水面的上下振动形成的，水波的一半高出正常水面，一半则低于正常水面，而且普通的水波是向四面发散的，波动很快就会消失，不可能传到很远的地方［见图9-20(b)］。但罗素看到的水波不是这样。罗素看到的水波是一个突起的水团具有光滑规整的形状，完全在水面上移动，衰减得也很缓慢。为了弄清楚这是怎么回事，罗素在实验室仿照运河的状况建造了一个狭长的大水槽，模拟当时的条件给水以适当的推动，从实验上再现了在运河上观察到的孤波，他相信可以用流体力学方程描述孤波的存在。几十年之后，1895年，两位年轻的荷兰数学家科特维格（Korteweg，D.J.）和德弗里斯（devries，G.）在研究浅水中小振幅长波运动时，考虑到可把水简化为弹性体，同时还注意到水具有非线性特征与色散作用，从而导出了单向运动浅水波方程，现在我们称作KdV方程，由方程得出的波的表面形状与孤波的表面形状十分相似，这就给出了一个类似于罗素孤波的解析解，孤波的存在才得到了公认。由科特维格和德弗里斯所建立起的这个KdV方程，非常清楚地解释了为什么会形成孤子波。如果我们暂不考虑船头激发起的水波中的非线性效应的话，任一脉冲或扰动波可以看成是许多不同频率的正弦波的线性迭加，它们以不同的速度传播，这就是我们在线性理论中所熟知的色散现象。由于不同频率的波的以不同的速度传播，最初看到的扰动在传播过程中就会发散开来［见图9-21(b)］。但非线性效应的存在，使得波峰比波底运动

(a) 浅河道中的孤子波　(b) 普通的水波

图9-20　水波

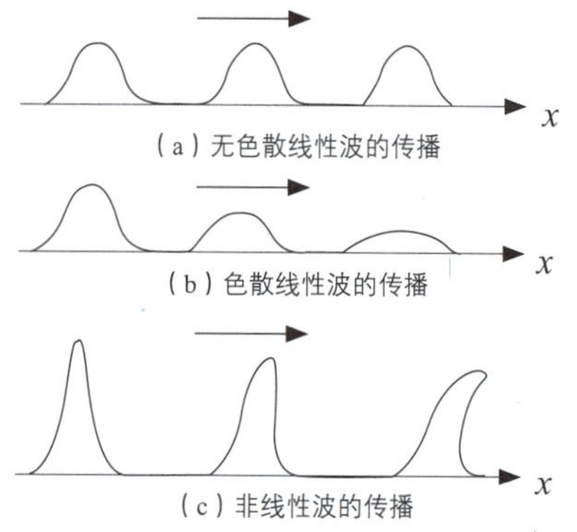

图9-21　各类波的传播图示

得快，波前趋于陡峭［见图9−21(c)］。如果只有非线性效应单独作用，这个陡峭性将导致冲击波，最终会把波折断。但是KdV方程中既包含了色散项又包含了非线性项，它们的平衡就导致了孤子波的产生。当色散力图发散能量时，非线性却趋于集中能量。二者平衡且达到稳定时，便产生了“孤子奇迹”。尤其可贵的是，这个平衡机制还非常坚挺。从卫星上观察到的泰国阿丹曼海岸激起的海潮形成的孤子波，可在数千里的浅海中长时间的传播就是一很好的说明。虽然阿丹曼海底不是平坦的，其海岸线也不像罗素的河道那么直，这些孤子波仍能经久不衰地传播。当然色散效应与非线性效应都与水深h有关，当孤子波传播时，h愈来愈小，非线性最终占了上风，波被折断而卷回大海，这就是人们看到海水拍打岸边形成浪花的现象。

自从孤子波的数学方程问世以后，也许是因为涉及到非线性问题解过于复杂了，对于孤波的研究并没有得到重视，人们逐步淡忘了这件事。直到20世纪50年代，计算机的应用，使得科学家们有条件去探索过去用解析方法难以处理的复杂问题，特别是非线性的问题。因此，孤立波才又重新引起了科学家的研究兴趣。首先进行这方面探索的是诺贝尔奖得主物理学家费米和他的两个同事。他们在1955年阐明了孤立波的重大理论价值后引起了人们极大的重视。许多科学家在孤立波的研究上都做出了重要的贡献。1965年扎布兹基（N. Zabuzky）和克鲁斯科（M.D.Kruskal）采用“孤子”这个词来描写孤立波的类粒子性质。他们发现孤子波不仅以恒定的速度传播而不改变自己的形状，而且对干扰表现得极为稳定。它们甚至在同其他孤子碰撞时也表现得很稳定，这种碰撞如同两只大理石球之间的碰撞一样。这就解释了为什么在它的名字后面加了一个“子”字，就像许多基本粒子——电子、中子、质子、中微子等那样。

9.4.2　单摆链的孤子波

观察孤子波最简单的机械装置是单摆链。众所周知，单摆从来就是自然界韵律的象征，这是因为在小角度摆动时，摆动角度φ与时间t的关系可用一余弦函数来描述，即

$$\varphi = A\cos(\omega t + \varphi_0)$$

它呈周期性的运动。但是，在大幅度摆动时，这种周期就不复存在了。描述单摆运动的方程为一非线性方程，对单摆运动非线性方程的研究发现，它含有极为丰富的动力学内涵。可以证明一个在周期性外力驱动下的非线性阻尼摆动出现混沌运动，而单摆链的情况下有可能出现孤子波，这正是我们的兴趣所在。

如图9−23、图9−24所示，将一些相同的单摆连在一扭矩棒上，形成一维的单摆链。φ角表示每个单摆从其平衡的位移。重力使其回到平衡态，而棒的扭转力矩使一个摆的运动影响到相邻摆的运动。由于每个摆的方程出现了非线性项，且彼此绞链在一起，形成一非线性的方程组，这就是著名的Sine−Gordon方程。

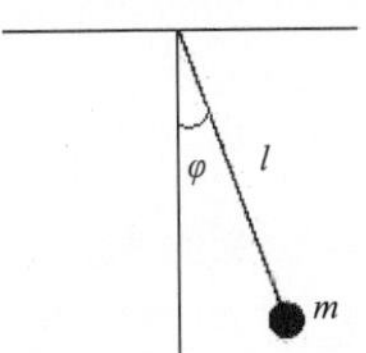

图9−22　摆的角位

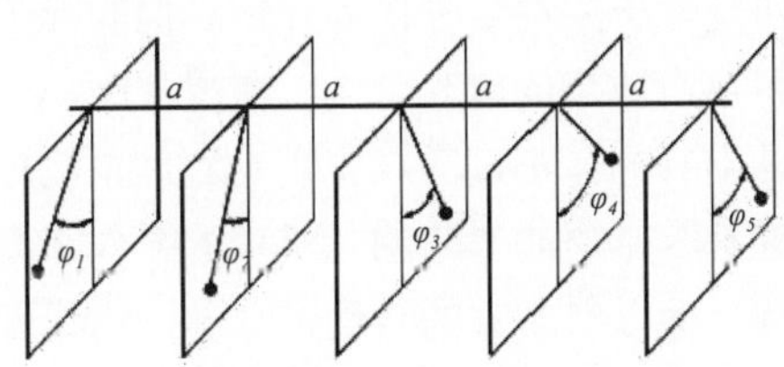

图9−23　在转矩棒上耦合的一维单摆链

图9−24　由扭转弹簧耦合的单摆链产生的孤子

很容易作一简单的模拟实验来观测单摆链上产生孤子波。在一条橡皮筋上等距离平行地插入一些别针，这就构成了一个演示孤子波的最简单的机械模拟系统，橡皮筋相当于一有扭转弹性的棒，别针相当于单摆链。如果对摆链中的一个微小扰动，或者如果这条链是如此刚强以至即使在相当大的激励下也只对平衡位置产生小的偏离，那么将观察到普通的波动现象。如果初始条件是一大幅度的偏转，就出现了孤子波且沿链传播（见图9-24）。

单摆链是一个物理系统，其意义却远不局限于此。下面我们将看到它可应用于DNA的动力学描述上。DNA是一个生物名词，二者怎么会牵扯在一道呢？其实，很长时间以来，人们对待物理系统和生物系统的处理方法就是尽可能对它们作线性化简化，以求获得近似的结果。而事实上大多数物理系统对复合信号的激发响应都不是单个激发信号的简单迭加，输出与输入的关系也不是简单的倍数关系。同样地，在一个实际的生物系统中，哪怕是最简单的生物系统作线性化模型在本质上说都是错误的。因为这样作会丢失系统的某些基本属性，不能得到正确的结果，这在生物系统的大量研究中已完全证实了。在生物系统中非线性效应常常是占主导地位的。在数学上来讲，这些性质说明几乎所有物理的和生物的系统都是非线性的。既然孤子是非线性科学中出现的最重要的概念之一，那么在生命过程中，孤子理论就必定会为生物分子的研究提供不可忽视的工具。经分析，单摆链作为一个物理系统与DNA作为一个生物系统都会有孤子波的运动，因此就这个意义上说把单摆链与DNA联系起来就不足为奇了。

9.4.3 DNA的孤子波

50多年前，天才的科学家沃森（Wason）和克里克（Click）发现了DNA的双螺旋结构，开创了生命科学的新纪元。此后，一大群致力于生命科学的物理学家应用非线性理论出色地建立起了DNA的非线性动力学模型，为解开生命之谜作出了贡献。然而谁会想到这小小的DNA中碱基对的内运动会与单摆链中的孤子波连在一起呢？DNA的双螺旋结构是怎么回事？孤子波何以能够描述DNA的某些内运动呢？回答这些问题是一首物理学方法向生物学拓展的美妙乐曲。

1953年4月25日，年仅25岁的美国科学家詹姆斯·沃森和英国科学家弗朗西斯·克里克在世界权威杂志英国的《自然》上发表了仅两页的论文，提出了DNA（deoxyribonucleic acid molecule，脱氧核糖核酸分子的英文缩写）双链螺旋结构和自我复制机制。与许多具有划时代意义的科学事件相类似，这一成果问世之初并没有什么人理会。那一年，大英帝国女王盛大的加冕礼，人类首次征服珠穆朗玛峰，都更容易吸引媒体和公众的注意。然而，半个世纪过去了，女王登基大庆的盛况已不再是什么新闻，2003年许多登山爱好者虽再次攀登了这世界第一高峰，以纪念50年前的伟大壮举，但世界各国却以更加隆重的形式庆祝了DNA结构真相大白50周年，美国国会还特别决定2003年4月25日为全国“DNA日”。

沃森和克里克的论文被普遍视作是分子生物学时代的开端。但实际上20世纪50年代初许多杰出的科学家对DNA的结构做了大量富有成果的研究工作。在揭开DNA结构谜底贡献最大的几位科学家中，除沃森外大多是学物理出身的。不过沃森也是受到理论物理学家薛定谔的《生命是什么》一书的影响才决心走上研究基因本质的道路的。沃森的合作者克里克在大学原本是学物理的。毕业后遇上第二次世界大战，他以科学家的身份进入英国海军部从事军事装备的研究工作。战争结束后，他也是在薛定谔的《生命是什么》一书的影响下进入剑桥大学医学院继续学习，从而开始了研究生命科学的生涯。

与沃森和克里克同获1962年诺贝尔医学或生理学奖的威尔金斯（Maurick Hugh Frerick

Wilkins）也是一位物理学家。二战期间，他在美国研究原子弹，战后他回到英国并把他的研究领域从物理学转向生物物理和结构生物学。当时，人们已经知道了DNA可能是遗传物质，但是对DNA的结构，以及它如何在生命活动中发挥作用还不甚了解。威尔金斯和他的合作者利用X射线衍射技术研究了DNA的结构。沃森和克里克的DNA双螺旋结构模型就是根据他们研究资料搞出来的。

本应与沃森、克里克和威尔金斯一道分享诺贝尔奖荣誉的还有英国X射线衍射晶体学家富兰克林（Rossalind Franklin），可不幸的是当1962年沃森、克里克和威尔金斯三人共同摘取当年诺贝尔医学或生理学奖的桂冠时，她已英年早逝。1958年她逝世时，年仅37岁，真是一朵早凋的“科学玫瑰”。50年前，是她率先拍摄到了DNA晶体照片，这些能验证DNA双螺旋结构的X射线晶体衍射照片给了沃森和克里克以极大的启示。

如果说揭开DNA结构谜底的是一批生物学家和物理学家共同合作的结晶，那么，发现DNA中孤子运动形态更是非线性数学和物理学向生物学渗透的杰出范例，令人赞叹不已！

那么DNA是究竟是怎么回事呢？今天我们已经知道，DNA是一种生物聚合物，它是双链螺旋分子，是染色体的组成成分之一，在其核苷酸特定序列中含有遗传信息。在生命活体中一代一代传下去的遗传信息是包含在染色体中的，染色体由基因组成。每个基因都包含了产生某类特定蛋白质分子所需的信息。蛋白质是由一个或多个氨基酸通过肽键连接而成的分子链组成的。一个蛋白质可担负某种结构功能（例如细胞壁或者肌肉纤维），或者作为某种酶而促进组织生长和存活所需的化学反应。包含在基因的遗传信息被放在染色体的大分子DNA中。一个DNA分子由许多称作核苷酸基底的小分子长链组成。它有四类基：腺嘌呤（A）、胞嘧啶（C）、鸟嘌呤（G）以及胸腺嘧啶（T）。它们按照某 “遗传密码”排列，这些密码被翻译后形成蛋白质分子的氨基酸。

按沃森和克里克所揭示的，在染色体中的DNA一般由两条长DNA链相互绞成“双螺旋形”，如图9-25所示。两条带子靠静电力扭在一起，即正负电荷间的吸引力维持了DNA链的结构。DNA的四个碱基之间的静电力总是在最短的时间里令一条带子的T紧紧地与另一带子上的A配对，C与G配对［见图9-25(b)］。在细胞分裂前，染色体复制自己时，就产生了这种排列。A与T对着以及G与C对着的排列保证了遗传信息精确地传给下一代。

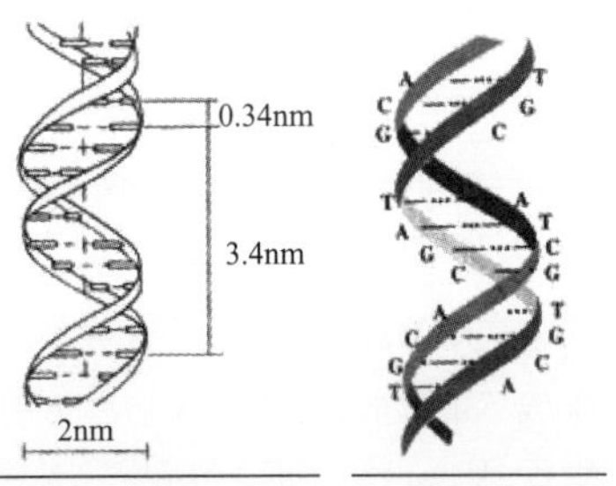

（a）双螺旋的大小　（b）碱基的配对

图9-25　DNA双螺旋段

从动力学研究的角度，物理学家是如何来看DNA呢？如果我们站得比较远，简单一些看，DNA好像是两条很细的绞线［见图9-26(a)］，再粗略地看就是一条很细的弹性线［见图9-26(b)］，那么我们就说DNA可以模拟为一条细长的弹性线或弹簧棒［见图9-26(c)］，称之为一级近似，但显然这样的描述过于简单了。如果我们走近一点，稍微仔细地看一看，我们发现DNA是由两条弹簧棒组成的，绞合在一起形成了双螺旋结构［见图9-27(a)］，简化为两条细长的弹性线或弹簧棒，但它们之间有微弱的相互作用［见图9-27(b)、(c)］，这是稍稍复杂一点的模型，称之为DNA的二级近似。每个棒由3个方程描述（纵向、横向和转动运动），两个棒共需6个方程描写。如果我们用放大镜再仔细观察下去，可以发现DNA的更多的细节，为了描写这些细节所建立的模型就更为复杂了，它们考虑到了DNA更多的结构和运动，但是描写这些模型的方程数太多而无法处理。一般地，模型的选择取决于所论的问题，必须兼顾到物理上的（或生物上的）真实性以及数学描述上的可行性。所以一般可以选择DNA的二级近似作为讨论DNA运动的动力学模型。

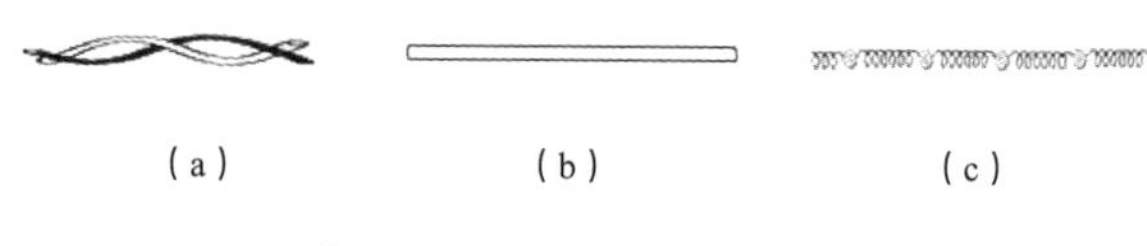

图9-26　DNA的一级近似

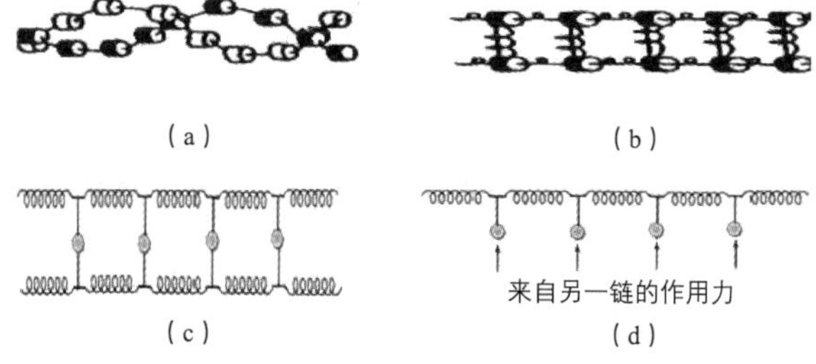

图9-27　DNA的二级近似

研究双螺旋局部解开的简单而实际的模型是见图9-27(c)提出的模型。为此我们必须写出6个耦合微分方程并加以解出。可以预计这些方程是非线性的，因为双螺旋的局部解旋是大幅度的运动。6个非线性耦合方程是相当复杂而难解的，目前尚未解出过。但是我们假定对解旋过程贡献最大的是碱基的转动，那么方程的个数可减少为两个。如果仅限于考虑一个链的碱基转动，而其他链的影响看做是平均外场的作用形式，那么这个问题又简化为一个方程。对此我们可以比较一下描写DNA链碱基转动动力学的图9-27(d)与图9-28所描写的力学模型中单摆链的转动动力学的主要特征，不难发现DNA中碱基的转动与力学模型中单摆链的转动是相似的。DNA结构中的糖-磷酸基团链对应于单摆链结构中的水平扭转棒，DNA结构中的氢键相互作用相当于单摆链结构中单摆受到的重力场作用。因此英格兰德（Englander）等人提出了这两个系统的数学描述也有相似性，即DNA中碱基的转动动力学也应该由Sine-Gordon方程来描述。当然此时这个方程的系数应该是DNA的结构上和动力学上的参数。既然二者的数学描述一样，那么在DNA中也存在孤子波的运动形态。

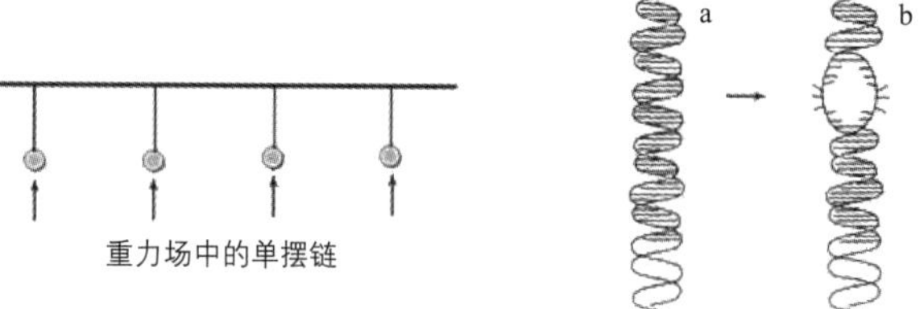

图9-28　在重力场中的单摆链模型

图9-29　开放态的形成

作为一个例子，我们考虑DNA作局部断裂的双螺旋内运动（见图9-29）。这种运动被称作“开放态的形成”。DNA形成开放态的能力常常被生物学家称之为DNA结构的“呼吸”能力。形成开放态的运动在DNA结构功能中起着重要作用。这个理论已被广泛接受。DNA蛋白质的识别过程就包括了形成开放态，其目的在于有可能“识别”碱基的序列。开放态的形成还被发现是DNA融合过程的重要组成部分。至少，人们已很清楚转录过程的第一步就伴随着双螺旋局部解开的过程。比较图9-29与图9-24所描绘的单摆链上所拍下的孤子波，二者极为相似，说明在DNA的双螺旋内确伴有孤子波的运动，这就以动力学的理论解释了DNA的内在活动。

上述模型最早是由英格兰德提出的，后来被其他研究者加以改善，他们考虑了两条链的碱基的旋转运动，并获得了两个Sine-Gordon方程组成的修正模型结果。这些修正方程被应用于解决许多有趣的相关问题，例如DNA的非线性均匀性问题，DNA环境相互作用问题，中子和光子由DNA的散射问题，它们也被用于解释DNA的一些功能问题。

参考文献

[1] 王辉．现代科学技术进展概论[M]．杭州：浙江大学出版社，2005.

[2] 陈颖健．当代热点科学技术浅说[M]．北京：科学技术文献出版社，2003.

[3] 宗占国．现代科学技术导论[M]．2版．北京：高等教育出版社，2004.

[4] 胡显章，曾国屏．科学技术概论[M]．2版．北京：高等教育出版社，2006.

[5] 胡盘新，汤毓俊，钟季康．普通物理学：下册[M]．6版．北京：高等教育出版社，2006.

[6] 胡盘新，汤毓俊，钟季康．普通物理学简明教程：下册[M]．2版．北京：高等教育出版社，2004.

[7] 毛骏健，顾牡．大学物理学[M]．北京：高等教育出版社，2006.

[8] 赵展岳．相对论导论[M]．北京：清华大学出版社，2002.

[9] 齐从谦．制造业信息化导论[M]．2版. 北京：中国宇航出版社，2004.

[10] 孙家广．计算机辅助设计技术基础 [M]．北京：清华大学出版社，2000.

[11] 齐从谦．多媒体技术及其应用 [M]．2版．北京：机械工业出版社，2007.

[12] 齐从谦，高志坚．多媒体软件应用技术[M]．北京：电子工业出版社，2005.

[13] 齐从谦，贾伟新．基于装配模型的变型设计方法研究[J]．机械工程学报，2004.

[14] 齐从谦，崔琼瑶．基于参数化技术的CAD创新设计方法研究[J]．机械设计与研究，2003.

[15] 齐从谦，崔琼瑶．基于参数化技术的设计方法研究[J]．机械工程学报，2004.

[16] 齐从谦，陈亚洲，甘屹．逆向工程中复杂曲面重建关键技术的研究[J]．机械工程学报，2003.

[17] 齐从谦，甘屹，张洪兴．Pro/Engineer Wild Fire2.0特征与三维实体建模[M]．北京：机械工业出版社，2006.

[18] 齐从谦，甘屹．UGS NX2.0 CAD/CAE/CAM实用教程．北京：机械工业出版社，2008.

[19] 钟季康，MATLAB在大学物理实验中的应用[M]．北京：高等教育出版社，2008.

[20] 苏晓生．掌握MATLAB6.0及其工程应用理[M]．北京：科学出版社，2002.

[21] 张立德．功能纳米材料研究的新进展[J]．功能材料，2004．1（1）3−10.

[22] 徐滨士．纳米表面工程[J]．中国机械工程，2003．19（10）150−154.

[23] 华黎．国内领先的上海超级电容器电车[J]．汽车与配件，2008（26）：46−49.

[24] 明轩．俄罗斯质子交换膜燃料电池研发概况[J]．汽车与配件，2008（26）：42−44.

[25] 豪彦．生物制氢技术[J]．汽车与配件，2008（26）：45.

[26] 清源计算机工作室．MATLAB高级应用——图形及影像处理[M]．北京：机械工业出版社，2000.

[27] 杨合湘．我国新材料产业状况及前景分析[J]．中国经贸导刊，2004.

[28] 师昌绪．解读高科技——21世纪初的材料科学技术．http://www.casac.cn/html/Dir/2001 /09/13/0811.htm

[29] 上海科技——在线学习．纳米材料及其应用前景．http://www.stcsm.gov.cn/learning /lesson/gaoxin/20010609.asp

[30] 赵元寿．纪念DNA双螺旋结构模型正式发表50周年——DNA与遗传学．中国科学院网站，http://www.cas.cn/html/Dir/2003/04/23/1167.htm

[31] 齐从谦，苏剑生，甘屹等. 一次性口腔高速涡轮手机的研制[J]．口腔颌面外科杂志，2004（02）：28 30.

[32] 齐从谦，苏剑生，甘屹等. 一次性高速牙科手机创新设计及动力学分析[J]．同济大学学报（自然科学版），2005（08）：1088−1091.

本书中所采用的部分图片因无法与作者取得联系而未能及时给予报酬，请谅解，并在此向那些图片的作者表示感谢。如有作者见到此信息请及时与我社联系，我社将按国家规定支付相应的报酬。